Springer-Lehrbuch

Springer
*Berlin
Heidelberg
New York
Barcelona
Budapest
Hong Kong
London
Mailand
Paris
Santa Clara
Singapur
Tokio*

Ingo Wolff

Maxwellsche Theorie

Grundlagen und Anwendungen

Vierte überarbeitete Auflage mit 270 Abbildungen

Professor Dr.-Ing. Ingo Wolff
Gerhard-Mercator-Universität Duisburg
FB 9 Elektrotechnik
FG Allg. u. Theoret. Elektrotechnik
Bismarckstraße 81
47057 Duisburg

ISBN 3-540-63012-0 Springer-Verlag Berlin Heidelberg New York

Die Deutsche Bibliothek – CIP-Einheitsaufnahme
Wolff, Ingo:
Maxwellsche Theorie: Grundlagen und Anwendungen / Ingo Wolff – Berlin ; Heidelberg ;
New York ; Barcelona ; Budapest ; Hongkong ; London ; Mailand ; Paris ; Santa Clara ;
Singapur ; Tokio : Springer, 1997
(Springer-Lehrbuch)
Früher mehrbd. begrenztes Werk
Früher u. d. T.: Wolff, Ingo: Grundlagen und Anwendungen der Maxwellschen Theorie
ISBN 3-540-63012-0

Dieses Werk ist urheberrechtlich geschützt. Die dadurch begründeten Rechte, insbesondere die der Übersetzung, des Nachdrucks, des Vortrags, der Entnahme von Abbildungen und Tabellen, der Funksendung, der Mikroverfilmung oder Vervielfältigung auf anderen Wegen und der Speicherung in Datenverarbeitungsanlagen, bleiben, auch bei nur auszugsweiser Verwertung, vorbehalten. Eine Vervielfältigung dieses Werkes oder von Teilen dieses Werkes ist auch im Einzelfall nur in den Grenzen der gesetzlichen Bestimmungen des Urheberrechtsgesetzes der Bundesrepublik Deutschland vom 9. September 1965 in der jeweils geltenden Fassung zulässig. Sie ist grundsätzlich vergütungspflichtig. Zuwiderhandlungen unterliegen den Strafbestimmungen des Urheberrechtsgesetzes.

© Springer-Verlag Berlin Heidelberg 1997
Printed in Germany

Die Wiedergabe von Gebrauchsnamen, Handelsnamen, Warenbezeichnungen usw. in diesem Buch berechtigt auch ohne besondere Kennzeichnung nicht zu der Annahme, daß solche Namen im Sinne der Warenzeichen- und Markenschutz-Gesetzgebung als frei zu betrachten wären und daher von jedermann benutzt werden dürften.

Sollte in diesem Werk direkt oder indirekt auf Gesetze, Vorschriften oder Richtlinien (z. B. DIN, VDI, VDE) Bezug genommen oder aus ihnen zitiert worden sein, so kann der Verlag keine Gewähr für die Richtigkeit, Vollständigkeit oder Aktualität übernehmen. Es empfiehlt sich, gegebenenfalls für die eigenen Arbeiten die vollständigen Vorschriften oder Richtlinien in der jeweils gültigen Fassung hinzuzuziehen.

Herstellung: Christiane Messerschmidt, Rheinau
Satz: Fotosatz-Service Köhler OHG, Würzburg
SPIN 10575609   89/3020 – 5 4 3 2 1 0 – Gedruckt auf säurefreiem Papier

Vorwort zur 4. Auflage

Innerhalb kurzer Zeit wurde das vorliegende Buch, das seinerzeit als BI-Taschenbuch erschienen war, über zwei Verlage hinweg dem Springer-Verlag übertragen, was den Umbruch im deutschen Buchmarkt deutlich macht. Der Springer-Verlag hat sich die ehrgeizige Aufgabe gestellt, das Buch innerhalb kürzester Zeit in völlig neuer Form herzustellen. Dies ist in der gemeinsamen Anstrengung von Verlag und Autor gelungen, hoffentlich ohne allzu viele Fehler. Der Inhalt des Buches wurde nicht geändert, das Buch soll weiterhin im Stile eines Repetitoriums den Studenten bei der Vorbereitung zu den Prüfungen im Fach Maxwellsche Theorie dienen.

Frau Messerschmidt vom Springer-Verlag war eine engagierte Partnerin in der Neuerstellung des Buches, unter ihrer Leitung hat der Autor die Zeit gefunden, die notwendigen Korrekturarbeiten zur vierten Auflage des Buches durchzuführen.

Duisburg, im August 1997 						I. Wolff

Inhaltsverzeichnis

Einleitung 1

KAPITEL I Mathematische Grundlagen 3

I.1   Orthogonale Transformationen 3
I.2   Skalare und Vektoren 4
I.3   Addition von Vektoren 5
I.4   Vektorprodukte mit zwei Faktoren 7
I.4.1   Das Produkt aus einem Vektor $\vec{a}$ und einem Skalar λ 7
I.4.2   Das innere oder skalare Produkt 8
I.4.3   Das äußere oder vektorielle Produkt 9
I.5   Produkte aus drei und mehr Vektoren 11
I.5.1   Das Produkt aus einem Skalarprodukt mit einem Vektor 12
I.5.2   Das Spatprodukt 12
I.5.3   Das doppelte Kreuzprodukt 13
I.5.4   Das skalare Produkt aus zwei Vektorprodukten . . 14
I.6   Beschreibung der Drehung von Vektoren 14
I.7   Differentiation von Vektoren 15
I.8   Skalar- und Vektorfunktionen 16
I.9   Der Gradient 18
I.10   Die Divergenz 21
I.11   Die Rotation 23
I.12   Grenzschichtverhalten 27
I.13   Der Nabla-Operator 30
I.14   Rechnen mit dem Nabla-Operator 32
I.15   Zusammenstellung der wichtigsten Beziehungen der Vektoranalysis 38
I.16   Orthogonale Koordinatensysteme 39
I.16.1   Das kartesische Koordinatensystem 39
I.16.2   Die Zylinderkoordinaten 41
I.16.3   Das Kugelkoordinatensystem 44

KAPITEL II	**Die Maxwellschen Gleichungen**	48
KAPITEL III	**Die Elektrostatik**	51
III.1	Die elektrische Feldstärke	51
III.2	Die elektrische Flußdichte	52
III.3	Die Maxwellschen Gleichungen der Elektrostatik	53
III.4	Die Grenzbedingungen	57
III.5	Einfache Feldberechnung	62
III.6	Das Überlagerungsprinzip	83
III.7	Das Dipolfeld und die Polarisation	85
III.8	Aufgaben zum Überlagerungsprinzip	92
III.9	Eindeutigkeit der Lösungen	106
III.10	Die Spiegelungsmethode	110
III.11	Aufgaben zur Spiegelungsmethode	115
III.12	Kondensatoren	128
III.12.1	Die Maxwellschen Kapazitätskoeffizienten	129
III.12.2	Aufgaben über Kondensatoren	134
III.13	Der Energieinhalt des elektrostatischen Feldes	160
III.14	Berechnung von Kräften im elektrostatischen Feld	166
III.14.1	Aufgaben zur Kraftberechnung	171
III.15	Elektrisch geladene Teilchen in einem elektrostatischen Feld	189
III.15.1	Aufgaben zur Bewegung elektrisch geladener Teilchen im elektrischen Feld	195
KAPITEL IV	**Stationäre Strömungsfelder**	206
IV.1	Die Stromdichte	206
IV.2	Die Maxwellschen Gleichungen des stationären Strömungsfeldes	209
IV.3	Die Grenzbedingungen	215
IV.4	Feld- und Widerstandsberechnungen	217
KAPITEL V	**Zeitunabhängige Magnetfelder**	238
V.1	Definition der auftretenden Feldgrößen	238
V.1.1	Die magnetische Flußdichte	238
V.1.2	Die magnetische Feldstärke	244
V.2	Die Maxwellschen Gleichungen für das zeitlich konstante Magnetfeld	245
V.3	Die Grenzbedingungen der Magnetfelder	249
V.4	Einfache Feldberechnungen	253
V.4.1	Das Biot-Savartsche Gesetz	253
V.4.2	Berechnung einfacher Magnetfelder	257
V.5	Felder magnetisierter Körper	280

V.5.1	Die Magnetisierung	280
V.5.2	Die Magnetisierung als Ursache der Felder	283
V.5.3	Ersatzbilder zur Berechnung der Felder magnetisierter Körper	291
V.5.4	Berechnung von Feldern magnetisierter Körper	294
V.6	Magnetische Kreise	306
V.6.1	Aufgaben zur Berechnung magnetischer Kreise	312
V.7	Ladungen im zeitlich konstanten elektromagnetischen Feld	317
V.7.1	Berechnung von Bahnkurven geladener Teilchen im elektrischen und magnetischen Feld	326

KAPITEL VI Quasistationäre Felder 345

VI.1	Die Maxwellschen Gleichungen der quasistationären Felder	346
VI.2	Das Induktionsgesetz	347
VI.2.1	Aufgaben zum Induktionsgesetz	352
VI.3	Die Induktivität	371
VI.4	Der Energieinhalt des magnetischen Feldes	375
VI.5	Induktivitätsberechnungen	383
VI.5.1	Anwendungen	385
VI.6	Berechnung von Kräften im magnetischen Feld	396
VI.6.1	Aufgaben zur Energie- und Kraftberechnung	400

KAPITEL VII Zeitlich schnell veränderliche Felder 410

VII.1	Die Maxwellschen Gleichungen und das Kontinuitätsgesetz	410
VII.2	Der Poyntingsche Satz	414
VII.3	Die Wellengleichung	416
VII.4	Felder mit harmonischer Zeitabhängigkeit	420
VII.5	Aufgaben über Wellen	424
VII.6	Die elektromagnetischen Potentiale	444

ANHANG 448

Zusammenstellung der wichtigsten Naturkonstanten . . . 448
Zusammenstellung der wichtigsten Formelzeichen,
  Größen und Einheiten 449
Literatur 452
Sachverzeichnis 456

Einleitung

Die Maxwellsche Theorie baut auf Erfahrungen auf, die aus Experimenten gewonnen wurden. Sie verzichtet damit bewußt auf eine mikroskopische oder atomare Begründung und ist ihrer Wesensart nach eine makroskopische Theorie.

Die erste und ursprüngliche Erfahrung der Elektrotechnik war die der Kraft zwischen zwei geladenen Teilchen. Zur Deutung der Kraft zwischen zwei elektrisch geladenen Teilchen bieten sich zwei grundverschiedene Möglichkeiten an. In der Newton'schen Mechanik werden Massepunkte betrachtet, zwischen denen unmittelbar Kräfte wirken. Bei dieser Betrachtungsweise werden zwei räumlich voneinander getrennte Orte, nämlich die Lagepunkte zweier Massen, zueinander in eine Beziehung gebracht. Es ist keine Rede von den zwischen ihnen befindlichen Punkten des Raumes.

Diese Form der Kraftgesetze ruft die Vorstellung hervor, daß die Massen direkt, unter Überspringen des zwischen ihnen liegenden Raumes, aufeinander einwirken. Eine solche Art der Kraftwirkung wird „Fernwirkung" genannt, gleichgültig, wie nahe die beiden Massepunkte benachbart liegen. Wesentlich ist nicht die absolute Größe der Entfernung, sondern die Tatsache, daß sich die beiden Massen an getrennten Stellen des Raumes befinden. Es gilt also:

„Fernwirkung" ist das Einwirken eines ersten Körpers im Raum auf einen weiteren Körper an einer anderen Stelle des Raumes unter Überspringen des zwischen den Körpern liegenden Raumes.

Nach dieser Vorstellung müßte sich jede Kraftwirkung unendlich schnell im Raum ausbreiten, eine schon von der Anschauung her unbefriedigende Annahme, die zudem im Gegensatz zu allen experimentellen Erfahrungen und den Aussagen der Relativitätstheorie steht.

Im Gegensatz zur „Fernwirkungstheorie" steht die von Faraday eingeführte und von Maxwell ausgebaute „Nahewirkungstheorie", bei der der Raum selbst Vermittler und Übertrager der Kraftwirkungen wird.

Die „Nahewirkungstheorie" deutet den Raum als Träger physikalischer Eigenschaften. Während der Zeit, in der sich Energie und Impuls mit endlicher Geschwindigkeit ausbreiten, ist er der Träger der Energie und des Impulses.

Das bedeutet, daß schon durch das Einbringen *einer* Ladung in den Raum der Zustand des Raumes geändert wird. Dieser geänderte Zustand des Raumes wird Feld genannt. Beim Einbringen einer weiteren Ladung übt das *Feld* am Ort der zweiten Ladung die Kraft auf diese aus. Damit ist zugleich die Kraft nicht notwendig in Richtung der Verbindungslinie der beiden Ladungen (wie dies bei der Fernwirkungstheorie angenommen wird) gerichtet, sondern hat die Richtung des Feldes.

Die Einführung eines „Äthers" als Träger der Kraftwirkungen im Sinne eines elastischen Mediums ist abzulehnen, da die Nichtexistenz eines solchen Mediums bewiesen ist (Michelson-Morley-Versuch 1881), vielmehr ist der Träger des Feldes der leere Raum.

Das von J.C. Maxwell geschaffene Lehrgebäude über die elektrischen und magnetischen Felder ist in seinem Grundaufbau eine Feldtheorie. Die Übersicht über die Zusammenhänge aller elektrischer Erscheinungen wird hierbei wesentlich durch die Verwendung der Vektorrechnung erleichtert. Es soll deshalb zunächst Aufgabe sein, dieses mathematische Hilfsmittel durch zusammenfassende Wiederholung ins Gedächtnis zurückzurufen und eventuell seine Kenntnis zu vertiefen.

KAPITEL I

Mathematische Grundlagen

I.1
Orthogonale Transformationen

Betrachtet werden zwei kartesische Koordinatensysteme mit den Koordinatenachsen x_1, x_2, x_3 und x_1', x_2', x_3', die den Koordinatenursprung $(0, 0, 0)$ gemeinsam haben, deren Achsen aber um einen Winkel α gegeneinander verdreht sind. Ein Punkt P im Raum besitzt die Koordinaten (x_1, x_2, x_3) oder (x_1', x_2', x_3'), je nachdem, in welchem Koordinatensystem man ihn betrachtet. Die Gleichungen für die Transformation der verschiedenen Koordinaten ineinander werden dabei durch

$$\begin{aligned} x_1' &= a_{11}x_1 + a_{12}x_2 + a_{13}x_3, \\ x_2' &= a_{21}x_1 + a_{22}x_2 + a_{23}x_3, \\ x_3' &= a_{31}x_1 + a_{32}x_2 + a_{33}x_3, \end{aligned} \qquad (I.1.1)$$

gegeben. Die Koeffizienten a_{ik} mit i, k = 1, 2, 3 besitzen dabei die Werte der Richtungskosinusse der x_1', x_2', x_3' Koordinatenachsen in Bezug auf die x_1, x_2, x_3 Koordinatenachsen (Abb. 1).

Stimmen die beiden Koordinatenursprünge nicht überein, so lauten die Transformationsgleichungen

$$\begin{aligned} x_1' &= a_{11}x_1 + a_{12}x_2 + a_{13}x_3 + a_1', \\ x_2' &= a_{21}x_1 + a_{22}x_2 + a_{23}x_3 + a_2', \\ x_3' &= a_{31}x_1 + a_{32}x_2 + a_{33}x_3 + a_3'. \end{aligned} \qquad (I.1.2)$$

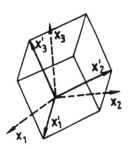

Abb. 1. Gedrehte Koordinatensysteme

(a'_1, a'_2, a'_3) gibt die Koordinaten des Ursprungs des x_1, x_2, x_3 Koordinatensystems im x'_1, x'_2, x'_3 Koordinatensystem an. Die Koordinatentransformation (I.1.1) stellt eine reine Drehung oder Spiegelung des Koordinatensystems dar, falls die Koeffizienten a_{ik} des Transformationssystems den folgenden Bedingungen genügen:

$$a_{11}^2 + a_{12}^2 + a_{13}^2 = 1,$$
$$a_{21}^2 + a_{22}^2 + a_{23}^2 = 1, \qquad (I.1.3)$$
$$a_{31}^2 + a_{32}^2 + a_{33}^2 = 1$$

und

$$a_{11}a_{21} + a_{12}a_{22} + a_{13}a_{23} = 0,$$
$$a_{21}a_{31} + a_{22}a_{32} + a_{23}a_{33} = 0, \qquad (I.1.4)$$
$$a_{11}a_{31} + a_{12}a_{32} + a_{13}a_{33} = 0.$$

Genügen die Koeffizienten des Transformationssystems (I.1.1) diesen Bedingungen, so wird die Transformation als orthogonale, lineare Transformation bezeichnet. Sie beschreibt eine Drehung oder Spiegelung des Koordinatensystems. Die Transformation (I.1.2) beschreibt dann eine Drehung oder Spiegelung mit überlagerter Translation.

I.2
Skalare und Vektoren

Es wird hier grundsätzlich zwischen zwei verschiedenen physikalischen Größen unterschieden, und zwar zwischen den Skalaren und den Vektoren.

Eine Größe A ist dann und nur dann ein Skalar, wenn sie gegenüber einer orthogonalen Koordinatentransformation invariant ist, das heißt, wenn $A' = A$ ist.

Ein Beispiel für eine skalare Größe ist die Temperatur in einem Punkt. Skalare physikalische Größen werden durch einen Zahlenwert und eine Einheit beschrieben. Skalare werden durch einfache Buchstaben gekennzeichnet.

Die Größe a_1, a_2, a_3 bilden dann und nur dann einen Vektor $\vec{a}$ in einem rechtwinkligen (dreidimensionalen) Koordinatensystem x_1, x_2, x_3, wenn sie bei einer linearen, orthogonalen Koordinatentransformation wie die Koordinaten transformiert werden; das heißt, wenn ihr Transformationsschema

$$a'_1 = a_{11}a_1 + a_{12}a_2 + a_{13}a_3,$$
$$a'_2 = a_{21}a_1 + a_{22}a_2 + a_{23}a_3, \qquad (I.2.1)$$
$$a'_3 = a_{31}a_1 + a_{32}a_2 + a_{33}a_3$$

lautet. Die Größen a_1, a_2, a_3 werden dann als die Komponenten des Vektors $\vec{a}$ bezeichnet.

Beispiele für vektorielle Größen sind: Geschwindigkeit, Kraft, Beschleunigung, Feldstärke usw.. Vektoren können graphisch durch eine gerichtete

I.3 Addition von Vektoren

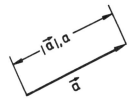

Abb. 2. Darstellung eines Vektors

Strecke dargestellt werden. Dabei gibt die Länge der Strecke den Absolutbetrag (Zahlenwert und Einheit) an, die Richtung des Vektors wird durch die Richtung der Strecke, der Richtungssinn durch eine Pfeilspitze angegeben. Vektoren werden durch einen Pfeil über dem Buchstaben gekennzeichnet. Der Absolutbetrag wird durch Absolutstriche oder einen einfachen Buchstaben beschrieben (Abb. 2).

Hat ein Vektor gerade die Länge eins, so wird er als Einheitsvektor bezeichnet.

Zu jedem Vektor $\vec{a}$ läßt sich ein Einheitsvektor gleicher Richtung finden, dieser Einheitsvektor wird mit $\vec{a}_0$ bezeichnet (siehe Gl.(I.4.3)). In einem Koordinatensystem mit den Koordinatenachsen x_1, x_2, x_3 gibt es drei ausgezeichnete Einheitsvektoren, nämlich die Einheitsvektoren in Richtung der Achsen; sie werden mit $\vec{e}_1, \vec{e}_2, \vec{e}_3$ bezeichnet und Grund- oder Basisvektoren genannt.

Ein Vektor, dessen Anfangspunkt mit dem Koordinatenursprung zusammenfällt, wird als Orts- oder Radiusvektor bezeichnet. Der Radiusvektor ist durch die Angabe der Ortskoordinaten x_1, x_2, x_3 des Endpunktes des Vektors vollständig gekennzeichnet und wird deshalb durch die Darstellung

$$\vec{r} = (x_1, x_2, x_3) = \begin{bmatrix} x_1 \\ x_2 \\ x_3 \end{bmatrix}[1] \qquad (I.2.2)$$

beschrieben.

I.3
Addition von Vektoren

Vektoren werden geometrisch addiert. Die Summe zweier Vektoren $\vec{a}$ und $\vec{b}$, $\vec{c} = \vec{a} + \vec{b}$ wird ermittelt, indem der Anfangspunkt derjenigen gerichteten Strecke, die $\vec{b}$ darstellt, an den Endpunkt derjenigen gebracht wird, die $\vec{a}$ darstellt. Die gerichtete Strecke vom Anfangspunkt von $\vec{a}$ zum Endpunkt von $\vec{b}$ stellt den Vektor $\vec{c}$ dar (Abb. 3),

$$\vec{c} = \vec{a} + \vec{b}. \qquad (I.3.1)$$

---

[1] Hier wird kein Unterschied zwischen Zeilen- und Spaltenvektoren gemacht.

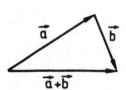
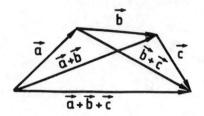

Abb. 3. Addition zweier Vektoren   **Abb. 4.** Zum assoziativen Gesetz

Werden die beiden Vektoren durch ihre Komponenten

$$\vec{a} = (a_1, a_2, a_3) = a_1\vec{e}_1 + a_2\vec{e}_2 + a_3\vec{e}_3,$$
$$\vec{b} = (b_1, b_2, b_3) = b_1\vec{e}_1 + b_2\vec{e}_2 + b_3\vec{e}_3 \qquad (I.3.2)$$

dargestellt, so gilt für die Addition der beiden Vektoren:

Zwei Vektoren $\vec{a} = (a_1, a_2, a_3)$ und $\vec{b} = (b_1, b_2, b_3)$ werden addiert, indem die entsprechenden Komponenten der beiden Vektoren addiert werden:

$$\vec{a} + \vec{b} = (a_1 + b_1, a_2 + b_2, a_3 + b_3). \qquad (I.3.3)$$

Für die Vektoraddition gelten die Grundgesetze der gewöhnlichen Addition, das heißt es gilt:

1. das kommutative Gesetz:

$$\vec{a} + \vec{b} = \vec{b} + \vec{a}, \qquad (I.3.4)$$

2. das assoziative Gesetz:

$$(\vec{a} + \vec{b}) + \vec{c} = \vec{a} + (\vec{b} + \vec{c}) = (\vec{a} + \vec{c}) + \vec{b}. \qquad (I.3.5)$$

Siehe dazu Abb. 4.

Die Subtraktion zweier Vektoren $\vec{a}$ und $\vec{b}$ wird definiert als die Addition der beiden Vektoren $\vec{a}$ und $(-\vec{b})$. Dabei ist $(-\vec{b})$ ein Vektor der gleichen Länge und Richtung wie $\vec{b}$, aber von entgegengesetztem Richtungssinn, so daß $\vec{b} + (-\vec{b}) = \vec{0}$ mit $\vec{0} = (0, 0, 0)$ dem Nullvektor ist (Abb. 5).

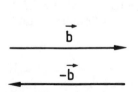
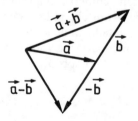

Abb. 5. Entgegengesetzt gleiche Vektoren   **Abb. 6.** Geometrische Subtraktion zweier Vektoren

I.4 Vektorprodukte mit zwei Faktoren

Es gilt:

$$-\vec{b} = (-b_1, -b_2, -b_3).\tag{I.3.6}$$

Für die Komponentenschreibweise gilt also:
Zwei Vektoren $\vec{a} = (a_1, a_2, a_3)$ und $\vec{b} = (b_1, b_2, b_3)$ werden voneinander subtrahiert, indem die entsprechenden Komponenten der Vektoren subtrahiert werden:

$$\vec{a} - \vec{b} = (a_1 - b_1, a_2 - b_2, a_3 - b_3).\tag{I.3.7}$$

Die Rechenregeln (I.3.4) und (I.3.5) gelten entsprechend für die Vektorsubtraktion.

I.4
Vektorprodukte mit zwei Faktoren

I.4.1
Das Produkt aus einem Vektor $\vec{a}$ und einem Skalar λ

Ein Vektor $\vec{a} = (a_1, a_2, a_3)$ wird mit einem skalaren Faktor λ multipliziert, indem jede Komponente des Vektors mit dem Skalar multipliziert wird:

$$\lambda\vec{a} = (\lambda a_1, \lambda a_2, \lambda a_3).\tag{I.4.1}$$

Hieraus folgt, daß jeder Vektor $\vec{a}$ mit dem Absolutbetrag $|\vec{a}|$ darstellbar ist als das Produkt aus seinem Absolutbetrag und einem Einheitsvektor $\vec{a}_0$ in Richtung von $\vec{a}$:

$$\vec{a} = |\vec{a}|\,\vec{a}_0.\tag{I.4.2}$$

Andererseits läßt sich hieraus ableiten, daß sich ein Einheitsvektor in Richtung eines beliebigen Vektors $\vec{a}$ finden läßt, indem der Vektor mit dem Kehrwert seines Absolutbetrages multipliziert wird:

$$\vec{a}_0 = \frac{1}{|\vec{a}|}\vec{a}.\tag{I.4.3}$$

Rechenregeln: Es gilt das kommutative Gesetz

$$\vec{a}\lambda = \lambda\vec{a},\tag{I.4.4}$$

das assoziative Gesetz

$$\lambda(\mu\vec{a}) = \mu(\lambda\vec{a})\tag{I.4.5}$$

und das distributive Gesetz

$$(\lambda + \mu)\vec{a} = \lambda\vec{a} + \mu\vec{a}, \tag{I.4.6}$$
$$\lambda(\vec{a} + \vec{b}) = \lambda\vec{a} + \lambda\vec{b}. \tag{I.4.7}$$

I.4.2
Das innere oder skalare Produkt

Als inneres oder skalares Produkt zweier Vektoren $\vec{a}$ und $\vec{b}$ wird das Produkt aus dem Betrag des einen Vektors und der Projektion des zweiten Vektors in die Richtung des ersten Vektors bezeichnet,

$$\vec{a} \cdot \vec{b} = |\vec{a}||\vec{b}| \cos(\sphericalangle \vec{a}, \vec{b}). \tag{I.4.8}$$

Das skalare Produkt zweier Vektoren ist ein Skalar.

Insbesondere gilt für die Grundvektoren $\vec{e}_1, \vec{e}_2, \vec{e}_3$ eines rechtwinkligen, kartesischen Koordinatensystems:

$$\begin{aligned} \vec{e}_1 \cdot \vec{e}_1 &= 1, & \vec{e}_1 \cdot \vec{e}_2 &= 0, \\ \vec{e}_2 \cdot \vec{e}_2 &= 1, & \vec{e}_1 \cdot \vec{e}_3 &= 0, \\ \vec{e}_3 \cdot \vec{e}_3 &= 1, & \vec{e}_2 \cdot \vec{e}_3 &= 0. \end{aligned} \tag{I.4.9}$$

Sind zwei Vektoren durch ihre Komponenten

$$\vec{a} = (a_1, a_2, a_3) = a_1\vec{e}_1 + a_2\vec{e}_2 + a_3\vec{e}_3,$$
$$\vec{b} = (b_1, b_2, b_3) = b_1\vec{e}_1 + b_2\vec{e}_2 + b_3\vec{e}_3$$

gegeben, so errechnet sich das skalare Produkt aus:

$$\begin{aligned} \vec{a} \cdot \vec{b} &= (a_1\vec{e}_1 + a_2\vec{e}_2 + a_3\vec{e}_3) \cdot (b_1\vec{e}_1 + b_2\vec{e}_2 + b_3\vec{e}_3), \\ \vec{a} \cdot \vec{b} &= a_1b_1 + a_2b_2 + a_3b_3, \end{aligned} \tag{I.4.10}$$

falls Gl. (I.4.9) beachtet wird.

Ferner läßt sich für den Fall, daß gerade $\vec{b} = \vec{a}$ gewählt wird,

$$\vec{a} \cdot \vec{a} = |\vec{a}||\vec{a}| \cos(\sphericalangle \vec{a}, \vec{a}) = |\vec{a}||\vec{a}|, \tag{I.4.11}$$

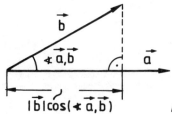

Abb. 7. Zum inneren Produkt

I.4 Vektorprodukte mit zwei Faktoren

errechnen:

$$\vec{a} \cdot \vec{a} = |\vec{a}|^2 = a_1^2 + a_2^2 + a_3^2. \tag{I.4.12}$$

Das heißt:
Aus den gegebenen Komponenten eines Vektors $\vec{a} = (a_1, a_2, a_3)$ errechnet sich der Absolutbetrag des Vektors zu:

$$|\vec{a}| = \sqrt{a_1^2 + a_2^2 + a_3^2}. \tag{I.4.13}$$

Das skalare Produkt zweier senkrecht stehender Vektoren ist gleich null, da $\cos(\pi/2) = 0$ ist.

Beim skalaren Produkt bleiben das kommutative und das distributive Gesetz der Multiplikation erhalten, das heißt, es gilt:

$$\vec{a} \cdot \vec{b} = \vec{b} \cdot \vec{a}. \tag{I.4.14}$$

Ferner ist:

$$(\vec{a} + \vec{b}) \cdot \vec{c} = \vec{a} \cdot \vec{c} + \vec{b} \cdot \vec{c}, \tag{I.4.15}$$

sowie:

$$\lambda(\vec{a} \cdot \vec{b}) = (\lambda \vec{a}) \cdot \vec{b} = \vec{a} \cdot (\lambda \vec{b}) = (\vec{a} \cdot \vec{b})\lambda. \tag{I.4.16}$$

I.4.3
Das äußere oder vektorielle Produkt

Das äußere oder vektorielle Produkt (auch Kreuzprodukt genannt) wird geometrisch definiert. Es gelten die folgenden Vorschriften:

Das vektorielle Produkt zweier Vektoren $\vec{a}$ und $\vec{b}$ ist wiederum ein Vektor $\vec{c}$, der senkrecht auf der von den Vektoren $\vec{a}$ und $\vec{b}$ aufgespannten Ebene steht. Das Produkt wird gekennzeichnet durch:

1. Der Absolutbetrag des Produktvektors

$$\vec{c} = \vec{a} \times \vec{b} \tag{I.4.17}$$

errechnet sich aus den Absolutbeträgen der beiden Vektoren $\vec{a}$ und $\vec{b}$ nach der Vorschrift:

$$|\vec{c}| = |\vec{a}||\vec{b}| \sin(\sphericalangle \vec{a}, \vec{b}). \tag{I.4.18}$$

2. Der Richtungssinn des Vektors $\vec{c} = \vec{a} \times \vec{b}$ bestimmt sich geometrisch als der Richtungssinn der Bewegung einer Rechtsschraube, falls $\vec{a}$ auf kürzestem Weg durch Drehung in den Vektor $\vec{b}$ überführt wird.

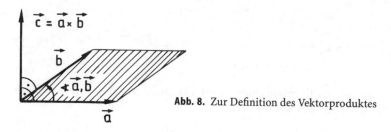

Abb. 8. Zur Definition des Vektorproduktes

Der Absolutbetrag des Produktvektors ist gleich dem Flächeninhalt des von den beiden Vektoren aufgespannten Parallelogramms. Da außerdem durch die Richtung von $\vec{c}$ auch die Lage der Ebene, die von den Vektoren $\vec{a}$ und $\vec{b}$ aufgespannt wird, eindeutig bestimmt ist, läßt sich erkennen, daß eine Fläche und ihre Lage im Raum durch einen Vektor eindeutig charakterisiert werden kann. Es soll schon hier der Flächenvektor zur Kennzeichnung einer beliebigen Fläche eingeführt werden.

Der Flächenvektor $\vec{A}$ steht senkrecht auf der Fläche A, die er beschreibt. Sein Betrag ist gleich dem Flächeninhalt der Fläche, $|\vec{A}| = A$. Sein Richtungssinn ist dem Umlaufsinn der Randkurve C der Fläche im Rechtsschraubensinn zugeordnet (Definition, Abb. 9). Nach Gl.(I.4.2) kann $\vec{A}$ durch $\vec{A} = |\vec{A}|\vec{n} = A\vec{n}$, mit $\vec{n}$ einem Einheitsvektor in Richtung von $\vec{A}$ angegeben werden. $\vec{n}$ wird als der Flächennormalen-Einheitsvektor bezeichnet, er kennzeichnet die Lage der Fläche im Raum.

Für das äußere Vektorprodukt gilt das distributive Gesetz, d. h. es gilt:

$$(\vec{a} + \vec{b}) \times \vec{c} = \vec{a} \times \vec{c} + \vec{b} \times \vec{c}. \tag{I.4.19}$$

Ebenso gilt:

$$\lambda(\vec{a} \times \vec{b}) = (\lambda\vec{a}) \times \vec{b} = (\vec{a} \times \vec{b})\lambda = \vec{a} \times (\lambda\vec{b}). \tag{I.4.20}$$

Wie sich leicht nachrechnen läßt, gilt insbesondere für die drei Grundvektoren $\vec{e}_1, \vec{e}_2, \vec{e}_3$ eines rechtwinkligen, rechtshändigen Koordinatensystems:

$$\begin{aligned} \vec{e}_1 \times \vec{e}_1 &= 0, & \vec{e}_1 \times \vec{e}_2 &= \vec{e}_3, \\ \vec{e}_2 \times \vec{e}_2 &= 0, & \vec{e}_2 \times \vec{e}_3 &= \vec{e}_1, \\ \vec{e}_3 \times \vec{e}_3 &= 0, & \vec{e}_3 \times \vec{e}_1 &= \vec{e}_2. \end{aligned} \tag{I.4.21}$$

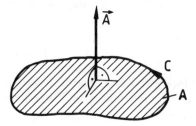

Abb. 9. Flächenvektor

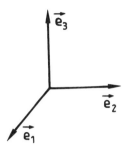

Abb. 10. Rechtshändiges System

Sind zwei Vektoren $\vec{a} = (a_1, a_2, a_3)$ und $\vec{b} = (b_1, b_2, b_3)$ durch ihre Komponenten gegeben, so läßt sich das Vektorprodukt $\vec{a} \times \vec{b}$ mit obigem Ausdruck (I.4.21) und der Rechenregel (I.4.19) leicht zu

$$\vec{a} \times \vec{b} = (a_2 b_3 - a_3 b_2)\, \vec{e}_1 + (a_3 b_1 - a_1 b_3)\, \vec{e}_2 + (a_1 b_2 - a_2 b_1)\, \vec{e}_3 \qquad (I.4.22)$$

berechnen. Dieser Ausdruck läßt sich vereinfacht als Determinante

$$\vec{a} \times \vec{b} = \begin{vmatrix} \vec{e}_1 & \vec{e}_2 & \vec{e}_3 \\ a_1 & a_2 & a_3 \\ b_1 & b_2 & b_3 \end{vmatrix} \qquad (I.4.23)$$

merken.
 Wird in Gl.(I.4.22) die rechte Seite mit (-1) multipliziert, so ergibt sich der Ausdruck für $\vec{b} \times \vec{a}$. Hieraus erfolgt sofort:
 Das kommutative Gesetz der Multiplikation bleibt für das äußere Vektorprodukt nicht erhalten. Es gilt vielmehr:

$$\vec{a} \times \vec{b} = - \vec{b} \times \vec{a}. \qquad (I.4.24)$$

Ferner gilt:
 Das Vektorprodukt zweier gleicher Vektoren $\vec{a} \times \vec{a}$ ist gleich null. Beide Vektoren schließen einen Winkel von null Grad ein. Das Kreuzprodukt ist nur für Vektoren im dreidimensionalen Raum definiert.

I.5 Produkte aus drei und mehr Vektoren

Es werden drei verschiedene Produkte aus drei Vektoren betrachtet. Diese Produkte und ihre Rechenregeln spielen eine große Rolle bei der formalen Behandlung der Rechnungen der Vektoranalysis mit Hilfe des Nabla-Operators (s. Kap. I.14).

I.5.1
Das Produkt aus einem Skalarprodukt mit einem Vektor

Betrachtet wird das Produkt aus dem Skalarprodukt zweier Vektoren $\vec{a}$ und $\vec{b}$ mit dem Vektor $\vec{c}$:

$$\vec{d} = (\vec{a} \cdot \vec{b})\,\vec{c}. \tag{I.5.1}$$

Da das Skalarprodukt $(\vec{a} \cdot \vec{b})$ ein Skalar ist, stellt $\vec{d}$ einen Vektor in Richtung von $\vec{c}$ dar. Die vorgeschriebene Reihenfolge der Multiplikation (Klammer) darf nicht verändert werden. Insbesondere bei den Rechnungen mit Hilfe des Nabla-Operators ist die Gefahr sehr groß, diese Regel zu verletzen. Das Produkt $\vec{a}\,(\vec{b} \cdot \vec{c})$ ist von dem Ausdruck in (I.5.1) verschieden, da es einen Vektor in Richtung des Vektors $\vec{a}$ darstellt. Es gilt also allgemein (falls nicht zufällig die Richtung von $\vec{a}$ oder $\vec{b}$ mit der Richtung von $\vec{c}$ übereinstimmt):

$$(\vec{a} \cdot \vec{b})\,\vec{c} \neq \vec{a}\,(\vec{b} \cdot \vec{c}); \qquad (\vec{a} \cdot \vec{b})\,\vec{c} \neq (\vec{a} \cdot \vec{c})\,\vec{b}. \tag{I.5.2}$$

I.5.2
Das Spatprodukt

Drei Vektoren, die nicht in einer Ebene liegen, spannen ein Volumen (Spat) auf. Da das Kreuzprodukt $\vec{a} \times \vec{b}$ wiederum einen Vektor darstellt, kann dieser Vektor skalar mit einem dritten Vektor $\vec{c}$ multipliziert werden. Das so entstehende Produkt

$$V = (\vec{a} \times \vec{b}) \cdot \vec{c} \tag{I.5.3}$$

wird das Spatprodukt genannt.

Das Spatprodukt ist ein Skalarprodukt aus dem Vektorprodukt zweier Vektoren mit einem dritten Vektor.

Das Spatprodukt ist ein Skalar, sein Wert ist identisch mit dem von den drei Vektoren aufgespannten Spatvolumen. Das Produkt ist positiv, falls die Vektoren $\vec{a}$, $\vec{b}$, $\vec{c}$ ein Rechtssystem, negativ, falls sie ein Linkssystem bilden.

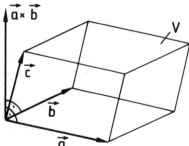

Abb. 11. Zum Spatprodukt

I.5 Produkte aus drei und mehr Vektoren

Sind die drei Vektoren $\vec{a} = (a_1, a_2, a_3)$, $\vec{b} = (b_1, b_2, b_3)$ und $\vec{c} = (c_1, c_2, c_3)$ durch ihre Komponenten bekannt, so ergibt sich durch Ausrechnen des Spatproduktes der Ausdruck (vgl. Gl. (I.4.22) und Gl. (I.4.10)):

$$(\vec{a} \times \vec{b}) \cdot \vec{c} = (a_2 b_3 - a_3 b_2) c_1 + (a_3 b_1 - a_1 b_3) c_2 + (a_1 b_2 - a_2 b_1) c_3. \tag{I.5.4}$$

Dieser Ausdruck läßt sich als die Determinante

$$(\vec{a} \times \vec{b}) \cdot \vec{c} = \begin{vmatrix} c_1 & c_2 & c_3 \\ a_1 & a_2 & a_3 \\ b_1 & b_2 & b_3 \end{vmatrix} \tag{I.5.5}$$

darstellen. Da nach den Rechenregeln der Determinantenrechnung Spalten und Zeilen einer Determinante zyklisch vertauscht werden dürfen, ohne daß sich der Wert der Determinante ändert, gilt auch:

$$(\vec{a} \times \vec{b}) \cdot \vec{c} = \begin{vmatrix} c_1 & c_2 & c_3 \\ a_1 & a_2 & a_3 \\ b_1 & b_2 & b_3 \end{vmatrix} = \begin{vmatrix} a_1 & a_2 & a_3 \\ b_1 & b_2 & b_3 \\ c_1 & c_2 & c_3 \end{vmatrix} = \begin{vmatrix} b_1 & b_2 & b_3 \\ c_1 & c_2 & c_3 \\ a_1 & a_2 & a_3 \end{vmatrix} \tag{I.5.6}$$

oder, was dasselbe ist:

$$(\vec{a} \times \vec{b}) \cdot \vec{c} = (\vec{b} \times \vec{c}) \cdot \vec{a} = (\vec{c} \times \vec{a}) \cdot \vec{b}. \tag{I.5.7}$$

In einem Spatprodukt können die Vektoren zyklisch vertauscht werden, ohne daß sich der Wert des Produktes ändert.

Werden dagegen zwei Vektoren nichtzyklisch vertauscht, so ändert sich das Vorzeichen des Produktes. Das heißt es gilt:

$$(\vec{a} \times \vec{b}) \cdot \vec{c} = -(\vec{a} \times \vec{c}) \cdot \vec{b} = -(\vec{b} \times \vec{a}) \cdot \vec{c} = -(\vec{c} \times \vec{b}) \cdot \vec{a}. \tag{I.5.8}$$

Es gilt ferner:
Sind in einem Spatprodukt zwei Vektoren von gleicher Richtung enthalten, so ist das Produkt gleich null. Die Vektoren spannen kein Volumen mehr auf.

I.5.3
Das doppelte Kreuzprodukt

Das Kreuzprodukt (äußere Produkt) zweier Vektoren $\vec{b}$ und $\vec{c}$ bildet einen Vektor. Dieser Vektor kann mit einem dritten Vektor $\vec{a}$ erneut vektoriell multipliziert werden. Es ergibt sich das doppelte Kreuzprodukt,

$$\vec{a} \times (\vec{b} \times \vec{c}) = (\vec{a} \cdot \vec{c}) \vec{b} - (\vec{a} \cdot \vec{b}) \vec{c}. \tag{I.5.9}$$

Wird die Reihenfolge der Multiplikation verändert, so gilt:

$$(\vec{a} \times \vec{b}) \times \vec{c} = (\vec{a} \cdot \vec{c}) \vec{b} - (\vec{b} \cdot \vec{c}) \vec{a}. \tag{I.5.10}$$

Das doppelte Kreuzprodukt der Form (I.5.9) bildet einen Vektor, der in der von den beiden Vektoren $\vec{b}$ und $\vec{c}$ aufgespannten Ebene liegt. Die Reihenfolge der Faktoren im doppelten Kreuzprodukt ist nicht beliebig, die Klammer muß immer angegeben werden.

I.5.4
Das skalare Produkt aus zwei Vektorprodukten

Zwei Vektorprodukte der Vektoren $\vec{a}$ und $\vec{b}$ sowie $\vec{c}$ und $\vec{d}$ bilden zwei neue Vektoren, die skalar miteinander multipliziert werden können. Es ergibt sich das skalare Produkt zweier Vektorprodukte:

$$P = (\vec{a} \times \vec{b}) \cdot (\vec{c} \times \vec{d}). \tag{I.5.11}$$

Dieses Produkt kann nach der Rechenregel (I.5.7) umgewandelt werden:

$$(\vec{a} \times \vec{b}) \cdot (\vec{c} \times \vec{d}) = \vec{c} \cdot [\vec{d} \times (\vec{a} \times \vec{b})]. \tag{I.5.12}$$

Wird das doppelte Kreuzprodukt mit Hilfe der Gl. (I.5.9) entwickelt, so ergibt sich schließlich der Ausdruck:

$$(\vec{a} \times \vec{b}) \cdot (\vec{c} \times \vec{d}) = (\vec{a} \cdot \vec{c})(\vec{b} \cdot \vec{d}) - (\vec{a} \cdot \vec{d})(\vec{b} \cdot \vec{c}). \tag{I.5.13}$$

I.6
Beschreibung der Drehung von Vektoren

Die Drehung eines Vektors $\vec{a}$ um einen infinitesimal kleinen Winkel $d\alpha$ kann durch einen Vektor $d\vec{\alpha}$ beschrieben werden, dessen Betrag den Drehwinkel und dessen Richtung die Richtung der Drehachse angibt, wie in Abb. 12 dargestellt. Die bei dieser Drehung bewirkte Änderung von $\vec{a}$ ist, wie die Abbildung zeigt, ihrem Betrage nach

$$|d\vec{a}| = |\vec{a}| \sin\vartheta \, d\alpha \tag{I.6.1}$$

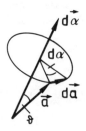

Abb. 12. Drehung eines Vektors um $d\vec{\alpha}$

und steht ihrer Richtung nach senkrecht auf der von $d\vec{\alpha}$ und $\vec{a}$ aufgespannten Ebene. Die Änderung von $\vec{a}$ wird daher durch

$$d\vec{a} = d\vec{\alpha} \times \vec{a} \tag{I.6.2}$$

beschrieben.

I.7 Differentiation von Vektoren

Ein Vektor $\vec{a} = (a_1, a_2, a_3)$ kann von einem skalaren Parameter, z. B. von der Zeit t, abhängen. Das bedeutet, seine Komponenten a_1, a_2, a_3 sind Funktionen der Zeit t: $a_1(t)$, $a_2(t)$, $a_3(t)$. Ist die Abhängigkeit der Komponenten von dem Parameter jeweils eine stetige Funktion und existieren die Grenzwerte

$$\lim_{\Delta t \to 0} \frac{a_1(t + \Delta t) - a_1(t)}{\Delta t}, \quad \lim_{\Delta t \to 0} \frac{a_2(t + \Delta t) - a_2(t)}{\Delta t},$$

$$\lim_{\Delta t \to 0} \frac{a_3(t + \Delta t) - a_3(t)}{\Delta t}, \tag{I.7.1}$$

so wird der Vektor differenzierbar genannt, d.h. es existiert auch der Grenzwert (vgl. Abb. 13)

$$\lim_{\Delta t \to 0} \frac{\vec{a}(t + \Delta t) - \vec{a}(t)}{\Delta t} = \frac{d\vec{a}}{dt}, \tag{I.7.2}$$

und es gilt:
Ein Vektor wird nach einer skalaren Größe differenziert, indem die einzelnen Komponenten differenziert werden:

$$\frac{d\vec{a}}{dt} = \frac{da_1}{dt}\vec{e}_1 + \frac{da_2}{dt}\vec{e}_2 + \frac{da_3}{dt}\vec{e}_3. \tag{I.7.3}$$

Es gilt, wie sich sofort erkennen läßt: Der Differentialquotient ist ein Vektor.

Abb. 13. Zur Differentiation von Vektoren

Für die Differentiation von Vektoren gelten die folgenden Rechenregeln:

$$\frac{d(\vec{a} \pm \vec{b})}{dt} = \frac{d\vec{a}}{dt} \pm \frac{d\vec{b}}{dt}. \tag{I.7.4}$$

Ist $\varphi(t)$ eine skalare Funktion und $\vec{a}(t)$ ein Vektor, dann gilt:

$$\frac{d(\varphi\vec{a})}{dt} = \varphi \frac{d\vec{a}}{dt} + \vec{a} \frac{d\varphi}{dt}. \tag{I.7.5}$$

Für die Differentiation von Vektorprodukten gelten die folgenden Regeln:

$$\frac{d}{dt}(\vec{a} \cdot \vec{b}) = \vec{a} \cdot \frac{d\vec{b}}{dt} + \frac{d\vec{a}}{dt} \cdot \vec{b}, \tag{I.7.6}$$

$$\frac{d}{dt}(\vec{a} \times \vec{b}) = \vec{a} \times \frac{d\vec{b}}{dt} + \frac{d\vec{a}}{dt} \times \vec{b}, \tag{I.7.7}$$

$$\frac{d}{dt}[\vec{a} \cdot (\vec{b} \times \vec{c})] = \vec{a} \cdot \left(\vec{b} \times \frac{d\vec{c}}{dt}\right) + \vec{a} \cdot \left(\frac{d\vec{b}}{dt} \times \vec{c}\right) + \frac{d\vec{a}}{dt} \cdot (\vec{b} \times \vec{c}), \tag{I.7.8}$$

$$\frac{d}{dt}[\vec{a} \times (\vec{b} \times \vec{c})] = \vec{a} \times \left(\vec{b} \times \frac{d\vec{c}}{dt}\right) + \vec{a} \times \left(\frac{d\vec{b}}{dt} \times \vec{c}\right) + \frac{d\vec{a}}{dt} \times (\vec{b} \times \vec{c}). \tag{I.7.9}$$

I.8
Skalar- und Vektorfunktionen

Physikalische Vorgänge sind im allgemeinen von mehr als einer Veränderlichen abhängig, sie bilden also Funktionen von mehreren Veränderlichen.

Es sei zunächst angenommen, daß die zu betrachtende physikalische Größe eine skalare Funktion von mehreren Veränderlichen ist. Die veranschaulichende Darstellung skalarer Funktionen mehrerer Veränderlicher bereitet im allgemeinen Schwierigkeiten. Verhältnismäßig leicht lassen sich Funktionen zweier Veränderlicher darstellen. In einem kartesischen Koordinatensystem

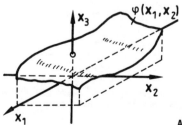

Abb. 14. Funktion $\varphi(x_1, x_2) = x_3(x_1, x_2)$

I.8 Skalar- und Vektorfunktionen

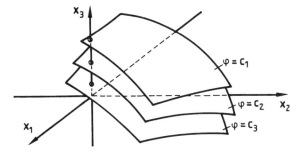

Abb. 15. Flächen konstanter Funktionswerte

werden die Koordinaten x_1 und x_2 als Veränderliche gewählt, x_3 als die Abhängige. Die skalare Funktion $\varphi(x_1, x_2)$ ist dann darstellbar als Fläche $\varphi(x_1, x_2) = x_3(x_1, x_2)$ im Raum x_1, x_2, x_3. Oft wird auch ein Verfahren der Eintafelprojektion verwendet, indem die Höhenlinien der Funktion, d.h. die Linien konstanten Wertes φ in die x_1, x_2-Ebene projiziert werden (vgl. Höhenlinien der Landkarten). Eine Funktion $\varphi(x_1, x_2, x_3)$ von drei Veränderlichen x_1, x_2, x_3 läßt sich auf diese Weise nicht mehr darstellen. Zur Veranschaulichung einer Funktion von drei Veränderlichen bleibt das folgende Verfahren: Alle Koordinatenwerte x_1, x_2, x_3, für die sich ein konstanter Funktionswert $\varphi = $ const. ergibt, werden miteinander verbunden; auf diese Weise ergeben sich im Koordinatensystem Flächen konstanter Funktionswerte, die zur Veranschaulichung dienen können (Abb. 15).

Viele physikalische Größen sind Vektoren. Vektoren können wie die skalaren Funktionen von mehreren Veränderlichen abhängig sein. Das bedeutet zunächst, daß die Komponenten eines Vektors $\vec{A} = (A_1, A_2, A_3)$ Funktionen von mehreren Veränderlichen sind:

$A_1(x_1, x_2, x_3, t, \ldots), A_2(x_1, x_2, x_3, t, \ldots), A_3(x_1, x_2, x_3, t, \ldots)$.

In der Maxwell'schen Theorie werden vor allem Vektoren in der Abhängigkeit von den drei Ortskoordinaten x_1, x_2, x_3 und der Zeit t betrachtet.

Sind die Komponenten eines Vektors $\vec{A}$ eindeutige Funktionen der drei Ortskoordinaten x_1, x_2, x_3, so wird jedem Punkt des Raumes eindeutig ein Vektor zugeordnet. Die Gesamtheit dieser Vektoren wird als Vektorfeld bezeichnet. Vektorfelder werden in diesem Buch mit großen Buchstaben (mit übergesetztem Pfeil) gekennzeichnet.

Die Definition des Vektorfeldes gilt selbstverständlich auch, wenn der Vektor zusätzlich noch von der Zeit abhängig ist; die oben stehende Aussage gilt dann für jeden beliebigen, festen Zeitpunkt.

Die Veranschaulichung von Vektorfeldern kann einmal dadurch geschehen, daß in jedem Punkt des Raumes der zugeordnete Vektor aufgetragen wird (Abb. 16). Diese Art der Darstellung wird leicht unübersichtlich. Günstiger ist die Veranschaulichung durch Feldlinien (Abb. 17).

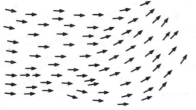

Abb. 16. Vektorfeld **Abb. 17.** Feldlinien

Feldlinien sind Kurven im Raum, die dadurch gekennzeichnet sind, daß sie in jedem Punkt des Raumes tangential zu dem in diesem Punkt definierten Vektor des betrachteten Vektorfeldes verlaufen. Der Richtungssinn des Vektors wird durch *eine* Pfeilspitze in der Feldlinie angegeben.

Unter dem Feldlinienbild des Vektorfeldes $\vec{A}(x_1, x_2, x_3) = \vec{A}(\vec{r})$ ($\vec{r}$ sei der allgemeine Ortsvektor mit den Komponenten (x_1, x_2, x_3), siehe Gl.(I.2.2)) wird die Gesamtheit aller Feldlinien im Raum verstanden. Durch jeden Punkt des Raumes verläuft also eine Feldlinie, die die Richtung des Feldvektors angibt. Damit das Feldlinienbild gleichzeitig eine Aussage über den Betrag des Feldvektors $\vec{A}$ macht, wird folgende Vereinbarung getroffen:

Anstelle aller Feldlinien wird eine Feldlinie durch den Schwerpunkt eines von den Feldlinien durchsetzen Flächenelements als „Repräsentant der gesamten Feldröhre" gezeichnet (Abb. 18). Die Feldlinien werden also nicht als konti-

Abb. 18. Feldröhre

nuierliche Linienschar eingetragen, sondern mit einer endlichen Liniendichte z. Dies ist die Feldlinienzahl bezogen auf eine Querschnittsfläche, die von den Feldlinien durchsetzt wird. Die Liniendichte wird überall so gewählt, daß

$$z = \alpha |\vec{A}| \tag{I.8.1}$$

gilt. Dann ist z ein direktes Maß für den Betrag des Vektors. Der Proportionalitätsfaktor α kann jeweils beliebig gewählt werden, er muß nur innerhalb einer Darstellung beibehalten werden. Man beachte: Längs einer Feldlinie ist $|\vec{A}|$ im allgemeinen nicht konstant. Und: Feldlinien können sich aufgrund ihrer Definition nicht schneiden.

I.9
Der Gradient

Betrachtet wird eine skalare Funktion (stetig und differenzierbar) des Ortes $\varphi(x_1, x_2, x_3)$, die zweidimensional durch ihre Linien konstanter Funktions-

I.9 Der Gradient

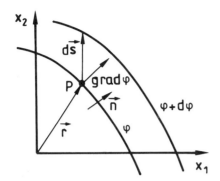

Abb. 19. Zum Gradienten

werte (Schnitt durch die Flächen konstanter Funktionswerte) dargestellt wird (Abb. 19). Gesucht ist die Änderung des Funktionswertes φ, wenn vom Punkt P mit den Koordinaten x_1, x_2, x_3 bzw. dem Ortsvektor $\vec{r}$ ausgehend die Ortskoordinaten um die Werte dx_1, dx_2, dx_3, bzw. der Ortsvektor um den Vektor $d\vec{s} = (dx_1, dx_2, dx_3)$ geändert werden, d.h. es wird die Differenz

$$\varphi(\vec{r} + d\vec{s}) - \varphi(\vec{r}) = d\varphi$$

oder anders geschrieben

$$d\varphi = \varphi(x_1 + dx_1, x_2 + dx_2, x_3 + dx_3) - \varphi(x_1, x_2, x_3) \tag{I.9.1}$$

gesucht. Diese Differenz ist, wie eine Taylorreihenentwicklung zeigt, in erster Näherung gleich dem vollständigen Differential

$$d\varphi = \frac{\partial \varphi}{\partial x_1} dx_1 + \frac{\partial \varphi}{\partial x_2} dx_2 + \frac{\partial \varphi}{\partial x_3} dx_3. \tag{I.9.2}$$

Dieser Ausdruck ist ein Skalar, er kann gedeutet werden als das Skalarprodukt der beiden Vektoren $d\vec{s} = (dx_1, dx_2, dx_3)$ und

$$\mathrm{grad}\,\varphi = \left(\frac{\partial \varphi}{\partial x_1}, \frac{\partial \varphi}{\partial x_2}, \frac{\partial \varphi}{\partial x_3}\right):$$

$$d\varphi = \mathrm{grad}\,\varphi \cdot d\vec{s}. \tag{I.9.3}$$

Es wird ein neuer Vektor $\mathrm{grad}\,\varphi$ definiert, genannt der Gradient der skalaren Ortsfunktion φ:

Unter dem Gradienten $\mathrm{grad}\,\varphi(x_1, x_2, x_3)$ im Punkte (x_1, x_2, x_3) einer skalaren Ortsfunktion $\varphi(x_1, x_2, x_3)$, deren partielle Ableitungen existieren und stetig sind (in der Umgebung dieses Punktes), wird folgender Vektor verstanden:

$$\mathrm{grad}\,\varphi = \frac{\partial \varphi}{\partial x_1} \vec{e}_1 + \frac{\partial \varphi}{\partial x_2} \vec{e}_2 + \frac{\partial \varphi}{\partial x_3} \vec{e}_3. \tag{I.9.4}$$

Der Gradient ist ein Vektorfeld, er ist ein Maß für die Änderung der skalaren Funktion $\varphi(x_1, x_2, x_3)$ in Richtung der Koordinaten x_1, x_2, x_3 im betrachteten Punkt.

Wird in Abb. 19 der Vektor $\vec{ds}$ parallel zur Linie φ = const. gewählt, so ändert sich trotz Änderung der Ortskoordinaten der Funktionswert φ nicht, d. h. für diesen Fall ist $d\varphi = 0$. Da aber nach dem eben Gesagten $d\varphi$ gedeutet werden kann als

$$d\varphi = \text{grad}\,\varphi \cdot \vec{ds} = |\text{grad}\,\varphi|\,|\vec{ds}|\cos(\sphericalangle\,\text{grad}\,\varphi, \vec{ds}), \qquad (I.9.5)$$

folgt: $d\varphi$ wird dann Null, wenn der Winkel zwischen $\vec{ds}$ und $\text{grad}\,\varphi$ gerade 90° wird. Nach Annahme wurde der Vektor $\vec{ds}$ parallel zur Linie φ = const. gewählt, das bedeutet:

Der Gradient $\text{grad}\,\varphi(x_1, x_2, x_3)$ steht immer senkrecht auf den Flächen $\varphi(x_1, x_2, x_3)$ = const..

In Zukunft soll die Funktion $\varphi(x_1, x_2, x_3)$ aus später ersichtlichen, physikalischen Gründen Potentialfunktion genannt werden. Dann gilt also:
Der Vektor $\text{grad}\,\varphi(x_1, x_2, x_3)$ steht immer senkrecht auf den Flächen konstanten Potentialwertes φ.
Das bedeutet aber weiterhin:
Der Gradient zeigt stets in Richtung des größten Anstiegs seiner Potentialfunktion.

Das heißt, bewegt man sich von einer Äquipotentialfläche ausgehend in Richtung des Vektors $\text{grad}\,\varphi$, so gelangt man auf kürzestem Wege zur nächsthöheren Niveaufläche der Potentialfunktion, und somit gilt:
Der Gradient zeigt immer in Richtung wachsender Funktionswerte der Potentialfunktion.

Der Absolutbetrag des Vektors $\text{grad}\,\varphi$

$$|\text{grad}\,\varphi| = \text{grad}\,\varphi \cdot \vec{n} = \frac{\partial\varphi}{\partial n} = \sqrt{\left(\frac{\partial\varphi}{\partial x_1}\right)^2 + \left(\frac{\partial\varphi}{\partial x_2}\right)^2 + \left(\frac{\partial\varphi}{\partial x_3}\right)^2} \qquad (I.9.6)$$

ist gleich der Ableitung der Potentialfunktion in Richtung der Normalen zu den Äquipotentialflächen.

Durch den Ausdruck $\vec{B} = \text{grad}\,\varphi$ wird jeder skalaren (stetigen und differenzierbaren) Ortsfunktion φ ein Vektorfeld mit den Komponenten

$$B_1 = \frac{\partial\varphi}{\partial x_1}; \qquad B_2 = \frac{\partial\varphi}{\partial x_2}; \qquad B_3 = \frac{\partial\varphi}{\partial x_3} \qquad (I.9.7)$$

zugeordnet. Umgekehrt läßt sich zu einem Vektorfeld $\vec{B}$ nur dann eine Potentialfunktion bestimmen, falls die Bedingungen

$$\frac{\partial B_1}{\partial x_2} - \frac{\partial B_2}{\partial x_1} = 0, \qquad \frac{\partial B_2}{\partial x_3} - \frac{\partial B_3}{\partial x_2} = 0, \qquad \frac{\partial B_3}{\partial x_1} - \frac{\partial B_1}{\partial x_3} = 0 \qquad (I.9.8)$$

erfüllt sind. Wird die Bedingung (I.9.8) erfüllt, dann gilt der Zusammenhang

$$\varphi(P) = \int_{P_0}^{P} \vec{B} \cdot d\vec{s} = \int_{P_0}^{P} \text{grad}\,\varphi \cdot d\vec{s}. \tag{I.9.9}$$

P_0 ist ein willkürlicher, aber fester Anfangspunkt (Bezugspunkt), in dem die Potentialfunktion null ist (zur Bedingung (I.9.8) s.a. Kap. I.11).

I.10
Die Divergenz

Betrachtet wird das Integral

$$\Phi = \iint_A \vec{B} \cdot \vec{n}\, dA \tag{I.10.1}$$

mit $\vec{B} = (B_1, B_2, B_3)$ einem beliebigen Vektorfeld. Das Integral wird in der Physik als Flußintegral bezeichnet und besitzt eine große Bedeutung; es gibt, falls $\vec{B}$ zum Beispiel ein Strömungsfeld ist, die Flußmenge pro Zeiteinheit an, die durch die Fläche A hindurchtritt. $\vec{n}$ ist der Flächennormalen-Einheitsvektor, der, wie in Abb. 9 definiert, senkrecht auf der Fläche A steht und den Betrag eins hat. dA ist ein infinitesimales Element der Fläche A (Abb. 20).

Wird an Stelle der in Abb. 20 gezeigten offenen Fläche eine geschlossene Fläche als Integrationsfläche gewählt, so gibt das Integral

$$\Phi = \oiint_A \vec{B} \cdot \vec{n}\, dA$$

Aufschluß über bestimmte Eigenschaften des Vektorfeldes. Befindet sich innerhalb der Integrationsfläche eine Quelle oder Senke des Feldes, in der Feldlinien erzeugt oder vernichtet werden (Abb. 21), so wird das Integral über

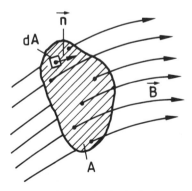
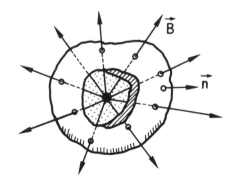

Abb. 20. Fluß durch die Fläche A   **Abb. 21.** Quellenfeld

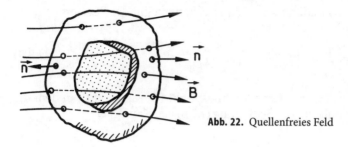

Abb. 22. Quellenfreies Feld

diese Hüllfläche einen von null verschiedenen Wert haben. Das heißt, es tritt ein Fluß aus der Hüllfläche aus oder in sie hinein. Befinden sich dagegen innerhalb der geschlossenen Fläche keine Quellen oder Senken (Abb. 22), so wird das Integral den Wert null annehmen; denn der Fluß, der auf der linken Seite der Hüllfläche (Abb. 22) eintritt, tritt auf der rechten Seite wieder aus, falls keine Quellen oder Senken innerhalb des umschlossenen Volumens vorhanden sind.

Wird vereinbart, daß der Flächennormalen-Einheitsvektor $\vec{n}$ stets in das Gebiet außerhalb der geschlossenen Fläche gerichtet ist, so wird im Beispiel nach Abb. 22 formal der Fluß auf der linken Seite (eintretende Feldlinien) negativ werden, da der Winkel zwischen $\vec{B}$ und $\vec{n}$ in der Größenordnung von 180° liegt; im Bereich der austretenden Feldlinien wird er dagegen positiv sein. Das heißt:

Das Flußintegral über eine geschlossene Fläche gibt Auskunft, ob das Vektorfeld innerhalb des umschlossenen Volumens Quellen oder Senken besitzt oder nicht.

Diese Aussage reicht aber noch nicht zur Charakterisierung des Vektorfeldes aus, solange die Hüllfläche endliche Ausdehnung besitzt; denn das Integral gibt nur an, ob eine Quelle (Senke) innerhalb des umschlossenen Volumens vorhanden ist, nicht aber die interessierende, genaue Lage der Quelle (Senke). Um das Feld punktweise nach Quellen (Senken) abtasten zu können, muß die Ausdehnung der Hüllfläche beliebig klein sein, d.h. das von der Fläche umschlossene Volumen muß gegen null gehen.

Gesucht wird also der Wert des Integrals

$$\Phi = \oiint_A \vec{B} \cdot \vec{n} \, dA$$

falls das von der Hüllfläche umschlossene Volumen beliebig klein wird. Das Integral wird zunächst auf das von der Fläche umschlossene Volumen bezogen und dann der Grenzübergang „Volumen gegen null" vorgenommen.

Das bedeutet: Das bezogene Integral stellt einen spezifischen Fluß des Vektorfeldes (Fluß pro Volumeneinheit) dar und wird nach vollzogenem Grenzübergang als Divergenz des Vektorfeldes bezeichnet.

$$\text{div}\,\vec{B} = \Delta V \xrightarrow{\lim} 0 \, \frac{1}{\Delta V} \oiint_A \vec{B}\cdot\vec{n}\,dA. \tag{I.10.2}$$

In Gebieten mit räumlich verteilten Quellen ist die Divergenz positiv (bei oben gewählter Normalenrichtung Abb. 21 und Abb. 22); enthält das Feld in dem entsprechenden Gebiet Senken, ist die Divergenz negativ. Ist das Vektorfeld in dem betrachteten Gebiet quellenfrei, so ist die Divergenz null.

In kartesischen Koordinaten errechnet sich die Divergenz aus Gl.(I.10.2) zu:

$$\text{div}\,\vec{B} = \frac{\partial B_1}{\partial x_1} + \frac{\partial B_2}{\partial x_2} + \frac{\partial B_3}{\partial x_3}. \tag{I.10.3}$$

Die Divergenz ist ein Skalar.

Aus der Definition der Divergenz ergibt sich (hier ohne Beweis) der Satz von Gauß als eine der wichtigsten Umrechnungsbeziehungen der Maxwellschen Theorie, die es erlaubt, Flächenintegrale in Volumenintegrale umzuwandeln:

$$\oiint_A \vec{B}\cdot\vec{n}\,dA = \iiint_V \text{div}\,\vec{B}\,dV. \tag{I.10.4}$$

V ist das Volumen, das von der geschlossenen Fläche A berandet wird.

In Worten:
Das Volumenintegral über alle spezifischen Flüsse aus den Elementen eines Raumbereichs V ist gleich dem Fluß aus der geschlossenen Oberfläche A dieses Raumbereichs V.

I.11
Die Rotation

Im Gegensatz zum Flußintegral ist das Arbeits- oder Zirkulationsintegral

$$A = \int_C \vec{B}\cdot d\vec{s} \tag{I.11.1}$$

ein Linienintegral. Es gibt zum Beispiel die Arbeit an, die das Kraftfeld $\vec{B}$ mit den Komponenten B_1, B_2, B_3 entlang des Weges C leistet. In kartesischen Koordinaten errechnet sich das Integral aus

$$\int_C \vec{B}\cdot d\vec{s} = \int_C (B_1 dx_1 + B_2 dx_2 + B_3 dx_3). \tag{I.11.2}$$

Wird das Integral über einen geschlossenen Weg C berechnet, so ist es in der Regel ungleich null.

Es existieren aber auch Felder $\vec{B}$, für die das Integral null ist. Ist dies der Fall, so wird das Feld wirbelfrei genannt. Abbildung 23 zeigt das Beispiel eines wir-

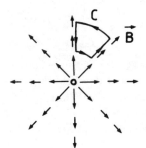

Abb. 23. Wirbelfreies Feld einer Punktladung

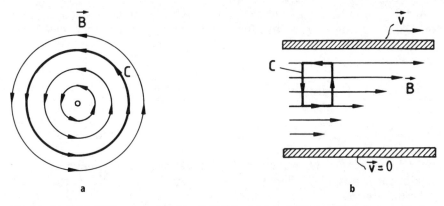

Abb. 24a, b. Wirbelfelder. a geschlossene Feldlinien bilden ein Wirbelfeld. b Ändert sich der Betrag des Feldes senkrecht zur Feldrichtung, so wird ein Wirbelfeld gebildet. Beispiel hier: Strömungsfeld in einer viskosen Flüssigkeit zwischen zwei bewegten Platten

belfreien Feldes. Hat das Feld Wirbel (Abb. 24), so ist das Zirkulationsintegral über einen geschlossenen Integrationsweg von null verschieden.

Entsprechend der Bildung der Divergenz gibt der Grenzwert des auf die vom Weg C umschlossene, infinitesimal kleine Fläche ΔA bezogenen Zirkulationsintegrals (Arbeit pro umschlossener Fläche)

$$\vec{n} \cdot \operatorname{rot} \vec{B} = \Delta A \xrightarrow{\lim} 0 \frac{1}{\Delta A} \oint_C \vec{B} \cdot d\vec{s}. \tag{I.11.3}$$

in einem Feld mit räumlich verteilten Wirbeln Aufschluß über die Verteilung dieser Wirbel ($\vec{n}$ ist der Flächennormalen-Einheitsvektor des Gebietes ΔA, Abb. 25). Der Grenzwert wird als Rotation bezeichnet, er berechnet sich in kartesischen Koordinaten aus:

I.11 Die Rotation

Abb. 25. Zur Definition der Rotation

$$\operatorname{rot} \vec{B} = \left(\frac{\partial B_3}{\partial x_2} - \frac{\partial B_2}{\partial x_3}\right) \vec{e}_1$$
$$+ \left(\frac{\partial B_1}{\partial x_3} - \frac{\partial B_3}{\partial x_1}\right) \vec{e}_2$$
$$+ \left(\frac{\partial B_2}{\partial x_1} - \frac{\partial B_1}{\partial x_2}\right) \vec{e}_3. \qquad (I.11.4)$$

Die Rotation gibt die punktweise Verteilung von Wirbeln in einem Vektorfeld an. Ist die Rotation im gesamten, betrachteten Gebiet null, wird das Feld wirbelfrei genannt.

Wie aus Gl. (I.11.4) hervorgeht, ist die Rotation ein Vektor. Die Berechnungsformel für diesen Vektor läßt sich in kartesischen Koordinaten in einfacher Form durch die Determinante

$$\operatorname{rot} \vec{B} = \begin{vmatrix} \vec{e}_1 & \vec{e}_2 & \vec{e}_3 \\ \dfrac{\partial}{\partial x_1} & \dfrac{\partial}{\partial x_2} & \dfrac{\partial}{\partial x_3} \\ B_1 & B_2 & B_3 \end{vmatrix} \qquad (I.11.5)$$

darstellen.

Ist das über einen geschlossenen Weg erstreckte Integral (I.11.1) gleich null, beziehungsweise, was dasselbe ist, ist die Rotation des Vektorfeldes $\vec{B}$ gleich null, so ist das Arbeitsintegral

$$A = \int_{P_1}^{P_2} \vec{B} \cdot d\vec{s}$$

vom Integrationsweg unabhängig. Der Beweis ist mit Abb. 26 wie folgt leicht zu führen:

Ist das Arbeitsintegral über $\vec{B}$ längs eines geschlossenen Weges null:

$$\oint_C \vec{B} \cdot d\vec{s} = 0,$$

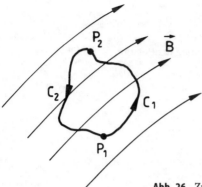

Abb. 26. Zur Unabhängigkeit des Arbeitsintegrals vom Weg

so kann dieser Weg stets in zwei Teilwege C_1 und C_2 zwischen den Punkten P_1 und P_2 (Abb. 26) zerlegt werden und es gilt:

$$\oint_C \vec{B} \cdot d\vec{s} = c_1\int_{P_1}^{P_2} \vec{B} \cdot d\vec{s} + c_2\int_{P_2}^{P_1} \vec{B} \cdot d\vec{s} = 0.$$

Wird der Weg C_2 nicht von P_2 nach P_1, sondern von P_1 nach P_2 durchlaufen, so wird die Richtung von $d\vec{s}$ um 180° geändert. Hieraus folgt:

$$c_1\int_{P_1}^{P_2} \vec{B} \cdot d\vec{s} - c_2\int_{P_1}^{P_2} \vec{B} \cdot d\vec{s} = 0.$$

und somit

$$c_1\int_{P_1}^{P_2} \vec{B} \cdot d\vec{s} = c_2\int_{P_1}^{P_2} \vec{B} \cdot d\vec{s},$$

womit obige Aussage bewiesen ist. Es ergibt sich also für das Integral (I.9.9)

$$\varphi(P) = \int_{P_0}^{P} \vec{B} \cdot d\vec{s}$$

stets eine vom Integrationsweg unabhängige, eindeutige Potentialfunktion φ. Notwendige und (bei Betrachtung einfach zusammenhängender Gebiete) hinreichende Bedingung für die Existenz einer Potentialfunktion in einem Gebiet ist somit die Bedingung (vgl. Gl. (I.9.8)):

$$\text{rot}\vec{B} = \vec{0}. \tag{I.11.6}$$

Oder anders ausgedrückt:
Ein rotationsfreies (wirbelfreies) Vektorfeld $\vec{B}$ ist immer ein Gradientenfeld; d.h. das Vektorfeld $\vec{B}$ besitzt eine skalare Potentialfunktion

$$\varphi(P) = \int_{P_0}^{P} \vec{B} \cdot d\vec{s} \quad \text{mit} \quad \varphi(P_0) = 0.$$

Aus der Definition der Rotation folgt der zweite wichtige Umrechnungssatz der Vektoranalysis, der Satz von Stokes (hier ohne Beweis):

$$\oint_C \vec{B} \cdot d\vec{s} = \iint_A \text{rot}\,\vec{B} \cdot \vec{n}\,dA. \tag{I.11.7}$$

Flächennormalenvektor $\vec{n}$ und Umlaufsinn der Randkurve C sind einander im Sinne einer Rechtsschraube zugeordnet, C ist die Randkuve des Gebietes A.

I.12
Grenzschichtverhalten

Es soll das Verhalten von Vektorfeldern an Grenzschichten untersucht werden. Das Feld sei zunächst als wirbelfrei, aber mit Quellen behaftet angenommen. Es wird eine beliebige Grenzfläche (Abb. 27) im Querschnitt betrachtet. Ein kleines Raumgebiet in der Form eines Quaders wird so gewählt, daß es die Grenzschicht einschließt. Wird der Gauß'sche Satz (Gl. (I.10.4))

$$\iiint_V \text{div}\,\vec{B}\,dV = \oiint_A \vec{B} \cdot \vec{n}\,dA \tag{I.12.1}$$

auf dieses Gebiet angewandt und mit Hilfe des Mittelwertsatzes der Integralrechnung ausgewertet, so gilt, wenn A die umschlossene Fläche in der Grenz-

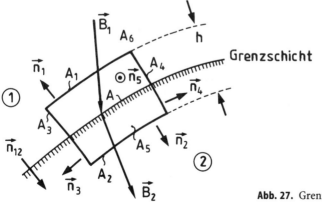

Abb. 27. Grenzschicht

schicht ist:

$$hA \, \overrightarrow{\text{div}\vec{B}} = \vec{B}_1 \cdot \vec{n}_1 A_1 + \vec{B}_2 \cdot \vec{n}_2 A_2 + \vec{B}_1 \cdot \vec{n}_3 \frac{A_3}{2} + \vec{B}_2 \cdot \vec{n}_3 \frac{A_3}{2}$$

$$+ \vec{B}_1 \cdot \vec{n}_4 \frac{A_4}{2} + \vec{B}_2 \cdot \vec{n}_4 \frac{A_4}{2} + \vec{B}_1 \cdot \vec{n}_5 \frac{A_5}{2} + \vec{B}_2 \cdot \vec{n}_5 \frac{A_5}{2} \qquad (I.12.2)$$

$$+ \vec{B}_1 \cdot \vec{n}_6 \frac{A_6}{2} + \vec{B}_2 \cdot \vec{n}_6 \frac{A_6}{2},$$

wobei A_6 die untere Deckelfläche des Quaders ist.
Nun gilt aber:

$$\vec{B}_1 \cdot \vec{n}_1 A_1 = - |\vec{B}_{1n}| A_1, \qquad \vec{B}_2 \cdot \vec{n}_2 A_2 = + |\vec{B}_{2n}| A_2, \qquad (I.12.3)$$

wobei $\vec{B}_n$ die Normalkomponente des Feldes zur jeweils betrachteten Fläche ist.
 Um eine Aussage über das Verhalten der Felder in der Grenzschicht machen zu können, wird der Grenzübergang „h gegen null" gemacht (Abb. 27), das bedeutet, daß auch A_3, A_4, A_5 und A_6 zu null werden und (auch bei gekrümmter Grenzschicht) $A_1 = A_2$ wird.
 Wird der Grenzwert

$$h \xrightarrow{\lim} 0 \; h \, \overrightarrow{\text{div}\vec{B}} = \overrightarrow{\text{Div}\vec{B}} \qquad (I.12.4)$$

als Flächendivergenz bezeichnet, so gilt:

$$\overrightarrow{\text{Div}\vec{B}} = |\vec{B}_{2n}| - |\vec{B}_{1n}| = \vec{n}_{12} \cdot (\vec{B}_2 - \vec{B}_1) \qquad (I.12.5)$$

mit den Normalen-Einheitsvektor $\vec{n}_{12}$ nach Abb. 27.
In Worten:
Die Differenz der Normalkomponenten des Vektorfeldes ist gleich der Flächendivergenz $\overrightarrow{\text{Div}\vec{B}}$ in der betrachteten Grenzschicht. Die Flächendivergenz macht eine Aussage über die Größe der in der Grenzschicht flächenhaft verteilten Quellen. Besitzt das Feld innerhalb der Grenzschicht keine Quellen, so ist die Flächendivergenz gleich null, und die Normalkomponente des Vektors ist in der Grenzschicht stetig.
 Jetzt wird ein Vektorfeld betrachtet, das wirbelbehaftet aber quellenfrei ist. Um eine Grenzschicht wird ein Integrationsweg nach Abb. 28 so gelegt, daß die von dem Integrationsweg berandete Fläche senkrecht zur Grenzschicht liegt. Auf das eingeschlossene Gebiet wird der Satz von Stokes

$$\oint_C \vec{B} \cdot d\vec{s} = \iint_A \text{rot}\,\vec{B} \cdot \vec{n} \, dA \qquad (I.12.6)$$

angewandt. Wird der Zusammenhang wieder mit Hilfe des Mittelwertsatzes der Integralrechnung ausgewertet, so gilt:

I.12 Grenzschichtverhalten

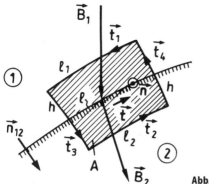

Abb. 28. Grenzschicht

$$h\ell \, \overline{\text{rot}\vec{B} \cdot \vec{n}} = \vec{B}_1 \cdot \vec{t}_1 \ell_1 + \vec{B}_2 \cdot \vec{t}_2 \ell_2 + (\vec{B}_1 \cdot \vec{t}_3) \frac{h}{2} + (\vec{B}_2 \cdot \vec{t}_3) \frac{h}{2}$$

$$+ (\vec{B}_2 \cdot \vec{t}_4) \frac{h}{2} + (\vec{B}_1 \cdot \vec{t}_4) \frac{h}{2}. \tag{I.12.7}$$

Dabei ist $\vec{n}$ der Flächennormalen-Einheitsvektor auf der Fläche, die durch die Tangentialvektoren $\vec{t}_\nu$ ($\nu = 1, 2, 3, 4$) begrenzt wird. $\vec{n}$ ist gleichzeitig Tangentialvektor zur betrachteten Grenzschicht. ℓ ist ein Mittelwert, so daß $h\ell$ gleich dem Flächeninhalt des betrachteten Gebietes ist. Wird der Grenzwert

$$h \xrightarrow{\lim} 0 \quad h \cdot \overline{\text{rot}\vec{B}} = \text{Rot}\vec{B} \tag{I.12.8}$$

als Flächenrotation bezeichnet, so ergibt sich zunächst:

$$\vec{n} \cdot \text{Rot}\vec{B} = |\vec{B}_{2t}| - |\vec{B}_{1t}| \tag{I.12.9}$$

und nach kurzer Zwischenrechnung

$$\text{Rot}\vec{B} = \vec{n}_{12} \times (\vec{B}_2 - \vec{B}_1). \tag{I.12.10}$$

Hierin ist $\vec{n}_{12}$ der in Abb. 18 eingezeichnete Normalenvektor zur Grenschicht, der vom Gebiet 1 in das Gebiet 2 weist. $\vec{B}_t$ ist die Vektorkomponente in Richtung des Tangentialvektors $\vec{t}$.

Die Flächenrotation ist ein Maß für die flächenhaft verteilten Wirbel in der Grenzschicht. Die Flächenrotation gibt den Sprung der Tangentialkomponente des Vektors in der Grenzschicht an. Ist das betrachtete Vektorfeld wirbelfrei, so ist die Tangentialkomponente des Feldes in der Grenzschicht stetig.

I.13
Der Nabla-Operator

Eingeführt wird der Nabla-Operator (engl.: del-operator):

$$\nabla = \frac{\partial}{\partial x_1}\vec{e}_1 + \frac{\partial}{\partial x_2}\vec{e}_2 + \frac{\partial}{\partial x_3}\vec{e}_3. \tag{I.13.1}$$

Das Zeichen ∇ wird Nabla gesprochen und ist einem althebräischen Saiteninstrument nachgebildet.

Der Operator ∇ hat gleichzeitig die Eigenschaften eines Vektors und eines mathematischen Differentialoperators, d.h. wenn er einer anderen Größe vorangestellt wird, verlangt er die Differentiation der nachstehenden Größe und zwar in folgender Weise:

Wird der Nabla-Operator formal mit einer skalaren Funktion des Ortes $\varphi(x_1, x_2, x_3)$ multipliziert:

$$\nabla\varphi = \frac{\partial \varphi}{\partial x_1}\vec{e}_1 + \frac{\partial \varphi}{\partial x_2}\vec{e}_2 + \frac{\partial \varphi}{\partial x_3}\vec{e}_3 = \text{grad}\,\varphi, \tag{I.13.2}$$

so wird durch diese Multiplikation der Gradient der skalaren Ortsfunktion gebildet (vgl. Gl. (I.9.4)).

Neben der Möglichkeit, den Vektor ∇ mit einer skalaren Funktion zu multiplizieren, kann er auf zwei verschiedene Arten mit einem Vektorfeld multipliziert werden:

Wird das Skalarprodukt

$$\nabla \cdot \vec{B} = \frac{\partial B_1}{\partial x_1} + \frac{\partial B_2}{\partial x_2} + \frac{\partial B_3}{\partial x_3} = \text{div}\,\vec{B} \tag{I.13.3}$$

gebildet, so zeigt ein Vergleich mit der Gl. (I.10.3), daß durch diese formale Multiplikation die Divergenz des Vektors $\vec{B}$ gebildet wird.

Als letzte Möglichkeit bietet sich die Bildung des vektoriellen Produktes aus ∇ und einem Vektorfeld $\vec{B}$ an. Nach Gl. (I.4.23) läßt sich dieses Produkt durch die Determinante

$$\nabla \times \vec{B} = \begin{vmatrix} \vec{e}_1 & \vec{e}_2 & \vec{e}_3 \\ \frac{\partial}{\partial x_1} & \frac{\partial}{\partial x_2} & \frac{\partial}{\partial x_3} \\ B_1 & B_2 & B_3 \end{vmatrix} = \text{rot}\,\vec{B} \tag{I.13.4}$$

darstellen.

Der Wert des Kreuzproduktes $\nabla \times \vec{B}$ ist, wie ein Vergleich mit Gl. (I.11.5) zeigt, gleich der Rotation des betrachteten Vektorfeldes $\vec{B}$.

I.13 Der Nabla-Operator

Der Nabla-Operator bietet also die Möglichkeit, mit Hilfe der Rechenregeln der Vektoralgebra komplizierte Bildungen der Vektoranalysis einfach und schnell zu berechnen.

Aufgrund des doppeldeutigen Charakters des Nabla-Operators (Vektor und Differentialoperator) müssen bei Verwendung des Nabla-Operators die geltenden Rechenregeln der Vektoralgebra streng beachtet werden; nur dann bietet der Nabla-Operator Vorteile gegenüber anderen Rechenmethoden.

Wie schon erwähnt, fordert das Voranstellen des ∇-Operators vor eine skalare oder vektorielle Funktion die Differentiation dieser Funktion. Für zwei skalare Funktionen u und v, die differenziert werden sollen, gelten die folgenden Regeln:

$$\begin{aligned} d(u+v) &= du + dv, \\ d(u-v) &= du - dv, \\ d(uv) &= u\,dv + v\,du. \end{aligned}$$ (I.13.5)

Ganz entsprechende Regeln gelten für die Anwendung des Nabla-Operators:
Es seien ϕ und ψ zwei skalare Funktionen und $\vec{F}$ und $\vec{G}$ zwei vektorielle Funktionen der Raumkoordinaten, dann gilt:

$$\begin{aligned} \nabla(\phi + \psi) &= \nabla_\phi(\phi) + \nabla_\psi(\psi) \\ \nabla(\phi - \psi) &= \nabla_\phi(\phi) - \nabla_\psi(\psi), \\ \nabla(\vec{F} + \vec{G}) &= \nabla_{\vec{F}}(\vec{F}) + \nabla_{\vec{G}}(\vec{G}), \\ \nabla(\vec{F} - \vec{G}) &= \nabla_{\vec{F}}(\vec{F}) - \nabla_{\vec{G}}(\vec{G}). \end{aligned}$$ (I.13.6)

Der Index am ∇-Operator gibt an, auf welche Funktion der Operator angewendet werden soll. Bei der Anwendung des Operators auf eine Summe sind die Verhältnisse noch übersichtlich, bei der Differentiation eines Produktes muß aber etwas vorsichtiger vorgegangen werden. Die dritte Gleichung von (I.13.5) bedeutet nichts anderes als: Das Produkt zweier Funktionen wird differenziert, indem die erste Funktion differenziert wird und mit der zweiten Funktion multipliziert wird, dann die zweite Funktion differenziert wird und mit der ersten multipliziert wird; schließlich werden beide Anteile addiert. Entsprechend wird die Differentiation mit Hilfe des Nabla-Operators durchgeführt, nur werden die Gleichungen etwas anders geschrieben, z.B. für zwei skalare Funktionen ϕ und ψ:

$$\begin{aligned} \nabla(\phi\psi) &= \nabla_\phi(\phi\psi) + \nabla_\psi(\phi\psi), \\ \nabla(\phi\psi) &= \psi\nabla_\phi \phi + \phi\nabla_\psi \psi, \end{aligned}$$ (I.13.7)

bzw. für zwei vektorielle Funktionen:

$$\begin{aligned} \nabla(\vec{F} \cdot \vec{G}) &= \nabla_{\vec{F}}(\vec{F} \cdot \vec{G}) + \nabla_{\vec{G}}(\vec{F} \cdot \vec{G}), \\ \nabla(\vec{F} \times \vec{G}) &= \nabla_{\vec{F}}(\vec{F} \times \vec{G}) + \nabla_{\vec{G}}(\vec{F} \times \vec{G}). \end{aligned}$$ (I.13.8)

Die dem Nabla-Operator zugefügten Indizes deuten an, daß er jeweils nur auf eine entsprechende Funktion anzuwenden ist. Die Auflösung der in Gl. (I.13.8) angegebenen allgemeinen Beziehungen bedarf je nach der Art der auftretenden Vektorprodukte unterschiedlicher Behandlung. Dies wird im einzelnen in Kap. I.14 gezeigt.

Das Produkt des Nabla-Operators mit sich selbst,

$$\nabla\nabla = \nabla^2 = \Delta = \frac{\partial^2}{\partial x_1^2} + \frac{\partial^2}{\partial x_2^2} + \frac{\partial^2}{\partial x_3^2},\tag{I.13.9}$$

wird als Delta-Operator (nicht zu verwechseln mit der englischen Bezeichnung del-operator für den Nabla-Operator) bezeichnet.

Anwendungen zu den Rechenregeln mit ausführlichen Erläuterungen finden sich im nächsten Kapitel.

I.14
Rechnen mit dem Nabla-Operator

a) In einem kartesischen Koordinatensystem mit den Koordinaten x_1, x_2, x_3 stellt der Vektor $\vec{r} = (x_1, x_2, x_3)$ den Ortsvektor des beliebigen Punktes P mit den Koordinaten x_1, x_2, x_3 dar; sein Abstand vom Nullpunkt des Koordinatensystems ist $r = (x_1^2 + x_2^2 + x_3^2)^{1/2}$. In der Maxwellschen Theorie werden oft Funktionen $f(r)$ betrachtet, die nur in der in r kombinierten Weise von den Koordinaten x_1, x_2, x_3 abhängen (Kugelkoordinatensystem).

Es soll zunächst zu den skalaren Ortsfunktionen $f(r)$ der Gradient grad$[f(r)]$ bestimmt werden. Es gilt:

$$\text{grad}[f(r)] = \nabla f(r) = \frac{\partial f(r)}{\partial x_1}\vec{e}_1 + \frac{\partial f(r)}{\partial x_2}\vec{e}_2 + \frac{\partial f(r)}{\partial x_3}\vec{e}_3.$$

Mit Hilfe der Kettenregel der Differentialrechnung läßt sich dieser Ausdruck umformen:

$$\text{grad}[f(r)] = \nabla f(r) = \frac{df}{dr}\frac{\partial r}{\partial x_1}\vec{e}_1 + \frac{df}{dr}\frac{\partial r}{\partial x_2}\vec{e}_2 + \frac{df}{dr}\frac{\partial r}{\partial x_3}\vec{e}_3,$$

$$\text{grad}[f(r)] = \frac{df}{dr}\left[\frac{x_1}{\sqrt{x_1^2+x_2^2+x_3^2}}\vec{e}_1 + \frac{x_2}{\sqrt{x_1^2+x_2^2+x_3^2}}\vec{e}_2 + \frac{x_3}{\sqrt{x_1^2+x_2^2+x_3^2}}\vec{e}_3\right],$$

$$\text{grad}[f(r)] = \frac{df(r)}{dr}\frac{1}{r}[x_1\vec{e}_1 + x_2\vec{e}_2 + x_3\vec{e}_3],$$

$$\text{grad}[f(r)] = \frac{df(r)}{dr}\frac{\vec{r}}{r} = f'(r)\frac{\vec{r}}{r} = f'(r)\vec{e}_r.\tag{I.14.1}$$

I.14 Rechnen mit den Nabla-Operator

f'(r) ist die Ableitung der Funktion f(r) nach ihrer Veränderlichen r, $\vec{e}_r$ stellt einen Einheitsvektor in Richtung von $\vec{r}$ dar.

b) Als spezielle Lösungen ergeben sich für f(r) = ln(r):

$$\text{grad}[\ln(r)] = \frac{d[\ln(r)]}{dr} \frac{\vec{r}}{r} = \frac{1}{r} \frac{\vec{r}}{r},$$

$$\text{grad}[\ln(r)] = \frac{\vec{r}}{r^2}. \tag{I.14.2}$$

c) für $f(r) = \frac{1}{r}$:

$$\text{grad}\left(\frac{1}{r}\right) = -\frac{1}{r^2} \frac{\vec{r}}{r},$$

$$\text{grad}\left(\frac{1}{r}\right) = -\frac{\vec{r}}{r^3}. \tag{I.14.3}$$

d) Als weitere einfache Anwendung des Nabla-Operators errechnet sich:

$$\text{div}(\vec{r}) = \nabla \cdot \vec{r} = \nabla \cdot (x_1\vec{e}_1 + x_2\vec{e}_2 + x_3\vec{e}_3) = \frac{\partial x_1}{\partial x_1} + \frac{\partial x_2}{\partial x_2} + \frac{\partial x_3}{\partial x_3},$$

$$\text{div}(\vec{r}) = 3 \tag{I.14.4}$$

für einen Ortsvektor $\vec{r}$ im Raum mit den Koordinaten x_1, x_2, x_3.

e) Zu berechnen sei der Ausdruck grad$(\vec{a} \cdot \vec{r})$, worin $\vec{r}$ wiederum der Ortsvektor $\vec{r} = (x_1, x_2, x_3)$ und $\vec{a} = (a_1, a_2, a_3)$ ein konstanter, von den Ortskoordinaten unabhängiger Vektor sei. Bei diesem Beispiel wird bereits eine erste Schwierigkeit auftreten:

$$\text{grad}(\vec{a} \cdot \vec{r}) = \nabla(\vec{a} \cdot \vec{r}) = \nabla_{\vec{a}}(\vec{a} \cdot \vec{r}) + \nabla_{\vec{r}}(\vec{a} \cdot \vec{r}).$$

$\vec{a}$ ist ein konstanter Vektor; d.h., falls der Nabla-Operator auf ihn angewendet wird, wird der Ausdruck zu null (Differentiation). Der erste Term der Summe verschwindet also. Es bleibt:

$$\text{grad}(\vec{a} \cdot \vec{r}) = \nabla_{\vec{r}}(\vec{a} \cdot \vec{r}).$$

Rechts steht ein Produkt aus drei Vektoren, in dem aber nach dem im Kap. I.5.1 Gesagten die Reihenfolge der Multiplikation (Klammer) nicht verändert werden darf. Da es Ziel der Rechnung ist, $\nabla_{\vec{r}}$ auf $\vec{r}$ anzuwenden, müßte der Vektor $\vec{r}$ direkt hinter dem Nabla-Operator stehen. Dies ist hier nicht zu erreichen. Es bleibt nur die Berechnung der Klammer übrig:

$$\vec{a} \cdot \vec{r} = a_1 x_1 + a_2 x_2 + a_3 x_3.$$

Dieser Ausdruck wird eingesetzt, und es ergibt sich:

$$\operatorname{grad}(\vec{a} \cdot \vec{r}) = \left(\frac{\partial}{\partial x_1}\vec{e}_1 + \frac{\partial}{\partial x_2}\vec{e}_2 + \frac{\partial}{\partial x_3}\vec{e}_3\right)(a_1 x_1 + a_2 x_2 + a_3 x_3).$$

Die Ausrechnung liefert unter Berücksichtigung der Tatsache, daß nur noch der Vektor $\vec{r}$ differenziert wird, bzw. was dasselbe ist, daß die Komponenten a_1, a_2, a_3 konstante, raumunabhängige Größen sind:

$$\operatorname{grad}(\vec{a} \cdot \vec{r}) = a_1 \vec{e}_1 + a_2 \vec{e}_2 + a_3 \vec{e}_3 = \vec{a}. \tag{I.14.5}$$

f) Berechnet werden soll der Ausdruck:

$$\operatorname{div}[f(r)\vec{r}] = \nabla \cdot [f(r)\vec{r}] = \nabla_f \cdot [f(r)\vec{r}] + \nabla_{\vec{r}} \cdot [f(r)\vec{r}].$$

Das hier vorliegende Produkt ist im Gegensatz zum vorigen Beispiel ein Produkt aus nur zwei Vektoren (ein Skalarprodukt) und einem skalaren Faktor. Da die skalare Funktion nach den Rechenregeln der Vektoralgebra in diesem Produkt an jede beliebige Stelle gesetzt werden darf, ohne den Wert des Produkts zu verändern (Gl. (I.4.16)), da ferner das kommutative Gesetz für Skalarprodukte gilt (Gl. (I.4.14)), ist die Klammer im obigen Ausdruck unnötig.
Es läßt sich also schreiben:

$$\operatorname{div}[f(r)\vec{r}] = \vec{r} \cdot \nabla_f f(r) + f(r) \nabla_{\vec{r}} \cdot \vec{r}.$$

Hiermit wurde erreicht, daß der Operator vor der Funktion steht, auf die er angewendet werden soll. Es ist also:

$$\operatorname{div}[f(r)\vec{r}] = \vec{r} \cdot \operatorname{grad}[f(r)] + f(r) \operatorname{div}(\vec{r}).$$

Mit den Ergebnissen (I.14.1) und (I.14.4) gilt schließlich:

$$\operatorname{div}[f(r)\vec{r}] = \vec{r} \cdot f'(r)\frac{\vec{r}}{r} + 3f(r),$$

$$\operatorname{div}[f(r)\vec{r}] = r\,f'(r) + 3f(r), \quad \text{da } \vec{r}^{\,2} = r^2 \text{ ist.} \tag{I.14.6}$$

g) Es soll gezeigt werden, daß ein Rotationsfeld quellenfrei ist, daß also $\operatorname{div}\operatorname{rot}(\vec{A}) = 0$ ist ($\vec{A}$ ist ein Vektorfeld):

$$\operatorname{div}\operatorname{rot}(\vec{A}) = \nabla \cdot (\nabla \times \vec{A}).$$

I.14 Rechnen mit den Nabla-Operator

Der Ausdruck auf der rechten Seite stellt ein Spatprodukt mit zwei gleichen Vektoren dar, das nach Kapitel I.5.2 verschwindet:

$$\operatorname{div}\operatorname{rot}(\vec{A}) = 0. \tag{I.14.7}$$

Das bedeutet, jedem quellenfreien Feld $\vec{B}$ kann ein Vektorpotential $\vec{A}$: $\vec{B} = \operatorname{rot}\vec{A}$, zugeordnet werden, da dann immer $\operatorname{div}\vec{B} = \operatorname{div}\operatorname{rot}\vec{A} = 0$ gilt.

h) Zu berechnen ist der Ausdruck $\operatorname{div}(\vec{A} \times \vec{B})$. Hierin seien $\vec{A}$ und $\vec{B}$ Vektorfelder. Es gilt:

$$\operatorname{div}(\vec{A} \times \vec{B}) = \nabla \cdot (\vec{A} \times \vec{B}) = \nabla_{\vec{A}} \cdot (\vec{A} \times \vec{B}) + \nabla_{\vec{B}} \cdot (\vec{A} \times \vec{B}).$$

Beide Ausdrücke auf der rechten Seite der Gleichung stellen ein Spatprodukt dar, das jeweils so umzuformen ist, daß die Operatoren mit den Vektoren, auf die sie angewendet werden sollen, in einem Skalar- oder Vektorprodukt auftreten. In einem Spatprodukt dürfen die Vektoren zyklisch vertauscht werden (Gl. (I.5.7)) ohne daß sich der Produktwert ändert; werden sie nichtzyklisch vertauscht, ist das Vorzeichen des Produkts zu ändern (Gl. (I.5.8)). Also gilt:

$$\operatorname{div}(\vec{A} \times \vec{B}) = (\nabla_{\vec{A}} \times \vec{A}) \cdot \vec{B} - \vec{A} \cdot (\nabla_{\vec{B}} \times \vec{B}),$$

$$\operatorname{div}(\vec{A} \times \vec{B}) = \vec{B} \cdot \operatorname{rot}\vec{A} - \vec{A} \cdot \operatorname{rot}\vec{B}. \tag{I.14.8}$$

i) Der Ausdruck $\operatorname{rot}[f(r)\vec{r}]$ läßt sich zu

$$\operatorname{rot}[f(r)\vec{r}] = \nabla \times [f(r)\vec{r}] = \nabla_f \times [f(r)\vec{r}] + \nabla_{\vec{r}} \times [f(r)\vec{r}]$$

umformen. Beide Summanden stellen ein Kreuzprodukt mit einem skalaren Faktor dar. Da dieser skalare Faktor nur den Absolutbetrag des Produktvektors bestimmt, läßt er sich an jede beliebige Stelle innerhalb des Produktes schreiben (Gl. (I.4.20)). Damit gilt speziell:

$$\operatorname{rot}[f(r)\vec{r}] = \nabla_f f(r) \times \vec{r} + f(r)\nabla_{\vec{r}} \times \vec{r},$$

$$\operatorname{rot}[f(r)\vec{r}] = \operatorname{grad}[f(r)] \times \vec{r} + f(r)\operatorname{rot}(\vec{r}),$$

$$\operatorname{rot}[f(r)\vec{r}] = f'(r)\frac{\vec{r}}{r} \times \vec{r} + f(r)\operatorname{rot}(\vec{r}) = f(r)\operatorname{rot}(\vec{r}).$$

Im ersten Kreuzprodukt treten zwei Vektoren gleicher Richtung auf, das Produkt verschwindet. Der Ausdruck $\operatorname{rot}(\vec{r})$ wird explizit nach Gl. (I.11.5) ausgerechnet:

$$\text{rot}(\vec{r}) = \begin{vmatrix} \vec{e}_1 & \vec{e}_2 & \vec{e}_3 \\ \dfrac{\partial}{\partial x_1} & \dfrac{\partial}{\partial x_2} & \dfrac{\partial}{\partial x_3} \\ x_1 & x_2 & x_3 \end{vmatrix} = \vec{0}.$$

Damit folgt auch

$$\text{rot}[f(r)\vec{r}] = \vec{0}. \tag{I.14.9}$$

Gl. (I.14.9) bestätigt die Aussage, daß ein radiales Vektorfeld, dessen Betrag nur vom Abstand r zum Ursprung des Koordinatensystems abhängt (Beispiel: Punktladungsfeld, Abb. 23), rotationsfrei ist.

j) Aus den vorangegangenen Rechnungen folgt sofort für div $(\vec{a} \times \vec{r})$, falls $\vec{a}$ ein konstanter Vektor $\vec{a} \neq \vec{a}(x_1, x_2, x_3)$ und $\vec{r} = (x_1, x_2, x_3)$ der allgemeine Ortsvektor ist:

$$\text{div}(\vec{a} \times \vec{r}) = \nabla \cdot (\vec{a} \times \vec{r}) = \nabla_{\vec{a}} \cdot (\vec{a} \times \vec{r}) + \nabla_{\vec{r}} \cdot (\vec{a} \times \vec{r}).$$

Rechts stehen zwei Spatprodukte, von denen das erste gleich Null ist, da ∇ auf einen konstanten Vektor angewendet werden soll. Das zweite Produkt läßt sich umformen:

$$\text{div}(\vec{a} \times \vec{r}) = \nabla_{\vec{r}} \cdot (\vec{a} \times \vec{r}) = -\vec{a} \cdot (\nabla_{\vec{r}} \times \vec{r}) = -\vec{a} \cdot \text{rot}(\vec{r}).$$

Da nach den Rechnungen im Abschnitt i. aber $\text{rot}(\vec{r}) = \vec{0}$ ist, folgt auch:

$$\text{div}(\vec{a} \times \vec{r}) = 0. \tag{I.14.10}$$

k) Der in der Magnetostatik benötigte Ausdruck $\text{rot}(\vec{a} \times \vec{r})$ mit $\vec{a} \neq \vec{a}(x_1, x_2, x_3)$ einem konstanten Vektor und $\vec{r} = (x_1, x_2, x_3)$ dem Ortsvektor, bietet in seiner Berechnung Schwierigkeiten, die dann auftreten, wenn eine Indizierung des Nabla-Operators vernachlässigt wird. Zunächst gilt:

$$\text{rot}(\vec{a} \times \vec{r}) = \nabla \times (\vec{a} \times \vec{r}) = \nabla_{\vec{r}} \times (\vec{a} \times \vec{r}) + \nabla_{\vec{a}} \times (\vec{a} \times \vec{r}).$$

Der zweite Term der Summe ist gleich null. Der erste Term läßt sich nach der Entwicklungsformel (I.5.9) umformen:

$$\text{rot}(\vec{a} \times \vec{r}) = \vec{a}(\nabla_{\vec{r}} \cdot \vec{r}) - (\nabla_{\vec{r}} \cdot \vec{a})\vec{r},$$

$$\text{rot}(\vec{a} \times \vec{r}) = \vec{a}\,\text{div}(\vec{r}) - (\nabla_{\vec{r}} \cdot \vec{a})\vec{r} = 3\vec{a} - (\nabla_{\vec{r}} \cdot \vec{a})\vec{r}.$$

Wird im zweiten Term der oben stehenden Gleichung $(\nabla_{\vec{r}} \cdot \vec{a})\vec{r}$ der Index am Operator nicht angeschrieben, so kommt durch Übersehen der Tatsache, daß $\nabla_{\vec{r}}$ nur auf $\vec{r}$, nicht aber aus $\vec{a}$ angewendet werden soll, leicht ein Fehler zustande. So aber gilt:

$$(\vec{a} \cdot \nabla_{\vec{r}}) \vec{r} = (\vec{a} \cdot \nabla_{\vec{r}}) \vec{r}$$

$$(\nabla_r \cdot \vec{a}) \vec{r} = \left[\left(a_1\vec{e}_1 + a_2\vec{e}_2 + a_3\vec{e}_3\right)\left(\frac{\partial}{\partial x_1}\vec{e}_1 + \frac{\partial}{\partial x_2}\vec{e}_2 + \frac{\partial}{\partial x_3}\vec{e}_3\right)\right]\vec{r},$$

$$(\vec{a} \cdot \nabla_{\vec{r}}) \vec{r} = \left(a_1 \frac{\partial}{\partial x_1} + a_2 \frac{\partial}{\partial x_2} + a_3 \frac{\partial}{\partial x_3}\right) (x_1\vec{e}_1 + x_2\vec{e}_2 + x_3\vec{e}_3) = \vec{a}.$$

Als endgültiges Ergebnis ergibt sich also für rot $(\vec{a} \times \vec{r})$:

$$\text{rot} (\vec{a} \times \vec{r}) = 3\vec{a} - \vec{a} = 2\vec{a}. \tag{I.14.11}$$

l) Der Ausdruck rot (rot $\vec{A}$) läßt sich mit Hilfe des Entwicklungssatzes (I.5.9) leicht berechnen:

$$\text{rot rot } \vec{A} = \nabla \times (\nabla \times \vec{A}) = \nabla(\nabla \cdot \vec{A}) - (\nabla^2)\vec{A},$$

$$\text{rot rot } \vec{A} = \text{grad div } \vec{A} - \Delta \vec{A}. \tag{I.14.12}$$

mit Δ dem Delta-Operator.

m) Es soll der Ausdruck rot $[f(r) \vec{a}]$ mit dem konstanten Vektor $\vec{a} = (a_1, a_2, a_3) \neq \vec{a}(x_1, x_2, x_3)$ berechnet werden. Es gilt:

$$\text{rot}[f(r) \vec{a}] = \nabla \times [f(r) \vec{a}] = \nabla_f \times [f(r)\vec{a}] + \nabla_{\vec{a}} \times [f(r) \vec{a}].$$

Die Anwendung des Nabla-Operators auf den konstanten Vektor ergibt null,

$$\text{rot}[f(r)\vec{a}] = \nabla_f \times [f(r) \vec{a}].$$

Die skalare Funktion f(r) kann an jede beliebige Stelle des Vektorproduktes gestellt werden (Gl. (I.4.20)):

$$\text{rot}[f(r) \vec{a}] = \nabla_f f(r) \times \vec{a} = \text{grad } f(r) \times \vec{a},$$

$$\text{rot}[f(r) \vec{a}] = f'(r) \frac{\vec{r}}{r} \times \vec{a}. \tag{I.14.13}$$

n) Als letztes Beispiel soll der Ausdruck div grad (fg) bestimmt werden, worin f und g zwei Funktionen des Ortes mit skalarem Charakter sind. Mit Hilfe des Nabla-Operators läßt sich der Ausdruck zunächst als

$$\text{div grad}(fg) = \nabla \cdot [\nabla(fg)] = \nabla \cdot [\nabla_f(fg) + \nabla_g(fg)],$$

$$\text{div grad}(fg) = \nabla \cdot [g \nabla_f f + f \nabla_g g] = \nabla \cdot (g \nabla_f f) + \nabla \cdot (f \nabla_g g)$$

schreiben. Hierbei ist zunächst nur der innere Nabla-Operator auf die Funktionen angewendet worden. Wird auch der zweite Nabla-Operator angewendet, so fordert die Differentiation durch den Nabla-Operator wiederum die Anwendung der Produktenregel (I.13.7), so daß sich schließlich der folgende Ausdruck ergibt:

$$\text{div grad}(fg) = \nabla_g \cdot (g\nabla_f f) + \nabla_f \cdot (g\nabla_f f) + \nabla_g \cdot (f\nabla_g g) + \nabla_f \cdot (f\nabla_g g),$$

$$\text{div grad}(fg) = 2\,\text{grad}\,g \cdot \text{grad}\,f + g\Delta f + f\Delta g. \qquad (I.14.14).$$

I.15
Zusammenstellung der wichtigsten Beziehungen der Vektoranalysis

Es sei c eine Konstante, f und g seien skalare Funktionen des Ortes, $\vec{A}$ und $\vec{B}$ seien Vektorfelder. Ferner sei der Vektor $\vec{a}$ ein konstanter, von den Raumkoordinaten unabhängiger Vektor; dann gelten die folgenden Zusammenhänge:

1. $\text{grad}(cf) = c\,\text{grad}(f)$.
2. $\text{grad}(f+g) = \text{grad}(f) + \text{grad}(g)$.
3. $\text{grad}(fg) = g\,\text{grad}(f) + f\,\text{grad}(g)$.
4. $\text{grad}(f(r)) = f'(r)\dfrac{\vec{r}}{r}$, $r = (x_1^2 + x_2^2 + x_3^2)^{1/2}$.
5. $\text{grad}[\ln(r)] = \dfrac{\vec{r}}{r^2}$.
6. $\text{grad}\left(\dfrac{1}{r}\right) = -\dfrac{\vec{r}}{r^3}$.
7. $\text{grad}(\vec{a}\cdot\vec{r}) = \vec{a}$, $\vec{a} = (a_1, a_2, a_3) \neq \vec{a}(x_1, x_2, x_3)$.
8. $\text{div}(c\vec{A}) = c\,\text{div}(\vec{A})$.
9. $\text{div}(\vec{A}+\vec{B}) = \text{div}(\vec{A}) + \text{div}(\vec{B})$.
10. $\text{div}(f\vec{A}) = \vec{A}\cdot\text{grad}(f) + f\,\text{div}(\vec{A})$.
11. $\text{div}(\vec{r}) = 3$, $\vec{r} = (x_1, x_2, x_3)$.
12. $\text{div}[f(r)\vec{r}] = rf'(r) + 3f(r)$.
13. $\text{div}(\text{rot}\,\vec{A}) = 0$.
14. $\text{div}(\vec{A}\times\vec{B}) = \vec{B}\cdot\text{rot}(\vec{A}) - \vec{A}\cdot\text{rot}(\vec{B})$.
15. $\text{div}(\vec{a}\times\vec{r}) = 0$, $\vec{a} = (a_1, a_2, a_3) \neq \vec{a}(x_1, x_2, x_3)$.
16. $\text{div grad}(f) = \nabla^2 f = \Delta f$.
17. $\text{div grad}(fg) = 2\,\text{grad}(f)\cdot\text{grad}(g) + f\Delta g + g\Delta f$.

18. $\mathrm{rot}\,(c\vec{A}) = c\,\mathrm{rot}\,\vec{A}$.

19. $\mathrm{rot}\,(f\vec{A}) = f\,\mathrm{rot}\,\vec{A} + \mathrm{grad}\,(f) \times \vec{A}$.

20. $\mathrm{rot}\,[f(r)\vec{r}] = \vec{0}$.

21. $\mathrm{rot}\,(\vec{a} \times \vec{r}) = 2\vec{a}, \qquad \vec{a} = (a_1, a_2, a_3) \neq \vec{a}(x_1, x_2, x_3)$.

22. $\mathrm{rot}\,\mathrm{rot}\,\vec{A} = \mathrm{grad}\,\mathrm{div}\,\vec{A} - \Delta\vec{A}$.

23. $\mathrm{rot}\,[f(r)\vec{a}] = f'(r)\,\dfrac{\vec{r}}{r} \times \vec{a}, \qquad \vec{a} = (a_1, a_2, a_3) \neq \vec{a}(x_1, x_2, x_3)$.

I.16
Orthogonale Koordinatensysteme

Um die Berechnung der Probleme in der Maxwellschen Theorie zu vereinfachen, werden verschiedene, den Problemstellungen angepaßte Koordinatensysteme eingeführt. Hier sollen drei verschiedene Koordinatensysteme, und zwar das kartesische Koordinatensystem, das kreiszylindrische Koordinatensystem und das Kugelkoordinatensystem betrachtet werden. Es soll (ohne Ableitung und Beweis) zusammengestellt werden, wie sich die einzelnen, charakteristischen Rechnungen der Vektoranalysis in den verschiedenen Koordinatensystemen durchführen lassen und wie der Zusammenhang der Systeme untereinander ist.

I.16.1
Das kartesische Koordinatensystem

Es werden die drei Ortskoordinaten

$$x_1 = x, \qquad x_2 = y, \qquad x_3 = z$$

(Abb. 29) als bestimmende Größen eines räumlichen, orthogonalen Koordinatensystems eingeführt. Wird in diesem Koordinatensystem ein Linienelement ds beliebiger Lage bestimmt, so errechnet sich aus seinen drei Pro-

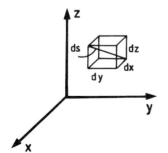

Abb. 29. Kartesische Koordinaten

jektionen auf die Koordinatenachsen dx, dy, dz der Absolutbetrag dieses Linienelements zu:

$$ds = \sqrt{dx^2 + dy^2 + dz^2}. \tag{I.16.1}$$

Sind die Winkel zwischen der Richtung des Linienelements und den Richtungen der drei Koordinatenachsen α, β, γ bekannt, so lassen sich die Projektionen von ds in Richtung der Koordinatenachsen

$$\begin{aligned} dx &= ds_x = ds \cos\alpha, \\ dy &= ds_y = ds \cos\beta, \\ dz &= ds_z = ds \cos\gamma \end{aligned} \tag{I.16.2}$$

bestimmen.

Ein Volumenelement im kartesischen Koordinatensystem läßt sich als das Volumen eines Quaders, dessen Seitenkanten zu den Koordinatenachsen parallel verlaufen, angeben:

$$dV = dx\, dy\, dz. \tag{I.16.3}$$

Im kartesischen Koordinatensystem wird ein Vektor mit den Komponenten in Richtung der drei Koordinatenachsen angegeben,

$$\vec{A}(x, y, z) = A_x(x, y, z)\, \vec{e}_x + A_y(x, y, z)\, \vec{e}_y + A_z(x, y, z)\, \vec{e}_z. \tag{I.16.4}$$

Für die Differentiationen der Vektoranalysis gelten im kartesischen Koordinatensystem die folgenden Zusammenhänge:
Berechnung des Gradientenfeldes:

$$\operatorname{grad} \varphi = \frac{\partial \varphi}{\partial x} \vec{e}_x + \frac{\partial \varphi}{\partial y} \vec{e}_y + \frac{\partial \varphi}{\partial z} \vec{e}_z. \tag{I.16.5}$$

Die Komponenten des Gradientenfeldes lauten also:

$$\begin{aligned} \operatorname{grad}_x \varphi &= \frac{\partial \varphi}{\partial x}, \\ \operatorname{grad}_y \varphi &= \frac{\partial \varphi}{\partial y}, \\ \operatorname{grad}_z \varphi &= \frac{\partial \varphi}{\partial z}. \end{aligned} \tag{I.16.6}$$

Berechnung der Divergenz:

$$\operatorname{div} \vec{A} = \frac{\partial A_x}{\partial x} + \frac{\partial A_y}{\partial y} + \frac{\partial A_z}{\partial z}. \tag{I.16.7}$$

Berechnung der Rotation:

$$\mathrm{rot}(\vec{A}) = \begin{vmatrix} \vec{e}_x & \vec{e}_y & \vec{e}_z \\ \dfrac{\partial}{\partial x} & \dfrac{\partial}{\partial y} & \dfrac{\partial}{\partial z} \\ A_x & A_y & A_z \end{vmatrix}. \tag{I.16.8}$$

Die Komponenten der Rotation ergeben sich aus:

$$\begin{aligned} \mathrm{rot}_x \vec{A} &= \frac{\partial A_z}{\partial_y} - \frac{\partial A_y}{\partial z}, \\ \mathrm{rot}_y \vec{A} &= \frac{\partial A_x}{\partial z} - \frac{\partial A_z}{\partial x}, \\ \mathrm{rot}_z \vec{A} &= \frac{\partial A_y}{\partial x} - \frac{\partial A_x}{\partial y}. \end{aligned} \tag{I.16.9}$$

Der Nabla-Operator wird im kartesischen Koordinatensystem durch

$$\nabla = \frac{\partial}{\partial x}\vec{e}_x + \frac{\partial}{\partial y}\vec{e}_y + \frac{\partial}{\partial z}\vec{e}_z \tag{I.16.10}$$

beschrieben, und der Delta-Operator läßt sich in der Form

$$\Delta = \frac{\partial^2}{\partial x^2} + \frac{\partial^2}{\partial y^2} + \frac{\partial^2}{\partial z^2} \tag{I.16.11}$$

schreiben.

I.16.2
Die Zylinderkoordinaten

Eingeführt werden die Koordinaten

$$x_1 = \varrho, \quad x_2 = \alpha, \quad x_3 = z$$

nach Abb. 30, die mit den kartesischen Koordinaten x, y, z durch die Beziehungen

$$\begin{aligned} x &= \varrho \cos \alpha, \\ y &= \varrho \sin \alpha, \\ z &= z \end{aligned} \tag{I.16.12}$$

verknüpft sind. Umgekehrt errechnen sich die Koordinaten ϱ, α, z aus den kartesischen Koordinaten mit Hilfe der Gleichungen:

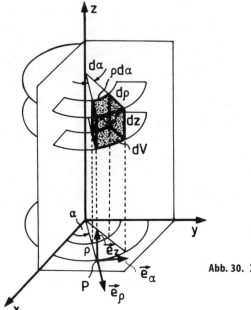

Abb. 30. Zylinderkoordinaten

$$\varrho = \sqrt{x^2 + y^2},$$
$$\alpha = \arctan\left(\frac{y}{x}\right), \qquad (\text{I}.16.13)$$
$$z = z.$$

Ein Linienelement im kreiszylindrischen Koordinatensystem läßt sich zu

$$ds = \sqrt{d\varrho^2 + \varrho^2 d\alpha^2 + dz^2} \qquad (\text{I}.16.14)$$

bestimmen. Ein Flächenelement auf der Oberfläche eines zur z-Achse konzentrischen Zylinders mit dem Radius ϱ ergibt sich aus:

$$dA\bigg|_{\varrho = \text{const.}} = \varrho \, d\alpha \, dz. \qquad (\text{I}.16.15)$$

Ein Flächenelement senkrecht zur Oberfläche des Zylinders läßt sich aus

$$dA\bigg|_{\alpha = \text{const.}} = d\varrho \, dz \quad \text{und} \quad dA\bigg|_{z = \text{const.}} = \varrho \, d\varrho \, d\alpha \qquad (\text{I}.16.16)$$

bestimmen.
Ein Volumenelement dV ergibt sich demgemäß aus

$$dV = \varrho \, d\varrho \, d\alpha \, dz. \qquad (\text{I}.16.17)$$

I.16 Orthogonale Koordinatensysteme

Ist ein Vektor $\vec{A}$ durch seine Komponenten A_x, A_y, A_z im kartesischen Koordinatensystem gegeben, so lassen sich daraus die Komponenten des Vektors in Richtung der Koordinaten im kreiszylindrischen Koordinatensystem

$$\vec{A} = A_\varrho \vec{e}_\varrho + A_\alpha \vec{e}_\alpha + A_z \vec{e}_z \tag{I.16.18}$$

aus den Zusammenhängen

$$\begin{aligned} A_\varrho &= A_x \cos\alpha + A_y \sin\alpha, \\ A_\alpha &= A_y \cos\alpha - A_x \sin\alpha, \\ A_z &= A_z \end{aligned} \tag{I.16.19}$$

bestimmen.
Umgekehrt gilt:

$$\begin{aligned} A_x &= A_\varrho \frac{x}{(x^2+y^2)^{1/2}} - A_\alpha \frac{y}{(x^2+y^2)^{1/2}}, \\ A_y &= A_\varrho \frac{y}{(x^2+y^2)^{1/2}} + A_\alpha \frac{x}{(x^2+y^2)^{1/2}}, \\ A_z &= A_z \end{aligned} \tag{I.16.20}$$

Der Gradient berechnet sich im Zylinderkoordinatensystem zu:

$$\begin{aligned} \mathrm{grad}_\varrho \varphi &= \frac{\partial \varphi}{\partial \varrho}, \\ \mathrm{grad}_\alpha \varphi &= \frac{1}{\varrho}\frac{\partial \varphi}{\partial \alpha}, \\ \mathrm{grad}_z \varphi &= \frac{\partial \varphi}{\partial z}. \end{aligned} \tag{I.16.21}$$

Berechnung der Divergenz:

$$\mathrm{div}\,\vec{A} = \frac{1}{\varrho}\frac{\partial(\varrho A_\varrho)}{\partial \varrho} + \frac{1}{\varrho}\frac{\partial A_\alpha}{\partial \alpha} + \frac{\partial A_z}{\partial z}. \tag{I.16.22}$$

Berechnung der Rotation:

$$\begin{aligned} \mathrm{rot}_\varrho \vec{A} &= \frac{1}{\varrho}\frac{\partial A_z}{\partial \alpha} - \frac{\partial A_\alpha}{\partial z}, \\ \mathrm{rot}_\alpha \vec{A} &= \frac{\partial A_\varrho}{\partial z} - \frac{\partial A_z}{\partial \varrho}, \\ \mathrm{rot}_z \vec{A} &= \frac{1}{\varrho}\frac{\partial(\varrho A_\alpha)}{\partial \varrho} - \frac{1}{\varrho}\frac{\partial A_\varrho}{\partial \alpha}. \end{aligned} \tag{I.16.23}$$

Für den Nabla-Operator gilt:

$$\nabla = \frac{\partial}{\partial \varrho} \vec{e}_\varrho + \frac{1}{\varrho} \frac{\partial}{\partial \alpha} \vec{e}_\alpha + \frac{\partial}{\partial z} \vec{e}_z, \tag{I.16.24}$$

und schließlich läßt sich der Delta-Operator im zylindrischen Koordinatensystem als

$$\Delta = \frac{1}{\varrho} \frac{\partial}{\partial \varrho} \left(\varrho \frac{\partial}{\partial \varrho} \right) + \frac{\partial^2}{\varrho^2 \partial \alpha^2} + \frac{\partial^2}{\partial z^2} \tag{I.16.25}$$

schreiben.

I.16.3
Das Kugelkoordinatensystem

Es werden die orthogonalen, krummlinigen Koordinaten

$$x_1 = r, \quad x_2 = \vartheta, \quad x_3 = \alpha$$

nach Abb. 31 in einem Kugelkoordinatensystem eingeführt. Die Kugelkoordinaten r, ϑ, α eines Punktes P lassen sich durch die kartesischen Koordinaten nach Abb. 29 aus den Beziehungen:

$$r = (x^2 + y^2 + z^2)^{1/2},$$

$$\vartheta = \arccos \left[\frac{z}{(x^2 + y^2 + z^2)^{1/2}} \right],$$

$$\alpha = \arctan \frac{y}{x} \tag{I.16.26}$$

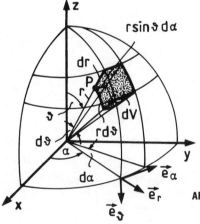

Abb. 31. Kugelkoordinaten

I.16 Orthogonale Koordinatensysteme

darstellen. Umgekehrt gelten die Zusammenhänge:

$$x = r \cos\alpha \sin\vartheta,$$
$$y = r \sin\alpha \sin\vartheta, \qquad (I.16.27)$$
$$z = r \cos\vartheta.$$

Ist der Punkt P in einem zylindrischen Koordinatensystem gegeben, dessen Zylinderachse mit der z-Achse des Kugelkoordinatensystems übereinstimmt, so lassen sich aus den Koordinaten ϱ, α, z die entsprechenden Kugelkoordinaten r, ϑ, α

$$r = \sqrt{\varrho^2 + z^2},$$
$$\vartheta = \arctan\left(\frac{\varrho}{z}\right) = \arccos\left[\frac{z}{(\varrho^2 + z^2)^{1/2}}\right], \qquad (I.16.28)$$
$$\alpha = \alpha$$

bestimmen. Umgekehrt lassen sich aus den Kugelkoordinaten r, ϑ, α die Zylinderkoordinaten ϱ, α, z mit Hilfe von

$$\varrho = r \sin\vartheta,$$
$$\alpha = \alpha, \qquad (I.16.29)$$
$$z = r \cos\vartheta$$

berechnen.

Das Linienelement ds berechnet sich im Kugelkoordinatensystem zu:

$$ds = \sqrt{(dr)^2 + r^2(d\vartheta)^2 + r^2\sin^2\vartheta\,(d\alpha)^2}. \qquad (I.16.30)$$

Auf der Kugeloberfläche der Kugel mit dem Radius r läßt sich ein Flächenelement

$$dA\bigg|_{r=\text{const.}} = r^2 \sin\vartheta\, d\vartheta\, d\alpha \qquad (I.16.31)$$

bestimmen. Zwei Flächenelemente senkrecht zur Kugeloberfläche ergeben sich aus

$$dA\bigg|_{\alpha=\text{const.}} = r\, dr\, d\vartheta \quad \text{und} \quad dA\bigg|_{\vartheta=\text{const.}} = r \sin\vartheta\, dr\, d\alpha. \qquad (I.16.32)$$

Entsprechend ergibt sich ein Volumenelement dV im Kugelkoordinatensystem zu:

$$dV = r^2 \sin\vartheta\, dr\, d\vartheta\, d\alpha. \qquad (I.16.33)$$

Ist ein Vektor $\vec{A}$ durch seine Komponenten A_x, A_y, A_z im kartesischen Koordinatensystem bekannt, so errechnen sich die Komponenten des Vektors im Kugelkoordinatensystem

$$\vec{A} = A_r \vec{e}_r + A_\vartheta \vec{e}_\vartheta + A_\alpha \vec{e}_\alpha \tag{I.16.34}$$

aus:

$$\begin{aligned} A_r &= A_x \cos\alpha \sin\vartheta + A_y \sin\alpha \sin\vartheta + A_z \cos\vartheta, \\ A_\vartheta &= A_x \cos\alpha \cos\vartheta + A_y \sin\alpha \cos\vartheta - A_z \sin\vartheta, \\ A_\alpha &= -A_x \sin\alpha + A_y \cos\alpha. \end{aligned} \tag{I.16.35}$$

Umgekehrt gilt:

$$A_x = \frac{x}{(x^2+y^2+z^2)^{1/2}} A_r - \frac{y}{(x^2+y^2)^{1/2}} A_\alpha +$$
$$+ \frac{xz}{(x^2+y^2)^{1/2}(x^2+y^2+z^2)^{1/2}} A_\vartheta,$$

$$A_y = \frac{y}{(x^2+y^2+z^2)^{1/2}} A_r + \frac{x}{(x^2+y^2)^{1/2}} A_\alpha +$$
$$+ \frac{yz}{(x^2+y^2)^{1/2}(x^2+y^2+z^2)^{1/2}} A_\vartheta,$$

$$A_z = \frac{z}{(x^2+y^2+z^2)^{1/2}} A_r - \frac{(x^2+y^2)^{1/2}}{(x^2+y^2+z^2)^{1/2}} A_\vartheta.$$

Ist ein Vektor durch seine Komponenten im kreiszylindrischen Koordinatensystem gegeben, so lassen sich seine Komponenten ins Kugelkoordinatensystem umrechnen:

$$\begin{aligned} A_\varrho &= \frac{\varrho}{(\varrho^2+z^2)^{1/2}} A_r + \frac{z}{(\varrho^2+z^2)^{1/2}} A_\vartheta, \\ A_\alpha &= A_\alpha, \\ A_z &= \frac{z}{(\varrho^2+z^2)^{1/2}} A_r - \frac{\varrho}{(\varrho^2+z^2)^{1/2}} A_\vartheta. \end{aligned} \tag{I.16.37}$$

Umgekehrt gilt zur Umrechnung der Vektorkomponenten vom zylindrischen Koordinatensystem in das Kugelkoordinatensystem:

$$\begin{aligned} A_r &= A_\varrho \sin\vartheta + A_z \cos\vartheta, \\ A_\vartheta &= A_\varrho \cos\vartheta - A_z \sin\vartheta, \\ A_\alpha &= A_\alpha. \end{aligned} \tag{I.16.38}$$

I.16 Orthogonale Koordinatensysteme

Der Gradient einer skalaren Potentialfunktion φ errechnet sich im Kugelkoordinatensystem zu:

$$\operatorname{grad}_r \varphi = \frac{\partial \varphi}{\partial r},$$

$$\operatorname{grad}_\alpha \varphi = \frac{1}{r \sin \vartheta} \frac{\partial \varphi}{\partial \alpha}, \qquad (I.16.39)$$

$$\operatorname{grad}_\vartheta \varphi = \frac{1}{r} \frac{\partial \varphi}{\partial \vartheta}.$$

Weiterhin gilt:

$$\operatorname{div} \vec{A} = \frac{1}{r^2} \frac{\partial (r^2 A_r)}{\partial r} + \frac{1}{r \sin \vartheta} \left[\frac{\partial (\sin \vartheta A_\vartheta)}{\partial \vartheta} + \frac{\partial A_\alpha}{\partial \alpha} \right]. \qquad (I.16.40)$$

Die Rotation des Vektorfeldes $\vec{A}(r, \vartheta, \alpha)$ errechnet sich aus den Beziehungen:

$$\operatorname{rot}_r \vec{A} = \frac{1}{r \sin \vartheta} \frac{\partial (\sin \vartheta A_\alpha)}{\partial \vartheta} - \frac{1}{r \sin \vartheta} \frac{\partial A_\vartheta}{\partial \alpha},$$

$$\operatorname{rot}_\vartheta \vec{A} = \frac{1}{r \sin \vartheta} \frac{\partial A_r}{\partial \alpha} - \frac{1}{r} \frac{\partial (r A_\alpha)}{\partial r}, \qquad (I.16.41)$$

$$\operatorname{rot}_\alpha \vec{A} = \frac{1}{r} \frac{\partial (r A_\vartheta)}{\partial r} - \frac{1}{r} \frac{\partial A_r}{\partial \vartheta}.$$

Der Nabla-Operator lautet im Kugelkoordinatensystem:

$$\nabla = \frac{\partial}{\partial r} \vec{e}_r + \frac{1}{r} \frac{\partial}{\partial \vartheta} \vec{e}_\vartheta + \frac{1}{r \sin \vartheta} \frac{\partial}{\partial \alpha} \vec{e}_\alpha, \qquad (I.16.42)$$

und der Delta-Operator ergibt sich schließlich zu:

$$\Delta = \frac{1}{r^2} \frac{\partial}{\partial r} \left(r^2 \frac{\partial}{\partial r} \right) + \frac{1}{r^2 \sin \vartheta} \frac{\partial}{\partial \vartheta} \left(\sin \vartheta \frac{\partial}{\partial \vartheta} \right) + \frac{1}{r^2 \sin^2 \vartheta} \frac{\partial^2}{\partial \alpha^2}. \qquad (I.16.43)$$

KAPITEL II

Die Maxwellschen Gleichungen

Seiner Konzeption nach ist dieses Buch ein Repetitorium, das speziell zur zusammenfassenden Wiederholung des Stoffes gedacht ist. Aus diesem Grund wird bewußt auf eine erklärende Ableitung der Maxwellschen Gleichungen verzichtet. Sie werden vielmehr, als aus den Experimenten abgeleitet und durch vielfache Anwendung hinreichend bewiesen, zur Grundlage aller ausgeführten Überlegungen gemacht.

Die Maxwellschen Gleichungen existieren ihrem Aufbau nach in zwei Grundformen, einmal in der Integralform, zum anderen in der Differentialform. Der Zusammenhang zwischen den beiden Formen wird durch den Gaußschen Satz und den Stokeschen Satz der Vektoranalysis gegeben.

Zwischen den fünf Vektorfeldern, der elektrischen Feldstärke $\vec{E}$, der elektrischen Flußdichte (elektrischen Verschiebungsdichte) $\vec{D}$, der elektrischen Stromdichte $\vec{S}$, der magnetischen Feldstärke $\vec{H}$ und der magnetischen Flußdichte (magnetischen Induktion) $\vec{B}$, sowie der Raumladungsdichte ϱ als Skalarfunktion, bestehen die folgenden Zusammenhänge in Integralform:

$$\oint_C \vec{H} \cdot d\vec{s} = \iint_A \vec{S} \cdot \vec{n}\, dA + \frac{d}{dt} \iint_A \vec{D} \cdot \vec{n}\, dA, \qquad (II.1)$$

$$\oint_E \vec{E} \cdot d\vec{s} = -\frac{d}{dt} \iint_A \vec{B} \cdot \vec{n}\, dA, \qquad (II.2)$$

$$\oiint_A \vec{B} \cdot \vec{n}\, dA = 0, \qquad (II.3)$$

$$\oiint_A \vec{D} \cdot \vec{n}\, dA = \iiint_V \varrho\, dV. \qquad (II.4)$$

Die Differentialform dieser Gleichungen läßt sich mit Hilfe des Stoke'schen Satzes und des Gauß'schen Satzes leicht angeben. Sie lautet:

$$\operatorname{rot} \vec{H} = \vec{S} + \frac{\partial}{\partial t} \vec{D}, \qquad (II.5)$$

$$\operatorname{rot} \vec{E} = -\frac{\partial}{\partial t} \vec{B}, \qquad (II.6)$$

II Die Maxwellschen Gleichungen

$$\text{div}\vec{B} = 0, \quad (II.7)$$

$$\text{div}\vec{D} = \varrho. \quad (II.8)$$

Die Maxwellschen Gleichungen in Differentialform sind nur vollständig, falls die folgenden Bedingungen über das Verhalten der Vektorgrößen an Grenzflächen elektrisch oder magnetisch verschiedener Medien 1 und 2 hinzugefügt werden (s. Kap. III.4 und Kap. V.3):

$$\vec{n}_{12} \times (\vec{E}_2 - \vec{E}_2) = \vec{0}, \quad (II.9)$$

$$\vec{n}_{12} \times (\vec{D}_2 - \vec{D}_1) = \sigma, \quad (II.10)$$

$$\vec{n}_{12} \times (\vec{H}_2 - \vec{H}_1) = \vec{S}_F, \quad (II.11)$$

$$\vec{n}_{12} \cdot (\vec{B}_2 - \vec{B}_1) = 0. \quad (II.12)$$

$\vec{n}_{12}$ ist der Flächennormalen-Einheitsvektor der betrachteten Grenzfläche, der vom Gebiet 1 ins Gebiet 2 weist. $\vec{S}_F$ ist eine in der Grenzfläche fließende Flächenstromdichte, σ eine in der Grenzfläche befindliche Flächenladungsdichte (vgl. a. Kap. I.12). Zu diesen Gleichungen, die allgemein gültig sind, kommen noch die folgenden Materialgleichungen mit einer begrenzten, aber ausreichenden Gültigkeit im homogenen, isotropen Medium hinzu:

$$\vec{D} = \varepsilon\vec{E}, \quad (II.13)$$

$$\vec{B} = \mu\vec{H}, \quad (II.14)$$

$$\vec{S} = \kappa\vec{E}. \quad (II.15)$$

Darin bedeuten:

$\varepsilon = \varepsilon_0 \varepsilon_r$ die Permittivität
ε_r = die Permittivitätszahl
ε_0 = die elektrische Feldkonstante
    = $8{,}854 \cdot 10^{-12}$ As/Vm
$\mu = \mu_0 \mu_r$ die Permeabilität
μ_0 = die magnetische Feldkonstante
    = $1{,}256 \cdot 10^{-6}$ Vs/Am
μ_r = die Permeabilitätszahl
κ = die elektrische Leitfähigkeit

Die Gln. (II.13), (II.14) und (II.15) sind nicht allgemeingültig, so gilt. Gl. (II.13) z.B. nicht in Stoffen mit bestimmten Vorzugsrichtungen (Einkristallen) und Gl. (II.14) z.B. nicht in vormagnetisierten Ferriten.

Die betrachteten elektrischen und magnetischen Felder werden grundsätzlich in zwei Hauptgruppen eingeteilt,

1. in die zeitunabhängigen Felder und
2. in die zeitabhängigen Felder.

Innerhalb dieser beiden Gruppen wiederum wird eine weitere Unterteilung vorgenommen.

1. Die zeitunabhängigen Felder werden gekennzeichnet durch die Bedingung, daß die Ableitung der Felder nach der Zeit identisch gleich null ist ($\partial/\partial t \equiv 0$). Die zeitunabhängigen Felder werden aufgeteilt in:

    a. Die statischen Felder: Das statische Feld beschreibt einen Gleichgewichtszustand, der dadurch gekennzeichnet ist, daß keine Energieumwandlung und kein Energietransport stattfindet.
    b. Die stationären Felder: Das stationäre Feld beschreibt einen Beharrungszustand, der zeitlich unveränderlich ist, aber mit einer Energieumwandlung oder einem Energietransport verknüpft ist.

2. Die zeitabhängigen Felder werden in langsam veränderliche und schnell veränderliche Felder eingeteilt, wobei die langsam veränderlichen Felder je nach ihrem Charakter als quasistatisch oder quasistationär bezeichnet werden. Physikalisches Kriterium für die Aussage, daß ein Feld quasistatisch oder quasistationär ist, ist die Bedingung, daß die lineare, räumliche Ausdehnung des betrachteten Feldbereichs sehr viel kleiner als die Wellenlänge der höchsten Frequenz ist, mit der sich das Feld zeitlich ändert.

KAPITEL III

Die Elektrostatik

Durch einen mechanischen Vorgang ist es möglich, einige Materialien in einen Zustand zu versetzen, der als elektrisch geladen bezeichnet wird.

Wird zum Beispiel Glas mit einem Tuch gerieben, so übt ein geriebener Glasstab auf ein Holundermarkkügelchen eine Kraft aus. Wie die Erfahrung zeigt, gibt es zwei verschiedene Arten der elektrischen Ladung, die als positive und als negative Ladungen bezeichnet werden. Dabei zeigt sich, daß sich Körper mit gleichnamiger Ladung abstoßen und Körper mit ungleichnamiger Ladung anziehen. Ferner zeigt die Erfahrung, daß die Ladung bis auf eine kleinste Einheit teilbar ist. Die kleinste, nicht mehr teilbare Ladung wird Elementarladung e genannt. e ist gleich der negativen Ladung eines Elektrons e = 1,6 · 10⁻¹⁹ As.

Die auf die Volumeneinheit bezogene Ladung Q

$$\varrho = \Delta V \overset{\lim}{\longrightarrow} 0 \frac{\Delta Q}{\Delta V} \tag{III.1}$$

wird als Raumladungsdichte ϱ bezeichnet, sie beschreibt die Verteilung der Ladung im Raum und ist im allgemeinen eine Funktion der Raumkoordinaten.

III.1
Die elektrische Feldstärke

Wird ein elektrisch geladener Körper in einen leeren Raum gebracht, so ändert sich der Zustand dieses Raumes, es wird ein Feld aufgebaut. Der Nachweis für die Existenz des Feldes kann erbracht werden, indem ein weiterer (z.B. positiv) geladener Körper in den Raum gebracht wird. Das Feld der ersten Ladung wird dann eine Kraft auf die zweite Ladung ausüben. Die Größe des Feldes in jedem Punkt des Raumes kann definiert werden, indem die Kraft des Feldes auf die Probeladung an jeder Stelle des Raumes nach Betrag und Richtung bestimmt wird. Streng genommen wird aber durch das Hereinbringen der zweiten Ladung in das Feld der ersten Ladung dieses Feld, das gemessen werden soll, gestört. Denn auch die zweite Ladung besitzt ein Feld. Diese Schwierigkeit kann aber umgangen werden, wenn die Probeladung, an der die Kraft gemessen werden soll, so klein gewählt wird, daß das ursprüngliche Feld nicht wesentlich gestört wird. Unter dieser Nebenbedingung wird als elektrische Feldstärke definiert:

Die elektrische Feldstärke $\vec{E}$ ist die Kraft $\vec{F}$, die das Feld einer Ladung auf eine sehr kleine, positive Probeladung q_+ in dem betrachteten Raumpunkt ausübt, dividiert durch die Ladung q_+.

Kürzer, aber nicht ganz exakt, kann dieser Zusammenhang ausgedrückt werden durch:

Feldstärke = Kraft pro Einheitsladung.

Exakt ergibt sich als Definition der Feldstärke die Gleichung:

$$\vec{E} = q_+ \xrightarrow{\lim} 0 \, \frac{\vec{F}}{q_+}. \tag{III.1.1}$$

Die elektrische Feldstärke beschreibt die Kraftwirkung des Feldes auf einen kleinen geladenen Körper mit der Ladung Q (Punktladung) im Raum:

$$\vec{F} = Q\vec{E}. \tag{III.1.2}$$

III.2
Die elektrische Flußdichte

Werden zwei sich leitend berührende, metallene Platten in ein elektrisches Feld im Vakuum gebracht, im Feld getrennt und wieder aus dem Feld genommen, so zeigt das Experiment, daß sich auf den Platten nach Entfernen aus dem Feld eine Ladung befindet. Die Ladungen auf den einzelnen Platten sind entgegengesetzt gleich groß (Abb. 32).

Der beobachtete Vorgang wird als Influenz bezeichnet, die Ladungen werden durch das elektrische Feld influenziert (d.h. im Leiter werden positive und negative Ladungen durch das elektrische Feld getrennt). Das Experiment zeigt

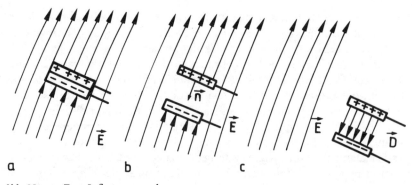

Abb. 32a–c. Zum Influenzversuch

weiter, daß die Flächenladungsdichte, d.h. die Ladung pro Flächeneinheit, auf den Leiterplatten nur von der Größe der elektrischen Feldstärke und der Orientierung der Platten zum elektrischen Feld abhängt.

Definiert wird ein Vektor $\vec{D}$, die elektrische Flußdichte (auch elektrische Verschiebungsdichte genannt), dessen Betrag gleich der in einem Feld auf zwei leitenden Platten influenzierten Ladung pro Flächeneinheit (nach oben beschriebenem Versuch) ist, falls die auf den Platten influenzierte Ladung in Abhängigkeit von der Richtung der Flächennormalen maximal ist und der Flächeninhalt der Platten beliebig klein ist. Die Richtung der elektrischen Flußdichte ist die Richtung des Flächennormalenvektors $\vec{n}$ in dieser Position, ihr Richtungssinn sei von der positiven zur negativen Platte definiert.

Das heißt, der Vektor der elektrischen Flußdichte kann im homogenen, isotropen Medium folgendermaßen charakterisiert werden:

Die elektrische Flußdichte ist ein Vektor. Sein Betrag ist gleich der in einem elektrischen Feld auf zwei senkrecht zum Feld stehenden, leitenden Platten (nach oben beschriebenem Versuch) influenzierten Flächenladungsdichte (das ist die maximale Größe der influenzierten Flächenladungsdichte). Seine Richtung verläuft senkrecht zu den Platten, immer von positiven zu negativen Ladungsträgern. Das heißt, es läßt sich schreiben:

$$|\vec{D}| = \Delta A \xrightarrow{\lim} 0 \, \frac{\Delta Q_{\text{inf, max}}}{\Delta A}. \tag{III.2.1}$$

Die elektrische Flußdichte beschreibt die Ursache der elektrischen Felder (die Ladungen) im Raum.

Die Ladungen sind die Quellen der elektrischen Flußdichte. Das Feld der elektrischen Flußdichte ist ein Quellenfeld. Es gilt ferner: Die elektrische Flußdichte ist nach ihrer Definition von der Materie unabhängig.

Die elektrische Flußdichte ist im isotropen, homogenen Medium proportional zur elektrischen Feldstärke. Der Proportionalitätsfaktor $\varepsilon = \varepsilon_0 \varepsilon_r$ wird (im homogenen, isotropen Medium) als konstante, skalare Größe angesehen und heißt Permittivität. $\varepsilon_0 = 8{,}854 \cdot 10^{-12}$ As/Vm ist die elektrische Feldkonstante, und ε_r die Permittivitätszahl. ε_0 ist die Permittivität des leeren Raumes.

III.3
Die Maxwellschen Gleichungen der Elektrostatik

Die Elektrostatik behandelt die Felder ruhender, zeitunabhängiger Ladungen. Die elektrischen Ladungen befinden sich also in einem Gleichgewichtszustand, eine Bewegung der geladenen Teilchen soll ausgeschlossen werden. Damit finden keine Energieumwandlung und kein Energietransport statt.

Die Ladungen sind nach der vierten Maxwellschen Gleichung

$$\oint_A \vec{D} \cdot \vec{n} \, dA = \iiint_V \varrho \, dV = Q_{\text{gesamt}} \tag{III.3.1}$$

bzw.

$$\operatorname{div}\vec{D} = \varrho \qquad (III.3.2)$$

die Quellen der elektrischen Flußdichte. Da nur ruhende und zeitunabhängige Ladungen betrachtet werden sollen, werden die Felder ebenfalls zeitunabhängig sein, und damit werden alle Ableitungen nach der Zeit den Wert null annehmen. Das bedeutet, daß sich die erste Maxwellsche Gleichung

$$\oint_C \vec{H} \cdot d\vec{s} = \iint_A \vec{S} \cdot \vec{n}\, dA + \frac{d}{dt} \iint_A \vec{D} \cdot \vec{n}\, dA \qquad (III.3.3)$$

auf die Gleichung

$$\oint_C \vec{H} \cdot d\vec{s} \equiv 0 \qquad (III.3.4)$$

reduziert, da sowohl die Zeitableitung des zweiten Integrals als auch die Stromdichte $\vec{S}$ verschwindet: Ein Strom setzt bewegte Ladungen voraus. In Differentialform geschrieben sagt die letzte Gleichung aus, daß die Rotation der magnetischen Feldstärke im ganzen Raum gleich null,

$$\operatorname{rot}\vec{H} = \vec{0} \qquad (III.3.5)$$

ist. Da ferner nach der dritten Maxwellschen Gleichung auch die Divergenz des Magnetfeldes immer gleich null ist

$$\operatorname{div}\vec{B} = 0, \qquad (III.3.6)$$

verschwindet, das Magnetfeld identisch[1].

Damit gilt aber auch für die zweite Maxwellsche Gleichung:

$$\oint_C \vec{E} \cdot d\vec{s} = 0. \qquad (III.3.7)$$

Diese Gleichung ist identisch mit der Aussage, daß im elektrostatischen Feld keine Energieumwandlung stattfindet, da für das Arbeitsintegral über einen geschlossenen Weg

$$A = \oint_C \vec{F} \cdot d\vec{s} = Q \oint_C \vec{E} \cdot d\vec{s} = 0 \qquad (III.3.8)$$

gilt. Das heißt, das Arbeitsintegral ist vom Weg unabhängig (vgl. Kap. I.11).

---

[1] Bei dieser Überlegung wird vorausgesetzt, daß sich keine magnetisierten Körper (Dauermagnete) im betrachteten Raum befinden, s. Kap. V.5.

III.3 Die Maxwellschen Gleichungen der Elektrostatik

Die Gleichung

$$\oint_C \vec{E} \cdot d\vec{s} = 0 \tag{III.3.9}$$

beschreibt im Zusammenhang mit der Gleichung

$$\oiint_A \vec{D} \cdot \vec{n}\, dA = \iiint_V \varrho\, dV \tag{III.3.10}$$

die Grundeigenschaften des elektrostatischen Feldes. Das elektrostatische Feld ist ein wirbelfreies Quellenfeld. In Differentialform lauten die beiden angegebenen Gleichungen

$$\operatorname{rot}\vec{E} = \vec{0}, \quad \operatorname{div}\vec{D} = \varrho. \tag{III.3.11}$$

Aus diesen beiden Gleichungen läßt sich das elektrostatische Feld bestimmen, falls zusätzlich der Zusammenhang zwischen der elektrischen Feldstärke und der elektrischen Flußdichte berücksichtigt wird. Im isotropen, homogenen Medium wird der Zusammenhang zwischen der elektrischen Feldstärke und der elektrischen Flußdichte durch den linearen Zusammenhang

$$\vec{D} = \varepsilon_0 \varepsilon_r \vec{E} \tag{III.3.12}$$

beschrieben.
Aus der Rotationsfreiheit des elektrischen Feldes (Gl. (III.3.11)) folgt, daß die elektrische Feldstärke ein Gradientenfeld ist (vgl. Kap. I.11) und ihr damit eine skalare Potentialfunktion φ

$$\vec{E} = -\operatorname{grad}\varphi \tag{III.3.13}$$

zugeschrieben werden kann.
Die elektrische Feldstärke ist rotationsfrei und damit ein Gradientenfeld. Sie besitzt eine skalare Potentialfunktion φ.
Da die elektrische Feldstärke in Richtung des stärksten Potentialabfalls weisen soll, wird in der Definitionsgleichung der Potentialfunktion ein Minuszeichen eingeführt. Als Umkehrung der oben angegebenen Gleichung läßt sich die Potentialfunktion aus dem elektrischen Feld mit Hilfe der Gleichung (I.9.9)

$$\varphi(P) = -\int_{P_0}^{P} \vec{E} \cdot d\vec{s} \tag{III.3.14}$$

beschreiben. Dabei ist P_0 ein fester, aber willkürlich wählbarer Normalpunkt (Bezugspunkt), an dem der Potentialwert $\varphi = 0$ definiert wird. Dies ist möglich, weil die Potentialfunktion als Integralfunktion nur bis auf eine Konstante eindeutig definiert ist. Der Punkt P ist ein beliebiger Punkt, in dem das Potential berechnet werden soll, er wird als Aufpunkt bezeichnet. Der Integrationsweg zur Bestimmung des Potentials kann aufgrund der Unabhängigkeit des Arbeitsintegrals vom Weg (Gl. (III.3.7)) beliebig gewählt werden.

Der Potentialunterschied zwischen zwei Punkten,

$$\int_{P_1}^{P_2} \vec{E} \cdot d\vec{s} = -\int_{P_1}^{P_2} \text{grad}\,\varphi \cdot d\vec{s} = \varphi(P_1) - \varphi(P_2) = U_{12}, \qquad (III.3.15)$$

wird als Spannung U_{12} zwischen den beiden Punkten P_1 und P_2 bezeichnet.

Das Arbeitsintegral

$$A = \int_{P_0}^{P} \vec{F} \cdot d\vec{s} = Q \int_{P_0}^{P} \vec{E} \cdot d\vec{s} = -Q\varphi(P) \qquad (III.3.16)$$

zeigt, daß das Potential diejenige Arbeit pro Ladungseinheit ist, die gegen das elektrische Feld (Minuszeichen!) geleistet werden muß, um eine Ladung Q vom Normalpunkt P_0 in den Aufpunkt P zu transportieren.

Aus den Bedingungen für das elektrische Feld:

$$\text{div}\,\vec{D} = \varrho; \qquad \text{rot}\,\vec{E} = \vec{0}; \qquad \vec{D} = \varepsilon\vec{E} \qquad (III.3.17)$$

läßt sich eine Differentialgleichung für die Berechnung der skalaren Potentialfunktion φ ableiten. Es gilt im homogenen, isotropen Medium mit $\varepsilon = \text{const.}$:

$$\text{div}\,\vec{D} = \text{div}(\varepsilon\vec{E}) = \varepsilon\,\text{div}\,\vec{E} = -\varepsilon\,\text{div}\,\text{grad}\,\varphi = \varrho,$$

$$\text{div}\,\text{grad}\,\varphi = \Delta\varphi = -\frac{\varrho}{\varepsilon}.$$

Die Gleichung

$$\Delta\varphi = -\frac{\varrho}{\varepsilon} \qquad (III.3.18)$$

bestimmt die skalare Potentialfunktion φ bei vorgegebener Raumladungsverteilung $\varrho(x,y,z)$, sie wird Poissonsche Differentialgleichung genannt. Ist das elektrische Feld im betrachteten Raumbereich raumladungsfrei, so wird das Potential φ dort durch die Gleichung

$$\Delta\varphi = 0 \qquad (III.3.19)$$

bestimmt. Diese Differentialgleichung wird Laplacesche Differentialgleichung genannt.

Es soll noch etwas näher auf die Feldverhältnisse in Leitern eingegangen werden. Als ideale Leiter werden Stoffe bezeichnet, in denen Ladungen frei, ohne Widerstand verschiebbar sind. Wird ein solcher Stoff in ein statisches, elektrisches Feld gebracht, so werden sich unter der Einwirkung des erzeugten Kraftfeldes die Ladungen verschieben. Elektrostatisches Gleichgewicht herrscht erst dann wieder, wenn die Ladungen sich in Ruhe befinden. Sind die frei beweglichen Ladungen aber in Ruhe, so wird auf sie keine Kraft mehr ausgeübt, es ist also kein elektrisches Feld mehr vorhanden. Die Ladungen verschieben sich gerade so, daß ihr Feld das von außen aufgebrachte elektrische Feld innerhalb des Leiters kompensiert.

In einem Leiter ist die elektrische Feldstärke $\vec{E}$ gleich null, damit ist das Potential konstant.

Da die Tangentialkomponente der elektrischen Feldstärke an Grenzschichten elektrisch verschiedener Medien stetig ist (s. Kap. III.4), steht die Feldstärke im Außenraum senkrecht auf der Oberfläche des Leiters.

III.4
Die Grenzbedingungen

Aus den Maxwellschen Gleichungen ergeben sich für die elektrische Feldstärke $\vec{E}$ und die elektrische Flußdichte $\vec{D}$ Grenzbedingungen an Grenzflächen elektrisch verschiedener Medien. Sie sollen hier für eine beliebige Zeitabhängigkeit der beiden Felder abgeleitet werden (vgl. a. Kap. I.12).

Es wird angenommen, daß in der Grenzschicht, die die beiden Medien voneinander abgrenzt, keine Kontakt- und Thermospannungen vorhanden sind. Dann gilt bei der Anwendung der zweiten Maxwellschen Gleichung

$$\oint_C \vec{E} \cdot d\vec{s} = -\frac{d}{dt} \iint_A \vec{B} \cdot \vec{n} \, dA$$

auf den in Abb. 33 skizzierten Integrationsweg:

$$(\vec{E}_1 \cdot \vec{t}_1)\ell_1 + (\vec{E}_2 \cdot \vec{t}_2)\ell_2 + (\vec{E}_1 \cdot \vec{t}_3)\frac{h}{2} + (\vec{E}_1 \cdot \vec{t}_4)\frac{h}{2} +$$
$$+ (\vec{E}_2 \cdot \vec{t}_4)\frac{h}{2} + (\vec{E}_2 \cdot \vec{t}_3)\frac{h}{2} = -\frac{d}{dt}\iint_A \vec{B} \cdot \vec{n} \, dA.$$

Das betrachtete Gebiet wird beliebig schmal gemacht, so daß eine Aussage über die Felder in der Grenzschicht gemacht werden kann. Wird der Grenzübergang „h gegen null" durchgeführt, werden die Längen ℓ_1 und ℓ_2 auch bei gekrümmter Grenzfläche gleich groß, und es gilt wegen $\vec{t} = \vec{t}_1 = -\vec{t}_2$:

$$(\vec{E}_1 \cdot \vec{t}_1) + (\vec{E}_2 \cdot \vec{t}_2) = 0, \quad \vec{t} \cdot (\vec{E}_1 - \vec{E}_2) = 0. \tag{III.4.1}$$

Nach Kap. I.12 kann dieser Ausdruck auch in der Form:

$$\text{Rot}\,\vec{E} = \vec{0},$$

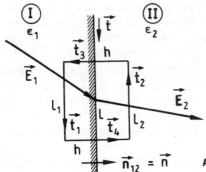

Abb. 33. Zur Stetigkeit der elektrischen Feldstärke

oder

$$\vec{n}_{12} \times (\vec{E}_2 - \vec{E}_1) = \vec{0}$$

mit $\vec{n}_{12}$ dem Flächennormalen-Einheitsvektor auf der Grenzfläche, der von Gebiet 1 ins Gebiet 2 weist, geschrieben werden.

Das heißt: Die elektrische Feldstärke ist an Grenzflächen elektrisch verschiedener Medien in ihrer Tangentialkomponente stetig. Oder: Die Flächenrotation der elektrischen Feldstärke ist null.

Um das Grenzschichtverhalten der elektrischen Flußdichte zu untersuchen, wird eine Grenzschicht betrachtet, auf der sich flächenhaft verteilte Ladung mit der Flächenladungsdichte

$$\sigma = \Delta A \xrightarrow{\lim} 0 \, \frac{\Delta Q}{\Delta A} \tag{III.4.2}$$

befindet. Wird die vierte Maxwellsche Gleichung für diesen Fall

$$\oiint_A \vec{D} \cdot \vec{n} \, dA = \iiint_V \varrho \, dV = \iint_A \sigma \, dA$$

auf die in Abb. 34 eingezeichnete, geschlossene Fläche in Form eines Quaders mit A_5 und A_6 den oberen und unteren Deckelflächen angewandt, dann gilt:

$$(\vec{D}_2 \cdot \vec{n}_2) A_2 + (\vec{D}_1 \cdot \vec{n}_1) A_1 + (\vec{D}_2 \cdot \vec{n}_3) \frac{A_3}{2} + (\vec{D}_2 \cdot \vec{n}_4) \frac{A_4}{2} + (\vec{D}_1 \cdot \vec{n}_3) \frac{A_3}{2} +$$

$$+ (\vec{D}_1 \cdot \vec{n}_4) \frac{A_4}{2} + (\vec{D}_2 \cdot \vec{n}_5) \frac{A_5}{2} + (\vec{D}_2 \cdot \vec{n}_6) \frac{A_6}{2} + (\vec{D}_1 \cdot \vec{n}_5) \frac{A_5}{2} +$$

$$+ (\vec{D}_1 \cdot \vec{n}_6) \frac{A_6}{2} = \sigma A.$$

III.4 Die Grenzbedingungen

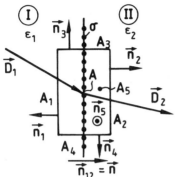

Abb. 34. Zur Stetigkeit der elektrischen Flußdichte

Wird der Grenzübergang „A_3, A_4, A_5, A_6 gegen null" durchgeführt, das heißt, wird die quaderförmige, geschlossene Hülle beliebig schmal gemacht, dann wird auch bei gekrümmter Grenzfläche $A_1 = A_2 = A$ werden, und es kann mit $\vec{n}_{12} = \vec{n}_2 = -\vec{n}_1$ eine Aussage über die Größe der Felder in der Grenzschicht gemacht werden:

$$(\vec{D}_2 \cdot \vec{n}_2) + (\vec{D}_1 \cdot \vec{n}_1) = \vec{n}_{12} \cdot (\vec{D}_2 - \vec{D}_1) = \sigma.$$

Damit gilt für die elektrische Flußdichte an Grenzschichten elektrisch verschiedener Medien:

$$\text{Div}\,\vec{D} = n_{12} \cdot (\vec{D}_2 - \vec{D}_1) = \sigma. \qquad (\text{III.4.3})$$

Das heißt:
Die Differenz der Normalkomponenten der elektrischen Flußdichte an einer Grenzfläche elektrisch verschiedener Medien ist gleich der in der Grenzschicht befindlichen Flächenladungsdichte.

Oder: Die Flächendivergenz der elektrischen Flußdichte ist gleich der Flächenladungsdichte.

Befindet sich keine Flächenladung in der Grenzschicht, so ist auch die Normalkomponente der elektrischen Flußdichte in der Grenzschicht stetig.

Aus den Bedingungen für das Grenzschichtverhalten der elektrischen Feldstärke ergibt sich sofort, daß das Potential als Integralfunktion der elektrischen Feldstärke an der Grenzschicht stetig sein muß.

Das Potential φ ist an einer Grenzschicht zweier elektrisch verschiedener Medien stetig.

Außerdem kann noch eine Aussage über das Verhalten der Ableitung der Potentialfunktion in Richtung der Normalen zur Grenzschicht gemacht werden.

Da gilt:

$$\text{Div}\,\vec{D} = \vec{n}_{12} \cdot (\vec{D}_2 - \vec{D}_1) = \sigma,$$

läßt sich mit

$$\vec{D} = \varepsilon \vec{E}, \qquad \vec{E} = -\operatorname{grad}\varphi$$

für diesen Ausdruck

$$-\vec{n}_{12} \cdot (\varepsilon_2 \operatorname{grad}\varphi_2 - \varepsilon_1 \operatorname{grad}\varphi_1) = \sigma$$

schreiben. Wird mit

$$\frac{\partial \varphi}{\partial n} = \vec{n} \cdot \operatorname{grad}\varphi, \qquad \vec{n} = \vec{n}_{12}$$

die Ableitung des Potentials in Richtung der Normalen zur Grenzschicht bezeichnet, so gilt:

$$\operatorname{Div}\vec{D} = -\varepsilon_2 \frac{\partial \varphi_2}{\partial n} + \varepsilon_1 \frac{\partial \varphi_1}{\partial n} = \sigma,$$

$$\varepsilon_2 \frac{\partial \varphi_2}{\partial n} - \varepsilon_1 \frac{\partial \varphi_1}{\partial n} = -\sigma. \tag{III.4.4}$$

Aus den abgeleiteten Bedingungen für das Verhalten der Felder an Grenzschichten läßt sich das Brechungsgesetz des elektrischen Feldes ($\vec{E}$- oder $\vec{D}$-Feldlinien) an der Grenzfläche zweier elektrisch verschiedener Dielektrika mit den Permittivitäten ε_1 und ε_2, also eine Beziehung zwischen dem Einfallswinkel α_1 und dem Ausfallswinkel α_2 (Abb. 35), herleiten. An der Grenzfläche der beiden Medien müssen die Stetigkeitsbedingungen für die Tangential- und Normalkomponenten

$$E_{1\tan} = E_{2\tan} \qquad \text{und} \qquad D_{1n} = D_{2n},$$

da keine Flächenladung in der Grenzschicht vorhanden sein kann (Dielektrikum), erfüllt sein.

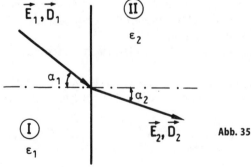

Abb. 35. Grenzschicht

III.4 Die Grenzbedingungen

Nach Abb. 35 ergeben sich unter Berücksichtigung des Zusammenhangs

$$\vec{D}_1 = \varepsilon_1 \vec{E}_1, \quad \vec{D}_2 = \varepsilon_2 \vec{E}_2$$

die folgenden Gleichungen für die Absolutbeträge der einzelnen Feldanteile:

$$E_1 \sin \alpha_1 = E_2 \sin \alpha_2,$$

$$\varepsilon_1 E_1 \cos \alpha_1 = \varepsilon_2 E_2 \cos \alpha_2.$$

Die Gleichungen werden durcheinander dividiert, und es ergibt sich das gesuchte Brechungsgesetz

$$\frac{\sin \alpha_1}{\varepsilon_1 \cos \alpha_1} = \frac{\sin \alpha_2}{\varepsilon_2 \cos \alpha_2}, \quad \frac{\tan \alpha_1}{\tan \alpha_2} = \frac{\varepsilon_1}{\varepsilon_2}. \tag{III.4.5}$$

Die Tangensfunktionen der Brechungswinkel verhalten sich wie die Permittivitäten der zugeordneten Medien.

Es können die Grenzfälle $\varepsilon_1 \gg \varepsilon_2$ und $\varepsilon_2 \gg \varepsilon_1$ bestimmt werden.

1. Grenzfall $\varepsilon_1 \gg \varepsilon_2$:

$$\frac{\tan \alpha_1}{\tan \alpha_2} \gg 1.$$

Daraus folgt:

$$\alpha_1 \to \pi/2, \quad \alpha_2 \to 0.$$

Die Feldlinien verlaufen im Medium 1 nahezu tangential zur Grenzschicht, im Medium 2 stehen die Feldlinien fast senkrecht auf der Grenzfläche.

2. Grenzfall $\varepsilon_2 \gg \varepsilon_1$:

$$\frac{\tan \alpha_1}{\tan \alpha_2} \ll 1.$$

Daraus folgt:

$$\alpha_1 \to 0, \quad \alpha_2 \to \pi/2.$$

Die Feldlinien verlaufen im Medium 2 nahezu parallel zur Grenzschicht und stehen im Medium 1 fast senkrecht auf der Grenzfläche. Wie ein Vergleich dieser Grenzfläche mit dem Feldverlauf im unendlich guten Leiter (vgl. Kap. III.3) zeigt, entspricht ein Material mit unendlich großer Permittivität in seinem Verhalten qualitativ einem leitenden Material. Auf beiden Materialien stehen die Feldlinien im Außenraum senkrecht.

III.5
Einfache Feldberechnungen

1. Aufgabe

Eine Punktladung mit der Ladung Q befinde sich im leeren Raum. Gesucht sind die elektrische Flußdichte, die elektrische Feldstärke und das Potential der Anordnung mit der Nebenbedingung, daß das Potential im unendlich fernen Punkt null wird.

Lösung

Eine Punktladung ist eine idealisierte Ladungsverteilung, wie sie in Wirklichkeit nicht existiert. Es wird angenommen, daß das Volumen V der Ladung bei konstant gehaltener Ladung Q beliebig klein wird, die Ladung also keine räumlichen Abmessungen besitzt. Dabei wird die Raumladungsdichte ϱ an der Stelle der Punktladung unendlich groß. Außerhalb der Punktladung muß das Feld quellenfrei sein. Es wird also eine Lösung der homogenen Potentialgleichung (Laplacesche Differentialgleichung (III.3.19)) gesucht. Ein Koordinatensystem wird so gewählt, daß sein Ursprung mit dem Ort der Ladung übereinstimmt (Abb. 36). Wegen der bestehenden Kugelsymmetrie wird das gesuchte Potential nur vom Abstand r von der Punktladung (und damit vom Nullpunkt des Koordinatensystems) abhängen. Da im Nullpunkt des Koordinatensystems eine Unstetigkeitsstelle des Feldes vorliegt (unendlich große Raumladungsdichte), wird der Punkt $r = 0$ bei der Berechnung ausgeschlossen.

Unter diesen Voraussetzungen läßt sich das Potential mit Hilfe der Differentialgleichung (I.16.43)

$$\Delta\varphi = \frac{1}{r^2}\frac{d}{dr}\left(r^2 \frac{d\varphi}{dr}\right) = 0, \qquad \frac{d}{dr}\left(r^2 \frac{d\varphi}{dr}\right) = 0$$

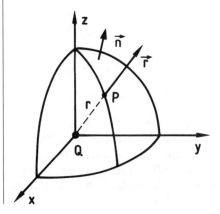

Abb. 36. Koordinatensystem

III.5 Einfache Feldberechnungen

angeben. Die Differentialgleichung wird einmal integriert:

$$r^2 \frac{d\varphi}{dr} = A, \quad \frac{d\varphi}{dr} = \frac{A}{r^2}, \quad r \neq 0.$$

A ist eine Integrationskonstante. Bei der Division durch r^2 muß vorausgesetzt werden, daß $r \neq 0$ ist, wie schon oben erwähnt wurde. Nach nochmaliger Integration ergibt sich die Lösung für die Potentialfunktion

$$\varphi = -\frac{A}{r} + B,$$

wobei B eine weitere Integrationskonstante ist. Da das Potential φ für $r \to \infty$ verschwinden soll, folgt $B = 0$.

$$r \xrightarrow{\lim} \infty \; \varphi = r \xrightarrow{\lim} \infty \left(-\frac{A}{r} + B\right) = B = 0.$$

Die Konstante A läßt sich aus den Maxwellschen Gleichungen bestimmen. Es gilt mit Hilfe von Gl. (I.14.1) bzw. (I.14.3):

$$\vec{E} = -\operatorname{grad}\varphi = -\frac{A}{r^3}\vec{r}, \quad \vec{D} = \varepsilon_0 \vec{E} = -\frac{\varepsilon_0 A}{r^3}\vec{r}.$$

Um die Punktladung wird eine kugelförmige Integrationsfläche mit dem Radius r gelegt, deren Mittelpunkt mit dem Nullpunkt des Koordinatensystems übereinstimmt. Aus Symmetriegründen ist das Feld der elektrischen Flußdichte rein radial gerichtet, ist also auf der Integrationshülle je nach Vorzeichen der Ladung Q parallel oder antiparallel zum Flächennormalenvektor $\vec{n}$ gerichtet. Eine positive Ladung wird als $Q = +|Q|$, eine negative Ladung als $Q = -|Q|$ dargestellt. Da die Felder ferner nur vom Radius r abhängen, sind sie auf der kugelförmigen Integrationsfläche im Absolutbetrag konstant. Auf der Kugeloberfläche ist auch der Radius r konstant.

Zur Bestimmung der Größe A wird die vierte Maxwell'sche Gleichung benutzt. Die Flußdichte $\vec{D}$ wird über die Kugeloberfläche integriert. Das Integral über die geschlossene Hülle muß gleich der eingeschlossenen Ladung Q sein.

$$\oint_A \vec{D} \cdot \vec{n} \, dA = \oint_A |\vec{D}| \, dA = |\vec{D}| \oint_A dA = |\vec{D}| \, 4\pi r^2 = |Q| = Q$$

für eine positive Ladung und

$$\oint_A \vec{D} \cdot \vec{n} \, dA = -|\vec{D}| \oint_A dA = -|Q| = Q$$

für eine negative Ladung.

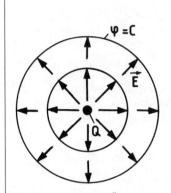

Abb. 37. Feldverlauf, Äquipotentialflächen

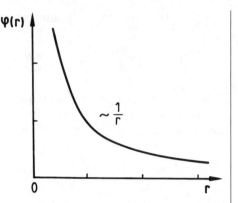

Abb. 38. Potentialverlauf über dem Abstand r

Da aber nach oben stehender Gleichung

$$\vec{D} = -\frac{\varepsilon_0 A}{r^3}\vec{r}$$

ist, gilt wegen $\vec{r} \parallel \vec{n}$ auch:

$$\oiint_A \vec{D} \cdot \vec{n}\, dA = -\oiint_A \frac{\varepsilon_0 A}{r^3}\vec{r} \cdot \vec{n}\, dA = -\frac{\varepsilon_0 A}{r^2}\oiint_A dA = -\frac{\varepsilon_0 A}{r^2} 4\pi r^2 = Q,$$

$$A = -\frac{Q}{4\pi\varepsilon_0}$$

unabhängig vom Vorzeichen der Ladung.

Damit ergibt sich für die Felder:

$$\varphi = \frac{Q}{4\pi\varepsilon_0 r}, \qquad \vec{E} = \frac{Q}{4\pi\varepsilon_0 r^3}\vec{r}, \qquad \vec{D} = \frac{Q}{4\pi r^3}\vec{r}. \qquad \text{(III.5.1)}$$

Die Feldlinien verlaufen rein radial. Die Äquipotentialflächen sind Kugelflächen mit dem Lageort der Ladung als Mittelpunkt. Alle Feldgrößen haben für $r = 0$ eine Polstelle. Abbildung 37 und 38 zeigen den Feldverlauf, einen Schnitt durch die Äquipotentialflächen sowie die Potentialfunktion über der Größe r für eine positive Ladung.

2. Aufgabe

Gegeben ist eine Kugel mit dem Radius r_0 und der gleichmäßig auf ihr Volumen verteilten Ladung Q im leeren Raum. Gesucht sind die elektrische

III.5 Einfache Feldberechnungen

Flußdichte, die elektrische Feldstärke und das Potential der Anordnung im gesamten Raumbereich $0 \leq r \leq \infty$.

Lösung
Die Aufgabenstellung ist wie das Problem der Punktladung nur von akademischem Interesse. Eine Ladungsverteilung, wie sie in der Aufgabenstellung beschrieben wird, existiert in der Wirklichkeit nicht. Vielmehr würde sich die Raumladung aufgrund der abstoßenden Kräfte zwischen den gleichnamigen Ladungen auf der Kugelfläche mit dem Radius r_0 konzentrieren.

Wird aufgrund der Kugelsymmetrie angenommen, daß das Potential nur vom Abstand r vom Mittelpunkt der Kugel abhängt, so gilt für den Raumbereich $0 \leq r \leq r_0$ die Bestimmungsgleichung für das Potential:

$$\Delta \varphi_i = \frac{1}{r^2} \frac{d}{dr}\left(r^2 \frac{d\varphi_i}{dr}\right) = -\frac{\varrho}{\varepsilon_0},$$

mit der konstanten Raumladungsdichte $\varrho = \dfrac{Q}{V_{Kugel}} = \dfrac{3Q}{4\pi r_0^3}$,

wenn Q die Gesamtladung der Kugel ist. Aus der Differentialgleichung läßt sich durch zweimalige Integration die Potentialfunktion φ_i errechnen:

$$\frac{d}{dr}\left(r^2 \frac{d\varphi_i}{dr}\right) = -\frac{\varrho}{\varepsilon_0} r^2, \qquad r^2 \frac{d\varphi_i}{dr} = -\frac{\varrho}{\varepsilon_0} \frac{r^3}{3} + A,$$

$$\frac{d\varphi_i}{dr} = -\frac{\varrho}{\varepsilon_0} \frac{r}{3} + \frac{A}{r^2}, \qquad \varphi_i = -\frac{\varrho}{\varepsilon_0} \frac{r^2}{6} - \frac{A}{r} + B, \qquad r \neq 0.$$

Hierbei sind A und B Integrationskonstanten. Der Nullpuntk $r = 0$ muß bei der Berechnung zunächst ausgeschlossen werden. Wird der Wert

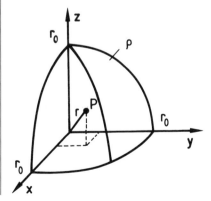

Abb. 39. Kugelkoordinaten

der Raumladungsdichte ϱ eingesetzt, so gilt für das Potential im Innenraum der Kugel:

$$\varphi_i = -\frac{3Q}{4\pi\varepsilon_0 r_0^3}\frac{r^2}{6} - \frac{A}{r} + B = -\frac{Qr^2}{8\pi\varepsilon_0 r_0^3} - \frac{A}{r} + B.$$

Das Feld im Außenraum der Kugel $r \geq r_0$ wird durch die Laplacesche Differentialgleichung

$$\Delta\varphi_a = 0$$

bestimmt und gehorcht demnach den in Aufgabe 1 für die Punktladung abgeleiteten Lösungsfunktionen:

$$\varphi_a = \frac{Q}{4\pi\varepsilon_0 r}, \quad \vec{E}_a = \frac{Q}{4\pi\varepsilon_0 r^3}\vec{r}, \quad \vec{D}_a = \frac{Q}{4\pi r^3}\vec{r}.$$

Hierbei ist wiederum angenommen worden, daß das Potential im Außenraum für große Abstände r von der Kugel ($r \to \infty$) verschwindet.

Zur Bestimmung der Integrationskonstanten A und B wird von den Stetigkeitsbedingungen für das Potential Gebrauch gemacht:

Auf der Kugeloberfläche ($r = r_0$) muß das Potential stetig sein, d.h. es muß

$$\varphi_i(r_0) = \varphi_a(r_0)$$

gelten. Ferner kann eine Aussage über die Ableitung der Funktionen $\varphi_i(r)$, $\varphi_a(r)$ in Richtung der Normalen zur Kugeloberfläche (das ist die radiale Richtung) gemacht werden. Da sich in der Grenzfläche keine Flächenladung befindet, gilt nach Gl. (III.4.4):

$$\varepsilon_0 \frac{d\varphi_i}{dr}\bigg|_{r=r_0} = \varepsilon_0 \frac{d\varphi_a}{dr}\bigg|_{r=r_0}.$$

In diese beiden Bedingungen werden die Potentialfunktionen eingeführt:

$$\varphi_i(r_0) = -\frac{Qr_0^2}{8\pi\varepsilon_0 r_0^3} - \frac{A}{r_0} + B = \varphi_a(r_0) = \frac{Q}{4\pi\varepsilon_0 r_0},$$

$$\frac{d\varphi_i}{dr}\bigg|_{r=r_0} = -\frac{2Qr_0}{8\pi\varepsilon_0 r_0^3} + \frac{A}{r_0^2} = \frac{d\varphi_a}{dr}\bigg|_{r=r_0} = -\frac{Q}{4\pi\varepsilon_0 r_0^2}.$$

Aus der zweiten Gleichung folgt zunächst $A = 0$. Damit kann auch der Punkt $r = 0$ wieder für die Lösung zugelassen werden. Aus der ersten Gleichung ergibt sich mit $A = 0$:

$$B = \frac{Q}{4\pi\varepsilon_0 r_0} + \frac{Q}{8\pi\varepsilon_0 r_0} = \frac{3Q}{8\pi\varepsilon_0 r_0}.$$

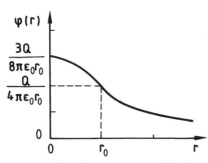

Abb. 40. Abhängigkeit der Potentialfunktion vom Abstand r

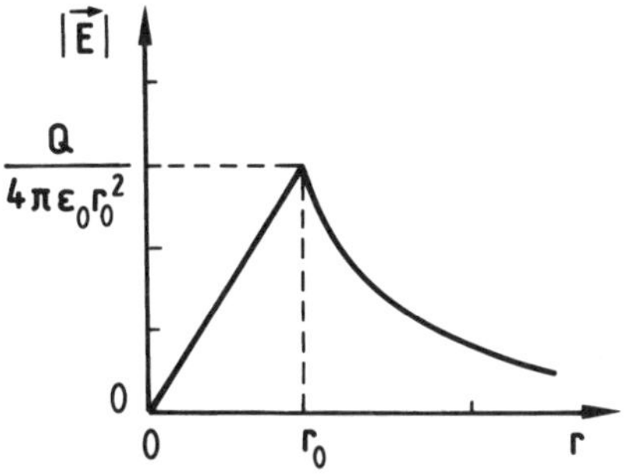

Abb. 41. Abhängigkeit der Feldstärke vom Abstand r

Damit lauten die noch unbekannte Potentialfunktion für den Innenraum der Kugel, sowie die Feldstärke und die Flußdichte dieses Raumbereichs:

$$\varphi_i(r) = \frac{Q}{8\pi\varepsilon_0 r_0}\left(3 - \frac{r^2}{r_0^2}\right); \qquad \vec{E}_i = -\operatorname{grad}\varphi_i = \frac{Q}{4\pi\varepsilon_0 r_0^3}\vec{r},$$

$$\vec{D}_i = \varepsilon_0 \vec{E} = \frac{Q}{4\pi r_0^3}\vec{r}.$$

Die Abhängigkeit des Potentials und der Feldstärke vom Abstand r vom Mittelpunkt der Kugel ist in Abb. 40 und Abb. 41 skizziert.

3. Aufgabe

Gegeben ist eine homogen geladene Hohlkugel mit der positiven Gesamtladung Q, dem Innenradius r_i und dem Außenradius r_a.

a) Gesucht ist das Potential der elektrischen Feldstärke im gesamten Raumbereich $0 \le r \le \infty$.
b) Man bilde den Grenzübergang $r_i \to 0$ und vergleiche das Feld der dadurch entstandenen, homogen geladenen Kugel mit der Lösung der Aufgabe 2.

Lösung
Für die Raumladungsdichte gilt für Verteilungsfunktion

$$\varrho = \begin{cases} 0 & \text{für } 0 \le r \le r_i \\ \dfrac{Q}{(4/3)\,\pi(r_a^3 - r_i^3)} = \varrho_{II} & \text{für } r_i \le r \le r_a, \\ 0 & \text{für } r \ge r_a \end{cases}$$

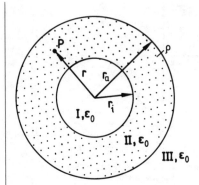

Abb. 42. Geladene Hohlkugel

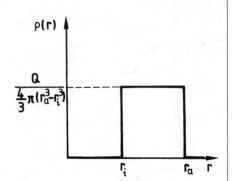

Abb. 43. Raumladungsverteilung

die in Abb. 43 skizziert ist. Damit gelten für die einzelnen in Abb. 42 skizzierten Raumbereiche die folgenden Differentialgleichungen für die skalare Potentialfunktion φ.

I. $0 \leq r \leq r_i$: $\Delta \varphi_I = 0$,

II. $r_i \leq r \leq r_a$: $\Delta \varphi_{II} = - \dfrac{\varrho_{II}}{\varepsilon_0}$,

III. $r \geq r_a$: $\Delta \varphi_{III} = 0$.

Aufgrund der vorgegebenen Kugelsymmetrie wird angenommen, daß die Potentialfunktion nur vom Abstand r vom Mittelpunkt der Hohlkugel abhängt, so daß sich der Delta-Operator nach Gl. (I.16.43) zu

$$\Delta \varphi = \frac{1}{r^2} \frac{d}{dr} \left(r^2 \frac{d\varphi}{dr} \right)$$

berechnet. Die Lösungen der einzelnen Differentialgleichungen für die Potentialfunktionen in den drei Raumbereichen lauten (s. Aufgabe 1 und 2):

Bereich I:

$$\varphi_I = \frac{A}{r} + B.$$

Bereich II:

$$\varphi_{II} = - \frac{\varrho_{II}}{\varepsilon_0} \frac{r^2}{6} + \frac{C}{r} + D.$$

III.5 Einfache Feldberechnungen

Bereich III:

$$\varphi_{III} = \frac{E}{r} + F.$$

Darin sind A, B, C, D, E und F Integrationskonstanten. Im unendlichen fernen Punkt setzen wir als zusätzliche Forderung das Potential gleich null an (Bezugspunkt). Das bedeutet, daß für die Lösung des Bereichs III die Konstante F zu null wird:

$$F = 0.$$

Also lautet die Potentialfunktion im Bereich III:

$$\varphi_{III} = \frac{E}{r}.$$

Da im Bereich I keine Ladungen vorhanden sind, muß das Feld für $r = 0$ endlich bleiben. Das bedeutet, daß die Konstante A verschwinden muß, $A = 0$.
Also gilt im Bereich I:

$$\varphi_I = B.$$

An den Grenzflächen $r = r_i$ und $r = r_a$ müssen die Potentialfunktionen stetig ineinander übergehen:

$$\varphi_I(r_i) = \varphi_{II}(r_i), \qquad B = -\frac{\varrho_{II}}{\varepsilon_0} \frac{r_i^2}{6} + \frac{C}{r_i} + D,$$

$$\varphi_{II}(r_a) = \varphi_{III}(r_a), \qquad -\frac{\varrho_{II}}{\varepsilon_0} \frac{r_a^2}{6} + \frac{C}{r_a} + D = \frac{E}{r_a}.$$

Ferner muß die Normalkomponente der elektrischen Flußdichte stetig sein, da keine Flächenladungen in der Grenzschicht vorhanden sind. Das bedeutet nach Gl. (III.4.3) bzw. Gl. (III.4.4) mit $\sigma = 0$:

$$\varepsilon_0 \frac{d\varphi_I}{dr}\bigg|_{r=r_i} = \varepsilon_0 \frac{d\varphi_{II}}{dr}\bigg|_{r=r_i}, \qquad \varepsilon_0 \frac{d\varphi_{II}}{dr}\bigg|_{r=r_a} = \varepsilon_0 \frac{d\varphi_{III}}{dr}\bigg|_{r=r_a}.$$

Da die Permittivitäten in den einzelnen Raumbereichen gleich groß sind (Vakuum), gilt:

$$0 = -\frac{\varrho_{II}}{\varepsilon_0} \frac{r_i}{3} - \frac{C}{r_i^2}, \qquad -\frac{\varrho_{II}}{\varepsilon_0} \frac{r_a}{3} - \frac{C}{r_a^2} = -\frac{E}{r_a^2}.$$

Hieraus folgt für die Konstanten C und E:

$$C = -\frac{\varrho_{II}}{\varepsilon_0}\frac{r_i^3}{3}, \qquad E = \frac{\varrho_{II}}{3\varepsilon_0}(r_a^3 - r_i^3).$$

Aus den Stetigkeitsbedingungen für das Potential folgen für die restlichen Konstanten

$$B = \frac{\varrho_{II}}{2\varepsilon_0}(r_a^2 - r_i^2), \qquad D = \frac{\varrho_{II} r_a^2}{2\varepsilon_0}.$$

und damit die Potentialfunktionen für die drei Bereiche:

$$\varphi_I = \frac{3Q}{8\pi\varepsilon_0}\frac{r_a^2 - r_i^2}{r_a^3 - r_i^3},$$

$$\varphi_{II} = \frac{3Q}{4\pi\varepsilon_0(r_a^3 - r_i^3)}\left(\frac{r_a^2}{2} - \frac{r^2}{6} - \frac{r_i^3}{3r}\right),$$

$$\varphi_{III} = \frac{Q}{4\pi\varepsilon_0 r}.$$

In Abb. 44 ist der Verlauf der Potentialfunktion über dem Abstand r skizziert.

Im Grenzfall $r_i \to 0$ folgt für die Potentialfunktionen:

$$\varphi_I = \frac{3Q}{8\pi\varepsilon_0 r_a},$$

$$\varphi_{II} = \frac{Q}{8\pi\varepsilon_0 r_a}\left(3 - \frac{r^2}{r_a^2}\right),$$

$$\varphi_{III} = \frac{Q}{4\pi\varepsilon_0 r}.$$

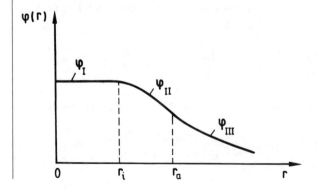

Abb. 44. Potentialverlauf über dem Abstand r

III.5 Einfache Feldberechnungen

φ_I ist das Potential im Innenraum der geladenden Kugel nach Aufgabe 2 an der Stelle r = 0. Die Potentiale φ_{II} und φ_{III} entsprechen den Lösungen der Aufgabe 2. Insbesondere ist φ_{III} das Potential im Außenraum einer Kugelladung mit der Gesamtladung Q.

4. Aufgabe

Gegeben ist eine Punktladung, die sich im Mittelpunkt einer dielektrischen Kugel mit der Permittivitätszahl ε_r und dem Radius r_0 befindet. Gesucht sind die elektrische Flußdichte, die elektrische Feldstärke und das Potential des Feldes dieser Anordnung. Die dielektrische Kugel befindet sich im leeren Raum (Abb. 45).

Lösung
Die Felder im Innen- und Außenraum der Kugel sind die Felder einer Punktladung. Das heißt, es gilt für die zwei Raumbereiche:

1. $0 \leq r \leq r_0$:

$$\varphi_i = \frac{Q}{4\pi\varepsilon_0\varepsilon_r r} + C_1,$$

$$\vec{E}_i = \frac{Q}{4\pi\varepsilon_0\varepsilon_r r^3}\vec{r},$$

$$\vec{D}_i = \frac{Q}{4\pi r^3}\vec{r}.$$

2. $r \geq r_0$:

$$\varphi_a = \frac{Q}{4\pi\varepsilon_0 r} + C_2,$$

$$\vec{E}_a = \frac{Q}{4\pi\varepsilon_0 r^3}\vec{r},$$

$$\vec{D}_a = \frac{Q}{4\pi r^3}\vec{r}.$$

Das Potential φ_a wird im unendlich fernen Punkt ($r \to \infty$) gleich null gesetzt. Das bedeutet, die Konstante C_2 wird gleich null. Die Konstante C_1 bestimmt sich aus den Stetigkeitsbedingungen für das Potential an der Grenzfläche $r = r_0$:

$$\varphi_i(r_0) = \frac{Q}{4\pi\varepsilon_0\varepsilon_r r_0} + C_1 = \varphi_a(r_0) = \frac{Q}{4\pi\varepsilon_0 r_0},$$

$$C_1 = \frac{Q(\varepsilon_r - 1)}{4\pi\varepsilon_0\varepsilon_r r_0}.$$

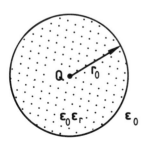

Abb. 45. Punktladung in dielektrischer Kugel

Damit lauten die einzelnen Feldfunktionen:

$0 \leq r \leq r_0$:

$$\varphi_i = \frac{Q}{4\pi\varepsilon_0\varepsilon_r r} + \frac{Q(\varepsilon_r - 1)}{4\pi\varepsilon_0\varepsilon_r r_0},$$

$$\vec{E}_i = \frac{Q}{4\pi\varepsilon_0\varepsilon_r r^3}\vec{r},$$

$$\vec{D}_i = \frac{Q}{4\pi r^3}\vec{r},$$

$r \geq r_0$:

$$\varphi_a = \frac{Q}{4\pi\varepsilon_0 r},$$

$$\vec{E}_a = \frac{Q}{4\pi\varepsilon_0 r^3}\vec{r},$$

$$\vec{D}_a = \frac{Q}{4\pi r^3}\vec{r}.$$

In Abb. 46 und Abb. 47 sind der Verlauf der Potentialfunktion und des Betrags der elektrischen Feldstärke für eine positive Ladung Q in Abhängigkeit von r skizziert.

Die elektrische Feldstärke $\vec{E}$ hat an der Stelle $r = r_0$ eine Sprungstelle; die elektrische Flußdichte hingegen ist, wie die Grenzbedingung (III.4.3) für $\sigma = 0$ fordert, stetig.

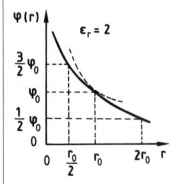

Abb. 46. Potentialverlauf in Abhängigkeit von r

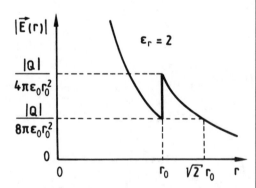

Abb. 47. Elektrische Feldstärke in Abhängigkeit von r

III.5 Einfache Feldberechnungen

5. Aufgabe

Ein elektrostatisches Feld in einem raumladungsfreien Gebiet ($\varrho = 0$) habe die Eigenschaft, daß die elektrische Feldstärke nur eine z-Komponente $E_z(x, y, z)$ besitzt.

a) Welche Folgerungen ergeben sich für die elektrische Feldstärke, wenn das Material homogen ist?
b) Nun sei das Material inhomogen. Die Permittivität sei eine Funktion der z-Koordinate $\varepsilon = \varepsilon(z)$. Man gebe unter dieser Voraussetzung einen Ausdruck für die elektrische Feldstärke an.

Lösung

a) Die Maxwellschen Gleichungen für ein elektrostatisches Feld fordern für $\varepsilon = $ const. and $\varrho = 0$:

$$\operatorname{rot} \vec{E} = \vec{0},$$
$$\operatorname{div}(\varepsilon \vec{E}) = \varepsilon \operatorname{div} \vec{E} = 0, \quad \operatorname{div} \vec{E} = 0.$$

Da das Feld nur eine E_z-Komponente besitzt, folgt aus der Divergenzbeziehung:

$$\operatorname{div} \vec{E} = \frac{\partial E_z}{\partial z} = 0.$$

Also ist das Feld von der z-Koordinate unabhängig,

$E_z \neq E_z(z)$.

Die Rotation der elektrischen Feldstärke berechnet sich nach Gl. (I.16.8) aus der Determinante

$$\operatorname{rot} \vec{E} = \begin{vmatrix} \vec{e}_x & \vec{e}_y & \vec{e}_z \\ \dfrac{\partial}{\partial x} & \dfrac{\partial}{\partial y} & \dfrac{\partial}{\partial z} \\ 0 & 0 & E_z \end{vmatrix} = \frac{\partial E_z}{\partial y} \vec{e}_x - \frac{\partial E_z}{\partial x} \vec{e}_y = \vec{0}.$$

Ein Vektor wird nur dann gleich null, wenn alle seine Komponenten verschwinden. Das bedeutet:

$$\frac{\partial E_z}{\partial x} = 0; \quad \frac{\partial E_z}{\partial y} = 0.$$

Also ist das Feld auch nicht von x und y abhängig, sondern räumlich konstant,

$$\vec{E} = E_z \vec{e}_z = K \vec{e}_z.$$

b) Ist das betrachtete Medium nicht mehr homogen, so muß für die Divergenzbeziehung geschrieben werden:

$$\text{div}\vec{D} = \text{div}(\varepsilon\vec{E}) = 0,$$

mit

$$\varepsilon = \varepsilon(z).$$

Die Folgerungen aus der Rotationsbedingung bleiben erhalten. Das heißt, das Feld kann nur noch von der z-Koordinate abhängen,

$$E_z \neq E_z(x,y); \qquad E_z = E_z(z).$$

Aus der Divergenzbeziehung folgt dann:

$$\text{div}\vec{D} = \text{div}[\varepsilon(z)\, E_z(z)\vec{e}_z] = \frac{d}{dz}[\varepsilon(z)\, E_z(z)] = 0.$$

Das bedeutet:

$$E_z(z)\frac{d\varepsilon(z)}{dz} + \varepsilon(z)\frac{dE_z(z)}{dz} = 0.$$

Damit ergibt sich eine Differentialgleichung zur Berechnung von E_z:

$$\frac{1}{E_z}\frac{dE_z}{dz} = -\frac{1}{\varepsilon}\frac{d\varepsilon}{dz}.$$

Diese Differentialgleichung läßt sich einmal integrieren:

$$\ln[E_z(z)] = -\ln[\varepsilon(z)] + \ln(C).$$

$\ln(C)$ ist eine Integrationskonstante in einer für diese Lösungsfunktion günstigen Form. Wird auf beiden Seiten der Gleichung zur e-Funktion übergegangen, so läßt sich die Lösung für die elektrische Feldstärke durch den Ausdruck

$$e^{\ln[E_z(z)]} = e^{-\ln[\varepsilon(z)] + \ln(C)} = e^{-\ln[\varepsilon(z)]}\, e^{\ln(C)}$$

$$E_z(z) = \frac{C}{\varepsilon(z)}$$

angeben.

6. Aufgabe

In einem unendlich ausgedehnten, dielektrischen Material mit der Permittivität $\varepsilon_0 \varepsilon_r$ befinden sich nach Abb. 48 zwei lange, sehr schmale, zylinderförmige Aushöhlungen ($\varepsilon = \varepsilon_0$). In dem Dielektrikum existiere ein homogenes, elektrisches Feld $\vec{E}_a$. Wie groß sind die elektrische Flußdichte und die elektrische Feldstärke in den Aushöhlungen?

Lösungen

a) Die Achse des zylinderförmigen Schlitzes liegt in Richtung der elektrischen Feldstärke $\vec{E}_a$. Das Feld im Schlitz wird im wesentlichen durch die Tangentialkomponente der elektrischen Feldstärke bestimmt. An der Grenzschicht muß die elektrische Feldstärke in ihrer Tangentialkomponente stetig sein:

$$\vec{E}_i \cdot \vec{t} = \vec{E}_a \cdot \vec{t}, \qquad E_i = \frac{1}{\varepsilon_0} D_i, \qquad E_a = \frac{1}{\varepsilon_r \varepsilon_0} D_a,$$

$$D_i = \frac{1}{\varepsilon_r} D_a, \qquad E_i = E_a.$$

Der Schlitz in Richtung der elektrischen Feldstärke zeigt eine Möglichkeit zum Messen der elektrischen Feldstärke in festen Körpern. Es werden drei sehr schmale Schlitze in drei zueinander senkrechten Richtungen in das Material gebracht und mit Hilfe der in Kap. III.1 gegebenen Definition der elektrischen Feldstärke in ihnen die Feldstärke in Richtung des Schlitzes bestimmt. Da die Tangentialkomponente der äußeren elektrischen Feldstärke das Innenfeld in Richtung des Schlitzes bestimmt, sind die drei gemessenen Feldstärken aufeinander senkrecht stehende Komponenten der Feldstärke im festen Material, die die Feldstärke im Material eindeutig bestimmen.

b) Liegen die Schlitze senkrecht zum elektrischen Feld im festen Material, so bestimmt im wesentlichen die Normalkomponente der elektrischen Flußdichte an der Grenzfläche die Größe der Felder innerhalb des Schlitzes. Da in der Grenzfläche keine Flächenladungen auftreten können (Dielektrikum), gilt:

$$\vec{D}_i \cdot \vec{n} = \vec{D}_a \cdot \vec{n}.$$

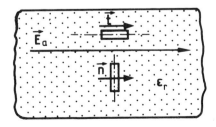

Abb. 48. Aushöhlungen im Dielektrikum

Damit gilt für die Feldstärke und die Flußdichte innerhalb des Schlitzes:

$D_i = D_a; \quad E_i = \varepsilon_r E_a.$

7. Aufgabe

Ein elektrisches Feld $\vec{E}_0$ steht senkrecht auf einer Seitenfläche eines Glaskeils ($\varepsilon_r = 8$) (Abb. 49), dessen Flächen einen Winkel von 60° bilden. Gesucht ist die elektrische Feldstärke und die elektrische Flußdichte vor, im und hinter dem Keil, sowie der Winkel, unter dem die Feldlinien aus dem Keil austreten.

Lösung

An den Grenzflächen müssen die Tangentialkomponente der elektrischen Feldstärke und die Normalkomponente der elektrischen Flußdichte, da keine Flächenladung in der Grenzschicht auftritt, stetig sein.

Damit gilt im Bereich I:

$|\vec{E}_1| = |\vec{E}_0|, \quad |\vec{D}_1| = \varepsilon_0 |\vec{E}_1| = \varepsilon_0 |\vec{E}_0|.$

In der Grenzfläche zwischen Bereich I und II gelten die Beziehungen:

$\vec{D}_1 \cdot \vec{n}_1 = \vec{D}_2 \cdot \vec{n}_1 \quad \text{und} \quad \vec{E}_1 \cdot \vec{t}_1 = \vec{E}_2 \cdot \vec{t}_1$

mit dem Normaleneinheitsvektor $\vec{n}_1$ und dem tangentialen Einheitsvektor $\vec{t}_1$ nach Abb. 49. Da $\vec{E}_1 \cdot \vec{t}_1 = 0$ ist, folgt auch $\vec{E}_2 \cdot \vec{t}_1 = 0$.

Da der Winkel zwischen der elektrischen Flußdichte und dem Normaleneinheitsvektor $\vec{n}_1$ gleich 0° ist, bleibt für die elektrische Flußdichte und die elektrische Feldstärke die Bedingung

$|\vec{D}_2| = |\vec{D}_1|; \quad |\vec{E}_2| = \dfrac{1}{\varepsilon_r \varepsilon_0} |\vec{D}_2| = \dfrac{1}{\varepsilon_r \varepsilon_0} |\vec{D}_1| = \dfrac{1}{\varepsilon_r} |\vec{E}_1|$

zu erfüllen.

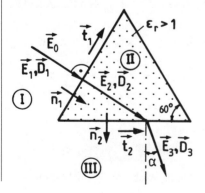

Abb. 49. Glaskeil im Feld

III.5 Einfache Feldberechnungen

Für den Bereich III gilt schließlich:

$$\vec{D}_2 \cdot \vec{n}_2 = \vec{D}_3 \cdot \vec{n}_2, \qquad \vec{E}_2 \cdot \vec{t}_2 = \vec{E}_3 \cdot \vec{t}_2,$$

$$\vec{D}_2 \cdot \vec{n}_2 = |\vec{D}_2|\cos 60° = 0{,}5\,|\vec{D}_2|, \qquad \vec{E}_2 \cdot \vec{t}_2 = |\vec{E}_2|\cos 30° = 0{,}866\,|\vec{E}_2|.$$

Mit den Beziehungen des Bereichs II läßt sich schreiben:

$$\vec{D}_3 \cdot \vec{n}_2 = 0{,}5\,|\vec{D}_1|, \qquad \vec{E}_3 \cdot \vec{t}_2 = 0{,}866\,|\vec{E}_2|,$$

$$\vec{D}_3 \cdot \vec{n}_2 = 0{,}5\,\varepsilon_0\,|\vec{E}_1| \quad \text{und} \quad \vec{E}_3 \cdot \vec{t}_2 = 0{,}866\,\frac{1}{\varepsilon_r}\,|\vec{E}_1|.$$

Da außerdem $\vec{D}_3 = \varepsilon_0 \vec{E}_3$ gilt, ergibt sich für die Felder im Bereich III weiterhin:

$$\vec{E}_3 \cdot \vec{n}_2 = \frac{1}{\varepsilon_0}\vec{D}_3 \cdot \vec{n}_2 = 0{,}5\,|\vec{E}_1|, \qquad \vec{D}_3 \cdot \vec{t}_2 = \varepsilon_0 \vec{E}_3 \cdot \vec{t}_2 = 0{,}866\,\frac{\varepsilon_0}{\varepsilon_r}\,|\vec{E}_1|.$$

Damit sind die Tangential- und Normalanteile der Felder bekannt. Hieraus können der Absolutbetrag der Feldstärke $\vec{E}_3$ und der Flußdichte $\vec{D}_3$, sowie der Austrittswinkel α bestimmt werden:

$$|\vec{E}_3| = \sqrt{(\vec{E}_3 \cdot \vec{n}_2)^2 + (\vec{E}_3 \cdot \vec{t}_2)^2} \approx 0{,}51\,|\vec{E}_1|,$$

$$|\vec{D}_3| = \sqrt{(\vec{D}_3 \cdot \vec{n}_2)^2 + (\vec{D}_3 \cdot \vec{t}_2)^2} \approx 0{,}51\,|\vec{D}_1|,$$

sowie:

$$\alpha = \arctan\left(\frac{\vec{D}_3 \cdot \vec{t}_2}{\vec{D}_3 \cdot \vec{n}_2}\right) = \arctan\left(\frac{\vec{E}_3 \cdot \vec{t}_2}{\vec{E}_3 \cdot \vec{n}_2}\right) \approx 12{,}2°.$$

8. Aufgabe

Gegeben sei eine unendlich lange, unendlich dünne Linienladung mit der Ladung pro Längeneinheit q in einem homogenen, isotropen Medium. Gesucht sind die elektrische Flußdichte, die elektrische Feldstärke und das Potential des Feldes dieser Anordnung (Abb. 50).

Lösung
Die z-Achse eines zylindrischen Koordinatensystems wird in Richtung der Linienladung angenommen (Abb. 50). Die Linienladung ist unendlich lang und besitzt keine Ausdehnung in der transversalen Ebene. Aus Symmetriegründen kann angenommen werden, daß das Potential dieser unendlich ausgedehnten Anordnung nur von der radialen Koordinate ϱ abhängt. Da

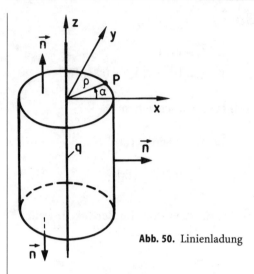

Abb. 50. Linienladung

das Feld im Außenraum der Linienladung ($\varrho \neq 0$) divergenzfrei ist, gehorcht das Potential der Laplaceschen Differentialgleichung

$$\Delta\varphi = 0,$$

die im Zylinderkoordinatensystem unter Berücksichtigung der Unabhängigkeit von den Koordinaten α und z nach Gl. (I.16.25) die Form

$$\Delta\varphi = \frac{1}{\varrho}\frac{d}{d\varrho}\left(\varrho\frac{d\varphi}{d\varrho}\right) = 0, \qquad \frac{d}{d\varrho}\left(\varrho\frac{d\varphi}{d\varrho}\right) = 0$$

annimmt. Nach einmaliger Integration dieser Differentialgleichung folgt der Zusammenhang:

$$\varrho\frac{d\varphi}{d\varrho} = A.$$

Die Gleichung wird durch ϱ dividiert (unter der Voraussetzung $\varrho \neq 0$) und die so entstehende Differentialgleichung nochmals integriert,

$$\frac{d\varphi}{d\varrho} = \frac{A}{\varrho}; \qquad \varrho \neq 0.$$

Damit ergibt sich als Lösung für die Potentialfunktion des Feldes:

$$\varphi(\varrho) = A \ln \varrho + B,$$

in der A und B zwei Integrationskonstanten sind. Diese beiden Konstanten

III.5 Einfache Feldberechnungen

werden mit Hilfe der vierten Maxwell'schen Gleichung

$$\oint_A \vec{D} \cdot \vec{n} \, dA = Q = ql,$$

die auf ein Stück der Linienladung von der Länge 1 angewandt wird, bestimmt. Um die Linienladung wird eine Integrationshülle in Form eines zur Linienladung konzentrischen Zylinders von der Länge 1 und mit dem Halbmesser ϱ gelegt und das Flächenintegral über die elektrische Flußdichte und diese Hüllenfläche berechnet.

Aus der Potentialfunktion läßt sich zunächst durch Gradientenbildung die elektrische Feldstärke und dann die elektrische Flußdichte bestimmen:

$$\vec{E} = -\operatorname{grad} \varphi = -\frac{A}{\varrho^2} \vec{\varrho}; \qquad \vec{D} = \varepsilon_0 \vec{E} = -\frac{\varepsilon_0 A}{\varrho^2} \vec{\varrho}; \qquad \varepsilon = \varepsilon_0.$$

Mit dieser Flußdichte wird das Flächenintegral bestimmt. Dabei kann berücksichtigt werden, daß auf der Mantelfläche des Zylinders, über die integriert wird, der Flächennormalenvektor $\vec{n}$ und die elektrische Flußdichte immer die gleiche Richtung haben. Ferner ist die elektrische Flußdichte auf der Mantelfläche des Zylinders (ϱ = const.) im Absolutbetrag konstant. Auf den Deckeln des Zylinders wird das Flächenintegral null, da Flächennormale und elektrische Flußdichte senkrecht aufeinander stehen. Es tritt also nur ein elektrischer Fluß durch die Mantelfläche des Zylinders.

$$\oint_{A_{zyl}} \vec{D} \cdot \vec{n} \, dA = -\iint_{A_{Mantel}} \frac{\varepsilon_0 A}{\varrho^2} \vec{\varrho} \cdot \vec{n} \, dA = -\frac{\varepsilon_0 A}{\varrho} \iint_{A_{Mantel}} dA = -\frac{\varepsilon_0 A}{\varrho} 2\pi \varrho l = ql,$$

$$A = -\frac{q}{2\pi\varepsilon_0}.$$

Damit gilt schließlich für die Felder und das zugehörige Potential:

$$\varphi = -\frac{q}{2\pi\varepsilon_0} \ln \varrho + B, \qquad E = \frac{q}{2\pi\varepsilon_0 \varrho^2} \vec{\varrho}, \qquad D = \frac{q}{2\pi\varrho^2} \vec{\varrho}. \qquad (\text{III.5.2})$$

Die Konstante B kann bestimmt werden, indem z.B. das Potential an der Stelle $\varrho = \varrho_0$, wobei ϱ_0 ein beliebiger, aber fester Radius ist, gleich null gesetzt wird. Dann gilt:

$$\varphi = -\frac{q}{2\pi\varepsilon_0} \ln \frac{\varrho}{\varrho_0}.$$

In Abb. 51 sind die Äquipotentialflächen der Linienladung skizziert, Abb. 52 zeigt die Abhängigkeit des Potentials von der Koordinate ϱ.

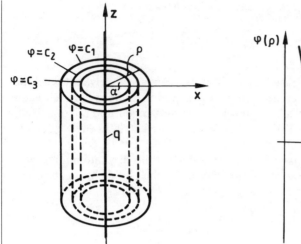

Abb. 51. Äquipotentialflächen der Linienladung

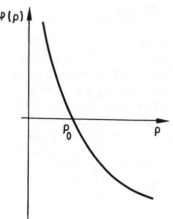

Abb. 52. Verlauf der Potentialfunktion über ϱ

9. Aufgabe

Gegeben ist eine Raumladungsverteilung in x-Richtung, wie sie in Abb. 53 skizziert ist. Die Ausdehnung in y- und z-Richtung seien als groß gegenüber den Abmessungen in x-Richtung anzusehen, so daß das Problem als eindimensional zu behandeln ist. Wie lautet das Potential und die elektrische Feldstärke in Abhängigkeit von der Koordinate x, falls die Permittivität des betrachteten Gebietes konstant gleich ε_0 ist und für die Raumladungen die Bedingung $\varrho_1/\varrho_2 = b/a$ gilt?

Lösung

Ausgangspunkt zur Berechnung des Potentialverlaufs ist die Poissonsche Differentialgleichung (III.3.18)

$$\Delta \varphi = - \frac{\varrho(x)}{\varepsilon_0},$$

die für das vorliegende, eindimensionale Problem nach Gl. (I.16.11) die Form

$$\Delta \varphi(x) = \frac{d^2 \varphi(x)}{dx^2} = - \frac{\varrho(x)}{\varepsilon_0}$$

annimmt. Dabei gilt für die Funktion $\varrho(x)$:

III.5 Einfache Feldberechnungen

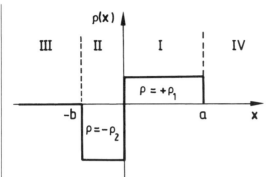

Abb. 53. Raumladungsverteilung

$$\varrho(x) = \begin{cases} 0 & \text{für} \quad -\infty \leq x \leq -b \quad \text{Bereich III} \\ -\varrho_2 & \text{für} \quad -b \leq x \leq 0 \quad \text{Bereich II} \\ +\varrho_1 & \text{für} \quad 0 \leq x \leq a \quad \text{Bereich I} \\ 0 & \text{für} \quad a \leq x \leq +\infty \quad \text{Bereich IV} \end{cases}$$

Lösung der Differentialgleichung für den Bereich III und IV sind die Funktionen

$$\varphi_3(x) = A_3 x + B_3, \qquad \varphi_4(x) = A_4 x + B_4.$$

Lösung der Differentialgleichung für den Bereich I und II ist die Funktion

$$\varphi(x) = -\frac{\varrho}{2\varepsilon_0} x^2 + Ax + B.$$

Damit ergibt sich für den Bereich I:

$$\varphi_1(x) = -\frac{\varrho_1}{2\varepsilon_0} x^2 + A_1 x + B_1$$

und für den Bereich II:

$$\varphi_2(x) = +\frac{\varrho_2}{2\varepsilon_0} x^2 + A_2 x + B_2.$$

Zur Bestimmung der unbekannten Integrationskonstanten A_n, B_n (n = 1, 2, 3, 4) wird von den Grenzbedingungen Gebrauch gemacht.

1. Das Potential muß an der Stelle $x = 0$ stetig sein. Ferner soll festgesetzt werden, daß das Potential für $x = 0$ null werden soll.

$$\varphi_1(0) = B_1 = \varphi_2(0) = B_2 = 0,$$
$$B_1 = 0, \quad B_2 = 0.$$

2. Da für den gesamten x-Bereich $\varepsilon = \varepsilon_0$ gilt, muß die Ableitung des Potentials nach x an der Stelle x = 0 stetig sein (Gl. (III.4.4) mit $\varepsilon_1 = \varepsilon_2 = \varepsilon_0$ und $\sigma = 0$).

$$\left.\frac{d\varphi_1(x)}{dx}\right|_{x=0} = A_1 = \left.\frac{d\varphi_2(x)}{dx}\right|_{x=0} = A_2, \qquad A_1 = A_2.$$

Also lauten die Potentialfunktionen für den Bereich I und II:

$$\varphi_1(x) = -\frac{\varrho_1}{2\varepsilon_0}x^2 + A_1 x, \qquad \varphi_2(x) = +\frac{\varrho_2}{2\varepsilon_0}x^2 + A_1 x.$$

3. An den Stellen x = a und x = − b müssen die Potentiale und die Feldstärke (Ableitung des Potentials nach x, wegen $\varepsilon = \varepsilon_0 =$ const. und $\sigma = 0$) ebenfalls stetig sein. Das heißt, es gilt:

$$\varphi_1(a) = -\frac{\varrho_1}{2\varepsilon_0}a^2 + A_1 a = \varphi_4(a) = A_4 a + B_4, \tag{1}$$

$$\left.\frac{d\varphi_1(x)}{dx}\right|_{x=a} = -\frac{\varrho_1}{\varepsilon_0}a + A_1 = \left.\frac{d\varphi_4(x)}{dx}\right|_{x=a} = A_4, \tag{2}$$

$$\varphi_2(-b) = \frac{\varrho_2}{2\varepsilon_0}b^2 - A_1 b = \varphi_3(-b) = -A_3 b + B_3, \tag{3}$$

$$\left.\frac{d\varphi_2(x)}{dx}\right|_{x=-b} = -\frac{\varrho_2}{\varepsilon_0}b + A_1 = \left.\frac{d\varphi_3(x)}{dx}\right|_{x=-b} = A_3. \tag{4}$$

Da die Gesamtladung der Anordnung auf Grund der Bedingung $\varrho_1 a = \varrho_2 b$ verschwindet, muß die Feldstärke an der Stelle x = a und an der Stelle x = − b verschwinden. Das heißt, A_3 und A_4 müssen null werden. Damit folgt dann aber aus (2) und (4):

$$A_1 = \frac{\varrho_1}{\varepsilon_0}a = \frac{\varrho_2}{\varepsilon_0}b.$$

Diese Identität ist auf Grund der Annahme der Ladungsgleichheit richtig. Für die restlichen Konstanten B_3 und B_4 folgt dann schließlich aus (1) und (3):

$$B_3 = \frac{\varrho_2}{2\varepsilon_0}b^2 - A_1 b = \frac{\varrho_2 b^2}{2\varepsilon_0} - \frac{\varrho_2 b^2}{\varepsilon_0} = -\frac{\varrho_2 b^2}{2\varepsilon_0},$$

$$B_4 = -\frac{\varrho_1}{2\varepsilon_0}a^2 + A_1 a = -\frac{\varrho_1}{2\varepsilon_0}a^2 + \frac{\varrho_1 a^2}{\varepsilon_0} = \frac{\varrho_1 a^2}{2\varepsilon_0}.$$

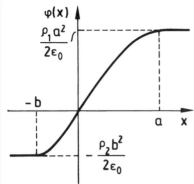
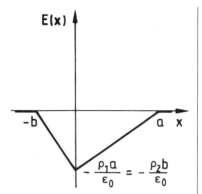

Abb. 54. Potentialfunktion über x   Abb. 55. Feldstärke über x

Also lauten die Potentialfunktionen für die Bereiche I bis IV:

$$\varphi_1(x) = -\frac{\varrho_1}{2\varepsilon_0}x^2 + \frac{\varrho_1}{\varepsilon_0}ax; \quad \varphi_2(x) = \frac{\varrho_2}{2\varepsilon_0}x^2 + \frac{\varrho_2}{\varepsilon_0}bx;$$

$$\varphi_3(x) = -\frac{\varrho_2 b^2}{2\varepsilon_0}; \quad \varphi_4(x) = \frac{\varrho_1 a^2}{2\varepsilon_0}.$$

Für die Feldstärken läßt sich durch Differentiation nach x (Gradientenbildung) angeben:

$$\vec{E}_1(x) = \left[\frac{\varrho_1}{\varepsilon_0}x - \frac{\varrho_1}{\varepsilon_0}a\right]\vec{e}_x; \quad \vec{E}_2(x) = \left[-\frac{\varrho_2}{\varepsilon_0}x - \frac{\varrho_2}{\varepsilon_0}b\right]\vec{e}_x;$$

$$\vec{E}_3(x) \equiv \vec{0}; \quad \vec{E}_4(x) \equiv \vec{0}.$$

Die Abhängigkeit der Potentialfunktion $\varphi(x)$ und der Komponente $E(x)$ der elektrischen Feldstärke $\vec{E}(x) = E(x)\vec{e}_x$ in Abhängigkeit von der Koordinate x sind in Abb. 54 und Abb. 55 aufgetragen.

III.6
Das Überlagerungsprinzip

Wegen der Linearität der Maxwellschen Gleichungen und der angenommenen Linearität der das Materialverhalten beschreibenden Gln. (II.13) bis (II.15) läßt sich das Feld mehrerer Punktladungen als die Summe der Felder der Einzelladungen darstellen. Diese Aussage gilt exakt nur für Punktladungen. Besitzen die Ladungen eine endliche Ausdehnung, so kann die Überlagerung der Felder nicht direkt vorgenommen werden (vgl. Kap. III.12.1).

Das bedeutet, daß sich das Potential von n Punktladungen aus der Summe der n Einzelpotentiale errechnen läßt. Betrachtet wird nach Abb. 56 eine Ladungsanordnung mit n verschiedenen Punktladungen in einem kartesischen Koordinatensystem. Die Lage der einzelnen Punktladungen wird durch die Ortsvektoren $\vec{r}_i$ beschrieben. Es soll das Potential im Aufpunkt P, beschrieben durch den Aufpunkt-Ortsvektor $\vec{r}$, berechnet werden. Wird das Potential im Punkte P als die Summe der Einzelpotentiale angegeben, so gilt:

$$\varphi(P) = \sum_{i=1}^{n} \frac{1}{4\pi\varepsilon_0} \frac{Q_i}{R_i} + C, \qquad R_i = |\vec{R}_i|.$$

R_i ist der Absolutbetrag des Abstandsvektors $\vec{R}_i$ zwischen dem Ort $\vec{r}_i$ der Ladung Q_i und dem Aufpunkt P, $\vec{R}_i = \vec{r} - \vec{r}_i$.

Entsprechend läßt sich für das Feld einer räumlich verteilten Ladungsdichte ϱ eine Lösung der Poissonschen Differentialgleichung mit Hilfe des Überlagerungsprinzips bestimmen. Es wird angenommen, daß sich innerhalb eines Volumenbereiches V' (Quellenbereich) eine beliebig verteilte Raumladungsdichte ϱ befindet (Abb. 57), zu der das Potential im Aufpunkt P bestimmt werden soll. Zur Berechnung des Potentials wird ein Punkt P', der Quell- oder Integrationspunkt, an dem sich die Raumladung $\varrho(P')$ befindet, betrachtet. Es wird ein Volumenelement dV' gewählt, das den Punkt P' beinhaltet. Die Gesamtladung dieses Volumenelements beträgt dann:

$$dQ = \varrho(P')\,dV'.$$

Diese Ladung trägt zum Potential im Punkt P (Aufpunkt) den Beitrag

$$d\varphi(P) = \frac{dQ}{4\pi\varepsilon_0 R_{P'P}}$$

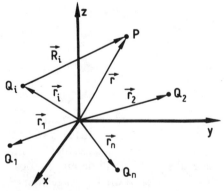

Abb. 56. Zum Überlagerungsprinzip

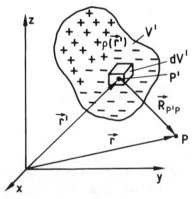

Abb. 57. Raumladungsverteilung

bei. Bei der Anwendung des Überlagerungsprinzips (Addition aller Einzelbeiträge) geht die Summation über alle infinitesimal kleinen Einzelladungen in ein Volumenintegral über das betrachtete Gebiet V' über,

$$\varphi(P) = \frac{1}{4\pi\varepsilon_0} \iiint_{V'} \frac{\varrho(P')\,dV'}{R_{P'P}} + C. \tag{III.6.1}$$

Wird angenommen, daß die Ladungen im Endlichen liegen und das Potential im unendlich fernen Punkt null wird, so kann die Integrationskonstante C zu null gemacht werden.

Entsprechend ergibt sich für eine flächenhafte Ladungsverteilung mit der Flächenladungsdichte $\sigma(P')$ im Integrationspunkt das Integral

$$\varphi(P) = \frac{1}{4\pi\varepsilon_0} \iint_{A'} \frac{\sigma(P')\,dA'}{R_{P'P}} \tag{III.6.2}$$

als Lösung der Poissonschen Differentialgleichung. Dabei ist A' das Gebiet, auf dem die Ladung flächenhaft verteilt ist.

Soll das Potential einer Linienladung mit der Ladung pro Längeneinheit q(P') berechnet werden, so läßt sich durch Überlagerung der Anteile der einzelnen Linienelemente ds' der Ladung zum Gesamtpotential ein den obenstehenden Integralen entsprechendes Linienintegral der Form

$$\varphi(P) = \frac{1}{4\pi\varepsilon_0} \int_{C'} \frac{q(P')\,ds'}{R_{P'P}} \tag{III.6.3}$$

als Lösung der Poisson'schen Differentialgleichung angeben. Die angegebenen Integrale sind spezielle Lösungen der Poissonschen Differentialgleichung. Die Lösung (III.6.1) ist im gesamten Raum einschließlich des Quellenbereichs stetig und differenzierbar. Für Aufpunkte auf der Fläche A' bleibt φ stetig, für Aufpunkte auf C' wird φ unendlich. Beim Durchgang durch die mit Ladungen belegte Fläche A' hat die Ableitung des Potentials in Richtung der Flächennormalen entsprechend Gl. (III.4.4) eine Sprungstelle.

III.7
Das Dipolfeld und die Polarisation

Zwei gleichgroße, ungleichnamige Punktladungen, die sich isoliert voneinander im Abstand ℓ im Raum befinden, werden als elektrischer Dipol bezeichnet. Der Abstand der beiden Ladungen voneinander wird durch einen Abstandsvektor $\vec{\ell}$ beschrieben, der von der negativen zur positiven Ladung weist. Mit Hilfe des Superpositionsprinzips soll eine Näherungslösung für das Feld bzw. die Potentialfunktion des Feldes dieser Anordnung unter der Nebenbedingung gefunden werden, daß der Abstand des Aufpunktes P vom Dipol groß gegenüber dem Abstand ℓ der Ladungen untereinander (Abb. 58) ist. Ein Ko-

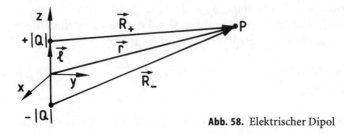

Abb. 58. Elektrischer Dipol

ordinatensystem wird so gewählt, daß der Dipol-Abstandsvektor die Richtung der z-Achse besitzt. Der Nullpunkt des Koordinatensystems befindet sich in der Mitte zwischen den beiden Ladungen. Dann läßt sich aus Abb. 58 für die beiden Abstandsvektoren $\vec{R}_+$ und $\vec{R}_-$ entnehmen:

$$\vec{R}_+ = \vec{r} - \frac{\vec{\ell}}{2}, \quad \vec{R}_- = \vec{r} + \frac{\vec{\ell}}{2}.$$

Sei $+|Q|$ eine positive Ladung. Aufgrund des Überlagerungsprinzips läßt sich für das Potential φ im Punkt P die Summe der beiden Potentiale, die von den einzelnen Punktladungen erzeugt werden,

$$\varphi = \frac{|Q|}{4\pi\varepsilon_0}\left[\frac{1}{R_+} - \frac{1}{R_-}\right]$$

berechnen. Hierbei ist der Bezugspunkt P_0 so festgelegt worden, daß das Potential im unendlich fernen Punkt und auf der Ebene $z = 0$ (Symmetrieebene) verschwindet. Der angegebene Ausdruck für das Potential läßt sich mit Hilfe einer Erweiterung umformen:

$$\varphi(P) = \frac{|Q|}{4\pi\varepsilon_0}\frac{R_- - R_+}{R_- R_+} = \frac{|Q|}{4\pi\varepsilon_0}\frac{|\vec{R}_-| - |\vec{R}_+|}{|\vec{R}_-||\vec{R}_+|}\frac{|\vec{R}_-| + |\vec{R}_+|}{|\vec{R}_-| + |\vec{R}_+|},$$

$$\varphi(P) = \frac{|Q|}{4\pi\varepsilon_0}\frac{|\vec{R}_-|^2 - |\vec{R}_+|^2}{|\vec{R}_+||\vec{R}_-|(|\vec{R}_-| + |\vec{R}_+|)}.$$

Nun gilt aber, wie mit Hilfe der Abb. 58 und der oben stehenden Zusammenhänge für die Abstandsvektoren sofort nachgewiesen werden kann:

$$|\vec{R}_-|^2 - |\vec{R}_+|^2 = \left(\vec{r} + \frac{\vec{\ell}}{2}\right)\cdot\left(\vec{r} + \frac{\vec{\ell}}{2}\right) - \left(\vec{r} - \frac{\vec{\ell}}{2}\right)\cdot\left(\vec{r} - \frac{\vec{\ell}}{2}\right) = 2\vec{r}\cdot\vec{\ell}.$$

Das heißt, das Potential $\varphi(P)$ nimmt die Form

$$\varphi(P) = \frac{|Q|}{4\pi\varepsilon_0}\frac{2\vec{r}\cdot\vec{\ell}}{|\vec{R}_+||\vec{R}_-|(|\vec{R}_-| + |\vec{R}_+|)}$$

III.7 Das Dipolfeld und die Polarisation

an. Das Produkt

$$\vec{p} = |Q|\vec{\ell} \qquad (III.7.1)$$

wird als das physikalische Dipolmoment des beschriebenen Dipols bezeichnet. $\vec{\ell}$ ist der schon oben erwähnte Dipolabstandsvektor. Wird berücksichtigt, daß der Abstand $|\vec{r}|$ des Punktes P vom Nullpunkt des Koordinatensystems, und damit vom Dipol, sehr viel größer als der Polabstand ℓ sein soll ($|\vec{r}| \gg \ell$), d.h. daß nur ein Fernfeld des Dipols berechnet werden soll, so kann zunächst die folgende Näherung angegeben werden:

$$\vec{R}_+ \approx \vec{r}; \qquad \vec{R}_- \approx \vec{r}.$$

Damit läßt sich für das Potential des Dipols die Näherungsformel

$$\varphi(P) \approx \frac{\vec{p} \cdot \vec{r}}{4\pi\varepsilon_0 |\vec{r}|^3} = \frac{\vec{p} \cdot \vec{r}}{4\pi\varepsilon_0 r^3} = -\frac{1}{4\pi\varepsilon_0}\vec{p} \cdot \operatorname{grad}\left(\frac{1}{r}\right) \qquad (III.7.2)$$

angeben.

Durch Gradientenbildung läßt sich mit Hilfe der Beziehungen (I.14.1) und (I.14.5) die zugehörige elektrische Feldstärke berechnen:

$$\vec{E} = -\operatorname{grad}\varphi(P) = -\nabla\frac{\vec{p} \cdot \vec{r}}{4\pi\varepsilon_0 r^3},$$

$$\vec{E} = -\frac{1}{4\pi\varepsilon_0}\nabla_{\vec{p}\vec{r}}\frac{(\vec{p} \cdot \vec{r})}{r^3} - \frac{1}{4\pi\varepsilon_0}\nabla_{1/r^3}\frac{(\vec{p} \cdot \vec{r})}{r^3},$$

$$\vec{E} = -\frac{1}{4\pi\varepsilon_0}\left[\frac{\vec{p}}{r^3} - 3\frac{(\vec{p} \cdot \vec{r})\vec{r}}{r^5}\right],$$

$$\vec{E} = \frac{1}{4\pi\varepsilon_0 r^3}\left[3(\vec{p} \cdot \vec{r})\frac{\vec{r}}{r^2} - \vec{p}\right]. \qquad (III.7.3)$$

Definiert wird ein mathematisches, elektrisches Dipolmoment, indem der Grenzwert

$$\vec{p} = \lim_{\substack{Q \to \infty \\ \ell \to 0}} |Q|\vec{\ell} \qquad (III.7.4)$$

gebildet wird. Der Grenzübergang soll so durchgeführt werden, daß der Absolutbetrag des Dipolmoments $\vec{p}$ hierbei konstant bleibt. Für den mathematischen Dipol ergibt sich exakt das zugehörige Potential

$$\varphi(P) = \frac{\vec{p} \cdot \vec{r}}{4\pi\varepsilon_0 r^3}. \qquad (III.7.5)$$

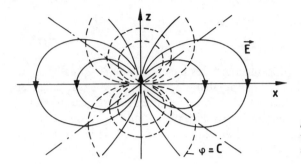

Abb. 59. Äquipotentiallinien und Feldlinien des elektrischen Dipols in der x-z-Ebene

Das Dipolpotential klingt wie $1/r^2$ mit dem Abstand r ab, konvergiert also wesentlich schneller mit wachsendem Abstand r gegen null als das Potential einer Punktladung, das nur wie $1/r$ abklingt. In Abb. 59 sind die Äquipotentiallinien (als Schnitt durch die Äquipotentialflächen) und die Feldlinien des elektrischen Dipols skizziert.

Ist innerhalb eines Volumenbereiches V eine Dipolverteilung bestehend aus mehreren, beliebig verteilten Einzeldipolen vorhanden, so wird die räumliche Dichte der Dipolmomente

$$\vec{P} = \Delta V \xrightarrow{\lim} 0 \frac{\Delta \vec{p}}{\Delta V} = \frac{d\vec{p}}{dV} \qquad (III.7.6)$$

als Polarisation $\vec{P}$ bezeichnet. Dabei ist $\Delta \vec{p}$ das resultierende Dipolmoment des Volumenbereichs ΔV.

Ist innerhalb eines Raumbereiches V' die Polarisation bekannt, so kann das Potential im beliebigen Aufpunkt P mit Hilfe des Überlagerungsprinzips bestimmt werden. Die Polarisation $\vec{P}$ des Volumenelements dV' bildet ein Dipolmoment der differentiellen Größe $d\vec{p}$ und ergibt im Aufpunkt P den Beitrag zum Potential

$$d\varphi = -\frac{1}{4\pi\varepsilon_0} d\vec{p} \cdot \text{grad}\left(\frac{1}{R}\right), \qquad R = |\vec{R}| = |\vec{r} - \vec{r}'|,$$

falls angenommen wird, daß der Integrationspunkt P' mit dem Ortsvektor $\vec{r}'$ im Volumenelement dV' liegt. Der Aufpunkt P habe die Ortskoordinaten $\vec{r}$, und $\vec{R}$ sei der Abstandsvektor zwischen dem Integrationspunkt und dem Aufpunkt. Dabei ist das Dipolmoment des Volumenbereichs dV' mit der Polarisation $\vec{P}(P')$ durch

$$d\vec{p} = \vec{P}(P') dV'$$

gegeben. Damit kann für den Beitrag der Polarisation im Volumenelement dV' zum Potential im Aufpunkt P der Ausdruck

$$d\varphi(P) = -\frac{1}{4\pi\varepsilon_0} \vec{P}(P') \cdot \text{grad}_p\left(\frac{1}{R}\right) dV'$$

III.7 Das Dipolfeld und die Polarisation

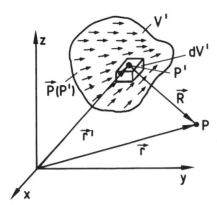

Abb. 60. Zur Dipolverteilung

geschrieben werden. Hierbei ist zu berücksichtigen, daß die Gradientenbildung im Punkt P (Aufpunkt) vorgenommen wird. Die Gradientenbildung kann aber auch im Integrationspunkt P' durchgeführt werden, wobei auf Grund der Gl. (I.14.1) bzw. (I.14.3) der Zusammenhang

$$\text{grad}_P\left(\frac{1}{R}\right) = -\text{grad}_{P'}\left(\frac{1}{R}\right) = -\frac{\vec{R}}{R^3}$$

berücksichtigt werden muß. Durch Summation der Einzelbeiträge der verschiedenen Volumenelemente zum Potential im Aufpunkt ergibt sich wegen der differentiellen Größe dieser Beiträge das Volumenintegral:

$$\varphi(P) = -\frac{1}{4\pi\varepsilon_0} \iiint_{V'} \vec{P}(P') \cdot \text{grad}_P\left(\frac{1}{R}\right) dV' = \frac{1}{4\pi\varepsilon_0} \iiint_{V'} \vec{P}(P') \cdot \text{grad}_{P'}\left(\frac{1}{R}\right) dV'.$$

Wird angenommen, daß die linearen Abmessungen des Volumenbereichs, in dem die Polarisation vorhanden ist, sehr viel kleiner sind als der Absolutbetrag des Abstandsvektors $\vec{R}$ (Fernfeld), so kann bei der Integration der Ausdruck $\text{grad}_{P'}(1/R) = \vec{R}/R^3$ als konstant angesehen werden und vor das Integral gezogen werden (s. Abb. 61). Für das Potential gilt dann näherungsweise die Beziehung:

$$\varphi(P) = \frac{1}{4\pi\varepsilon_0} \iiint_{V'} \vec{P}(P') \cdot \frac{\vec{R}}{R^3} dV' \approx \frac{\vec{p} \cdot \vec{R}}{4\pi\varepsilon_0 R^3}, \tag{III.7.7}$$

mit dem aus der Polarisation definierten Dipolmoment:

$$\vec{p} = \iiint_{V'} \vec{P}(P') \, dV'. \tag{III.7.8}$$

Es soll die Bedeutung der Polarisation $\vec{P}$ bei der Behandlung der elektrischen Felder in dielektrischen Werkstoffen anhand eines einfachen Modells qualitativ untersucht werden.

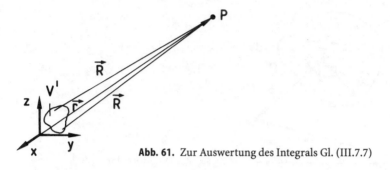

Abb. 61. Zur Auswertung des Integrals Gl. (III.7.7)

Angenommen wird, daß nach dem Bohrschen Atommodell die Materie aus Atomen mit einem positiven Kern und einer negativen Elektronenhülle derart aufgebaut ist, daß elektrisches Gleichgewicht herrscht, d.h. daß gleich viele positive und negative Ladungen vorhanden sind.

Während nun in einem Leiter zumindest eine der beiden Sorten von Ladungsträgern frei beweglich ist (Elektronen beim Metall, Ionen beim Elektrolyten, Elektronen und Löcher beim Halbleiter), sind in einem nichtleitenden Dielektrikum die Ladungsträgerarten durch eine quasielastische Bindung an feste Lagen gebunden. Unter der Einwirkung eines elektrischen Feldes werden die Ladungen sich etwas aus ihrer Ruhelage bzw. ihrer ursprünglichen Bahn bewegen, und zwar nach ihrer Ladungsart jeweils in eine andere Richtung. Dabei wird bei vielen Materialien die Größe der Verschiebung direkt proportional zur Größe des angelegten, elektrischen Feldes sein (erste Näherung). Durch die gegenseitige Verschiebung der Ladungsschwerpunkte gegeneinander wird ein elektrischer Dipol entstehen (Abb. 62a, Elektronen-Polarisation)[1].

Die räumliche Dipoldichte der so entstandenen Dipole ist gleich der Polarisation $\vec{P}$.

Abbildung 62b zeigt den Einfluß der Polarisation auf den in Kapitel III.2 beschriebenen Influenzversuch.

Durch Anlegen einer konstanten Spannung U an zwei parallele Elektroden der Größe A werden auf diesen die Ladungen

$$\pm |Q_0| = \pm |\vec{D}_0| A = \pm \varepsilon_0 |\vec{E}| A = \pm \varepsilon_0 \frac{|U|}{d} A \qquad (III.7.9)$$

getrennt, wenn sich zwischen den Platten kein Dielektrikum befindet. Wird ein dielektrisches Material der Permittivität $\varepsilon_0 \varepsilon_r$ zwischen die Platten gebracht (Abb. 62b), so wird, wie oben beschrieben, eine Polarisation ausgebildet, an der oberen Fläche des Dielektrikums werden aufgrund der Ladungsverschiebung negative Ladungen, an der unteren Fläche positive Ladungen im Dielek-

---

[1] Hier ist nur eine der möglichen Polarisationsarten, die sogenannte Elektronenpolarisation beschrieben. Daneben existieren noch andere Polarisationsmechanismen.

III.7 Das Dipolfeld und die Polarisation

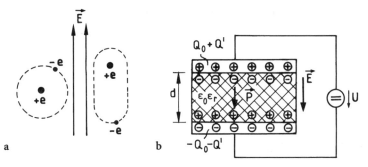

Abb. 62a, b. Entstehung der Polarisation am Beispiel der Elektronen-Polarisation a sowie der Einfluß der Polarisation auf den Influenzversuch b

trikum liegen. Aus dem resultierenden Dipolmoment der verschobenen Ladungen

$$|\vec{p}| = \iiint_V |\vec{P}| dV = |\vec{P}| V = |\vec{P}| Ad = Q'd \qquad (III.7.10)$$

kann, da der Plattenabstand d der resultierende Polabstand der Ladungen ist, die Ladung Q' bestimmt werden.

$$Q' = |\vec{P}| A. \qquad (III.7.11)$$

Um diese Ladungen zu kompensieren und somit die elektrische Feldstärke $\vec{E}$ (und die Spannung U) zwischen den Platten konstant zu halten, werden von der Quelle positive Ladungen $+|Q'|$ auf die obere Platte und negative Ladungen $-|Q'|$ auf die untere Platte geliefert. Damit befindet sich auf den Platten nach Einbringen des Dielektrikums die Ladung:

$$Q = Q_0 + Q' = |\vec{D}_0| A + |\vec{P}| A, \qquad (III.7.12)$$

mit $\vec{D}_0 = \varepsilon_0 \vec{E}$ der elektrischen Flußdichte im Vakuum. Da nach dem Influenzgesetz (III.2.1) ferner

$$Q = |\vec{D}| A \qquad (III.7.13)$$

ist, läßt sich die elektrische Flußdichte $\vec{D}$ in der Materie auch als

$$\vec{D} = \varepsilon_0 \vec{E} + \vec{P} \qquad (III.7.14)$$

darstellen. Da aber das Verhalten des Dielektrikums in Bezug auf die elektrische Feldstärke auch durch den Zusammenhang

$$\vec{D} = \varepsilon_0 \varepsilon_r \vec{E}$$

beschrieben werden soll, und da ferner die Polarisation proportional zur elektrischen Feldstärke ist (nach vorstehendem, vereinfachtem Modell), lassen sich die beiden Schreibweisen durch die Definition der elektrischen Suszeptibilität χ_e nach

$$\vec{P} = \varepsilon_0 \chi_e \vec{E} \tag{III.7.15}$$

ineinander überführen:

$$\vec{D} = \varepsilon_0 \vec{E} + \varepsilon_0 \chi_e \vec{E} = \varepsilon_0 \varepsilon_r \vec{E}.$$

Die elektrische Suszeptibilität χ_e läßt sich also aus der Permittivitätszahl ε_r bestimmen und umgekehrt:

$$\chi_e = (\varepsilon_r - 1), \qquad \varepsilon_r = 1 + \chi_e. \tag{III.7.16}$$

Im Vakuum ist $\varepsilon_r = 1$ und damit die elektrische Suszeptibilität $\chi_e = 0$. Im Vakuum tritt keine Polarisation infolge einer angelegten elektrischen Feldstärke auf.

III.8
Aufgaben zum Überlagerungsprinzip

1. Aufgabe

Gegeben sei eine leitende, geladene, unendlich dünne kreisförmige Scheibe mit der gleichmäßig verteilten Flächenladungsdichte σ im Vakuum. Der Halbmesser der Scheibe sei ϱ_0. Gesucht ist das Potential φ auf der Achse der Scheibe senkrecht zur Scheibenfläche (Abb. 63).

Lösung
Es wird ein zylindrisches Koordinatensystem so eingeführt, daß die Richtung der Achse senkrecht zur Scheibenfläche mit der z-Achse des Systems übereinstimmt. Das Potential wird mit Hilfe der in Gl. (III.6.2) angegebenen Lösung der Poissonschen Differentialgleichung

$$\varphi(P) = \frac{1}{4\pi\varepsilon_0} \iint_{A'} \frac{\sigma(P')}{R_{P'P}} dA'$$

bestimmt. Es wird über das Gebiet der Kreisscheibe integriert. Da das gegebene System axialsymmetrisch ist, läßt sich der Abstand des Aufpunktes P auf der Achse vom Integrationspunkt P' auf der Kreisscheibe unabhängig vom Azimutwinkel α angeben.

$$R_{P'P} = \sqrt{\varrho^2 + z^2}.$$

III.8 Aufgaben zum Überlagerungsprinzip

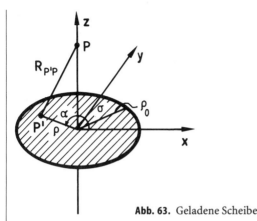

Abb. 63. Geladene Scheibe

Ein Flächenelement im Gebiet der Kreisscheibe läßt sich mit Hilfe der Gl. (I.16.16) durch

$$dA = \varrho \, d\varrho \, d\alpha,$$

angeben. Die Grenzen der Integration sind dann:

$$0 \leq \varrho \leq \varrho_0 \quad \text{und} \quad 0 \leq \alpha \leq 2\pi.$$

Damit ergibt sich das Potential:

$$\varphi(P) = \frac{1}{4\pi\varepsilon_0} \int_0^{2\pi} \int_0^{\varrho_0} \frac{\sigma}{\sqrt{\varrho^2 + z^2}} \varrho \, d\varrho \, d\alpha.$$

Hierbei sind z und σ in bezug auf die Integration als Konstanten anzusehen. Es wird die Substitution

$$\varrho^2 + z^2 = t, \qquad z^2 \leq t \leq \varrho_0^2 + z^2,$$

$$2\varrho \, d\varrho = dt, \qquad \varrho \, d\varrho = \frac{1}{2} dt$$

eingesetzt, die Integratiion nach α ergibt den Faktor 2π:

$$\varphi(P) = \frac{\sigma}{4\pi\varepsilon_0} 2\pi \frac{1}{2} \int_{z^2}^{\varrho_0^2 + z^2} \frac{dt}{\sqrt{t}},$$

$$\varphi(P) = \frac{\sigma}{4\varepsilon_0} 2\sqrt{t} \Big|_{z^2}^{\varrho_0^2 + z^2},$$

$$\varphi(P) = \frac{\sigma}{2\varepsilon_0} [\sqrt{\varrho_0^2 + z^2} - |z|].$$

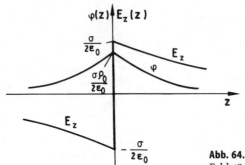

Abb. 64. Abhängigkeit des Potentials und der Feldstärke von der Koordinate z

Die Abhängigkeit des Potentials $\varphi(z)$ sowie der elektrischen Feldstärke, die nur eine E_z-Komponente besitzt:

$$\vec{E} = -\operatorname{grad}\varphi = -\frac{d\varphi(z)}{dz}\vec{e}_z = E_z\vec{e}_z,$$

$$E_z(z) = \frac{\sigma}{2\varepsilon_0}[1 - z(\varrho_0^2 + z^2)^{-1/2}] \quad \text{für } z > 0,$$

$$E_z(z) = -\frac{\sigma}{2\varepsilon_0}[1 + z(\varrho_0^2 + z^2)^{-1/2}] \quad \text{für } z < 0,$$

von der Koordinate z ist in Abb. 64 aufgetragen. Das Potential besitzt bei $z = 0$ ein Maximum, es ist dort stetig aber nicht differenzierbar; die elektrische Feldstärke hat an der Stelle $z = 0$ (vgl. Gl. (III.4.4) mit $\varepsilon_1 = \varepsilon_2$) eine Sprungstelle der Größe σ/ε_0.

2. Aufgabe

Gegeben sei ein geladener, unendlich dünner Ring vom Radius ϱ_0 mit der gleichmäßig verteilten Ladung pro Längeneinheit q im Vakuum. Gesucht ist das Potential und die Feldstärke auf der Achse senkrecht zur Fläche des Ringes (Abb. 65).

Lösung

Zur Bestimmung des Potentials wird von der mit Hilfe des Überlagerungsprinzips gewonnenen Lösung (III.6.3) der Poissonschen Differentialgleichung Gebrauch gemacht. Aus Abb. 65 läßt sich für den Abstand zwischen Aufpunkt und Integrationspunkt $R_{P'P}$ entnehmen:

$$R_{P'P} = \sqrt{\varrho_0^2 + z^2}.$$

III.8 Aufgaben zum Überlagerungsprinzip

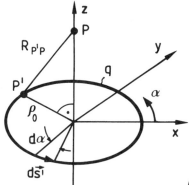

Abb. 65. Geladener Ring

Das Potential auf der z-Achse folgt, da der Ring in sich geschlossen ist, aus dem Integral

$$\varphi(z) = \frac{1}{4\pi\varepsilon_0} \oint_{C'} \frac{q}{\sqrt{\varrho_0^2 + z^2}} \, ds'.$$

Ein Linienelement in Richtung der Linienladung ergibt sich nach Abb. 65 aus

$$ds' = |\vec{ds'}| = \varrho_0 \, d\alpha.$$

Um den Einfluß der gesamten Ladung auf das Potential zu berücksichtigen, muß über den vollen Umfang des Kreises integriert werden:

$$\varphi(z) = \frac{1}{4\pi\varepsilon_0} \int_0^{2\pi} \frac{q}{\sqrt{\varrho_0^2 + z^2}} \varrho_0 \, d\alpha = \frac{q\varrho_0 2\pi}{4\pi\varepsilon_0 \sqrt{\varrho_0^2 + z^2}},$$

$$\varphi(z) = \frac{q\varrho_0}{2\varepsilon_0 \sqrt{\varrho_0^2 + z^2}}.$$

Die elektrische Feldstärke hat aus Symmetriegründen auf der z-Achse nur z-Richtung. Das heißt, es ergibt sich durch Gradientenbildung

$$\vec{E}(z) = -\operatorname{grad}\varphi(z) = -\frac{d\varphi(z)}{dz} \vec{e}_z,$$

$$\vec{E}(z) = \frac{q\varrho_0 z}{2\varepsilon_0 \sqrt{\varrho_0^2 + z^2}^3} \vec{e}_z = E_z(z)\vec{e}_z.$$

In Abb. 66 ist der Verlauf des Potentials $\varphi(z)$ sowie der Feldkomponente $E_z(z)$ über der Koordinate z skizziert.

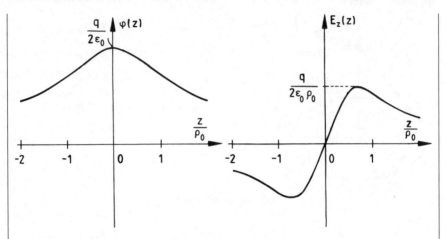

Abb. 66. Verlauf der Potentialfunktion $\varphi(z)$ sowie der Feldkomponente $E_z(z)$ über z

3. Aufgabe

Gegeben ist eine unendlich dünne Linienladung endlicher Länge 2a mit der gleichmäßig verteilten Ladung pro Längeneinheit q. Gesucht ist das Potential dieser Linienladung im Vakuum sowie die Gleichung der Äquipotentialflächen $\varphi = $ const.

Lösung

Es wird ein zylindrisches Koordinatensystem ρ, α, z eingeführt, so daß die Linienladung in Richtung der z-Achse liegt (Abb. 67). Das Potential der Anordnung wird mit Hilfe der in Gl. (III.6.3) abgeleiteten Lösung der Poissonschen Differentialgleichung

$$\varphi(P) = \frac{1}{4\pi\varepsilon_0} \int_{C'} \frac{q(P')}{R_{P'P}} ds'$$

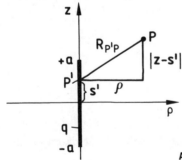

Abb. 67. Linienladung der Länge 2a

III.8 Aufgaben zum Überlagerungsprinzip

bestimmt. Der Abstand des Integrationspunktes P' auf der z-Achse vom Ursprung des Koordinatensystems wird mit s' bezeichnet. Dann gilt für den Abstand zwischen Integrationspunkt P' und Aufpunkt nach Abb. 67:

$$R_{P'P} = \sqrt{(z-s')^2 + \varrho^2}.$$

Die Integration ist über die volle Länge 2a ($-a \leq s' \leq +a$) zu erstrecken:

$$\varphi(P) = \frac{1}{4\pi\varepsilon_0} \int_{-a}^{+a} \frac{q}{\sqrt{(z-s')^2 + \varrho^2}} ds'.$$

ds' ist ein Linienelement in Richtung der Linienladung, hier also in Richtung der z-Achse. z und ϱ sind die Lagekoordinaten des Aufpunktes P in dem axialsymmetrischen System. Der Integrand wird erweitert:

$$\frac{q}{\sqrt{(z-s')^2 + \varrho^2}} = \frac{q}{z-s' + \sqrt{(z-s')^2 + \varrho^2}} \cdot \frac{z-s' + \sqrt{(z-s')^2 + \varrho^2}}{\sqrt{(z-s')^2 + \varrho^2}}.$$

In dieser Form ist der Integrand integrabel, das Integral ist von der Form

$$\int \frac{f'(s')}{f(s')} ds' \quad \text{mit} \quad f(s') = z - s' + \sqrt{(z-s')^2 + \varrho^2}.$$

Damit ergibt sich die Lösung für das Potential:

$$\varphi(\varrho,z) = -\frac{q}{4\pi\varepsilon_0} \ln\left|\left\{(z-s') + \sqrt{(z-s')^2 + \varrho^2}\right\}\right|\Big|_{-a}^{+a}$$

$$\varphi(\varrho,z) = \frac{q}{4\pi\varepsilon_0} \ln\left|\frac{z+a + \sqrt{(z+a)^2 + \varrho^2}}{z-a + \sqrt{(z-a)^2 + \varrho^2}}\right|.$$

Die Berechnung der Äquipotentialflächen folgt aus der Bedingungsgleichung $\varphi(\varrho,z) = \text{const.} = C$:

$$C = \frac{q}{4\pi\varepsilon_0} \ln\left|\frac{z+a + \sqrt{(z+a)^2 + \varrho^2}}{z-a + \sqrt{(z-a)^2 + \varrho^2}}\right|$$

$$\frac{z+a + \sqrt{(z+a)^2 + \varrho^2}}{z-a + \sqrt{(z-a)^2 + \varrho^2}} = e^{\frac{C4\pi\varepsilon_0}{q}} = K.$$

Die Gleichung kann zu

$$\frac{(K-1)^2}{(K+1)^2}\left(\frac{z}{a}\right)^2 + \frac{(K-1)^2}{4K}\left(\frac{\varrho}{a}\right)^2 = 1$$

umgeformt werden. Diese Gleichung beschreibt Ellipsen in der ϱ-z-Ebene,

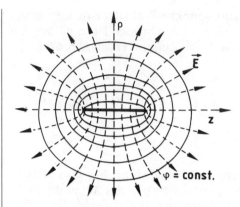

Abb. 68. Äquipotentiallinien und Feldlinien der elektrischen Feldstärke in der ϱ-z-Ebene

deren Achsen durch

$$\varrho_1 = \frac{K+1}{K-1} a, \qquad \varrho_2 = \frac{2\sqrt{K}}{K-1} a$$

gegeben sind. Die Ellipsen besitzen eine Exzentrizität von

$$\varepsilon = \frac{K-1}{K+1},$$

und die Lage der Brennpunkte ist bei $z = \pm a$. Die Äquipotentialflächen sind Ellipsoide, die durch Rotation der in Abb. 68 dargestellten Ellipsen um die z-Achse erhalten werden.

4. Aufgabe

Zwei unendlich lange, gerade, entgegengesetzt gleiche Linienladungen mit den Ladungen pro Längeneinheit $\pm |q|$ sind parallel zueinander und haben den Abstand 2a, Abb. 69. Die Anordnung wird Liniendipol genannt. Gesucht ist das Potential der Anordnung im Vakuum für Abstände ϱ des Aufpunkts vom Liniendipol, die sehr viel größer als der Abstand der beiden Linienladungen voneinander sind, $\varrho \gg 2a$. Wie berechnet sich die elektrische Feldstärke der Anordnung?

Lösung
Nach Gl. (III.5.2) ist das Potential einer Linienladung durch

$$\varphi = -\frac{q}{2\pi\varepsilon_0} \ln \varrho + C$$

bestimmt. Daraus folgt durch Überlagerung das Feld zweier Linienladungen mit entgegengesetzt gleicher Ladung pro Längeneinheit in einem Koordinatensystem nach Abb. 69 zu:

III.8 Aufgaben zum Überlagerungsprinzip

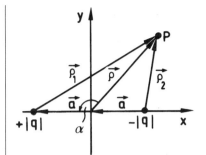

Abb. 69. Liniendipol

$$\varphi = -\frac{|q|}{2\pi\varepsilon_0}[\ln \varrho_1 - \ln \varrho_2].$$

Hierbei ist festgesetzt, daß das Potential φ an der Stelle $\varrho_1 = \varrho_2$ verschwindet (Bezugspunkt). Das Feld ist wegen der unendlichen Länge der Linienladungen von der z-Koordinate unabhängig. Die Abstände ϱ_1 und ϱ_2 können mit Hilfe der in Abb. 69 festgelegten Lage der Linienladungen im Koordinatensystem zu

$$\varrho_1 = \sqrt{(x+a)^2 + y^2}, \qquad \varrho_1 = |\vec{\varrho}_1|,$$

$$\varrho_2 = \sqrt{(x-a)^2 + y^2}, \qquad \varrho_2 = |\vec{\varrho}_2|, \qquad a = |\vec{a}|, \qquad \vec{a} = -a\,\vec{e}_x$$

berechnet werden. Durch Einführen von Zylinderkoordinaten nach Gl. (I.16.12)

$$x = \varrho \cos\alpha, \qquad y = \varrho \sin\alpha$$

lassen sich diese Abstände durch die Funktionen

$$\varrho_1 = \sqrt{\varrho^2 + 2a\varrho\cos\alpha + a^2} = \varrho\sqrt{1 + \frac{2a}{\varrho}\cos\alpha + \frac{a^2}{\varrho^2}},$$

$$\varrho_2 = \sqrt{\varrho^2 - 2a\varrho\cos\alpha + a^2} = \varrho\sqrt{1 - \frac{2a}{\varrho}\cos\alpha + \frac{a^2}{\varrho^2}}$$

beschreiben. Werden diese Ausdrücke in die Potentialfunktion eingeführt, so ergibt sich der funktionale Zusammenhang:

$$\varphi = -\frac{|q|}{2\pi\varepsilon_0}\ln\frac{\sqrt{1 + \frac{2a}{\varrho}\cos\alpha + \frac{a^2}{\varrho^2}}}{\sqrt{1 - \frac{2a}{\varrho}\cos\alpha + \frac{a^2}{\varrho^2}}}.$$

Es wird eine Näherungslösung für den Fall bestimmt, daß der Abstand des Aufpunkts vom Nullpunkt des Koordinatensystems ϱ sehr viel größer als der Abstand der beiden Linienladungen untereinander ist. Das heißt, in der oben stehenden Gleichung werden die quadratischen, kleinen Anteile a^2/ϱ^2 vernachlässigt, $a^2/\varrho^2 \ll 1$:

$$\varphi \approx -\frac{|q|}{2\pi\varepsilon_0} \ln \frac{\sqrt{1+\frac{2a}{\varrho}\cos\alpha}}{\sqrt{1-\frac{2a}{\varrho}\cos\alpha}}.$$

Für die Wurzelfunktion wird eine Reihenentwicklung angegeben und diese nach dem zweiten Glied abgebrochen:

$$(1+x)^{1/2} \approx 1+\frac{x}{2}; \qquad (1-x)^{-1/2} \approx 1+\frac{x}{2}; \qquad x \ll 1.$$

Damit ergibt sich für die Potentialfunktion die Näherungslösung:

$$\varphi \approx -\frac{|q|}{2\pi\varepsilon_0} \ln\left[\left(1+\frac{a}{\varrho}\cos\alpha\right)\left(1+\frac{a}{\varrho}\cos\alpha\right)\right] = -\frac{q}{2\pi\varepsilon_0} \ln\left[\left(1+\frac{a}{\varrho}\cos\alpha\right)^2\right],$$

$$\varphi \approx -\frac{|q|}{\pi\varepsilon_0} \ln\left[1+\frac{a}{\varrho}\cos\alpha\right].$$

Wird schließlich auch für die Logarithmusfunktion eine Reihenentwicklung angegeben und nach dem zweiten Glied abgebrochen, so läßt sich das Potential als

$$\varphi \approx -\frac{|q|}{\pi\varepsilon_0}\frac{a}{\varrho}\cos\alpha = -\frac{2|q|a}{2\pi\varepsilon_0\varrho}\cos\alpha, \qquad \ln(1+x) \approx x; \qquad x \ll 1,$$

$$\varphi \approx \frac{\vec{p}_L \cdot \vec{\varrho}}{2\pi\varepsilon_0\varrho^2} \qquad \text{mit} \qquad \vec{p}_L = 2|q|\vec{a}$$

darstellen. (Man beachte die Richtung des Vektors $\vec{a}$ im gewählten Koordinatensystem Abb. 69). $\vec{p}_L$ ist das Dipolmoment pro Längeneinheit des Liniendipols.

Aus dem Potential errechnet sich die elektrische Feldstärke zu:

$$\vec{E} = -\operatorname{grad}\varphi = -\operatorname{grad}\frac{\vec{p}_L \cdot \vec{\varrho}}{2\pi\varepsilon_0\varrho^2},$$

$$\vec{E} = -\nabla\left(\frac{\vec{p}_L \cdot \vec{\varrho}}{2\pi\varepsilon_0}\frac{1}{\varrho^2}\right) = -\frac{1}{\varrho^2}\nabla_{\vec{p}_L \cdot \vec{\varrho}}\frac{\vec{p}_L \cdot \vec{\varrho}}{2\pi\varepsilon_0} - \frac{\vec{p}_L \cdot \vec{\varrho}}{2\pi\varepsilon_0}\nabla_{1/\varrho^2}\frac{1}{\varrho^2}.$$

III.8 Aufgaben zum Überlagerungsprinzip

Hieraus wird mit Hilfe der Gln. (I.14.1) und (I.14.5):

$$\vec{E} = -\frac{1}{\varrho^2}\frac{\vec{p}_L}{2\pi\varepsilon_0} - \frac{\vec{p}_L \cdot \vec{\varrho}}{2\pi\varepsilon_0}\left(-\frac{2}{\varrho^3}\frac{\vec{\varrho}}{\varrho}\right),$$

$$\vec{E} = \frac{1}{2\pi\varepsilon_0 \varrho^2}\left[\frac{2(\vec{p}_L \cdot \vec{\varrho})}{\varrho^2}\vec{\varrho} - \vec{p}_L\right].$$

$\vec{\varrho}$ ist der Ortsvektor des Aufpunktes in der Ebene transversal zur Achsenrichtung der Linienladungen.

5. Aufgabe

In ein homogenes, elektrisches Feld $\vec{E}_a$ wird eine dielektrische Kugel mit dem Radius r_0 und der Permittivität $\varepsilon = \varepsilon_i$ gebracht. Das Feld existiere im leeren Raum ($\varepsilon_a = \varepsilon_0$). Gesucht ist das Innen- und Außenfeld der Anordnung unter folgenden Annahmen: Das Innenfeld der Kugel sei homogen. Für das Außenfeld nehme man eine Überlagerung des ursprünglichen Feldes mit dem Feld eines Dipols im Mittelpunkt der Kugel an!

Lösung

Es wird angenommen, daß das ursprünglich homogene, vorgegebene Feld $\vec{E}_a$ z-Richtung hat. Dann wird sich auch im Innern der Kugel nach den gegebenen Annahmen ein homogenes Feld $\vec{E}_i$ in z-Richtung einstellen.

$$\vec{E}_i = E_i \vec{e}_z, \quad E_i = \text{const.}$$

Das Potential dieses Feldes wird durch Integration längs der z-Achse gefunden ($d\vec{s} = dz\vec{e}_z$):

$$\varphi_i = -\int_{P_0}^{P}\vec{E}_i \cdot d\vec{s} = -\int_{z_0}^{z}E_i\,dz = -E_i z + \varphi_0$$

mit

$$\varphi_0 = E_i z_0.$$

Aufgrund der Kugelsymmetrie des Problems können alle Überlegungen in einer Querschnittsebene durchgeführt werden. Senkrecht zur Richtung des von außen angelegten Feldes wird das Problem von dem Azimutwinkel α unabhängig sein (Abb. 70 und 71). Für das Außenfeld wird der Ansatz gemacht:

$$\varphi_a = -E_a z + \frac{\vec{p} \cdot \vec{r}}{4\pi\varepsilon_a r^3}.$$

Der im Ansatz für das Außenfeld angenommene elektrische Dipol wird im Dielektrikum erst durch die von außen angelegte, elektrische Feldstärke erzeugt. Nach den Überlegungen im Kap. III.7 ist das entstehende Dipolmoment ebenfalls in z-Richtung gerichtet und seine Größe ist der angelegten elektrischen Feldstärke direkt proportional. Das heißt der Ansatz kann mit dem Proportionalitätsfaktor β' nach

$$\vec{p}\cdot\vec{r} = p\, r\cos\vartheta = \beta'\, E_a r\cos\vartheta$$

zu

$$\varphi_a = -E_a z + \frac{\beta}{r^3} E_a r\cos\vartheta, \qquad \beta = \frac{\beta'}{4\pi\varepsilon_a}$$

umgeschrieben werden. Es existieren also die beiden Ansätze:

$$\varphi_i = -E_i z + \varphi_0,$$

$$\varphi_a = -E_a z + \frac{\beta}{r^3} E_a r\cos\vartheta.$$

Werden Kugelkoordinaten nach Gl. (I.16.27) eingeführt, so lassen sich die beiden Gleichungen auch in der Form

$$\varphi_i = -E_i r\cos\vartheta + \varphi_0,$$

$$\varphi_a = -E_a r\cos\vartheta + \frac{\beta}{r^3} E_a r\cos\vartheta$$

schreiben. Am Kugelrand, d.h. auf der Kugeloberfläche mit der Bedingung $r = r_0$, müssen die Grenzbedingungen für die elektrische Feldstärke und die elektrische Flußdichte, bzw. für die Potentialfunktion erfüllt werden. Das bedeutet, daß erstens das Potential an der Stelle $r = r_0$ stetig sein muß und daß außerdem nach Gl. (III.4.4) mit verschwindender Flächenladungsdichte σ die Ableitung des Potentials in Richtung der Flächennormalen einen Sprung im Verhältnis der Permittivitäten besitzen muß.

Aus der ersten Bedingung folgt:

$$\varphi_i(r_0) = -E_i r_0\cos\vartheta + \varphi_0 = \varphi_a(r_0) = -E_a r_0\cos\vartheta + \frac{\beta}{r_0^3} E_a r_0\cos\vartheta.$$

Da die Gleichung auf dem gesamten Kugelrand erfüllt sein muß, muß sie auch für alle Winkel ϑ Gültigkeit haben. Das bedeutet, der Wert φ_0 muß notwendig null werden, um die Stetigkeitsbedingungen zu erfüllen. (Man prüfe diese Aussage z.B. für den Winkel $\vartheta = \pi/2$ nach!). Also gilt:

$$-E_i r_0\cos\vartheta = -E_a r_0\cos\vartheta\left(1 - \frac{\beta}{r_0^3}\right).$$

Hieraus ergibt sich eine erste Bestimmungsgleichung für die unbekannten Konstanten des gemachten Ansatzes:

$$E_i = E_a\left(1 - \frac{\beta}{r_0^3}\right).$$

III.8 Aufgaben zum Überlagerungsprinzip

Aus Gleichung (III.4.4) folgt mit $\sigma = 0$ und:

$$\varepsilon_i \frac{\partial \varphi_i}{\partial n} = -\varepsilon_i E_i \cos \vartheta,$$

$$\varepsilon_a \frac{\partial \varphi_a}{\partial n} = -\varepsilon_a E_a \cos \vartheta \left(1 + \frac{2\beta}{r^3}\right)$$

die Grenzbedingung für die Ableitung des Potentials in Richtung der Normalen (radiale Richtung) auf der Kugeloberfläche ($r = r_0$):

$$\varepsilon_i E_i \cos \vartheta = \varepsilon_a E_a \left(1 + \frac{2\beta}{r_0^3}\right) \cos \vartheta,$$

$$\varepsilon_i E_i = \varepsilon_a E_a \left(1 + \frac{2\beta}{r_0^3}\right).$$

Aus den beiden berechneten Bestimmungsgleichungen ergibt sich die unbekannte Größe β des Ansatzes zu:

$$\beta = \frac{\varepsilon_i - \varepsilon_a}{2\varepsilon_a + \varepsilon_i} r_0^3.$$

Dieser Ausdruck wird zur Berechnung des Außenpotentials in die oben aufgestellten Gleichungen eingesetzt:

$$\varphi_a = -E_a \left(r - \frac{\varepsilon_i - \varepsilon_a}{2\varepsilon_a + \varepsilon_i} \frac{r_0^3}{r^2}\right) \cos \vartheta.$$

Aus der Stetigkeitsbedingung für das Potential läßt sich das Innenfeld berechnen:

$$\varphi_i(r_0) = -E_i r_0 \cos \vartheta = \varphi_a(r_0) = -E_a r_0 \left(1 - \frac{\varepsilon_i - \varepsilon_a}{2\varepsilon_a + \varepsilon_i}\right) \cos \vartheta,$$

$$E_i = E_a \frac{3\varepsilon_a}{2\varepsilon_a + \varepsilon_i},$$

$$D_i = \varepsilon_i E_i = E_a \frac{3\varepsilon_i \varepsilon_a}{2\varepsilon_a + \varepsilon_i} = D_a \frac{3\varepsilon_i}{2\varepsilon_a + \varepsilon_i}.$$

Das bedeutet, die Feldstärke E_i im Inneren der Kugel ist kleiner als die ursprüngliche Feldstärke E_a im Außenraum, falls $\varepsilon_i > \varepsilon_a$ ist. Umgekehrt ist die elektrische Flußdichte innerhalb der Kugel in diesem Fall größer, als die ursprüngliche Flußdichte außerhalb der Kugel. Ist aber $\varepsilon_a > \varepsilon_i$ (kugelförmiges Loch im Dielektrikum, Luftblase im Isolieröl), dann ist die Feldstärke in-

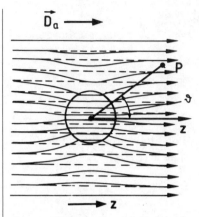

Abb. 70. Feldlinien der elektrischen Flußdichte für die dielektrische Kugel im ursprünglichen homogenen Feld, $\varepsilon_i > \varepsilon_a$

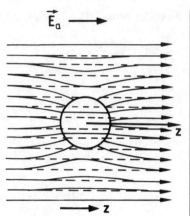

Abb. 71. Feldlinien der elektrischen Feldstärke für die dielektrische Kugel im ursprünglich homogenen Feld, $\varepsilon_i > \varepsilon_a$

nerhalb der Kugel größer, die elektrische Flußdichte kleiner, als der jeweilige Wert der ursprünglichen Feldgrößen außerhalb der Kugel.

Aus der Potentialfunktion φ_a läßt sich der Verlauf der elektrischen Feldstärke im Außenraum berechnen. Es werden die Komponenten des Feldstärkevektors im Kugelkoordinatensystem mit Hilfe der Gl. (I.16.39) bestimmt:

$$E_r = -\frac{\partial \varphi_a}{\partial r} = E_a \left(1 + 2\frac{\varepsilon_i - \varepsilon_a}{2\varepsilon_a + \varepsilon_i}\frac{r_0^3}{r^3}\right) \cos\vartheta,$$

$$E_\vartheta = -\frac{1}{r}\frac{\partial \varphi_a}{\partial \vartheta} = -E_a \left(1 - \frac{\varepsilon_i - \varepsilon_a}{2\varepsilon_a + \varepsilon_i}\frac{r_0^3}{r^3}\right) \sin\vartheta,$$

$$E_\alpha = 0.$$

Abbildung 70 und 71 zeigen den qualitativen Verlauf der Feldlinien für die elektrische Flußdichte und die elektrische Feldstärke in der x-z-Querschnittsebene im Fall der dielektrischen Kugel ($\varepsilon_i > \varepsilon_a$).

6. Aufgabe

Eine Metallkugel aus unendlich gut leitendem Metall wird in ein homogenes elektrisches Feld $\vec{E}_a$ im Vakuum gebracht. Gesucht sind der Verlauf des Potentials sowie der elektrischen Feldstärke innerhalb und außerhalb der Metallkugel.

III.8 Aufgaben zum Überlagerungsprinzip

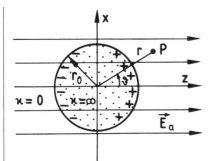

Abb. 72. Leitende Kugel und ungestörtes, homogenes Feld

Lösung
Da die Metallkugel unendlich gut leitend sein soll, ist innerhalb der Kugel die Feldstärke gleich null und das Potential konstant. Das Potential der Kugel kann als Bezugspotential zu null gewählt werden.

$$\vec{E}_i = 0, \qquad \varphi_i = C = 0.$$

Auf der Oberfläche der Kugel enden also Feldlinien, damit befindet sich auf der Kugeloberfläche nach Gl. (III.4.3) eine Flächenladungsdichte (Abb. 72). Das Gesamtfeld außerhalb der Kugel kann wieder durch die Überlagerung des ursprünglichen Feldes mit einem Dipolfeld beschrieben werden. (In diesem Fall wird der Dipol durch die auf der Kugeloberfläche influenzierten, elektrischen Ladungen gebildet.)

Die Potentialfunktion des elektrischen Feldes ergibt sich sofort aus den Berechnungen der Aufgabe 5, falls der Grenzübergang $\varepsilon_i \to \infty$ durchgeführt wird (ein Material mit unendlich großer Dielektrizitätskonstante verhält sich bezüglich seines Außenfeldes wie ein unendlich gut leitendes Metall, siehe dazu Grenzfälle, § III.4):

$$\varphi_a = -E_a\left(r - \varepsilon_i \overset{\lim}{\longrightarrow} \infty \frac{\varepsilon_i - \varepsilon_a}{2\varepsilon_a + \varepsilon_i} \frac{r_0^3}{r^2}\right)\cos\vartheta,$$

$$\varphi_a = -E_a\left(r - \frac{r_0^3}{r^2}\right)\cos\vartheta.$$

Auf der Kugeloberfläche ($r = r_0$) wird das Potential φ_a null, erfüllt also die Stetigkeitsbedingungen.

Die elektrische Feldstärke im Außenraum läßt sich in Kugelkoordinaten zu

$$\vec{E} = E_r\vec{e}_r + E_\vartheta\vec{e}_\vartheta + E_\alpha\vec{e}_\alpha$$

angeben. Die Komponenten der Feldstärke lassen sich nach Gl. (I.16.39) berechnen:

$$E_r = -\frac{\partial\varphi_a}{\partial r} = E_a\left(1 + 2\frac{r_0^3}{r^3}\right)\cos\vartheta,$$

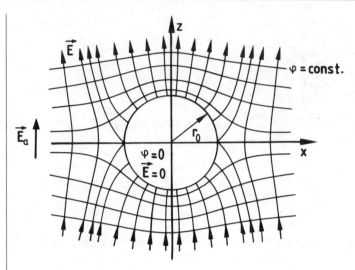

Abb. 73. Feldlinien und Äquipotentiallinien der leitenden Kugel im ursprünglich homogenen elektrischen Feld

$$E_\vartheta = -\frac{1}{r}\frac{\partial \varphi_a}{\partial \vartheta} = -E_a\left(1 - \frac{r_0^3}{r^3}\right)\sin\vartheta,$$

$$E_\alpha = 0.$$

Auf der Kugeloberfläche, d.h. für $r = r_0$, ist das elektrische Feld rein radial gerichtet, d.h. die elektrischen Feldlinien stehen senkrecht auf der leitenden Kugel. Die Flächenladungsdichte auf der Kugeloberfläche ist vom Winkel ϑ abhängig und berechnet sich nach Gl. (III.4.3) mit $\vec{D}_i = 0$ zu:

$$\sigma = \varepsilon_a E_r \Big|_{r=r_0} = \varepsilon_0 E_a\left(1 + 2\frac{r_0^3}{r_0^3}\right)\cos\vartheta,$$

$$\sigma = 3\varepsilon_0 E_a \cos\vartheta.$$

Abbildung 73 zeigt den qualitativen Verlauf von elektrischer Feldstärke und Äquipotentiallinien in der Querschnittsebene.

III.9
Eindeutigkeit der Lösungen

Betrachtet wird eine beliebige Verteilung leitender Körper im raumladungsfreien Raum (Vakuum, s. Abb. 74). Es soll nachgewiesen werden, daß in die-

III.9 Eindeutigkeit der Lösungen

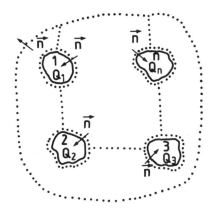

Abb. 74. Zur Eindeutigkeit der Lösungen

sem Raum die auftretenden Felder eindeutig bestimmt sind, wenn eine der folgenden Bedingungen erfüllt ist:

1. Auf der Oberfläche jedes leitenden Körpers ist das Potential φ_n bekannt.
2. Auf jedem leitenden Körper ist die Gesamtladung Q_n bekannt.
3. Auf einem Teil der Körper ist das Potential, auf dem anderen Teil die Gesamtladung bekannt.

Es wird angenommen, daß φ eine Lösung der Laplaceschen Differentialgleichung $\Delta\varphi = 0$ ist. Mit Hilfe der Rechenregeln für den Nabla-Operator (s. Kap. I.14) wird der Ausdruck

$$\operatorname{div}(\varphi \operatorname{grad}\varphi) = \operatorname{grad}\varphi \cdot \operatorname{grad}\varphi + \varphi \Delta\varphi = (\operatorname{grad}\varphi)^2$$

berechnet. Der zweite Term auf der rechten Seite oben stehender Gleichung verschwindet auf Grund der Bedingung $\Delta\varphi = 0$. Beide Seiten der Gleichung werden über das Volumen V des Feldbereichs integriert:

$$\iiint_V \operatorname{div}(\varphi \operatorname{grad}\varphi) \, dV = \iiint_V (\operatorname{grad}\varphi)^2 \, dV.$$

Wird auf das linke Integral der Gleichung der Gaußsche Satz angewendet, so läßt sich die Gleichung als

$$\oiint_A \varphi \operatorname{grad}\varphi \cdot \vec{n} \, dA = \iiint_V (\operatorname{grad}\varphi)^2 \, dV$$

mit $\vec{n}$ dem aus dem Feldgebiet V herausweisenden Flächennormalen-Einheitsvektor und A der Oberfläche, die das Feldgebiet V berandet.

Zum Beweis der Eindeutigkeit der Lösungen, die aus der Laplaceschen Differentialgleichung folgen und die die Bedingungen 1., 2. oder 3. erfüllen, wird eine Oberfläche A gewählt, die die leitenden Körper aus dem Feldvolumen ausschließt, sonst aber den gesamten Feldbereich umfaßt. Die leitenden Körper werden durch eine Hülle, die im Grenzfall mit der Oberfläche der Körper übereinstimmt, eingeschlossen. Als äußere Hülle wird nach Abb. 74 eine geschlossene Fläche gewählt, deren Radius unendlich groß wird. Die einzelnen geschlossenen Hüllen werden durch „Schnittflächen" zu einer Gesamthülle zusammengesetzt. Die Schnittflächen brauchen bei der Berechnung nicht berücksichtigt zu werden, da sich die Flußanteile durch diese Flächen mit jeweils entgegengesetztem Vorzeichen aufheben. Die Flächennormale weist aus dem Feldgebiet heraus, sie weist damit in das Volumen der leitenden Körper hinein.

Wird angenommen, daß das Potential für große Abstände von den leitenden Körpern mindestens wie $1/r$ mit dem Abstand abklingt (was für Ladungsverteilungen im Endlichen immer sichergestellt ist), dann klingt die elektrische Feldstärke wie $1/r^2$ ab. Da aber die Oberfläche der Außenkugel wie r^2 wächst, verschwindet im Grenzfall $r \to \infty$ das Integral:

$$\lim_{r \to \infty} \oiint_{\text{Außenfläche}} \varphi \,\text{grad}\varphi \cdot \vec{n}\, dA = 0.$$

Damit läßt sich für das Integral über die gesamte, geschlossene Oberfläche der Wert

$$\oiint_A \varphi \,\text{grad}\varphi \cdot \vec{n}\, dA = \sum_{n=1}^{N} \oiint_{A_n} \varphi \,\text{grad}\varphi \cdot \vec{n}\, dA = \iiint_V (\text{grad}\varphi)^2\, dV$$

angeben. Dabei ist A_n die Oberfläche des n-ten Körpers. $\vec{n}$ ist der in Abb. 74 eingezeichnete Flächennormalen-Einheitsvektor. Nun ist aber

$$\text{grad}\varphi \cdot \vec{n} = \frac{\partial \varphi}{\partial n}$$

die Ableitung des Potentials in Richtung der Flächennormalen. Das heißt, es läßt sich schreiben:

$$\sum_{n=1}^{N} \oiint_{A_n} \varphi \frac{\partial \varphi}{\partial n}\, dA = \iiint_V (\text{grad}\varphi)^2\, dV.$$

Es wird angenommen, daß die Funktionen φ_I and φ_{II} zwei Lösungen der Laplaceschen Differentialgleichung sind, die jeweils die Forderungen 1. oder 2. oder 3. erfüllen. Das heißt, die Potentialfunktionen nehmen auf den leitenden Körpern den konstanten, vorgegebenen Wert φ_n an (auf leitenden Körpern ist das Potential immer eine konstante Größe), oder die Potentialfunktionen nehmen auf einem Teil der Körper (n = 1 bis K – 1) die vorgegebenen Werte φ_n an. Auf dem anderen Teil (n = K bis N) sind die Felder so, daß sie der vorgegebenen Gesamtladung entsprechen (hierin ist der Fall, der der Forderung 2. entspricht, mit K = 1 enthalten). Unter diesen Voraussetzungen soll gezeigt werden, daß die beiden Potentialfunktionen φ_I and φ_{II} identisch sein

III.9 Eindeutigkeit der Lösungen

müssen, daß also nur eine eindeutige Lösung des gestellten Problems existiert. Dazu sollen die weiter oben abgeleiteten Beziehungen benutzt werden.

Gebildet wird die Differenz der beiden Lösungen φ_I and φ_II. Da beide Felder Lösungen des vorgegebenen Problems sind, muß nach dem Überlagerungsprinzip (Kap. III.6) auch die Differenz eine Lösung der Laplaceschen Differentialgleichung sein, die für $r \to \infty$ ebenfalls mindestens wie $1/r$ abklingt. Das heißt, es muß gelten:

$$\sum_{n=1}^{K-1} \oiint_{A_n} (\varphi_\mathrm{I} - \varphi_\mathrm{II}) \frac{\partial(\varphi_\mathrm{I} - \varphi_\mathrm{II})}{\partial n} dA + \sum_{n=K}^{N} \oiint_{A_n} (\varphi_\mathrm{I} - \varphi_\mathrm{II}) \frac{\partial(\varphi_\mathrm{I} - \varphi_\mathrm{II})}{\partial n} dA =$$

$$= \iiint_V [\mathrm{grad}(\varphi_\mathrm{I} - \varphi_\mathrm{II})]^2 \, dV.$$

Auf den Oberflächen der Körper sind die Potentiale konstant und vorgegeben (n = 1 bis K − 1), damit ist dort $\varphi_\mathrm{I} = \varphi_\mathrm{II} = \varphi_n = \mathrm{const.}$, also verschwindet das erste Integral. Im zweiten Integral entspricht die Ableitung in Richtung der Flächennormalen nach Gl. (III.4.4) mit $\varphi_2 = \varphi_n = \mathrm{const.}$, $\partial \varphi_n / \partial n = 0$ der auf dem Körper befindlichen Oberflächenladungsdichte dividiert durch die Permittivität des Raums außerhalb der Körper. Da die Ladungen aber vorgegeben sind und die Felder φ_I und φ_II Lösungen für die Ladungsverteilung sein sollen, müssen die Integrale über die Flächenladungsdichten (d.h. die Ladungen) gleich groß sein.

$$\sum_{n=K}^{N} \oiint_{A_n} (\varphi_\mathrm{I} - \varphi_\mathrm{II}) \frac{\partial(\varphi_\mathrm{I} - \varphi_\mathrm{II})}{\partial n} dA = \sum_{n=K}^{N} \oiint_{A_n} (\varphi_\mathrm{I} - \varphi_\mathrm{II}) \frac{\sigma_\mathrm{I} - \sigma_\mathrm{II}}{\varepsilon} dA =$$

$$= \sum_{n=K}^{N} (\varphi_\mathrm{I} - \varphi_\mathrm{II}) \left[\oiint_{A_n} \frac{\sigma_\mathrm{I}}{\varepsilon} dA - \oiint_{A_n} \frac{\sigma_\mathrm{II}}{\varepsilon} dA \right] =$$

$$= \sum_{n=K}^{N} (\varphi_\mathrm{I} - \varphi_\mathrm{II}) \frac{1}{\varepsilon} (Q_{n\mathrm{I}} - Q_{n\mathrm{II}}) = 0.$$

Also gilt:

$$\iiint_V [\mathrm{grad}(\varphi_\mathrm{I} - \varphi_\mathrm{II})]^2 \, dV = 0.$$

Das Volumenintegral wird nur dann null, falls der Integrand verschwindet:

$$\mathrm{grad}(\varphi_\mathrm{I} - \varphi_\mathrm{II}) = \vec{0}.$$

Also gilt für die beiden Lösungen des Problems:

$$\varphi_\mathrm{I} = \varphi_\mathrm{II} + C.$$

Da vorausgesetzt war, daß die Potentiale im Punkt r → ∞ verschwinden, folgt, daß die Konstante C verschwinden muß. Das bedeutet, daß die beiden angesetzten Potentiale identisch sind und damit die Lösung eindeutig bestimmt ist.

III.10
Die Spiegelungsmethode

Es gibt bestimmte Aufgabenstellungen im Bereich der Randwertprobleme (das sind Probleme, bei denen Ladungsverteilungen auf Elektroden vorgegeben sind und bei denen weiterhin Randbedingungen auf vorgegebenen Berandungen erfüllt werden müssen), die mit Hilfe einer als „Spiegelungsmethode" bezeichneten Berechnungsmethode gelöst werden können. Dieses Verfahren ist nicht generell anwendbar, doch erleichtert es die Berechnung vieler Aufgaben erheblich. Die Anwendung des Spiegelungsprinzips ist besonders für die Lösung von Randwertproblemen mit ebenen, zylindrischen oder kugelförmigen Grenzflächen geeignet. Hier soll das Verfahren der Spiegelungsmethode an einem einfachen Beispiel erläutert werden.

Eine Punktladung Q befinde sich im Abstand d vor einer unendlich ausgedehnten, unendlich gut leitenden, unendlich dünnen Ebene im Vakuum (Abb. 75). Gesucht ist die Feldverteilung, die sich hierbei ausbildet. Bei der Lösung dieses Problems wird von folgender Überlegung ausgegangen: Auf der leitenden Ebene muß die elektrische Feldstärke nach den Überlegungen im Kap. III.3 und III.4 senkrecht stehen, das Potential auf der leitenden Ebene ist konstant. Es ist zu erwarten, daß sich das Feld in der direkten Umgebung der Punktladung so verhält, als wäre die leitende Ebene nicht vorhanden. Das heißt, das Feld wird in der Nähe der Punktladung rein radial vom Lagepunkt der Ladung aus verlaufen. Nun ist weiter bekannt, daß nach dem Eindeutigkeitsprinzip (Kap. III.9) eine Feldverteilung zu einem Randwertproblem eindeutig bestimmt ist, wenn die Felder eine der drei in Kap. III.9 aufgestellten Bedingungen erfüllen. Dabei ist es gleichgültig, ob diese Lösung berechnet oder „geraten" wurde. Nun läßt sich aber zu der oben gestellten Aufgabe eine Lösung angeben, die alle Bedingungen erfüllt, die an die Felder gestellt werden müssen, die damit also eindeutige Lösung des Problems ist. Wird auf der linken Seite der leitenden Ebene (Raumbereich II, z < 0) eine Punktladung der Ladung – Q im gleichen Abstand d von der Ebene angebracht und der gesamte Raumbereich als Feldbereich betrachtet, so läßt sich das Feld dieser Ladungsanordnung mit Hilfe des Überlagerungsprinzips leicht berechnen. Es gilt für das Potential:

$$\varphi = \frac{Q}{4\pi\varepsilon_0}\left[\frac{1}{R_1} - \frac{1}{R_2}\right] + C,$$

mit den Abständen R_1 und R_2 nach Abb. 75. Es zeigt sich, daß das Feld dieser Ladungsanordnung folgende Eigenschaften besitzt: Auf der Mittelebene (z = 0) ist das Potential konstant. In der Umgebung der positiven (ursprüng-

III.10 Die Spiegelungsmethode

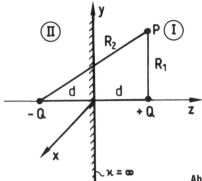

Abb. 75. Spiegelungsmethode

lich gegebenen) Punktladung verhält sich das Gesamtfeld wie das Feld einer Punktladung der Ladung Q. Damit sind die an das Feld gestellten Forderungen (Bedingung 3. nach Kap. III.9) für die Eindeutigkeit der Lösung gegeben. Da das gesuchte Feld des Randwertproblems (Punktladung vor leitender Ebene) aber denselben Bedingungen gehorcht, müssen beide Felder identisch sein. Im Raumbereich I stimmt also das gesuchte Feld mit dem Feld zweier Punktladungen mit der Anordnung nach Abb. 75 überein. Dabei wird die Ladung $-Q$ als (fiktive) Spiegelladung zur ursprünglich gegebenen Ladung bezeichnet. Im Raumbereich II ist das wirkliche Feld gleich null, hier ist das Feld der beiden Punktladungen nur als Rechenhilfe zu betrachten.

Mit Hilfe des Spiegelungsprinzips kann auch das Feld innerhalb einer durch ein leitendes Material gebildeten Ecke berechnet werden, in der sich eine Punktladung befindet. Es ist notwendig, daß jede Ladung (auch die Spiegelladung) an jeder auftretenden, leitenden Fläche gespiegelt wird. Die Spiegelung kann eindeutig durchgeführt werden, falls der Winkel $\alpha = \pi/n$ (Abb. 76) ist, wobei n eine ganze Zahl ist. Es kann auch vorkommen, daß die Anzahl der Spiegelladungen unendlich groß wird, weil sonst die Randbedingungen nicht

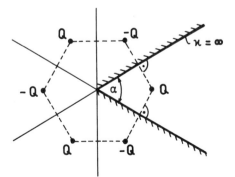

Abb. 76. Spiegelung in einer Ecke

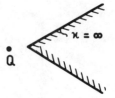

Abb. 77. Unendlichfache Spiegelung

Abb. 78. Ladung vor leitender Spitze

zu erfüllen sind. Ein solches Beispiel mit unendlich vielen Spiegelladungen zeigt Abb. 77. Es muß darauf hingewiesen werden, daß die Spiegelungsmethode nur anwendbar ist, falls die Ladung innerhalb des von dem leitenden Material umschlossenen Bereichs liegt. Liegt die Ladung z. B. vor einer Spitze, die aus leitendem Material gebildet wird (Abb. 78), so müssen andere Berechnungsmethoden (z.B. konforme Abbildung) zur Berechnung des Problems herangezogen werden.

Zum Abschluß sollen die Spiegelungsgesetze an nicht ebenen, leitenden Flächen (z.B. Kugel- oder Zylinderflächen) untersucht werden. Es wird zunächst die Spiegelung an einer Kugelfläche behandelt. Dazu wird der Feldverlauf zweier Punktladungen Q_1 und Q_2 nach Abb. 79 betrachtet, deren Potential sich mit Hilfe des Überlagerungsprinzips zu

$$\varphi(P) = \frac{Q_1}{4\pi\varepsilon_0 R_1} + \frac{Q_2}{4\pi\varepsilon_0 R_2}, \qquad (\varphi = 0: R_{1,2} \to \infty)$$

berechnet. Die Äquipotentialflächen dieser Anordnung gehorchen der Gleichung

$$\varphi = \text{const.} = C = \frac{Q_1}{4\pi\varepsilon_0 R_1} + \frac{Q_2}{4\pi\varepsilon_0 R_2}.$$

Werden diese Flächen für den Wert C = 0 näher untersucht, so ergibt sich:

$$\frac{Q_1}{R_1} = -\frac{Q_2}{R_2}, \qquad \frac{R_1}{R_2} = -\frac{Q_1}{Q_2} = k.$$

Diese Gleichung hat nur für positive Werte von k eine geometrische Bedeutung, da die Abstände R_1 und R_2 immer positive Größen sind. Die Abstandswerte R_1 und R_2 werden durch die Koordinaten des Punktes P und die Abstände d_1 und d_2 (Abb. 79) ausgedrückt.

$$\frac{Q_1}{\sqrt{x^2 + (y-d_1)^2 + z^2}} = -\frac{Q_2}{\sqrt{x^2 + (y-d_2)^2 + z^2}}.$$

III.10 Die Spiegelungsmethode

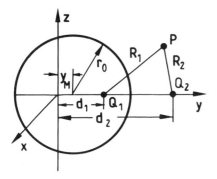

Abb. 79. Zur Spiegelung an einer Kugel

Die Gleichung wird quadriert, dann gilt mit $(Q_1/Q_2)^2 = k^2$:

$$k^2 [x^2 + (y - d_2)^2 + z^2] - [x^2 + (y - d_1)^2 + z^2] = 0.$$

Nach Umwandlung und quadratischer Ergänzung folgt:

$$x^2 + \left[y + \frac{d_1 - k^2 d_2}{k^2 - 1}\right]^2 + z^2 = k^2 \frac{(d_1 - d_2)^2}{(k^2 - 1)^2}.$$

Es ergibt sich die Gleichung einer Kugel. Der Radius der Kugel berechnet sich aus:

$$r_0 = \left|\frac{k(d_1 - d_2)}{(k^2 - 1)}\right|,$$

und seine Mittelpunktverschiebung längs der y-Achse ist:

$$y_M = -\frac{d_1 - k^2 d_2}{k^2 - 1}.$$

Das heißt, sind die Lagekoordinaten und die Ladungen gegeben, so läßt sich die Lage dieser Kugel sofort berechnen. Wird eine Koordinatentransformation so durchgeführt, daß der Mittelpunkt der Kugel im Nullpunkt des Koordinatensystems liegt (Abb. 80), so läßt sich zeigen, daß der Radius der Kugel der Bedingung

$$r_0^2 = d_1' d_2'$$

genügt und daß für das Ladungsverhältnis $k = -Q_1/Q_2$ die Beziehung

$$k^2 = \left(\frac{Q_1}{Q_2}\right)^2 = \left(\frac{R_1}{R_2}\right)^2 = \frac{d_1'}{d_2'}$$

angegeben werden kann. d_1' und d_2' sind die Abstände der Punktladungen vom Mittelpunkt der Kugel. Der Querschnittskreis der Kugel in der y'-z'-Ebene

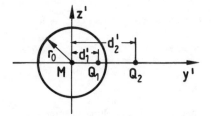

Abb. 80. Transformiertes Koordinatensystem

teilt die Verbindungslinie zwischen den beiden Punktladungen Q_1 und Q_2 harmonisch. Die Gleichung $r_0^2 = d_1' d_2'$ beschreibt die „Spiegelung an einer Kugel".

Aus diesen Überlegungen folgt: Zu der untersuchten Ladungsverteilung nach Abb. 79 gibt es eine Äquipotentialfläche ($\varphi = 0$), die die Form einer Kugel besitzt. Nach Definition ist auf der Äquipotentialfläche das Potential konstant, die elektrische Feldstärke steht senkrecht auf ihr. Diese Verhältnisse ändern sich auch nicht, wenn in die Äquipotentialfläche eine unendlich dünne, leitende Schicht gelegt wird. Das heißt: Die Äquipotentialfläche eines elektrostatischen Feldes kann durch eine leitende Elektrode nachgebildet werden, ohne daß sich der Feldverlauf ändert. Damit ergibt sich die Möglichkeit, Feldverteilungen in Anordnungen zu berechnen, in denen eine leitende Kugel und Punktladungen auftreten. So entspricht der Feldverlauf einer Punktladung vor einer leitenden Kugel außerhalb der Kugel dem Feldverlauf zwischen zwei Punktladungen im Abstand d_1' und d_2' nach Abb. 80. Soll dabei die leitende Kugel nicht das Potential $\varphi = 0$ besitzen, so kann im Mittelpunkt der Kugel eine weitere Punktladung Q_3 angenommen werden. Damit wird die Äquipotentialfläche nicht verändert. Sie besitzt aber nun den konstanten Potentialwert.

$$\varphi_0 = \frac{Q_3}{4\pi\varepsilon_0 r_0}.$$

Entsprechende Überlegungen, wie sie hier für die Kugel gemacht wurden, gelten für das Feld zylindersymmetrischer Anordnungen. Die Schnitte der Äquipotentialflächen senkrecht zur Zylinderachse für ein Feld zweier ungleichnamiger Linienladungen sind Appollonische Kreise. Die Äquipotentialflächen lassen sich ebenso wie im Fall der Kugel durch leitende Flächen ersetzen, ohne daß sich der Feldverlauf ändert. Damit ergibt sich die Möglichkeit, Feldverteilungen zwischen exzentrischen, zylinderförmigen Elektroden zu berechnen (vgl. Aufgabe III.11.4, s. S. 121).

III.11
Aufgaben zur Spiegelungsmethode

1. Aufgabe

Eine Punktladung Q befindet sich im Abstand a vor einer leitenden Ebene im Vakuum. Die Ebene sei unendlich ausgedehnt, unendlich dünn und geerdet. Gesucht sind:

a) das Feld der Anordnung und
b) die auf der leitenden Ebene influenzierte Ladung.

Lösung

Innerhalb der leitenden Ebene verschwindet die elektrische Feldstärke, $\vec{E} = \vec{0}$. Daraus folgt unter Verwendung der Grenzbedingung (III.4.1), daß das Außenfeld senkrecht auf der Oberfläche der Ebene stehen muß. Damit ergibt sich der in Abb. 81 skizzierte Feldverlauf. Zur Berechnung des Feldverlaufs wird auf der linken Seite der Ebene (x < 0) im Abstand a von der Grenzfläche eine Spiegelladung der Größe – Q angenommen (Spiegelungsmethode) und das entstehende Feld berechnet. Dieses Feld erfüllt alle Bedingungen des gesuchten Feldes, ist also mit ihm identisch (siehe auch Kap. III.10).

Die Potentialfunktion der zwei Punktladungen mit den Lagekoordinaten nach Abb. 81 ergibt sich aus der Überlagerung der zwei Einzelpotentiale der Punktladungen:

$$\varphi = \frac{Q}{4\pi\varepsilon_0}\left[\frac{1}{R_1} - \frac{1}{R_2}\right].$$

Hierbei ist das Potential auf der leitenden Mittelebene zwischen den beiden Ladungen zu null angenommen worden (Bezugsebene). Aus der Potential-

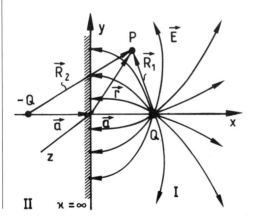

Abb. 81. Punktladung vor leitender Ebene

funktion läßt sich durch Gradientenbildung die elektrische Feldstärke bestimmen:

$$\vec{E} = \frac{Q}{4\pi\varepsilon_0}\left[\frac{\vec{R}_1}{|\vec{R}|^3} - \frac{\vec{R}_2}{|\vec{R}_2|^3}\right] = \frac{Q}{4\pi\varepsilon_0}\left[\frac{\vec{r}-\vec{a}}{|\vec{r}-\vec{a}|^3} - \frac{\vec{r}+\vec{a}}{|\vec{r}+\vec{a}|^3}\right].$$

In diesem Ausdruck sind die Abstandsvektoren $\vec{R}_1$ und $\vec{R}_2$ nach Abb. 81 durch die Summe bzw. Differenz der beiden Vektoren $\vec{r}$ und $\vec{a}$:

$$\vec{R}_1 = \vec{r} - \vec{a}, \qquad \vec{a} = a\,\vec{e}_x,$$

$$\vec{R}_2 = \vec{r} + \vec{a}$$

ausgedrückt worden. Die Gradientenbildung erfolgt nach Gl. (I.14.1):

$$-\operatorname{grad}\frac{1}{|\vec{R}_1|} = \frac{\vec{r}-\vec{a}}{|\vec{r}-\vec{a}|^3}, \qquad -\operatorname{grad}\frac{1}{|\vec{R}_2|} = \frac{\vec{r}+\vec{a}}{|\vec{r}+\vec{a}|^3}.$$

An der Trennfläche ($x = 0$) hat das Feld nur eine Komponente in x-Richtung, wie sich aus der Darstellung des Feldes

$$\vec{E} = \frac{Q}{4\pi\varepsilon_0}\left[\frac{(x-a)\,\vec{e}_x + y\vec{e}_y + z\vec{e}_z}{[(x-a)^2 + y^2 + z^2]^{3/2}} - \frac{(x+a)\,\vec{e}_x + y\vec{e}_y + z\vec{e}_z}{[(x+a)^2 + y^2 + z^2]^{3/2}}\right]$$

durch Einsetzen der Bedingung $x = 0$ sofort zeigen läßt:

$$\vec{E}(x = 0) = \frac{Q}{4\pi\varepsilon_0}\left[\frac{-a\vec{e}_x + y\vec{e}_y + z\vec{e}_z}{(a^2 + y^2 + z^2)^{3/2}} - \frac{a\vec{e}_x + y\vec{e}_y + z\vec{e}_z}{(a^2 + y^2 + z^2)^{3/2}}\right],$$

$$\vec{E}(x = 0) = -\frac{Qa}{2\pi\varepsilon_0(a^2 + y^2 + z^2)^{3/2}}\vec{e}_x.$$

Werden in diese Gleichung Polarkoordinaten in der leitenden Ebene durch die Beziehungen $y = r\cos\alpha$ und $z = r\sin\alpha$ eingesetzt, so kann für die elektrische Feldstärke und die elektrische Flußdichte auf der leitenden Ebene jeweils der Ausdruck

$$\vec{E} = -\frac{Qa}{2\pi\varepsilon_0}\frac{1}{(a^2 + r^2)^{3/2}}\vec{e}_x,$$

$$\vec{D} = -\frac{Qa}{2\pi}\frac{1}{(a^2 + r^2)^{3/2}}\vec{e}_x$$

abgeleitet werden.

III.11 Aufgaben zur Spiegelungsmethode

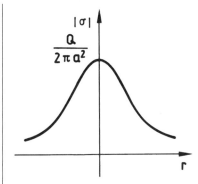

Abb. 82. Influenzierte Flächenladungsdichte

Auf der leitenden Ebene enden die elektrischen Feldlinien, im Bereich x < 0 ist das wirkliche Feld null. Hier kann der Feldverlauf nach oben stehenden Gleichungen nur als Rechenhilfe angesehen werden. Das bedeutet, auf der leitenden Ebene wird auf Grund der Grenzbedingung (III.4.3) bzw. (III.4.4) eine Flächenladungsdichte influenziert. Diese Flächenladungsdichte besitzt ein negatives Vorzeichen, ihre Verteilung über der Ebene wird durch den Absolutbetrag der elektrischen Flußdichte über der Ebene beschrieben. Diese Verteilung ist in Abb. 82 skizziert. Die maximale Flächenladungsdichte wird an der Stelle $(x, y, z) = (0, 0, 0)$ direkt gegenüber der Punktladung influenziert. Die gesamte, auf der leitenden Ebene influenzierte Ladung ergibt sich aus dem Integral über die Flächenladungsdichte, falls über die unendlich ausgedehnte Ebene integriert wird:

$$Q_{\text{inf.}} = \iint_{A_\infty} \vec{D} \cdot \vec{n} \, dA = \iint_{A_\infty} \vec{D} \cdot \vec{e}_x \, dA$$

$$Q_{\text{inf.}} = -\frac{Qa}{2\pi} \int_0^{2\pi}\int_0^\infty \frac{r \, dr \, d\alpha}{(a^2 + r^2)^{3/2}},$$

$$Q_{\text{inf.}} = \frac{Qa}{2\pi} 2\pi \frac{1}{(a^2 + r^2)^{1/2}} \Big|_0^\infty, \qquad Q_{\text{inf.}} = -Q.$$

Die gesamte, influenzierte Ladung ist also gleich der negativen Ladung der vorgegebenen Punktladung und damit gleich der Spiegelladung.

2. Aufgabe

Gegeben sind die beiden Halbräume I und II mit den Permitivitäten $\varepsilon_1 = \varepsilon_I \varepsilon_0$ und $\varepsilon_2 = \varepsilon_{II} \varepsilon_0$ (s. Abb. 83). Im Abstand a vor der Trennfläche zwischen den beiden Medien befindet sich im Halbraum I eine Punktladung mit der Ladung Q. Gesucht ist das Potential der Anordnung in den beiden Halbräumen I und II.

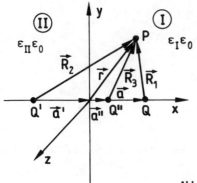

Abb. 83. Lage der Ladung und der Spiegelladungen

Lösung

Zur Lösung der Aufgabe wird wieder vom Spiegelungsprinzip Gebrauch gemacht. Da aber in der Grenzfläche nicht mehr die Bedingung eines konstanten Potentials (wie im Fall der leitenden Ebene, Aufgabe 1.) gilt, läßt sich das Problem nur mit Hilfe von zwei Spiegelladungen lösen. Zur Berechnung des Potentials im Halbraum I wird das Feld der Punktladung Q mit dem Feld einer „Spiegelladung" Q' im Halbraum II, die den Abstand a' von der Ebene besitzt, überlagert. Dabei wird angenommen, daß das gesamte Feldgebiet die Permittivität $\varepsilon_I \varepsilon_0$ besitzt. Zur Berechnung des Potentials im Halbraum II wird eine „Spiegelladung", besser Scheinladung, im Abstand a" von der Ebene im Halbraum I angenommen und vorausgesetzt, daß das gesamte Feldgebiet diesmal die Permittivität $\varepsilon_{II} \varepsilon_0$ hat. Die unbekannten Größen dieses Ansatzes werden aus den Grenzbedingungen an der Grenzfläche bestimmt. Lassen sich die Grenzbedingungen mit diesem Ansatz erfüllen, so ist das Feld dieser Ladungsanordnung das gesuchte Feld der Problemstellung. Das Feld im Halbraum I ergibt sich also aus dem Ansatz:

$$\varphi_I = \frac{1}{4\pi\varepsilon_0} \left(\frac{Q}{\varepsilon_I R_1} + \frac{Q'}{\varepsilon_I R_2} \right).$$

Für den Halbraum II gilt der Feldansatz:

$$\varphi_{II} = \frac{Q''}{4\pi\varepsilon_0 \, \varepsilon_{II} R_3}.$$

Aus Abb. 83 lassen sich die Abstandswerte R_1, R_2 und R_3 entnehmen.

$$R_1 = |\vec{R}_1| = \sqrt{(x-a)^2 + y^2 + z^2}, \qquad a = |\vec{a}|,$$

$$R_2 = |\vec{R}_2| = \sqrt{(x+a')^2 + y^2 + z^2}, \qquad a' = |\vec{a}'|,$$

$$R_3 = |\vec{R}_3| = \sqrt{(x-a'')^2 + y^2 + z^2}, \qquad a'' = |\vec{a}''|.$$

III.11 Aufgaben zur Spiegelungsmethode

In der Grenzfläche zwischen den beiden Medien (x = 0) muß das Potential stetig sein. Ferner muß, da keine Flächenladung in der Grenzschicht vorhanden sein kann (Dielektrika), die Ableitung des Potentials in Richtung der Flächennormalen der Gl. (III.4.4) mit $\sigma = 0$ gehorchen. Aus der ersten Bedingung für das Potential ergibt sich:

$$\varphi_I(x=0) = \frac{1}{4\pi\varepsilon_0\varepsilon_I}\left(\frac{Q}{\sqrt{a^2+y^2+z^2}} + \frac{Q'}{\sqrt{a'^2+y^2+z^2}}\right) =$$

$$= \varphi_{II}(x=0) = \frac{Q''}{4\pi\varepsilon_0\varepsilon_{II}\sqrt{a''^2+y^2+z^2}}.$$

Für die Komponenten der elektrischen Flußdichte in Richtung der Flächennormalen (x-Richtung) gilt in den beiden Bereichen:

$$-\varepsilon_I\varepsilon_0\frac{\partial\varphi_I}{\partial x} = \frac{Q(x-a)}{4\pi\sqrt{(x-a)^2+y^2+z^2}^3} + \frac{Q'(x+a')}{4\pi\sqrt{(x+a')^2+y^2+z^2}^3},$$

$$-\varepsilon_{II}\varepsilon_0\frac{\partial\varphi_{II}}{\partial x} = \frac{Q''(x-a'')}{4\pi\sqrt{(x-a'')^2+y^2+z^2}^3}.$$

In der Grenzschicht (x = 0) gilt damit die zweite Bedingung (Stetigkeit der Normalkomponente der elektrischen Flußdichte):

$$\frac{Qa}{\sqrt{a^2+y^2+z^2}^3} - \frac{Q'a'}{\sqrt{a'^2+y^2+z^2}^3} = \frac{Q''a''}{\sqrt{a''^2+y^2+z^2}^3}.$$

Diese beiden Grenzbedingungen lassen sich sinnvoll nur mit $a = a' = a''$ erfüllen. Werden die Ansätze so gewählt, so ergibt sich für die beiden angesetzten Spiegel- bzw. Scheinladungen der Wert:

$$Q' = \frac{\varepsilon_I - \varepsilon_{II}}{\varepsilon_I + \varepsilon_{II}}Q, \qquad Q'' = \frac{2\varepsilon_{II}}{\varepsilon_I + \varepsilon_{II}}Q.$$

Werden diese beiden Werte in die Potentialfunktionen eingesetzt, so lauten sie:

$$\varphi_I = \frac{Q}{4\pi\varepsilon_0\varepsilon_I}\left(\frac{1}{\sqrt{(x-a)^2+y^2+z^2}} + \frac{\varepsilon_I - \varepsilon_{II}}{\varepsilon_I + \varepsilon_{II}}\frac{1}{\sqrt{(x+a)^2+y^2+z^2}}\right),$$

$$\varphi_{II} = \frac{2Q}{4\pi\varepsilon_0(\varepsilon_I + \varepsilon_{II})}\frac{1}{\sqrt{(x-a)^2+y^2+z^2}}.$$

Abbildung 84 zeigt den qualitativen Verlauf der Feldlinien und der Äquipotentiallinien in der Querschnittsfläche z = 0 für $\varepsilon_{II} > \varepsilon_I$. Im Halbraum II verlaufen die Feldlinien rein radial vom Mittelpunkt der ursprünglichen Ladung aus. Im Halbraum I dagegen ergeben sich gekrümmte Feldlinien, die Feldlinien werden in das Material mit der größeren Permittivität hineingezogen.

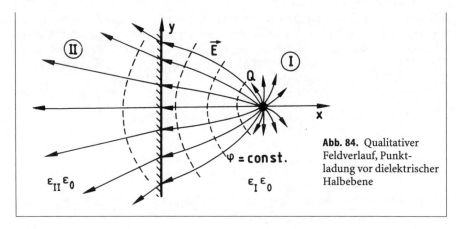

Abb. 84. Qualitativer Feldverlauf, Punktladung vor dielektrischer Halbebene

3. Aufgabe

Gegeben sei eine Punktladung Q in einer rechtwinkligen Ecke aus leitendem Material (Abb. 85). Gesucht ist der Verlauf des Potentials und der elektrischen Feldstärke dieser Anordnung.

Lösung

Die Feldverteilung wird mit Hilfe von drei Spiegelladungen bestimmt, so daß an allen Grenzflächen die Feldstärke senkrecht auf dem leitenden Material steht. Im Feldbereich I, III und IV verschwinden die Felder, die berechneten Felder sind hier nur Rechenhilfen. Im Feldbereich II läßt sich das Feld als Überlagerung des Feldes der ursprünglichen Ladung und der drei Spiegelladungen angeben:

$$\varphi_{II} = \frac{Q}{4\pi\varepsilon_0}\left[-\frac{1}{R_I} + \frac{1}{R_{II}} + \frac{1}{R_{III}} - \frac{1}{R_{IV}}\right].$$

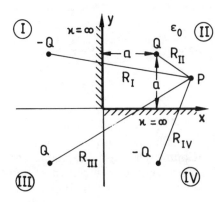

Abb. 85. Punktladung in leitender Ecke, Spiegelladungen

III.11 Aufgaben zur Spiegelungsmethode

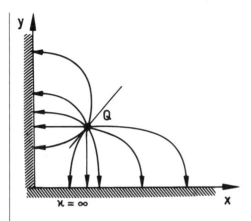

Abb. 86. Feldverlauf, Punktladung in leitender, rechtwinkliger Ecke

Nach Abb. 85 haben die Abstandswerte die Größe:

$$R_I = \sqrt{(x+a)^2 + (y-a)^2 + z^2}, \quad R_{II} = \sqrt{(x-a)^2 + (y-a)^2 + z^2},$$

$$R_{III} = \sqrt{(x+a)^2 + (y+a)^2 + z^2}, \quad R_{IV} = \sqrt{(x-a)^2 + (y+a)^2 + z^2}.$$

Durch Gradientenbildung errechnet sich aus dem Potential die elektrische Feldstärke:

$$\vec{E} = -\operatorname{grad}\varphi = \frac{Q}{4\pi\varepsilon_0}\left[-\frac{\vec{r}-\vec{a}_I}{|\vec{r}-\vec{a}_I|^3} + \frac{\vec{r}-\vec{a}_{II}}{|\vec{r}-\vec{a}_{II}|^3} + \frac{\vec{r}-\vec{a}_{III}}{|\vec{r}-\vec{a}_{III}|^3} - \frac{\vec{r}-\vec{a}_{IV}}{|\vec{r}-\vec{a}_{IV}|^3}\right].$$

mit $\vec{a}_n$, n = I, II, III, IV den Vektoren, die die Lagepunkte der Ladungen kennzeichnen:

$$\vec{a}_I = a(-\vec{e}_x + \vec{e}_y),$$
$$\vec{a}_{II} = a(\vec{e}_x + \vec{e}_y),$$
$$\vec{a}_{III} = a(-\vec{e}_x - \vec{e}_y),$$
$$\vec{a}_{IV} = a(\vec{e}_x - \vec{e}_y).$$

In Abb. 86 ist der Verlauf der elektrischen Feldlinien qualitativ skizziert.

4. Aufgabe

Man leite die Spiegelungsgesetze für zylindrische Anordnungen ab!

Lösung
Betrachtet wird das Feld zweier entgegengesetzt gleich großer, gerader und unendlich langer Linienladungen mit den Ladungen pro Längeneinheit ± q im Abstand 2a. Das Potential des Feldes dieser Anordnung ergibt sich mit

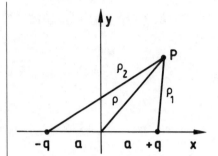

Abb. 87. Liniendipol

den Abstandswerten ϱ_1, ϱ_2 in der transversalen x-y-Ebene nach Abb. 87, wie schon in Aufgabe 4, Kap. III.8 berechnet, zu:

$$\varphi = -\frac{q}{2\pi\varepsilon}\ln\frac{\varrho_1}{\varrho_2}.$$

Die Schnittlinien der Äquipotentialflächen in der x-y-Ebene ergeben sich aus der Bedingung:

$$\frac{\varrho_1}{\varrho_2} = \text{const.} = C$$

mit

$$\varrho_1 = \sqrt{(x-a)^2 + y^2},$$
$$\varrho_2 = \sqrt{(x+a)^2 + y^2}.$$

Werden die Abstandswerte eingesetzt und wird die dabei entstehende Gleichung quadriert, so ergeben sich Kreisgleichungen der Form:

$$\left(x - a\frac{1+C^2}{1-C^2}\right)^2 + y^2 = \frac{4a^2C^2}{(1-C^2)^2}.$$

Diese Gleichung beschreibt Appollonische Kreise in der x-y-Ebene, deren Mittelpunkte auf der x-Achse liegen. Der Radius der Kreise errechnet sich aus

$$\varrho_0^2 = \frac{4a^2C^2}{(1-C^2)^2}, \qquad \varrho_0 = \left|\frac{2aC}{1-C^2}\right|.$$

Die Mittelpunktsverschiebungen der einzelnen Äquipotentiallinien $\varphi = C$ lauten:

$$x_M = a\frac{1+C^2}{1-C^2}.$$

III.11 Aufgaben zur Spiegelungsmethode

Für C < 1 liegen die Kreise im Bereich x > 0, für C > 1 im Bereich x < 0. C = 1 beschreibt die Symmetrieebene x = 0 ($\varrho_1 = \varrho_2$) als entarteten Kreis mit unendlichem Radius und unendlich großer Mittelpunktverschiebung sowie dem Potential $\varphi = 0$.

Es wird ein Kreis für einen festen Wert C betrachtet. Wird eine Koordinatentransformation so durchgeführt, daß der Mittelpunkt des Kreises im Nullpunkt des Koordinatensystems liegt, so kann wegen

$$d_1' = x_M + a = a\frac{1+C^2}{1-C^2} + a = \frac{2a}{1-C^2}$$

$$d_2' = x_M - a = a\frac{1+C^2}{1-C^2} - a = \frac{2aC^2}{1-C^2}$$

leicht gezeigt werden (Abb. 88), daß der Radius des Kreises der Bedingung

$$\varrho_0^2 = d_1' d_2'$$

genügt. d_1' und d_2' sind die Lagekoordinaten der Ladungen im neuen Koordinatensystem oder auch die Abstände der Ladungen vom Kreismittelpunkt.

Da oben stehende Gleichung der Formulierung des Kathetensatzes in einem rechtwinkligen Dreieck (s. Abb. 88) entspricht, kann hieraus eine einfache Methode zur geometrischen Bestimmung der Lage der Spiegelladung – q gefunden werden, falls die Lage von + q und die Lage des Äquipotential-Kreises bekannt ist. Eine entsprechende Gleichung wie die oben stehende galt im Fall der Spiegelung an einer Kugel (s. Kap. III.10).

Entsprechend gilt für den Zusammenhang zwischen d_1' und d_2' und der Konstanten C, wie durch einfache Division von d_1' und d_2' gefunden werden kann:

$$C^2 = \frac{d_2'}{d_1'}.$$

Bei der Spiegelung an einem Zylinder gelten also entsprechend die gleichen Gesetze wie bei der Spiegelung an einer Kugel.

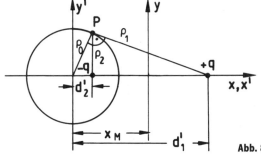

Abb. 88. Zur Spiegelung am Zylinder

5. Aufgabe

Eine unendlich gut leitende Kugel vom Radius r_0 befindet sich im Vakuum. Gesucht ist die Potentialfunktion des Feldes, das sich ausbildet, falls sich zu beiden Seiten der Kugel jeweils eine Punktladung mit den Ladungen $+Q$ und $-Q$ im Abstand a vom Mittelpunkt der Kugel befindet (Abb. 89). Wie berechnet sich das Potential, falls der Abstand a der Punktladungen vom Kugelmittelpunkt sehr groß wird? In jedem Fall sei angenommen, daß sich die Kugel auf dem Potential $\varphi = 0$ befindet.

Lösung

Zur Lösung des Problems wird das Spiegelungsprinzip in der Form verwendet, daß zu jeder Punktladung Q die entsprechende Spiegelladung bestimmt wird. Die Überlagerung der Felder aller Ladungen ergibt das Gesamtfeld außerhalb der Kugel. Innerhalb der Kugel ist die elektrische Feldstärke null.

Der Abstand der Spiegelladungen vom Mittelpunkt der Kugel sowie die Größe der Spiegelladungen bestimmen sich nach den Rechnungen im Kap. III.10 aus:

$$r_0^2 = aa', \qquad a' = \frac{r_0^2}{a}$$

und

$$\left(\frac{Q}{Q'}\right)^2 = \frac{a}{a'} = \frac{a^2}{r_0^2}; \qquad Q' = \overset{(+)}{_{-}} Q \frac{r_0}{a} \ .$$

Die Spiegelladung hat jeweils das entgegengesetzte Vorzeichen zu dem der Originalladung außerhalb der Kugel. Aus der Anordnung der vier Ladungen läßt sich für das Feld eine Potentialfunktion bestimmen, falls vom Überlagerungsprinzip Gebrauch gemacht wird:

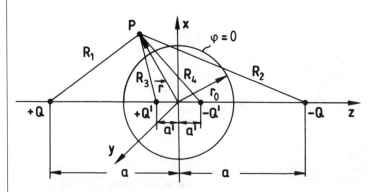

Abb. 89. Spiegelladungen an einer Kugel

III.11 Aufgaben zur Spiegelungsmethode

$$\varphi(P) = \frac{1}{4\pi\varepsilon_0}\left[\frac{Q}{R_1} - \frac{Q}{R_2} - \frac{Qr_0}{R_3 a} + \frac{Qr_0}{R_4 a}\right],$$

$$\varphi(P) = \frac{Q}{4\pi\varepsilon_0}\left[\frac{1}{R_1} - \frac{1}{R_2} - \frac{r_0}{R_3 a} + \frac{r_0}{R_4 a}\right].$$

Die Abstandsgrößen haben die Werte:

$R_1 = [x^2 + y^2 + (z+a)^2]^{1/2}$, $R_2 = [x^2 + y^2 + (z-a)^2]^{1/2}$,

$R_3 = \left[x^2 + y^2 + \left(z + \frac{r_0^2}{a}\right)^2\right]^{1/2}$, $R_4 = \left[x^2 + y^2 + \left(z - \frac{r_0^2}{a}\right)^2\right]^{1/2}$.

Wird der Abstand a sehr groß, so werden die entsprechenden Abstände a' sehr klein werden. Im Mittelpunkt der Kugel bildet sich dann ein elektrischer Dipol aus den beiden Spiegelladungen aus. Für sehr große Abstände a wird das von den beiden äußeren Punktladungen gebildete Feld in ein homogenes Feld übergehen. Ferner reduzieren sich die Abstände R_1 bis R_4, falls Kugelkoordinaten nach Gl.(I.16.27) eingeführt werden, für sehr große Werte von a unter Vernachlässigung der quadratisch kleinen Terme auf:

$$R_1 = [x^2 + y^2 + z^2 + 2az + a^2]^{1/2} \approx a\left[1 + \frac{r}{a}\cos\vartheta\right],$$

$$R_2 = [x^2 + y^2 + z^2 - 2az + a^2]^{1/2} \approx a\left[1 - \frac{r}{a}\cos\vartheta\right],$$

$$R_3 = \left[x^2 + y^2 + z^2 + 2z\frac{r_0^2}{a} + \frac{r_0^4}{a^2}\right]^{1/2} \approx r\left[1 + \frac{r_0^2}{ra}\cos\vartheta\right],$$

$$R_4 = \left[x^2 + y^2 + z^2 - 2z\frac{r_0^2}{a} + \frac{r_0^4}{a^2}\right]^{1/2} \approx r\left[1 - \frac{r_0^2}{ra}\cos\vartheta\right].$$

Damit läßt sich das Potential der Anordnung näherungsweise als

$$\varphi(P) \approx \frac{Q}{4\pi\varepsilon_0}\left[\frac{1}{a + r\cos\vartheta} - \frac{1}{a - r\cos\vartheta} - \frac{r_0}{a}\frac{1}{r + \frac{r_0^2}{a}\cos\vartheta} + \frac{r_0}{a}\frac{1}{r - \frac{r_0^2}{a}\cos\vartheta}\right]$$

angeben. Das Potential setzt sich aus zwei Anteilen

$$\varphi(P) = \varphi_1(P) + \varphi_2(P)$$

mit

$$\varphi_1(P) \approx \frac{Q}{4\pi\varepsilon_0}\left[\frac{1}{a+r\cos\vartheta}-\frac{1}{a-r\cos\vartheta}\right] \approx -\frac{2Qr\cos\vartheta}{4\pi\varepsilon_0 a^2} = -\frac{2Q}{4\pi\varepsilon_0 a^2}z,$$

$$\varphi_2(P) \approx \frac{Qr_0}{4\pi\varepsilon_0 ar}\left[\frac{1}{1-\frac{r_0^2}{ar}\cos\vartheta}-\frac{1}{1+\frac{r_0^2}{ar}\cos\vartheta}\right] \approx \frac{2Qr_0^3}{4\pi\varepsilon_0 a^2 r^2}\cos\vartheta$$

zusammen. Während φ_1 das Potential eines konstanten (homogenen) elektrischen Feldes ist, läßt sich φ_2 auch als

$$\varphi_2(P) \approx \frac{2Qr_0^3}{4\pi\varepsilon_0 a^2}\frac{r\cos\vartheta}{r^3} = \frac{\vec{p}\cdot\vec{r}}{4\pi\varepsilon_0 r^3},$$

und damit als Potential eines elektrischen Dipols mit dem Dipolmoment

$$\vec{p} = \frac{2Qr_0^3}{a^2}\vec{e}_z = 2Q\frac{r_0}{a}\frac{r_0^2}{a}\vec{e}_z = -2Q'a'\vec{e}_z$$

schreiben (vgl. auch Aufgabe 7, Kap. III.8).

6. Aufgabe

Eine leitende Hohlkugel vom Radius r_0 ist halb mit einem dielektrischen Medium gefüllt. Eine Punktladung Q_1 ist auf der Normalen zur Grenzschicht Dielektrikum-Vakuum durch den Mittelpunkt der Kugel im Abstand $r_0/3$ oberhalb der Oberfläche des Dielektrikums angebracht. Man berechne das elektrische Feld im Bereich des Vakuums innerhalb der Kugel (Abb. 90).

Lösung
Die Aufgabe besteht aus zwei Einzelproblemen. Erstens müssen die Grenzbedingungen an der leitenden Oberfläche erfüllt werden. Außerdem müssen aber auch die Grenzbedingungen an der Grenzschicht Dielektrikum-Vakuum erfüllt werden. Um dies zu erreichen werden drei Spiegel- bzw. Scheinladungen eingeführt: Q_2 als Spiegelladung zu Q_1 an der leitenden Kugel. Q_3 als Spiegelladung an der Grenzschicht Vakuum-Dielektrikum und Q_4 schließlich als Spiegelladung zu Q_3 an der leitenden Kugel (vgl. auch Aufgabe 2 und 5 dieses Kapitels).
Damit ergibt sich für das Feld im Vakuum:

$$\varphi(P) = \frac{Q_1}{4\pi\varepsilon_0 R_1} + \frac{Q_2}{4\pi\varepsilon_0 R_2} + \frac{Q_3}{4\pi\varepsilon_0 R_3} + \frac{Q_4}{4\pi\varepsilon_0 R_4}.$$

III.11 Aufgaben zur Spiegelungsmethode

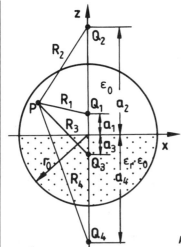

Abb. 90. Lage der Spiegelladungen

Der Abstand der Scheinladung Q_3 von der Grenzschicht Vakuum-Dielektrikum ist nach Aufgabe 2 dieses Kapitels gleich dem Abstand der Originalladung Q_1 von der Ebene, nämlich $r_0/3$. Die Abstände der Scheinladungen Q_2 und Q_4 vom Mittelpunkt der Kugel errechnen sich aus dem Spiegelungsgesetz (Kap. III.10):

$$a_2 = a_4 = \frac{r_0^2}{a_1} = \frac{r_0^2}{a_3} = 3\frac{r_0^2}{r_0} = 3r_0.$$

Die Größe der Ladung Q_2 ergibt sich ebenfalls aus den Spiegelungsgesetzen

$$\left(\frac{Q_1}{Q_2}\right)^2 = \frac{a_1}{a_2} = \frac{r_0}{3\cdot 3 r_0}, \qquad Q_2 = \underset{-}{(+)}\, 3Q_1.$$

Die Größe der Scheinladung Q_3 ergibt sich aus den Grenzbedingungen, wie in Aufgabe 2 dieses Kapitels beschrieben, zu:

$$Q_3 = \frac{1-\varepsilon_r}{1+\varepsilon_r} Q_1.$$

Damit folgt dann für die Scheinladung Q_4:

$$Q_4 = -3Q_3 = 3\frac{\varepsilon_r - 1}{\varepsilon_r + 1} Q_1.$$

Also lautet die Potentialfunktion für den Vakuumbereich der Kugel:

$$\varphi(P) = \frac{Q_1}{4\pi\varepsilon_0} \left[\frac{1}{R_1} - \frac{3}{R_2} + \frac{1-\varepsilon_r}{1+\varepsilon_r}\frac{1}{R_3} + 3\frac{\varepsilon_r - 1}{\varepsilon_r + 1}\frac{1}{R_4} \right]$$

mit den Abstandsgrößen:

$$R_1 = \left[x^2 + y^2 + \left(z - \frac{r_0}{3}\right)^2\right]^{1/2}, \qquad R_3 = \left[x^2 + y^2 + \left(z + \frac{r_0}{3}\right)^2\right]^{1/2},$$

$$R_2 = [x^2 + y^2 + (z - 3r_0)^2]^{1/2}, \qquad R_4 = [x^2 + y^2 + (z + 3r_0)^2]^{1/2}.$$

III.12
Kondensatoren

Zwei sich gegenüberstehende, beliebig gestaltete, gut leitende Elektroden werden als Kondensator bezeichnet. Wird von der Elektrode 2 eine Ladung $+Q$ abgenommen und auf die Elektrode 1 gebracht, so wird die Elektrode 1 auf $+Q$, die Elektrode 2 auf $-Q$ aufgeladen. Zwischen den Elektroden wird eine Spannung U als Potentialdifferenz $\varphi_1 - \varphi_2$ aufgebaut. Als Kapazität eines Kondensators wird der Quotient aus der auf einer Elektrode befindlichen Ladung und der dann zwischen den Elektroden liegenden Spannung U bezeichnet:

$$C = \frac{Q}{U} = \frac{\oint_A \vec{D} \cdot \vec{n} \, dA}{\int_1^2 \vec{E} \cdot d\vec{s}}. \tag{III.12.1}$$

Das Hüllenintegral über die elektrische Flußdichte wird über eine geschlossene Fläche integriert, die eine der beiden Elektroden einschließt (z.B. die positive Elektrode 1, Abb. 91). Das Linienintegral zur Berechnung der Spannung wird dann ausgehend von dieser Elektrode zur gegenüberliegenden Elektrode berechnet; der Integrationsweg ist dabei beliebig. Nach dieser Definition ist die Kapazität eine stets positive Größe, sie gibt an, wieviel Ladung auf eine der beiden Elektroden gebracht werden muß (und gleichzeitig von der anderen abgenommen werden muß), damit zwischen den Elektroden eine Spannung der Größe U auftritt. Die Kapazität ist ein von der Größe der Ladung und der Spannung unabhängiger Wert, der nur von den geometrischen Abmessungen und der Anordnung der Elektroden sowie dem Material zwischen den Elektroden abhängt.

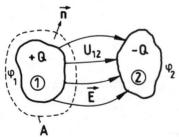

Abb. 91. Kondensator

III.12 Kondensatoren

Die Berechnung der Kapazität erfolgt im allgemeinen so, daß die Ladung auf den Elektroden als gegeben vorausgesetzt wird und das entstehende Feld zwischen den Elektroden als Folge dieser Ladungen berechnet wird. Das bedeutet, daß für den Raum zwischen den Elektroden die Laplacesche Differentialgleichung gelöst werden muß. Bei dieser Lösung müssen zusätzlich die Randbedingungen auf den leitenden Elektroden erfüllt werden. Die Berechnung der Kapazität ist also ein Randwertproblem, das für viele Fälle nicht analytisch lösbar ist. Für gewisse Spezialfälle hochgradig symmetrischer Elektrodenanordnungen ist aber eine Berechnung der Kapazität relativ einfach.

III.12.1
Die Maxwellschen Kapazitätskoeffizienten

Der Kapazitätsbegriff, der für zwei leitende Elektroden definiert wurde, soll auf ein System von n Elektroden im Raum erweitert werden (Abb. 92).

Wird vorausgesetzt, daß auf allen leitenden Elektroden die Ladungen Q_1, Q_2, ..., Q_n bekannt sind und daß auf einer Elektrode (z.B. auf der k-ten) das Potential bekannt ist (φ_k), dann folgt mit Hilfe des Eindeutigkeitsprinzips (siehe Kap. III.9), daß das elektrische Feld im gesamten Raumbereich eindeutig bestimmt ist.

Aufgrund der Linearität der Maxwellschen Gleichungen und aufgrund der angenommenen Linearität der Materialgleichungen (Gl.(II.13) bis (II.15)) läßt sich das Potential auf der k-ten Elektrode durch eine Linearkombination der Art

$$\varphi_1 = a_{11}Q_1 + a_{12}Q_2 + ... + a_{1i}Q_i + ... + a_{1n}Q_n,$$
$$\varphi_2 = a_{21}Q_1 + a_{22}Q_2 + ... + a_{2i}Q_i + ... + a_{2n}Q_n,$$
$$\vdots$$
$$\varphi_k = a_{k1}Q_1 + a_{k2}Q_2 + ... + a_{ki}Q_i + ... + a_{kn}Q_n, \quad (III.12.2)$$
$$\vdots$$
$$\varphi_n = a_{n1}Q_1 + a_{n2}Q_2 + ... + a_{ni}Q_i + ... + a_{nn}Q_n,$$

aus den Ladungen darstellen. Die Koeffizienten a_{ki} werden als die Maxwellschen Potentialkoeffizienten bezeichnet. Diese Koeffizienten sind nur von den geometrischen Anordnungen und Abmessungen der Elektroden sowie dem Material zwischen den Elektroden abhängig.

Soll das elektrische Feld im gesamten Raumbereich zwischen den Elektroden bestimmt werden, so kann wieder vom Überlagerungsprinzip Gebrauch gemacht werden. Entgegen den Überlegungen im Kap. III.6 muß hier aber

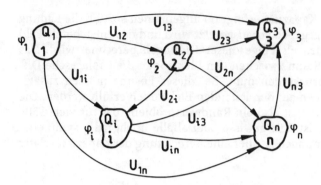

Abb. 92. Beliebige Anordnung von leitenden Elektroden

berücksichtigt werden, daß die die Ladungen tragenden Elektroden endliche Abmessungen besitzen. Damit müssen bei der Überlagerung nicht nur die Feldgleichungen

$$\Delta \varphi = 0 \qquad \text{(III.12.3)}$$

im Feldbereich, sondern auch die Grenzbedingungen für das Potential auf den Elektrodenoberflächen berücksichtigt werden. Es soll angenommen werden, daß es n Funktionen ϕ_i mit der Eigenschaft

$$\Delta \phi_i = 0 \qquad (i = 1, 2, \ldots, n)$$

im Raumbereich zwischen den Elektroden und

$$\phi_i = \begin{cases} \varphi_i & \text{auf der i-ten Elektrode} \\ 0 & \text{auf allen anderen Elektroden} \end{cases} \qquad \text{(III.12.4)}$$

gibt. Als Zusatzbedingung sei angenommen, daß die Funktionen ϕ_i und das Gesamtpotential φ im unendlich fernen Punkt verschwinden. Sind diese Voraussetzungen erfüllt, so läßt sich das Gesamtpotential φ im Feldbereich V als Überlagerung der Einzelpotentiale ϕ_i angeben:

$$\varphi = \sum_{i=1}^{n} \phi_i. \qquad \text{(III.12.5)}$$

Dabei werden sowohl die Feldgleichungen als auch die Randbedingungen vom Gesamtpotential immer erfüllt.

Um die k-te Elektrode wird eine geschlossene Integrationshülle A_k gelegt und die auf der Elektrode befindliche Ladung Q_k aus

$$Q_k = \oiint_{A_K} \vec{D} \cdot \vec{n} dA = -\varepsilon \oiint_{A_k} \text{grad} \varphi \cdot \vec{n} dA = -\varepsilon \oiint_{A_k} \sum_{i=1}^{n} \text{grad} \phi_i \cdot \vec{n} dA,$$

$$Q_k = -\varepsilon \sum_{i=1}^{n} \oiint_{A_k} \frac{\partial \phi_i}{\partial n} dA \qquad \text{(III.12.6)}$$

III.12 Kondensatoren

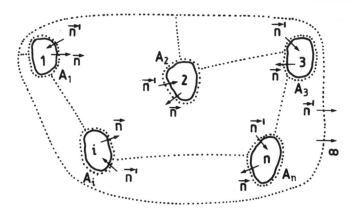

Abb. 93. Integrationsbereich

berechnet, wobei der Flächennormalen-Einheitsvektor $\vec{n}$ aus den Elektrodenbereichen heraus weist (Abb. 93). Das bedeutet, für die Abhängigkeit der Ladung vom Potential kann durch Inversion von Gl.(III.12.2) ein Gleichungssystem der Form

$$Q_1 = c_{11}\varphi_1 + c_{12}\varphi_2 + \ldots + c_{1i}\varphi_i + \ldots + c_{1n}\varphi_n,$$
$$Q_2 = c_{21}\varphi_1 + c_{22}\varphi_2 + \ldots + c_{2i}\varphi_i + \ldots + c_{2n}\varphi_n,$$
$$\vdots$$
$$Q_k = c_{k1}\varphi_1 + c_{k2}\varphi_2 + \ldots + c_{ki}\varphi_i + \ldots + c_{kn}\varphi_n,$$
$$\vdots$$
$$Q_n = c_{n1}\varphi_1 + c_{n2}\varphi_2 + \ldots + c_{ni}\varphi_i + \ldots + c_{nn}\varphi_n$$

(III.12.7)

angegeben werden. Die Koeffizienten c_{ki} werden als Maxwellsche Kapazitätskoeffizienten bezeichnet und berechnen sich nach Gl. (III.12.6) aus

$$c_{ki} = -\frac{\varepsilon}{\varphi_i} \oint_{A_k} \frac{\partial \phi_i}{\partial n} dA.$$

(III.12.8)

Ein Vergleich des Gleichungssystems (III.12.2) und (III.12.7) zeigt, daß die Systemmatrix $\overleftrightarrow{a}_{ki}$ der Gl. (III.12.2) die reziproke Matrix der Systemmatrix $\overleftrightarrow{c}_{ki}$ der Gl.(III.12.7) ist. Es soll nachgewiesen werden, daß die Systemmatrix $\overleftrightarrow{c}_{ki}$, damit aber auch $\overleftrightarrow{a}_{ki}$, eine symmetrische Matrix ist, daß also $c_{ki} = c_{ik}$ ist.

Mit Hilfe der Vektoridentität (I.15.10) und des Gaußschen Satzes (I.10.4) läßt sich zeigen, daß für zwei skalare Funktionen ϕ_k und ϕ_i der Zusammenhang

$$\iiint_V \operatorname{div}(\phi_k \operatorname{grad}\phi_i)\,dV = \oiint_A \phi_k \operatorname{grad}\phi_i \cdot \vec{n}'\,dA =$$
$$= \iiint_V (\phi_k \Delta\phi_i + \operatorname{grad}\phi_k \cdot \operatorname{grad}\phi_i)\,dV \qquad (III.12.9)$$

gilt. A ist die Fläche, die das Volumen V berandet; $\vec{n}'$ ist der aus dem Volumenbereich V herausweisende Flächennormalen-Einheitsvektor der Fläche A. Ist ϕ_i eine Potentialfunktion, die der Gl. (III.12.4) genügt, so verschwindet der erste Term des Volumenintegrals auf der rechten Seite und es gilt:

$$\oiint_A \phi_k \operatorname{grad}\phi_i \cdot \vec{n}'\,dA = \iiint_V \operatorname{grad}\phi_k \cdot \operatorname{grad}\phi_i\,dV. \qquad (III.12.10)$$

Die beiden Funktionen ϕ_k und ϕ_i seien Lösungen des Randwertproblems, das durch die Gl. (III.12.4) beschrieben wird. Wird das Volumenintegral der Gl. (III.12.10) über das gesamte Feldvolumen V (Abb. 93) gebildet, so muß als äußere Integrationsfläche A eine Hülle mit unendlich großem Radius gewählt werden. Der Flächennormalen-Vektor $\vec{n}'$ weist nach Definition des Gaußschen Satzes (Gl. (I.10.4)) aus dem Volumenbereich heraus, damit aber ins Innere der Elektrodenbereiche. Im unendlich fernen Punkt verhalten sich die von den geladenen Elektroden erzeugten einzelnen Felder wie die Felder von Punktladungen, das Gesamt-Potential klingt mindestens wie $1/r$, die Feldstärke mindestens wie $1/r^2$ ab. Da aber die Integrationsfläche nur wie r^2 mit dem Abstand wächst, verschwindet das Hüllenintegral in Gl. (III.12.10) über die äußere, unendlich ausgedehnte Integrationsfläche. Das linke Integral der Gl. (III.12.10) ist also nur noch über die Elektrodenoberflächen zu erstrecken:

$$\oiint_A \phi_k \operatorname{grad}\phi_i \cdot \vec{n}'\,dA = \sum_{j=1}^{n} \oiint_{A_j} \phi_k \operatorname{grad}\phi_i \cdot \vec{n}'\,dA = \varphi_k \oiint_{A_k} \operatorname{grad}\phi_i \cdot \vec{n}'\,dA. \qquad (III.12.11)$$

Die Summation über die einzelnen Elektrodenoberflächen ergibt wegen der Bedingung (III.12.4) nur einen Term für $j = k$, auf der k-ten Elektrode gilt $\phi_k = \varphi_k$. Das Integral über die Fläche A_k läßt sich mit Hilfe von Gl. (III.12.8) durch

$$\varphi_k \oiint_{A_k} \frac{\partial \phi_i}{\partial n}\,dA = -\frac{\varphi_k \varphi_i}{\varepsilon} c_{ki} \qquad (III.12.12)$$

ersetzen. Wird die Richtung des Flächennormalenvektors $\vec{n}$ durch die des Normalenvektors $\vec{n}'$ nach Abb. 93 ersetzt, so ergibt sich ein Wechsel des Vorzeichens. Das heißt nach Gl. (III.12.10), daß

$$c_{ki} = \frac{\varepsilon}{\varphi_k \varphi_i} \iiint_V \operatorname{grad}\phi_k \cdot \operatorname{grad}\phi_i\,dV = c_{ik} \qquad (III.12.13)$$

ist. Der Ausdruck ist symmetrisch in k und i, so daß die Beziehung $c_{ki} = c_{ik}$ gilt, d.h. die Systemmatrix des Gleichungssystems (III.12.7) ist symmetrisch.

Werden die Beziehungen

$$C_{ki} = - c_{ki} \qquad i \neq k \qquad (III.12.14)$$

und

$$C_{kk} = c_{k1} + c_{k2} + \ldots + c_{kn} = \sum_{i=1}^{n} c_{ki} \qquad (III.12.15)$$

eingeführt, so kann Gl. (III.12.7) als

$$Q_1 = C_{11}\varphi_1 + C_{12}(\varphi_1 - \varphi_2) + \ldots + C_{1n}(\varphi_1 - \varphi_n),$$
$$Q_2 = C_{21}(\varphi_2 - \varphi_1) + C_{22}\varphi_2 + \ldots + C_{2n}(\varphi_2 - \varphi_n),$$
$$\vdots$$
$$Q_k = C_{k1}(\varphi_k - \varphi_1) + C_{k2}(\varphi_k - \varphi_2) + \ldots + C_{kn}(\varphi_k - \varphi_n),$$
$$\vdots$$
$$Q_n = C_{n1}(\varphi_n - \varphi_1) + C_{n2}(\varphi_n - \varphi_2) + \ldots + C_{nn}\varphi_n \qquad (III.12.16)$$

geschrieben werden. Da die in den Klammern auftretenden Potentialdifferenzen die Spannungen zwischen den einzelnen Elektroden sind, können die Koeffizienten C_{ki} als Teilkapazitäten zwischen den Elektroden interpretiert werden.

Das heißt, die Teilkapazitäten C_{ki} sind gleich den negativen Maxwellschen Kapazitätskoeffizienten c_{ki}. Die Koeffizienten C_{kk} können als Kapazität zwischen der k-ten Elektrode und dem unendlich fernen Punkt (dort galt $\varphi = 0$, so daß $\varphi_k - \varphi = \varphi_k$ ist) interpretiert werden. Die Funktion des unendlich fernen Punkts kann von der Erde übernommen werden, falls dort $\varphi = 0$ definiert wird.

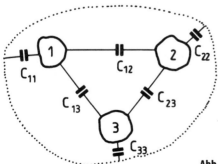

Abb. 94. Teilkapazitäten zwischen den Elektroden

III.12.2
Aufgaben über Kondensatoren

1. Aufgabe

Gegeben sind n Kondensatoren mit den Kapazitäten $C_1, C_2, \ldots, C_n$, die zusammengeschaltet werden sollen. Gesucht ist die Gesamtkapazität der Zusammenschaltung, wenn die Kondensatoren a. in Reihe und b. parallel geschaltet werden.

Lösung
a. Die Kondensatoren werden in Reihe geschaltet. Die Gesamtkapazität der Zusammenschaltung ist gleich der Ladung auf den Elektroden dividiert durch die Spannung U an den Klemmen der Schaltung

$$C = \frac{Q}{U}.$$

Die Spannung U ist gleich der Summe der Einzelspannungen U_k an den Einzelkondensatoren:

$$U = U_1 + U_2 + \ldots + U_n = \sum_{k=1}^{n} U_k.$$

Auf den Kondensatoren befindet sich jeweils die Ladung

$$Q = Q_1 = Q_2 = \ldots = Q_k = \ldots = Q_n.$$

Damit gilt:

$$\frac{1}{C} = \frac{U}{Q} = \frac{\sum_{k=1}^{n} U_k}{Q} = \sum_{k=1}^{n} \frac{U_k}{Q_k}.$$

Nun ist der Quotient

$$C_k = \frac{Q_k}{U_k}$$

gerade gleich der Einzelkapazität C_k, so daß für die Reihenschaltung der Kondensatoren eine Gesamtkapazität

$$C = \frac{1}{\sum_{k=1}^{n} \frac{1}{C_k}}$$

berechnet werden kann.

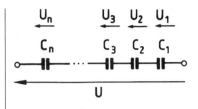

Abb. 95. Reihenschaltung von n Kondensatoren

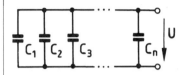

Abb. 96. Parallelschaltung von n Kondensatoren

b. Werden die Einzelkapazitäten parallel geschaltet, liegt an allen Kondensatoren die gleiche Spannung U:

$$U = U_1 = U_2 = \ldots = U_k = \ldots = U_n.$$

Die gesamte, in den Kondensatoren gespeicherte Ladung beträgt:

$$Q = Q_1 + Q_2 + \ldots + Q_n = \sum_{k=1}^{n} Q_k.$$

Damit ergibt sich für die Gesamtkapazität der Zusammenhang:

$$C = \frac{Q}{U} = \frac{1}{U} \sum_{k=1}^{n} Q_k = \sum_{k=1}^{n} \frac{Q_k}{U_k} = \sum_{k=1}^{n} C_k, \qquad C = \sum_{k=1}^{n} C_k.$$

Werden die Kondensatoren parallel geschaltet, so addieren sich die Kapazitäten.

2. Aufgabe

Gegeben ist ein ebener Plattenkondensator mit den folgenden Eigenschaften:

a. Das Dielektrikum des Kondensators ist parallel zu den Elektrodenflächen geschichtet. Die Schichten besitzen die Dicken d_i und die Permittivitäten ε_i $(i = 1, 2, \ldots, n)$. Die Elektrodenfläche sei gleich A_0, auf den Elektrodenflächen sei die Flächenladungsdichte σ bekannt.
b. Das Dielektrikum ist senkrecht zu den Elektrodenflächen geschichtet. Die einzelnen Schichten sind Zylinder mit den Querschnittsflächen A_i und den Permittivitäten ε_i $(i = 1, 2, \ldots, n)$. Die Elektrodenfläche sei gleich A_0. Zwischen den Elektrodenflächen liegt eine Spannung U als Potentialdifferenz der Potentiale φ_1 and φ_2 der Elektroden. Der Elektrodenabstand sei a.

Gesucht sind der Verlauf der elektrischen Flußdichte und der elektrischen Feldstärke im Innern des Plattenkondensators, sowie die Kapazität des Kondensators.

Lösung

a. Zur Berechnung des gestellten Problems sollen folgende Voraussetzungen gemacht werden: Der Plattenkondensator wird als ideal angesehen. Das heißt, es wird angenommen, daß der Feldbereich auf das Volumen zwischen den Elektroden (das ist das Volumen mit dem Querschnitt A_0 und der Länge des Elektrodenabstands a) begrenzt ist. Innerhalb dieses Volumens habe das Feld auf Grund der planparallelen Anordnung der Elektroden nur eine Feldkomponente $\vec{D} = D\vec{e}_x$ senkrecht zur Elektrodenoberfläche, in den einzelnen Dielektrikaschichten sei der Absolutbetrag des Feldes jeweils konstant. Außerhalb des Volumens, das sich zwischen den Elektrodenflächen befindet, werde das Feld zu null angenommen. Das heißt, ein eventuell auftretendes Streufeld am Rand des Plattenquerschnitts wird nicht berücksichtigt.

Wird unter Berücksichtigung dieser Voraussetzungen das Flußintegral

$$\oint_A \vec{D} \cdot \vec{n}\, dA = \oint_A D\, dA = D \oint_A dA = D A_0 = Q$$

über die geschlossene Fläche A (Abb. 97) ausgewertet, so gilt:

$$\oint_A \vec{D} \cdot \vec{n}\, dA = D A_0 = Q.$$

Das heißt, auf der Innenseite der Elektrode befindet sich die Ladung pro Flächeneinheit

$$\sigma = D = \frac{Q}{A_0}.$$

An den Grenzschichten zwischen den einzelnen Dielektrika müssen die Grenzbedingungen für die elektrische Flußdichte und die elektrische Feldstärke erfüllt werden. Da die Felder senkrecht auf den Grenzflächen stehen, bleibt die Bedingung zu erfüllen, daß die Normalkomponente

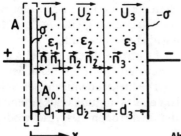

Abb. 97. Parallelgeschichteter Plattenkondensator

III.12 Kondensatoren

der elektrischen Flußdichte, das ist aber die Flußdichte selbst, stetig sein muß. Im gesamten Feldbereich existiert also ein homogenes Feld der elektrischen Flußdichte:

$$\vec{D}_1 \cdot \vec{n}_1 = \vec{D}_2 \cdot \vec{n}_2 = \ldots = \vec{D}_i \cdot \vec{n}_i = \ldots = \vec{D}_n \cdot \vec{n}_n,$$

$$|\vec{D}_1| = |\vec{D}_2| = \ldots = |\vec{D}_i| = \ldots = |\vec{D}_n|.$$

Das heißt, die elektrische Flußdichte in der i-ten Schicht ist:

$$\vec{D}_i = \vec{D} = \frac{Q}{A_0}\vec{e}_x = \sigma \vec{e}_x.$$

Die elektrische Feldstärke in der i-ten Schicht ergibt sich dann mit $\varepsilon = \varepsilon_i$ aus:

$$\vec{E}_i = \frac{\vec{D}_i}{\varepsilon_i} = \frac{Q}{A_0 \varepsilon_i}\vec{e}_x = \frac{\sigma}{\varepsilon_i}\vec{e}_x = E_i \vec{e}_x.$$

Zwischen den Elektroden liegt die Spannung U, die sich aus den Einzelspannungen über die verschiedenen Schichten,

$$U = \int_1^2 \vec{E} \cdot d\vec{s} = \sum_{i=1}^{n} U_i, \qquad U = \sum_{i=1}^{n} E_i d_i$$

berechnet. Wird in dieser Gleichung für die Spannung der Betrag der elektrischen Feldstärke in der i-ten Schicht durch den Betrag der zugehörigen elektrischen Flußdichte D_i ersetzt, so gilt:

$$U = \sum_{i=1}^{n} \frac{D_i}{\varepsilon_i} d_i = D \sum_{i=1}^{n} \frac{d_i}{\varepsilon_i} = \frac{Q}{A_0} \sum_{i=1}^{n} \frac{d_i}{\varepsilon_i}.$$

Die gesuchte Kapazität ist der Quotient aus der Ladung auf einer Elektrode und der Spannung zwischen den Elektroden,

$$C = \frac{Q}{U} = \frac{A_0}{\sum_{i=1}^{n} \frac{d_i}{\varepsilon_i}}.$$

Die Kapazität entspricht der Kapazität aus der Reihenschaltung von n Kondensatoren mit den Einzelkapazitäten

$$C_i = \frac{\varepsilon_i A_0}{d_i}.$$

b. Der Kondensator wird wieder als ideal angesehen. Im betrachteten Fall des Kondensators mit längsgeschichtetem Dielektrikum sieht die Feldverteilung im Innern des Kondensators anders aus. Auf Grund der Grenzbedingung für die Tangentialkomponente der elektrischen Feldstärke gilt, daß in allen Schichten die elektrische Feldstärke gleich groß ist.

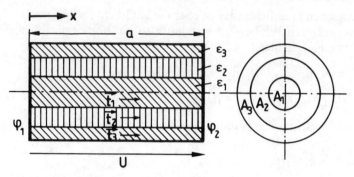

Abb. 98. Längsgeschichteter Plattenkondensator

Dabei wird wieder vorausgesetzt, daß aufgrund der Elektrodenanordnung die Felder jeweils senkrecht auf den Elektroden stehen und damit parallel zu den Grenzschichten verlaufen.

$$\vec{E}_1 \cdot \vec{t}_1 = \vec{E}_2 \cdot \vec{t}_2 = \ldots = \vec{E}_i \cdot \vec{t}_i = \ldots = \vec{E}_n \cdot \vec{t}_n,$$

$$\vec{E}_i = E_i \vec{e}_x, \qquad i = 1, \ldots, n$$

$$E_1 = E_2 = \ldots = E_i = \ldots = E_n = E.$$

Dann gilt für die Spannung zwischen den Elektroden:

$$U = \varphi_1 - \varphi_2 = \int_0^a \vec{E} \cdot d\vec{s} = \int_0^a E\, dx = Ea.$$

Das heißt, der Absolutbetrag der Feldstärke bestimmt sich aus:

$$E = \frac{U}{a} = \frac{\varphi_1 - \varphi_2}{a}.$$

$$\vec{E} = \frac{\varphi_1 - \varphi_2}{a} \vec{e}_x.$$

Die elektrische Flußdichte ist in den einzelnen Schichten verschieden groß:

$$\vec{D}_i = \varepsilon_i \vec{E} = \varepsilon_i \frac{\varphi_1 - \varphi_2}{a} \vec{e}_x.$$

Aus der Definitionsgleichung der Kapazität (Gl. (III.12.1)) und aus den Feldgrößen ergibt sich dann:

$$C = \frac{Q}{U} = \frac{\oiint_A \vec{D} \cdot \vec{n}\, dA}{\int_1^2 \vec{E} \cdot d\vec{s}} = \frac{\iint_{A_1} \vec{D}_1 \cdot \vec{n}_1 dA + \iint_{A_2} \vec{D}_2 \cdot \vec{n}_2 dA + \ldots + \iint_{A_n} \vec{D}_n \cdot \vec{n}_n dA}{Ea}.$$

Das Integral über die geschlossene Fläche A, die eine Elektrode einhüllt, geht in die Summe der Flächenintegrale über die offenen Flächen $A_i (i = 1, 2, \ldots, n)$ über, da im Volumenbereich außerhalb des Kondensators das Feld verschwindet.

$$C = \frac{\varepsilon_1 \iint_{A_1} \vec{E}_1 \cdot \vec{n}_1 dA + \varepsilon_2 \iint_{A_2} \vec{E}_2 \cdot \vec{n}_2 dA + \ldots + \varepsilon_n \iint_{A_n} \vec{E}_n \cdot \vec{n}_n dA}{Ea},$$

$$C = \frac{E \sum_{i=1}^{n} \varepsilon_i A_i}{Ea} = \frac{1}{a} \sum_{i=1}^{n} \varepsilon_i A_i.$$

Die Kapazität entspricht der Gesamtkapazität aus der Parallelschaltung von n Kondensatoren mit den Einzelkapazitäten:

$$C_i = \frac{\varepsilon_i A_i}{a}.$$

3. Aufgabe

Ein Drehkondensator sei ein Mehrplattenkondensator mit n gleichen Feldräumen zwischen den Platten und mit dem jeweils gleichen Plattenabstand d. In Abhängigkeit vom Eintauchwinkel α (Abb. 99) der Rotorflächen in das Stator-Plattenpaket besitzt der Drehkondensator die Kapazität

$$C(\alpha) = \frac{C_0}{2}(1 - \cos\alpha).$$

Man berechne die Form der Rotorfläche, d. h. ihren Radius $r(\alpha)$ (genannt Plattenschnitt) unter der Annahme eines homogenen Feldes zwischen den Elektroden (Vernachlässigung des Streufeldes). Durch welche Größe ist die Konstante C_0 bestimmt?

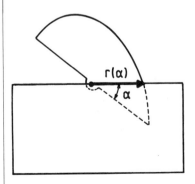

Abb. 99. Drehkondensator

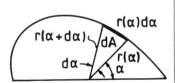

Abb. 100. Flächenelement

Lösung

Aus Abb. 100 läßt sich zunächst ein Flächenelement der Rotorfläche in Abhängigkeit vom Eintauchwinkel α bestimmen:

$$dA = \frac{1}{2} r^2(\alpha) d\alpha.$$

Hieraus errechnet sich der Flächeninhalt der zwischen den Statorflächen eingetauchten Rotorfläche (für einen Rotor) zu:

$$A(\alpha) = \frac{1}{2} \int_0^\alpha r^2(\alpha) d\alpha.$$

Der Kondensator wird als idealer Plattenkondensator angesehen, d.h. das auftretende Streufeld wird vernachlässigt. Der Kondensator besteht aus n parallel geschalteten Kapazitäten. Damit ergibt sich die Gesamtkapazität zu:

$$C(\alpha) = \frac{\varepsilon_0 n A(\alpha)}{d} = \frac{n \varepsilon_0}{2d} \int_0^\alpha r^2(\alpha) d\alpha.$$

Nach der gegebenen Aufgabenstellung ist aber $C(\alpha)$ ebenfalls durch

$$C(\alpha) = \frac{C_0}{2}(1 - \cos\alpha) = \frac{n\varepsilon_0}{2d} \int_0^\alpha r^2(\alpha) d\alpha.$$

bestimmt. Wird in diese Gleichung gerade der Eintauchwinkel $\alpha = \pi$ für volles Eintauchen des Rotors in den Stator eingesetzt, so ergibt sich für die Konstante C_0:

$$C(\alpha = \pi) = \frac{C_0}{2}(1 + 1) = C_0 = \frac{n\varepsilon_0}{2d} \int_0^\pi r^2(\alpha) d\alpha = \frac{n\varepsilon_0 A_0}{d}$$

mit

$$A_0 = \frac{1}{2} \int_0^\pi r^2(\alpha) d\alpha$$

der gesamten Fläche eines Rotors. C_0 ist also die Kapazität des Kondensators bei voll eingedrehtem Rotor, damit die maximal einstellbare Kapazität des Drehkondensators. Aus den oben stehenden Gleichungen läßt sich der Plattenschnitt $r(\alpha)$ durch Differentiation nach α bestimmen:

$$\frac{dC(\alpha)}{d\alpha} = \frac{n\varepsilon_0}{2d} r^2(\alpha), \qquad r(\alpha) = \sqrt{\frac{2d}{n\varepsilon_0}} \sqrt{\frac{dC(\alpha)}{d\alpha}}.$$

Wird hierein die Funktion C(α) nach der Aufgabenstellung eingesetzt, so gilt:

$$r(\alpha) = \sqrt{\frac{2d}{n\varepsilon_0}}\sqrt{\frac{C_0}{2}\sin\alpha} = \sqrt{\frac{2d}{n\varepsilon_0}}\sqrt{\frac{n\varepsilon_0}{2d}A_0\sin\alpha},$$

$$r(\alpha) = \sqrt{A_0\sin\alpha}$$

mit A_0 der gesamten Fläche eines Rotors.

4. Aufgabe

Gegeben ist ein Kugelkondensator mit dem Radius der Innenelektrode r_i, einem Innenradius der Außenelektrode r_a und einem homogenen, isotropen Medium (Dielektrikum) zwischen den Elektroden, das die Permittivität $\varepsilon_0\varepsilon_r$ besitzt. Zwischen den Elektroden liege eine Spannung U.

a. Gesucht ist der Verlauf der elektrischen Feldstärke in Abhängigkeit vom Radius r (Abstand des Aufpunktes vom Mittelpunkt der Kugel). Wie groß ist die Kapazität des Kondensators?
b. Gesucht ist die auftretende Maximalfeldstärke. Wie weit kann die Maximalfeldstärke durch Verändern des Innenradius des Kugelkondensators herabgesetzt werden?
c. Das Dielektrikum werde in zwei konzentrische Schichten aufgeteilt. Gesucht sind die Permittivitätszahl ε_{r2} der zweiten, äußeren Schicht ($r_1 \leq r \leq r_a$) sowie der Radius der Trennschicht r_1, falls die innere Schicht ($r_i \leq r \leq r_1$) die Permittivitätszahl $\varepsilon_{r1} = \varepsilon_r$ behält und die in den beiden Schichten auftretenden Maximal- und Minimalfeldstärken gleich groß sein sollen. Wie groß ist die Kapazität des Kondensators in diesem Fall?

Lösung

a. Das Feld zwischen den beiden Elektroden ist aus Symmetriegründen das radiale Feld einer Kugelladung mit der Ladung Q:

$$\vec{D} = \frac{Q}{4\pi r^3}\vec{r}, \qquad \vec{E} = \frac{Q}{4\pi\varepsilon_0\varepsilon_r r^3}\vec{r}.$$

Darin ist $\vec{r}$ der Radiusvektor vom Mittelpunkt der Kugel. Die Spannung zwischen den Elektroden ist gleich dem Linienintegral über die elektrische Feldstärke vom Innen- zum Außenradius:

$$U = \int_{r_i}^{r_a}\vec{E}\cdot d\vec{s} = \int_{r_i}^{r_a}\frac{Q}{4\pi\varepsilon_0\varepsilon_r r^3}\vec{r}\cdot d\vec{r} = \frac{Q}{4\pi\varepsilon_0\varepsilon_r}\int_{r_i}^{r_a}\frac{dr}{r^2},$$

$$U = \frac{Q}{4\pi\varepsilon_0\varepsilon_r}\frac{r_a - r_i}{r_a r_i}, \qquad Q = \frac{4\pi\varepsilon_0\varepsilon_r r_a r_i}{r_a - r_i}U.$$

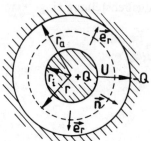

Abb. 101. Kugelkondensator

Ist die Ladung auf der Innenelektrode Q positiv, ist auch die Spannung U positiv, ist Q negativ, wird auch U negativ. Hieraus folgt zunächst die Kapazität C:

$$C = \frac{Q}{U} = \frac{4\pi\varepsilon_0 \varepsilon_r r_a r_i}{r_a - r_i}.$$

Wird der Zusammenhang zwischen der Spannung zwischen den Elektroden und der Ladung auf den Elektroden in die Gleichung für die elektrische Feldstärke eingeführt, so gilt:

$$\vec{E} = \frac{r_a r_i}{r_a - r_i} \frac{U}{r^3} \vec{r}; \qquad |\vec{E}| = \frac{r_a r_i}{r_a - r_i} \frac{|U|}{r^2}.$$

Abbildung 102 zeigt die Abhängigkeit der elektrischen Feldstärke vom Radius r.

b. Wie aus Abb. 102 sofort zu erkennen ist, tritt die maximale Feldstärke im Kondensator am Innenradius auf,

$$|\vec{E}|_{max} = \frac{r_i r_a}{r_a - r_i} \frac{|U|}{r_i^2} = \frac{r_a}{r_i(r_a - r_i)} |U|.$$

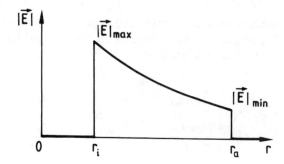

Abb. 102. Die elektrische Feldstärke über r

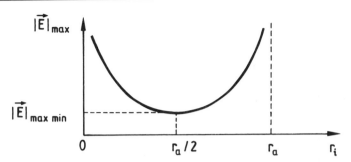

Abb. 103. Verlauf der maximalen Feldstärke als Funktion des Innenradius r_i

Das Minimum dieser maximalen Feldstärke in Abhängigkeit vom Innenradius r_i (bei festem Wert r_a) kann durch Differentiation nach r_i bestimmt werden:

$$\frac{d}{dr_i}|\vec{E}|_{max} = -\frac{r_a - r_i - r_i}{r_i^2(r_a - r_i)^2} r_a |U| \stackrel{!}{=} 0;$$

$$\left.\frac{d^2}{dr_i^2}|\vec{E}|_{max}\right|_{r_i = r_a/2} = +\frac{32|U|}{r_a^3} > 0.$$

Das heißt, die maximale Feldstärke hat für $r_i = r_a/2$ ein Minimum. Für $r_i = 0$ und $r_i = r_a$ besitzt die maximale Feldstärke eine Polstelle. Abbildung 103 zeigt den qualitativen Verlauf der maximalen Feldstärke als Funktion vom Innenradius r_i.

Der Betrag der maximalen Feldstärke für $r_i = r_a/2$, d.h. der minimale Wert der maximalen Feldstärke ist dann:

$$|\vec{E}|_{max,min} = \frac{2|U|}{r_i}.$$

c. Es wird angenommen, daß der Kondensator ein geschichtetes Dielektrikum zwischen den Elektroden mit n verschiedenen Schichten und n verschiedenen Permittivitäten besitzt (Abb. 104). Die Radien der Trennschichten werden laufend durchnumeriert, so daß $r_i = r_0$ und $r_a = r_n$ wird.

Da die elektrische Flußdichte rein radial ist, steht sie senkrecht auf den Grenzschichten. Unter Verwendung der Grenzbedingung (III.4.3) mit $\sigma = 0$ ist die elektrische Flußdichte an den Grenzschichten stetig. Für den Absolutbetrag der elektrischen Feldstärke in der j-ten Schicht berechnet sich:

$$|\vec{E}_j| = \frac{|\vec{D}_j|}{\varepsilon_0 \varepsilon_{rj}} = \frac{|Q|}{\varepsilon_0 \varepsilon_{rj} A_j}.$$

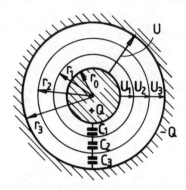

Abb. 104. Geschichteter Kugelkondensator

Hierin ist der Absolutbetrag der elektrischen Flußdichte nach

$$\oiint_{A_j} \vec{D} \cdot \vec{n}\, dA = |\vec{D}_j| \oiint_{A_j} dA = |\vec{D}_j| A_j = |Q|$$

durch

$$|\vec{D}_j| = \frac{|Q|}{A_j} = \frac{|Q|}{4\pi r_j^2}$$

ersetzt worden. A_j ist eine kugelförmige Integrationsfläche mit dem Radius r_j, wobei r_j gleichzeitig der Abstand des Aufpunktes vom Mittelpunkt des Kugelkondensators ist. Also gilt für die elektrische Feldstärke im Aufpunkt (Abstand r_j vom Mittelpunkt der Kugel):

$$|\vec{E}_j| = \frac{|Q|}{4\pi\varepsilon_0 \varepsilon_{rj} r_j^2}.$$

Aus dieser Gleichung ist ersichtlich, daß die elektrische Feldstärke an der Grenzschicht in ihrem Wert springt, da dort ε_{rj} seinen Wert ändert. Dagegen ist die elektrische Flußdichte $\vec{D}_j = \varepsilon_{rj}\vec{E}_j$ wie bereits oben erwähnt, im gesamten Feldbereich stetig.

Die Spannung U zwischen den Elektroden (Abb. 104) berechnet sich zu:

$$U = \int_{r_i}^{r_a} \vec{E} \cdot d\vec{s} = \frac{Q}{4\pi\varepsilon_0} \sum_{j=1}^{n} \int_{r_{j-1}}^{r_j} \frac{dr}{\varepsilon_{rj} r^2}$$

$$U = \frac{Q}{4\pi\varepsilon_0} \sum_{j=1}^{n} \frac{1}{\varepsilon_{rj}} \left(-\frac{1}{r}\right)_{r_{j-1}}^{r_j} = \frac{Q}{4\pi\varepsilon_0} \sum_{j=1}^{n} \frac{r_j - r_{j-1}}{\varepsilon_{rj} r_j r_{j-1}}.$$

III.12 Kondensatoren

Für die Kapazität des Kondensators gilt dann

$$C = \frac{Q}{U} = \frac{4\pi\varepsilon_0}{\sum_{j=1}^{n} \frac{r_j - r_{j-1}}{\varepsilon_{rj} r_j r_{j-1}}}.$$

Damit kann der Kugelkondensator als eine Reihenschaltung einzelner Kugelkondensatoren mit den Einzelkapazitäten

$$C_j = \frac{4\pi\varepsilon_0 \varepsilon_{rj} r_j r_{j-1}}{r_j - r_{j-1}}$$

aufgefaßt werden. Wird in der Gleichung für die elektrische Feldstärke die Ladung durch die Spannung ersetzt, so gilt:

$$|\vec{E}_j| = \frac{1}{\varepsilon_{rj} r_j^2} \frac{|U|}{\sum_{k=1}^{n} \frac{r_k - r_{k-1}}{\varepsilon_{rk} r_k r_{k-1}}}.$$

Sind, wie in der vorgegebenen Aufgabenstellung, nur zwei Schichten im Kondensator, so gilt:

$$|\vec{E}_j| = \frac{1}{\varepsilon_{rj} r_j^2} \frac{|U|}{\frac{r_1 - r_0}{\varepsilon_{r1} r_1 r_0} + \frac{r_2 - r_1}{\varepsilon_{r2} r_2 r_1}} = \frac{K}{\varepsilon_{rj} r_j^2}$$

mit $r_0 = r_i$ und $r_2 = r_a$. Die Größe K ist eine Konstante, die unabhängig vom Aufpunkt ist. Die maximalen Feldstärken treten in den einzelnen Schichten am Innenradius auf, sie sollen gleich groß sein:

$$\frac{K}{\varepsilon_{r1} r_0^2} = \frac{K}{\varepsilon_{r2} r_1^2}.$$

Die minimalen Feldstärken treten in den Schichten am Außenradius auf, auch sie sollen gleich groß sein:

$$\frac{K}{\varepsilon_{r1} r_1^2} = \frac{K}{\varepsilon_{r2} r_2^2}.$$

Werden beide Gleichungen durcheinander dividiert, so ergibt sich eine Bestimmungsgleichung für den unbekannten Radius r_1:

$$\frac{r_0^2}{r_1^2} = \frac{r_1^2}{r_2^2}, \qquad r_1^4 = r_0^2 r_2^2,$$

$$r_1 = \sqrt{r_0 r_2} = \sqrt{r_i r_a}.$$

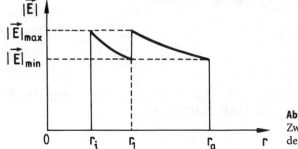

Abb. 105. Feldverlauf im Zweischichten-Kugelkondensator

Der Radius der Trennschicht ist gleich dem geometrischen Mittelwert aus dem Innen- und dem Außenradius des Kondensators. Für die Permittivitätszahlen ergibt sich mit oben stehenden Gleichungen der Zusammenhang:

$$\varepsilon_{r2} = \frac{\varepsilon_{r1} r_1^2}{r_2^2} = \varepsilon_{r1} \frac{r_0 r_2}{r_2^2} = \varepsilon_{r1} \frac{r_0}{r_2} = \varepsilon_{r1} \frac{r_i}{r_a}.$$

Die Kapazität des Zweischichtenkondensators wird:

$$C = \frac{4\pi\varepsilon_0}{\dfrac{r_1 - r_0}{\varepsilon_{r1} r_1 r_0} + \dfrac{r_2 - r_1}{\varepsilon_{r2} r_2 r_1}} = \frac{4\pi\varepsilon_0 \varepsilon_{r1} r_0 r_1}{r_2 - r_0}.$$

Der Feldverlauf der elektrischen Feldstärke ist in Abb. 105 qualitativ skizziert.

5. Aufgabe

Ein Kugelkondensator mit dem Innenradius r_i und dem Innenradius der Außenelektrode r_a ist zur Hälfte mit Luft, zur anderen Hälfte mit einem Stoff der Permittivität $\varepsilon = \varepsilon_0 \varepsilon_r$ gefüllt. Gesucht ist die elektrische Flußdichte und die elektrische Feldstärke des Feldes innerhalb des Kondensators, falls der Kondensator auf die Ladung Q aufgeladen ist. Wie groß ist die Kapazität des Kondensators?

Lösung

Die Ladung der Innenelektrode sei Q. Aus Symmetriegründen ist das Feld innerhalb des Kondensators rein radial. Damit verläuft das Feld tangential zur Grenzschicht zwischen Luft und Dielektrikum. Die Feldverteilung innerhalb des Kondensators wird also durch die Grenzbedingung für die tangentiale, elektrische Feldstärke bestimmt. Die elektrische Feldstärke

III.12 Kondensatoren

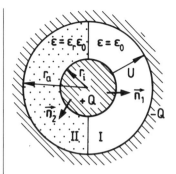

Abb. 106. Kugelkondensator mit geschichtetem Dielektrikum

muß an der Grenzschicht in beiden Volumenbereichen des Kondensators gleich groß sein,

$$\vec{E}_1 = \vec{E}_2 = \vec{E}.$$

Dann gilt für die elektrische Flußdichte, daß sie in den beiden Bereichen verschiedene Werte annimmt:

$$\vec{D}_1 = \varepsilon_0 \vec{E}, \qquad \vec{D}_2 = \varepsilon_0 \varepsilon_r \vec{E}.$$

Da aber auf den Elektrodenoberflächen der Absolutbetrag der elektrischen Flußdichte gleich der auf den Elektroden befindlichen Flächenladungsdichte ist (Grenzbedingung Gl. (III.4.3)), ist die Flächenladungsdichte auf den Elektroden in den beiden Bereichen verschieden groß. Damit speichern die beiden Hälften des Kondensators verschieden große Ladungen. Die gesamte, vom Kondensator gespeicherte Ladung Q wird aufgeteilt in eine Ladung Q_L, die im Kondensatorbereich mit Luftfüllung gespeichert wird, und in eine Ladung Q_D, die im Kondensatorbereich mit Dielektrikum gespeichert wird. Die Summe der beiden Ladungen ist gleich der Gesamtladung:

$$Q = Q_L + Q_D.$$

Ferner gilt für die Einzelbereiche: Das Flächenintegral über die elektrische Flußdichte in den einzelnen Bereichen ist gleich den einzelnen, in den Kondensatorbereichen gespeicherten Ladungen:

$$\iint_{A_1} \vec{D}_1 \cdot \vec{n}_1 \, dA = Q_L, \qquad \iint_{A_2} \vec{D}_2 \cdot \vec{n}_2 \, dA = Q_D.$$

Die Integrale sind über eine Halbkugel mit dem Radius r zu berechnen, durch die Schnittflächen tritt kein elektrischer Fluß; es gilt mit $\vec{D}_1 = D_1 \vec{e}_r$ und $\vec{D}_2 = D_2 \vec{e}_r$ sowie $\vec{E}_1 = E_1 \vec{e}_r, \vec{E}_2 = E_2 \vec{e}_r$,

$$\iint_{A_1} \vec{D}_1 \cdot \vec{n}_1 \, dA = D_1 \iint_{A_1} dA = D_1 2\pi r^2 = Q_L,$$

$$\iint_{A_2} \vec{D}_2 \cdot \vec{n}_2 \, dA = D_2 \iint_{A_2} dA = D_2 2\pi r^2 = Q_D.$$

$$D_1 = \frac{Q_L}{2\pi r^2}, \qquad E_1 = \frac{Q_L}{2\pi\varepsilon_0 r^2},$$

$$D_2 = \frac{Q_D}{2\pi r^2}, \qquad E_2 = \frac{Q_D}{2\pi\varepsilon_0 \varepsilon_r r^2}.$$

Da die Feldstärken in den beiden Kondensatorbereichen gleich groß sind, ergibt sich:

$$Q_L = \frac{Q_D}{\varepsilon_r}.$$

Ferner ist die Summe der Einzelladungen gleich der Gesamtladung Q:

$$Q = Q_L + Q_D = Q_D\left(\frac{1}{\varepsilon_r} + 1\right) = \frac{\varepsilon_r + 1}{\varepsilon_r} Q_D,$$

$$Q_D = \frac{\varepsilon_r}{\varepsilon_r + 1} Q, \qquad Q_L = \frac{1}{\varepsilon_r + 1} Q.$$

Damit läßt sich der Verlauf der elektrischen Feldstärke und der elektrischen Flußdichte angeben:

$$\vec{E} = \frac{Q}{2\pi\varepsilon_0(\varepsilon_r + 1) r^3} \vec{r},$$

$$\vec{D}_1 = \frac{Q}{2\pi(\varepsilon_r + 1) r^3} \vec{r}, \qquad \vec{D}_2 = \frac{Q}{2\pi\left(1 + \dfrac{1}{\varepsilon_r}\right) r^3} \vec{r}.$$

Zur Berechnung der Kapazität wird die Spannung zwischen den Kondensatorelektroden bestimmt:

$$U = \int_{r_i}^{r_a} \vec{E} \cdot d\vec{s} = \int_{r_i}^{r_a} \frac{Q}{2\pi\varepsilon_0(\varepsilon_r + 1)} \frac{dr}{r^2}.$$

Hieraus kann die Spannung in Abhängigkeit von der vorgegebenen Ladung, damit aber auch die Kapazität des Kondensators berechnet werden:

$$U = \frac{Q}{2\pi\varepsilon_0(\varepsilon_r + 1)} \frac{r_a - r_i}{r_a r_i}, \qquad C = \frac{Q}{U} = \frac{2\pi\varepsilon_0(\varepsilon_r + 1) r_a r_i}{r_a - r_i}.$$

III.12 Kondensatoren

6. Aufgabe

An einem konzentrischen Zylinderkondensator mit der Länge $\ell \gg \varrho_a$, ϱ_i (ϱ_a = Innenradius der Außenelektrode, ϱ_i = Radius der Innenelektrode) liegt die Spannung U.

a. Man berechne die elektrische Flußdichte, die elektrische Feldstärke und das Potential des Feldes innerhalb des Kondensators. Wie groß ist die Kapazität des Kondensators?

b. Wo tritt die maximale elektrische Feldstärke im Kondensator auf und wie groß ist sie?

c. Man skizziere die Abhängigkeit dieser maximalen Feldstärke vom Radius ϱ_i der Innenelektrode bei konstantem Radius ϱ_a und gegebener Spannung U:

$$|\vec{E}|_{max} = f(\varrho_i) \qquad \text{für } 0 \le \varrho_i \le \varrho_a = \text{const.}, \qquad U = \text{const.}$$

Man gebe die etwaigen Null- und Unendlichkeitsstellen sowie die Größe der Extrema von $|\vec{E}|_{max}$ an.

d. Das Dielektrikum des Kondensators setze sich aus drei Schichten zusammen, die durch folgende Halbmesser begrenzt sind:

Schicht I: $\varrho_0 = \varrho_i \le \varrho \le \varrho_1$,
Schicht II: $\varrho_1 \le \varrho \le \varrho_2$,
Schicht III: $\varrho_2 \le \varrho \le \varrho_3 = \varrho_a$.

Die Permittivitätszahlen der Schichten seien $\varepsilon_{r1} = 4$, $\varepsilon_{r2} = 1$, $\varepsilon_{r3} = 6$. Man skizziere die Abhängigkeit der elektrischen Feldstärke vom Radius für eine Spannung U = 50 kV und die Radien $\varrho_i = \varrho_0 = 10$ mm, $\varrho_1 = 15$ mm, $\varrho_2 = 60$ mm, $\varrho_3 = 80$ mm.

e. Wie ändert sich die Feldverteilung, falls die Schicht II durchgeschlagen (kurzgeschlossen) ist?

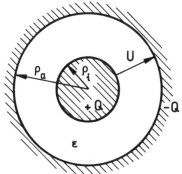

Abb. 107. Konzentrischer Zylinderkondensator

Lösung

a. Aus Symmetriegründen ist das Feld zwischen den Elektroden des Kondensators ein reines zylindersymmetrisches Radialfeld in der Transversalebene, das durch Gl. (III.5.2) beschrieben wird. Diese Annahme ist nur richtig, falls der Kondensator sehr lang ist und das an den Enden auftretende Streufeld keinen Einfluß auf die Feldverteilung im Mittelbereich hat. Für kurze Zylinderkondensatoren ist der Einfluß des Streufeldes sehr groß, das Feld im Innern des Kondensators kann dann nicht mehr als rein radial gerichtet angesehen werden. Unter der gemachten Voraussetzung $\ell \gg \varrho_a, \varrho_i$ gilt für die Felder im Raumbereich zwischen den Elektroden ($\varrho_i \leq \varrho \leq \varrho_a$):

$$\varphi = -\frac{Q}{2\pi\varepsilon\ell}\ln\varrho + C_1,$$

$$\vec{E} = \frac{Q}{2\pi\varepsilon\ell\varrho^2}\vec{\varrho}.$$

Mit Hilfe dieser Gleichungen kann der Zusammenhang zwischen der Spannung zwischen den Elektroden und der Ladung auf den Elektroden bestimmt werden:

$$U = \int_{\varrho_i}^{\varrho_a}\vec{E}\cdot d\vec{s} = \frac{Q}{2\pi\varepsilon\ell}\ln\varrho\Big|_{\varrho_i}^{\varrho_a} = \frac{Q}{2\pi\varepsilon\ell}\ln\frac{\varrho_a}{\varrho_i},$$

$$Q = \frac{U2\pi\varepsilon\ell}{\ln(\varrho_a/\varrho_i)}.$$

U ist positiv, wenn die Ladung Q auf der Innenelektrode positiv ist. Hieraus folgt zunächst die Kapazität des Kondensators als der Quotient aus der auf einer Elektrode befindlichen Ladung und der Spannung zwischen den Elektroden:

$$C = \frac{Q}{U} = \frac{2\pi\varepsilon\ell}{\ln(\varrho_a/\varrho_i)}.$$

Außerdem gilt für den Verlauf der elektrischen Feldstärke und der elektrischen Flußdichte sowie des Potentials im Feldbereich:

$$\vec{E} = \frac{U}{\ln(\varrho_a/\varrho_i)}\frac{\vec{\varrho}}{\varrho^2}, \qquad \vec{D} = \frac{\varepsilon U}{\ln(\varrho_a/\varrho_i)}\frac{\vec{\varrho}}{\varrho^2},$$

$$\varphi = -\frac{U}{\ln(\varrho_a/\varrho_i)}\ln\varrho + C_1.$$

Wird das Potential auf der Außenelektrode zu null angenommen, so kann die Konstante C_1 bestimmt werden:

$$C_1 = U\frac{\ln\varrho_a}{\ln(\varrho_a/\varrho_i)}.$$

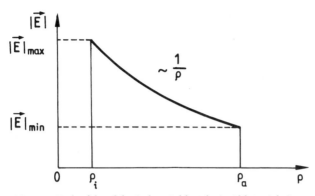

Abb. 108. Verlauf der elektrischen Feldstärke in Abhängigkeit vom Radius

Damit lautet die Potentialfunktion:

$$\varphi = U \frac{\ln(\varrho_a/\varrho)}{\ln(\varrho_a/\varrho_i)}.$$

b. Wie aus Abb. 108 sofort zu erkennen ist, tritt die maximale Feldstärke am Innenradius für $\varrho = \varrho_i$ auf:

$$|\vec{E}|_{max} = |\vec{E}(\varrho_i)| = \frac{|U|}{\varrho_i \ln(\varrho_a/\varrho_i)}.$$

c. Die maximale Feldstärke ist eine Funktion, die nur vom Innenradius ϱ_i abhängt, falls ϱ_a und die Spannung U konstant gehalten werden. Wie leicht zu erkennen ist, besitzt diese Funktion zwei Polstellen:

1) $\varrho_i \xrightarrow{\lim} 0 \, |\vec{E}|_{max} = \varrho_i \xrightarrow{\lim} 0 \, \frac{|U|}{\varrho_i \ln(\varrho_a/\varrho_i)} = +\infty,$

2) $\varrho_i \xrightarrow{\lim} \varrho_a \, |\vec{E}|_{max} = \varrho_i \xrightarrow{\lim} \varrho_a \, \frac{|U|}{\varrho_i \ln(\varrho_a/\varrho_i)} = +\infty.$

Eine Funktion, die für zwei endliche Werte der Veränderlichen ϱ_i den Wert „plus Unendlich" annimmt und stets positiv ist, besitzt notwendig zwischen diesen Polstellen ein Minimum. Zur Bestimmung der Lage des Minimums wird die Funktion differenziert:

$$\frac{d}{d\varrho_i}|\vec{E}|_{max} = \frac{d}{d\varrho_i}\frac{|U|}{\varrho_i \ln(\varrho_a/\varrho_i)} = |U|\frac{\frac{\varrho_i \varrho_a}{\varrho_a \varrho_i^2}\varrho_i - \ln\left(\frac{\varrho_a}{\varrho_i}\right)}{\varrho_i^2 \ln^2(\varrho_a/\varrho_i)} \overset{!}{=} 0,$$

$$\frac{d}{d\varrho_i}|\vec{E}|_{max} = |U|\frac{1 - \ln(\varrho_a/\varrho_i)}{\varrho_i^2 \ln^2(\varrho_a/\varrho_i)} \overset{!}{=} 0.$$

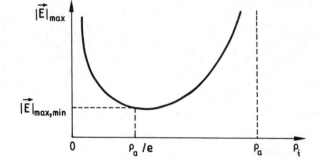

Abb. 109. Verlauf der maximalen Feldstärke über ϱ_i

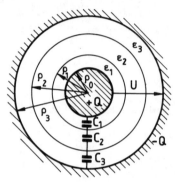

Abb. 110. Mehrschichtenkondensator

Damit ergibt sich die Bedingung für die Lage des Minimums:

$$\ln\left(\frac{\varrho_a}{\varrho_i}\right) = 1, \qquad \varrho_i = \frac{\varrho_a}{e}, \qquad e = 2{,}71 \ldots$$

Der Wert der maximalen Feldstärke an der Stelle $\varrho_i = \varrho_a/e$ beträgt:

$$|\vec{E}|_{\max,\min} = |U|/\varrho_i.$$

d. Wird das Dielektrikum des Kondensators aus mehreren Schichten mit verschiedenen Permittivitäten zusammengesetzt, so kann der Kondensator als Reihenschaltung mehrerer Einzelkondensatoren aufgefaßt werden (vgl. Aufgabe 4), deren Einzelkapazität durch

$$C_k = \frac{2\pi\varepsilon_0 \varepsilon_{rk} \ell_k}{\ln(\varrho_k/\varrho_{k-1})}$$

bestimmt wird. Dabei ist vorausgesetzt, daß im allgemeinen Fall sowohl die Permittivitätszahlen als auch die Längen und die Radien der einzelnen Kondensatorschichten verschieden groß sein können. ϱ_k ist der

Außenradius, ϱ_{k-1} der Innenradius des k-ten Einzelkondensators, falls die Radien fortlaufend von der Innenelektrode des ersten Kondensators ($\varrho_i = \varrho_0$) durchnumeriert werden. Bei der Berechnung der Kapazität des Kondensators mit geschichtetem Dielektrikum aus den Einzelkapazitäten verschiedener Zylinderkondensatoren wird ferner vorausgesetzt, daß trotz verschiedener Längen der Kondensatoren das Feld in allen Schichten und an allen Stellen immer rein radial verläuft. In diesem Sinn ist die durchgeführte Berechnung nur eine Näherung für die wirklich existierenden Feldverhältnisse.

Die Gesamtkapazität der Reihenschaltung der Einzelkapazitäten beträgt:

$$\frac{1}{C} = \sum_{k=1}^{N} \frac{1}{C_k},$$

$$C = \frac{2\pi\varepsilon_0}{\sum_{k=1}^{N} \frac{\ln(\varrho_k/\varrho_{k-1})}{\varepsilon_{rk}\ell_k}}.$$

N ist die Anzahl der auftretenden Schichten bzw. Einzelkapazitäten. Für die Feldstärke in der beliebigen, n-ten Schicht läßt sich der Ausdruck

$$|\vec{E}_n| = \frac{|\vec{D}_n|}{\varepsilon_0\varepsilon_{rn}} = \frac{|Q|}{\varepsilon_0\varepsilon_{rn}A_n} = \frac{C|U|}{\varepsilon_0\varepsilon_{rn}A_n}$$

angeben. Q ist die Gesamtladung der inneren Elektrode, A_n ist eine zylinderförmige, konzentrische Integrationsfläche in der n-ten Schicht mit dem Radius ϱ_n, die den Aufpunkt enthält:

$$A_n = 2\pi\varrho_n\ell_n.$$

Damit ergibt sich die Feldstärke im Aufpunkt mit dem Achsenabstand ϱ_n:

$$|\vec{E}_n| = \frac{C|U|}{2\pi\varepsilon_0\varepsilon_{rn}\varrho_n\ell_n} = \frac{1}{\varepsilon_{rn}\ell_n\varrho_n} \frac{|U|}{\sum_{k=1}^{N} \frac{\ln(\varrho_k/\varrho_{k-1})}{\varepsilon_{rk}\ell_k}}.$$

Für den hier betrachteten Fall, daß der Kondensator drei Schichten (N = 3) besitzt, gilt unter der Voraussetzung, daß die Einzelkondensatoren gleich lang sind ($\ell_k = \ell_n$):

$$|\vec{E}_n| = \frac{1}{\varrho_n\varepsilon_{rn}} \frac{|U|}{\frac{1}{\varepsilon_{r1}}\ln(\varrho_1/\varrho_0) + \frac{1}{\varepsilon_{r2}}\ln(\varrho_2/\varrho_1) + \frac{1}{\varepsilon_{r3}}\ln(\varrho_3/\varrho_2)}.$$

In Abb. 111 ist der Feldverlauf skizziert, der sich für die oben angegebenen Zahlenwerte der einzelnen Größen ergibt.

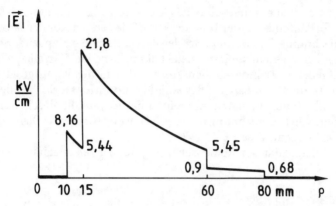

Abb. 111. Feldverlauf in den einzelnen Schichten des Zylinderkondensators

e. Schlägt die Luftschicht durch, so wird sie in der folgenden Zeit als kurzgeschlossen angesehen. Dann gilt für die elektrische Feldstärke in den verbleibenden Schichten:

$$|\vec{E}_n| = \frac{1}{\varrho_n \varepsilon_{rn}} \frac{|U|}{\frac{1}{\varepsilon_{r1}} \ln(\varrho_1/\varrho_0) + \frac{1}{\varepsilon_{r3}} \ln(\varrho_3/\varrho_2)}.$$

Der sich jetzt einstellende Feldverlauf ist in Abb. 112 skizziert. Es zeigt sich, daß die Feldstärke in den verbleibenden Schichten auf den zehnfachen Wert ihrer ursprünglichen Größe anwächst. Damit werden auch diese Schichten als Folge des Durchschlags der Luftschicht im Normalfall sofort durchschlagen.

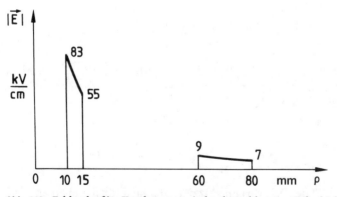

Abb. 112. Feldverlauf im Kondensator mit durchgeschlagener Luftschicht

III.12 Kondensatoren

7. Aufgabe

Eine Hochspannungs-Kondensatordurchführung besteht aus drei gleich dicken Schichten desselben Isoliermaterials. Der Halbmesser des Leiters, der durch eine Wand geführt werden soll (Abb. 113), beträgt ϱ_0, der Außenhalbmesser der Durchführung ϱ_3. Die Wand, durch die der Leiter geführt werden soll, ist von der Dicke ℓ_3. Die Länge der äußeren Schicht der Durchführung sei gleich der Dicke der Wand ℓ_3. Die Wirkung des auftretenden Streufeldes soll bei der Berechnung vernachlässigt werden.

a. Wie groß sind die Längen der Isolierschicht zu wählen, wenn die Höchstfeldstärken in den einzelnen Schichten gleich groß sein sollen?
b. Man berechne und zeichne den Verlauf der elektrischen Feldstärke in den einzelnen Schichten der Durchführung. Welchen Wert hat die Höchstfeldstärke?

Lösung

a. Die Durchführung wird als eine Reihenschaltung von Zylinderkondensatoren verschiedener Länge aufgefaßt. Für das Feld in der n-ten Isolierschicht eines solchen Zylinderkondensators wurde bereits in Aufgabe 6 dieses Kapitels der Ausdruck

$$|\vec{E}_n| = \frac{1}{\varrho_n \varepsilon_{rn} \ell_n} \frac{|U|}{\sum_{k=1}^{N} \frac{\ln(\varrho_k/\varrho_{k-1})}{\varepsilon_{rk}\ell_k}}$$

abgeleitet. Da die Permittivitätszahlen in allen Schichten gleich groß sind, und N = 3 (drei Schichten) ist, gilt:

$$|\vec{E}_n| = \frac{1}{\varrho_n \ell_n} \frac{|U|}{\sum_{k=1}^{3} \frac{\ln(\varrho_k/\varrho_{k-1})}{\ell_k}} = \frac{A}{\varrho_n \ell_n}.$$

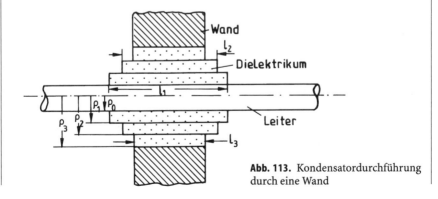

Abb. 113. Kondensatordurchführung durch eine Wand

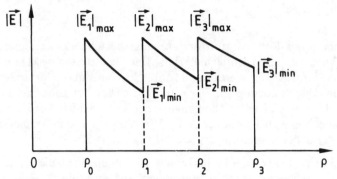

Abb. 114. Feldverlauf in der Durchführung

Die Größe

$$A = \frac{|U|}{\sum_{k=1}^{3} \frac{\ln(\varrho_k/\varrho_{k-1})}{\ell_k}}$$

ist eine Konstante, die sich in den drei Schichten nicht ändert. Die Maximalfeldstärken in den einzelnen Schichten sollen gleich groß sein. Die Maximalfeldstärken treten jeweils an den Innenflächen der einzelnen Schichten auf. Das heißt, es ist:

$$|\vec{E}_1|_{max} = \frac{A}{\varrho_0 \ell_1}, \qquad |\vec{E}_2|_{max} = \frac{A}{\varrho_1 \ell_2}, \qquad |\vec{E}_3|_{max} = \frac{A}{\varrho_2 \ell_3}.$$

Die Länge l_3 ist bekannt. Aus der Forderung nach gleichen Maximalfeldstärken lassen sich dann die unbekannten Längen berechnen:

$$\ell_1 = \frac{\varrho_2 \ell_3}{\varrho_0}, \qquad \ell_2 = \frac{\varrho_2 \ell_3}{\varrho_1}.$$

Der auftretende Feldstärkenverlauf läßt sich sofort aus der oben stehenden Gleichung entnehmen, er ist in Abb. 114 skizziert.

8. Aufgabe

Der innere Halbmesser der Isolierung eines koaxialen Hochspannungskabels beträgt ϱ_i, der äußere Halbmesser ϱ_a. Der Isolierstoff hat eine elektrische Festigkeit von E_0, das ist der Absolutbetrag der maximal zulässigen elektrischen Feldstärke.

a. Wie groß ist die Durchbruchspannung des Kabels?

b. Wie müßte sich, wenn es gelänge ε stetig veränderlich zu machen, die Permittivitätszahl der Isolierung mit dem Halbmesser ändern, damit die Feldstärke im Isoliermantel konstant bleibt?

c. Wie groß ist im Fall b die Durchbruchspannung, wenn die elektrische Festigkeit des Isoliermaterials wiederum E_0 beträgt?

Lösung

a. Das Kabel wird als Zylinderkondensator aufgefaßt. Nach Aufgabe 6a dieses Kapitels gilt für den Feldverlauf innerhalb des Kabels:

$$\vec{E} = \frac{Q}{2\pi\varepsilon_0\varepsilon_r \ell \varrho^2} \vec{\varrho} = \frac{U}{\varrho^2 \ln(\varrho_a/\varrho_i)} \vec{\varrho},$$

falls die Spannung U zwischen dem Innenleiter und dem Außenleiter des Kabels liegt und Q die auf der Innenelektrode der Länge ℓ vorhandene Ladung ist. Die Maximalfeldstärke tritt am Innenradius auf:

$$|\vec{E}|_{max} = \frac{|U|}{\varrho_i \ln(\varrho_a/\varrho_i)}.$$

Die maximale Feldstärke darf den Wert der elektrischen Festigkeit nicht überschreiten. Wird als Durchbruchspannung U_{Dbr} die Spannung zwischen den Elektroden definiert, für die die maximale Feldstärke im Kabel den Wert der elektrischen Festigkeit E_0 annimmt, dann gilt:

$$U_{Dbr} = \varrho_i |\vec{E}_0| \ln(\varrho_a/\varrho_i).$$

b. Aus dem Feldverlauf

$$|\vec{E}| = \frac{|Q|}{2\pi\varepsilon_0\varepsilon_r(\varrho)\ell\varrho}$$

läßt sich sofort entnehmen, daß für $\varepsilon_r(\varrho) = K/\varrho$ der Absolutbetrag der elektrischen Feldstärke $|\vec{E}|$ vom Radius ϱ unabhängig wird.

c. Für diesen Fall ergibt sich für die Durchbruchspannung:

$$U_{Dbr} = \int_{\varrho_i}^{\varrho_a} |\vec{E}_0| d\varrho = |\vec{E}_0|(\varrho_a - \varrho_i).$$

Das heißt, die Durchbruchspannung würde sich unter diesen Voraussetzungen erhöhen, das Kabel wäre mit einer größeren Spannung belastbar.

9. Aufgabe

Man berechne mit Hilfe des Spiegelungsprinzips die Kapazität eines exzentrischen Zylinderkondensators, dessen Zylinder die Radien a_1 and a_2 und die Exzentrizität e (Abb. 115), sowie die Länge ℓ haben.

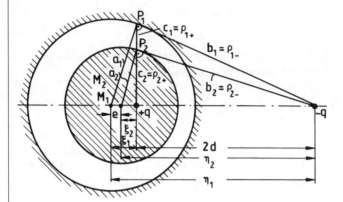

Abb. 115. Exzentrischer Zylinderkondensator

Lösung

Zur Berechnung der Kapazität soll von folgendem Gedankengang ausgegangen werden. Es werden zwei Linienladungen gesucht, so daß die Elektrodenoberflächen des gegebenen exzentrischen Zylinderkondensators mit zwei Äquipotentialflächen des sich ausbildenden elektrischen Feldes übereinstimmen. Der Feldverlauf ändert sich nicht, wenn die beiden Äquipotentialflächen durch zwei unendlich gut leitende Elektrodenflächen ersetzt werden. Aufgrund des Eindeutigkeitsprinzips (Kap. III.9) ist das gesuchte Feld zwischen den Elektroden des Kondensators mit dem Feld der beiden Linienladungen identisch. Es gilt also die Lage der beiden Linienladungen so zu bestimmen, daß die Elektrodenoberflächen Äquipotentialfächen in dem entstehenden Feld sind (s. a. Kap. III.11, Aufgabe 4). Ist q die (positive) Ladung pro Längeneinheit der beiden entgegengesetzt gleich geladenen Linienladungen, ferner φ_1 das Potential im Punkt P_1 und φ_2 das Potential im Punkt P_2 auf den Elektrodenoberflächen (Abb. 115) und $\varphi_2 > \varphi_1$, so berechnet sich die Kapazität aus:

$$C = \frac{Q}{U} = \frac{q\ell}{\varphi_2 - \varphi_1}.$$

Da das Potential der beiden Linienladungen durch

$$\varphi = -\frac{q}{2\pi\varepsilon}\ln\frac{\varrho_+}{\varrho_-} = -\frac{q}{2\pi\varepsilon}\ln\lambda$$

III.12 Kondensatoren

(Abb. 115) gegeben ist, läßt sich die Kapazität durch

$$C = \frac{2\pi\varepsilon\ell}{\ln(\lambda_1/\lambda_2)}, \qquad \lambda_1 = \frac{\varrho_{1+}}{\varrho_{1-}} = \frac{c_1}{b_1}, \qquad \lambda_2 = \frac{\varrho_{2+}}{\varrho_{2-}} = \frac{c_2}{b_2}$$

beschreiben. Die Größen λ_1 und λ_2 sind die Verhältnisse der Abstände ϱ_+/ϱ_- für die beiden Aufpunkte P_1 und P_2 auf den Kondensatorelektroden. Für die Spiegelung an zylinderförmigen Elektroden gelten die Beziehungen (Aufgabe 4, Kap. III.11):

$$a_1^2 = \xi_1\eta_1, \qquad a_2^2 = \xi_2\eta_2.$$

Aus diesen Gleichungen ergibt sich die folgende Interpretation: Werden die Aufpunkte P_1 und P_2 auf den Elektroden des Kondensators gerade so gewählt, daß die Abstandsstrecken b_1 und b_2 Tangenten an die den Elektroden entsprechenden Äquipotentialflächen bzw. Äquipotentiallinien in der Querschnittsebene sind, so bilden die x-Achse und jeweils die Strecken a_1, b_1 und a_2, b_2 ein rechtwinkliges Dreieck. Die oben stehenden Gleichungen entsprechen dann aber dem Kathetensatz in diesen rechtwinkligen Dreiecken, das heißt die Abstände ξ_1 und ξ_2 müssen die jeweiligen Höhenabschnitte in den rechtwinkligen Dreiecken sein. Damit liegt die Linienladung q auf dem Schnittpunkt von Höhe und Hypothenuse der rechtwinkligen Dreiecke. Aus den geometrischen Beziehungen im rechtwinkligen Dreieck lassen sich dann die folgenden Bedingungen ableiten (Kathetensatz für die zweite Kathete):

$$b_1^2 = \eta_1 2d, \qquad b_2^2 = \eta_2 2d$$

und (Höhensatz im rechtwinkligen Dreieck):

$$c_1^2 = \xi_1 2d, \qquad c_2^2 = \xi_2 2d.$$

Das heißt, es gilt:

$$\lambda_1^2 = \frac{\xi_1}{\eta_1}, \qquad \lambda_2^2 = \frac{\xi_2}{\eta_2}, \qquad a_1^2 = \frac{\xi_1^2}{\lambda_1^2}, \qquad a_2^2 = \frac{\xi_2^2}{\lambda_2^2},$$

$$a_1^2 = \eta_1^2 \lambda_1^2, \qquad a_2^2 = \eta_2^2 \lambda_2^2.$$

Werden für die Exzentrizität der beiden zylindrischen Elektroden mit Hilfe von Abb. 115 die Ausdrücke

$$e = \eta_1 - \eta_2, \qquad e = \xi_1 - \xi_2$$

geschrieben, so lassen sich hierin mit Hilfe der oben angegebenen Beziehungen die Größen η_1, η_2 und ξ_1, ξ_2 ersetzen und damit zwei Gleichungen für die gesuchten Größen λ_1 und λ_2 angeben,

$$\frac{a_1}{\lambda_1} - \frac{a_2}{\lambda_2} = e, \qquad a_1\lambda_1 - a_2\lambda_2 = e.$$

Aus diesen beiden Gleichungen ergeben sich dann die gesuchten Radienverhältnisse:

$$\lambda_1 = \frac{a_1^2 - a_2^2 + e^2}{2ea_1} \stackrel{-}{(+)} \frac{1}{2ea_1} \sqrt{(a_1^2 + e^2 - a_2^2)^2 - 4a_1^2 e^2},$$

$$\lambda_2 = \frac{a_1^2 - a_2^2 - e^2}{2ea_2} \stackrel{-}{(+)} \frac{1}{2ea_2} \sqrt{(a_1^2 - e^2 - a_2^2)^2 - 4a_2^2 e^2}.$$

Das negative Vorzeichen der Wurzeln bestimmt sich aus der Überlegung, daß im Grenzfall verschwindender Exzentrizität e, d. h. für einen konzentrischen Zylinderkondensator, die Radienverhältnisse null werden müssen, da die äußere Spiegelladung mit verschwindender Exzentrizität in den unendlich fernen Punkt wandert. Damit ist auch der Wert der Kapazität bestimmt:

$$C = \frac{2\pi\varepsilon\ell}{\ln\left\{\dfrac{a_1^2 - a_2^2 + e^2 - \sqrt{(a_1^2 + e^2 - a_2^2)^2 - 4a_1^2 e^2}}{a_1^2 - a_2^2 - e^2 - \sqrt{(a_1^2 - e^2 - a_2^2)^2 - 4a_2^2 e^2}} \dfrac{a_2}{a_1}\right\}}.$$

Wird Exzentrizität e gleich null, so ergibt sich wieder die Kapazität des konzentrischen Zylinderkondensators:

$$C = \frac{2\pi\varepsilon\ell}{\ln\left\{\dfrac{a_1}{a_2}\right\}}.$$

Die Richtigkeit dieses Ergebnisses als Grenzwert aus oben stehender Gleichung läßt sich am leichtesten zeigen, wenn berücksichtigt wird, daß aufgrund der Bestimmungsgleichungen für die Radienverhältnisse der Zusammenhang

$$\frac{a_2}{a_1} \frac{a_1^2 - a_2^2 + e^2 - \sqrt{(a_1^2 + e^2 - a_2^2)^2 - 4a_1^2 e^2}}{a_1^2 - a_2^2 - e^2 - \sqrt{(a_1^2 - e^2 - a_2^2)^2 - 4a_2^2 e^2}} =$$

$$= \frac{a_1}{a_2} \frac{a_1^2 - a_2^2 - e^2 + \sqrt{(a_1^2 - e^2 - a_2^2)^2 - 4a_2^2 e^2}}{a_1^2 - a_2^2 - e^2 + \sqrt{(a_1^2 + e^2 - a_2^2)^2 - 4a_1^2 e^2}}$$

gilt.

III.13
Der Energieinhalt des elektrostatischen Feldes

Es wird ein Raumgebiet, das mit Vakuum gefüllt ist, betrachtet. In dieses Raumgebiet sollen aus dem unendlich fernen Punkt Ladungen transportiert

III.13 Der Energieinhalt des elektrostatischen Feldes

werden. Ein solcher Ladungstransport widerspricht zunächt den Voraussetzungen, die für die Behandlung der elektrostatischen Felder gemacht wurden, da mit dem Ladungstransport ein Energietransport verknüpft ist. Es soll angenommen werden, daß bei allen vorgenommenen Ladungsbewegungen die Geschwindigkeit der einzelnen Ladungsträger derart klein ist, daß die auftretenden Feldverhältnisse als quasielektrostatisch angesehen werden können. Diese Annahmen sind insoweit zulässig, als nicht der Ladungstransport selbst, sondern nur der Endzustand der Ladungsbewegung betrachtet werden soll. Wird vorausgesetzt, daß beim Ladungstransport keine Energie in Form von Verlusten verloren geht, so gelten alle weiteren Überlegungen exakt. Unter Verlusten soll der Teil der Energie verstanden werden, der in eine andere Energieart (z.B. Wärme, magnetische Energie, Abstrahlung etc.) als die des elektrostatischen Feldes überführt wird.

Es sei vorausgesetzt, daß alle betrachteten Ladungen punktförmige Ladungen mit verschwindend kleinem Volumen und entsprechend kleiner Ladung sind, die ohne eine Arbeit zu leisten im unendlichen fernen Punkt zur Verfügung stehen (z.B. Elementarladungen). In einem raumladungsfreien und feldfreien Raumgebiet wird auf eine Ladung keine Kraft ausgeübt. Das bedeutet, daß beim Transport einer ersten Ladung Q_1 vom unendlich fernen Punkt an einen Lageort, der durch den Ortsvektor $\vec{r}_1$ in einem festgelegten Koordinatensystem beschrieben wird, keine Arbeit aufgewendet zu werden braucht:

$$A_1 = 0. \qquad (III.13.1)$$

Wird aber eine zweite Ladung Q_2 aus dem unendlich Fernen an den Lagepunkt mit dem Ortsvektor $\vec{r}_2$ gebracht, so muß gegen das Feld der ersten Ladung eine Arbeit geleistet werden. Die geleistete Arbeit berechnet sich dabei nach Gl. (III.3.16) aus der Ladung Q_2 und dem Potential des Feldes der Ladung Q_1 im Punkte $\vec{r}_2$, falls der unendlich ferne Punkt als Bezugspunkt aller Potentiale ($\varphi = 0$) gewählt wird. Das heißt, die zu leistende Arbeit errechnet sich aus

$$A_2 = Q_2 \varphi_2; \qquad \varphi_2 = \frac{Q_1}{4\pi\varepsilon_0 |\vec{r}_2 - \vec{r}_1|}. \qquad (III.13.2)$$

Die Arbeit wird als gegen das Feld zu leistende Arbeit positiv gezählt. Die in Gl. (III.3.16) angegebene Arbeit ist die vom Feld geleistete Arbeit, sie besitzt also das entgegengesetzte Vorzeichen.

Entsprechend den vorangegangenen Überlegungen muß beim Transport der dritten Ladung an den Punkt mit dem Ortsvektor $\vec{r}_3$ die Arbeit

$$A_3 = Q_3 \varphi_3; \qquad \varphi_3 = \frac{Q_1}{4\pi\varepsilon_0 |\vec{r}_3 - \vec{r}_1|} + \frac{Q_2}{4\pi\varepsilon_0 |\vec{r}_3 - \vec{r}_2|} \qquad (III.13.3)$$

aufgebracht werden. Das Potential im Punkt $\vec{r}_3$ läßt sich auf Grund der Gültigkeit des Überlagerungsprinzips (Kap. III.6) als Summe der beiden Einzelpotentiale der von den Punktladungen Q_1 und Q_2 erzeugten Felder darstellen.

Entsprechend läßt sich für die Arbeit, die zum Transport der i-ten Ladung an den Ort mit dem Ortsvektor $\vec{r}_i$ benötigt wird, der Ausdruck

$$A_i = Q_i \varphi_i ; \qquad \varphi_i = \sum_{j=1}^{i-1} \frac{Q_j}{4\pi\varepsilon_0 |\vec{r}_i - \vec{r}_j|} \qquad \text{(III.13.4)}$$

angeben.

Es wird angenommen, daß mit den aus dem Unendlichen in das betrachtete Raumgebiet transportierten Ladungen eine beliebige Ladungsverteilung aufgebaut werden soll. Unter der Voraussetzung, daß sich die gesamte Ladung, die in das Raumgebiet transportiert wird, aus n verschiedenen Einzelladungen zusammensetzt, die an n verschiedene Ortspunkte transportiert werden, ergibt sich die gesamte, zum Aufbau der Ladungsverteilung zu leistende Arbeit aus der Summe der Einzelarbeiten, die beim Transport der Einzelladungen aufzubringen sind:

$$A = \sum_{i=1}^{n} A_i = \sum_{i=1}^{n} Q_i \varphi_i = \sum_{i=1}^{n} \sum_{j=1}^{i-1} \frac{Q_i Q_j}{4\pi\varepsilon_0 |\vec{r}_i - \vec{r}_j|} . \qquad \text{(III.13.5)}$$

Die Summation erstreckt sich über alle i, zum andern über alle j mit der Nebenbedingung, daß j < i ist. Der Aufbau des Summanden in Gl. (III.13.5) ist in Bezug auf i und j symmetrisch, so daß die Summation in eine Doppelsumme über alle i und j umgewandelt werden kann.

$$A = \frac{1}{2} \sum_{i=1}^{n} \sum_{j=1}^{n} \frac{Q_i Q_j}{4\pi\varepsilon_0 |\vec{r}_i - \vec{r}_j|} \qquad i \neq j . \qquad \text{(III.13.6)}$$

Ausgeschlossen bleibt nur jeweils der Fall i = j, der eine singuläre Lösung liefern würde. Der Faktor 1/2 muß vor der Summe gesetzt werden, da bei Fallenlassen der Nebenbedingung j < i alle Elemente doppelt gezählt werden, was sich einfach zeigen läßt, wenn man die ersten Glieder der Reihen (III.13.5) und (III.13.6) schreibt. Es gilt:

$$A = \frac{Q_1 Q_2}{4\pi\varepsilon_0 |\vec{r}_2 - \vec{r}_1|} + \frac{Q_1 Q_3}{4\pi\varepsilon_0 |\vec{r}_3 - \vec{r}_1|} + \frac{Q_2 Q_3}{4\pi\varepsilon_0 |\vec{r}_3 - \vec{r}_2|} + \ldots, \qquad \text{(III.13.5a)}$$

$$A = \frac{1}{2} \left[\frac{Q_1 Q_2}{4\pi\varepsilon_0 |\vec{r}_2 - \vec{r}_1|} + \frac{Q_2 Q_1}{4\pi\varepsilon_0 |\vec{r}_1 - \vec{r}_2|} + \frac{Q_1 Q_3}{4\pi\varepsilon_0 |\vec{r}_3 - \vec{r}_1|} + \right.$$

$$\left. + \frac{Q_3 Q_1}{4\pi\varepsilon_0 |\vec{r}_1 - \vec{r}_3|} + \ldots \right] . \qquad \text{(III.13.6a)}$$

Die durch die Gl. (III.13.5) bzw. (III.13.6) beschriebene Arbeit muß aufgewendet werden, um eine Ladungsverteilung aus n verschiedenen Ladungen aufzubauen. Aufgrund der Existenz des Energieerhaltungssatzes muß die geleistete Arbeit als Energie gespeichert worden sein, da vorausgesetzt worden war, daß beim Ladungstransport keine Energie verloren gehen soll. Es gibt,

III.13 Der Energieinhalt des elektrostatischen Feldes

wie bereits in der Einleitung angedeutet, zwei verschiedene Betrachtungsweisen bei der Behandlung der elektrischen Erscheinungen, die Fernwirkungstheorie und die Nahewirkungstheorie. Die Fernwirkungstheorie betrachtet die Ladungen an ihrem endgültigen Lageort als Sitz der gespeicherten Energie. Die Nahewirkungstheorie dagegen, die eine Feldtheorie ist, faßt das elektrische Feld als Sitz der gespeicherten elektrischen Energie auf. Das heißt, die beim Aufbau der Ladungsverteilung aufgebrachte Arbeit wird als elektrostatische Energie im Feld der elektrischen Feldstärke gespeichert. Demnach ist diese im Feld der elektrischen Feldstärke gespeicherte Energie gleich der beim Aufbau der Ladungsverteilungen aufgebrachten Arbeit. Das heißt, die in den Gln. (III.13.5) und (III.13.6) berechnete Arbeit ist mit dem Energieinhalt des elektrischen Feldes gleichzusetzen,

$$W_{el} = A = \frac{1}{2} \sum_{i=1}^{n} \sum_{j=1}^{n} \frac{Q_i Q_j}{4\pi\varepsilon_0 |\vec{r}_i - \vec{r}_j|} \,. \tag{III.13.7}$$

Es soll versucht werden, die Ladungen in Gl. (III.13.7) durch die von den Ladungen erzeugten Felder zu ersetzen. Dazu wird angenommen, daß die Ladung Q_i im Punkt P_i durch ein Volumenelement dV, das den Punkt $\vec{r}_i$ enthält und die Raumladungsdichte ϱ einschließt, ersetzt wird. Eine entsprechende Annahme wird für die Ladung $Q_j (\varrho(\vec{r}_j) = \varrho'$, Volumenelement dV') gemacht. Hieraus folgt auch (siehe Anmerkung vorne), daß wegen der vorausgesetzten endlichen Raumladungsdichte und des verschwindend kleinen Volumens dieser Ladungen kein Arbeitsanteil bei der Berechnung des Energieinhalts berücksichtigt werden muß, der zum Aufbau der Einzelladungen benötigt wird. Dieser Arbeitsanteil ist hier null (vgl. a. Anmerkung 1, Aufgabe 1, Kap. III.14.1). Das heißt, es wird eingeführt:

$$\begin{aligned} Q_i &\triangleq dQ_i = \varrho(\vec{r}_i) dV = \varrho \, dV, \\ Q_j &\triangleq dQ_j = \varrho(\vec{r}_j) dV' = \varrho' \, dV' \,. \end{aligned} \tag{III.13.8}$$

Die Doppelsumme bei der Berechnung der gespeicherten Energie geht aufgrund der infinitesimal kleinen Ladungsanteile in eine Doppelintegration über den gesamten mit Raumladung erfüllten Raumbereich über,

$$W_{el} = \frac{1}{2} \iiint_V \iiint_{V'} \frac{\varrho \varrho' dV \, dV'}{4\pi\varepsilon_0 |\vec{r} - \vec{r}'|}, \tag{III.13.9}$$

wobei die Ortsvektoren $\vec{r}_i = \vec{r}$ und $\vec{r}_j = \vec{r}'$ gesetzt wurden. Nun sind aber die Raumladungen die Quellen des elektrischen Feldes, das sich aufbaut, und zwar ruft eine Raumladungsverteilung $\varrho' = \varrho(\vec{r}')$ an der Stelle $\vec{r}'$ im Punkt $\vec{r}$ ein elektrisches Potential der Größe

$$\varphi(\vec{r}) = \iiint_{V'} \frac{\varrho(\vec{r}') dV'}{4\pi\varepsilon_0 |\vec{r} - \vec{r}'|} \tag{III.13.10}$$

hervor (vgl. Gl. (III.6.1)). Damit läßt sich dann der Energieinhalt als

$$W_{el} = \frac{1}{2} \iiint_V \varrho(\vec{r}) \varphi(\vec{r}) dV \qquad (III.13.11)$$

schreiben. Alle Größen, über die integriert wird, sind Funktionen des Punktes $\vec{r}$. Die Ladungen $\varrho(\vec{r})$ sind aber gleichzeitig die Quellen des Feldes am Ort $\vec{r}$, so daß auch die Poissonsche Differentialgleichung

$$\varrho(\vec{r}) = -\varepsilon_0 \Delta \varphi(\vec{r}) \qquad (III.13.12)$$

(Gl.(III.3.18)) gilt. Damit kann der Energieinhalt des elektrostatischen Feldes durch die das Feld beschreibende Potentialfunktion ausgedrückt werden:

$$W_{el} = -\frac{\varepsilon_0}{2} \iiint_V \varphi(\vec{r}) \Delta \varphi(\vec{r}) dV . \qquad (III.13.13)$$

Nun gilt aber die Vektoridentität (Gl. (I.15.10)):

$$\text{div}(\varphi \text{grad}\varphi) = \varphi \Delta \varphi + (\text{grad}\varphi)^2$$

und damit

$$\varphi \Delta \varphi = \text{div}(\varphi \text{grad}\varphi) - (\text{grad}\varphi)^2.$$

Diese Gleichung wird in Gl. (III.13.13) eingesetzt und das erste der beiden entstehenden Volumenintegrale mit Hilfe des Gaußschen Satzes umgeformt:

$$W_{el} = -\frac{\varepsilon_0}{2} \iiint_V \text{div}(\varphi \text{grad}\varphi) dV + \frac{\varepsilon_0}{2} \iiint_V (\text{grad}\varphi)^2 dV , \qquad (III.13.14)$$

$$W_{el} = -\frac{\varepsilon_0}{2} \oiint_A \varphi \text{grad}\varphi \cdot \vec{n} dA + \frac{\varepsilon_0}{2} \iiint_V (\text{grad}\varphi)^2 dV . \qquad (III.13.15)$$

Dabei ist vorausgesetzt, daß das Flächenintegral über die das Volumen V, in dem sich die Raumladung befindet, einhüllende, geschlossene Fläche berechnet wird. Für eine Ladungsverteilung im Endlichen klingen die Felder mindestens wie $\varphi \sim 1/r$, $\text{grad}\varphi \sim 1/r^2$ ab. Die Felder verhalten sich für große Abstände wie die Felder von Punktladungen. Wird die das Volumen einhüllende Integrationsfläche A ins unendlich ferne Gebiet gelegt ($r \to \infty$), so verschwindet das Flächenintegral und es bleibt:

$$W_{el} = \frac{\varepsilon_0}{2} \iiint_V (\text{grad}\varphi)^2 dV = \frac{\varepsilon_0}{2} \iiint_V \vec{E}^2 dV = \frac{1}{2} \iiint_V \vec{E} \cdot \vec{D} \, dV . \qquad (III.13.16)$$

Als elektrostatische Energiedichte, das ist die gespeicherte Energie pro Volumeneinheit, wird

$$w_{el} = \frac{1}{2} \varepsilon_0 \vec{E}^2 = \frac{1}{2} \vec{E} \cdot \vec{D} = \frac{1}{2\varepsilon_0} \vec{D}^2 \qquad (III.13.17)$$

im Vakuum definiert.

III.13 Der Energieinhalt des elektrostatischen Feldes

Diese Ableitung, die für das Raumgebiet mit Vakuumfüllung durchgeführt wurde, kann ohne weiteres auf ein Gebiet, das mit Dielektrikum gefüllt ist, erweitert werden. Für ein homogenes, isotropes, lineares Medium mit der Permittivität $\varepsilon = \varepsilon_0 \varepsilon_r$ gilt:

$$W_{el} = \frac{\varepsilon_0 \varepsilon_r}{2} \iiint_V \vec{E}^2 \, dV = \frac{1}{2} \iiint_V \vec{E} \cdot \vec{D} \, dV \qquad \text{(III.13.18)}$$

bzw.:

$$w_{el} = \frac{\varepsilon_0 \varepsilon_r}{2} \vec{E}^2 = \frac{1}{2} \vec{E} \cdot \vec{D}. \qquad \text{(III.13.19)}$$

Es soll der Energieinhalt des elektrischen Feldes innerhalb eines beliebigen Kondensators berechnet werden. Dazu wird am günstigsten von Gl. (III.13.11) für den elektrostatischen Energieinhalt

$$W_{el} = \frac{1}{2} \iiint_V \varrho(\vec{r}) \varphi(\vec{r}) \, dV \qquad \text{(III.13.20)}$$

ausgegangen. Das Volumenintegral erstreckt sich über das gesamte unendlich ausgedehnte Volumen V. Der Kondensator sei aus zwei beliebig gestalteten Elektroden aufgebaut, von denen eine die Ladung + Q, die andere die Ladung – Q trägt. Auf der Elektrode 2 (Ladung – Q) wird das Potential willkürlich zu null angenommen, damit ist das Potential auf der Elektrode 1 gleich U. U ist die Spannung zwischen den Elektroden.

Im Integrationsbereich befindet sich Raumladung nur in Form der auf den Elektroden vorhandenen Ladungen. Aus diesem Grund verschwindet das Integral im gesamten Raumbereich außerhalb der Elektroden. Auf der Elektrode 2 wurde das Potential zu null gewählt, also verschwindet das Integral auch hier. Auf der Elektrode 1 ist das Potential konstant gleich U, so daß schließlich gilt:

$$W_{el} = \frac{1}{2} U \iiint_{V_{Elektrode}} \varrho \, dV = \frac{1}{2} UQ. \qquad \text{(III.13.21)}$$

Da aber Ladung und Spannung des Kondensators über die Kapazität miteinander verknüpft sind (Gl. (III.12.1)), läßt sich dieses Ergebnis auch als

$$W_{el} = \frac{1}{2} UQ = \frac{1}{2} CU^2 = \frac{1}{2} \frac{Q^2}{C} \qquad \text{(III.13.22)}$$

schreiben.

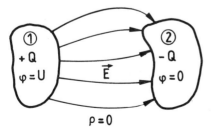

Abb. 116. Zum Energieinhalt des Kondensators

III.14
Berechnung von Kräften im elektrostatischen Feld

Mit Hilfe der in Kap. III.13 berechneten Ausdrücke für den Energieinhalt der Felder ist es möglich, die im elektrostatischen Feld auftretenden Kräfte, die auf der Wirkung dieser Felder beruhen, zu berechnen. Um zu einer Berechnungsgrundlage zu gelangen, wird vom allgemein gültigen Energieerhaltungssatz ausgegangen. Er lautet für ein abgeschlossenes, physikalisches System: Die Summe aller in einem abgeschlossenen System gespeicherten Energien ist und bleibt konstant. Werden dagegen zwei verkoppelte Systeme betrachtet, so lautet der Energieerhaltungssatz: Die Summe aller von einem der beiden Systeme aufgenommenen Energien ist gleich der Summe der vom anderen System abgegebenen Energie; bzw. was dasselbe ist: Der Zuwachs des Energieinhaltes des ersten Systems ist gleich der vom zweiten System geleisteten Arbeit.

Zur Berechnung der auftretenden Kräfte wird von einer Berechnungsmethode Gebrauch gemacht, die in der Mechanik unter dem Namen: „Prinzip der virtuellen Verschiebung" bekannt ist. In einem Gedankenexperiment wird der Körper, an dem die Kräfte angreifen, um ein infinitesimal kleines Wegstück $d\vec{s}$ verschoben und die Arbeit berechnet, die dabei vom Feld geleistet wird. Da diese Arbeit gleich der bei dem Verschiebungsvorgang geleisteten mechanischen Arbeit

$$dA_{mech} = \vec{F} \cdot d\vec{s} \tag{III.14.1}$$

ist, läßt sich die Kraft $\vec{F}$, die am Körper angreift, berechnen. Es wird der Energieerhaltungssatz für dieses Gedankenexperiment zunächst in einem abgeschlossenen System für infinitesimal kleine Energieänderungen formuliert: Die Summe der geleisteten mechanischen Arbeit dA_{mech} und der Änderung des Energieinhaltes des elektrischen Feldes dW_{el} ist gleich null, d.h. die Gesamtenergie bleibt konstant:

$$dW_{el} + dA_{mech} = dW_{el} + \vec{F} \cdot d\vec{s} = 0, \tag{III.14.2}$$

$$\vec{F} \cdot d\vec{s} = -dW_{el}. \tag{III.14.3}$$

Wird zunächst angenommen, daß die räumliche Verteilung der Energie nur von der Koordinate x abhängt und daß sowohl die Kraft in x-Richtung, $\vec{F} = F\vec{e}_x$, weist als auch die virtuelle Verschiebung um das Wegelement dx in x-Richtung vorgenommen wird, dann läßt sich die Kraft aus

$$F\vec{e}_x \cdot dx\vec{e}_x = Fdx = -dW_{el},$$

$$F = -\frac{dW_{el}}{dx}, \qquad \vec{F} = F\vec{e}_x = -\frac{dW_{el}}{dx}\vec{e}_x$$

berechnen. Eine Übertragung dieser Überlegung auf die restlichen Koordinatenrichtungen zeigt, daß aus Gl. (III.14.3) für die Kraft der Ausdruck

$$\vec{F} = -\text{grad}[W_{el}] \tag{III.14.4}$$

folgt.

III.14 Berechnung von Kräften im elektrostatischen Feld

Ist das System nicht abgeschlossen, sondern werden zwei verkoppelte Systeme betrachtet, so muß aufgrund des Energieerhaltungssatzes Gl. (III.14.2) in der Form

$$dW_{el1} + dA_{mech} = - dW_{el2},$$

$$dW_{el1} + \vec{F} \cdot d\vec{s} = - dW_{el2}$$

geschrieben werden. Die Summe des Zuwachses des Energiezustandes des ersten Systems ist gleich der Abnahme des Energieinhalts des zweiten Systems. dW_{el1} und dW_{el2} sind die Änderungen der Energieinhalte des ersten bzw. zweiten Systems, die aufgrund der virtuellen Verschiebung des Körpers auftreten. In diesem Fall berechnet sich die Kraft aus

$$\vec{F} \cdot d\vec{s} = - dW_{el1} - dW_{el2}. \qquad (III.14.5)$$

Gl. (III.14.5) geht in Gl. (III.14.4) über, falls dW_{el2} null wird, das heißt, falls die Verkopplung zwischen den Systemen gelöst wird.

In einem System, in dem mehrere Kräfte an einem Körper angreifen, können Gleichgewichtszustände auftreten. Diese Gleichgewichtszustände werden dadurch beschrieben, daß sich die auftretenden Kräfte gerade kompensieren, d.h. die Summe aller Kräfte ist gleich null. In einem abgeschlossenen System gilt also:

$$\vec{F} = - \mathrm{grad}(W_{el}) = \vec{0}. \qquad (III.14.6)$$

Wird die räumliche Verteilung der Energie W_{el} wieder als nur von einer Koordinate x abhängig angesehen, so kann als Gleichgewichtsbedingung der Ausdruck

$$\left. \frac{dW_{el}}{dx} \right|_{x=x_0} = 0 \qquad (III.14.7)$$

angegeben werden, falls der Gleichgewichtszustand im Punkt x_0 auftritt. Aus der Mechanik sind mehrere mögliche Gleichgewichtszustände bekannt, die durch die Art der Energieänderung mit der Koordinate x beschrieben werden.

Das stabile Gleichgewicht wird dadurch beschrieben, daß bei geringer Auslenkung des Körpers, auf den die Kräfte wirken, aus der Gleichgewichtslage, dieser immer wieder in seine ursprüngliche Lage zurückkehrt. Dies ist der Fall, wenn im Gleichgewichtszustand der gesamte Energieinhalt ein Minimum besitzt, d.h. falls an der Stelle des Gleichgewichtszustands $x = x_0$

$$\left. \frac{dW_{el}}{dx} \right|_{x=x_0} = 0, \qquad \left. \frac{d^2 W_{el}}{dx^2} \right|_{x=x_0} > 0 \qquad (III.14.8)$$

ist (Abb. 117a). Das labile Gleichgewicht wird dagegen durch ein Maximum des Energiezustandes im Gleichgewichtspunkt charakterisiert (Abb. 117b). Das heißt, bei einer kleinen Auslenkung des Körpers aus seiner Gleich-

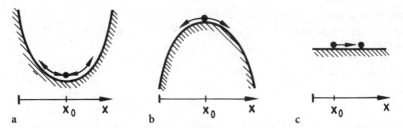

Abb. 117a-c. Ein Massekörper auf verschiedenen Oberflächen als Beispiel zum stabilen a, labilen b und indifferenten c Gleichgewicht

gewichtslage wird er aus dieser Gleichgewichtslage gezogen und kehrt nicht in sie zurück. Mathematisch ausgedrückt bedeutet dies:

$$\left.\frac{dW_{el}}{dx}\right|_{x=x_0} = 0, \qquad \left.\frac{d^2W_{el}}{dx^2}\right|_{x=x_0} < 0. \qquad (III.14.9)$$

Das indifferente Gleichgewicht existiert, falls der Körper bei einer kleinen Verschiebung aus seiner Gleichgewichtslage sofort wieder in einer neuen Gleichgewichtslage ist, d.h. falls die Energie nicht von der Koordinate x abhängt (Abb. 117c):

$$\left.\frac{dW_{el}}{dx}\right|_{x=x_0} \equiv 0, \quad \text{für alle x in der Umgebung von } x = x_0. \qquad (III.14.10)$$

Die angeführten Überlegungen zur Kraftberechnung sollen anhand eines einfachen Beispiels erläutert werden.

Betrachtet wird ein Plattenkondensator des Plattenquerschnitts A und des Plattenabstands d, der mit Vakuum gefüllt ist. Gesucht ist die Kraft, die die beiden Kondensatorplatten aufeinander ausüben. Dabei werden zwei verschiedene Fälle betrachtet:

1. Der Kondensator ist auf die Ladung Q aufgeladen und von der Spannungsquelle getrennt. Dann gilt für den Kondensator die Bedingung, daß seine gespeicherte Ladung Q konstant bleibt: Q = const.
2. Am Kondensator liegt die Spannung U, die von einer angelegten Spannungsquelle konstant gehalten wird. Dann gilt für den Kondensator die Bedingung: U = const.

Aufgrund der Symmetrie des Kondensatoraufbaus wird (unter Vernachlässigung der auftretenden Streufelder und der hieraus resultierenden Kraftanteile) die Kraft nur in der Richtung der x-Koordinate (Abb. 118) auftreten. Zur Berechnung der Kraft auf eine Platte (z.B. auf die rechte Platte an der Stelle x = d, Abb. 118) wird diese um das infinitesimal kleine Stück dx in x-Richtung verschoben. Die Verschiebung dx wird positiv so eingeführt, daß sich eine Vergrößerung des Plattenabstandes x = d ergibt, also in positiver Richtung der

III.14 Berechnung von Kräften im elektrostatischen Feld

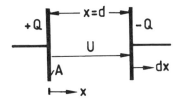

Abb. 118. Plattenkondensator mit konstanter Ladung

Koordinate x. Nun gilt für den Energieinhalt des Kondensatorfeldes unter der Bedingung Q = const.:

$$W_{el} = \frac{Q^2}{2C} = \frac{Q^2}{2\varepsilon_0 A} x \,.$$

Die Ausdrücke

$$W_{el} = \frac{CU^2}{2} = \frac{QU}{2}$$

für den Energieinhalt können nicht ohne weiteres benutzt werden, da hierin noch die Spannung U auftritt, die sich mit der virtuellen Verschiebung dx ändert. Mit Hilfe der Gleichung (III.14.4)

$$\vec{F} = -\operatorname{grad}(W_{el}) = -\frac{dW_{el}}{dx} \vec{e}_x$$

gilt:

$$\vec{F} = -\frac{d}{dx}\left[\frac{Q^2}{2C}\right]\vec{e}_x = -\frac{Q^2}{2}\frac{d}{dx}\left[\frac{1}{C}\right]\vec{e}_x,$$

$$\vec{F} = +\frac{Q^2}{2}\frac{1}{C^2}\frac{dC}{dx}\vec{e}_x,$$

da die Ladung Q als konstant vorausgesetzt war und somit vor die Differentiation gezogen werden kann. Wird der Wert der Kapazität hierin eingesetzt, so ergibt sich für die Kraft auf die Platten des Plattenkondensators:

$$\vec{F} = -\frac{Q^2}{2\varepsilon_0 A} \vec{e}_x \,.$$

Die Kraft auf die rechte Platte des Kondensators weist also in negativer x-Richtung (Abb. 118), das heißt, die Platten des Kondensators ziehen sich an.

Wird andererseits an den Kondensator eine Spannungsquelle konstanter Spannung U gelegt, so daß die Spannung zwischen den Kondensatorplatten konstant bleibt, so können Kondensator und Spannungsquelle als zwei ge-

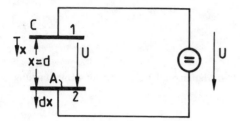

Abb. 119. Plattenkondensator an Quelle konstanter Spannung

trennte physikalische Systeme betrachtet werden, die miteinander gekoppelt sind (Abb. 119). Unter dieser Voraussetzung muß zur Berechnung der Kraft auf die Platten des Kondensators von Gleichung (III.14.5)

$$\vec{F} \cdot d\vec{s} = - dW_{el1} - dW_{el2}$$

Gebrauch gemacht werden. Nun ist aber $-dW_{el2}$ nichts anderes, als die Abnahme des Energieinhaltes der Spannungsquelle. Da diese aber als unendlich ergiebig angesehen wird (ideale Spannungsquelle ohne Innenwiderstand, deren Spannung bei jeder Belastung gleich U bleibt), ist es zweckmäßig, die Abnahme des Energieinhaltes durch die von der Quelle geleistete Arbeit auszudrücken. Es gilt: Die Abnahme des Energieinhaltes der Quelle ist gleich der geleisteten Arbeit. Damit läßt sich für die Kraft auf die Kondensatorplatten angeben:

$$Fdx = - dW_{el1} + dA_{Quelle}.$$

Bei der virtuellen Verschiebung der Kondensator-Elektrode wird die Kapazität C des Kondensators um den Wert dC geändert. Da die Spannung am Kondensator konstant ist, ändert sich gleichzeitig die Ladung auf dem Kondensator um den Wert $dQ = UdC$. Diese Änderung der Ladung wird durch Ladungszufluß aus der Quelle gedeckt. Das heißt, die von der Quelle geleistete Arbeit läßt sich aus

$$dA_{Quelle} = UdQ = UUdC = U^2 dC$$

darstellen. Wird auch die Änderung des Energieinhaltes des Kondensators durch die konstante Spannung U und die Änderung der Kapazität dargestellt, so ergibt sich für die Kraft auf die Platten des Kondensators:

$$F = \frac{d}{dx}\left[U^2 C - \frac{1}{2}U^2 C\right] = \frac{1}{2}U^2 \frac{dC}{dx},$$

$$\vec{F} = \frac{1}{2}U^2 \frac{dC}{dx}\vec{e}_x.$$

Mit Hilfe des Ausdrucks für die Kapazität des Kondensators

$$C = \frac{\varepsilon_0 A}{x}$$

ergibt sich dann:

$$\vec{F} = -\frac{1}{2} U^2 \frac{\varepsilon_0 A}{x^2} \vec{e}_x .$$

Die Kraft auf die zweite Platte des Kondensators (Abb. 119) weist in negativer x-Richtung. Die Platten des Kondensators ziehen sich also an. Werden die Gleichungen für die Kräfte auf die Platten des Kondensators einmal für Q = const., zum andern für U = const. miteinander verglichen, so kann zunächst unter Verwendung von Q = CU und C = $\varepsilon_0 A/x$ festgestellt werden, daß die beiden Kräfte gleich groß sind; es fällt aber auf, daß im ersten Fall (Q = const.) die Kraft vom Plattenabstand x unabhängig ist, dagegen im zweiten Fall (U = const.) umgekehrt proportional zum Quadrat des Abstandes ist. Diese Abhängigkeit der Kräfte vom Plattenabstand x spielt bei der Berechnung von Gleichgewichtszuständen eine erhebliche Rolle (s. z. B. Aufgabe 8 des Kap. III.14.1).

III.14.1
Aufgaben zur Kraftberechnung

1. Aufgabe

Mit Hilfe einer Energiebetrachtung bestätige man das aus der Erfahrung stammende Coulombsche Gesetz für die Kraft zwischen zwei Punktladungen Q_1 und Q_2 mit dem Abstand r im Vakuum,

$$\vec{F} = \frac{Q_1 Q_2}{4\pi\varepsilon_0 r^2} \vec{e}_r .$$

Lösung

Wird eine Ladung Q_1 aus dem Unendlichen in einen feldfreien Raum gebracht, so ist dabei keine Arbeit zu leisten (s. a. Kap. III.13). Wird eine zweite Ladung Q_2 in den betrachteten Raumbereich gebracht, so muß gegen das Feld der ersten Ladung eine Arbeit geleistet werden. Der elektrostatische Energieinhalt des Feldes der ersten und der zweiten Ladung ergibt sich aus:

$$W_{el} = \frac{\varepsilon_0}{2} \iiint_V (\vec{E}_1 + \vec{E}_2)^2 dV = \frac{\varepsilon_0}{2} \iiint_V \vec{E}_1^2 dV + \frac{\varepsilon_0}{2} \iiint_V \vec{E}_2^2 dV + \varepsilon_0 \iiint_V \vec{E}_1 \cdot \vec{E}_2 dV .$$

Dabei charakterisieren die beiden ersten Integrale die sogenannten Eigenenergien der Felder der Einzelladungen. Das ist die Energie (Arbeit), die aufgewendet werden muß, um eine Ladungsverteilung in Form einer Punktladung Q_1 bzw. Q_2 aufzubauen. Diese Anteile sind, wie sich leicht nachweisen läßt, im Fall der Punktladung als Ladungsverteilung unendlich groß[1]. Das dritte Integral wird als Wechselwirkungsenergie bezeichnet. Es charakterisiert die Arbeit, die aufgewendet werden muß, um die Ladung Q_2 gegen das Feld der Ladung Q_1 in den betrachteten Lagepunkt (Abstand r von der Ladung Q_1 entfernt) zu bringen. Aus der Wechselwirkungsenergie kann die Kraft zwischen den Ladungen berechnet werden.

Es wird berücksichtigt, daß die Felder der Ladungen Gradientenfelder sind:

$$W_{elw} = \varepsilon_0 \iiint_V \vec{E}_1 \cdot \vec{E}_2 \, dV = - \varepsilon_0 \iiint_V \vec{E}_2 \cdot \mathrm{grad}\,\varphi_1 \, dV = - \iiint_V \vec{D}_2 \cdot \mathrm{grad}\,\varphi_1 \, dV.$$

φ_1 ist das Potential, das der Feldstärke $\vec{E}_1$ zugeordnet ist. Mit Hilfe der Vektoridentität (Gl. (I.15.10))

$$\mathrm{div}(\varphi_1 \vec{D}_2) = \vec{D}_2 \cdot \mathrm{grad}\,\varphi_1 + \varphi_1 \mathrm{div}\,\vec{D}_2$$

läßt sich dann für die Wechselwirkungsenergie die Beziehung

$$W_{elw} = \iiint_V \varphi_1 \mathrm{div}\,\vec{D}_2 \, dV - \iiint_V \mathrm{div}(\varphi_1 \vec{D}_2) \, dV$$

angeben. Nun sind aber die Felder der Ladungen außerhalb des Ladungsbereichs divergenzfrei, so daß das erste Integral verschwindet, falls die Ladungen aus dem Integrationsbereich ausgeschlossen werden. Das zweite Integral wird mit Hilfe des Gaußschen Satzes in ein Flächenintegral über die das Volumen V einschließende Hülle A umgewandelt:

$$W_{elw} = - \oiint_A \varphi_1 \vec{D}_2 \cdot \vec{n} \, dA.$$

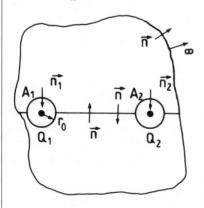

Abb. 120. Zur Berechnung des Coulombschen Gesetzes

---

[1] Diese Energieanteile wurden bei der Berechnung des Energieinhalts in Kap. III.13 nicht berücksichtigt, da dort mit punktförmigen Ladungen endlicher Raumladungsdichte und verschwindendem Volumen gerechnet wurde.

III.14 Berechnung von Kräften im elektrostatischen Feld

Bei der Umwandlung des Integrals mit Hilfe des Gaußschen Satzes muß wieder beachtet werden, daß die Volumenbereiche der Ladungen ausgeschlossen werden. Demgemäß muß eine Integrationsfläche gewählt werden, die die Ladungen aus dem Integrationsbereich ausschließt (s. Abb. 120). Um die Ladungen werden zwei Hüllflächen gelegt und diese durch eine Schnittfläche mit der Außenhülle verbunden.

Die Außenhülle wird ins unendlich Ferne gelegt. Das Integral über die unendlich ferne Hülle verschwindet, da die Felder wie $\varphi_1 \sim 1/r$, $\vec{D}_2 \sim 1/r^2$ abklingen, die Integrationsfläche aber nur wie r^2 anwächst. Es bleibt also nur das Integral über die beiden Hüllflächen, die die Ladungen einschließen, zu berechnen. Zu beachten ist die Richtung der Flächennormalen auf diesen Flächen. Da die Flächennormale aus dem Feldbereich herausweist, weist sie in den Bereich der Ladungen hinein (Abb. 120):

$$W_{elw} = - \oiint_{A_1} \varphi_1 \vec{D}_2 \cdot \vec{n}_1 dA - \oiint_{A_2} \varphi_1 \vec{D}_2 \cdot \vec{n}_2 dA \, .$$

Auf der Integrationsfläche A_1 ist das Feld $\vec{D}_2$ endlich, das Potential φ_1 aber umgekehrt proportional zum Radius r_0 der Integrationsfläche. Das bedeutet, wird die Integrationsfläche um die Punktladung Q_1 punktförmig klein gemacht, so verschwindet das erste Flächenintegral, da die Integrationsfläche proportional zur r_0^2 ist. Auf der Integrationsfläche A_2 ist φ_1 endlich und gegenüber $\vec{D}_2$ näherungsweise konstant, so daß gilt:

$$W_{elw} = - \oiint_{A_2} \varphi_1 \vec{D}_2 \cdot \vec{n}_2 dA \approx - \varphi_1(r) \oiint_{A_2} \vec{D}_2 \cdot \vec{n}_2 dA \, .$$

Unter Berücksichtigung der Richtung des Flächennormalenvektors ist aber das negative Flächenintegral gleich der Ladung Q_2. Die oben angegebene Näherung gilt exakt, falls die Integrationsfläche A_2 den Durchmesser null annimmt. Das Potential φ_1 des Feldes der Ladung Q_1 am Ort der Ladung Q_2 ist bekannt:

$$W_{elw} = \varphi_1 Q_2 = \frac{Q_1 Q_2}{4\pi\varepsilon_0 r} \, .$$

mit r dem Abstand zwischen den Ladungen.

Wird nun eine Ladung virtuell um das Wegelement dr verschoben, so daß der Abstand r zwischen den Ladungen vergrößert wird und die Richtung der Verschiebung mit der Richtung der Verbindungsstrecke durch die Lagepunkte der beiden Ladungen übereinstimmt, so gilt nach Gl. (III.14.4):

$$F = -\frac{dW_{el}}{dr} = \frac{Q_1 Q_2}{4\pi\varepsilon_0 r^2} \, , \qquad \vec{F} = \frac{Q_1 Q_2}{4\pi\varepsilon_0 r^2} \vec{e}_r \, .$$

Die Kraft wirkt in Richtung der Verbindungsgeraden. F ist positiv, d.h. die Kraft wirkt in Richtung der Vergrößerung des Abstandes r, falls die Ladungen gleiches Vorzeichen haben: Gleichnamige Ladungen stoßen sich ab. F wird negativ für ungleichnamige Ladungen: Ungleichnamige Ladungen ziehen sich an.

2. Aufgabe

Man berechne das Drehmoment, das ein Dipol konstanten Betrages seines Dipolmoments $\vec{p}$ in einem homogenen, elektrischen Feld $\vec{E}$ erfährt:

a. Aus den Kräften auf die beiden Dipolladungen $+|Q|$ und $-|Q|$,
b. aus der Energie des Dipols im elektrischen Feld.

Lösung

a. Das Drehmoment $\vec{T}$ auf den Dipol errechnet sich aus dem Kreuzprodukt von Hebelarm und Kraft auf die einzelnen Ladungen (Abb. 121). Mit den in Abb. 121 angegebenen Größen gilt für das Drehmoment.

$$\vec{T} = \frac{\vec{l}}{2} \times \vec{F}_+ - \frac{\vec{l}}{2} \times \vec{F}_-.$$

Die Kräfte des elektrischen Feldes $\vec{F}_+$ auf die Ladungen $+|Q|$ und $-|Q|$ lassen sich mit Hilfe der Definitionsgleichung für die elektrische Feldstärke (III.1.1) zu

$$\vec{F}_+ = |Q|\vec{E}, \qquad \vec{F}_- = -|Q|\vec{E}$$

berechnen.

Dann gilt für das Drehmoment:

$$\vec{T} = \vec{l} \times |Q|\vec{E} = |Q|(\vec{l} \times \vec{E}) = \vec{p} \times \vec{E}.$$

Das Drehmoment ist gleich dem Kreuzpunkt aus Dipolmoment und elektrischer Feldstärke.

b. Zur Bestimmung des Drehmomentes aus der Energie des Dipols im elektrischen Feld wird der Dipol um ein infinitesimal kleinen Winkel $d\alpha$ gedreht (Prinzip der virtuellen Verschiebung) und die Änderung des Energiezustandes bei dieser Drehung berechnet. Nach Gl. (1.6.2) kann die Änderung des Polabstandsvektors dann durch

$$d\vec{l} = d\vec{\alpha} \times \vec{l}$$

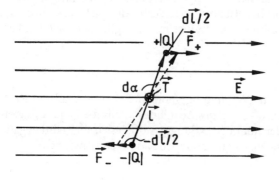

Abb. 121. Dipol im homogenen elektrischen Feld

III.14 Berechnung von Kräften im elektrostatischen Feld

dargestellt werden. Wird diese Gleichung mit der Ladung $+|Q|$ multipliziert, so ergibt sich die bei der Drehung des Dipols auftretende Änderung des Dipolmoments $d\vec{p}$:

$$d\vec{p} = |Q|d\vec{l} = |Q|(d\vec{\alpha} \times \vec{l}) = d\vec{\alpha} \times \vec{p}.$$

Die durch die infinitesimal kleine Drehung des Dipols hervorgerufene Änderung des Energiezustandes des betrachten Systems kann auf einfache Weise aus dem Energieinhalt nach Gl. (III.13.11) bestimmt werden:

$$W_{el} = \iiint_V \varrho(\vec{r})\varphi(\vec{r})dV,$$

der sich für eine Punktladung Q an der Stelle $\vec{r}$ zu

$$W_{el} = \varphi(\vec{r})\iiint_{V_{\text{Punktladung}}}\varrho(\vec{r})dV = \varphi(\vec{r})Q$$

berechnet. Wird der Dipol um $d\alpha$ gedreht, so ändert sich der Polabstandsvektor um $d\vec{l}$ und damit, wegen Q = const., der Wert des Potentials um $d\varphi$. Also gilt für den Dipol mit den beiden Punktladungen $+|Q|$ und $-|Q|$ (s. Abb. 121) bei einer Drehung um $d\alpha$:

$$dW_{el} = +|Q|d\varphi_+ + (-|Q|)d\varphi_-$$

mit $d\varphi_+$ der Änderung des Potentials an der Stelle der positiven Ladung und $d\varphi_-$ der Änderung des Potentials an der Stelle der negativen Ladung. Mit $d\varphi_+ = -\vec{E} \cdot d\vec{l}/2$ und $d\varphi_- = -\vec{E} \cdot (-d\vec{l}/2)$ (vgl. Abb. 121) gilt also:

$$dW_{el} = -|Q|\vec{E} \cdot \frac{d\vec{l}}{2} - |Q|\vec{E} \cdot \frac{d\vec{l}}{2} = -|Q|\vec{E} \cdot d\vec{l} = -\vec{E} \cdot d\vec{p}.$$

Wird hierin der Ausdruck für die Änderung des Dipolmoments eingesetzt, so gilt:

$$dW_{el} = -\vec{E} \cdot d\vec{p} = -\vec{E} \cdot (d\vec{\alpha} \times \vec{p}),$$

$$dW_{el} = -(\vec{p} \times \vec{E}) \cdot d\vec{\alpha}.$$

$\vec{p}$ und $\vec{E}$ sind Vektoren, die in der Zeichenebene von Abb. 121 liegen, damit steht der Vektor $\vec{p} \times \vec{E}$ senkrecht auf der Zeichenebene. Nach Kapitel I.6 steht der Vektor $d\vec{\alpha}$, der die Drehung des Dipols in der Zeichenebene beschreibt, ebenfalls senkrecht auf der Zeichenebene. Das Drehmoment ist gleich der Änderung der Energie pro Winkeleinheit des Drehwinkels, so daß es sich aus der oben stehenden Gleichung mit $\vec{T} = T\vec{e}_z$ und $\vec{e}_z$ dem Einheitsvektor senkrecht zur Zeichenebene als

$$\vec{T} = -\frac{dW_{el}}{d\alpha}\vec{e}_z = \vec{p} \times \vec{E}$$

angeben läßt.

3. Aufgabe

Eine Seifenblase wird auf das Potential $\varphi = U > 0$ gebracht, der Bezugspunkt für das Potential sei der unendlich ferne Punkt. Der Radius der Seifenblase ändert sich dabei auf einen Wert r_0. Welchen Wert hat die Feldenergie des sich ausbildenden Feldes? Um welchen Betrag ändert sich der Druck in der Seifenblase durch die auf sie wirkenden elektrostatischen Kräfte?

Lösung

Es wird angenommen, daß die Seifenblase die geometrische Form einer Kugel besitzt. Da das Potential auf der Kugeloberfläche positiv ist ($\varphi = U$), befinden sich auf der Seifenblase positive Ladungsträger. Zur Berechnung der Feldenergie des sich ausbildenden Feldes wird die elektrische Feldstärke dieser Kugelladung (mit der Gesamtladung Q, die sich gleichmäßig auf der Oberfläche der Seifenblase verteilt) berechnet. Der Feldverlauf läßt sich sofort mit Hilfe der Gl. (III.5.1) angeben, da außerhalb der Seifenblase der Feldverlauf mit dem Feldverlauf übereinstimmt, der von einer Punktladung mit der Ladung Q erzeugt wird:

$$\vec{E} = \frac{Q}{4\pi\varepsilon_0 r^3}\vec{r}.$$

Innerhalb der Seifenblase ist das Potential konstant ($\varphi = U$) und die Feldstärke null. Wird das Potential auf der Kugeloberfläche berechnet,

$$\varphi = U = -\int_\infty^{r_0} \vec{E}\cdot d\vec{s} = -\frac{Q}{4\pi\varepsilon_0}\int_\infty^{r_0}\frac{dr}{r^2} = \frac{Q}{4\pi\varepsilon_0 r_0},$$

so läßt sich die angenommene Ladung auf der Seifenblase durch die gegebene Spannung (Potential) U gegen den unendlich fernen Punkt ausdrücken:

$$Q = 4\pi\varepsilon_0 r_0 U, \qquad \vec{E} = \frac{Ur_0}{r^3}\vec{r}.$$

Da der Feldverlauf damit bekannt ist, läßt sich die Energie, die im elektrischen Feld gespeichert ist mit Hilfe der Gl. (III.13.16) berechnen:

$$W_{el} = \frac{\varepsilon_0}{2}\iiint_V \vec{E}^2 dV = \frac{\varepsilon_0}{2}\int_{r_0}^\infty \frac{Q^2}{16\pi^2\varepsilon_0^2 r^4} 4\pi r^2 dr = \frac{Q^2}{8\pi\varepsilon_0 r_0}.$$

Im Innern der Seifenblase ist das elektrische Feld null, so daß sich von diesem Raumbereich kein Beitrag zum Energieinhalt ergibt. Wird in oben stehender Gleichung die Ladung Q wieder durch die Spannung U ausgedrückt, so gilt:

$$W_{el} = \frac{16\pi^2\varepsilon_0^2 r_0^2 U^2}{8\pi\varepsilon_0 r_0} = 2\pi\varepsilon_0 r_0 U^2.$$

III.14 Berechnung von Kräften im elektrostatischen Feld

Die Änderung des Druckes in der Seifenblase beruht auf der Kraft, die das elektrische Feld auf die geladene Seifenblase ausübt. Diese Kraft kann auch als Abstoßungskraft der einzelnen (positiven) Ladungsträger in der Seifenblasenoberfläche interpretiert werden. Die Druckänderung ist gleich der auftretenden Kraft pro Flächeneinheit der Seifenblasenoberfläche. Wird angenommen, daß die Kraft in positiver, radialer Richtung auftritt, so bedeutet dies, daß eine Abnahme des Drucks auftritt:

$$-\Delta p = \frac{F_{el}}{A} = \frac{F_{el}}{4\pi r_0^2}.$$

Die Kraft kann mit Hilfe des Prinzips der virtuellen Verschiebung aus einer Energiebilanz berechnet werden. Dabei ist zu berücksichtigen, daß bei einer solchen, angenommenen virtuellen Verschiebung die Ladung auf der Oberfläche der Seifenblase konstant bleibt, die Spannung gegen den unendlich fernen Punkt aber geändert wird. Zur Berechnung der Kraft muß also von der Darstellung des Energieinhalts mit Hilfe der Ladung auf der Seifenblasenoberfläche ausgegangen werden. Nach Gl. (III.14.4) gilt dann für eine virtuelle Vergrößerung des Radius r_0 der Seifenblase

$$F_{el} = -\frac{dW_{el}}{dr_0} = \frac{Q^2}{8\pi\varepsilon_0 r_0^2} = 2\pi\varepsilon_0 U^2.$$

Die Kraft ist positiv, das heißt, die Richtung der Kraft ist die positive, radiale Richtung. Damit ergibt sich eine Abnahme des Druckes in der Seifenblase von:

$$-\Delta p = \frac{Q^2}{8\pi\varepsilon_0 r_0^2 \, 4\pi r_0^2} = \frac{\varepsilon_0}{2}\left(\frac{U}{r_0}\right)^2.$$

4. Aufgabe

Gegeben ist ein Plattenkondensator, in den in der in Abb. 122 skizzierten Weise ein Dielektrikum mit der Permittivität $\varepsilon = \varepsilon_0 \varepsilon_r$ eingeschoben ist. Zu berechnen ist für die zwei Fälle:

a. Q = const., das heißt bei abgeschalteter Quelle, und
b. U = const., das heißt bei angeschalteter Quelle, die Kraft auf das Dielektrikum.

Wird das Dielektrikum in den Kondensator hineingezogen oder aus dem Kondensator herausgestoßen?

Lösung
a. Q = const. Der Kondensator wird aufgeladen und von der Quelle abgetrennt. Dann gilt für den Energieinhalt des Feldes innerhalb des als ideal angesehenen Kondensators (Vernachlässigung des Streufeldes):

$$W_{el} = \frac{Q^2}{2C}.$$

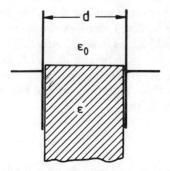
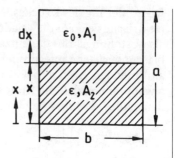

Abb. 122. Querschnitt durch den Plattenkondensator

Abb. 123. Aufsicht auf den Plattenkondensator

Die Eintauchtiefe des Dielektrikums in den Kondensator wird mit x bezeichnet (Abb. 123). Die Dielektrikumsplatte wird virtuell um das Wegelement dx verschoben, so daß die Eintauchtiefe vergrößert wird. Dann gilt die Energiebilanz für diesen Vorgang mit $\vec{F} = F\vec{e}_x$:

$$F dx + dW_{el} = 0, \qquad F = -\frac{dW_{el}}{dx},$$

$$F = -\frac{Q^2}{2}\frac{d}{dx}\left(\frac{1}{C}\right) = \frac{Q^2}{2}\frac{1}{C^2}\frac{dC}{dx}.$$

Die Gesamtkapazität setzt sich aus der Parallelschaltung zweier Kapazitäten zusammen:

$$C_{ges} = C_1 + C_2 = \frac{\varepsilon_0 A_1}{d} + \frac{\varepsilon_0 \varepsilon_r A_2}{d},$$

$$C_{ges} = \frac{\varepsilon_0 (a-x) b}{d} + \frac{\varepsilon_0 \varepsilon_r x b}{d} = \frac{\varepsilon_0 b}{d}\left[a + x(\varepsilon_r - 1)\right].$$

Wird die oben angegebene Differentiation durchgeführt, so ergibt sich:

$$\frac{dC}{dx} = \frac{\varepsilon_0 b}{d}(\varepsilon_r - 1).$$

Damit kann die Kraft auf die Dielektrikumscheibe zu

$$F = \frac{Q^2 d (\varepsilon_r - 1)}{2\varepsilon_0 b [a + x(\varepsilon_r - 1)]^2}$$

berechnet werden. Da die Permittivitätszahl $\varepsilon_r \geq 1$ ist, besitzt die Kraft ein positives Vorzeichen. Das bedeutet, die Kraft weist in Richtung der angenommenen Verschiebung dx. Die dielektrische Platte wird also in den Kondensator hineingezogen.

b. U = const. Der Kondensator liegt an einer Quelle der konstanten Spannung U. Wird die dielektrische Scheibe virtuell in positiver x-Richtung verschoben, so leistet die Spannungsquelle Arbeit. Die Energiebilanz für eine virtuelle Verschiebung der Platte lautet damit:

$$Fdx + dW_{el} = dA_{Quelle},$$

$$Fdx + \frac{1}{2}U^2 dC = UdQ = U^2 dC.$$

Hieraus errechnet sich die Kraft auf das Dielektrikum zu:

$$Fdx = U^2 dC - \frac{1}{2}U^2 dC = \frac{1}{2}U^2 dC,$$

$$F = \frac{1}{2}U^2 \frac{dC}{dx}.$$

Für die Kapazität ergibt sich nach den Rechnungen zum Teil a. der Aufgabe der Wert:

$$C = \frac{\varepsilon_0 b}{d}[a + x(\varepsilon_r - 1)].$$

Somit kann die Kraft auf das Dielektrikum endgültig mit

$$F = \frac{U^2}{2} \frac{\varepsilon_0 b}{d}(\varepsilon_r - 1)$$

angegeben werden. Für eine Permittivitätszahl $\varepsilon_r \geq 1$ nimmt die Kraft positive Werte an, das heißt, das Dielektrikum wird in den Kondensator gezogen.

5. Aufgabe

Ein Dreischichtenkondensator (Abb. 124) liegt an einer Spannungsquelle U. Die beiden äußeren Schichten mit den Permittivitäten $\varepsilon_1 = \varepsilon_r \varepsilon_0$ sind fest mit den Elektrodenplatten verbunden. Aus einer Energiebilanz leite man einen Ausdruck für die Kraft zwischen den Platten der Fläche A her.

Lösung

Unter der Voraussetzung konstanter Spannung an den Elektroden des Kondensators berechnet sich der Energieinhalt des Feldes im (als ideal angesehenen) Kondensator zu:

$$W_{el} = \frac{1}{2}CU^2.$$

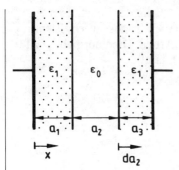

Abb. 124. Dreischichtenkondensator

Der Kondensator kann als eine Reihenschaltung von drei Einzelkondensatoren angesehen werden. Damit gilt für seine Gesamtkapazität:

$$\frac{1}{C} = \frac{1}{C_1} + \frac{1}{C_2} + \frac{1}{C_3},$$

mit:

$$C_1 = \frac{\varepsilon_1 A}{a_1}, \qquad C_2 = \frac{\varepsilon_0 A}{a_2}, \qquad C_3 = \frac{\varepsilon_1 A}{a_3},$$

$$\frac{1}{C} = \frac{\varepsilon_0 a_1 + \varepsilon_1 a_2 + \varepsilon_0 a_3}{\varepsilon_1 \varepsilon_0 A}, \qquad C = \frac{\varepsilon_1 \varepsilon_0 A}{\varepsilon_0 a_1 + \varepsilon_1 a_2 + \varepsilon_0 a_3}.$$

Dieser Ausdruck für die Kapazität wird in die Gleichung für den Energieinhalt des elektrischen Feldes eingesetzt:

$$W_{el} = \frac{\varepsilon_1 \varepsilon_0 A}{\varepsilon_0 a_1 + \varepsilon_1 a_2 + \varepsilon_0 a_3} \frac{U^2}{2}.$$

Zur Berechnung der Kraft zwischen den Platten des Kondensators wird der Abstand a_2 virtuell um den Wert da_2 vergrößert. Für diesen Vorgang gilt mit $\vec{F} = F\vec{e}_x$ die Energiebilanz:

$$F da_2 + dW_{el} = dA_{Quelle} = UdQ,$$

$$F da_2 + \frac{U^2}{2} dC = UdQ = U^2 dC.$$

Damit kann für die Kraft der Ausdruck

$$F = \frac{U^2}{2} \frac{dC}{da_2}, \qquad F = -\frac{\varepsilon_0 \varepsilon_r^2 U^2 A}{2(a_1 + \varepsilon_r a_2 + a_3)^2}$$

angegeben werden. Die Kraft ist negativ, weist also in entgegengesetzter Richtung zu der angenommenen Richtung der virtuellen Verschiebung. Das heißt, die Platten des Kondensators ziehen sich an.

6. Aufgabe

Zwischen den Platten eines ebenen Plattenkondensators mit unendlicher Plattenfläche A, der Flächenladungsdichte σ (positiv) auf einer Platte und − σ auf der anderen Platte sowie mit dem Plattenabstand d befinde sich eine Probeladung Q (positiv). Gesucht ist die Kraft auf die Probeladung als Überlagerung der Einzelkräfte, wenn man sich die Flächenladung in einzelne kleine, punktförmige Ladungen aufgeteilt denkt.

Lösung

Die Ladung auf den Elektroden des Kondensators wird in kleine, punktförmige Ladungen der Größe dQ = σdA aufgeteilt. Von jeder dieser kleinen Ladungen wird auf die Probeladung eine Kraft ausgeübt, die mit Hilfe des Coulombschen Gesetzes (siehe Aufgabe 1. dieses Kapitels):

$$\vec{F} = \frac{Q_1 Q_2}{4\pi\varepsilon_0 r^2} \vec{e}_r$$

berechnet werden kann. Die Gesamtkraft auf die Probeladung ergibt sich aus der Addition der Einzelkräfte der punktförmigen Ladungen auf die Probeladung. Bei der Addition ist zu beachten, daß die Kräfte vektoriellen Charakter besitzen und daß die positive und die negative Elektrode jeweils eine Kraft auf die Probeladung ausüben.

Es werde zunächst die Kraft der positiven Elektrode auf die Probeladung berechnet. Dazu wird angenommen, daß sich die Probeladung im Abstand a von der Elektrode befindet (Abb. 126). Dann lassen sich auf der Elektrodenoberfläche jeweils zwei der punktförmigen Ladungen so finden, daß die Überlagerung der beiden Einzelkräfte zwischen den Ladungen und der Probeladung eine Kraft senkrecht zur Ebene der Elektrodenoberfläche ergibt. Die beiden Einzelkräfte berechnen sich mit Hilfe des Coulombschen Gesetzes zu:

$$dF_1 = \frac{Q\sigma dA}{4\pi\varepsilon_0 r^2}, \qquad dF_2 = \frac{Q\sigma dA}{4\pi\varepsilon_0 r^2}$$

mit r nach Abb. 126.

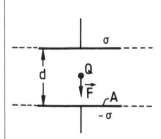

Abb. 125. Probeladung zwischen Plattenkondensator

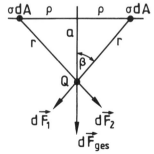

Abb. 126. Zur Berechnung der Kraft auf die Probeladung

Werden diese beiden Einzelkräfte unter Berücksichtigung der Richtungen addiert, so folgt als Gesamtkraft auf die Probeladung ihr Anteil an der Gesamtkraft:

$$dF_{ges} = \frac{2Q\sigma dA}{4\pi\varepsilon_0 r^2} \cos\beta = \frac{2Q\sigma a dA}{4\pi\varepsilon_0 r^3}.$$

Soll die gesamte, auf die Probeladung wirkende Kraft berechnet werden, die auftritt, wenn die Probeladung sich im Abstand a von der positiven Elektrode entfernt befindet, dann müssen alle Anteile zur Gesamtkraft, die auf der Wirkung der einzelnen Punktladungen beruhen, addiert werden. Das heißt, es muß eine Integration über die unendlich ausgedehnte Elektrodenoberfläche vorgenommen werden. Da aber bei der Berechnung der Kraft bereits die symmetrische Anordnung von zwei Ladungen berücksichtigt wurde, bleibt als Integrationsbereich die halbe Elektrodenoberfläche, oder, was dasselbe ist, das Gesamtintegral über die Elektrodenoberfläche wird mit dem Faktor 1/2 multipliziert.

$$F_{ges} = \frac{1}{2} \iint_A \frac{2Q\sigma a dA}{4\pi\varepsilon_0 r^3} = \iint_A \frac{Q\sigma a}{4\pi\varepsilon_0 (a^2 + \varrho^2)^{3/2}} dA.$$

In der Elektrodenoberfläche werden ebene Polarkoordinaten

$$x = \varrho \cos\alpha; \qquad y = \varrho \sin\alpha$$

eingeführt und ein Flächenelement in der Form eines Kreisringes der Breite $d\varrho$ berechnet. Dann gilt:

$$F_{ges} = \int_0^\infty \frac{Q\sigma a}{4\pi\varepsilon_0 (a^2 + \varrho^2)^{3/2}} 2\pi\varrho d\varrho = \int_0^\infty \frac{Q\sigma a}{4\varepsilon_0} \frac{2\varrho d\varrho}{(a^2 + \varrho^2)^{3/2}}.$$

Mit Hilfe der Substitution $t = a^2 + \varrho^2$ kann das Integral gelöst werden:

$$F_{ges} = \frac{Q\sigma a}{4\varepsilon_0} \int_{a^2}^\infty \frac{dt}{t^{3/2}} = \frac{Q\sigma a}{4\varepsilon_0} \frac{t^{-1/2}}{-1/2}\bigg|_{a^2}^\infty = \frac{Q\sigma}{2\varepsilon_0}.$$

Es zeigt sich, daß die Kraft auf die Probeladung völlig unabhängig vom Abstand der Probeladung von der Elektrodenoberfläche ist. Das aber bedeutet wiederum, daß die negative Elektrode auf die Probeladung eine gleich große Kraft ausübt, so daß sich die Gesamtkraft im Kondensator als der doppelte Wert der oben berechneten Kraft ergibt:

$$F = 2 F_{ges} = \frac{Q\sigma}{\varepsilon_0}.$$

7. Aufgabe

Gegeben sind zwei gleich große Plattenkondensatoren mit halbkreisförmigen, ebenen Elektroden und dem Elektrodenabstand d. Die beiden Kon-

III.14 Berechnung von Kräften im elektrostatischen Feld 183

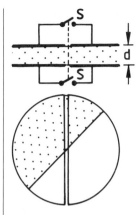

Abb. 127. Kondensatoranordnung

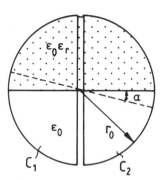

Abb. 128. Zur Berechnung der Kapazitäten

densatoren befinden sich in unendlich kleinem Abstand, elektrisch isoliert nebeneinander (Abb. 127). Innerhalb der beiden Kondensatoren befindet sich ein reibungsfrei drehbares Dielektrikum der Höhe d mit ebenfalls halbkreisförmigem Querschnitt. Der Radius sowohl der Elektrodenfläche als auch des Dielektrikums ist r_0. Die Kondensatoren werden jeweils auf die Ladung Q aufgeladen und von der Spannungsquelle getrennt. Wird das Dielektrikum so eingestellt, daß es gleichweit in jeden Kondensator reicht (Eintauchwinkel 90°, s. Abb. 128), dann befinden sich die auf das Dielektrikum ausgeübten Kräfte im Gleichgewicht. Man bestimme, ob ein stabiles, labiles oder indifferentes Gleichgewicht vorliegt, wenn einmal

a. der in Abb. 127 eingezeichnete Schalter S geöffnet, zum andern
b. der Schalter geschlossen ist.

Lösung
a. Der Schalter, der im Zuge der Verbindungsleitungen zwischen den beiden Kondensatoren liegt, ist geöffnet. Das bedeutet, die Einzelladungen auf den beiden Kondensatoren sind gleich groß und bleiben konstant: $Q_1 = Q_2 = Q = \text{const}$. Der Energieinhalt der beiden Kondensatoren ist damit durch

$$W_{el1} = \frac{Q_1^2}{2C_1}, \qquad W_{el2} = \frac{Q_2^2}{2C_2}$$

bestimmt. Die Kapazitäten C_1 und C_2 lassen sich leicht berechnen. Es wird davon ausgegangen, daß das Dielektrikum gleichweit in die beiden Kondensatoren eintaucht, daß also der Eintauchwinkel gleich 90° ist. Um vom Prinzip der virtuellen Verschiebung Gebrauch machen zu können, wird das Dielektrikum um einen kleinen Winkel α aus der Gleichgewichtslage gedreht und die zugehörige Kapazität der beiden Kondensatoren berechnet (Abb. 128):

$$C = \frac{\varepsilon A}{d} = \frac{\varepsilon}{2d} \int_0^{\alpha_{ges}} r^2(\alpha)\, d\alpha = \frac{\varepsilon r_0^2}{2d} \alpha_{ges}.$$

$$C_1 = \frac{\varepsilon_0 r_0^2}{2d} \left[\frac{\pi}{2}(\varepsilon_r + 1) - \alpha(\varepsilon_r - 1)\right],$$

$$C_2 = \frac{\varepsilon_0 r_0^2}{2d} \left[\frac{\pi}{2}(\varepsilon_r + 1) + \alpha(\varepsilon_r - 1)\right].$$

Der Gesamtenergieinhalt ist gleich der Summe der oben berechneten Einzelenergien:

$$W_{el} = \frac{Q_1^2}{2C_1} + \frac{Q_2^2}{2C_2} = \frac{Q^2}{2}\left(\frac{1}{C_1} + \frac{1}{C_2}\right) = \frac{Q^2}{2}\frac{C_1 + C_2}{C_1 C_2},$$

$$W_{el} = \frac{Q^2 \pi 2d}{2\varepsilon_0 r_0^2}(\varepsilon_r + 1)\frac{1}{\left[\frac{\pi}{2}(\varepsilon_r + 1)\right]^2 - \alpha^2(\varepsilon_r - 1)^2}.$$

Zur Bestimmung der Gleichgewichtslage und der Art des Gleichgewichts muß diese Funktion zweimal nach α differenziert werden. Da die Differentiation zu erheblichem Rechenaufwand führt, wird von der folgenden Überlegung Gebrauch gemacht: Zur Bestimmung der Gleichgewichtslage und der Art des Gleichgewichts müssen die Extrema der Funktion $W_{el}(\alpha)$ bestimmt werden. Nun hat aber die Funktion $1/W_{el}$ ein Extremum, falls W_{el} ein Extremum besitzt. Besitzt die Funktion W_{el} an der Stelle α_0 ein Maximum, so besitzt die Funktion $1/W_{el}$ dort ein Minimum, umgekehrt besitzt $1/W_{el}$ ein Maximum, falls W_{el} minimal wird. Das heißt, zur Bestimmung der Gleichgewichtslage und -art läßt sich auch die Funktion $1/W_{el}$ benutzen. Die Funktion $1/W_{el}$ wird zweimal differenziert:

$$\frac{1}{W_{el}} = K\left\{\left[\frac{\pi}{2}(\varepsilon_r + 1)\right]^2 - \alpha^2(\varepsilon_r - 1)^2\right\},$$

$$K = \frac{\varepsilon_0 r_0^2}{Q^2 \pi d}\frac{1}{\varepsilon_r + 1} > 0,$$

$$\frac{d}{d\alpha}\left(\frac{1}{W_{el}}\right) = K\{-2\alpha(\varepsilon_r - 1)^2\},$$

$$\frac{d^2}{d\alpha^2}\left(\frac{1}{W_{el}}\right) = K\{-2(\varepsilon_r - 1)^2\}.$$

Die zweite Ableitung der Funktion $1/W_{el}$ nach α wird an der Stelle des Gleichgewichts $\alpha = 0$ kleiner als null. Das heißt, $1/W_{el}$ hat an der Stelle $\alpha = 0$ ein Maximum. Das bedeutet wiederum, daß die Funktion W_{el} für den Wert $\alpha = 0$ ein Minimum besitzt. Also befindet sich das betrachtete System in einer stabilen Gleichgewichtslage.

b. Der Schalter S ist geschlossen. Das heißt, an beiden Kondensatoren liegt dieselbe Spannung. Diese Spannung ist aber nicht als konstant anzusehen. Konstant ist vielmehr die Gesamtladung, die sich auf beiden Kondensatoren befindet. Die Kondensatoren können als parallel geschaltet betrachtet werden. Damit ergibt sich für den Energieinhalt des Systems mit $Q_{ges} = Q_1 + Q_2 = 2Q$ und $C_{ges} = C_1 + C_2$:

$$W_{el} = \frac{Q_{ges}^2}{2C_{ges}}, \qquad C_{ges} = C_1 + C_2,$$

$$W_{el} = 4Q^2 \frac{d}{\varepsilon_0 \pi r_0^2} \frac{1}{\varepsilon_r + 1}.$$

Der Energieinhalt ist keine Funktion des Eintauchwinkels α. Das heißt, das System befindet sich in einem indifferenten Gleichgewichtszustand.

8. Aufgabe

Gegeben sind drei ebene Elektroden gleicher Plattengröße, die jeweils den Abstand d zueinander und die Plattenfläche A haben (Abb. 129). Die mittlere der beiden Platten sei auf die Ladung $-2Q$, die äußeren Platten jeweils auf die Ladung $+Q$ (Q positiv) aufgeladen. Die mittlere Platte sei in x-Richtung reibungsfrei verschiebbar. Sind die Abstände zwischen den Elektro-

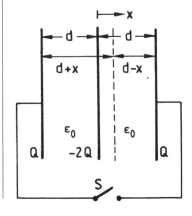

Abb. 129. Kondensatoranordnung

den, wie vorgegeben, jeweils gleich groß, so befinden sich die auf die mittlere Platte ausgeübten Kräfte im Gleichgewicht. Mit Hilfe einer Energiebilanz untersuche man, ob dieses Gleichgewicht stabil, labil oder indifferent ist, und zwar für den Fall, daß

a. der Schalter S (Abb. 129) offen,
b. geschlossen ist.

Lösung
Die Schaltung entspricht der Zusammenschaltung von zwei Plattenkondensatoren, die mechanisch und im Fall b. auch elektrisch miteinander gekoppelt sind.

a. Der Schalter S ist offen. Das bedeutet, die Einzelladungen auf den beiden Kondensatorteilen bleiben konstant: $Q_1 = Q_2 = Q$ = const. Der Gesamtenergieinhalt der Anordnung setzt sich aus der Summe der Energieinhalte der beiden Kondensatorfelder zusammen:

$$W_{el} = \frac{Q_1^2}{2C_1} + \frac{Q_2^2}{2C_2} = \frac{Q^2}{2}\left(\frac{1}{C_1} + \frac{1}{C_2}\right),$$

$$W_{el} = \frac{Q^2}{2}\frac{C_1 + C_2}{C_1 C_2}.$$

Wird die innere Platte um das Stück x nach rechts (positive x-Richtung) verschoben (Abb. 129), so errechnet sich der Wert der Kapazität für die beiden Plattenkondensatoren zu:

$$C_1 = \frac{\varepsilon_0 A}{d+x}, \qquad C_2 = \frac{\varepsilon_0 A}{d-x}.$$

Damit wird der Energieinhalt des Feldes unabhängig von der Anordnung der inneren Platte, und es ergibt sich nach Gleichung (III.14.10) ein indifferentes Gleichgewicht:

$$W_{el} = \frac{Q^2}{2}\left(\frac{d+x}{\varepsilon_0 A} + \frac{d-x}{\varepsilon_0 A}\right) = \frac{Q^2 d}{\varepsilon_0 A},$$

$$\frac{dW_{el}}{dx} \equiv 0.$$

b. Der Schalter S ist geschlossen. An den beiden Kondensatoren liegt jeweils dieselbe Spannung, $U_1 = U_2 = U$, doch ist diese Spannung nicht als konstant anzusehen. Konstant ist die Gesamtladung auf den beiden Kondensatoren $Q_{ges} = Q_1 + Q_2 = 2Q$ = const. Die beiden Kondensatoren können als parallel geschaltet angesehen werden, so daß sich der Energieinhalt der Anordnung zu

$$W_{el} = \frac{Q_{ges}^2}{2C_{ges}}, \qquad C_{ges} = C_1 + C_2,$$

$$W_{el} = \frac{Q_{ges}^2}{2(C_1 + C_2)} = \frac{Q_{ges}^2}{2\varepsilon_0 A \frac{d+x+d-x}{(d-x)(d+x)}} = \frac{Q_{ges}^2}{4\varepsilon_0 A d}(d^2 - x^2)$$

berechnet. Der elektrische Energieinhalt wird zweimal nach der Größe x differenziert:

$$\frac{dW_{el}}{dx} = -\frac{Q_{ges}^2}{2\varepsilon_0 A d} x,$$

$$\frac{d^2 W_{el}}{dx^2} = -\frac{Q_{ges}^2}{2\varepsilon_0 A d} < 0.$$

Für x = 0 ergibt sich eine Gleichgewichtslage:

$$\left. \frac{dW_{el}}{dx} \right|_{x=0} = 0.$$

Wie die zweite Ableitung der Funktion zeigt, besitzt der Energieinhalt an der Stelle x = 0 ein Maximum und damit die Anordnung ein labiles Gleichgewicht (Gl. (III.14.9)).

9. Aufgabe

Einer festen, leitenden Platte steht eine zweite parallele Platte des gleichen Flächeninhalts A gegenüber. Die zweite Platte sei an einer Feder mit der Federkonstanten λ aufgehängt (siehe Abb. 130). Man berechne die Ände-

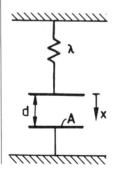

Abb. 130. Kondensatoranordnung

rung x des Plattenabstandes, wenn die Ladung ± Q auf die Platten des Kondensators gebracht wird.

Lösung
Im sich einstellenden Gleichgewichtszustand muß die Summe aller Kräfte, die auf die Platten wirken, null sein. Auf die Platten wirken die Kräfte des elektrischen Feldes, die Federkraft und die Erdanziehungskraft. Sind die Platten nicht aufgeladen, so sei der Plattenabstand gleich d. In diesem Fall kompensieren sich die Federkraft und die Kraft auf die obere Platte infolge der Erdanziehung. Diese beiden Kräfte können also bei der weiteren Berechnung des Problems außer acht gelassen werden. Die Kraft des elektrischen Feldes nach Aufladen der Platten ergibt sich aus dem elektrischen Energieinhalt des Kondensators mit Hilfe der Gl. (III.14.4) und $\vec{F}_{el} = F_{el}\vec{e}_x$ sowie x der Verschiebung der oberen Platte aufgrund der Kraft zu:

$$F_{el} = -\frac{dW_{el}}{dx} = -\frac{Q^2}{2}\frac{d}{dx}\frac{d-x}{\varepsilon_0 A} = \frac{Q^2}{2\varepsilon_0 A} = \text{const.}$$

Also ergibt sich aus der Bedingung, daß die Summe aller an der oberen Platte angreifenden Kräfte gleich null sein muß:

$$F_{el} + F_F = \frac{Q^2}{2}\frac{1}{\varepsilon_0 A} - \lambda x = 0.$$

Wird die Summe der Kräfte an der oberen Platte bestimmt, so ist zu berücksichtigen, daß die Kräfte vektoriell addiert werden müssen. Die Federkraft $\vec{F}_F = F_F\vec{e}_x$ besitzt als rückstellende Kraft die Richtung der negativen x-Achse $\vec{F}_F = -\lambda x\vec{e}_x$. Aus der oben stehenden Gleichung ergibt sich der Plattenabstand, der sich neu einstellt zu:

$$d_{ges} = d - x = d - \frac{Q^2}{2\varepsilon_0 A \lambda}.$$

Nachdem sich dieser Plattenabstand eingestellt hat, befindet sich das System in einem stabilen Arbeitspunkt. Diese Aussage läßt sich leicht überprüfen, wenn man die obere Platte in Gedanken leicht auslenkt und die dabei auf die Platte wirkenden Kräfte betrachtet. Wird der Plattenabstand verkleinert, so ergibt sich bei konstanter Kraft F_{el} des elektrischen Feldes eine vergrößerte Federkraft, die die Platte in die alte Lage zurückzuziehen sucht. Wird der Plattenabstand vergrößert, so wird die Federkraft kleiner, da aber die Kraft des elektrischen Feldes unabhängig vom Plattenabstand ist, wird die Platte wieder in ihre alte Lage zurückgezogen. Das heißt, die Gleichgewichtslage ist stabil.

III.15
Elektrisch geladene Teilchen in einem elektrostatischen Feld

Wird ein elektrisch geladenes Teilchen mit der Ladung Q in ein elektrostatisches Feld gebracht, so wird auf das Teilchen eine Kraft $\vec{F} = Q\vec{E}$ ausgeübt. Aufgrund dieser Kraft wird das Teilchen beschleunigt, es tritt also ein Ladungstransport auf. Das bedeutet, das gesamte System: statisches Feld – elektrisch geladenes Teilchen kann nicht mehr im Sinn der Definition nach Kap. II als statisch angesehen werden; es findet ein Ladungstransport statt, das elektrische Feld leistet Arbeit, die in kinetische Energie umgesetzt wird. Wenn das Verhalten des elektrisch geladenen Teilchens im elektrostatischen Feld trotzdem hier betrachtet werden soll, so aus dem Grund, weil eine Sekundärwirkung des durch die bewegten Ladungsteilchen gebildeten Stromes auf die Feldverteilung des ursprünglichen Feldes nicht berücksichtigt werden soll. Das elektrostatische Feld wird also als eingeprägt angesehen und es wird nur die einseitige Wirkung des elektrischen Feldes auf die geladenen Teilchen berücksichtigt.

Für die Bewegung eines elektrisch geladenen Teilchens im elektrostatischen Feld ergibt sich ein erster Überblick aus einer Energiebetrachtung. Ein geladenes Teilchen trete mit einer Anfangsgeschwindigkeit $\vec{v}_0$ (Absolutbetrag v_0) in Richtung eines homogenen, zeitlich konstanten, elektrischen Feldes in dieses Feld ein. Dann erfährt das Teilchen mit der Ruhemasse m_0 gemäß dem Newtonschen Grundgesetz der Mechanik

$$\vec{F} = m_0 \vec{a}$$

eine Beschleunigung $\vec{a}$. Nach Durchlaufen eines Potentialunterschieds entsprechend einer Spannung U im elektrischen Feld wird sich die Geschwindigkeit des Teilchens auf den Wert $\vec{v}$ geändert haben. Die Differenz der kinetischen Energien des Teilchens, einmal beim Eintritt in das Feld, zum andern nach Durchlaufen der Spannung U, muß nach dem Energieerhaltungssatz gerade gleich der vom elektrischen Feld geleisteten Arbeit sein. Ist die Endgeschwindigkeit v des Teilchens nach Durchlaufen der Spannung U sehr viel kleiner als die Lichtgeschwindigkeit $c_0 = 2{,}9979 \cdot 10^8$ m/s ($v \ll c_0$), so gilt der Energieerhaltungssatz in der klassischen Form

$$\frac{m_0}{2} v^2 - \frac{m_0}{2} v_0^2 = \text{vom Feld geleistete Arbeit.}$$

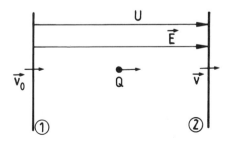

Abb. 131. Geladenes Teilchen im elektrischen Feld

Hierin berechnet sich die vom Feld geleistete Arbeit zu:

$$\text{Arbeit} = \int_1^2 \vec{F} \cdot d\vec{s} = \int_1^2 Q\vec{E} \cdot d\vec{s} = Q\int_1^2 \vec{E} \cdot d\vec{s} = QU.$$

Die Grenzen 1,2 des Integrals seien symbolisch für die Ortskoordinaten beim Eintritt in das Feld und für den Punkt nach Durchlaufen der Spannung U angegeben. Wird dieser Ausdruck für die vom Feld geleistete Arbeit in den Energieerhaltungssatz eingesetzt, so kann die Geschwindigkeit des Teilchens nach Durchlaufen der Spannung U zu

$$v = \sqrt{\frac{2QU}{m_0} + v_0^2} \qquad (\text{III.15.1})$$

berechnet werden. Ist die Anfangsgeschwindigkeit v_0 gleich null, so berechnet sich die Geschwindigkeit aus

$$v = \sqrt{\frac{2QU}{m_0}}. \qquad (\text{III.15.2})$$

Ist die Ladung positiv, so bewegt sie sich in Richtung der elektrischen Feldstärke, durchläuft also eine positive Spannung. Ist die Ladung negativ, bewegt sie sich in Gegenrichtung zum Feld, durchläuft also eine negative Spannung. Damit ist der Radikand unter der Wurzel immer positiv.

Wird angenommen, daß die Anfangsgeschwindigkeit v_0 des Teilchens durch eine bereits vor Eintritt in das betrachtete elektrische Feld durchlaufene Beschleunigungsspannung U_0 erzeugt wurde, so kann sie durch

$$v_0 = \sqrt{\frac{2QU_0}{m_0}} \qquad (\text{III.15.3})$$

berechnet werden. Damit läßt sich dann die Endgeschwindigkeit v aus

$$v_0 = \sqrt{\frac{2Q}{m_0}(U + U_0)}$$

darstellen. Diese Darstellung hat den Vorteil, daß die insgesamt durchlaufene Spannung aus der Summe der Einzelspannungen sofort berechnet werden kann.

Die so abgeleiteten Gleichungen gelten nur für Geschwindigkeiten, für die die relativistische Massenveränderlichkeit nicht berücksichtigt werden muß (d.h. für $v \ll c_0$). Liegt die Größe der Geschwindigkeit v in der Größenordnung der Lichtgeschwindigkeit $c_0 \approx 3 \cdot 10^8$ m/s, so muß für eine angenommene An-

III.15 Elektrisch geladene Teilchen in einem elektrostatischen Feld

fangsgeschwindigkeit $v_0 = 0$ an die Stelle des klassischen Energieerhaltungssatzes die Einstein'sche Beziehung

$$mc_0^2 - m_0 c_0^2 = QU$$

treten. Hierin ist m_0 die Ruhemasse des Teilchens, d.h. die Masse, die das Teilchen bei der Geschwindigkeit null besitzt. m ist die Masse des Teilchens bei der Geschwindigkeit v, die sich aus der Ruhemasse und der Geschwindigkeit v gemäß

$$m = \frac{m_0}{\sqrt{1 - \left(\dfrac{v}{c_0}\right)^2}}$$

berechnet. Damit lautet der Energieerhaltungssatz:

$$\frac{m_0 c_0^2}{\sqrt{1 - \left(\dfrac{v}{c_0}\right)^2}} - m_0 c_0^2 = QU \,.$$

Hieraus ergibt sich durch einfache Auswertung die Geschwindigkeit v nach Durchlaufen der Spannung U zu:

$$v = c_0 \sqrt{1 - \frac{1}{\left(1 + \dfrac{QU}{m_0 c_0^2}\right)^2}} \,. \qquad (\text{III.15.4})$$

Unter der Voraussetzung

$$\frac{QU}{m_0 c_0^2} \ll 1 \qquad \text{bzw.} \qquad QU \ll m_0 c_0^2$$

reduziert sich diese Gleichung auf die oben abgeleitete Beziehung

$$v = \sqrt{\frac{2QU}{m_0}} \,.$$

Das heißt, für den Fall, daß die vom Feld geleistete Arbeit QU sehr viel kleiner ist als die „Ruheenergie" $m_0 c_0^2$ des Teilchens, kann Gl. (III.15.4) durch Gl. (III.15.2) ersetzt werden. Das bedeutet aber wiederum, Gl. (III.15.2) gilt näherungsweise für kleine Beschleunigungsspannungen U oder (und) für große Ruhemassen m_0, z.B. für Ionen.

Im folgenden soll das Verhalten eines elektrisch geladenen Teilchens untersucht werden, das mit einer Anfangsgeschwindigkeit $\vec{v}_0$ unter einem Winkel α zur Richtung eines homogenen, statischen elektrischen Feldes in dieses Feld eintritt. Die Geschwindigkeiten, die das Teilchen im elektrischen Feld annimmt, sollen so klein sein, daß jeweils mit der konstanten Ruhemasse des Teilchens gerechnet werden kann. Es soll eine Aussage über die Bahnkurve, die das Teilchen im Feld durchläuft, und die Geschwindigkeit des Teilchens in Abhängigkeit von der Zeit gefunden werden.

Ausgangspunkt für die Berechnung dieser Größen ist das Grundgesetz der Mechanik

$$m_0 \vec{a} = m_0 \frac{d^2\vec{s}}{dt^2} = \vec{F} = Q\vec{E}.$$

Hierin ist die Beschleunigung durch die zweifache Ableitung des Wegvektors der Bahnkurve nach der Zeit $\vec{a}(t) = d^2\vec{s}(t)/dt^2$ ersetzt worden. Unter der Voraussetzung, daß die elektrische Feldstärke homogen und zeitlich konstant ist, läßt sich diese vektorielle Differentialgleichung leicht zweimal integrieren:

$$\frac{d^2\vec{s}(t)}{dt^2} = \frac{Q\vec{E}}{m_0},$$

$$\vec{v}(t) = \frac{d\vec{s}(t)}{dt} = \frac{Q\vec{E}}{m_0} t + \vec{c}_1,$$

$$\vec{s}(t) = \frac{Q\vec{E}}{2m_0} t^2 + \vec{c}_1 t + \vec{c}_2.$$

Die Geschwindigkeit $\vec{v}$ als Ableitung des Wegvektors nach der Zeit ist linear von der Zeit abhängig. Die Gleichung für den Wegvektor der Bahnkurve ist die Gleichung einer Parabel in Parameterform. $\vec{c}_1$ und $\vec{c}_2$ sind Vektoren, die durch die Anfangsbedingungen des Problems, das heißt durch die Anfangsgeschwindigkeit $\vec{v}_0$ und den Ort $\vec{s}_0$ des Eintritts des geladenen Teilchens in das elektrische Feld bestimmt sind:

$$t = 0: \vec{v} = \vec{c}_1 = \vec{v}_0, \qquad \vec{s} = \vec{c}_2 = \vec{s}_0.$$

Um einen etwas besseren Überblick über die Verhältnisse zu erhalten, wird ein Koordinatensystem nach Abb. 132 eingeführt. Das Koordinatensystem wird so gewählt, daß das elektrische Feld in Richtung der x-Achse weist, $\vec{E} = E\vec{e}_x$. Das geladene Teilchen möge sich im Zeitpunkt des Eintritts in das Feld ($t_0 = 0$) im Koordinatenursprung befinden, $\vec{s}_0 = (0,0,0)$. Der Winkel zwischen der Feldrichtung (x-Richtung) und der Richtung der Anfangsgeschwindigkeit sei α.

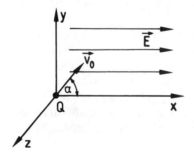

Abb. 132. Geladenes Teilchen im elektrischen Feld

III.15 Elektrisch geladene Teilchen in einem elektrostatischen Feld

Die Anfangsgeschwindigkeit besitze keine Komponente in z-Richtung. Dann läßt sich die vektorielle Gleichung

$$m_0 \ddot{\vec{s}} = m_0 \frac{d^2\vec{s}}{dt^2} = Q\vec{E} = QE\vec{e}_x$$

in drei Gleichungen für die Einzelkomponenten aufspalten:

1) $\ddot{x} = \frac{QE}{m_0}$,   2) $\ddot{y} = 0$,   3) $\ddot{z} = 0$.

Das heißt, es tritt nur in x-Richtung, der Richtung des elektrischen Feldes, eine Beschleunigung auf. Gleichung 1 läßt sich zweimal integrieren:

$$\dot{x} = \frac{QE}{m_0} t + c_1,$$

$$x = \frac{QE}{2m_0} t^2 + c_1 t + c_2.$$

c_1 und c_2 sind Integrationskonstanten, die aus den Anfangsbedingungen berechnet werden können: Zur Zeit t = 0 soll nach den gemachten Voraussetzungen $\dot{x} = v_0 \cos\alpha$ und x = 0 sein. Das heißt, nach Einsetzen dieser Bedingung ergibt sich für die Konstanten:

$c_1 = v_0 \cos\alpha$, $c_2 = 0$.

Damit gilt für die x-Koordinate der Bahnkurve in Abhängigkeit von der Zeit der Zusammenhang:

$$x = \frac{QE}{2m_0} t^2 + v_0 t \cos\alpha.$$

Durch zweimalige Integration folgt ebenso aus der zweiten Gleichung für die y-Koordinate:

$$y = c_3 t + c_4$$

und aus der dritten Gleichung für die z-Koordinate:

$$z = c_5 t + c_6.$$

Unter Verwendung der Anfangsbedingungen: t = 0: y = 0, $\dot{y} = v_0 \sin\alpha$; z = 0, $\dot{z} = 0$ ergeben sich die noch unbekannten Integrationskonstanten:

$c_3 = v_0 \sin\alpha$, $c_4 = 0$, $c_5 = 0$, $c_6 = 0$.

Also gilt für die beiden restlichen Ortskoordinaten:

$y = v_0 t \sin\alpha$,

$z \equiv 0$.

Die z-Koordinate der Bahnkurve ist zu allen Zeiten null, da kein Anteil der Anfangsgeschwindigkeit in z-Richtung weist und keine Beschleunigung in dieser Richtung auftritt.

Die Gleichungen für die Ortskoordinaten

$$x = \frac{QE}{2m_0} t^2 + v_0 t \cos\alpha,$$

$$y = v_0 t \sin\alpha$$

sind die Gleichungen der Parameterdarstellung einer Parabel. Wird aus der Gleichung für die y-Koordinate der Parameter t eliminiert

$$t = \frac{y}{v_0 \sin\alpha}$$

und in die Gleichung für die x-Koordinate eingesetzt, so ergibt sich die Parabel als Funktion der Ortskoordinaten $x = x(y)$:

$$x = \frac{QE}{2m_0} \frac{y^2}{v_0^2 \sin^2\alpha} + \frac{v_0 \cos\alpha}{v_0 \sin\alpha} y,$$

$$x = \frac{QE}{2m_0 v_0^2 \sin^2\alpha} y^2 + y \cot\alpha.$$

Die Geschwindigkeit des geladenen Teilchens in Abhängigkeit von der Zeit ergibt sich durch Differentiation des Wegvektors der Bahnkurve nach der Zeit:

$$\vec{v} = \begin{pmatrix} \dot{x}(t) \\ \dot{y}(t) \\ \dot{z}(t) \end{pmatrix} = \begin{pmatrix} \frac{QE}{m_0} t + v_0 \cos\alpha \\ v_0 \sin\alpha \\ 0 \end{pmatrix}.$$

Der Absolutbetrag der Geschwindigkeit

$$v(t) = \sqrt{\dot{x}(t)^2 + \dot{y}(t)^2 + \dot{z}(t)^2} =$$

$$= \sqrt{v_0^2 + \frac{2QE}{m_0} v_0 t \cos\alpha + \frac{Q^2 E^2}{m_0^2} t^2}$$

ist von der Zeit abhängig, da das elektrische Feld Arbeit leistet und damit die Geschwindigkeit ihren Absolutbetrag mit der Zeit ändert.

III.15 Elektrisch geladene Teilchen in einem elektrostatischen Feld

III.15.1
Aufgaben zur Bewegung elektrisch geladener Teilchen im elektrischen Feld

1. Aufgabe

Zwei ebene, unendlich ausgedehnte Elektroden E_1 und E_2 sind im Abstand d im leeren Raum einander parallel angeordnet. Ein ebenes Gitter G als dritte Elektrode liegt im Abstand d_1 parallel zu E_1 (Abb. 133). Die Elektrode E_1 habe gegenüber dem Gitter ein negatives Potential $\varphi_1 = -U_1$, die Elektrode E_2 ebenfalls ein negatives Potential $\varphi_2 = -U_2$. Es gelte $U_2 > U_1$.

a. An der Elektrode E_1 werden Elektronen ausgelöst, ihre Austrittsgeschwindigkeit sei näherungsweise null. In welchem Abstand von der Elektrode E_1 entfernt liegt der Umkehrpunkt der Elektronen, der durch die Geschwindigkeit v = 0 charakterisiert ist (ein solcher Umkehrpunkt ist durch die oben gemachten Voraussetzungen über die Potentiale der Elektroden immer vorhanden)?
b. Nach welcher Zeit kommen die Elektronen wieder an der Elektrode E_1 an, bzw. wie groß ist die Frequenz der von den Elektronen durchgeführten Bewegungsschwingung?

Lösung
Da die Elektronen eine negative Ladung besitzten (Q = – e = – 1,602 · 10^{-19} As), treten sie bei Austritt aus der Elektrode E_1 in ein Beschleunigungsfeld ein. Die Elektronen werden bis zum Gitter G beschleunigt und treten mit einer maximalen Geschwindigkeit v_{max} in den zweiten Laufraum zwischen G und E_2 ein. In diesem Laufraum bewegen sich die negativ geladenen Teilchen in Richtung der elektrischen Feldstärke, werden also abgebremst. Ist die Spannung U_2 größer als U_1 (siehe oben gemachte Voraussetzungen), so erreichen sie die Elektrode E_2 nicht, sondern kehren vor Erreichen der zweiten Elektrode um. Nun werden die Elektronen durch dasselbe Feld (erzeugt durch

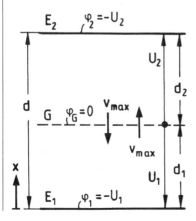

Abb. 133. Elektrodenanordnung

U_2) in negativer x-Richtung beschleunigt, treten wieder mit der Geschwindigkeit v_{max} durch das Gitter und werden bis zur Kathode auf die Geschwindigkeit null abgebremst. Dann beginnt der Vorgang von vorne, es bildet sich also ein schwingungshafter Bewegungsvorgang aus.

a. Die Geschwindigkeit v_{max} beim Durchtritt durch das Gitter läßt sich sofort mit Hilfe der Gl. (III.15.2) bestimmen. Mit $Q = -e$ und, da die Spannung U_1 gegen die Richtung ihres Bezugspfeiles durchlaufen wird, mit $U = -|U_1|$ (negative Spannung) gilt:

$$v_{max} = \sqrt{\frac{2e|U_1|}{m_0}}.$$

Hierin ist m_0 die Ruhemasse des Elektrons ($m_0 = 9{,}108 \cdot 10^{-28}$ g). Mit dieser Geschwindigkeit als Anfangsgeschwindigkeit tritt das Elektron in das Bremsfeld des zweiten Laufraums ein. Hat das Elektron im Bremsraum die Spannung $U = +|U|$ (in Feldrichtung) durchlaufen, so wird seine Geschwindigkeit auf

$$v = \sqrt{v_{max}^2 - \frac{2e|U|}{m_0}}$$

reduziert. Diese Geschwindigkeit wird gerade null (Umkehrpunkt), falls

$$v_{max}^2 = \frac{2e|U_1|}{m_0} = \frac{2e|U|}{m_0}$$

bzw.

$$|U| = |U_1|$$

wird. Nun läßt sich die im Laufraum zwischen Gitter G und Elektrode E_2 durchlaufene Spannung U aus der Feldstärke in diesem Bereich

$$|\vec{E}_2| = \frac{|U_2|}{d_2}, \qquad d_2 = d - d_1$$

und dem in diesem Laufraum zurückgelegten Weg s bis zur Koordinate x

$$s = x - d_1 \qquad zu \qquad |U| = \frac{|U_2|}{d_2}(x - d_1)$$

bestimmen. Dann gilt, falls x_u die Koordinate des Umkehrpunktes ist:

$$|U_1| = \frac{|U_2|}{d_2}(x_u - d_1),$$

$$x_u = \frac{|U_1|}{|U_2|} d_2 + d_1.$$

b. Berechnung der Laufzeit τ: Die Laufzeit τ eines Elektrons von der Kathode über das Gitter G, den zweiten Laufraum und zurück zur Kathode

III.15 Elektrisch geladene Teilchen in einem elektrostatischen Feld

setzt sich aus vier Einzellaufzeiten zusammen, von denen jeweils zwei gleich groß sind. Da das Elektron jeweils mit der Geschwindigkeit v_{max} durch das Gitter tritt, ist die Laufzeit τ_1 von der Kathode zum Gitter gleich der Laufzeit τ_4 vom Gitter zurück zur Kathode. Ferner ist die Laufzeit τ_2 vom Gitter zum Umkehrpunkt gleich der Laufzeit τ_3 vom Umkehrpunkt zum Gitter. Die Laufzeit τ_1 soll zunächst auf zwei verschiedenen Wegen berechnet werden:

Aus der Bewegungsgleichung

$$m_0 \ddot{\vec{s}} = -e\vec{E}_1$$

mit

$$\vec{E}_1 = -\frac{|U_1|}{d_1}\vec{e}_x = -|\vec{E}_1|\vec{e}_x$$

folgt, da das Problem als eindimensional angesehen werden kann, nach Einführen einer Koordinate x (Abb. 133) für diese Ortskoordinate als Beschreibung des Lagepunktes des Elektrons:

$$m_0\ddot{x} = e|\vec{E}_1|,$$

$$\ddot{x} = \frac{e|\vec{E}_1|}{m_0}; \qquad \dot{x} = \frac{e|\vec{E}_1|}{m_0}t + c_1,$$

$$x = \frac{e|\vec{E}_1|}{2m_0}t^2 + c_1 t + c_2.$$

Mit den Anfangsbedingungen: $t = 0$: $x = \dot{x} = 0$ gilt für die Konstanten $c_1 = c_2 = 0$. Damit gilt für die x-Koordinate:

$$x = \frac{e|\vec{E}_1|}{2m_0}t^2.$$

Bei Erreichen des Gitters ($x = d_1$) wird $t = \tau_1$ und somit:

$$\tau_1^2 = \frac{2m_0 d_1}{e|\vec{E}_1|} = \frac{2m_0 d_1^2}{e|U_1|},$$

$$\tau_1 = d_1\sqrt{\frac{2m_0}{e|U_1|}}.$$

Etwas einfacher läßt sich die Laufzeit aus der Gleichung

$$\dot{x} = \frac{e|\vec{E}_1|}{m_0}t = \frac{e|U_1|}{m_0 d_1}t$$

für die Geschwindigkeit bestimmen, falls berücksichtigt wird, daß im

Zeitpunkt des Erreichens des Gitters (t = τ_1) die Geschwindigkeit des Elektrons gerade gleich v_{max} wird:

$$\dot{x}(t = \tau_1) = v_{max} = \frac{e|U_1|}{m_0 d_1} \tau_1,$$

$$\tau_1 = \frac{m_0 d_1}{e|U_1|} v_{max} = d_1 \sqrt{\frac{2 m_0}{e|U_1|}}.$$

In den zweiten Laufraum tritt das Elektron zur Zeit t = τ_1 mit der Geschwindigkeit $\dot{x}(\tau_1) = v_{max}$ ein. Damit gelten hier die Bewegungsgleichungen:

$$(x - d_1) = -\frac{e|\vec{E}_2|}{2 m_0} (t - \tau_1)^2 + (t - \tau_1) v_{max},$$

$$\dot{x} = -\frac{e|\vec{E}_2|}{m_0} (t - \tau_1) + v_{max}$$

mit

$$|\vec{E}_2| = \frac{|U_2|}{d_2}.$$

Zur Zeit t = $\tau_1 + \tau_2$ befindet sich das Elektron im Umkehrpunkt ($v = \dot{x} = 0$), so daß aus der Geschwindigkeit die Laufzeit τ_2 berechnet werden kann:

$$\dot{x}(\tau_1 + \tau_2) = 0 = -\frac{e|\vec{E}_2|}{m_0} (\tau_1 + \tau_2 - \tau_1) + v_{max},$$

$$\tau_2 = \frac{m_0 v_{max}}{e|\vec{E}_2|} = \frac{m_0 d_2}{e|U_2|} \sqrt{\frac{2 e|U_1|}{m_0}},$$

$$\tau_2 = \frac{d_2}{|U_2|} \sqrt{\frac{2 m_0 |U_1|}{e}}.$$

Die gesamte Laufzeit setzt sich aus

$$\tau_{ges} = \tau_1 + \tau_2 + \tau_3 + \tau_4 = 2\tau_1 + 2\tau_2,$$

$$\tau_{ges} = 2 d_1 \sqrt{\frac{2 m_0}{e|U_1|}} + \frac{2 d_2}{|U_2|} \sqrt{\frac{2 m_0 |U_1|}{e}}$$

zusammen. Damit hat die Bewegungsschwingung des Elektrons die Schwingfrequenz:

$$f = \frac{1}{\tau_{ges}}.$$

Da die bewegten Ladungen auf den äußeren Elektroden zeitabhängige Ladungen influenzieren, kann in einem außen angeschlossenen, schwingungsfähigen Kreis eine Schwingung der Frequenz f (Barkhausen-Kurz-Schwingung) angeregt werden.

2. Aufgabe

In einer Kathodenstrahl-Röhre (Bildröhre) treten die Elektronen, nachdem sie eine Beschleunigungsspannung U_0 durchlaufen haben, in Richtung der Achse des Systems (Abb. 134) in das Feld der Ablenkplatten ein. Die Platten haben eine Länge ℓ in Achsenrichtung und einen Abstand d. Wie groß ist die Auslenkung des Bildpunktes y_a aus der Bildmitte, wenn zwischen den Ablenkplatten eine Spannung der Größe U liegt und der Abstand des Bildschirms vom Ende der Ablenkplatten L ist und das auftretende Streufeld der Ablenkeinrichtung vernachlässigt wird?

Lösung

Die Elektronen, die mit einer Anfangsgeschwindigkeit v_0 entsprechend der Beschleunigungsspannung U_0 (s. Gl. (III.15.3)) in das elektrische Feld der Ablenkplatten eintreten, werden senkrecht zur Achse der Röhre abgelenkt. Im Feldbereich durchlaufen die Elektronen eine parabelförmige Bahn. Am Ende der Platten treten die Elektronen bei einer Koordinate $y = y_1$ (s. Abb. 134) aus dem Feld aus, dabei ist vorausgesetzt, daß die Spannung U und die Abstände d und l so gewählt sind, daß die Elektronen die Ablenkplatten nicht erreichen. Außerhalb des Feldes bewegen sich die Elektronen (falls das Streufeld vernachlässigt wird) geradlinig unter einem Winkel α zur Achse des Systems weiter. Die Gesamtauslenkung y_a auf dem Bildschirm setzt sich also aus der Auslenkung y_1 aufgrund der parabelförmigen Bahn zwischen den Platten und der Auslenkung y_2 aufgrund des geradlinigen Verlaufs unter dem Winkel α zur Achse im feldfreien Raum zusammen. Treffen die Elektronen auf dem Bildschirm auf, so erzeugen sie dort einen Leuchteffekt.

Berechnung der Elektronenbahn: In einem Koordinatensystem nach Abb. 134 gelten die Bewegungsgleichungen in der Form:

$$m_0 \ddot{\vec{s}} = Q\vec{E} = -e\vec{E} = eE\vec{e}_y$$

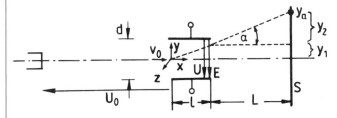

Abb. 134. Prinzip einer Kathodenstrahl-Röhre

mit

$$\vec{E} = -E\vec{e}_y = -\frac{|U|}{d}\vec{e}_y$$

der Feldstärke zwischen den Ablenkplatten. Für die drei Koordinaten x, y, z der Bahnkurve gelten die Differentialgleichungen:

1) $\ddot{x} = 0$,   2) $\ddot{y} = \dfrac{eE}{m_0}$,   3) $\ddot{z} = 0$.

Die zweifache Integration dieser Gleichungen nach der Zeit liefert die Ortskoordinaten der Bahnkurve:

1) $x = c_1 t + c_2$,   2) $y = \dfrac{eE}{2m_0} t^2 + c_3 t + c_4$,

3) $z = c_5 t + c_6$.

Das Koordinatensystem nach Abb. 134 wurde so gewählt, daß die Anfangsbedingungen die Form

$t = 0 : x = y = z = 0$

$\dot{x} = v_0, \qquad \dot{y} = \dot{z} = 0$

annehmen. Damit ergeben sich die gesuchten Konstanten zu:

$c_1 = v_0 = \sqrt{\dfrac{2e|U_0|}{m_0}}, \quad c_2 = 0,$

$c_3 = c_4 = 0, \qquad c_5 = c_6 = 0.$

Die Bahnkurve lautet also in Parameterform:

$x = v_0 t = t \sqrt{\dfrac{2e|U_0|}{m_0}},$

$y = \dfrac{eE}{2m_0} t^2 = \dfrac{e|U|}{2m_0 d} t^2,$

$z \equiv 0.$

Wird der Parameter t aus der x-Koordinate eliminiert und in die Gleichung für die y-Koordinate eingesetzt, so ergibt sich die Bahnkurve in der Darstellung:

$y = \dfrac{eE}{2m_0} \dfrac{x^2}{v_0^2} = \dfrac{|U|}{4|U_0|d} x^2.$

Die Bahnkurve der Elektronen zwischen den Ablenkplatten ist eine Parabel. An der Stelle x = l (Ende der Ablenkplatten) ergibt sich die Auslenkung y_1:

$$y_1 = y(l) = \frac{|U|}{4|U_0|d} l^2.$$

Hinzu kommt auf dem Bildschirm die Auslenkung y_2 aufgrund des geradlinigen Verlaufs der Bahnkurve im feldfreien Raum zwischen Ablenkplatten und Bildschirm,

$$y_2 = L \tan(\alpha).$$

Der Tangens des Austrittswinkels α ist gleich der Steigung der Parabel $y = y(x)$ im Punkt x = l:

$$\tan(\alpha) = \left.\frac{dy}{dx}\right|_{x=l} = \left.\frac{|U|}{2|U_0|d} x\right|_{x=l} = \frac{|U|l}{2|U_0|d}.$$

Damit ergibt sich für die Gesamtauslenkung:

$$y_a = y_1 + y_2 = \frac{|U|l^2}{4|U_0|d} + \frac{|U|lL}{2|U_0|d}$$

$$y_a = \frac{|U|l}{2|U_0|d}\left[\frac{\ell}{2} + L\right].$$

Aus dem Ergebnis läßt sich sofort erkennen, daß die Auslenkung auch so berechnet werden kann, als ob der Strahl bis zur Stelle x = $\ell/2$ unabgelenkt verläuft und dann mit dem Winkel α abgelenkt wird und geradlinig weiter verläuft. Der Faktor vor der Klammer ist nämlich gerade gleich dem Wert der Tangensfunktion für den Winkel α, so daß gilt:

$$y_a = \tan(\alpha)\left[\frac{\ell}{2} + L\right].$$

3. Aufgabe

Ein Elektronenstrahl trifft unter dem Einfallswinkel α_0 (Winkel zwischen Strahl und der Normalen der Gitterebene) auf eine Potentialschwelle, die von zwei ebenen, unendlich ausgedehnten Gittern G_1 und G_2, zwischen denen eine Spannung U = U_{12} liegt, gebildet wird (Strahlrichtung von Gitter G_1 zum Gitter G_2, Abb. 135).

a. Man erkläre den Verlauf des Strahles innerhalb und außerhalb der Potentialschwelle.
b. Wie groß ist der Brechungswinkel α_1, wenn α_0, U und die Beschleunigungsspannung U_0, die der Strahl vor Auftreffen auf die Potentialschwelle durchlaufen hat, gegeben sind?

c. Wie groß ist der Wert der Grenzspannung $U = U_g$ beim Übergang von der Brechung zur Reflexion, wann tritt Brechung, wann Reflexion auf?

Lösung

a. Nach Eintritt in das elektrische Feld zwischen den Gittern G_1 und G_2 werden die negativen Elektronen auf einer Parabelbahn abgebremst. Dabei ergeben sich zwei mögliche Fälle. Erstens: die Spannung U (vorgegeben als positive Spannung U_{12}) ist klein, so daß die Krümmung der Parabel klein ist und der Strahl durch das Gitter G_2 aus der Potentialschwelle austritt (Abb. 135). Der Austrittswinkel α_1 wird dabei vom Eintrittswinkel α_0 verschieden sein. Der Strahl wird gebrochen. Zweitens: Die Spannung U_{12} (positiv) ist so groß, daß der Strahl innerhalb der Potentialschwelle umgelenkt wird und wieder durch das Gitter G_1 austritt. Da die dabei vom Strahl durchlaufene Parabelbahn symmetrisch zu einer Geraden $x = x_0$ mit y-Richtung ist, tritt der Strahl unter dem Winkel α_0 wieder aus G_1 aus. Da außerdem die gesamte, innerhalb der Potentialschwelle durchlaufene Spannung null ist, ist der Absolutbetrag der Austrittsgeschwindigkeit gleich v_0, dem Absolutbetrag der Eintrittsgeschwindigkeit. Dieser Betriebsfall soll als Reflexion bezeichnet werden. Wird die Spannung U_{12} positiv unendlich groß, tritt der Fall der echten Reflexion am Gitter G_1 auf, der Strahl dringt nicht mehr in die Schwelle ein, sondern wird sofort reflektiert. Ist die Spannung U_{12} negativ, so werden die Elektronen immer beschleunigt, unter diesen Bedingungen tritt stets der Betriebsfall der Brechung auf.

Berechnung der Bahn innerhalb der Potentialschwelle: Aus den Bewegungsgleichungen

$$m_0 \ddot{\vec{s}} = -e\vec{E} \qquad \text{mit} \qquad \vec{E} = E\vec{e}_y = \frac{U_{12}}{d}\vec{e}_y$$

folgt mit dem eingeführten Koordinatensystem (Abb. 135), falls das Problem als ebenes Problem angesehen wird:

1) $\ddot{x} = 0$,

2) $\ddot{y} = -\dfrac{eE}{m_0} = -\dfrac{eU_{12}}{m_0 d}$.

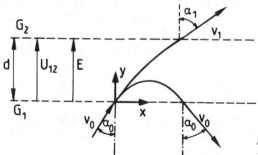

Abb. 135. Elektrische Potentialschwelle

Durch zweimalige Integration nach der Zeit ergibt sich:

$$x = c_1 t + c_2,$$

$$y = -\frac{eU_{12}}{2m_0 d} t^2 + c_3 t + c_4.$$

Aufgrund der Anfangsbedingungen: $t = 0$, $y = 0$, $\dot{x} = v_0 \sin\alpha_0$ und $\dot{y} = v_0 \cos\alpha_0$ ergibt sich für die Konstanten c_n ($n = 1, 2, 3, 4$):

$$c_1 = v_0 \sin\alpha_0, \qquad v_0 = \sqrt{\frac{2e|U_0|}{m_0}}$$

$$c_2 = 0,$$

$$c_3 = v_0 \cos\alpha_0,$$

$$c_4 = 0.$$

Damit lauten die Komponenten des Ortsvektors der Bahnkurve:

$$x = v_0 t \sin\alpha_0 = t \sin\alpha_0 \sqrt{\frac{2e|U_0|}{m_0}},$$

$$y = -\frac{eU_{12}}{2m_0 d} t^2 + t \cos\alpha_0 \sqrt{\frac{2e|U_0|}{m_0}}.$$

Aus der Gleichung für die x-Koordinate wird der Parameter t eliminiert und in die Gleichung für die y-Koordinate eingesetzt. Dann gilt für die Gleichung der Bahnkurve im x-y-System:

$$y = -\frac{eU_{12}}{2m_0 d} \frac{x^2}{v_0^2 \sin^2\alpha_0} + x \cot\alpha_0,$$

$$y = -\frac{U_{12}}{4d|U_0|\sin^2\alpha_0} x^2 + x \cot\alpha_0.$$

Die Bahnkurve ist eine Parabel.

b. Der Brechungswinkel α_1 läßt sich am leichtesten mit Hilfe einer Energiebetrachtung berechnen: Da die Beschleunigung auf die Elektronen innerhalb der Potentialschwelle nur y-Richtung besitzt, bleibt die x-Komponente der Geschwindigkeit beim Durchlaufen der Potentialschwelle konstant, das heißt, die x-Komponente der Austrittsgeschwindigkeit $\vec{v}_1$ ergibt sich aus der x-Komponente der Eintrittsgeschwindigkeit $\vec{v}_0$ zu:

$$v_{1x} = v_1 \sin\alpha_1 = v_{0x} = v_0 \sin\alpha_0.$$

Nach dem Energieerhaltungssatz (im Fall der Brechung und für $v_1 \ll c_0 \approx 3 \cdot 10^8$ m/s) gilt:

$$\frac{m_0}{2} v_1^2 - \frac{m_0}{2} v_0^2 = - eU_{12}.$$

Hieraus kann die Geschwindigkeit v_1 berechnet werden:

$$v_1 = \sqrt{v_0^2 - \frac{2eU_{12}}{m_0}}.$$

Für die Komponente der Austrittsgeschwindigkeit in x-Richtung kann also

$$v_{1x} = v_1 \sin\alpha_1 = \sin\alpha_1 \sqrt{v_0^2 - \frac{2eU_{12}}{m_0}}$$

angegeben werden. Da aber für diese Komponente auch oben stehender Zusammenhang

$$v_{1x} = \sin\alpha_1 \sqrt{v_0^2 - \frac{2eU_{12}}{m_0}} = v_{0x} = v_0 \sin\alpha_0$$

mit

$$v_0 = \sqrt{\frac{2e|U_0|}{m_0}}$$

gilt, folgt für den Sinus-Funktionswert des Brechungswinkels der Ausdruck:

$$\sin\alpha_1 = \sin\alpha_0 \sqrt{\frac{|U_0|}{|U_0| - U_{12}}}.$$

c. Der Übergang von der Brechung zur Reflexion erfolgt, wenn der Brechungswinkel α_1 den Wert $\pi/2$ annimmt. Das heißt, es gilt im Grenzfall:

$$\sin\alpha_1 = \sin(\pi/2) = 1 = \sin\alpha_0 \sqrt{\frac{|U_0|}{|U_0| - U_{12g}}},$$

$$1 = \sin^2\alpha_0 \frac{|U_0|}{|U_0| - U_{12g}},$$

$$U_g = U_{12g} = |U_0|(1 - \sin^2\alpha_0) = |U_0|\cos^2\alpha_0.$$

III.15 Elektrisch geladene Teilchen in einem elektrostatischen Feld

Die Spannung $U_g = U_{12g}$ wird als Grenzspannung bezeichnet. Brechung tritt für Spannungen $U < U_g$, Reflexion für Spannungen $U \geq U_g$ auf (unter der Annahme, daß die Elektronen bei der Spannung $U = U_g$ den Feldraum nicht mehr verlassen, der Scheitelpunkt der Parabel in diesem Fall also gleich dem Gitterabstand d ist).

KAPITEL IV

Stationäre Strömungsfelder

IV.1
Die Stromdichte

In der Elektrostatik (Kap. III) wurden Ladungen untersucht, die sich in einem Gleichgewichtszustand befanden, das heißt, die Ladungen waren zeitlich und räumlich unveränderlich. Hier soll nun die Bewegung elektrisch geladener Teilchen in einem leitenden Medium untersucht werden. Dabei soll zunächst vorausgesetzt werden, daß die Bewegung der geladenen Teilchen mit konstanter, von der Zeit unabhängiger Geschwindigkeit unter dem Einfluß eines eingeprägten, elektrostatischen Feldes auftritt. Damit werden alle zur Beschreibung dieses Zustands eingeführten Felder von der Zeit unabhängig sein. Die Felder beschreiben einen Beharrungszustand und werden als stationär bezeichnet. Der stationäre Zustand ist stets mit einer Energieänderung verknüpft; im betrachteten Fall der stationären Strömungsfelder wird elektrische Energie in Wärmeenergie überführt.

Um die Begriffe des stationären Strömungsfeldes einzuführen, wird von folgenden Überlegungen ausgegangen: Betrachtet wird ein geladener Plattenkondensator, der zunächst mit einem Dielektrikum gefüllt sei, das keine Leitfähigkeit ($\kappa = 0$) besitzt (Abb. 136). Die Elektroden des Kondensators seien auf $\pm |Q|$ aufgeladen. Die Ladungen auf den Elektroden des Kondensators bewirken, daß auf die beiden Platten des Kondensators eine Kraft ausgeübt wird. Eine entsprechende Kraft wird auch auf ein elektrisch geladenes Teilchen zwischen den Elektroden ausgeübt (vgl. Aufgabe 6, Kap. III.14.1). Besitzt das

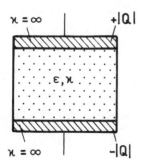

Abb. 136. Geladener Plattenkondensator

IV.1 Die Stromdichte

Dielektrikum zwischen den Elektroden eine Leitfähigkeit κ, das heißt, existieren in ihm frei bewegliche Ladungsträger, so werden sich diese Ladungsträger solange unter dem Einfluß der auftretenden Kraft auf die Elektroden des Kondensators zu bewegen, bis die Ladungen auf den Elektroden sich ausgeglichen haben und der Kondensator ungeladen ist. Bei diesem Experiment können die folgenden Eigenschaften festgestellt werden:

1. Das elektrische Feld zwischen den Elektroden des Kondensators nimmt ab und verschwindet schließlich,
2. während des Ausgleichvorgangs tritt in der Umgebung des Plattenkondensators ein Magnetfeld auf und
3. das leitende Material zwischen den Elektroden des Kondensators erwärmt sich.

Das heißt, zwischen den Elektroden des Kondensators hat eine Ladungsbewegung stattgefunden, die durch die elektrische Stromstärke i beschrieben werden soll. Die elektrische Stromstärke ist ein Maß für die Abnahme der Ladung der Elektroden pro Zeiteinheit,

$$i = -\frac{dQ}{dt}, \qquad (IV1.1)$$

das heißt, je größer der Ladungstransport pro Zeiteinheit zwischen den Elektroden ist, umso mehr wird die Ladung auf den Elektroden abgebaut. Gleichzeitig ist die Stromstärke i die Ladung pro Zeiteinheit, die durch den Querschnitt des leitfähigen Materials transportiert wird. Ihr Vorzeichen und seine Abhängigkeit von dem physikalischen Prozeß des Ladungstransports wird am Ende dieses Abschnitts diskutiert. Der Strom ist im oben beschriebenen Experiment noch eine Funktion der Zeit, das heißt, die auftretenden Felder sind nicht stationär. Ein stationärer Feldzustand kann dadurch erzwungen werden, daß die Ladung auf den Elektroden des Kondensators konstant gehalten wird. Das heißt, die Ladung, die durch den Strom im leitenden Material ausgeglichen wird, muß von außen wieder auf die Elektroden des Kondensators gebracht werden. Dies ist z.B. mit Hilfe einer elektrischen Quelle möglich, die weiter unten behandelt werden soll. Unter diesen Voraussetzungen bleibt die Ladung auf den Elektroden konstant; damit liegt zwischen den Elektroden des Kondensators eine konstante, eingeprägte Spannung, die eine konstante, eingeprägte elektrostatische Feldstärke erzeugt. Im Verbindungsdraht zwischen der Quelle und den Elektroden tritt ein Ladungstransport auf, der durch die Stromstärke i (durch den Querschnitt des Leiters pro Zeiteinheit transportierte Ladung) beschrieben wird.

Tritt in einem leitenden Material ein elektrostatisches Feld sowie ein zeitlich konstanter, räumlich verteilter elektrischer Strom auf, so wird dieser Feldzustand als stationäres Strömungsfeld bezeichnet.

Eine atomistische Deutung des elektrischen Strömungsvorgangs ist der makroskopischen Elektrodynamik, die eine Feldtheorie ist, fremd. Zur Beschreibung des Strömungsvorgangs wird deshalb ein Vektorfeld $\vec{S}$ definiert, so daß die elektrische Stromstärke i der Fluß dieses Vektorfeldes $\vec{S}$ durch die Fläche A im Innern des Leiters ist:

$$i = \iint_A \vec{S} \cdot \vec{n} \, dA, \tag{IV.1.2}$$

mit $\vec{n}$ dem Flächennormalen-Einheitsvektor auf der Fläche A.

Das Vektorfeld $\vec{S}$ wird als elektrische Stromdichte bezeichnet, sie ist dem Betrag nach gleich der elektrischen Stromstärke pro Flächeneinheit, die durch eine Fläche senkrecht zur Stromrichtung tritt,

$$|\vec{S}| = \Delta A \xrightarrow{\lim} 0 \, \frac{\Delta i}{\Delta A} = \frac{di}{dA}. \tag{IV.1.3}$$

Die Richtung der Stromdichte sei gleich der Richtung der Ladungsbewegung positiver Ladungsträger. Ist $\vec{S}$ ein stationäres Strömungsfeld, so ist i = I eine zeitunabhängige Stromstärke (Gleichstrom).

Nach diesen Festlegungen kann eine eindeutige Aussage über das Vorzeichen der Stromstärke i nach Gl. (IV.1.2) gemacht werden. $\vec{S}$ ist ein Vektor in Richtung der Ladungsträgerbewegung, beschrieben durch die Ladungsträgergeschwindigkeit $\vec{v}$, falls positive Ladungsträger transportiert werden. Das heißt, es gilt $\vec{S} = \alpha \vec{v}$ mit positivem Proportionalitätsfaktor α. $\vec{S}$ weist in Gegenrichtung zur Ladungsträgerbewegung, d.h. $\vec{S} = \alpha \vec{v}$ mit negativem α, falls negative Ladungsträger bewegt werden. Die Stromstärke i hängt in ihrem Vorzeichen somit sowohl von der Richtung des Stromdichtevektors $\vec{S}$ als auch von der Richtung des willkürlich wählbaren Flächennormalenvektors $\vec{n}$ ab. Es können insgesamt vier Fälle unterschieden werden (Abb. 137).

a) Der Stromdichtevektor zeigt in Richtung der Ladungsträgerbewegung positiver Ladungsträger und der Flächennormalenvektor ist parallel zu $\vec{S}$. Dann werden positive Ladungsträger in Richtung des Flächennormalenvektors transportiert, die Stromstärke i ist nach Gl. (IV.1.2) eine positive Größe.

b) Der Stromdichtevektor $\vec{S}$ zeigt in Richtung der Ladungsträgerbewegung positiver Ladungsträger, $\vec{n}$ in Gegenrichtung. Dann ist i nach Gl. (IV.1.2) eine negative Größe. Es wird eine positive Ladung in Gegenrichtung zum Flächennormalenvektor, oder, was dasselbe ist, negative Ladung in Richtung des Flächennormalenvektors transportiert.

c) Der Stromdichtevektor zeigt in Gegenrichtung zum Vektor der Ladungsträger-Geschwindigkeit, d.h. in Richtung von $\vec{v}$ werden negative Ladungsträger transportiert. Zeigt der Flächennormalenvektor in Richtung des Stromdichtevektors, so werden negative Ladungen in Gegenrichtung zu $\vec{n}$, oder, was dasselbe ist, positive Ladungen in Richtung von $\vec{n}$ transportiert; i ist positiv.

d) Zeigt der Stromdichtevektor in Gegenrichtung der Ladungsträgerbewegung ($\vec{S} = \alpha \vec{v}$, $\alpha < 0$) und zeigt $\vec{n}$ in Gegenrichtung von $\vec{S}$, so werden negative Ladungen in Richtung von $\vec{n}$ transportiert; i ist negativ.

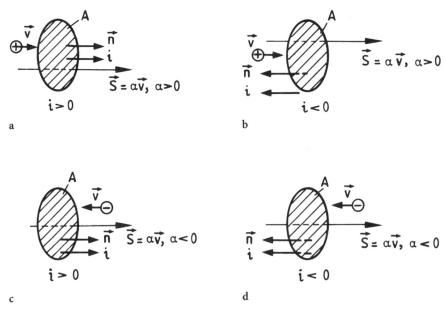

Abb. 137 a–d. Zur Definition des Bezugspfeils der Stromstärke i

Zur eindeutigen Festlegung des Vorzeichens der skalaren Größe Stromstärke wird ein Bezugspfeil (Zählpfeil, kein Vektor) in Richtung des (willkürlich gewählten) Normaleneinheitsvektors $\vec{n}$ eingeführt (Abb. 137). Die Stromstärke i ist dann positiv, wenn positive Ladungen in Richtung des Bezugspfeils (Abb. 137a) oder negative Ladungen in Gegenrichtung zum Bezugspfeil (Abb. 137c) transportiert werden. Die Stromstärke ist negativ, wenn positive Ladungen in Gegenrichtung zum Bezugspfeil (Abb. 137b) oder wenn negative Ladungen in Richtung des Bezugspfeils (Abb. 137d) transportiert werden.

VI.2
Die Maxwellschen Gleichungen des stationären Strömungsfeldes

Es ist ein Gesetz der Erfahrung, daß Ladungen weder erzeugt noch vernichtet werden können. Wird dieses Gesetz der Ladungserhaltung auf die stationären Strömungsfelder angewendet, so gelangt man zu folgender Überlegung: Wird ein abgeschlossenes Volumen V mit der Hüllfläche A (Abb. 138) betrachtet, so muß die Ladung, die auf einer Seite in die Hülle eintritt, auf der anderen Seite wieder austreten, weil im Volumen V keine Ladung erzeugt oder vernichtet wird. Da außerdem die Stromdichte von der Zeit unabhängig ist, kann auch keine zeitweise Ladungsspeicherung im Volumen auftreten, wie dies bei zeitlich veränderlichen Feldern möglich ist (siehe Kap. VII.1). Ein zeitlich konstanter Strom, der in das Volumen eintritt und nicht wieder austritt, würde zu

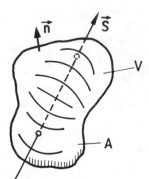

Abb. 138. Fluß der Stromdichte durch eine geschlossene Hülle

einer unendlich großen Ladungsanhäufung im Innern der Hülle A führen, was nicht möglich ist. Das heißt aber, daß das Flächenintegral über eine geschlossene Fläche

$$\phi = \oiint_A \vec{S} \cdot \vec{n}\, dA$$

für stationäre Strömungsfelder $\vec{S}$ immer verschwindet:

$$\oiint_A \vec{S} \cdot \vec{n}\, dA = 0 \,. \tag{IV.2.1}$$

Damit ergeben sich die folgenden Feldgleichungen zur Beschreibung des stationären Strömungsfeldes: Die auftretende elektrische Feldstärke ist ein elektrostatisches Feld und gehorcht den Feldgleichungen der Elektrostatik:

$$\oint_C \vec{E} \cdot d\vec{s} = 0, \qquad \operatorname{rot} \vec{E} = \vec{0},$$

$$\operatorname{Rot} \vec{E} = \vec{0}, \qquad \vec{E} = -\operatorname{grad} \varphi, \qquad \varphi = - \int_{P_0}^{P} \vec{E} \cdot d\vec{s}. \tag{IV.2.2}$$

Hinzu kommen die Feldgleichungen für die elektrische Stromdichte $\vec{S}$:

$$\oiint_A \vec{S} \cdot \vec{n}\, dA = 0, \qquad \operatorname{div} \vec{S} = 0, \qquad \operatorname{Div} \vec{S} = 0. \tag{IV.2.3}$$

Dabei folgt die zweite Bedingung sofort aus Gl. (IV.2.1) unter Verwendung des Gaußschen Satzes. Die dritte Bedingung, die auch aus Gl. (IV.2.1) folgt, falls diese auf eine geschlossene Fläche angewendet wird, die eine Grenzfläche zwischen zwei elektrisch verschiedenen Materialien einschließt, sagt aus, daß die Normalkomponente der elektrischen Stromdichte an Grenzflächen stetig ist (vgl. Kap. IV.3).

Weiter oben wurde bereits angegeben, daß ein stationäres Strömungsfeld (z.B. im Kondensator, Abb. 136) nur dann auftritt, wenn eine Quelle von außen dafür sorgt, daß die Ladung auf den Elektroden bzw. die Spannung zwischen

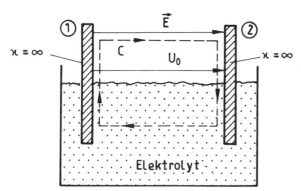

Abb. 139. Galvanische Quelle

den Elektroden des Kondensators konstant bleibt. Es wird eine galvanische Quelle (Abb. 139) betrachtet. Die galvanische Quelle besteht im Prinzip aus einer elektrolytischen Lösung und zwei eingetauchten Elektroden, die unendlich gut leitend ($\kappa = \infty$) sein sollen. Aufgrund der chemischen Vorgänge im Elektrolyten, auf die hier nicht näher eingegangen werden soll, tritt z.B. im Leerlauffall (Abb. 139) zwischen den Elektroden eine Spannung U_0 auf. Mit der Spannung U_0 ist eine elektrische Feldstärke $\vec{E}$ zwischen den Elektroden verknüpft.
Es gilt:

$$U_0 = \int_1^2 \vec{E} \cdot d\vec{s} = \text{const.}. \qquad (IV.2.4)$$

Eine Quelle wird als ideal bezeichnet, wenn die Spannung U_0 zwischen ihren Elektroden unabhängig vom Belastungszustand der Quelle, d.h. unabhängig von der Größe der Ladung, die der Quelle entzogen wird, und unabhängig von der Zeit ist. Unter dieser Voraussetzung ist die Spannung U_0 konstant und wird als Urspannung bezeichnet. Gleichzeitig erzeugt eine ideale Quelle eine eingeprägte elektrische Feldstärke zwischen ihren Elektroden. Für diese elektrische Feldstärke gilt, da sie ein elektrostatisches Feld beschreibt,

$$\oint_C \vec{E} \cdot d\vec{s} = 0, \qquad (IV.2.5)$$

gleichgültig, ob der Integrationsweg ganz im Außenbereich oder Innenbereich der Quelle verläuft oder ob der Weg teilweise im Außenbereich und teilweise innerhalb der Quelle verläuft (vgl. Abb. 139).
Wie die Erfahrung zeigt, kann in einem metallischen Leiter der Zusammenhang zwischen der treibenden Kraft, die die Ladungen bewegt: der elektrische Feldstärke $\vec{E}$, und der elektrischen Stromdichte $\vec{S}$ durch einen linearen Zusammenhang ausgedrückt werden, das heißt, es gilt:

$$\vec{S} = \kappa \vec{E} = \frac{1}{\varrho} \vec{E}. \qquad (IV.2.6)$$

Die Gleichung sagt aus, daß Stromdichte und Feldstärke in einem (homogenen, isotropen, unbewegten) Medium proportional zueinander sind und die gleiche Richtung besitzen. κ ist die Leitfähigkeit des Materials, ϱ der spezifische Widerstand. Die Leitfähigkeit κ bzw. der spezifische Widerstand ϱ sind im allgemeinen keine konstanten Größen, sondern z.B. stark von der Temperatur abhängig[1]. Der Zusammenhang Gl. (IV.2.6) gilt ferner nur in einem bestimmten Feldstärkebereich und z.B. nicht in Gasen, aber weitgehend auch in Halbleitern.

Betrachtet wird ein System von Linienleitern, das sich aus der Hintereinanderschaltung mehrerer zylindrischer Systeme mit abschnittsweise konstantem Querschnitt ergibt (Abb. 140). Wird an eine Kette solcher Linienleiter eine Spannungsquelle der zeitlich konstanten Urspannung U_0 angelegt, so wird in den einzelnen Linienleitern ein zeitlich konstantes und, abgesehen von den Übergangsstellen, räumlich konstantes Strömungsfeld auftreten. Die Stromstärke im ν-ten Leiter habe den Wert I_ν. Die Übergangsstellen werden als ideal angesehen, das heißt, eine Feldstörung soll dort nicht auftreten bzw. vernachlässigbar klein sein. Wird ein Integrationsweg durch die Quelle und die Leiter gelegt und das Gesetz Gl. (IV.2.5) auf diesen Kreis angewendet, so gilt wegen $\vec{S} = \kappa \vec{E}$:

$$\oint_C \vec{E} \cdot d\vec{s} = \sum_{\nu=1}^{n} \int_{C_\nu} \vec{E}_\nu \cdot d\vec{s} + \overset{①}{\int_{C_{Quelle}} \vec{E} \cdot d\vec{s}} = \sum_{\nu=1}^{n} \int_{C_\nu} \frac{\vec{S}_\nu}{\kappa_\nu} \cdot d\vec{s}_\nu - U_0 = 0,$$

$$\sum_{\nu=1}^{n} \pm I_\nu \int_{C_\nu} \frac{ds_\nu}{\kappa_\nu A_\nu} = \sum_{\nu=1}^{n} \pm I_\nu R_\nu = U_0.$$

$$U_0 = \sum_{\nu=1}^{n} \pm R_\nu I_\nu. \tag{IV.2.7}$$

(Anmerkung: Die Stromstärken I_ν ($\nu = 1,2,\ldots,n$) im Stromkreis nach Abb. 140 sind zwar alle gleich groß, doch wurde hier mit Rücksicht auf spätere Berechnungen allgemeinerer Netzwerke jeder Strom getrennt gekennzeichnet.)

Vorausgesetzt für die Ableitung von Gl. (IV.2.7) ist, daß die Stromdichte über der Leiterlänge und dem Querschnitt der Leiterabschnitte konstant ist, so daß ihr Absolutbetrag überall im ν-ten Leiter durch den Quotienten I_ν/A_ν ersetzt werden kann, falls A_ν der Querschnitt des ν-ten Leiters ist. Leiter mit dieser Eigenschaft sollen als Linienleiter bezeichnet werden.

Die Größe

$$R_\nu = \frac{U_\nu}{I_\nu} = \int_{C_\nu} \frac{ds_\nu}{\kappa_\nu A_\nu} \tag{IV.2.8}$$

ist der elektrische Widerstand des ν-ten Linienleiters. Er ist gleich dem Quotienten aus der Spannung U_ν am Leiter und der Stromstärke I_ν durch den

---

[1] Da die Größe ϱ für verschiedene physikalische Größen verwendet wird (Raumladungsdichte, zylindrische Radialkoordinate, spezifischer Widerstand), wird in diesem Buch vornehmlich die Leitfähigkeit κ verwendet.

IV.2 Die Maxwellschen Gleichungen des stationären Strömungsfeldes 213

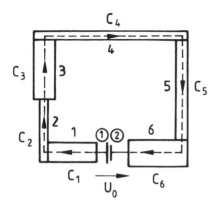

Abb. 140. Stromkreis

Leiterquerschnitt. Für die Stromstärken in Gl. (IV.2.7) muß jeweils ein positiver oder negativer Wert eingeführt werden. Die Wahl über das Vorzeichen kann erst nach Einführen eines Zählpfeilsystems für die Ströme getroffen werden. Dabei sei festgelegt, daß die Stromstärke positiv gezählt wird, falls ihr Zählpfeil in die Richtung des Integrationsweges zeigt und negativ, falls Zählpfeil und Umlaufsinn der Integrationsrichtung entgegengesetzt gerichtet sind (vgl. auch die Diskussion zum Vorzeichen der Stromstärke in Kap. IV.1 und identifiziere die Richtung des Bezugspfeils mit der Richtung des willkürlich eingeführten Flächennormalenvektors $\vec{n}$ in Kap. IV.1). Die abgeleitete Beziehung Gl. (IV.2.7) wird auch als Kirchhoffsche Maschenregel bezeichnet.

Wird eine Verzweigung von Linienleitern mit jeweils konstantem Querschnitt betrachtet (Abb. 141) und das Gesetz der Ladungserhaltung Gl. (IV.2.1) auf die in Abb. 141 eingezeichnete Hülle angewendet, so gilt:

$$\oint_A \vec{S} \cdot \vec{n} \, dA = \sum_{\mu=1}^{m} \pm I_\mu = 0. \tag{IV.2.9}$$

Das heißt, die Summe aller Stromstärken der Ströme, die durch die Hülle A fließen, muß den Wert null ergeben. Dabei ist die Stromstärke je nach ihrer

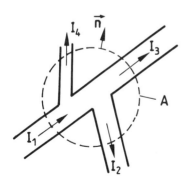

Abb. 141. Stromverzweigung

Zählpfeilrichtung positiv oder negativ zu werten. Es wird vereinbart, daß eine Stromstärke, deren Bezugspfeil aus der Hülle herausweist und damit in Richtung des nach außen weisenden Flächennormalenvektors $\vec{n}$ zeigt, positiv zu werten ist. Zeigt der Bezugspfeil der Stromstärke dagegen in das Volumen, das von der Hülle umschlossen wird, so wird er negativ gezählt. Das abgeleitete Gesetz Gl. (IV.2.9) wird als Kirchhoffsche Knotenregel für ein System von Linienleitern bezeichnet. Mit Hilfe der Knoten- und Maschenregel ist es möglich, eine beliebige Zusammenschaltung mehrerer Linienleiter zu berechnen.

Bei der Bewegung geladener Teilchen durch ein leitendes Material wird, wie die Erfahrung zeigt, elektrische Energie in Wärmeenergie überführt. Es soll die Energie berechnet werden, die pro Zeiteinheit in Wärmeenergie überführt wird. Dazu wird ein beliebiger leitender Körper betrachtet, durch den ein Strom der Stromstärke I fließt. Die Potentialdifferenz längs dieses Körpers sei gleich der (zeitlich konstanten) Spannung U. Dann ist die Arbeit, die vom elektrischen Feld geleistet wird, um eine Ladung von der Querschnittsfläche 1 zur Querschnittsfläche 2 durch den Körper zu transportieren (Abb. 142):

$$\text{Arbeit} = W = \int_1^2 \vec{F} \cdot d\vec{s} = Q \int_1^2 \vec{E} \cdot d\vec{s} = QU. \tag{IV.2.10}$$

Das heißt, vom elektrischen Feld wird die Arbeit pro Zeiteinheit (Leistung)

$$P = \frac{d}{dt} W = U \frac{dQ}{dt} = UI \tag{IV.2.11}$$

aufgebracht und in Wärme umgesetzt.

Es wird ein differentiell kleines Volumenelement dV mit der Querschnittsfläche dA senkrecht zur Stromrichtung und der Länge ds (Abb. 142) betrachtet. Es wird angenommen, daß die Stromdichte die Richtung der Achse des Elements, beschrieben durch den Flächennormalen-Einheitsvektor $\vec{n}$ bzw. den Längenvektor $d\vec{s}$, besitzt. Dann ist die Spannung zwischen den Enden des Leiterelements:

$$dU = \varphi_1 - \varphi_2 = d\varphi = \vec{E} \cdot d\vec{s} = \frac{\vec{E} \cdot \vec{S}}{|\vec{S}|} ds. \tag{IV.2.12}$$

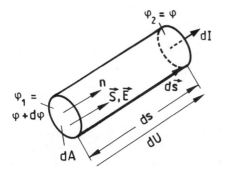

Abb. 142. Element eines Leiters

IV.3 Die Grenzbedingungen

Die letzte Erweiterung konnte vorgenommen werden, weil Stromdichtevektor $\vec{S}$ und Linienelement $\vec{ds}$ parallel zueinander vorausgesetzt waren. Die gesamte Stromstärke dI durch das Widerstandselement ist

$$dI = \vec{S} \cdot \vec{n} \, dA, \tag{IV.2.13}$$

so daß die gesamte im Volumen dV umgesetzte Leistung

$$dP = dU \, dI = \frac{\vec{E} \cdot \vec{S}}{|\vec{S}|} \, ds \, (\vec{S} \cdot \vec{n}) \, dA = \vec{E} \cdot \vec{S} \, ds \, dA = \vec{E} \cdot \vec{S} \, dV \tag{IV.2.14}$$

ist. Die letzte Umformung konnte wiederum ausgeführt werden, weil $\vec{n}$ und $\vec{S}$ dieselbe Richtung besitzen. Damit ergibt sich für die pro Volumeneinheit umgesetzte Leistung (Leistungsdichte) p:

$$p = \Delta V \xrightarrow{\lim} 0 = \frac{\Delta P}{\Delta V} = \frac{dP}{dV} = \vec{E} \cdot \vec{S}, \tag{IV.2.15}$$

da das Produkt dV = dA ds gleich dem Volumen des betrachteten Leiterelements ist. Die gesamte in einem Volumen der Größe V umgesetzte Leistung ist dann:

$$P = \iiint_V p dV = \iiint_V \vec{E} \cdot \vec{S} dV = \iiint_V \kappa \vec{E}^2 dV = \iiint_V \frac{\vec{S}^2}{\kappa} dV. \tag{IV.2.16}$$

Werden die Maxwellschen Gleichungen der Elektrostatik (siehe Kap. III.3.) für ein raumladungsfreies Medium

$$\text{rot}\,\vec{E} = \vec{0}, \qquad \vec{D} = \varepsilon \vec{E}, \qquad \text{div}\,\vec{D} = 0 \tag{IV.2.17}$$

mit denen des stationären Strömungsfeldes im leitenden Medium verglichen:

$$\text{rot}\,\vec{E} = \vec{0}, \qquad \vec{S} = \kappa \vec{E}, \qquad \text{div}\,\vec{S} = 0, \tag{IV.2.18}$$

so zeigt sich, daß zwischen den Problemen der Elektrostatik und denen des stationären Strömungsfeldes eine Dualität besteht. So können die Feldberechnungen der Elektrostatik auf die des stationären Strömungsfeldes übertragen werden, falls nur die formalen Vertauschungen

$$\vec{S} \leftrightarrow \vec{D} \qquad \text{und} \qquad \kappa \leftrightarrow \varepsilon$$

in den berechneten Ausdrücken vorgenommen werden.

IV.3
Die Grenzbedingungen

Im stationären Strömungsfeld gelten für die elektrische Feldstärke $\vec{E}$ die schon in Kap. III.4 abgeleiteten Grenzbedingungen. Das heißt, auch im stationären Strömungsfeld ist die Tangentialkomponente der elektrischen Feldstärke an Grenzschichten zweier elektrisch verschiedener Medien stetig.

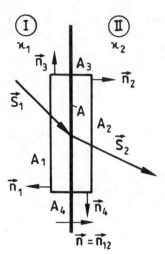

Abb. 143. Grenzschicht

Um das Grenzschichtverhalten der Stromdichte $\vec{S}$ zu bestimmen, wird eine Grenzfläche zwischen zwei Medien mit den Leitfähigkeiten κ_1 und κ_2 betrachtet (Abb. 143). In die Grenzschicht wird eine geschlossene Fläche z.B. in Form eines Quaders gelegt und auf die geschlossene Fläche das Gesetz Gl. (IV.2.1) angewendet. Unter der Voraussetzung, daß das Problem als ebenes Problem aufgefaßt werden kann, das heißt, daß kein Strom durch die Deckelflächen des Quaders tritt, gilt dann für kleine Flächen A_ν ($\nu = 1, 2, 3, 4$):

$$(\vec{S}_1 \cdot \vec{n}_1)A_1 + (\vec{S}_2 \cdot \vec{n}_2)A_2 + (\vec{S}_1 \cdot \vec{n}_3)\frac{A_3}{2} +$$

$$+ (\vec{S}_1 \cdot \vec{n}_4)\frac{A_4}{2} + (\vec{S}_2 \cdot \vec{n}_3)\frac{A_3}{2} + (\vec{S}_2 \cdot \vec{n}_4)\frac{A_4}{2} = 0. \tag{IV.3.1}$$

Wird der Grenzübergang „A_3, A_4 gegen null" ausgeführt, d.h. wird eine beliebig flache geschlossene Fläche betrachtet, so wird auch bei gekrümmter Grenzfläche $A_1 = A_2 = A$ werden, und es kann eine Aussage über die Felder in der Grenzschicht gemacht werden:

$$(\vec{S}_2 \cdot \vec{n}_2) + (\vec{S}_1 \cdot \vec{n}_1) = 0,$$
$$\vec{n}_{12} \cdot (\vec{S}_2 - \vec{S}_1) = 0. \tag{IV.3.2}$$

$\vec{n}_{12}$ ist der Flächennormalen-Einheitsvektor auf der Grenzschicht, der vom Gebiet I ins Gebiet II weist.

Damit gilt für die Stromdichte an einer Grenzschicht zweier verschiedener Leiter die Grenzbedingung:

$$\text{Div } \vec{S} = \vec{n}_{12} \cdot (\vec{S}_2 - \vec{S}_1) = 0. \tag{IV.3.3}$$

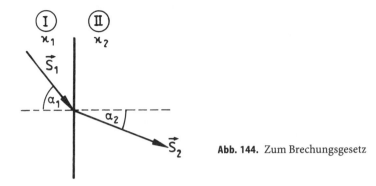

Abb. 144. Zum Brechungsgesetz

Das heißt: An einer Grenzschicht zwischen zwei Materialien mit verschiedenen Leitfähigkeiten κ_1, κ_2 ist die Normalkomponente der Stromdichte stetig oder, was dasselbe ist, die Flächendivergenz der Stromdichte ist null.

In einem entsprechenden Rechengang, wie er in Kap. III.4 für das Brechungsgesetz des elektrostatischen Feldes angegeben wurde, kann das Brechungsgesetz für ein stationäres Strömungsfeld berechnet werden. Unter Verwendung des Dualitätsprinzips (s. Kap. IV.2) für die elektrische Flußdichte $\vec{D}$ und die Stromdichte $\vec{S}$ kann sofort das Gesetz für die Einfall- und Ausfallwinkel α_1 und α_2 (Abb. 144)

$$\frac{\tan\alpha_1}{\tan\alpha_2} = \frac{\kappa_1}{\kappa_2} \qquad (IV.3.4)$$

angegeben werden. Auch hier können zwei Grenzfälle unterschieden werden: Ist $\kappa_1 \gg \kappa_2$, so verlaufen die Feldlinien im Material I nahezu parallel zur Grenzschicht, ist aber $\kappa_2 \gg \kappa_1$, so stehen die Feldlinien im Material I fast senkrecht auf der Grenzschicht. Äquivalente Aussagen gelten für das Material II.

IV.4
Feld- und Widerstandsberechnungen

1. Aufgabe

Gegeben ist eine planparallele Elektrodenanordnung mit dem Plattenabstand 2d und der Plattenfläche A (Abb. 145). Zwischen den Elektroden ($\kappa = \infty$) befinden sich zwei verschiedene Materialien mit den Permittivitäten ε_1, ε_2 und den Leitfähigkeiten κ_1, κ_2. Die Materialien haben jeweils die Dicke d und den Querschnitt A. Man berechne die elektrische Feldstärke, die elektrische Flußdichte sowie die elektrische Stromdichte zwischen den Elektroden, wenn an den Elektroden die konstante Spannung U anliegt.

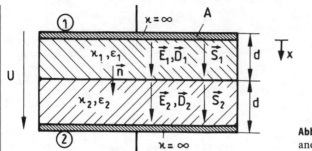

Abb. 145. Elektrodenanordnung

Lösung

Das Feld zwischen den Elektroden wird als ideal angesehen, das heißt, ein eventuell auftretendes Streufeld an den Kanten der Anordnung soll nicht berücksichtigt werden. Dann gilt für das Linienintegral der elektrischen Feldstärke von der ersten Elektrode zur zweiten Elektrode mit $\vec{E}_1 = E_1 \vec{e}_x$ und $\vec{E}_2 = E_2 \vec{e}_x$:

$$\int_1^2 \vec{E} \cdot d\vec{s} = E_1 d + E_2 d = U.$$

An der Grenzschicht zwischen den beiden Materialien gelten die Grenzbedingungen für die elektrische Flußdichte und die elektrische Stromdichte nach Gl. (III.4.3) und Gl. (IV.3.3) mit $\vec{D}_1 = D_1 \vec{e}_x$, $\vec{D}_2 = D_2 \vec{e}_x$ und $\vec{S}_1 = S_1 \vec{e}_x$, $\vec{S}_2 = S_2 \vec{e}_x$ und $\vec{n} = \vec{e}_x$:

$$\operatorname{Div} \vec{D} = \vec{n} \cdot (\vec{D}_2 - \vec{D}_1) = D_2 - D_1 = \varepsilon_2 E_2 - \varepsilon_1 E_1 = \sigma,$$
$$\operatorname{Div} \vec{S} = \vec{n} \cdot (\vec{S}_2 - \vec{S}_1) = S_2 - S_1 = \kappa_2 E_2 - \kappa_1 E_1 = 0.$$

Beide Felder stehen aus Symmetriegründen immer senkrecht auf der Grenzschicht. Die Stromdichte ist notwendig in ihrer Normalkomponente stetig und damit in beiden Materialien gleich groß:

$$\vec{S}_2 = \vec{S}_1, \qquad \kappa_2 \vec{E}_2 = \kappa_1 \vec{E}_1.$$

Wird dieser Zusammenhang in die oben stehende Gleichung für die Spannung U eingesetzt, so kann die elektrische Feldstärke in den einzelnen Bereichen berechnet werden:

$$E_1 d + E_1 \frac{\kappa_1}{\kappa_2} d = U,$$

$$E_1 = \frac{U}{d + \frac{\kappa_1}{\kappa_2} d} = \frac{U}{d} \frac{\kappa_2}{\kappa_1 + \kappa_2}.$$

IV.4 Feld- und Widerstandsberechnungen

Entsprechend folgt für E_2:

$$E_2 = \frac{U}{d} \frac{\kappa_1}{\kappa_1 + \kappa_2}.$$

Aus der elektrischen Feldstärke läßt sich die elektrische Flußdichte bestimmen:

$$D_1 = \varepsilon_1 E_1 = \frac{U}{d} \frac{\varepsilon_1 \kappa_2}{\kappa_1 + \kappa_2},$$

$$D_2 = \varepsilon_2 E_2 = \frac{U}{d} \frac{\varepsilon_2 \kappa_1}{\kappa_1 + \kappa_2}.$$

Wird an der Grenzschicht zwischen den beiden Materialien die Differenz der Normalkomponenten der elektrischen Flußdichte, die hier gleich der Differenz der Absolutbeträge der Flußdichten ist, berechnet, so zeigt sich, daß in der Grenzschicht eine Flächenladungsdichte σ der Größe

$$\sigma = D_2 - D_1 = \frac{U}{d} \frac{\varepsilon_2 \kappa_1 - \varepsilon_1 \kappa_2}{\kappa_1 + \kappa_2}$$

vorhanden ist. Das heißt, in der Grenzschicht zwischen zwei leitfähigen Dielektrika (z. B. Halbleitermaterialien), in denen ein stationäres Strömungsfeld existiert, tritt im allgemeinen eine Flächenladungsdichte σ auf. Die Flächenladungsdichte verschwindet, falls

$$\varepsilon_2 \kappa_1 - \varepsilon_1 \kappa_2 = 0 \quad \text{bzw.} \quad \frac{\varepsilon_1}{\varepsilon_2} = \frac{\kappa_1}{\kappa_2}$$

ist. Erfüllen die Materialparameter der Materialien diese Bedingung, so ist auch die Normalkomponente der elektrischen Flußdichte in der Grenzschicht stetig.

2. Aufgabe

Eine Elektrodenanordnung aus zwei Elektroden beliebiger Gestalt (Abb. 146) besitzt zwischen ihren Elektroden ($\kappa = \infty$) ein homogenes, isotropes Dielektrikum mit der Permittivität ε. Man berechne die Kapazität C des Kondensators, wenn bekannt ist, daß der Widerstand zwischen den Elektroden derselben Elektrodenanordnung mit einem homogenen, isotropen Material der Leitfähigkeit κ den Wert R besitzt.

Lösung
Definitionsgemäß ist der Widerstand zwischen zwei Elektroden gegeben als der Quotient aus der Spannung U zwischen den Elektroden 1 und 2 und der Stromstärke I, die von der ersten Elektrode zur zweiten übertritt:

$$R = \frac{U}{I}.$$

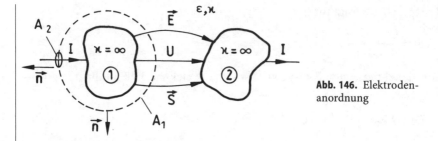

Abb. 146. Elektrodenanordnung

Die Spannung zwischen den Elektroden läßt sich als das Linienintegral über die elektrische Feldstärke von der ersten zur zweiten Elektrode darstellen. Zur Berechnung der Stromstärke, die von einer Elektrode zur anderen übertritt, wird eine Integrationshülle um eine der beiden Elektroden gelegt. Das Integral über diese Hülle und die Stromdichte ergibt, falls die Hülle abgeschlossen ist, nach Gl. (IV.2.1).

$$\oint_A \vec{S} \cdot \vec{n} \, dA = 0.$$

Wird ein technisches System zweier Elektroden betrachtet, so muß den Elektroden über z. B. einen dünnen Draht Ladung (Stromstärke I) zugeführt werden (Abb. 146), damit sich zwischen den Elektroden ein stationäres Strömungsfeld ausbilden kann. Wird unter diesen Voraussetzungen das Hüllenintegral betrachtet, so gilt:

$$\iint_{A_1} \vec{S} \cdot \vec{n} \, dA + \iint_{A_2} \vec{S} \cdot \vec{n} \, dA = \iint_{A_1} \vec{S} \cdot \vec{n} \, dA - I = 0,$$

$$\iint_{A_1} \vec{S} \cdot \vec{n} \, dA = I.$$

Das Integral über die Fläche A_2 ist gleich der negativen Stromstärke I, weil Stromdichtevektor $\vec{S}$ und Flächennormalenvektor $\vec{n}$ auf der Fläche A_2 entgegengesetzt zueinander gerichtet sind (Abb. 146). Wird der Querschnitt des Zuführungsdrahtes A_2 beliebig klein gemacht, so wird A_1 in erster Näherung gleich der gesamten geschlossenen Hülle um die Elektrode, d. h. es gilt:

$$\oint_{A_1} \vec{S} \cdot \vec{n} \, dA \approx I.$$

Der kleine Kreis am Hüllenintegral soll andeuten, daß nicht die gesamte Hülle als Integrationsfläche zu wählen ist. Mit diesen Zusammenhängen und unter Berücksichtigung von Gl. (IV.2.8) gilt dann für den Widerstand R:

$$R = \frac{U}{T} = \frac{\int_1^2 \vec{E} \cdot d\vec{s}}{\oint_{A_1} \vec{S} \cdot \vec{n} \, dA} = \frac{\int_1^2 \vec{E} \cdot d\vec{s}}{\oint_{A_1} \kappa \vec{E} \cdot \vec{n} \, dA}.$$

Die Kapazität des Kondensators, der durch die Elektroden und das Dielektrikum nach Abb. 146 gebildet wird, berechnet sich nach Gl. (III.12.1):

$$C = \frac{Q}{U} = \frac{\oiint_A \vec{D} \cdot \vec{n} \, dA}{\int_1^2 \vec{E} \cdot d\vec{s}} = \frac{\oiint_A \varepsilon \vec{E} \cdot \vec{n} \, dA}{\int_1^2 \vec{E} \cdot d\vec{s}}.$$

Hierin ist A die gesamte geschlossene Integrationshülle um die Elektrode 1. Da das Dielektrikum und das leitende Material als homogen und isotrop (ε = const., κ = const.) vorausgesetzt waren, folgt durch Produktbildung:

$$RC = \frac{\varepsilon}{\kappa}.$$

Dabei wurde die Fläche A_1 näherungsweise gleich der gesamten Fläche A gesetzt. Das heißt, das Produkt aus Widerstand und Kapazität einer Elektrodenanordnung ist immer unabhängig von den geometrischen Abmessungen der Elektroden, es ist nur von den gewählten Materialparametern abhängig. Für die Kapazität C folgt also

$$C = \frac{\varepsilon}{\kappa} \frac{1}{R}.$$

3. Aufgabe

Gegeben sind zwei konzentrische Kugelelektroden mit dem Radius der Innenelektrode r_i und dem Innenradius der Außenelektrode r_a ($r_a > r_i$). Zwischen den als unendlich gut leitend ($\kappa = \infty$) angesehenen Kugelelektroden befindet sich ein Material der Leitfähigkeit κ. Gesucht ist die Feldverteilung im leitenden Material sowie der elektrische Widerstand zwischen den beiden Elektroden, wenn der Innenelektrode ein Strom der Stromstärke I zugeführt wird, der an der Außenelektrode wieder abgenommen wird.

Lösung

Der Innenelektrode des Kugelwiderstandes wird von außen über einen dünnen Draht Ladung (Stromstärke I) zugeführt. Der Zuführungsdraht sei so dünn (Querschnittsfläche A_2), daß er die Symmetrie des Kugelwiderstandes und des sich ausbildenden Feldes nicht stören soll (Abb. 147). Das sich ausbildende Stromdichtefeld zwischen den Elektroden wird dann aus Symmetriegründen rein radiale Richtung besitzen. Ferner wird der Absolutbetrag des Feldes nur von der radialen Koordinate r abhängen. Wird eine geschlossene Integrationshülle im leitenden Material um die Innenelektrode gelegt, so ergibt sich nach Gl. (IV.2.1):

$$\oiint_A \vec{S} \cdot \vec{n} \, dA = \oiint_{A_1} \vec{S} \cdot \vec{n} \, dA - I = 0,$$

$$\oiint_{A_1} \vec{S} \cdot \vec{n} \, dA = I.$$

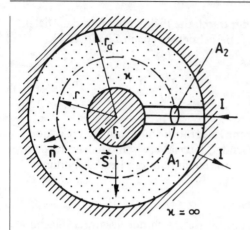

Abb. 147. Kugelwiderstand

Dabei ist A_1 die nahezu geschlossene, kugelförmige Integrationshülle, die nur an der Stelle des beliebig dünnen Zuführungsdrahtes noch offen ist.

Aufgrund der Symmetrieeigenschaften des Feldes sind der Flächennormalen-Einheitsvektor $\vec{n}$ und der Stromdichtevektor $\vec{S}$ parallel zueinander. Diese Symmetrieeigenschaften sollen auch durch den Zuführungsdraht nicht geändert werden. Ferner ist der Absolutbetrag des Stromdichtevektors auf der Integrationshülle (Radius der kugelförmigen Hülle sei r) konstant, so daß sich das oben stehende Integral mit $\vec{S} = S\vec{e}_r$ folgendermaßen schreiben läßt:

$$\oiint_{A_1} \vec{S} \cdot \vec{n}\, dA \approx \oiint_A \vec{S} \cdot \vec{n}\, dA = \oiint_A S\, dA = S\, 4\pi r^2 = I.$$

Damit ergibt sich für den Betrag der Stromdichte (näherungsweise):

$$S = \frac{I}{4\pi r^2}.$$

Da die Richtung der Stromdichte gleich der radialen Richtung ist, gilt vektoriell:

$$\vec{S} = \frac{I}{4\pi r^2}\frac{\vec{r}}{r} = \frac{I}{4\pi r^3}\vec{r}.$$

Aus der Stromdichte $\vec{S}$ errechnet sich die elektrische Feldstärke im leitenden Material zu:

$$\vec{E} = \frac{1}{\kappa}\vec{S} = \frac{I}{4\pi\kappa r^3}\vec{r}.$$

IV.4 Feld- und Widerstandsberechnungen

Nach den Berechnungen der Aufgabe 2 dieses Kapitels kann der Widerstand zwischen zwei beliebig gestalteten Elektroden aus

$$R = \frac{\int_1^2 \vec{E} \cdot d\vec{s}}{\oiint_{A_1} \kappa \vec{E} \cdot \vec{n}\, dA}.$$

bestimmt werden. Wird das Linienintegral berechnet, so ergibt sich mit $d\vec{s} = d\vec{r}$:

$$\int_1^2 \vec{E} \cdot d\vec{s} = \int_1^2 \frac{I}{4\pi\kappa r^3} \vec{r} \cdot d\vec{r} = \int_{r_i}^{r_a} \frac{I}{4\pi\kappa r^2}\, dr = \frac{I}{4\pi\kappa} \frac{r_a - r_i}{r_a r_i}.$$

Da das Flächenintegral im Nenner des Ausdrucks für den Widerstand näherungsweise gleich der Stromstärke I ist, folgt für den Widerstand zwischen den Elektroden:

$$R = \frac{\int_1^2 \vec{E} \cdot d\vec{s}}{I} = \frac{r_a - r_i}{4\pi\kappa r_a r_i}.$$

Der Widerstand R zwischen den Elektroden kann auch berechnet werden, wenn man sich den gesamten Widerstand aus kleinen Leiterelementen aufgebaut denkt. Abbildung 148 zeigt ein solches Leiterelement im Kugelkoordinatensystem (vgl. Kap. I.16.3).

Die Stromdichte $\vec{S}$ tritt in diesem Leiterelement senkrecht durch die Querschnittsfläche der Größe

$$dA = r^2 \sin\vartheta\, d\vartheta\, d\alpha.$$

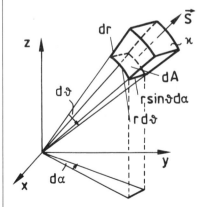

Abb. 148. Leiterelement

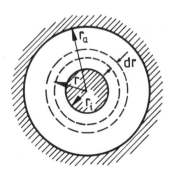

Abb. 149. Zur Berechnung des Widerstandes

Der Widerstand dieses Elements ist damit nach Gl. (IV.2.8)

$$dR = \frac{dr}{\kappa dA}.$$

Wird der Widerstand einer Kugelschicht der Dicke dr (Abb. 149) berechnet, so gilt nach denselben Überlegungen wie oben:

$$dR = \frac{dr}{\kappa A(r)}$$

mit A(r) der Oberfläche der Kugelschicht:

$$A(r) = \int_0^{2\pi} \int_0^{\pi} r^2 \sin\vartheta \, d\vartheta \, d\alpha = 4\pi r^2.$$

Der Widerstand der Kugelschicht ist also:

$$dR = \frac{dr}{\kappa 4\pi r^2}.$$

Der gesamte Widerstand zwischen der Innenelektrode ($r = r_i$) und der Außenelektrode ($r = r_a$) ergibt sich dann als das Integral

$$R = \int_{r_i}^{r_a} \frac{dr}{\kappa 4\pi r^2} = \frac{1}{4\pi\kappa}\left(-\frac{1}{r}\right)_{r_i}^{r_a} = \frac{r_a - r_i}{4\pi\kappa r_a r_i}.$$

4. Aufgabe

Ein Kugelerder ($\kappa = \infty$) vom Radius r_0 befindet sich in der Tiefe h (h $\gg r_0$) unter der Erdoberfläche in einem leitenden Erdmaterial mit der Leitfähigkeit κ. Die Leitfähigkeit der Luft über der Erdoberfläche (Abb. 150) sei gleich null.

a. Man berechne und skizziere das Stromdichtefeld, das sich ausbildet, falls der Kugelerder mit einem Strom der Stromstärke I belastet wird.
b. Man berechne den Verlauf der elektrischen Feldstärke längs der Erdoberfläche und gebe die Gleichungn der Feldlinien an.
c. Wie groß ist der Übergangswiderstand des Erders, das heißt der Widerstand zwischen dem Kugelerder und einer im unendlich fernen Punkt angenommenen Gegenelektrode?

Lösung

a. Das sich ausbildende Stromdichtefeld $\vec{S}$ wird in der Umgebung des Kugelerders einen rein radialen Verlauf besitzen, das heißt, die Störung des Feldverlaufs durch die Erdoberfläche wird hier noch nicht fest-

IV.4 Feld- und Widerstandsberechnungen 225

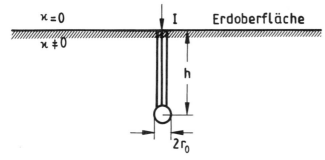

Abb. 150. Kugelerder in der Tiefe h unter der Erdoberfläche

gestellt. An der Erdoberfläche muß die Normalkomponente der Stromdichte stetig sein. Da aber im Bereich der Luft oberhalb der Erdoberfläche keine Stromdichte auftreten kann ($\kappa = 0$), muß die Normalkomponente der Stromdichte an der Erdoberfläche verschwinden. Ein solcher Feldverlauf kann erzwungen werden, falls oberhalb der Erdoberfläche in der Höhe h ein zweiter Kugelerder, der auch mit der Stromstärke I belastet ist, angenommen wird und wenn gleichzeitig angenommen wird, daß der gesamte Raumbereich homogen mit einem Material der Leitfähgikeit κ gefüllt ist (Spiegelungsmethode, vgl. Kap. III.10). Das so entstehende Feld erfüllt die Maxwellschen Gleichungen und die Grenzbedingungen, ist also mit dem gesuchten Feld unterhalb der Erdoberfläche identisch (Eindeutigkeitsprinzip, vgl. Kap. III.9). Oberhalb der Erdoberfläche dient das berechnete Feld nur als Rechenhilfe.

Das gesuchte Stromdichtefeld ergibt sich also aus der Überlagerung des Feldes zweier Kugelerder in der geometrischen Anordnung nach Abb. 151.

Das Feld einer kugelförmigen Elektrode, der der Strom der Stromstärke I zugeführt wird, kann berechnet werden, falls um die Elektrode eine kugelförmige Integrationsfläche vom Radius r gelegt wird. Entspre-

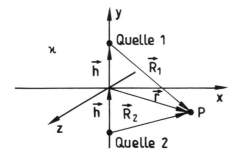

Abb. 151. Zur Berechnung der Stromdichte

chend den Berechnungen in Aufgabe 3 dieses Kapitels ergibt sich dann für das Stromdichtefeld einer solchen Kugelelektrode:

$$\vec{S} = \frac{I}{4\pi r^3} \vec{r},$$

mit $\vec{r}$ dem Radialvektor vom Mittelpunkt der Kugel. Wird das Feld zweier Kugelerder im Aufpunkt P nach Abb. 151 berechnet, so ergibt sich durch Überlagerung:

$$\vec{S} = \frac{I}{4\pi R_1^3} \vec{R}_1 + \frac{I}{4\pi R_2^3} \vec{R}_2$$

mit

$$\vec{R}_1 = \vec{r} - \vec{h}, \quad \vec{R}_2 = \vec{r} + \vec{h}$$

den Abstandsvektoren des Aufpunktes von den Quellpunkten und

$$\vec{h} = h\vec{e}_y$$

den Abstandsvektoren zwischen den Kugelerdern sowie $\vec{r}$ dem Ortsvektor des Punktes P (Abb. 151). Werden für die Lage des Aufpunktes P kartesische Koordinaten eingeführt, so gilt:

$$\vec{S} = \frac{I}{4\pi} \left\{ \frac{x\vec{e}_x + (y-h)\vec{e}_y + z\vec{e}_z}{(x^2 + (y-h)^2 + z^2)^{3/2}} + \frac{x\vec{e}_x + (y+h)\vec{e}_y + z\vec{e}_z}{(x^2 + (y+h)^2 + z^2)^{3/2}} \right\}.$$

In Abb. 152 ist der Feldverlauf im Erdbereich qualitativ skizziert.

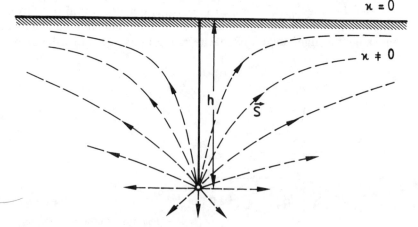

Abb. 152. Verlauf der Stromdichte des Kugelerders

b. Aus der Gleichung für die Stromdichte kann zunächst der Verlauf der Stromdichte an der Oberfläche, die durch die Bedingung y = 0 beschrieben wird, angegeben werden:

$$\vec{S}_{Ob} = \frac{I}{4\pi}\left\{\frac{x\vec{e}_x - h\vec{e}_y + z\vec{e}_z}{(x^2 + h^2 + z^2)^{3/2}} + \frac{x\vec{e}_x + h\vec{e}_y + z\vec{e}_z}{(x^2 + h^2 + z^2)^{3/2}}\right\}.$$

Mit $\vec{S} = \kappa \vec{E}$ ergibt sich dann für die Feldstärke:

$$\vec{E}_{Ob} = \frac{I}{4\pi\kappa}\frac{2x\vec{e}_x + 2z\vec{e}_z}{(x^2 + h^2 + z^2)^{3/2}} = \frac{I}{2\pi\kappa}\frac{\vec{r}_{Ob}}{(r^2_{Ob} + h^2)^{3/2}}.$$

$\vec{r}_{Ob}$ ist der Ortsvektor in der Erdoberfläche (x-z-Ebene):

$$\vec{r}_{Ob} = x\vec{e}_x + z\vec{e}_z.$$

Die Differentialgleichung für die Feldlinien, die als Kurven mit der gleichen Richtung (Steigung im x-z-Koordinatensystem) wie die der Feldvektoren definiert sind (Kap. I.8), ergibt sich zu:

$$\frac{dz}{dx} = \frac{E_z}{E_x} = \frac{z}{x}.$$

Hieraus folgt sofort durch Integration:

$$\frac{dz}{z} = \frac{dx}{x},$$

$\ln(z) = \ln(x) + \ln(c),$

$z = cx.$

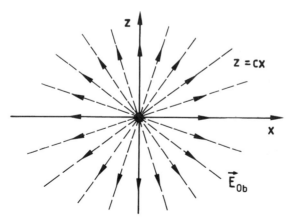

Abb. 153. Feldverlauf in der Erdoberfläche

ln(c) ist eine geeignet gewählte Integrationskonstante. Die Feldlinien in der Oberfläche sind radiale Strahlen von dem Punkt aus, der sich senkrecht über dem Kugelerder befindet (Abb. 153).

c. Zur Berechnung des Übergangswiderstandes zwischen dem Kugelerder und der unendlich fernen Gegenelektrode wird wieder von der in Aufgabe 2 dieses Kapitels abgeleiteten Beziehung

$$R = \frac{\int_1^2 \vec{E} \cdot d\vec{s}}{\oiint_A \vec{S} \cdot \vec{n} \, dA} = \frac{\int_1^2 \vec{E} \cdot d\vec{s}}{I}$$

ausgegangen. Die Spannung im Zähler des Ausdrucks ist gleich dem Potentialunterschied zwischen Kugelerder und dem unendlich fernen Punkt:

$$\int_1^2 \vec{E} \cdot d\vec{s} = \varphi_{Kugel} - \varphi_\infty.$$

Aus dem Ausdruck für die Stromdichte

$$\vec{S} = \frac{I}{4\pi R_1^3}\vec{R}_1 + \frac{I}{4\pi R_2^3}\vec{R}_2$$

folgt sofort mit $\vec{S} = \kappa \vec{E}$ und $\vec{E} = -\operatorname{grad}\varphi$ das zugehörige Potential des Feldes:

$$\varphi = \frac{I}{4\pi\kappa R_1} + \frac{I}{4\pi\kappa R_2}$$

mit der Festsetzung $\varphi = 0$ für $R_1, R_2 \to \infty$ (Bezugspunkt).

Das Potential auf dem Kugelerder ist, da dort $R_1 = r_0$ und in erster Näherung (wegen $h \gg r_0$) $R_2 \approx 2h$ gilt:

$$\varphi_{Kugel} \approx \frac{I}{4\pi\kappa r_0} + \frac{I}{8\pi\kappa h}.$$

Damit folgt für den Übergangswiderstand:

$$R \approx \frac{1}{4\pi\kappa r_0} + \frac{1}{8\pi\kappa h} = \frac{1}{4\pi\kappa}\left(\frac{1}{r_0} + \frac{1}{2h}\right).$$

Wird wieder berücksichtigt, daß $h \gg r_0$ ist, so folgt, daß der Übergangswiderstand näherungsweise den Wert eines Kugelwiderstandes (siehe Aufgabe 3 dieses Kapitels) mit unendlich großem Außenradius ($r_a \to \infty$) annimmt:

$$R \approx \frac{1}{4\pi\kappa r_0}.$$

IV.4 Feld- und Widerstandsberechnungen

R ist gleichzeitig der Wert des Übergangswiderstandes eines Kugelerders im unendlich ausgedehnten Medium. Das heißt, der Einfluß der Erdoberfläche auf den Übergangswiderstand ist unter der Voraussetzung h ≫ r_0 vernachlässigbar klein.

5. Aufgabe

Gegeben ist eine unendlich lange, unendlich dünne Linienquelle, aus der über der Länge ℓ gleichmäßig verteilt ein Strom der Stromstärke I austritt. Die Linienquelle befindet sich in einem homogenen, isotropen Material der Leitfähigkeit κ.

a. Man berechne die auftretende Stromdichte, die elektrische Feldstärke sowie das Potential der Anordnung.
b. Im Abstand 2d von der Linienquelle nach a. befindet sich eine zweite unendlich lange Linienquelle, die parallel zur ersten verläuft und die über der Länge ℓ einen Strom der Stromstärke I aufnimmt (Senke). Man berechne das Stromdichtefeld, die elektrische Feldstärke und das Potential dieser Anordnung. Wie lautet die Gleichung der Äquipotentialflächen und die Gleichung der Stromlinien?
c. An die Stelle der Linienquellen treten zwei zylindrische Elektroden ($\kappa = \infty$) mit jeweils dem Radius ϱ_0. Es sei $\varrho_0 \ll d$, so daß die Oberflächen der Elektroden näherungsweise als Äquipotentialflächen der Anordnung nach b. angesehen werden können. Wie groß ist der Widerstand R zwischen den beiden Elektroden, falls diese die endliche Länge ℓ besitzen und das Streufeld an den Enden der Elektroden unberücksichtigt bleibt?

Lösung

a. Zur Bestimmung der Stromdichte wird eine Integrationsfläche in Form eines konzentrischen Zylinders mit dem Radius ϱ um die Linienquelle gelegt (Abb. 154). Aufgrund der Zylindersymmetrie ist die Stromdichte

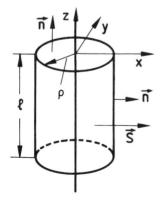

Abb. 154. Zur Berechnung der Stromdichte

rein radial gerichtet und damit wird nur ein Fluß (Strom) durch die Mantelfläche gebildet, durch die Deckelflächen tritt kein Strom aus. Der Strom, der durch die Mantelfläche mit der Länge ℓ tritt, wird von der Linienquelle durch die Deckelflächen der Integrationsfläche ins Innere des umschlossenen Volumens gebracht, so daß das gesamte Flußintegral nach Gl. (IV.2.1) den Wert null ergibt. Damit folgt: Der Strom der Stromstärke I tritt in Form der Stromdichte $\vec{S}$ auf der Länge ℓ durch die Mantelfläche:

$$\iint_{\text{Mantel}} \vec{S} \cdot \vec{n} \, dA = I.$$

Aus Symmetriegründen ist der Betrag der Stromdichte nur vom Abstand ϱ von der Linienquelle abhängig, ferner ist er auf der zur Linienquelle konzentrischen Mantelfläche konstant. Die Richtung der Stromdichte ist gleich der Richtung des Flächennormalen-Einheitsvektor $\vec{n}$, $\vec{S} = S\vec{e}_\varrho$:

$$\iint_{\text{Mantel}} \vec{S} \cdot \vec{n} \, dA = \iint_{\text{Mantel}} S \, dA = S \iint_{\text{Mantel}} dA = S \, 2\pi\varrho\ell = I.$$

Damit ergibt sich für den Wert von S:

$$S = \frac{I}{2\pi\varrho\ell}.$$

Die Richtung von $\vec{S}$ ist die Richtung des Radiusvektors $\vec{\varrho}$:

$$\vec{S} = \frac{I}{2\pi\ell\varrho^2} \vec{\varrho}.$$

Aus der Stromdichte lassen sich mit Hilfe der Beziehungen Gl. (IV.2.6) und Gl. (IV.2.2)

$$\vec{S} = \kappa \vec{E}, \qquad \varphi = -\int_{P_0}^{P} \vec{E} \cdot d\vec{s}$$

die elektrische Feldstärke und das Potential der Anordnung berechnen:

$$\vec{E} = \frac{\vec{S}}{\kappa} = \frac{I}{2\pi\kappa\ell\varrho^2} \vec{\varrho}, \qquad \varphi = -\frac{I}{2\pi\kappa\ell} \ln \varrho + C.$$

b. Befinden sich zwei Linienquellen (hier eine Quelle und eine Senke) im Abstand 2d parallel zueinander (Abb. 155), so ergibt sich das Feld dieser Anordnung aus der Überlagerung der Einzelfelder der beiden Linienquellen. Also lautet z. B. das Potential der Anordnung nach Abb. 155:

$$\varphi = -\frac{I}{2\pi\kappa\ell} \ln \varrho_1 + \frac{I}{2\pi\kappa\ell} \ln \varrho_2 + C.$$

IV.4 Feld- und Widerstandsberechnungen

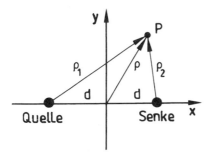

Abb. 155. Anordnung der Linienquellen

Wird die Mittelebene als Bezugsebene für das Potential gewählt, so verschwindet die Konstante C:

$$\varphi = \frac{I}{2\pi\kappa\ell} \ln\frac{\varrho_2}{\varrho_1}.$$

mit $\varphi = 0$ für $\varrho_1 = \varrho_2$.

Die Größen ϱ_1 und ϱ_2 sind die Abstandswerte nach Abb. 155:

$$\varrho_1 = \sqrt{(x+d)^2 + y^2}, \qquad \varrho_2 = \sqrt{(x-d)^2 + y^2}.$$

Die elektrische Feldstärke und die Stromdichte ergeben sich aus dem Potential durch Gradientenbildung:

$$\vec{E} = \frac{I}{2\pi\kappa\ell} \frac{\vec{\varrho}_1}{\varrho_1^2} - \frac{I}{2\pi\kappa\ell} \frac{\vec{\varrho}_2}{\varrho_2^2}, \qquad \vec{S} = \frac{I}{2\pi\ell} \frac{\vec{\varrho}_1}{\varrho_1^2} - \frac{I}{2\pi\ell} \frac{\vec{\varrho}_2}{\varrho_2^2}.$$

Aus der Gleichung für das Potential ergibt sich, daß für die Äquipotentialflächen ($\varphi =$ const.) die Bedingung

$$\frac{\varrho_2}{\varrho_1} = \frac{\sqrt{(x-d)^2 + y^2}}{\sqrt{(x+d)^2 + y^2}} = \text{const.} = k$$

gilt. Durch Ausquadrieren dieser Gleichung ergeben sich die Schnittlinien der zylindrischen Äquipotentialflächen in der Querschnitts-(x-y-)Ebene:

$$\left(x - d\frac{1+k^2}{1-k^2}\right)^2 + y^2 = d^2\left[\frac{(1+k^2)^2}{(1-k^2)^2} - 1\right] = \frac{4d^2k^2}{(1-k^2)^2}.$$

Die Schnittlinien der Äquipotentialflächen mit der x-y-Ebene sind Kreise mit auf der x-Achse verschobenen Mittelpunkten (Appollonische Kreise, Abb. 156). Für k = 1 entarten die Kreise, der Mittelpunkt liegt im unendlich fernen Punkt, der Radius ist unendlich groß. Wie aus der Definitionsgleichung für k ersehen werden kann, tritt dieser Fall (k = 1) gerade für $\varrho_1 = \varrho_2$ auf der Symmetrieebene x = 0 auf.

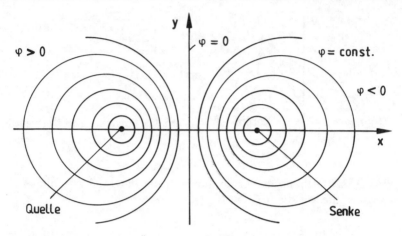

Abb. 156. Schnittlinien der Äquipotentialflächen mit der x-y-Ebene

Die Stromlinien sind die senkrechten Trajektorien zu den Äquipotentialflächen. Sie sind damit ebenfalls in der x-y-Ebene die senkrechten Trajektorien zu den Schnittlinien der Äquipotentialflächen mit der x-y-Ebene.

Die Berechnung der Stromlinien über die Differentialgleichung führt zu Schwierigkeiten, so daß hier ein anderer Weg zur Berechnung eingeschlagen wird: Die Verbindungsgerade zwischen den beiden Linienquellen (Abb. 157) ist sicher eine Stromlinie. Es wird angenommen, daß die Kurve C' (Abb. 157) ebenfalls eine Stromlinie des Stromdichtefeldes ist. Da die Stromdichte ein divergenzfreies Feld ist (Gl.(IV.2.1)), kann folgende Überlegung durchgeführt werden: Wird eine Fläche A mit der Länge ℓ in z-Richtung zwischen zwei beliebige Punkte B und C, die jeweils auf einer Stromlinie liegen, gebracht, so ist die Stromstärke durch diese Fläche unabhängig von der Lage der Punkte B und C auf den Stromlinien. Nun läßt sich aber die Stromstärke durch eine solche Fläche A berechnen. Von der Quelle (Abb. 157) geht über der Länge ℓ ein Strom der

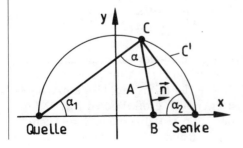

Abb. 157. Zur Berechnung der Stromlinien

IV.4 Feld- und Widerstandsberechnungen

Stromstärke I aus, die Senke nimmt entsprechend einen Strom der Stromstärke I auf. Da sich das gesamte Strömungsfeld aus der Überlagerung der beiden radial gerichteten Strömungsfelder von Quelle und Senke berechnen läßt, kann der gesamte Strom durch die Fläche A nach Abb. 157 aus

$$I_{ges} = I\frac{\alpha_1}{2\pi} + I\frac{\alpha_2}{2\pi} = \text{const.}$$

berechnet werden. Wird die Lage der Punkte B und C auf den Stromlinien variiert, so ändern sich die Winkel α_1 und α_2. Nach der oben stehenden Gleichung muß aber die Summe

$$\alpha_1 + \alpha_2 = \text{const.}$$

sein, falls B und C nur immer auf denselben Stromlinien liegen. Zwischen den Winkeln α_1 und α_2 und dem Winkel α nach Abb. 157 besteht der Zusammenhang:

$$\alpha = \pi - (\alpha_1 + \alpha_2) = \text{const.}$$

Da die Summe von α_1 und α_2 konstant ist, muß damit auch der Winkel α konstant bleiben, falls sich z.B. der Punkt C auf der Stromlinie C' bewegt. Das bedeutet, α ist der Umfangswinkel eines Kreises. Die Stromlinien sind demnach Kreise. Aus Symmetriegründen müssen die Mittelpunkte der Kreise auf der y-Achse (Abb. 158) liegen; das heißt, die Gleichung der Stromlinien lautet:

$$x^2 + (y - y_M)^2 = \varrho^2 = d^2 + y_M^2.$$

Für jeden Wert y_M ergibt sich eine Stromlinie. y_M kann sowohl positive als auch negative Werte annehmen.

c. Der Widerstand zwischen den Leitern der Länge ℓ und des Radius ϱ_0 läßt sich aus der in Aufgabe 2 dieses Kapitels abgeleiteten Beziehung

$$R = \frac{\int_1^2 \vec{E}\cdot d\vec{s}}{\oiint_A \vec{S}\cdot \vec{n}\, dA} = \frac{\int_1^2 \vec{E}\cdot d\vec{s}}{I}$$

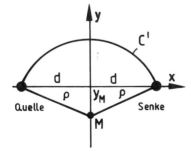

Abb. 158. Zur Berechnung der Stromlinien

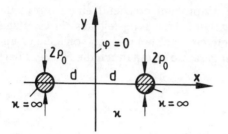

Abb. 159. Zur Berechnung des Widerstandes

berechnen. Die Spannung im Zähler des Ausdrucks ist gleich der Potentialdifferenz zwischen den Elektroden. Wird angenommen, daß $\varrho_0 \ll d$ ist, so daß die Oberflächen der Elektroden näherungsweise mit den Äquipotentialflächen der Berechnungen unter b. übereinstimmen, und sind die Elektroden ferner so lang, daß die Feldstörung an ihren Enden vernachlässigt werden kann, so kann für die Berechnung der Potentialdifferenz der Verlauf des Potentials nach b. herangezogen werden:

$$\varphi = \frac{I}{2\pi\kappa\ell} \ln \frac{\varrho_2}{\varrho_1}.$$

Auf der Oberfläche der linken Elektrode (Abb. 159) ist

$$\varrho_2 \approx 2d - \varrho_0, \qquad \varrho_1 \approx \varrho_0.$$

Auf der Oberfläche der rechten Elektrode gilt:

$$\varrho_2 \approx \varrho_0, \qquad \varrho_1 \approx 2d - \varrho_0.$$

Somit ergibt sich die Potentialdifferenz zwischen den Elektroden:

$$\int_1^2 \vec{E} \cdot d\vec{s} = U \approx \frac{I}{2\pi\kappa\ell} \ln\left(\frac{2d-\varrho_0}{\varrho_0}\right) - \frac{I}{2\pi\kappa\ell} \ln\left(\frac{\varrho_0}{2d-\varrho_0}\right) =$$

$$= \frac{I}{\pi\kappa\ell} \ln\left(\frac{2d-\varrho_0}{\varrho_0}\right).$$

Damit kann auch der Widerstand zwischen den Elektroden näherungsweise berechnet werden:

$$R \approx \frac{\ln\left(\dfrac{2d-\varrho_0}{\varrho_0}\right)}{\pi\kappa\ell} \approx \frac{\ln\dfrac{2d}{\varrho_0}}{\pi\kappa\ell}.$$

6. Aufgabe

Gegeben seien zwei konzentrische, zylinderförmige (koaxiale) Elektroden ($\kappa = \infty$) mit den Radien ϱ_i und ϱ_a (Abb. 160) und der Länge ℓ, zwischen denen sich ein homogenes, isotropes Material mit der Leitfähigkeit κ befindet. Zwischen den Elektroden wird durch eine äußere Quelle eine konstante Spannung U aufrechterhalten.

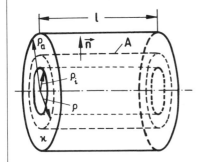

Abb. 160. Koaxialer Widerstand

a. Man berechne die Stromdichte, die elektrische Feldstärke sowie das Potential des Feldes zwischen den Elektroden. Wie groß ist der Widerstand zwischen den Elektroden?

b. Nun sei das Material zwischen den Elektroden inhomogen. Es existiert eine vom Achsenabstand ϱ abhängige Leitfähigkeit $\kappa(\varrho)$ sowie eine vom Achsenabstand abhängige Permittivität $\varepsilon(\varrho)$. Wie berechnet sich die Stromdichte im Bereich zwischen den Elektroden? Unter welchen Bedingungen wird der Raum zwischen den Elektroden raumladungsfrei?

Lösung

a. Ist die Leitfähigkeit des Materials außerhalb der Elektrodenanordnung null, so wird in der Grenzschicht an den Enden des Widerstandes die Stromdichte entsprechend den Ausführungen am Ende des Kap. IV.3 im leitfähigen Material des Widerstandes parallel zur Deckfläche der zylindrischen Anordnung von der Innen- zur Außenelektrode (oder umgekehrt) verlaufen. Das Feld zwischen den Elektroden wird also aus Symmetriegründen als rein radial gerichtet angesehen. Zwischen die unendlich gut leitenden Elektroden wird eine konzentrische Integrationshülle mit dem Radius ϱ und der Länge ℓ gelegt (Abb. 160) und die Stromstärke durch diese Fläche bestimmt. Der durch die Fläche tretende Strom habe die Stromstärke I. Sie berechnet sich aus der auftretenden Stromdichte $\vec{S} = S\vec{e}_\varrho$ zu:

$$\iint_A \vec{S} \cdot \vec{n}\, dA = S\, 2\pi\varrho\ell = I,$$

$$\vec{S} = \frac{I}{2\pi\ell\varrho^2}\vec{\varrho}.$$

Damit ist auch die elektrische Feldstärke im Widerstand bekannt:

$$\vec{E} = \frac{\vec{S}}{\kappa} = \frac{I}{2\pi\kappa\ell\varrho^2}\vec{\varrho}.$$

Als bekannt vorgegeben ist die konstante Spannung U zwischen den Elektroden. Die unbekannte Stromstärke I soll durch die Spannung ersetzt werden. Dazu wird das Linienintegral über die elektrische Feldstärke vom Innen- zum Außenradius längs des Radius ϱ ($d\vec{s} = d\varrho\,\vec{e}_\varrho$) gebildet:

$$U = \int_{\varrho_i}^{\varrho_a} \vec{E}\cdot d\vec{s} = \int_{\varrho_i}^{\varrho_a} \frac{I}{2\pi\kappa\ell\varrho}\,d\varrho = \frac{I}{2\pi\kappa\ell}\ln\frac{\varrho_a}{\varrho_i}.$$

Wird dieser Zusammenhang in die Gleichung für die Stromdichte und die elektrische Feldstärke eingesetzt, so gilt:

$$\vec{S} = \frac{\kappa U}{\ln\frac{\varrho_a}{\varrho_i}}\frac{\vec{\varrho}}{\varrho^2}, \qquad \vec{E} = \frac{U}{\ln\frac{\varrho_a}{\varrho_i}}\frac{\vec{\varrho}}{\varrho^2}.$$

Für das Potential des Feldes kann unter der Annahme, daß auf der Außenelektrode das Potential null wird, der Ausdruck

$$\varphi = -\frac{U}{\ln\frac{\varrho_a}{\varrho_i}}\ln\frac{\varrho}{\varrho_a}, \qquad \varphi = 0 \quad \text{für} \quad \varrho = \varrho_a$$

berechnet werden.

Aus dem oben abgeleiteten Zusammenhang

$$U = \frac{I}{2\pi\kappa\ell}\ln\frac{\varrho_a}{\varrho_i}$$

ergibt sich sofort der Widerstand zwischen den Elektroden:

$$R = \frac{U}{I} = \frac{\ln\frac{\varrho_a}{\varrho_i}}{2\pi\kappa\ell}.$$

b. Wird wieder der Strom durch die in a. verwendete Integrationsfläche berechnet, so ergeben sich, diesmal mit ortsabhängiger Leitfähigkeit $\kappa = \kappa(\varrho)$, genau wie oben die Felder:

$$\vec{S} = \frac{I}{2\pi\ell\varrho^2}\vec{\varrho} \qquad \text{und} \qquad \vec{E} = \frac{I}{2\pi\kappa(\varrho)\ell\varrho^2}\vec{\varrho}.$$

IV.4 Feld- und Widerstandsberechnungen

Soll wieder die unbekannte Stromstärke I durch die gegebene Spannung U ersetzt werden, so folgt aus dem Linienintegral über die elektrische Feldstärke:

$$U = \int_{\varrho_i}^{\varrho_a} \vec{E} \cdot d\vec{s} = \int_{\varrho_i}^{\varrho_a} \frac{I}{2\pi\kappa(\varrho)\ell} \frac{d\varrho}{\varrho} = \frac{I}{2\pi\ell}\int_{\varrho_i}^{\varrho_a} \frac{d\varrho}{\varrho\kappa(\varrho)}.$$

Das letzte Integral ist ein bestimmtes Integral, das einen konstanten Wert darstellt. Es läßt sich bei bekannter Abhängigkeit $\kappa = \kappa(\varrho)$ berechnen. Damit folgt für die Stromdichte und die Feldstärke:

$$\vec{S} = \frac{U}{\int_{\varrho_i}^{\varrho_a}\frac{d\varrho}{\varrho\kappa(\varrho)}}\frac{\vec{\varrho}}{\varrho^2} \quad \text{und} \quad \vec{E} = \frac{U}{\kappa(\varrho)\int_{\varrho_i}^{\varrho_a}\frac{d\varrho}{\varrho\kappa(\varrho)}}\frac{\vec{\varrho}}{\varrho^2}.$$

Die Raumladungsdichte im betrachteten Material ist gleich der Divergenz der elektrischen Flußdichte (Gl. (III.3.2)):

$$\vec{D} = \frac{\varepsilon(\varrho)}{\kappa(\varrho)}\frac{U}{\int_{\varrho_i}^{\varrho_a}\frac{d\varrho}{\varrho\kappa(\varrho)}}\frac{\vec{\varrho}}{\varrho^2}.$$

Die Divergenz der elektrischen Flußdichte läßt sich mit Hilfe von Gl. (I.16.22) bestimmen, falls zusätzlich berücksichtigt wird, daß das Feld nur vom Abstand ϱ von der Zylinderachse abhängt,

$$\text{div}\vec{D} = \frac{U}{\int_{\varrho_i}^{\varrho_a}\frac{d\varrho}{\varrho\kappa(\varrho)}}\frac{1}{\varrho}\frac{d}{d\varrho}\left[\varrho\frac{\varepsilon(\varrho)}{\kappa(\varrho)}\frac{1}{\varrho}\right],$$

$$\text{div}\vec{D} = \frac{U}{\int_{\varrho_i}^{\varrho_a}\frac{d\varrho}{\varrho\kappa(\varrho)}}\frac{1}{\varrho}\frac{d}{d\varrho}\left[\frac{\varepsilon(\varrho)}{\kappa(\varrho)}\right].$$

Das bedeutet, daß sich im Bereich zwischen den Elektroden immer eine Raumladungsdichte befindet, falls der Quotient aus $\varepsilon(\varrho)$ und $\kappa(\varrho)$ eine Funktion des Abstandes ϱ ist. Die Raumladungsdichte verschwindet, falls

$$\frac{\varepsilon(\varrho)}{\kappa(\varrho)} = \text{const.}$$

eine konstante Größe ist.

KAPITEL V
Zeitunabhängige Magnetfelder

Bei der Einführung der stationären Strömungsfelder in Kapitel IV wurde festgestellt, daß eine der Wirkungen bewegter Ladungsträger das Auftreten eines magnetischen Feldes ist. Ist die Ursache der auftretenden Felder ein zeitunabhängiges Strömungsfeld, so ist auch das erregte Magnetfeld zeitunabhängig. Diese Gruppe von Magnetfeldern soll hier als erste behandelt werden. Neben den Magnetfeldern, die als Wirkung eines stationären Strömungsfeldes auftreten, sollen im Rahmen der zeitunabhängigen Magnetfelder auch die Felder magnetisierter Körper (Dauermagnete) behandelt werden. Diese Felder sind nicht auf das Auftreten eines makroskopischen Stromes zurückzuführen, sondern hier können atomare Kreisströme, beschrieben durch die Magnetisierung (s. Kap. V.5), als Ursache der Felder angesehen werden. Die magnetischen Felder, die ebenso wie die elektrischen Felder als physikalische Zustände des Raumes definiert werden sollen, werden durch die magnetische Flußdichte (magnetische Induktion) $\vec{B}$ und die magnetische Feldstärke $\vec{H}$ beschrieben.

V.1
Definition der auftretenden Feldgrößen

V.1.1
Die magnetische Flußdichte

Magnetfelder lassen sich an drei Wirkungen erkennen:

1. Magnetfelder üben eine Kraft auf bewegte, elektrisch geladene Teilchen aus.
2. Magnetfelder üben eine Kraft auf die Pole magnetisierter Körper aus.
3. Magnetfelder induzieren in einer bewegten, geschlossenen Leiterschleife einen Strom.

Die erste Eigenschaft soll verwendet werden, um eine Größe zu definieren, die die durch das Magnetfeld erzeugte Kraftwirkung beschreibt. Dazu wird die in Abb. 161 gezeichnete Versuchsanordnung verwendet. Ein Leiter der Länge ℓ (Leiter 2 in Abb. 161, charakterisiert durch den Längenvektor $\vec{\ell}$) ist reibungsfrei längs der beiden Leiter 1 und 3 verschiebbar. Die Leiter 1 und 2 sowie die Leiter 2 und 3 haben an der reibungsfreien Kontaktstelle einen idealen, widerstandsfreien elektrischen Kontakt miteinander.

V.1 Definition der auftretenden Feldgrößen

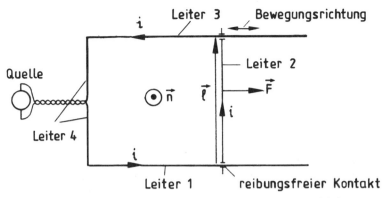

Abb. 161. Versuchsanordnung zur Definition der magnetischen Flußdichte

In der so entstandenen Leiterschleife soll, erzeugt durch eine von außen über eine bifilar gewickelte Zuleitung angeschlossene elektrische Quelle (vgl. Kap. IV.2), ein Strom der elektrischen Stromstärke i fließen.

Wird diese Leiterschleife in die Umgebung eines weiteren stromführenden Leiters (oder eines Dauermagneten) gebracht, der ein magnetisches Feld erzeugt, so wird auf die stromführenden Leiter eine Kraft ausgeübt, die an dem beweglichen Leiter gemessen werden kann. Wie das Experiment zeigt, weist die Kraft $\vec{F}$ immer in eine Richtung senkrecht zur Richtung des Leiters (Vektor $\vec{\ell}$) und damit senkrecht zur Richtung der Ladungsträgerbewegung, die den Strom bildet. Durch Verändern der das Experiment bestimmenden elektrischen und geometrischen Kenngrößen können experimentell die folgenden Zusammenhänge festgestellt werden:

1. Der Betrag $|\vec{F}|$ der Kraft ist direkt proportional zur Länge $|\vec{\ell}|$ des Leiters

   $|\vec{F}| \sim |\vec{\ell}|$.

2. Der Betrag $|\vec{F}|$ der Kraft ist direkt proportional zur elektrischen Stromstärke i im Leiter:

   $|\vec{F}| \sim |i|$.

3. Es kann festgestellt werden, daß die Kraft $\vec{F}$ auf den Leiter 2 von der Lage der Leiterschleife im Raum (und damit im Magnetfeld) abhängig ist. Zur Beschreibung der Lage der Leiterschleife im Raum wird ein Flächennormaleneinheitsvektor $\vec{n}$ auf der von den Leitern 1, 2, 3 und 4 aufgespannten Fläche eingeführt (Abb. 161). Um die Abhängigkeit der Kraft $\vec{F}$ von der Lage der Leiterschleife im Raum zu erkennen, werden drei Experimente durchgeführt:

   a. Wie das Experiment zeigt, gibt es eine ausgezeichnete Lage der Leiterschleife und damit des Flächennormalenvektors $\vec{n} = \vec{n}_{max}$ im Raum, für die die Kraft $|\vec{F}|$ auf den Leiter 2 maximal wird; gleichzeitig zeichnet sich

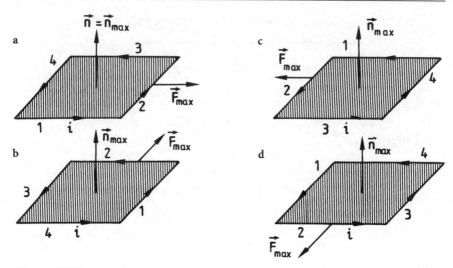

Abb. 162a–d. Drehung der Leiterschleife um die Richtung des Flächennormalenvektors $\vec{n}_{max}$.

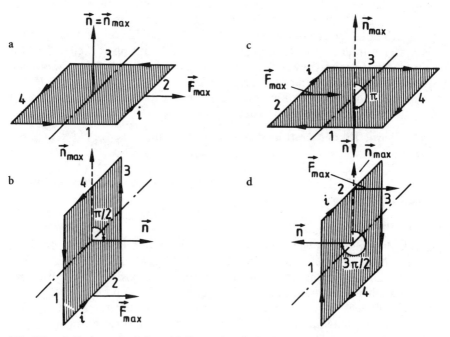

Abb. 163a–d. Drehung der Leiterschleife um eine Drehachse parallel zum Leiter 2

V.1 Definition der auftretenden Feldgrößen

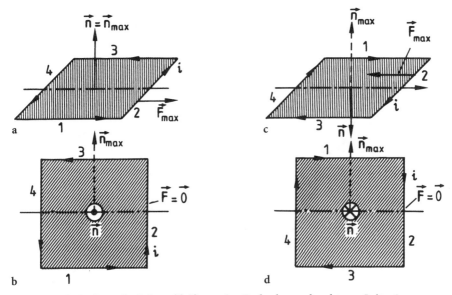

Abb. 164 a–d. Drehung der Leiterschleife um eine Drehachse senkrecht zum Leiter 2

diese Lage dadurch aus, daß bei Drehung der Fläche um die Richtung des Flächennormalenvektors der Betrag der Kraft $|\vec{F}| = |\vec{F}_{max}|$ auf den Leiter 2 unverändert bleibt (Abb. 162).

b. Wird die Leiterschleife um eine Drehachse, die parallel zum Leiter 2 liegt, gedreht (Abb. 163), so bleibt der Betrag der Kraft $\vec{F}$ auf den Leiter 2 ebenfalls konstant und gleich $|\vec{F}_{max}|$. Die Richtung der Kraft bleibt ungeändert.

c. Wird die Leiterschleife um eine Drehachse parallel zu den Leitern 1 und 3, die senkrecht auf dem Leiter 2 steht, gedreht, so zeigt das Experiment, daß die Kraft auf den Leiter 2, ausgehend von der oben definierten, ausgezeichneten Lage, sich mit dem Cosinus des Winkels α zwischen der Richtung des Flächennormalenvektors $\vec{n}$ und der Richtung des ausgezeichneten Flächennormalenvektors $\vec{n}_{max}$ ändert (Abb. 164).

Darüber hinaus kann festgestellt werden, daß die Richtung der Kraft $\vec{F}$ auf den Leiter 2 der Richtung des Leiters 2 (Richtung des Vektors $\vec{\ell}$ oder Richtung des (positiven) Ladungsträgertransports) und der Richtung des ausgezeichneten Flächennormalenvektors $\vec{n}_{max}$ im Rechtsschraubensinn zugeordnet ist. Damit zeigt sich (Abb. 165), daß die Kraft $\vec{F}$ proportional zum Sinus des Winkels β zwischen der Richtung des Leiters 2 (Richtung des Bezugspfeils der Stromstärke) und der Richtung des ausgezeichneten Flächennormalenvektors $\vec{n}_{max}$ ist:

$$|\vec{F}| \sim |\sin(\sphericalangle \vec{\ell}, \vec{n}_{max})|. \tag{V.1.1}$$

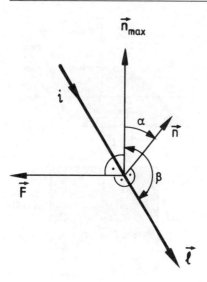

Abb. 165. Zur Bestimmung der Kraft

Aus den beschriebenen Experimenten wird eine die Kraft beschreibende Feldgröße, die magnetische Flußdichte (oder magnetische Induktion) $\vec{B}$, definiert. Der Betrag der magnetischen Flußdichte ist:

$$|\vec{B}| = |\vec{\ell}| \xrightarrow[i \longrightarrow 0]{\lim \longrightarrow 0} \frac{|\vec{F}_{max}|}{|\vec{\ell}||i|}. \tag{V.1.2}$$

Die Richtung der magnetischen Flußdichte $\vec{B}$ sei gleich der Richtung des ausgezeichneten Flächennormalenvektors $\vec{n} = \vec{n}_{max}$.

Der Grenzübergang wird durchgeführt, um eine punktförmige Meßanordnung zu erhalten.

Durch diese Definition wird die magnetische Flußdichte als eine von der experimentellen Anordnung unabhängige Feldgröße eingeführt, die somit nur noch eine Eigenschaft des das Feld tragenden Raums ist.

Aus der Definition der magnetischen Flußdichte folgt umgekehrt, daß die Kraft auf einen stromführenden Leiter im Magnetfeld aus der Beziehung (vgl. Gl. (V.1.1)):

$$|\vec{F}| = \left| |i| |\vec{\ell}| |\vec{B}| \sin(\sphericalangle \vec{\ell}, \vec{B}) \right|$$

bestimmt wird, da die Richtung von $\vec{B}$ mit der Richtung von $\vec{n}_{max}$ übereinstimmt. Unter Berücksichtigung der Richtungen (vgl. Abb. 165) gilt dann für die im Feld der magnetischen Flußdichte $\vec{B}$ auf einen stromführenden Leiter der Länge und Richtung (Richtung des Bezugspfeils der Stromstärke i) $\vec{\ell}$ ausgeübte Kraft $\vec{F}$.

$$\vec{F} = i(\vec{\ell} \times \vec{B}). \tag{V.1.3}$$

V.1 Definition der auftretenden Feldgrößen

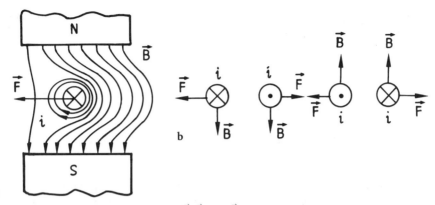

Abb. 166a, b. Zuordnung der Vektoren $\vec{F}$, $\vec{\ell}$ und $\vec{B}$. **a** Stromführender Leiter im ehemals homogenen Magnetfeld, **b** rechtsschraubige Zuordnung der Vektoren

Das heißt, die Kraft $\vec{F}$ steht senkrecht sowohl auf dem stromführenden Leiter als auch auf der magnetischen Flußdichte $\vec{B}$ (Abb. 166). Die Richtungen von $\vec{F}$, $\vec{\ell}$ und $\vec{B}$ sind einander im Sinne einer Rechtsschraube zugeordnet.

Wird der in einem Leiter fließende elektrische Strom als die Beschreibung der Bewegung der Ladungsträger interpretiert, so kann Gl. (V.1.3) umgeschrieben werden zur Berechnung der Kraft, die von einem Magnetfeld auf eine bewegte Ladung ausgeübt wird. Nach Abb. 167 ist das Produkt aus der elektrischen Stromstärke i und dem Längenvektor $\vec{\ell}$ als

$$i\vec{\ell} = (\vec{S} \cdot \vec{n})A\vec{\ell} = nq|\vec{v}|A\vec{\ell} \qquad (V.1.4)$$

darstellbar.

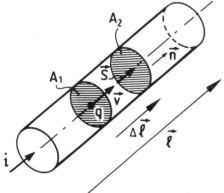

Abb. 167. Zur Ableitung der Kraft auf bewegte Ladungsträger

Hiermit ist die elektrische Stromstärke i zunächst durch die Stromdichte $\vec{S}$ und die Querschnittsfläche A ausgedrückt worden. Die Stromdichte ist die Ladung, die pro Zeiteinheit und pro Flächeneinheit durch den Querschnitt des Leiters tritt. Befinden sich in einem Volumen der Länge $\Delta\ell$ und der Querschnittsfläche A Ladungen der Ladungsträgerdichte n, das ist die Zahl der Ladungsträger pro Volumeneinheit, und der Einzelladung q, so ist die Gesamtladung im Volumen $\Delta Q = nqA\Delta\ell$. Bewegen sich diese Ladungen mit einer Geschwindigkeit $\vec{v}$, so daß in der Zeit Δt gerade die Länge $\Delta\vec{\ell}$ durchlaufen wird, so werden in der Zeit Δt alle Ladungen des oben definierten Volumens durch die Querschnittsfläche A_2 (Abb. 167) treten. Also gilt für die Stromdichte $|\vec{S}|$ = $|nqA\Delta\ell/(A\Delta t)| = |nq||\vec{v}||$, wie in Gl. (V.1.4) angegeben. Da $A\ell$ das Volumen des betrachteten Leiterabschnitts ist, ist $Q = nqA\ell$ die in diesem Volumen befindliche Gesamtladung; da zudem die Richtung der Geschwindigkeit $\vec{v}$ mit der Richtung von $\vec{\ell}$ (Leiterrichtung) übereinstimmt, gilt:

$$i\vec{\ell} = Q\vec{v} \qquad (V.1.5)$$

und damit nach Gl. (V.1.3) für die Kraft auf eine Ladung Q, die sich mit der Geschwindigkeit $\vec{v}$ im Magnetfeld der magnetischen Flußdichte $\vec{B}$ bewegt:

$$\vec{F} = Q(\vec{v} \times \vec{B}). \qquad (V.1.6)$$

V.1.2
Die magnetische Feldstärke

Um eine die Ursachen des magnetischen Feldes beschreibende Größe zu erhalten, wird die magnetische Feldstärke definiert. Betrachtet wird eine im Verhältnis zu ihrem Durchmesser lange Spule mit w Windungen, in denen ein Strom der Stromstärke i fließt. Wie das Experiment zeigt, ist die Größe des magnetischen Feldes (etwa dargestellt durch die Kraft auf eine Magnetnadel) im Innern der Spule (von Randzonen abgesehen) homogen und nur abhängig von der Windungszahl w, der Stromstärke i in der Spule und der Länge ℓ der Spule; und zwar ist die Größe des magnetischen Feldes der Windungszahl w und der Stromstärke i direkt proportional, der Länge ℓ umgekehrt proportional.

Definiert wird der Vektor der magnetischen Feldstärke $\vec{H}$ innerhalb einer langen Spule (das heißt, der Durchmesser d der Spule sei sehr viel kleiner als die Länge ℓ, damit können Streufelder an den Enden der Spulen vernachlässigt werden). Der Betrag der magnetischen Feldstärke ist dann:

$$|\vec{H}| = \ell \underset{i \to 0}{\overset{\lim}{\to}} 0 \, \frac{w|i|}{\ell} \qquad (V.1.7)$$

mit den oben eingeführten Größen w, i und ℓ. Die Richtung der magnetischen Feldstärke wird senkrecht zu der Querschnittsfläche der Spule, also in Richtung der Spulenachse definiert, der Richtungssinn der magnetischen Feldstärke sei der Richtung des Bezugspfeils der Stromstärke in der Spule im Rechtsschraubensinn zugeordnet. Durch den Grenzübergang wird wieder eine punktförmige Meßanordnung definiert.

Die magnetische Feldstärke eines beliebig räumlich verteilten magnetischen Feldes wird so bestimmt, daß eine kleine, im Verhältnis zu ihrem Durchmesser lange Spule in das Feld gebracht wird. Dann wird die Orientierung der Spule im Raum und der Strom durch die Spule so lange verändert, bis das Magnetfeld im Innern der Spule gerade gleich null wird (Kompensation). Der Betrag der magnetischen Feldstärke in dem betrachteten Punkt ist dann gleich der oben definierten Feldstärke wi/l. Die Richtung des Feldes in dem betrachteten Punkt ist gleich der Richtung des Feldes in der Spule, der Richtungssinn des auszumessenden Feldes ist entgegengesetzt zum Richtungssinn des Feldes der Spule.

Zwischen der magnetischen Flußdichte $\vec{B}$ und der magnetischen Feldstärke $\vec{H}$ besteht (außer in ferromagnetischen und ferrimagnetischen Materialien) im homogenen, isotropen Material ein eindeutiger, linearer Zusammenhang:

$$\vec{B} = \mu \vec{H} = \mu_0 \mu_r \vec{H}. \tag{V.1.8}$$

Der Proportionalitätsfaktor μ ist die Permeabilität des Materials; μ_0, die magnetische Feldkonstante, ist die Permeabilität des leeren Raumes, $\mu_0 = 4\pi 10^{-7}$ Vs/Am, μ_r ist die Permeabilitätszahl des betrachteten Materials.

V.2
Die Maxwellschen Gleichungen für das zeitlich konstante Magnetfeld

In diesem Kapitel werden durchweg zeitunabhängige Felder, also statische und stationäre Felder behandelt. Das bedeutet, daß in den Maxwellschen Gleichungen (vgl. Kap. II) alle Ableitungen nach der Zeit verschwinden. Somit gilt auch weiterhin für die elektrische Feldstärke $\vec{E}$ das Grundgesetz der Elektrostatik

$$\oint_C \vec{E} \cdot d\vec{s} = 0, \tag{V.2.1}$$

oder in Differentialform geschrieben:

$$\mathrm{rot}\,\vec{E} = \vec{0}, \qquad \mathrm{Rot}\,\vec{E} = \vec{0}, \qquad \vec{E} = -\mathrm{grad}\,\varphi. \tag{V.2.2}$$

Demgegenüber verschwindet die Rotation der magnetischen Feldstärke

$$\mathrm{rot}\,\vec{H} = \vec{S} \tag{V.2.3}$$

nicht, falls eine Stromdichte $\vec{S}$ zugelassen wird. Einschränkend wird von dieser Stromdichte hier vorausgesetzt, daß sie ein stationäres Strömungsfeld ist, das heißt, die Stromdichte erfüllt die Bedingung der Divergenzfreiheit im gesamten Raum:

$$\mathrm{div}\,\vec{S} = 0, \qquad \mathrm{Div}\,\vec{S} = 0. \tag{V.2.4}$$

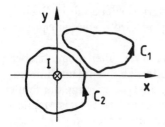

Abb. 168. Zur Mehrdeutigkeit der Potentiale

Im Gegensatz zur elektrischen Feldstärke $\vec{E}$, die weiterhin durch eine skalare Potentialfunktion φ beschrieben werden kann, existiert für die magnetische Feldstärke $\vec{H}$ aufgrund des Zusammenhangs Gl. (V.2.3) zunächst keine eindeutige, skalare Potentialfunktion. Soll aber das magnetische Feld in Bereichen berechnet werden, in denen keine Stromdichte $\vec{S}$ auftritt, so kann in diesen Bereichen weiterhin die Definition

$$\operatorname{rot}\vec{H} = \vec{0} \qquad \text{für } \vec{S} = \vec{0} \qquad \text{und} \qquad H = -\operatorname{grad}\Psi \tag{V.2.5}$$

verwendet werden. Die so eingeführte skalare Potentialfunktion ist auf Grund der ersten Maxwellschen Gleichung (Durchflutungsgesetz)

$$\oint_C \vec{H} \cdot \mathrm{d}\vec{s} = \iint_A \vec{S} \cdot \vec{n}\, \mathrm{d}A \tag{V.2.6}$$

aber nicht mehr eindeutig oder nicht mehr stetig, falls der Integrationsweg bei der Berechnung des Potentials aus der Umkehrung der Gl. (V.2.5)

$$\Psi(P) = -{}_C\!\!\int_{P_0}^{P} \vec{H} \cdot \mathrm{d}\vec{s} \tag{V.2.7}$$

einen elektrischen Strom einschließt. Das Potential ist dann entweder eindeutig und unstetig oder aber vieldeutig und stetig. Beide Möglichkeiten können benutzt werden. Diese Aussage soll anhand eines Beispiels, das in Abb. 168 dargestellt ist, erläutert werden. Abbildung 168 zeigt den Querschnitt eines unendlich langen, stromdurchflossenen Leiters mit dem Strom der Stromstärke I (zeitunabhängiger Gleichstrom), sowie zwei Integrationswege C_1 und C_2.

Wird das Potential nach Gl. (V.2.7) berechnet, so ergibt sich für den Integrationsweg C_1 aufgrund von Gl. (V.2.6) immer eine eindeutige Potentialfunktion, da kein Strom vom Integrationsweg eingeschlossen ist und somit das Integral der rechten Seite von Gl. (V.2.6) verschwindet. Soll das Feld also nur in dem vom Integrationsweg C_1 eingeschlossenen Bereich berechnet werden, so kann das Feld eindeutig durch die Potentialfunktion Ψ dargestellt werden.

Wird der Integrationsweg C_2 betrachtet, so ergibt das Integral der rechten Seite von Gl. (V.2.6) bei jedem vollen Umlauf um den stromführenden Leiter den Betrag ± I, je nach Umlaufrichtung. Abbildung 169 zeigt die erste mögliche Definition eines stetigen aber mehrdeutigen Potentials für diesen Fall. Das Potential Ψ erhöht seinen Wert bei mehrmaligem Umlauf um den Stromleiter

V.2 Die Maxwellschen Gleichungen für das zeitlich konstante Magnetfeld

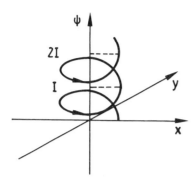
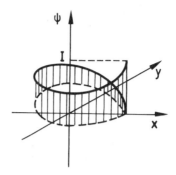

Abb. 169. Stetiges aber mehrdeutiges Potential

Abb. 170. Eindeutiges aber unstetiges Potential

jeweils um den Wert ± I. Abbildung 170 zeigt die zweite Möglichkeit der Definition: Das Potential springt nach einmaligem Umlauf um den stromführenden Leiter wieder auf den Wert null, ist also auf einer Linie oder Ebene nicht mehr stetig. An einer so eingeführten Sperrfläche oder -linie springt das Potential um den Wert ± I.

Die dritte Maxwellsche Gleichung

$$\oint_A \vec{B} \cdot \vec{n} \, dA = 0, \tag{V.2.8}$$

in Differentialform geschrieben

$$\text{div}\,\vec{B} = 0, \tag{V.2.9}$$

gibt an, daß die magnetische Flußdichte immer ein quellenfreies Feld ist. Damit sind die Feldlinien der magnetischen Flußdichte immer geschlossene Linien. In dieser Eigenschaft unterscheidet sich die magnetische Flußdichte z.B. grundsätzlich von der elektrostatischen Feldstärke $\vec{E}$, die immer ein Quellenfeld ist, somit in den Ladungen immer Anfangs- oder Endpunkte besitzt.

Aufgrund der Divergenzfreiheit der magnetischen Flußdichte (vgl. Gl. (V.2.9)) kann ein Vektorfeld $\vec{A}$ gefunden werden, so daß

$$\vec{B} = \text{rot}\,\vec{A} \tag{V.2.10}$$

ist (vgl. Kap. I.14, g), da dann immer Gl. (V.2.9) mit

$$\text{div}\,\vec{B} = \text{div}\,\text{rot}\,\vec{A} = 0 \tag{V.2.11}$$

identisch erfüllt ist. Das nach Gl. (V.2.10) eingeführte Vektorpotential $\vec{A}$ ist durch die angegebene Definition nicht eindeutig bestimmt, da auch das Vektorpotential

$$\vec{A}_1 = \vec{A} + \text{grad}\,\Psi$$

mit einer beliebigen Ortsfunktion Ψ auf dieselbe Flußdichte

$$\vec{B} = \text{rot}\,\vec{A}_1 = \text{rot}\,\vec{A} + \text{rot}\,\text{grad}\,\Psi = \text{rot}\,\vec{A}$$

führt. Dem Vektorpotential $\vec{A}$ wird daher eine weitere, willkürlich eingeführte Bedingung, die nicht im Widerspruch zu den Maxwellschen Gleichungen steht, auferlegt. Es wird festgesetzt, daß das Vektorpotential $\vec{A}$ der stationären Magnetfelder quellenfrei ist:

$$\text{div}\,\vec{A} = 0\,.\tag{V.2.12}$$

Diese willkürliche Definition wird sich später als nützlich erweisen. Sie gilt allerdings nur für die zeitunabhängigen Felder. Gl. (V.2.12) wird auch als Coulomb-Eichung des Vektorpotentials $\vec{A}$ bezeichnet. Für Felder, die von der Zeit abhängen, wird diese Definition später verallgemeinert werden (s. Kap. VII.1).

Gl. (V.2.8) sagt aus, daß der Fluß der magnetischen Flußdichte durch eine geschlossene Fläche immer verschwindet. Das Flußintegral der magnetischen Flußdichte über eine offene Fläche A,

$$\Phi_m = \iint_A \vec{B} \cdot \vec{n}\,\text{d}A\,,\tag{V.2.13}$$

ist von null verschieden und wird als magnetischer Fluß Φ_m bezeichnet. Unter Verwendung der Definition Gl. (V.2.10) und des Stokeschen Satzes läßt sich dieser Fluß aus dem Linienintegral über das Vektorpotential entlang der Randkurve C, die die Fläche A berandet, berechnen:

$$\Phi_m = \iint_A \vec{B} \cdot \vec{n}\,\text{d}A = \iint_A \text{rot}\,\vec{A} \cdot \vec{n}\,\text{d}A = \oint_C \vec{A} \cdot \text{d}\vec{s}\,.\tag{V.2.14}$$

Der Umlaufsinn der Randkurve C und der Flächennormalenvektor $\vec{n}$ sind dabei im Sinne einer Rechtsschraube einander zugeordnet (Abb. 171).

Zum Abschluß sollen die Maxwellschen Gleichungen in der Form, wie sie für die zeitunabhängigen Felder gelten, noch einmal zusammengestellt werden. Für die elektrischen und magnetischen Felder gelten die Gesetze in Integralform:

$$\oint_C \vec{H} \cdot \text{d}\vec{s} = \iint_A \vec{S} \cdot \vec{n}\,\text{d}A, \qquad \oiint_A \vec{B} \cdot \vec{n}\,\text{d}A = 0\,,$$

$$\oint_C \vec{E} \cdot \text{d}\vec{s} = 0\,, \qquad \oiint_A \vec{D} \cdot \vec{n}\,\text{d}A = \iiint_V \varrho\,\text{d}V\,.\tag{V.2.15}$$

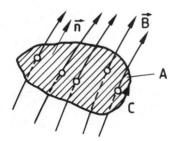

Abb. 171. Fluß durch eine offene Fläche

V.3 Die Grenzbedingungen der Magnetfelder

Werden die Gleichungen in Differentialform geschrieben, so gilt:

$$\operatorname{rot}\vec{H} = \vec{S}, \qquad \operatorname{div}\vec{B} = 0,$$
$$\operatorname{rot}\vec{E} = \vec{0}, \qquad \operatorname{div}\vec{D} = \varrho. \tag{V.2.16}$$

Hinzu kommen die Materialgleichungen im homogenen, isotropen und unbewegten Medium (ausgenommen in ferromagnetischen und ferrimagnetischen Materialien, s. Kap. V.4):

$$\vec{D} = \varepsilon_0\varepsilon_r\vec{E}, \qquad \vec{B} = \mu_0\mu_r\vec{H}, \qquad \vec{S} = \kappa\vec{E}. \tag{V.2.17}$$

Aus den Gleichungen (V.2.15) folgen die Grenzbedingungen an Grenzschichten verschiedener Medien, und zwar gelten für die Felder $\vec{E}$, $\vec{D}$ und $\vec{S}$ die Zusammenhänge nach Gl. (III.4.1), Gl. (III.4.3) und nach Gl. (IV.3.3). Die für die magnetischen Feldgrößen geltenden Grenzbedingungen sollen im folgenden Kapitel abgeleitet werden.

V.3
Die Grenzbedingungen der Magnetfelder

Es sollen die Grenzbedingungen für die magnetische Flußdichte und die magnetische Feldstärke an Grenzschichten zwischen zwei Materialien mit verschiedenem magnetischem Verhalten untersucht werden.

Um das Verhalten der magnetischen Flußdichte an Grenzschichten zu bestimmen, wird eine Grenzschicht nach Abb. 172 betrachtet.

Wie bei der Bestimmung des Grenzschichtverhaltens der stationären Stromdichte (vgl. Kap. IV.3) wird wiederum eine geschlossene Integrations-

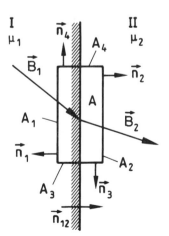

Abb. 172. Zum Grenzschichtverhalten der magnetischen Flußdichte

fläche in Form eines Quaders in die Grenzschicht gelegt. Auf diesen Quader wird die dritte Maxwellsche Gleichung

$$\oiint_A \vec{B} \cdot \vec{n} \, dA = 0$$

angewendet. Durch die Flächen A_5 und A_6 (obere und untere Deckelflächen) möge kein magnetischer Fluß treten. Die Auswertung der Gleichung verläuft entsprechend der Auswertung in Kap. IV.3 und soll deshalb hier abgekürzt dargestellt werden:

$$(\vec{B}_1 \cdot \vec{n}_1)A_1 + (\vec{B}_2 \cdot \vec{n}_2)A_2 + (\vec{B}_1 \cdot \vec{n}_3)\frac{A_3}{2} + (\vec{B}_2 \cdot \vec{n}_3)\frac{A_3}{2} + (\vec{B}_1 \cdot \vec{n}_4)\frac{A_4}{2} + (\vec{B}_2 \cdot \vec{n}_4)\frac{A_4}{2} = 0.$$

Wird der Grenzübergang „A_3, A_4 gegen null" durchgeführt, so ergibt sich sofort die Grenzbedingung für die magnetische Flußdichte:

$$(\vec{B}_1 \cdot \vec{n}_1) + (\vec{B}_2 \cdot \vec{n}_2) = 0,$$

oder:

$$\text{Div}\,\vec{B} = \vec{n}_{12} \cdot (\vec{B}_2 - \vec{B}_1) = 0. \qquad (V.3.1)$$

Dabei weist der Flächennormalen-Einheitsvektor $\vec{n}_{12}$ vom Gebiet I ins Gebiet II (Abb. 172).

Das heißt: Die Normalkomponente der magnetischen Flußdichte ist an Grenzflächen zweier magnetisch verschiedener Materialien immer stetig, oder: Die Flächendivergenz der magnetischen Flußdichte ist gleich null.

Diese Aussage gilt nicht nur für die zeitunabhängigen Felder, sondern sie ist allgemeingültig für jede beliebige Zeitabhängigkeit der Felder.

Zur Bestimmung des Grenzschichtverhaltens der magnetischen Feldstärke $\vec{H}$ wird eine Grenzschicht nach Abb. 173 betrachtet. Es wird angenommen, daß in der Grenzschicht, die als unendlich dünn angesehen wird, ein Strom von endlicher Größe fließen kann. Dieser Strom wird durch die Flächenstromdichte $\vec{S}_F$ definiert. Wird der Grenzwert

$$\vec{S}_F = h \xrightarrow{\lim} 0 \; h\,\vec{S} \qquad (V.3.2)$$

mit h der Breite des Integrationsweges nach Abb. 173 und $\vec{S}$ der Stromdichte, die durch die vom Integrationsweg berandet Fläche tritt, gebildet, und ist dieser Grenzwert von null verschieden, so wird er als die Flächenstromdichte in der unendlich dünnen Grenzschicht bezeichnet. Die Flächenstromdichte hat nach ihrer Definition die Einheit einer Stromstärke pro Längeneinheit. Die Flächenstromdichte beschreibt die Stromstärke pro Längeneinheit, die in der Spur der Grenzfläche auftritt. Die Stromrichtung sei die Richtung der Grenzschicht senkrecht zur Zeichenebene.

V.3 Die Grenzbedingungen der Magnetfelder

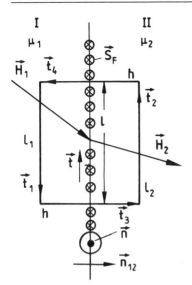

Abb. 173. Zur Stetigkeit der magnetischen Feldstärke

Wird die erste Maxwellsche Gleichung auf den in Abb. 173 eingezeichneten Integrationsweg angewendet, so gilt für hinreichend kleine Längen l_1, l_2, h:

$$\oint_C \vec{H} \cdot d\vec{s} = \iint_A \vec{S} \cdot \vec{n}\, dA,$$

$$(\vec{H}_1 \cdot \vec{t}_1)l_1 + (\vec{H}_2 \cdot \vec{t}_2)l_2 + (\vec{H}_1 \cdot \vec{t}_3)\frac{h}{2} + (\vec{H}_2 \cdot \vec{t}_3)\frac{h}{2} + (\vec{H}_1 \cdot \vec{t}_4)\frac{h}{2}$$

$$+ (\vec{H}_2 \cdot \vec{t}_4)\frac{h}{2} = (\vec{S} \cdot \vec{n})\, hl.$$

Dabei ist $\vec{n}$ ein Flächennormaleneinheitsvektor auf der vom Integrationsweg berandeten Fläche, der in der Grenzschicht liegt (Abb. 173) und dessen Richtung dem Umlaufsinn des Integrationsweges im Rechtsschraubensinn zugeordnet ist. Wird der Grenzübergang „h gegen null" durchgeführt, so wird auch bei gekrümmter Grenzfläche $l_1 = l_2 = l$ und es folgt mit Hilfe der Definition Gl. (V.3.2):

$$(\vec{H}_1 \cdot \vec{t}_1)l + (\vec{H}_2 \cdot \vec{t}_2)l = (\vec{S}_F \cdot \vec{n})l,$$

$$\pm|\mathrm{Rot}\,\vec{H}| = \vec{t} \cdot (\vec{H}_2 - \vec{H}_1) = \vec{S}_F \cdot \vec{n}. \tag{V.3.3.a}$$

Hierin ist $\vec{t}$ ein Tangenteneinheitsvektor in der Grenzschicht (Abb. 173). Gl. (V.3.3) kann, wie durch skalare Multiplikation mit dem Flächennormaleneinheitsvektor $\vec{n}$ leicht gezeigt werden kann, auch in der Form:

$$\mathrm{Rot}\,\vec{H} = \vec{n}_{12} \times (\vec{H}_2 - \vec{H}_1) = \vec{S}_F \tag{V.3.3b}$$

mit $\vec{n}_{12}$ dem Flächennormalenvektor nach Abb. 173 geschrieben werden, da $\vec{n} \times \vec{n}_{12}$ gerade gleich $\vec{t}$ ist.

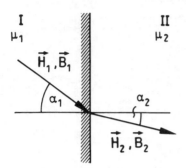

Abb. 174. Zum Brechungsgesetz

Das heißt: Die Flächenrotation der magnetischen Feldstärke ist gleich der in der Grenzschicht auftretenden Flächenstromdichte $\vec{S}_F$, oder: Der Sprung der Tangentialkomponente der magnetischen Feldstärke ist gleich der Flächenstromdichte in der Grenzschicht.

Tritt in der Grenzschicht keine Flächenstromdichte auf, so ist die Tangentialkomponente der magnetischen Feldstärke stetig, die Flächenrotation der magnetischen Feldstärke verschwindet.

Auch die hier abgeleiteten Grenzbedingungen für die magnetische Feldstärke gelten für eine beliebige Zeitabhängigkeit der Felder.

Wie für die elektrischen Felder läßt sich auch für die magnetischen Felder ein Brechungsgesetz an der Grenzschicht zweier Medien ableiten. Auf demselben Weg, auf dem die Brechungsgesetze für die elektrische Feldstärke und die elektrische Flußdichte (Kap. III.4), sowie für die Stromdichte (Kap. IV.3) berechnet wurden, ergibt sich hier, falls angenommen wird, daß in der Grenzschicht zwischen den beiden Materialien mit den Permeabilitäten μ_1 und μ_2 keine Flächenstromdichte auftritt:

$$\frac{\tan\alpha_1}{\tan\alpha_2} = \frac{\mu_1}{\mu_2}. \tag{V.3.4}$$

Auch hier gelten die Überlegungen für die Grenzfälle $\mu_1 \gg \mu_2$ und $\mu_1 \ll \mu_2$, wie sie entsprechend in den Kap. III.4 und IV.3 durchgeführt wurden. Beim Übergang von einem Stoff mit einer sehr großen Permeabilität in einen anderen Stoff mit einer sehr kleinen Permeabilität verlassen die Feldlinien den Stoff mit der großen Permeabilität fast senkrecht zu seiner Oberfläche. In ferromagnetischen Stoffen mit $\mu_r \gg 1$, die an Luft grenzen, verläuft das Feld fast parallel zur Grenzfläche und steht im Luftbereich fast senkrecht auf der Oberfläche.

V.4
Einfache Feldberechnungen

V.4.1
Das Biot-Savartsche Gesetz

Bereits in Kap. V.2 wurde gezeigt, daß der magnetischen Flußdichte $\vec{B}$ aufgrund der durch die dritte Maxwellsche Gleichung beschriebenen Divergenzfreiheit

$$\operatorname{div}\vec{B} = 0$$

immer ein Vektorpotential $\vec{A}$ durch die Definition

$$\vec{B} = \operatorname{rot}\vec{A}$$

zugeordnet werden kann. Dieses Potential ergibt eine eindeutige Beschreibung der stationären magnetischen Flußdichte, wenn ihm die zusätzliche Bedingung

$$\operatorname{div}\vec{A} = 0$$

(Coulomb-Eichung) auferlegt wird. Wird der Zusammenhang Gl. (V.2.17)

$$\vec{B} = \mu\vec{H}$$

mit einem für ein homogenes, isotropes Medium konstanten Wert von μ benutzt und die magnetische Feldstärke $\vec{H}$ durch das Vektorpotential $\vec{A}$ ausgedrückt,

$$\vec{H} = \frac{1}{\mu}\operatorname{rot}\vec{A},$$

so kann mit Hilfe der ersten Maxwellschen Gleichung

$$\operatorname{rot}\vec{H} = \vec{S}$$

der Zusammenhang

$$\operatorname{rot}\vec{H} = \operatorname{rot}\frac{1}{\mu}\operatorname{rot}\vec{A} = \frac{1}{\mu}\operatorname{rot}\operatorname{rot}\vec{A} = \vec{S},$$

$$\operatorname{rot}\operatorname{rot}\vec{A} = \mu\vec{S}$$

zwischen Vektorpotential und felderregender Stromdichte abgeleitet werden. Unter Anwendung der in Kapitel I.14.ℓ berechneten Vektoridentität

$$\operatorname{rot}\operatorname{rot}\vec{A} = \operatorname{grad}\operatorname{div}\vec{A} - \Delta\vec{A},$$

sowie unter Berücksichtigung der Divergenzfreiheit des Vektorpotentials, $\operatorname{div}\vec{A} = 0$, folgt eine Differentialgleichung zur Berechnung des Vektorpotentials aus der als bekannt angesehenen Stromdichte $\vec{S}$:

$$\Delta \vec{A} = -\mu \vec{S}, \tag{V.4.1}$$

die formal vollkommen der Poissonschen Differentialgleichung der Elektrostatik (Gl. (III.3.18)) entspricht. Werden die Felder $\vec{A}$ und $\vec{S}$ z. B. in einem kartesischen Koordinatensystem in ihre Komponenten

$$\vec{A} = A_x \vec{e}_x + A_y \vec{e}_y + A_z \vec{e}_z,$$

$$\vec{S} = S_x \vec{e}_x + S_y \vec{e}_y + S_z \vec{e}_z$$

zerlegt, so gilt für die drei Komponenten der Felder jeweils eine skalare Poissonsche Differentialgleichung:

$$\Delta A_x = -\mu S_x,$$

$$\Delta A_y = -\mu S_y,$$

$$\Delta A_z = -\mu S_z.$$

Die Lösungen dieser Differentialgleichungen entsprechen den Lösungen der Poissonschen Differentialgleichung der Elektrostatik:

$$A_x = \frac{\mu}{4\pi} \iiint_{V'} \frac{S_x(P')}{R_{P'P}} dV',$$

$$A_y = \frac{\mu}{4\pi} \iiint_{V'} \frac{S_y(P')}{R_{P'P}} dV',$$

$$A_z = \frac{\mu}{4\pi} \iiint_{V'} \frac{S_z(P')}{R_{P'P}} dV'.$$

Entsprechend ergibt sich auch eine Lösung der vektoriellen Differentialgleichung, die der Lösung Gl. (III.6.1) der Poissonschen Differentialgleichung vollkommen entspricht:

$$\vec{A}(P) = \frac{\mu}{4\pi} \iiint_{V'} \frac{\vec{S}(P')}{R_{P'P}} dV'. \tag{V.4.2}$$

In Gl. (V.4.2) ist P der Aufpunkt, in dem das Potential berechnet werden soll, P' der Integrationspunkt, in dem die Stromdichte auftritt. dV' ist ein Volumenelement, das den Integrationspunkt beinhaltet, V' ist das Volumen, in dem eine Stromdichte $\vec{S}$ auftritt.

$R_{P'P}$ ist der Betrag des Abstandsvektors $\vec{R}_{P'P} = \vec{r} - \vec{r}'$ zwischen Integrations- und Aufpunkt (Abb. 175). Das Vektorpotential $\vec{A}$ nach Gl. (V.4.2) ist quellenfrei, falls $\vec{S}$ ein stationäres Strömungsfeld und μ ortsunabhängig ist.

V.4 Einfache Feldberechnungen

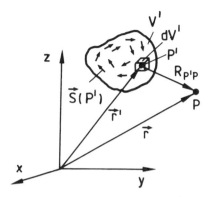

Abb. 175. Zur Berechnung des Vektorpotentials

Aus dem Vektorpotential $\vec{A}$ nach Gl. (V.4.2) läßt sich die magnetische Flußdichte $\vec{B}$ nach Gl. (V.2.10) durch Rotationsbildung bestimmen:

$$\vec{B}(P) = \mathrm{rot}_P \vec{A}(P) = \frac{\mu}{4\pi} \mathrm{rot}_P \iiint_{V'} \frac{\vec{S}(P')}{R_{P'P}} dV' \, . \tag{V.4.3}$$

Dabei ist wieder vorausgesetzt, daß μ eine konstante Größe ist. Die Rotationsbildung wird im Aufpunkt P vorgenommen. Um dies klar herauszustellen, wurde der Index P am Rotationssymbol in Gl. (V.4.3) eingeführt.

Wird die Rotationsbildung in Gl. (V.4.3) unter dem Integral vorgenommen, so kann der Integrand umgeformt werden. Bei Anwendung der Produktregel für den Nabla-Operator (vgl. Kap. I.13) folgt:

$$\mathrm{rot}_P \frac{\vec{S}(P')}{R_{P'P}} = \nabla_P \times \frac{\vec{S}(P')}{R_{P'P}} = \left(\nabla_P \frac{1}{R_{P'P}}\right) \times \vec{S}(P') + \frac{1}{R_{P'P}} \left[\nabla_P \times \vec{S}(P')\right],$$

$$\mathrm{rot}_P \frac{\vec{S}(P')}{R_{P'P}} = \mathrm{grad}_P \left(\frac{1}{R_{P'P}}\right) \times \vec{S}(P') = -\frac{\vec{R}_{P'P}}{R_{P'P}^3} \times \vec{S}(P') \, .$$

Der zweite Term, der bei der Anwendung der Produktregel des Nabla-Operators entsteht, verschwindet, weil eine Differentiation nach den Koordinaten des Aufpunktes für eine Größe, die nur von den Koordinaten des Integrationspunktes abhängt, berechnet werden soll. Aus dem gleichen Grund konnte auch das Volumenelement dV′ bei der Rotationsbildung bezüglich der Koordinaten des Aufpunktes als konstante Größe aus dem Integrand ausgeklammert werden.

Damit gilt für die magnetische Flußdichte $\vec{B}(P)$:

$$\vec{B}(P) = \frac{\mu}{4\pi} \iiint_{V'} \frac{\vec{S}(P') \times \vec{R}_{P'P}}{R_{P'P}^3} dV' \, . \tag{V.4.4}$$

Die Integration ist über das gesamte Volumen V′, in dem eine Stromdichte existiert, vorzunehmen. Gl. (V.4.4) wird als das Biot-Savartsche Gesetz (Biot-Savart, 1820) bezeichnet.

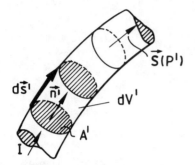

Abb. 176. Strom im diskreten Leiter

Das so errechnete Gesetz zur Bestimmung der magnetischen Flußdichte aus der Stromdichte läßt sich weiter vereinfachen, falls die Stromdichte als Quelle des Magnetfeldes in diskreten Leitern auftritt. Das Produkt

$$\vec{S}(P')\,dV' = \vec{S}(P')(A'\vec{n}' \cdot d\vec{s}')$$

kann zu

$$\vec{S}(P')\,dV' = [\vec{S}(P') \cdot A'\vec{n}']\,d\vec{s}' = I\,d\vec{s}'$$

zusammengefaßt werden, da Stromdichte $\vec{S}$, Flächennormalen-Einheitsvektor $\vec{n}'$ und Linienelement $d\vec{s}'$ (Abb. 176) dieselbe Richtung haben. Dabei ist I die im Leiter fließende elektrische Stromstärke, die als gleichmäßig verteilt über dem gesamten Querschnitt A' angesehen wird. Damit gilt dann für die magnetische Flußdichte $\vec{B}$, die von einem Strom der Stromstärke I in einem diskreten Leiter hervorgerufen wird, weil die Volumenintegration über V' in ein Linienintegral übergeht:

$$\vec{B}(P) = \frac{\mu I}{4\pi} \oint_{C'} \frac{d\vec{s}' \times \vec{R}_{P'P}}{R_{P'P}^3}. \tag{V.4.5}$$

C' ist die geschlossene Kurve des Leiters, in dem der Strom der Stromstärke I fließt. $d\vec{s}'$ ist ein Linienelement in Richtung des Leiters. Das Integral (V.4.5) gibt an, daß die magnetische Flußdichte $\vec{B}$ immer senkrecht zur Richtung des Leiters und zur Richtung des Abstandsvektors $\vec{R}_{P'P}$ verläuft. Die gesamte Flußdichte setzt sich aus der Überlagerung (Superpositionsprinzip) aller Feldanteile

$$d\vec{B}(P) = \frac{\mu I}{4\pi} \frac{d\vec{s}' \times \vec{R}_{P'P}}{R_{P'P}^3} \tag{V.4.6}$$

des in kleine Stromelemente $I\,d\vec{s}'$ aufgeteilten Leiters zusammen.

V.4.2
Berechnung einfacher Magnetfelder

1. Aufgabe

Gegeben ist ein unendlich langer, gerader Draht vom Radius ϱ_0, der von einem zeitlich konstanten Strom der Stromstärke I durchflossen wird. Der Strom sei gleichmäßig über den Querschnitt des Leiters verteilt. Man berechne das Magnetfeld innerhalb und außerhalb des Drahtes aus dem Durchflutungsgesetz. Wie lautet das Vektorpotential und wie das skalare Potential der Anordnung?

Lösung
Die erste Maxellsche Gleichung,

$$\oint_C \vec{H} \cdot d\vec{s} = \iint_A \vec{S} \cdot \vec{n}\, dA,$$

wird auch als Durchflutungsgesetz bezeichnet. Wie bereits in Kapitel V.4.1 diskutiert wurde, verläuft die magnetische Flußdichte, damit im isotropen Medium aber auch die magnetische Feldstärke $\vec{H}$, immer senkrecht zur Richtung des felderzeugenden Stroms, d.h. zur Richtung des Leiters. Ferner steht der Vektor der magnetischen Feldstärke senkrecht auf dem Abstandsvektor zwischen Auf- und Integrationspunkt. Aufgrund der Zylindersymmetrie des gegebenen Problems sind damit die Feldlinien der magnetischen Feldstärke Kreise, die konzentrisch zur Zylinderachse sind.

Zunächst wird die magnetische Feldstärke im Innern des Leiters bestimmt. Dazu wird ein kreisförmiger Integrationsweg des Radius ϱ ($\varrho < \varrho_0$) so gewählt, daß sein Mittelpunkt auf der Achse der zylindrischen Anordnung liegt. Wird nun das Durchflutungsgesetz auf diesen Integrationsweg angewendet, so gilt, da magnetische Feldstärke und Linienelement parallel zueinander sind ($\vec{H} = H \vec{e}_\alpha$) und da der Betrag der Feldstärke aus Symmetriegründen nur vom Radius ϱ abhängt und somit auf dem Integrationsweg konstant ist:

$$\oint_C \vec{H} \cdot d\vec{s} = \oint_C H\, ds = H \oint_C ds = H 2\pi\varrho = \iint_A \vec{S} \cdot \vec{n}\, dA.$$

Das Flächenintegral ist über die vom Integrationsweg eingeschlossene Fläche A zu erstrecken. Die Stromdichte $\vec{S} = S\vec{e}_z$ ist über dem Querschnitt des Leiters konstant:

$$S = \frac{I}{\pi \varrho_0^2}.$$

Die Richtung der Stromdichte $\vec{S}$ und die Richtung des Flächennormalen-Einheitsvektos $\vec{n} = \vec{e}_z$ stimmen überein, ferner ist die Stromdichte über dem Querschnitt des Leiters konstant, so daß gilt:

$$H 2\pi\varrho = \iint_A S \, dA = S \iint_A dA = SA = \frac{I}{\pi\varrho_0^2} \pi\varrho^2,$$

$$H = \frac{I}{2\pi\varrho_0^2} \varrho.$$

Die Richtung der magnetischen Feldstärke ist die Richtung des azimutalen Einheitsvektors $\vec{e}_\alpha$:

$$\vec{H} = \frac{I}{2\pi\varrho_0^2} \varrho \, \vec{e}_\alpha.$$

Die magnetische Feldstärke H im Innern des Leiters wächst linear mit dem Abstand ϱ von der Achse des Systems und nimmt ihren Maximalwert für $\varrho = \varrho_0$ auf der Oberfläche des Leiters an.

Für die magnetische Feldstärke des Außenraumes ($\varrho > \varrho_0$) ergibt sich, falls berücksichtigt wird, daß die Integration der Stromdichte über eine Fläche, die den gesamten Leiter einschließt (Abb. 177), immer die Gesamtstromstärke I ergibt:

$$\oint_C \vec{H} \cdot d\vec{s} = H \, 2\pi\varrho = \iint_A \vec{S} \cdot \vec{n} \, dA = I,$$

$$H = \frac{I}{2\pi\varrho}.$$

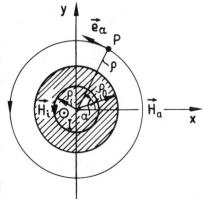

Abb. 177. Querschnitt des stromführenden Leiters

V.4 Einfache Feldberechnungen

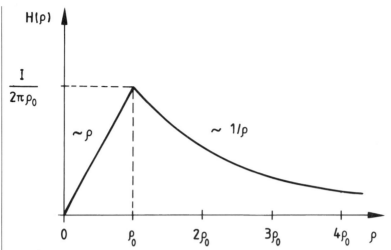

Abb. 178. Verlauf des Betrages der magnetischen Feldstärke über ϱ

Vektoriell kann das Ergebnis in der Form

$$\vec{H} = \frac{I}{2\pi\varrho}\,\vec{e}_\alpha$$

geschrieben werden. Abbildung 178 zeigt den Verlauf des Betrages der magnetischen Feldstärke über dem Achsenabstand ϱ. Die Feldstärke ist an der Stelle $\varrho = \varrho_0$ in Übereinstimmung mit den Grenzbedingungen für die magnetische Feldstärke stetig.

Zur Berechnung des Vektorpotentials der Anordnung wird Gl.(V.4.2) betrachtet. Wie diese Darstellung des Vektorpotentials zeigt, hat das Vektorpotential $\vec{A}$ immer die Richtung der Stromdichte $\vec{S}$, besitzt demnach hier eine Komponente in Richtung der z-Achse des zylindersymmetrischen Systems: $\vec{A} = A_z \vec{e}_z$. Da das zugehörige Magnetfeld bekannt ist, läßt sich unter Verwendung der Zylindersymmetrie (alle Felder hängen nur vom Achsenabstand ϱ ab) und mit Hilfe der Gl. (I.16.23)

$$\vec{B} = \operatorname{rot}\vec{A} = -\frac{dA_z}{d\varrho}\,\vec{e}_\alpha$$

die einzige Komponente A_z des Vektorpotentials aus

$$-\frac{dA_z}{d\varrho} = \begin{cases} \dfrac{\mu I}{2\pi\varrho_0^2}\,\varrho & \text{im Innern des Leiters} \\[2mm] \dfrac{\mu I}{2\pi\varrho} & \text{außerhalb des Leiters} \end{cases}$$

bestimmen. Es folgt:

$$A_z = \begin{cases} -\dfrac{\mu I}{4\pi \varrho_0^2} \varrho^2 + c_1 & \text{im Innern des Leiters} \\ -\dfrac{\mu I}{2\pi} \ln \varrho + c_2 & \text{außerhalb des Leiters.} \end{cases}$$

Wird das Potential längs der Leiteroberfläche ($\varrho = \varrho_0$) zu null angenommen (Bezugspotential), so können die Konstanten c_1 und c_2 bestimmt werden:

$$c_1 = \frac{\mu I}{4\pi}, \qquad c_2 = \frac{\mu I}{2\pi} \ln \varrho_0.$$

Damit gilt für das Vektorpotential:

$$A_z = \begin{cases} \dfrac{\mu I}{4\pi}\left(1 - \dfrac{\varrho^2}{\varrho_0^2}\right) & \text{im Innern des Leiters} \\ -\dfrac{\mu I}{2\pi} \ln \dfrac{\varrho}{\varrho_0} & \text{außerhalb des Leiters.} \end{cases}$$

Das skalare Potential Ψ der Anordnung ist innerhalb des Leiters nicht definiert, da dort das magnetische Feld nach

$$\operatorname{rot} \vec{H} = \vec{S}$$

nicht rotationsfrei ist. Außerhalb des Leiters ist das magnetische Feld rotationsfrei und es gilt:

$$\vec{H} = -\operatorname{grad} \Psi = \frac{I}{2\pi \varrho} \vec{e}_\alpha.$$

Da das magnetische Feld nur eine Komponente in Richtung der azimutalen Koordinate α besitzt, gilt nach Gl. (I.16.21)

$$-\operatorname{grad} \Psi = -\frac{1}{\varrho} \frac{d\Psi}{d\alpha} \vec{e}_\alpha = H \vec{e}_\alpha,$$

$$\frac{d\Psi}{d\alpha} = -\frac{I}{2\pi},$$

$$\Psi = -\frac{I}{2\pi} \alpha + c.$$

Das Potential ist also nur vom Azimutwinkel α abhängig. Die Äquipotentiallinien als Schnittlinien der Äquipotentialflächen mit einer Transversalebene sind radiale Linien (Abb. 179) $\alpha = \text{const}$. Das Potential Ψ ist, wie be-

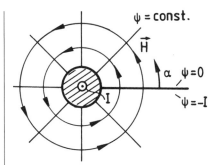

Abb. 179. Feldlinien und Äquipotentiallinien des stromdurchflossenen Leiters

reits in Kap. V.2 diskutiert wurde, entweder nicht eindeutig oder nicht stetig. Wird das Potential auf der Ebene $\alpha = 0$ zu null gewählt, so verschwindet die Integrationskonstante und es gilt:

$$\Psi = -\frac{I}{2\pi}\alpha.$$

Das Potential ist eindeutig, wenn α auf die Werte $0 \leq \alpha < 2\pi$ beschränkt wird. Ohne diese Beschränkung würde für $\alpha = 2\pi$ der Wert $\Psi = -I$ folgen, das heißt für zugelassene Werte $\alpha \geq 2\pi$ ist das Potential nicht mehr eindeutig. Wird in der Ebene $\alpha = 0$ eine Schnittebene eingeführt, die bei der Berechnung des Potentials nicht überschritten werden darf, so ist das Potential eindeutig, aber an der Stelle der Schnittebene nicht mehr stetig.

2. Aufgabe

Ein System von diskreten Leitern besteht aus n unendlich langen, geraden Drähten verschiedener Durchmesser. Die Leiter verlaufen parallel zueinander und führen jeweils den zeitlich konstanten Strom der Stromstärke I_ν ($\nu = 1, 2, \ldots, n$). Wie berechnet sich das magnetische Feld außerhalb der Leiter in einer Transversalebene dieser zylindersymmetrischen Anordnung (Abb. 180)?

Lösung

Wie bereits in Aufgabe 1 dieses Kapitels gezeigt wurde, berechnet sich das Potential und das Magnetfeld eines unendlich langen, geraden Drahtes, der den Strom der Stromstärke I führt und dessen Bezugspfeil in positiver z-Richtung weist, aufgrund der Zylindersymmetrie im Außenraum des Leiters zu:

$$\Psi = -\frac{I}{2\pi}\alpha + c, \qquad \vec{H} = \frac{I}{2\pi\varrho}\vec{e}_\alpha.$$

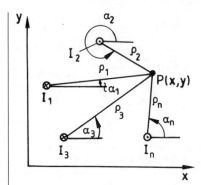
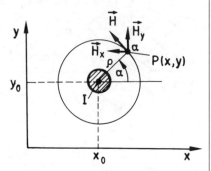

Abb. 180. System von n stromführenden Leitern

Abb. 181. Zur Berechnung der Magnetfeld-Komponenten

Hierin ist α der von der x-Achse aus positiv gezählte Azimutwinkel und ϱ der Abstand des Aufpunktes, in dem das Feld berechnet wird, von der Leiterachse (Abb. 180). Das magnetische Feld hat nur eine Feldkomponente in azimutaler Richtung. Werden in der Transversalebene des zylindersymmetrischen Systems kartesische Koordinaten (Abb. 180) eingeführt, so läßt sich der Vektor der magnetischen Feldstärke in Komponenten in Richtung dieser Koordinaten zerlegen. Es gilt in einem beliebigen Punkt außerhalb des stromführenden Leiters (Abb. 181):

$$H_x = -\frac{I}{2\pi\varrho}\sin\alpha, \qquad H_y = \frac{I}{2\pi\varrho}\cos\alpha.$$

Dabei ist ϱ wiederum der Abstand von der Achse des Leiters, in dem der Strom fließt. Das gesamte Feld läßt sich aus den Komponenten H_x und H_y durch

$$\vec{H} = H_x\vec{e}_x + H_y\vec{e}_y = -\frac{I}{2\pi\varrho}\sin\alpha\,\vec{e}_x + \frac{I}{2\pi\varrho}\cos\alpha\,\vec{e}_y$$

wieder zusammensetzen.

Sind n verschiedene, unendlich lange, gerade und parallele Leiter gegeben (Abb. 180), so kann das gesamte auftretende Feld im beliebigen Aufpunkt P(x,y) aufgrund der Linearität der Maxwellschen Gleichungen und der hieraus abgeleiteten Potentialgleichungen sofort durch Überlagerung der Einzelfelder bestimmt werden. Dies gilt auch für den Fall, daß die Leiter endliche Querschnittsabmessungen haben, wenn die Permeabilitätszahl der Leiter $\mu_r = 1$ ist (was für übliche Leitermaterialien erfüllt ist, z. B. Au, Ag, Cu). In diesem Fall beeinflussen die Leiter das Magnetfeld nicht und das einfache Überlagerungsprinzip kann angewendet werden.

Wird die skalare Potentialfunktion der Anordnung nach Abb. 180 berechnet, so folgt durch Überlagerung der Einzelpotentiale der einzelnen Leiter.

$$\Psi = \sum_{\nu=1}^{n} \Psi_\nu = - \sum_{\nu=1}^{n} \frac{\pm I_\nu}{2\pi} \alpha_\nu + C.$$

Die Stromstärken sind dabei je nach Richtung ihrer Bezugspfeile positiv oder negativ zu zählen. Weist der Bezugspfeil in Richtung der z-Achse, so gilt das positive Vorzeichen innerhalb der Summe, weist er in entgegengesetzter Richtung zur Richtung der z-Achse, so muß das negative Vorzeichen gewählt werden. Die Überlagerung der Potentiale zu einem Gesamtpotential entspricht genau den Berechnungen bei der Ableitung des Überlagerungsprinzips in der Elektrostatik (vgl. Kap. III.6).

Sollen die magnetischen Feldstärken der einzelnen Leiter überlagert werden, so muß aufgrund des Vektorcharakters der Feldstärke eine Vektoraddition vorgenommen werden. Das heißt, es werden die Komponenten in z.B. x- und y-Richtung überlagert und hieraus wird wieder das gesamte Feld zusammengesetzt:

$$H_x = -\sum_{\nu=1}^{n} \frac{\pm I_\nu}{2\pi\varrho_\nu} \sin\alpha_\nu, \qquad H_y = \sum_{\nu=1}^{n} \frac{\pm I_\nu}{2\pi\varrho_\nu} \cos\alpha_\nu.$$

Die gesamte magnetische Feldstärke ergibt sich zu:

$$\vec{H} = \frac{1}{2\pi} \left\{ -\vec{e}_x \sum_{\nu=1}^{n} \frac{\pm I_\nu}{\varrho_\nu} \sin\alpha_\nu + \vec{e}_y \sum_{\nu=1}^{n} \frac{\pm I_\nu}{\varrho_\nu} \cos\alpha_\nu \right\}.$$

Auch hier müssen die Stromstärken nach Einführen eines Bezugspfeilsystems je nach ihrer Richtung positiv oder negativ gezählt werden. Für die Größen α_ν und ϱ_ν gilt die Definition nach Abb. 180.

3. Aufgabe

Gegeben ist ein unendlich langer, gerader koaxialer Leiter mit einem Innenleiter des Durchmessers $2\varrho_i$ und einem Außenleiter, der den Innendurchmesser $2\varrho_a$ besitzt. Die Wandstärke des Außenleiters sei d (Abb. 182). Wie groß ist das magnetische Feld in Abhängigkeit vom Achsabstand ϱ innerhalb und außerhalb des Leiters, wenn im Innenleiter der zeitlich konstante Strom der Stromstärke I und im Außenleiter der Rückstrom (-I) fließt?

Lösung

Es werden insgesamt vier verschiedene Raumbereiche unterschieden, in denen die magnetische Feldstärke jeweils einen anderen Verlauf in Abhängigkeit vom Achsabstand ϱ annimmt. Zur Berechnung der magnetischen Feldstärke wird in dem jeweils betrachteten Raumbereich ein

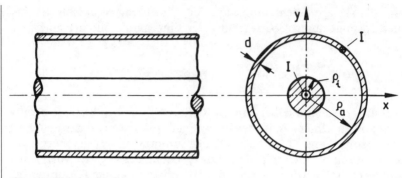

Abb. 182. Koaxialer Leiter

zur Zylinderachse konzentrischer, kreisförmiger Integrationsweg vom Radius ϱ betrachtet und das Durchflutungsgesetz auf ihn angewendet (vgl. Aufgabe 1 dieses Kapitels). Dann gilt mit $\vec{H} = H\vec{e}_\alpha$ und $\vec{S} = S\vec{e}_z$:

1. Raumbereich: $0 \leq \varrho \leq \varrho_i$:

$$\oint_C \vec{H} \cdot d\vec{s} = H 2\pi\varrho = \iint_A \vec{S} \cdot \vec{n}\, dA = S\pi\varrho^2.$$

Die Stromdichte im Innenleiter sei über dem gesamten Leiterquerschnitt konstant, die Richtung des Bezugspfeils der Stromstärke im Innenleiter sei der Umlaufrichtung des Weges C im Rechtsschraubensinn zugeordnet:

$$S = \frac{I}{\pi\varrho_i^2}.$$

Dann gilt für die magnetische Feldstärke:

$$H 2\pi\varrho = \frac{I}{\pi\varrho_i^2}\pi\varrho^2, \qquad H = \frac{I}{2\pi\varrho_i^2}\varrho, \qquad \vec{H} = \frac{I}{2\pi\varrho_i^2}\varrho\vec{e}_\alpha.$$

Das Feld hat rein azimutale Richtung und wächst in seinem Absolutbetrag linear mit dem Achsenabstand ϱ.

2. Raumbereich: $\varrho_i \leq \varrho \leq \varrho_a$:
Wird ein kreisförmiger Integrationsweg (Radius ϱ) in den Bereich zwischen die Leiter gelegt, so ist der durch die vom Integrationsweg berandete Fläche hindurchtretende Strom immer gleich dem gesamten Strom im Innenleiter. Damit folgt aus dem Durchflutungsgesetz:

$$\oint_C \vec{H} \cdot d\vec{s} = H 2\pi\varrho = \iint_A \vec{S} \cdot \vec{n}\, dA = I,$$

$$H = \frac{I}{2\pi\varrho}.$$

V.4 Einfache Feldberechnungen

Das Feld hat ebenfalls rein azimutale Richtung. Sein Absolutbetrag nimmt umgekehrt proportional zum Achsenabstand ϱ ab.

3. Raumbereich: $\varrho_a \leq \varrho \leq \varrho_a + d$:
Wird ein kreisförmiger Integrationsweg vom Radius ϱ in dieses Raumgebiet gelegt, so tritt durch die Integrationsfläche erstens der gesamte Strom der Stromstärke I des Innenleiters, zusätzlich aber auch ein Teil des Stromes des Außenleiters. Die Richtung des Stromes im Außenleiter ist entgegengesetzt zur Richtung des Stromes im Innenleiter, so daß dieser Strom negativ zu zählen ist, wenn die Umlaufrichtung des Integrationswegs beibehalten wird (Abb. 183). Die Stromdichte im Außenleiter sei konstant über dem Querschnitt des Außenleiters; sie berechnet sich mit $\vec{S} = S\vec{e}_z$ zu:

$$S = \frac{-I}{\pi[(\varrho_a + d)^2 - \varrho_a^2]} = \frac{-I}{\pi[2\varrho_a d + d^2]}.$$

Wird das Durchflutungsgesetz auf den in Abb. 183 dargestellten Integrationsweg angewendet, so folgt:

$$H 2\pi\varrho = I - \frac{I}{\pi[2\varrho_a d + d^2]} \pi(\varrho^2 - \varrho_a^2).$$

Dabei ist der erste Term (die Stromstärke I) auf der rechten Seite der Gleichung die Stromstärke des Innenleiters. Der zweite Term beschreibt den Anteil des Rückstromes des Außenleiters, der durch das schraffierte Gebiet (Abb. 183) der Integrationsfläche tritt. Die magnetische Feldstärke hat also die Komponente

$$H = \frac{I}{2\pi\varrho} - \frac{I}{2\pi[2\varrho_a d + d^2]} \frac{\varrho^2 - \varrho_a^2}{\varrho} = \frac{I}{2\pi\varrho} \frac{(\varrho_a + d)^2 - \varrho^2}{2\varrho_a d + d^2}$$

in azimutaler Richtung.

Der Betrag des Feldes nimmt im Bereich $\varrho_a \leq \varrho \leq \varrho_a + d$ aufgrund des Rückstromes im Außenleiter stärker ab als im Bereich zwischen den Lei-

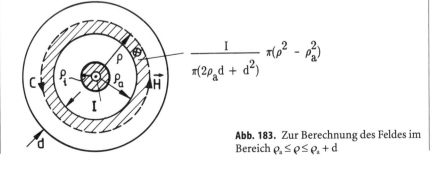

Abb. 183. Zur Berechnung des Feldes im Bereich $\varrho_a \leq \varrho \leq \varrho_a + d$

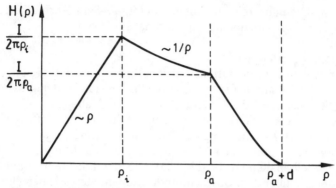

Abb. 184. Qualitativer Verlauf des Betrages der magnetischen Feldstärke im koaxialen Leiter

tern. An der Stelle $\varrho = \varrho_a + d$, auf der Außenberandung des Leiters, ist $H = 0$.

4. Raumbereich: $\varrho > \varrho_a + d$:
   Wird ein Integrationsweg mit dem Radius $\varrho > \varrho_a + d$ gewählt, so umschließt er die Ströme des Innen- und Außenleiters. Insgesamt tritt also die Gesamtstromstärke $I_{ges} = I - I = 0$ durch die Integrationsfläche. Damit wird die magnetische Feldstärke im Außenbereich ($\varrho > \varrho_a + d$) null.

$$2\pi\varrho H = I - I = 0, \qquad H = 0.$$

In Abb. 184 ist der Verlauf der Komponente H der magnetischen Feldstärke $\vec{H} = H\vec{e}_\alpha$ in Abhängigkeit vom Achsenabstand ϱ skizziert. Die Feldstärke ist im gesamten betrachteten Bereich stetig.

4. Aufgabe

Ein zylindrischer Leiter mit dem Radius ϱ_a besitzt einen zylinderförmigen Hohlraum vom Radius ϱ_i. Die Achsen des zylindrischen Leiters und des Hohlraums verlaufen parallel in einem Abstand d voneinander. Es sei $d + \varrho_i < \varrho_a$ (Abb. 185). Im metallischen Leiter fließt gleichmäßig über den gesamten Querschnitt verteilt ein zeitlich konstanter Strom der Stromstärke I parallel zur Achse des Systems. Wie groß ist das magnetische Feld in der zylindrischen Bohrung und im metallischen Bereich? Zur Berechnung verwende man das Überlagerungsprinzip (vgl. Aufgabe 2 dieses Kapitels).

Lösung

Die Stromdichte im metallischen Leiter sei über dem gesamten Querschnitt des Leiters konstant und habe die z-Richtung $\vec{S} = S\vec{e}_z$ parallel zur Achse des Leiters. Im Hohlraumbereich ist die Stromdichte null. Die Stromdichte im

V.4 Einfache Feldberechnungen

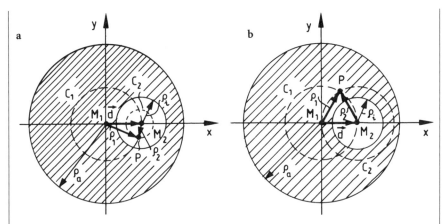

Abb. 185 a, b. Zylindrischer Leiter mit zylindrischer Bohrung. a Berechnung des Feldes innerhalb der Bohrung, b zur Berechnung des Feldes im Leiter

metallischen Bereich berechnet sich aus der Stromstärke I und der Querschnittsfläche A zu:

$$S = \frac{I}{A} = \frac{I}{\pi(\varrho_a^2 - \varrho_i^2)}.$$

Zur Berechnung des Magnetfeldes kann angenommen werden, daß diese Stromdichte über dem gesamten Bereich $0 \leq \varrho \leq \varrho_a$ gleichmäßig verteilt ist und daß der stromlose Bereich der Bohrung dadurch zustande kommt, daß hier eine zusätzliche Stromdichte gleichen Betrages aber entgegengesetzter Richtung fließt. Die Überlagerung beider Ströme gibt die Stromverhältnisse der Problemstellung richtig wieder. Entsprechend kann auch das Magnetfeld aus der Überlagerung der Magnetfelder beider Ströme berechnet werden.

Zur Berechnung des Feldes in der Bohrung wird ein Aufpunkt innerhalb der Bohrung betrachtet. Durch den Aufpunkt werden zwei kreisförmige Integrationswege mit den Mittelpunkten M_1 und M_2 in den Zylinderachsen (Abb. 185a) gelegt. Das magnetische Feld $\vec{H}_1 = H_1 \vec{e}_\alpha$, das vom Strom im vollen Leiter erzeugt wird, berechnet sich dann mit Hilfe des Durchflutungsgesetzes zu:

$$H_1 2\pi\varrho_1 = S\pi\varrho_1^2,$$

$$H_1 = \frac{S}{2} \varrho_1.$$

Ebenso ergibt sich für das Magnetfeld $\vec{H}_2 = H_2 \vec{e}_\alpha$ des Stromes, der im Bereich der Bohrung die Stromdichte zu null kompensiert:

$$H_2 2\pi\varrho_2 = -S\pi\varrho_2^2,$$

$$H_2 = -\frac{S}{2} \varrho_2.$$

Im zweiten Feld muß ein Minuszeichen eingeführt werden, da die Stromdichte entgegengesetzt zur Originalstromdichte gerichtet ist.

Um die Felder überlagern zu können, müssen die Richtungen berücksichtigt werden. Nach Kap. V.4.1 steht die magnetische Feldstärke immer senkrecht auf der felderzeugenden Stromdichte und dem Abstandsvektor, also gilt, da Stromdichtevektor $\vec{S}$ und die Ortsvektoren $\vec{\varrho}_1, \vec{\varrho}_2$ ebenfalls senkrecht aufeinander stehen:

$$\vec{H}_1 = \frac{\vec{S} \times \vec{\varrho}_1}{2}, \qquad \vec{H}_2 = -\frac{\vec{S} \times \vec{\varrho}_2}{2}.$$

Werden die Felder überlagert, so gilt für das Feld in der Bohrung:

$$\vec{H} = \vec{H}_1 + \vec{H}_2 = \frac{1}{2} \vec{S} \times (\vec{\varrho}_1 - \vec{\varrho}_2).$$

Nach Abb. 185 ist die Differenz $\vec{\varrho}_1 - \vec{\varrho}_2$ gerade gleich dem Abstandsvektor $\vec{d}$ zwischen den Achsen des Systems:

$$\vec{H} = \frac{1}{2} \vec{S} \times \vec{d}.$$

Das Feld in der Bohrung ist also homogen und besitzt die y-Richtung nach Abb. 185, es errechnet sich aus:

$$H = \frac{I\,d}{2\pi(\varrho_a^2 - \varrho_i^2)}, \qquad \vec{H} = \frac{I\,d}{2\pi(\varrho_a^2 - \varrho_i^2)} \vec{e}_y.$$

Zur Berechnung des Feldes im Metall werden wiederum die Felder der zwei Ströme überlagert, (Abb. 185b). Für einen Punkt im Metall ergibt sich für die Felder

$$H_1 2\pi\varrho_1 = S\pi\varrho_1^2, \qquad H_2 2\pi\varrho_2 = -S\pi\varrho_i^2,$$

$$H_1 = \frac{S}{2}\varrho_1, \qquad H_2 = -\frac{S\varrho_i^2}{2\varrho_2}.$$

Dabei folgt der Wert der magnetischen Feldstärke H_2 aus der Überlegung, daß der kompensierende Strom nur in der Bohrung auftritt. Die Felder können wieder vektoriell geschrieben werden:

$$\vec{H}_1 = \frac{\vec{S} \times \vec{\varrho}_1}{2}, \qquad \vec{H}_2 = -\frac{\varrho_i^2}{2\varrho_2^2}(\vec{S} \times \vec{\varrho}_2).$$

Damit ergibt sich für das Gesamtfeld im Metall:

$$\vec{H} = \vec{H}_1 + \vec{H}_2 = \frac{1}{2}\left[\vec{S} \times \left(\vec{\varrho}_1 - \frac{\varrho_i^2}{\varrho_2^2}\vec{\varrho}_2\right)\right].$$

V.4 Einfache Feldberechnungen

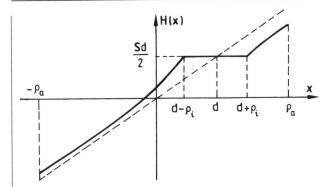

Abb. 186. Qualitativer Verlauf des Betrags der magnetischen Feldstärke entlang der x-Achse

In Abb. 186 ist der Verlauf des Feldes $H(x)$ ($\vec{H} = H(x)\vec{e}_y$) längs der x-Achse aufgetragen. Er kann leicht bestimmt werden, falls auf der x-Achse die Größen

$$\vec{\varrho}_1 = x\vec{e}_x, \qquad \vec{\varrho}_2 = (x-d)\vec{e}_x$$

eingesetzt werden.

5. Aufgabe

Gegeben ist eine kreisförmige Leiterschleife mit dem Radius ϱ_0 aus einem dünnen Draht (Linienleiter) in einem homogenen, isotropen Medium mit der Permeabilität μ. Im Leiter fließt der zeitlich konstante Strom der Stromstärke I. Mit Hilfe des Biot-Savartschen Gesetzes bestimme man das magnetische Feld auf der Achse dieser Anordnung:

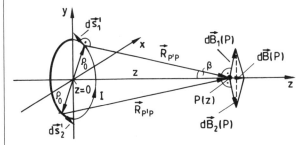

Abb. 187. Zur Berechnung des Magnetfeldes einer kreisförmigen Leiterschleife

Lösung
Nach dem im Kap. V.4.1 abgeleiteten Biot-Savartschen Gesetz steht die magnetische Flußdichte immer senkrecht auf der felderzeugenden Stromdichte und dem Abstandsvektor zwischen Auf- und Integrationspunkt (vgl.

Gl. (V.4.4)). Für einen Strom der Stromstärke I in einem Linienleiter gilt (Gl. (V.4.5))

$$\vec{B}(P) = \frac{\mu I}{4\pi} \oint_{C'} \frac{d\vec{s}' \times \vec{R}_{P'P}}{R_{P'P}^3}.$$

Wie bereits in Kapitel V.4.1 diskutiert wurde, setzt sich die magnetische Flußdichte aus der Überlagerung der Feldanteile (Gl. (V.4.6))

$$d\vec{B}(P) = \frac{\mu I}{4\pi} \frac{d\vec{s}' \times \vec{R}_{P'P}}{R_{P'P}^3}$$

der einzelnen Linienelemente $d\vec{s}'$ des diskreten Leiters, in denen der Strom der Stromstärke I fließt, zusammen. Da die Feldanteile Vektoren sind, muß die Überlagerung der Einzelanteile zum Gesamtfeld vektoriell geschehen. Wie Abb. 187 zeigt, existiert aufgrund der Zylindersymmetrie der Anordnung zu jedem Linienelement $d\vec{s}'_1$ ein gegenüberliegendes Element $d\vec{s}'_2$ so, daß das magnetische Feld dieser beiden Elemente auf der Achse des Systems genau z-Richtung bzw. Achsenrichtung besitzt (Abb. 187). Der Feldanteil $d\vec{B}(P) = dB(P)\vec{e}_z$ in z-Richtung errechnet sich, da der Abstandsvektor $\vec{R}_{P'P}$ immer senkrecht auf dem Linienelement $d\vec{s}'$ steht, aus:

$$dB(P) = \frac{\mu I}{4\pi} 2 \frac{ds' R_{P'P}}{R_{P'P}^3} \sin\beta,$$

$$dB(P) = \frac{\mu I}{2\pi} \frac{ds'}{R_{P'P}^2} \frac{\varrho_0}{R_{P'P}}.$$

Werden alle Feldanteile der einzelnen Linienelemente überlagert, so muß über den gesamten Linienleiter integriert werden. Da bei der Berechnung der Feldanteile $d\vec{B}(P)$ bereits zwei gegenüberliegenden Linienelemente berücksichtigt wurden, braucht nur noch über einen Halbkreis integriert zu werden. Wird ein Linienelement auf dem kreisförmigen Leiter als

$$ds' = \varrho_0 d\alpha$$

mit α dem Azimutwinkel in der x-y-Ebene eingeführt, so gilt:

$$B(P) = \frac{\mu I}{2\pi} \int_0^\pi \frac{\varrho_0^2 d\alpha}{R_{P'P}^3} = \frac{\mu I}{2\pi} \frac{\varrho_0^2}{R_{P'P}^3} \pi.$$

Alle Größen unter dem Integral sind unabhängig von α. Der Abstand $R_{P'P}$ läßt sich durch den bekannten Radius ϱ_0 und den Abstand z des Aufpunktes von der Leiterschleife ausdrücken:

$$B(P) = B(z) = \frac{\mu I}{2} \frac{\varrho_0^2}{(\varrho_0^2 + z^2)^{3/2}},$$

$$\vec{B}(z) = \frac{\mu I \varrho_0^2}{2(\varrho_0^2 + z^2)^{3/2}} \vec{e}_z, \qquad \vec{H}(z) = \frac{I \varrho_0^2}{2(\varrho_0^2 + z^2)^{3/2}} \vec{e}_z.$$

V.4 Einfache Feldberechnungen

Die Berechnung des Feldes kann auch auf einer mehr formalen Basis wie folgt durchgeführt werden:
In der Beziehung

$$d\vec{B}(P) = \frac{\mu I}{4\pi} \frac{d\vec{s}' \times \vec{R}_{P'P}}{R_{P'P}^3}$$

gilt für die einzelnen Größen:
Der Integrationspunkt P' liegt auf der Leiterschleife

$$\vec{r}' = \varrho_0 \vec{e}_\varrho,$$

mit $\vec{e}_\varrho$ einem Einheitsvektor in der x-y-Ebene (Abb. 187) in radialer Richtung. Der Aufpunkt P liegt auf der z-Achse

$$\vec{r} = z\vec{e}_z.$$

Damit gilt für den Abstandsvektor $\vec{R}_{P'P}$

$$\vec{R}_{P'P} = \vec{r} - \vec{r}' = z\vec{e}_z - \varrho_0 \vec{e}_\varrho, \qquad R_{P'P} = \sqrt{\varrho_0^2 + z^2}.$$

Ein Wegelement $d\vec{s}'$ in der Leiterschleife ist (vgl. Kap. I.6):

$$d\vec{s}' = \frac{d\vec{r}'}{d\alpha} = \varrho_0 \, d\alpha \, \vec{e}_\alpha.$$

Damit gilt:

$$d\vec{s}' \times \vec{R}_{P'P} = \varrho_0 \, d\alpha \, \vec{e}_\alpha \times (z\vec{e}_z - \varrho_0 \vec{e}_\varrho) = (\varrho_0 z \vec{e}_\varrho + \varrho_0^2 \vec{e}_z) \, d\alpha$$

und somit für $\vec{B}(P)$

$$\vec{B}(P) = \frac{\mu I}{4\pi} \int_0^{2\pi} \frac{\varrho_0 z \vec{e}_\varrho + \varrho_0^2 \vec{e}_z}{\sqrt{\varrho_0^2 + z^2}^3} \, d\alpha$$

$$\vec{B}(P) = \frac{\mu I}{4\pi} \frac{\varrho_0^2}{\sqrt{\varrho_0^2 + z^2}^3} 2\pi \vec{e}_z = \frac{\mu I}{2} \frac{\varrho_0^2}{\sqrt{\varrho_0^2 + z^2}^3} \vec{e}_z$$

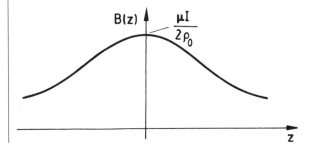

Abb. 188. Qualitativer Verlauf des Betrags der Flußdichte als Funktion von z

Das Integral über den ersten Term verschwindet immer. Abbildung 188 zeigt qualitativ den Verlauf des Betrages der magnetischen Flußdichte über der Koordinate z.

6. Aufgabe

Eine dünne Scheibe aus leitendem Material ist gleichmäßig auf die Ladung Q aufgeladen. Sie befindet sich in einem homogenen, isotropen Medium der Permeabilität μ. Der Radius der Scheibe sei r_0. Die Scheibe dreht sich mit einer konstanten Winkelgeschwindigkeit ω um die Achse senkrecht zur Oberfläche der Scheibe. Wie groß ist das magnetische Feld in der Achse der Anordnung?

Lösung

Auf der Scheibe befindet sich die konstante Flächenladungsdichte

$$\sigma = \frac{Q}{\pi r_0^2}.$$

Durch die Drehbewegung der geladenen Scheibe tritt ein Strom auf, der ein Magnetfeld erzeugt. Es wird ein schmaler, konzentrischer Kreisring vom Radius r auf der Scheibenoberfläche betrachtet. Die in diesem Kreisring vorhandene Ladung berechnet sich aus der Flächenladungsdichte zu:

$$dQ = \sigma 2\pi r dr = \frac{Q}{\pi r_0^2} 2\pi r dr.$$

Dreht sich der Kreisring mit der Winkelgeschwindigkeit ω um die Achse der Scheibe, so wird ein Kreisstrom der Stromstärke

$$dI = dQ \frac{\omega}{2\pi} = \frac{Q}{\pi r_0^2} \omega \frac{2\pi r dr}{2\pi} = \frac{Q\omega}{\pi r_0^2} r dr$$

gebildet. Nach den Berechnungen der Aufgabe 5 dieses Kapitels erzeugt dieser Kreisstrom auf der Achse des Systems den Beitrag zur magnetischen Flußdichte in Richtung der Systemachse

$$dB = \frac{\mu \, dI \, r^2}{2(r^2 + z^2)^{3/2}} = \frac{\mu Q \omega}{2\pi r_0^2} \frac{r^3 dr}{(r^2 + z^2)^{3/2}}.$$

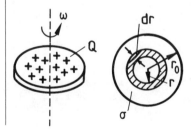

Abb. 189. Geladene Scheibe

V.4 Einfache Feldberechnungen

Soll das gesamte Feld auf der Achse der Scheibe berechnet werden, so sind die Beiträge aller kreisringförmigen Ströme in der Scheibenfläche zu berücksichtigen, das heißt, es muß das Integral

$$B = \int_0^{r_0} \frac{\mu Q \omega}{2\pi r_0^2} \frac{r^3 dr}{(r^2 + z^2)^{3/2}} = \frac{\mu Q \omega}{2\pi r_0^2} \int_0^{r_0} \frac{r^3 dr}{(r^2 + z^2)^{3/2}}$$

berechnet werden. Mit Hilfe der Substitution

$$r^2 + z^2 = t, \qquad 2r\,dr = dt, \qquad z^2 \leq t \leq z^2 + r_0^2$$

kann das Integral relativ einfach gelöst werden:

$$B = \frac{\mu Q \omega}{2\pi r_0^2} \frac{1}{2} \int_{z^2}^{z^2 + r_0^2} \frac{t - z^2}{t^{3/2}} dt,$$

$$B = \frac{\mu Q \omega}{4\pi r_0^2} \left[2\sqrt{t} + \frac{2z^2}{\sqrt{t}} \right]_{z^2}^{z^2 + r_0^2}.$$

Damit ergibt sich für die magnetische Flußdichte auf der Achse senkrecht zur Scheibe:

$$B = \frac{\mu Q \omega}{2\pi r_0^2} \frac{t + z^2}{\sqrt{t}} \bigg|_{z^2}^{z^2 + r_0^2},$$

$$B = \frac{\mu Q \omega}{2\pi r_0^2} \left[\frac{2z^2 + r_0^2}{\sqrt{z^2 + r_0^2}} - 2\frac{z^2}{\sqrt{z^2}} \right],$$

$$B = \frac{\mu Q \omega}{2\pi r_0^2} \left[\frac{2z^2 + r_0^2}{\sqrt{z^2 + r_0^2}} - 2|z| \right].$$

---

7. Aufgabe

Gegeben ist ein dünner Leiter in Form eines gleichseitigen n-Ecks (n = 2, 4, 6,...) in einem homogenen, isotropen Medium der Permeabilität μ. Die n Ecken des Leiters liegen auf einem Kreis mit dem Radius r_0.

a. Man berechne das magnetische Feld in der Achse der Anordnung.
b. Wie berechnet sich das Feld im Mittelpunkt des Leiters, wenn die Eckenzahl unendlich groß wird?
c. Wie groß muß der Strom in einem kreisförmigen Leiter mit dem Radius ϱ_0 sein, damit im Mittelpunkt der durch den Strom berandeten Fläche dasselbe Feld auftritt wie im Mittelpunkt des n-Ecks?

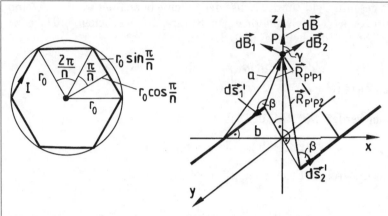

Abb. 190. Zur Berechnung des Magnetfeldes eines Leiters mit n Ecken

Lösung

a. Das Feld in der Achse der Anordnung setzt sich aus dem Beitrag der Felder der n geraden Leiterstücke zusammen. Aufgrund der Symmetrie der Anordnung kann zu jedem Leiterelement ein gegenüberliegendes Element so gefunden werden, daß das magnetische Feld in der Achse z-Richtung besitzt. Es wird zunächst das Feld bestimmt, das von zwei gegenüberliegenden Leiterstücken erzeugt wird. Zwei Leiterelemente $\vec{ds}'_1$, $\vec{ds}'_2$ in diesen Leiterstücken (Abb. 190) erzeugen das Feld:

$$d\vec{B} = d\vec{B}_1 + d\vec{B}_2 = \frac{\mu I}{4\pi}\left[\frac{\vec{ds}'_1 \times \vec{R}_{P'P1}}{R^3_{P'P1}} + \frac{\vec{ds}'_2 \times \vec{R}_{P'P2}}{R^3_{P'P2}}\right] = dB\vec{e}_z$$

$$dB = \frac{\mu I}{4\pi} 2 \frac{ds' R_{P'P}}{R^3_{P'P}} \sin\beta \cos\gamma.$$

Werden die Linienelemente $\vec{ds}'_1$ und $\vec{ds}'_2$ symmetrisch zur y-Achse gewählt, so gilt $R_{P'P1} = R_{P'P2} = R_{P'P}$. β ist der Winkel zwischen dem Abstandsvektor $\vec{R}_{P'P}$ und dem Linienelement $\vec{ds}'$, γ ist der Winkel zwischen den Feldanteilen $d\vec{B}_1$, $d\vec{B}_2$ und der z-Achse. Da sich die Feldkomponenten senkrecht zur z-Achse aufheben, bleibt jeweils nur die Projektion der Felder auf die z-Achse zu berücksichtigen. Es gilt (Abb. 190).

$$\sin\beta = \frac{a}{R_{P'P}}, \qquad \cos\gamma = \frac{b}{a}, \qquad ds' = dy, \, R_{P'P} = \sqrt{y^2 + b^2 + z^2}.$$

Damit gilt dann für das gesamte Feld aller n Leiter:

$$B(z) = \frac{n}{2}\frac{\mu I}{2\pi}\frac{ab}{a}\int_{-r_0\sin(\pi/n)}^{r_0\sin(\pi/n)} \frac{dy}{(y^2 + b^2 + z^2)^{3/2}},$$

V.4 Einfache Feldberechnungen

$$B(z) = n \frac{\mu I}{2\pi} b \int_0^{r_0 \sin(\pi/n)} \frac{dy}{(b^2 + z^2)^{3/2} \left(1 + \frac{y^2}{b^2 + z^2}\right)^{3/2}},$$

$$B(z) = n \frac{\mu I}{2\pi} \frac{b}{(b^2 + z^2)^{3/2}} \int_0^{r_0 \sin(\pi/n)} \frac{dy}{\left(1 + \frac{y^2}{b^2 + z^2}\right)^{3/2}}.$$

Hierin kann b nach Abb. 190 noch durch

$$b = r_0 \cos(\pi/n)$$

ersetzt werden.

Es wird die Substitution

$$y = (b^2 + z^2)^{1/2} t, \qquad dy = (b^2 + z^2)^{1/2} dt, \qquad 0 \le t \le \frac{r_0 \sin(\pi/n)}{(b^2 + z^2)^{1/2}}$$

eingeführt, dann gilt für das Integral:

$$B(z) = \frac{n\mu I}{2\pi} \frac{b}{(b^2 + z^2)} \int_0^{\frac{r_0 \sin(\pi/n)}{(b^2 + z^2)^{1/2}}} \frac{dt}{(1 + t^2)^{3/2}},$$

$$B(z) = \frac{n\mu I}{2\pi} \frac{b}{(b^2 + z^2)} \frac{t}{\sqrt{1 + t^2}} \Bigg|_0^{\frac{r_0 \sin(\pi/n)}{(b^2 + z^2)^{1/2}}},$$

$$B(z) = \frac{n\mu I}{2\pi} \frac{b}{(b^2 + z^2)} \frac{r_0 \sin(\pi/n)}{(b^2 + z^2)^{1/2}} \frac{1}{\sqrt{1 + \frac{r_0^2 \sin^2(\pi/n)}{b^2 + z^2}}},$$

$$B(z) = \frac{n\mu I}{2\pi} \frac{b}{b^2 + z^2} \frac{r_0 \sin(\pi/n)}{\sqrt{b^2 + z^2 + r_0^2 \sin^2(\pi/n)}},$$

und mit $b = r_0 \cos(\pi/n)$ lautet das endgültige Ergebnis:

$$B(z) = \frac{n\mu I}{2\pi} \frac{r_0^2 \sin(\pi/n) \cos(\pi/n)}{r_0^2 \cos^2(\pi/n) + z^2} \frac{1}{\sqrt{r_0^2 + z^2}}.$$

In Abb. 191 ist der Verlauf des Betrages der magnetischen Flußdichte B(z) entlang der Achse qualitativ skizziert.

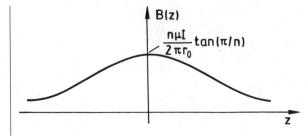

Abb. 191. Qualitativer Verlauf des Betrages der Flußdichte in der Achse über z

b. Im Mittelpunkt des Leiters gilt (z = 0):

$$B(z=0) = \frac{n\mu I}{2\pi} \frac{1}{r_0} \frac{\sin(\pi/n)}{\cos(\pi/n)} = \frac{n\mu I}{2\pi r_0} \tan(\pi/n).$$

Wird die Eckenzahl unendlich groß (n → ∞), so berechnet sich die Flußdichte im Grenzfall zu:

$$n \xrightarrow{\lim} \infty \; B(z=0) = n \xrightarrow{\lim} \infty \; n \tan(\pi/n) \frac{\mu I}{2\pi r_0},$$

$$n \xrightarrow{\lim} \infty \; B(z=0) = \lim_{\substack{n \to \infty \\ \pi/n \to 0}} \frac{\tan(\pi/n)}{\pi/n} \frac{\mu I \pi}{2\pi r_0},$$

$$n \xrightarrow{\lim} \infty \; B(z=0) = \frac{\mu I}{2 r_0}.$$

Der auftretende Grenzwert kann mit Hilfe der Regel von L'Hospital berechnet werden. Im Grenzfall unendlich großer Eckenzahl geht das Feld der n-eckigen Leiterschleifen in das Feld der kreisförmigen Leiterschleife mit dem Radius r_0 nach Aufgabe 5 über.

c. Das Feld im Mittelpunkt einer kreisförmigen Leiterschleife mit dem Radius ϱ_0 ist nach Aufgabe 5 dieses Kapitels:

$$B_{Kreis}(z=0) = \frac{\mu I_{Kreis}}{2 \varrho_0}.$$

Das Feld im Mittelpunkt des n-Ecks ist nach den oben durchgeführten Berechnungen:

$$B_{n\text{-}Eck}(z=0) = \frac{n\mu I_{n\text{-}Eck}}{2\pi r_0} \tan(\pi/n).$$

Sollen die beiden Felder gleich groß sein, so folgt:

$$\frac{n\mu I_{n\text{-}Eck}}{2\pi r_0} \tan(\pi/n) = \frac{\mu I_{Kreis}}{2\varrho_0}.$$

V.4 Einfache Feldberechnungen

Also muß im kreisförmigen Leiter ein Strom der Stromstärke

$$I_{Kreis} = \frac{n\varrho_0}{\pi r_0} \tan(\pi/n) \, I_{n\text{-}Eck}$$

fließen. Da im Grenzfall $n \to \infty$ der Ausdruck $n \tan(\pi/n)$ gegen den Wert π konvergiert, wird für den Fall $r_0 = \varrho_0$ die Stromstärke im kreisförmigen Leiter gleich der Stromstärke im n-eckigen Leiter:

$$I_{Kreis} = I_{n\text{-}Eck} \, .$$

8. Aufgabe

Das magnetische Feld innerhalb einer vom Strom der Stromstärke I durchflossenen Spule der Länge ℓ, des Durchmessers $2\varrho_0$ und der Windungszahl w kann mit Hilfe der Aufgabe 5 dieses Kapitels berechnet werden. Dazu wird angenommen, daß die Ströme in den einzelnen Windungen Kreisströme sind, deren Feld mit Hilfe des Biot-Savartschen Gesetzes bestimmt werden kann. Aus der Überlagerung der Felder aller Kreisströme (Windungen) ergibt sich das Gesamtfeld. Man berechne das Feld in der Achse der Spule. Wie sieht das Feld im Grenzfall $\ell \gg \varrho_0$ aus?

Lösung

In der Oberfläche der Spule fließt in jeder Windung ein Strom der Stromstärke I. Wird dieser Strom als Flächenstromdichte entlang der Zylinderoberfläche, die die Spule berandet, angesehen, so ergibt sich der Wert dieser Flächenstromdichte zu:

$$S_F = \frac{wI}{\ell} \, .$$

Die Stromlinien der Flächenstromdichte verlaufen kreisförmig in der Mantelfläche der zylindrischen Spule. Es wird ein schmaler Bereich der Breite dξ (Abb. 192) herausgegriffen und als kreisförmiger Strom der Stromstärke dI

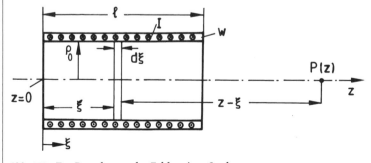

Abb. 192. Zur Berechnung des Feldes einer Spule

betrachtet. Der Beitrag dieses Stromes zum Feld $d\vec{B} = dB\vec{e}_z$ im Aufpunkt P auf der Achse des Systems ergibt sich nach Aufgabe 5 dieses Kapitels:

$$dB(P) = \frac{\mu dI \varrho_0^2}{2(\varrho_0^2 + (z-\xi)^2)^{3/2}}.$$

dI ist der Anteil der Stromstärke, die im Bereich $d\xi$ fließt, er kann aus der Flächenstromdichte S_F berechnet werden:

$$dI = S_F d\xi = \frac{wI}{\ell} d\xi.$$

$z-\xi$ ist der Abstand des Aufpunktes von der Ebene des Kreisstromes. Das Gesamtfeld im Punkt P ergibt sich durch Addition (Überlagerung) der Beiträge aller Kreisströme, also aus dem Integral:

$$B(P) = \int_0^\ell \frac{\mu w I \varrho_0^2}{2\ell} \frac{d\xi}{(\varrho_0^2 + (z-\xi)^2)^{3/2}},$$

$$B(P) = \frac{\mu w I}{2\ell \varrho_0} \int_0^\ell \frac{d\xi}{\left(1 + \left[\frac{z-\xi}{\varrho_0}\right]^2\right)^{3/2}}.$$

Es wird die Substitution

$$\frac{z-\xi}{\varrho_0} = t, \qquad dt = -\frac{d\xi}{\varrho_0}, \qquad \frac{z}{\varrho_0} \le t \le \frac{z-\ell}{\varrho_0}$$

eingeführt. Damit kann das Integral in der Form

$$B(P) = -\frac{\mu w I}{2\ell} \int_{\frac{z}{\varrho_0}}^{\frac{z-\ell}{\varrho_0}} \frac{dt}{(1+t^2)^{3/2}},$$

$$B(P) = -\frac{\mu w I}{2\ell} \frac{t}{\sqrt{1+t^2}} \bigg|_{\frac{z}{\varrho_0}}^{\frac{z-\ell}{\varrho_0}}$$

geschrieben werden. Für das Feld in der Achse der Spule gilt der Zusammenhang:

$$B(P) = \frac{\mu w I}{2\ell} \left[\frac{z}{\sqrt{z^2 + \varrho_0^2}} - \frac{z-\ell}{\sqrt{(z-\ell)^2 + \varrho_0^2}}\right].$$

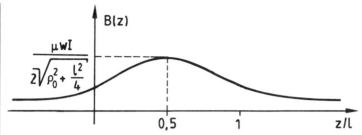

Abb. 193. Qualitativer Verlauf des Betrages der magnetischen Flußdichte in der Achse einer Spule

Abb. 193 zeigt den Verlauf des Betrages der magnetischen Flußdichte über der Koordinate z. Das Maximum der Flußdichte tritt in der Mitte der Spule ($z = \ell/2$) auf, zu den Rändern der Spule hin fällt die Flußdichte ab, ist aber außerhalb der Spule noch ungleich null.

Wird die Länge ℓ der Spule sehr viel größer als der Durchmesser $2\varrho_0$, so kann der Feldverlauf innerhalb der Spule ($0 < z < \ell$) näherungsweise durch

$$B(z) \approx \frac{\mu I w}{2\ell} \left[\frac{z}{|z|} - \frac{z-\ell}{|z-\ell|} \right],$$

$$B(z) \approx \frac{\mu I w}{2\ell} [1+1] = \frac{\mu I w}{\ell},$$

beschrieben werden, da innerhalb der Spule $z/|z| = +1$ sowie $z - \ell < 0$ und damit $(z - \ell)/|z - \ell| = -1$ gilt. Außerhalb der Spule ist dagegen (z.B. $z < 0$):

$$\frac{z}{|z|} = -1, \qquad \frac{z-\ell}{|z-\ell|} = -1,$$

so daß das Feld in erster Näherung verschwindet. Dasselbe gilt im Bereich $z > \ell$, hier ist immer

$$\frac{z}{|z|} = +1, \qquad \frac{z-\ell}{|z-\ell|} = +1.$$

Das heißt, in der Spule, deren Länge ℓ sehr viel größer als ihr Durchmesser ist, ist das Feld im Innern der Spule näherungsweise konstant, außerhalb der Spule aber näherungsweise gleich null (vgl. Kap. V.1.2). Die hier angegebene Näherung für das Feld im Innern der Spule ist in der Umgebung der Spulenenden $z \approx 0$, $z \approx \ell$ nicht mehr richtig.

V.5
Felder magnetisierter Körper

V.5.1
Die Magnetisierung

Bei der Behandlung der elektrischen Felder in dielektrischer Materie wurde der Begriff der Polarisation zur Beschreibung des Einflusses des Dielektrikums auf den Feldverlauf definiert (vgl. Kap. III.7). In analoger Weise soll der Einfluß der Materie auf die Ausbildung des magnetischen Feldes beschrieben werden. Dabei soll wiederum eine modellmäßige Darstellung der atomaren Materiestruktur zur anschaulichen Deutung herangezogen werden.

Ein Material baut sich aus einzelnen Atomen auf, die sich aus der Deutung des Bohrschen Atommodells als positiver Kern und negative Elektronen darstellen lassen. Die negativen Elektronen bewegen sich auf Ellipsenbahnen um den Kern und stellen damit Ringströme um den Kern dar. Ferner führen die Elektronen eine Drehbewegung (Spin) um ihre eigene Achse aus. Diese Drehbewegung ist mit einem mechanischen Drehmoment gekoppelt. Sowohl die Kreisströme der Elektronenbewegung um den Kern als auch die Drehbewegung des Elektrons um die eigene Achse erzeugen ein Magnetfeld. Die Richtung des Magnetfeldes ist senkrecht zu der Ebene der Kreisströme bzw. sie ist im Fall des Elektronenspins gleich der Richtung der Drehachse des Elektrons. Jedem Ringstrom wird ein magnetisches Dipolmoment $\vec{m}$ zugeordnet (s. dazu a. Kap. V.5.2). Die Richtung des Dipolmoments ist gleich der Richtung des erzeugten Magnetfeldes, sein Betrag ist proportional zur Größe des Ringstromes. In einem unmagnetisierten Material ist die Verteilung der Dipolmomente so, daß die Dipoldichte, das ist die Größe des Dipolmoments pro Volumeneinheit, genannt Magnetisierung $\vec{M}$:

$$\vec{M} = \Delta V \xrightarrow{\lim} 0 \frac{\Delta \vec{m}}{\Delta V} = \frac{d\vec{m}}{dV} \qquad (V.5.1)$$

den Wert null annimmt. Das heißt, die einzelnen Dipole sind statistisch so verteilt, daß sie sich gegenseitig kompensieren.

Wird ein solches Material in ein magnetisches Feld gebracht, so suchen sich die einzelnen Dipole durch die auf die bewegten Ladungsträger ausgeübte Kraft (vgl. Gl. (V.1.6)) in Richtung des von außen angelegten Feldes zu orientieren und verstärken damit das von außen angelegte Feld (paramagnetischer Effekt). In Atomen, in denen sich je Atom die magnetischen Dipolmomente z.B. zweier auf parallelen Bahnen entgegengesetzt umlaufender Elektronen kompensieren, kommt es bei Anlegen eines äußeren Magnetfeldes aufgrund der auf die Elektronen ausgeübten Kräfte und der Quantenbedingungen für die Umlaufbahnen zu einer resultierenden Schwächung des von außen angelegten Magnetfeldes (Diamagnetismus).

V.5 Felder magnetisierter Körper

Die Magnetisierung $\vec{M}$ hat die Einheit der magnetischen Feldstärke, so daß bei Anlegen eines Magnetfeldes in einem Festkörper die resultierende Flußdichte sich aus

$$\vec{B} = \mu_0(\vec{H} + \vec{M}) \qquad (V.5.2)$$

berechnet. Im Fall des Paramagnetismus weist $\vec{M}$ in Richtung der angelegten Feldstärke $\vec{H}$, im Fall des Diamagnetismus in entgegengesetze Richtung.

Durch die Einführung der Magnetisierung kann der Einfluß der molekularen Ströme auf die makroskopischen Felder beschrieben werden. Bei einer Vielzahl von Stoffen kann die Magnetisierung als direkt proportional zur angelegten magnetischen Feldstärke angesehen werden, so daß

$$\vec{M} = \chi_m \vec{H} \qquad (V.5.3)$$

geschrieben werden kann. χ_m ist die magnetische Suszeptibilität. Wird Gl. (V.5.3) in Gl. (V.5.2) eingeführt und der so entstehende Zusammenhang

$$\vec{B} = \mu_0(1 + \chi_m)\vec{H} \qquad (V.5.4)$$

mit der Schreibweise nach Gl. (V.2.17)

$$\vec{B} = \mu_0 \mu_r \vec{H}$$

verglichen, so läßt sich erkennen, daß die Permeabilitätszahl sich aus der Suszeptibilität durch die Gleichung

$$\mu_r = 1 + \chi_m \qquad (V.5.5)$$

ausdrücken läßt.

Nach ihrem Verhalten im magnetischen Feld werden, wie schon oben angedeutet, verschiedene Gruppen von Materialien unterschieden.

Die Anwesenheit eines Stoffes der ersten Gruppe im magnetischen Feld ergibt eine resultierende magnetische Flußdichte, die kleiner ist als diejenige, die sich bei entsprechender magnetischer Feldstärke im Vakuum aufbaut. Bei diesen Stoffen gilt also:

$$\vec{B} = \mu_0 \mu_r \vec{H} < \mu_0 \vec{H}$$

und damit

$$\mu_r < 1 \, .$$

Diese Gruppe von Stoffen wird diamagnetisch genannt. Die Permeabilitätszahl dieser Stoffe liegt in der Größenordnung $\mu_r \approx 0{,}999$.

Für die zweite Gruppe von Stoffen ist die magnetische Flußdichte im Material größer als diejenige bei gleicher magnetischer Feldstärke im Vakuum:

$$\vec{B} = \mu_0 \mu_r \vec{H} > \mu_0 \vec{H} \qquad \text{und damit} \qquad \mu_r > 1 \, .$$

Diese Stoffe werden paramagnetisch genannt. Die Permeabilitätszahl dieser Materialien liegt in der Größenordnung $\mu_r \approx 1{,}001$.

Eine dritte Gruppe von Stoffen besitzt ebenfalls eine Permeabilitätszahl, die größer als eins ist, doch ist der Effekt, der hier eine Vergrößerung der magnetischen Flußdichte hervorruft, um viele Größenordnungen stärker, als bei den paramagnetischen Materialien. Das heißt, es ist

$$\mu_r \gg 1 \, .$$

Diese Stoffe werden als ferromagnetisch bezeichnet. In ferromagnetischen Materialien existieren spontan magnetisierte Bereiche (Weißsche Bezirke), in denen die Magnetisierung in einer Richtung ausgerichtet ist. Im gesamten Volumen des Festkörpers liegt die Magnetisierung dieser Bereiche statistisch so verteilt, daß der Körper unmagnetisiert erscheint. Bei Anlegen eines äußeren Feldes wird die Magnetisierung dieser Bereiche durch Verschieben der Wände zwischen den Bereichen und Drehprozesse in Richtung der von außen angelegten magnetischen Feldstärke ausgerichtet, so daß es zur Ausbildung einer sehr starken Magnetisierung in Richtung des äußeren Feldes kommt.

Für die ferromagnetischen Materialien gilt der angegebene lineare Zusammenhang Gl. (V.5.3) nicht mehr. Für diese Materialien besteht erstens kein linearer Zusammenhang zwischen der Magnetisierung und der magnetischen Feldstärke mehr, zweitens existiert keine eindeutige Zuordnung zwischen der Magnetisierung und der Feldstärke mehr. Vielmehr ist die Zuordnung von Magnetisierung und Feldstärke von der magnetischen Vorgeschichte des Materials abhängig. Der Zusammenhang zwischen Magnetisierung und magnetischer Feldstärke wird durch die Angabe einer Magnetisierungskurve (Abb. 194) beschrieben.

Die Magnetisierungskurve besteht aus der Neukurve 1, die beim Magnetisieren vom entmagnetisierten Zustand bis zur maximal möglichen Magnetisierung, der Sättigungsmagnetisierung M_s, durchlaufen wird, und den Hystereseschleifen 2 und 3, die bei Entmagnetisierung bzw. erneuter Aufmagnetisierung durchlaufen werden. Die ferromagnetischen Materialien werden als weich bezeichnet, wenn die Koerzitivfeldstärke H_c, für die das Material

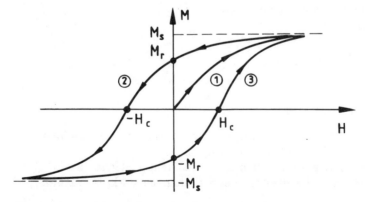

Abb. 194. Magnetisierungskurve eines ferromagnetischen Materials

erneut entmagnetisiert wird (M = 0, Abb. 194), klein ist. Sie werden als magnetisch hart bezeichnet, falls die Koerzitivfeldstärke groß ist. Magnetisch weiche Materialien besitzen also eine schmale Hysteresekurve, magnetisch harte Materialien eine breite Hysteresekurve. M_r ist die remanente Magnetisierung (Abb. 194), die sich nach Magnetisieren bis in die Sättigung und anschließendem Zurückstellen der magnetischen Feldstärke auf den Wert H = 0 im Material ergibt.

V.5.2
Die Magnetisierung als Ursache der Felder

Bestimmte ferromagnetische Materialien haben die Eigenschaft, daß die von den atomaren Kreisströmen erzeugten Dipolmomente sich nicht gegenseitig kompensieren. Vielmehr sind in solchen Materialien, wie bereits oben erwähnt, die Dipolmomente teilweise bzw. bezirksweise parallel zueinander ausgerichtet, so daß sich auch ohne das Anlegen eines äußeren Feldes eine von null verschiedene Magnetisierung ergibt bzw. nach Aufmagnetisierung und anschließender Entmagnetisierung eine von null verschiedene Magnetisierung im Material verbleibt (remante Magnetisierung M_r, siehe oben). Materialien, die diese Eigenschaft besitzen, werden als magnetisierte Körper (Dauermagnete) bezeichnet, die auftretende Magnetisierung wird als eingeprägt angesehen und als spontane Magnetisierung bezeichnet.

Aufgrund der vorhandenen Magnetisierung wird sich im Innern des Materials sowie bei endlichen Abmessungen des Materialvolumens auch außerhalb des spontan magnetisierten Materials, ein Magnetfeld aufbauen. Als Ursache für dieses Feld sind die spontane Magnetisierung d.h. letztendlich die atomaren Kreisströme anzusehen.

Da im gesamten Bereich eines so erzeugten Feldes kein makroskopischer, felderzeugender Strom vorhanden ist, nehmen die Maxwellschen Gleichungen zur Beschreibung des Feldzustandes die Form

$$\text{div}\,\vec{B} = 0, \qquad \text{rot}\,\vec{H} = \vec{0} \qquad (V.5.6)$$

an. Zwischen der magnetischen Feldstärke und der magnetischen Flußdichte gilt im Innern des magnetisierten Materials ferner der Zusammenhang (V.5.2)

$$\vec{B} = \mu_0 (\vec{H} + \vec{M}) . \qquad (V.5.7)$$

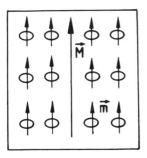

Abb. 195. Zur Deutung der spontanen Magnetisierung

Aufgrund der Rotationsfreiheit der magnetischen Feldstärke kann diese als Gradientenfeld einer skalaren Potentialfunktion ψ dargestellt werden. Für die magnetische Flußdichte kann ferner wie bisher ein Vektorpotential angegeben werden:

$$\vec{H} = -\operatorname{grad}\psi, \qquad \psi = -\int_{P_0}^{P} \vec{H}\cdot d\vec{s}, \qquad (V.5.8)$$

$$\vec{B} = \operatorname{rot}\vec{A}, \qquad \operatorname{div}\vec{A} = 0.$$

Um eine Beschreibung der magnetischen Flußdichte und der magnetischen Feldstärke in Abhängigkeit von der felderzeugenden Magnetisierung zu erhalten, wird einmal die Rotation, zum andern die Divergenz der Magnetisierung untersucht. Es ergibt sich zunächst für die Rotation von $\vec{M}$:

$$\vec{M} = \frac{\vec{B}}{\mu_0} - \vec{H},$$

$$\operatorname{rot}\vec{M} = \operatorname{rot}\frac{\vec{B}}{\mu_0} - \operatorname{rot}\vec{H} = \frac{1}{\mu_0}\operatorname{rot}\vec{B},$$

$$\operatorname{rot}\vec{B} = \mu_0 \operatorname{rot}\vec{M}. \qquad (V.5.9)$$

Die Rotation der magnetischen Feldstärke verschwindet, da ein felderzeugender, makroskopischer Strom nicht vorhanden ist. Wird die magnetische Flußdichte durch das Vektorpotential ersetzt, so folgt unter Verwendung der Vektoridentität Gl. (I.14.12)

$$\operatorname{rot}\vec{M} = \frac{1}{\mu_0}\operatorname{rot}\vec{B} = \frac{1}{\mu_0}\operatorname{rot}\operatorname{rot}\vec{A} = \frac{1}{\mu_0}[\operatorname{grad}\operatorname{div}\vec{A} - \Delta\vec{A}],$$

$$\operatorname{rot}\vec{M} = -\frac{1}{\mu_0}\Delta\vec{A},$$

$$\Delta\vec{A} = -\mu_0 \operatorname{rot}\vec{M}. \qquad (V.5.10)$$

Diese Differentialgleichung folgt unter Verwendung der Zusatzbedingung für das Vektorpotential, daß $\vec{A}$ divergenzfrei ist. Die Differentialgleichung (V.5.10) entspricht vollkommen der Differentialgleichung (V.4.1), falls die Rotation der Magnetisierung durch die Stromdichte $\vec{S}$ ersetzt wird,

$$\vec{S} \triangleq \operatorname{rot}\vec{M}. \qquad (V.5.11)$$

Das heißt, die räumlich verteilte Rotation der Magnetisierung wirkt ähnlich wie die Stromdichte als Anregungsgröße für das Vektorpotential und damit das Magnetfeld. Diese Aussage kann auch so interpretiert werden: Eine Ursache des Magnetfeldes ist die räumliche Rotation der Magnetisierung, die nach Gl. (V.5.9) die räumliche Rotation der magnetischen Flußdichte bestimmt.

V.5 Felder magnetisierter Körper

Wird zusätzlich die Grenzbedingung für die magnetische Feldstärke $\vec{H}$ an einer Grenzschicht zwischen zwei magnetisch verschiedenen Materialien, in der keine Flächenstromdichte fließt, betrachtet (vgl. Gl. (V.3.3b)), so gilt:

$$\vec{n}_{12} \times (\vec{H}_2 - \vec{H}_1) = \vec{0}$$

mit $\vec{n}_{12}$ dem Flächennormaleneinheitsvektor, der aus dem Gebiet 1 ins Gebiet 2 weist. Nach Gl. (V.5.7) gilt für $\vec{H}$:

$$\vec{H} = \frac{\vec{B}}{\mu_0} - \vec{M},$$

worin $\vec{B}/\mu_0$ die magnetische Feldstärke im Vakuum ohne Magnetisierung ist. Damit kann die Grenzbedingung in der Form geschrieben werden:

$$\vec{n}_{12} \times \left(\frac{\vec{B}_2}{\mu_0} - \vec{M}_2 - \frac{\vec{B}_1}{\mu_0} + \vec{M}_1 \right) = \vec{0}$$

oder

$$\vec{n}_{12} \times \left(\frac{\vec{B}_2}{\mu_0} - \frac{\vec{B}_1}{\mu_0} \right) = \vec{n}_{12} \times (\vec{M}_2 - \vec{M}_1),$$

$$\frac{1}{\mu_0} \text{Rot}(\vec{B}) = \vec{n}_{12} \times (\vec{M}_2 - \vec{M}_1). \tag{V.5.12}$$

Das heißt, tritt in einer Grenzfläche eine Änderung der zur Grenzfläche tangential gerichteten Magnetisierung auf, so ist die Flächenrotation der magnetischen Flußdichte in dieser Grenzschicht ungleich null. Im Vergleich zur obenstehenden Diskussion der räumlichen Rotation der Magnetisierung und magnetischen Flußdichte kann damit die Größe

$$\vec{S}_{\text{Fmagn}} = \vec{n}_{12} \times (\vec{M}_2 - \vec{M}_1) \tag{V.5.13}$$

als eine in der Grenzfläche auftretende „magnetische Flächenstromdichte" interpretiert werden, die auch Ursache eines Magnetfeldes ist.

Abb. 196 zeigt die physikalische Interpretation für die auftretende Flächenstromdichte am Beispiel eines magnetisierten Körpers im Vakuum. Die Magnetisierung wird von den mikroskopischen Kreisströmen der Atome gebildet. Ist die Verteilung der Kreisströme homogen und damit die Magnetisierung homogen, so kompensieren sich ihre Wirkungen im Volumeninnern (rot $\vec{M} = \vec{0}$), und es bleibt ein resultierender Strom in der Mantelfläche des Zylinders in Form der Oberflächenstromdichte $\vec{S}_F = \text{Rot}\,\vec{M} = \vec{M} \times \vec{n}$ in Übereinstimmung mit Gl. (V.5.13) mit $\vec{M}_2 = \vec{0}$ und $\vec{n}_{12} = \vec{n}$. In den Deckelflächen kompensiert sich die Wirkung der Kreisströme ebenfalls, so daß dort keine Flächenstromdichte auftritt.

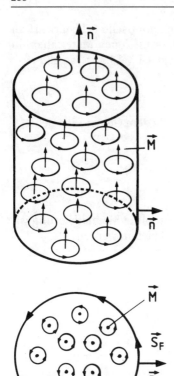

Abb. 196. Magnetisierung $\vec{M}$, erzeugende mikroskopische Kreisströme und resultierende Oberflächenstromdichte $\vec{S}_F$ eines magnetisierten Zylinders

Wird ein magnetisierter Körper des Volumens V' mit der (geschlossenen) Oberfläche A' und der im Volumen beliebig verteilten Magnetisierung $\vec{M}$ betrachtet, so ergibt sich äquivalent zu Gl. (V.4.2) unter Berücksichtigung der räumlichen Rotation von $\vec{B}$ (Gl. (V.5.9)) und der Flächenrotation von $\vec{B}$ (Gl. (V.5.12)) mit $\vec{M}_1 = \vec{M}$ und $\vec{M}_2 = \vec{0}$ für das Vektorpotential $\vec{A}$ eine Lösung der Poissonschen Differentialgleichung der Form:

$$\vec{A}(P) = \frac{\mu_0}{4\pi} \iiint_{V'} \frac{\text{rot}_{P'} \vec{M}(P')}{R_{P'P}} dV' + \frac{\mu_0}{4\pi} \oiint_{A'} \frac{\vec{M} \times \vec{n}}{R_{P'P}} dA' \qquad (V.5.14)$$

mit $\vec{n}$ dem Flächennormalenvektor, der aus dem Volumen V' heraus weist. Durch Anwenden der Vektoridentität Gl. (I.15.19)

$$\text{rot}_{P'}\left(\frac{\vec{M}(P')}{R_{P'P}}\right) = \frac{1}{R_{P'P}} \text{rot}_{P'} \vec{M}(P') - \vec{M}(P') \times \text{grad}_{P'} \frac{1}{R_{P'P}}$$

kann für das Vektorpotential der Ausdruck:

$$\vec{A}(P) = \frac{\mu_0}{4\pi} \iiint_{V'} \operatorname{rot}_{P'} \left(\frac{\vec{M}(P')}{R_{P'P}} \right) dV'$$

$$+ \frac{\mu_0}{4\pi} \iiint_{V'} \vec{M}(P') \times \operatorname{grad}_{P'} \frac{1}{R_{P'P}} dV'$$

$$+ \frac{\mu_0}{4\pi} \oiint_{A'} \frac{\vec{M} \times \vec{n}}{R_{P'P}} dA'$$

geschrieben werden.

Wird das erste Integral mit einem Einheitsvektor in Richtung einer Koordinatenachse (z. B. $\vec{e}_x$) multipliziert, ergibt sich die Projektion des durch das Integral dargestellten Vektors auf die x-Achse. Eine entsprechende Argumentation kann für die anderen Koordinatenrichtungen gefunden werden:

$$\frac{\mu_0}{4\pi} \iiint_{V'} \vec{e}_x \cdot \operatorname{rot}_{P'} \left(\frac{\vec{M}(P')}{R_{P'P}} \right) dV' =$$

$$= \frac{\mu_0}{4\pi} \iiint_{V'} \vec{e}_x \cdot \left(\nabla_{P'} \times \frac{\vec{M}(P')}{R_{P'P}} \right) dV' =$$

$$= -\frac{\mu_0}{4\pi} \iiint_{V'} \nabla_{P'} \cdot \left(\vec{e}_x \times \frac{\vec{M}(P')}{R_{P'P}} \right) dV'$$

$$= -\frac{\mu_0}{4\pi} \oiint_{A'} \left(\vec{e}_x \times \frac{\vec{M}(P')}{R_{P'P}} \right) \cdot \vec{n} \, dA'$$

$$= -\frac{\mu_0}{4\pi} \oiint_{A'} \vec{e}_x \cdot \frac{\vec{M}(P') \times \vec{n}}{R_{P'P}} dA'.$$

Die Umwandlung des Volumenintegrals in ein Flächenintegral wurde mit Hilfe des Gaußschen Satzes vorgenommen. Wird diese Operation auch für die anderen Koordinatenrichtungen durchgeführt, so gilt schließlich:

$$\frac{\mu_0}{4\pi} \iiint_{V'} \operatorname{rot}_{P'} \left(\frac{\vec{M}(P')}{R_{P'P}} \right) dV' = -\frac{\mu_0}{4\pi} \oiint_{A'} \frac{\vec{M}(P') \times \vec{n}}{R_{P'P}} dA',$$

und damit für das Vektorpotential:

$$\vec{A}(P) = \frac{\mu_0}{4\pi} \iiint_{V'} \vec{M}(P') \times \operatorname{grad}_{P'} \frac{1}{R_{P'P}} dV'. \tag{V.5.15}$$

Aus dem Vektorpotential errechnet sich durch Rotationsbildung im Aufpunkt P die magnetische Flußdichte:

$$\vec{B}(P) = \frac{\mu_0}{4\pi} \operatorname{rot}_P \iiint_{V'} \vec{M}(P') \times \operatorname{grad}_{P'} \frac{1}{R_{P'P}} dV' \cdot \quad (V.5.16)$$

Wird die Divergenz der Magnetisierung untersucht, so kann eine Bestimungsgleichung für die magnetische Feldstärke $\vec{H}$ abgeleitet werden:

$$\operatorname{div}\vec{M} = \frac{1}{\mu_0} \operatorname{div}\vec{B} - \operatorname{div}\vec{H} = -\operatorname{div}\vec{H}.$$

Da die magnetische Feldstärke rotationsfrei ist ($\vec{S} = \vec{0}$), kann sie durch eine skalare Potentialfunktion $\vec{H} = -\operatorname{grad}\psi$ beschrieben werden:

$$\operatorname{div}\vec{M} = -\operatorname{div}\vec{H} = +\operatorname{div}\operatorname{grad}\psi = \Delta\psi,$$

$$\Delta\psi = \operatorname{div}\vec{M}. \quad (V.5.17)$$

Wird diese Beziehung mit der entsprechenden Poissonschen Differentialgleichung der Elektrostatik (III.3.18) verglichen:

$$\Delta\varphi = -\frac{\varrho}{\varepsilon},$$

so kann der Ausdruck

$$\varrho_{\text{magn}} = -\operatorname{div}\vec{M} \quad (V.5.18)$$

als eine fiktive „magnetische Raumladungsdichte", die das Magnetfeld erregt, interpretiert werden.

Es werden wieder zusätzlich die Grenzbedingungen für das magnetische Feld, in diesem Fall für die magnetische Flußdichte $\vec{B}$, untersucht. An einer Grenzfläche zwischen zwei magnetisch verschiedenen Materialien gilt (vgl. Gl. (V.3.1)):

$$\vec{n}_{12} \cdot (\vec{B}_2 - \vec{B}_1) = 0,$$

$$\operatorname{Div}\vec{B} = 0$$

mit $\vec{n}_{12}$ dem Flächennormaleneinheitsvektor, der vom Bereich 1 in den Bereich 2 weist.

Unter Verwendung von Gl. (V.5.7) gilt dann:

$$\vec{n}_{12} \cdot (\mu_0 \vec{H}_2 + \mu_0 \vec{M}_2 - \mu_0 \vec{H}_1 - \mu_0 \vec{M}_1) = 0$$

bzw.

$$\vec{n}_{12} \cdot (\mu_0 \vec{H}_2 - \mu_0 \vec{H}_1) = -\mu_0 \vec{n}_{12} \cdot (\vec{M}_2 - \vec{M}_1).$$

V.5 Felder magnetisierter Körper

Da $\mu_0 \vec{H}$ die magnetische Flußdichte im Vakuum ist, kann der Einfluß der Magnetisierung in der Grenzschicht auf die magnetische Feldstärke durch eine fiktive „magnetische Flächenladungsdichte"

$$\sigma_{\text{magn}} = \text{Div}\,\vec{H} = -\vec{n}_{12} \cdot (\vec{M}_2 - \vec{M}_1) \tag{V.5.19}$$

in der Grenzschicht beschrieben werden, die zusätzlich zu der nach Gl. (V.5.17) bzw. (V.5.18) angegebenen räumlichen Quellenverteilung das Magnetfeld bestimmt. Damit gilt als Lösung für die skalare Potentialfunktion ψ (vgl. auch Gl. (III.6.1) und Gl. (III.6.2) für das elektrostatische Potential φ) eines magnetisierten Körpers im Vakuum ($\vec{M}_2 = \vec{0}$, $\vec{M}_1 = \vec{M}$, $\vec{n}_{12} = \vec{n}$) mit dem Volumen V' und der geschlossenen Oberfläche A':

$$\psi(P) = -\frac{1}{4\pi} \iiint_{V'} \frac{\text{div}_{P'}\vec{M}(P')}{R_{P'P}}\, dV' + \frac{1}{4\pi} \oiint_{A'} \frac{\vec{M}(P') \cdot \vec{n}}{R_{P'P}}\, dA'.$$

Mit Hilfe der Vektoridentität

$$\text{div}_{P'}\left(\frac{\vec{M}(P')}{R_{P'P}}\right) = \vec{M}(P') \cdot \text{grad}_{P'} \frac{1}{R_{P'P}} + \frac{1}{R_{P'P}} \text{div}_{P'}\vec{M}(P')$$

kann das Potential in der Form:

$$\psi(P) = -\frac{1}{4\pi} \iiint_{V'} \text{div}_{P'}\left(\frac{\vec{M}(P')}{R_{P'P}}\right) dV'$$

$$+ \frac{1}{4\pi} \iiint_{V'} \vec{M}(P') \cdot \text{grad}_{P'} \frac{1}{R_{P'P}}\, dV'$$

$$+ \frac{1}{4\pi} \oiint_{A'} \frac{\vec{M}(P')}{R_{P'P}} \cdot \vec{n}\, dA'$$

geschrieben werden. Wird das erste Volumenintegral mit Hilfe des Gaußschen Satzes umgewandelt, so gilt:

$$\psi(P) = -\frac{1}{4\pi} \oiint_{A'} \frac{\vec{M}(P')}{R_{P'P}} \cdot \vec{n}\, dA'$$

$$+ \frac{1}{4\pi} \iiint_{V'} \vec{M}(P') \cdot \text{grad}_{P'} \frac{1}{R_{P'P}}\, dV'$$

$$+ \frac{1}{4\pi} \oiint_{A'} \frac{\vec{M}(P')}{R_{P'P}} \cdot \vec{n}\, dA'$$

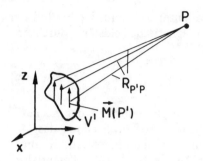

Abb. 197. Zur Auswertung der Gl.(V.5.20)

und damit:

$$\psi(P) = \frac{1}{4\pi} \iiint_{V'} \vec{M}(P') \cdot \text{grad}_{P'} \frac{1}{R_{P'P}} dV',$$

$$\psi(P) = \frac{1}{4\pi} \iiint_{V'} \vec{M}(P') \cdot \frac{\vec{R}_{P'P}}{R_{P'P}^3} dV', \qquad (V.5.20)$$

$$\vec{H}(P) = -\frac{1}{4\pi} \text{grad}_P \iiint_{V'} \vec{M}(P') \cdot \frac{\vec{R}_{P'P}}{R_{P'P}^3} dV'. \qquad (V.5.21)$$

Wird vorausgesetzt, daß der Abstand des Aufpunktes P vom Integrationspunkt P' sehr viel größer ist als die Linearabmessungen des Volumens V', in dem sich die Magnetisierung befindet, so kann die Größe $R_{P'P}$ (Abb. 197) bei der Integration als näherungsweise konstant angesehen werden und vor das Integral gezogen werden. Es gilt dann:

$$\psi(P) \approx \frac{\vec{R}_{P'P}}{4\pi R_{P'P}^3} \cdot \iiint_{V'} \vec{M}(P') dV'. \qquad (V.5.22)$$

Dies ist das Potential eines Dipols (vgl. Gl. (III.7.7) und Gl. (III.7.8)) mit dem magnetischen Dipolmoment:

$$\vec{m} = \iiint_{V'} \vec{M}(P') dV'. \qquad (V.5.23)$$

Damit ergibt sich eine Beschreibung der magnetischen Felder, die von einem magnetisierten Körper erzeugt werden, die der Beschreibung des Dipolfeldes eines elektrischen Dipols äquivalent ist:

$$\psi_{\text{Dipol}} \approx \frac{\vec{m} \cdot \vec{R}_{P'P}}{4\pi R_{P'P}^3}. \qquad (V.5.24)$$

Entsprechend läßt sich die magnetische Feldstärke $\vec{H}$ dann aus dem Gradienten der Potentialfunktion vgl. Gl. (III.7.3)

$$\vec{H} = -\operatorname{grad}_P \psi(P) \approx \frac{1}{4\pi R_{P'P}^3}\left[3(\vec{m}\cdot\vec{R}_{P'P})\frac{\vec{R}_{P'P}}{R_{P'P}^2} - \vec{m}\right] \qquad (V.5.25)$$

bestimmen.

V.5.3
Ersatzbilder zur Berechnung der Felder magnetisierter Körper

Es sollen zwei mögliche Ersatzbilder diskutiert werden, die bei der Berechnung der Felder magnetisierter Körper nützlich sein können. Es wird je nach Problemstellung eines der beiden Ersatzbilder zur Berechnung der Felder herangezogen.

Betrachtet wird zunächst ein homogen magnetisierter Zylinder der Länge h. Die Magnetisierung sei innerhalb des Zylinders in Richtung der Zylinderachse vorgegeben. Außerhalb des Zylinders sei die Magnetisierung gleich null. Bereits in Kap. V.5.2 wurde darauf hingewiesen (Gl. (V.5.11)), daß die räumliche Rotation der Magnetisierung formal einer Stromdichte $\vec{S}$ entspricht, und daß (vgl. Gl. (V.5.13)) in der Oberfläche des magnetisierten Körpers eine fiktive magnetische Flächenstromdichte von der Größe der Flächenrotation $\operatorname{Rot}\vec{M} = -\vec{n}\times\vec{M} = \vec{M}\times\vec{n}$ auftritt. Das heißt, die Felder im Außenraum und im Innenraum (mit gewissen Einschränkungen, siehe unten) des magnetisierten Körpers, die von der Magnetisierung $\vec{M}$ oder einer Stromdichte $\vec{S}$ bzw. Flächenstromdichte $\vec{S}_F$ erzeugt werden, können übereinstimmen, falls nur

$$\vec{S} \triangleq \operatorname{rot}\vec{M} \qquad \text{und} \qquad \vec{S}_F \triangleq \vec{M}\times\vec{n} \qquad (V.5.26)$$

gesetzt wird.

Für den Fall eines homogen in Zylinderachsenrichtung magnetisierten Zylinders gilt, da die Rotation der Magnetisierung im Volumen verschwindet: $\operatorname{rot}\vec{M} = \vec{0}$, daß eine Rotation der Magnetisierung nur an der Stelle der sprunghaften Änderung der Magnetisierung in Richtung senkrecht zur Magnetisierung, also in den Mantelflächen des Zylinders in Form einer Flächenrotation, auftritt. Auf den Deckelflächen des Zylinders ist die Flächenrotation der Magnetisierung null.

Das heißt, für das Feld eines homogenen magnetisierten Zylinders läßt sich das folgende Ersatzbild angeben (Abb. 198): Die von einem homogen in Achsenrichtung magnetisierten Zylinder (Magnetisierung $\vec{M}$) erzeugte magnetische Flußdichte ist im gesamten Raumbereich identisch mit der Flußdichte, die von einer Flächenstromdichte entlang der Oberfläche des Zylinders erzeugt wird, falls die gesamte, gleichmäßig über die Länge h des Zylinders verteilte, an der Oberfläche fließende Stromstärke wI einer Ersatzspule gerade gleich

$$wI = Mh \qquad (V.5.27)$$

ist. Dieser Zusammenhang läßt sich leicht aus der Bedingung $S_F = wI/h = M$ mit Hilfe des in Abb. 198 eingezeichneten Integrationsweges beweisen, falls die

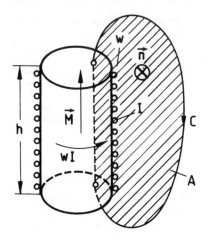

Abb. 198. Spule als Ersatzbild des homogen magnetisierten Zylinders

formale Gleichheit von Stromdichte $\vec{S}$ und Rotation der Magnetisierung $\vec{M}$ berücksichtigt wird. Die gesamte durch die Fläche A tretende Stromstärke, das ist die gesamte in der Oberfläche des Zylinders fließende Stromstärke wI, berechnet sich aus dem Flächenintegral:

$$wI = \iint_A \vec{S} \cdot \vec{n}\, dA = \iint_A \operatorname{rot} \vec{M} \cdot \vec{n}\, dA = \oint_C \vec{M} \cdot d\vec{s},$$

$$wI = Mh.$$

Das zweite Flächenintegral wurde mit Hilfe des Stokeschen Satzes in ein Linienintegral längs der Randkurve C der Fläche A umgewandelt. Es liefert nur über die Länge h des Zylinders einen Beitrag, da außerhalb des Zylinders die Magnetisierung verschwindet.

Das heißt, das Feld eines homogen magnetisierten Zylinders kann berechnet werden, indem das Feld einer zylindrischen (eng gewickelten) Spule mit w Windungen und mit den gleichen Abmessungen wie die des magnetisierten Zylinders berechnet wird. Die gesamte in der Spulenoberfläche fließende Stromstärke berechnet sich nach Gl. (V.5.27). Die Richtung der Magnetisierung und die Richtung des Bezugspfeils der Stromstärke sind einander im Sinne einer Rechtsschraube zugeordnet.

Die Spule ist ein Ersatzbild zur Berechnung der magnetischen Flußdichte im gesamten Raumbereich, hinsichtlich der magnetischen Feldstärke aber nur außerhalb des magnetisierten Zylinders. Innerhalb des magnetisierten Zylinders muß die magnetische Feldstärke aus der Beziehung (V.5.7): $\vec{H} = \vec{B}/\mu_0 - \vec{M}$ berechnet werden. Umgekehrt gilt, daß der magnetisierte Zylinder, mit den gleichen Einschränkungen, ein Ersatzbild für die stromdurchflossene Spule ist; innerhalb der Spule muß die magnetische Feldstärke aus $\vec{B} = \mu_0 \vec{H}$ berechnet werden.

Wird die Höhe h des Zylinders sehr viel kleiner als der Durchmesser des Zylinders (flache Scheibe), so wird die dann entstehende magnetisierte Scheibe

V.5 Felder magnetisierter Körper

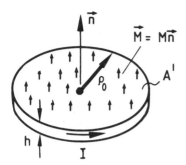

Abb. 199. Magnetisches Blatt

als „magnetisches Blatt" bezeichnet. Das magnetische Blatt kann entsprechend durch eine linienhafte Stromstärke I

$$I = Mh, \qquad (V.5.28)$$

die in seinem Rand fließt, ersetzt werden.

Wird das gesamte magnetische Dipolmoment des magnetischen Blattes berechnet:

$$\vec{m} = \iiint_{V'} \vec{M}(P') \, dV' = \iiint_{V'} M\vec{n} \, dV',$$

$$\vec{m} = Mh\pi\varrho_0^2 \vec{n},$$

so kann einem Kreisstrom der Stromstärke I in einer Leiterschleife des Radius ϱ_0 und der Dicke des Leiters h entsprechend Gl. (V.5.28) das magnetische Dipolmoment

$$\vec{m} = I\pi\varrho_0^2 \vec{n}, \qquad (V.5.29)$$

oder verallgemeinert

$$\vec{m} = \iint_{A'} I\vec{n} \, dA', \qquad (V.5.30)$$

mit A' der von der Leiterschleife berandeten Fläche, zugeordnet werden.

Ein zweites Ersatzbild zur Berechnung des Feldes eines magnetisierten Zylinders geht von der Beschreibung des Feldes durch das skalare Potential ψ aus. Nach Kap. V.5.2 (Gl. (V.5.18) und Gl. (V.5.19)) wird das skalare Potential des Feldes eines magnetisierten Körpers durch eine fiktive „magnetische Raumladungsdichte" und eine fiktive „magnetische Flächenladungsdichte"

$$\varrho_{magn} = - \operatorname{div} \vec{M}, \qquad \sigma_{magn} = \vec{n} \cdot \vec{M}$$

beschrieben. Eine echte magnetische Raumladungsdichte existiert nicht, da die Divergenz der magnetischen Flußdichte immer verschwindet. Die Einführung der magnetischen Raumladungsdichte ist somit nur eine Hilfsvorstellung zur Vereinfachung der Rechnungen.

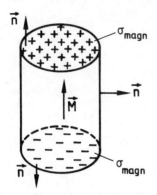

Abb. 200. Homogen magnetisierter Zylinder und „magnetische Flächenladungsdichte"

Für einen homogen magnetisierten Zylinder gilt $\varrho_{magn} = -\,\text{div}\,\vec{M} = 0$ im Zylindervolumen. Die magnetische Flächenladungsdichte $\sigma_{magn} = \vec{n} \cdot \vec{M}$ tritt bei der Orientierung der Magnetisierung nach Abb. 200 (positiv) auf der oberen Deckelfläche und (negativ) auf der unteren Deckelfläche auf.

Es kann daher ein Ersatzbild des homogen magnetisierten Zylinders (Abb. 200) dadurch angegeben werden, daß ein Zylinder mit gleichen Abmessungen betrachtet wird, der auf seinen Deckelflächen die „magnetische Flächenladungsdichte"

$$\sigma_{magn} = \pm\,|\vec{M}| \qquad\qquad (V.5.31)$$

trägt.

Das Feld dieses Ersatzbildes kann wie in der Elektrostatik aus der skalaren Potentialfunktion ψ bestimmt werden. Für große Abstände vom magnetisierten Körper ergibt sich wieder das Ersatzbild zweier sich gegenüberstehender, ungleichnamiger Ladungen (hier die fiktiven magnetischen Ladungen), also das Ersatzbild eines Dipols (vgl. Kap. V.5.2).

Das Ersatzbild der Flächenladungsdichte auf den Deckelflächen des Zylinders ist ein Ersatzbild für den magnetischen Zylinder bezüglich der magnetischen Feldstärke im gesamten Raum, bezüglich der magnetischen Flußdichte $\vec{M}$ nur im Außenraum des magnetisierten Körpers, d.h. im Bereich mit $\vec{M} = \vec{0}$. Innerhalb des magnetisierten Körpers muß die magnetische Flußdichte aus der Beziehung (V.5.7): $\vec{B} = \mu_0(\vec{H} + \vec{M})$ berechnet werden.

V.5.4
Berechnung von Feldern magnetisierter Körper

1. Aufgabe

Eine dünne Scheibe vom Radius ϱ_0 und der Höhe h (h $\ll \varrho_0$) ist gleichmäßig in einer Richtung senkrecht zur Scheibenfläche magnetisiert (ma-

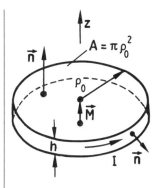

Abb. 201. Magnetisches Blatt

gnetisches Blatt). Die Magnetisierung hat den konstanten Wert $\vec{M} = M\vec{e}_z$ (Abb. 201).

a. Wie groß ist die äquivalente Stromstärke im Rand der Scheibe, die das gleiche magnetische Feld erzeugt, wie die magnetisierte Scheibe?
b. Wie groß ist das magnetische Moment der Scheibe?
c. Wie groß ist die magnetische Flußdichte im Mittelpunkt der Scheibe?
d. Wie groß ist die magnetische Feldstärke im Mittelpunkt der Scheibe?

Lösung

a. Da die Scheibe homogen magnetisiert ist, ist die Rotation der Magnetisierung im Volumen null. Im Rand der Scheibe tritt eine äquivalente Flächenstromdichte in Form der Flächenrotation der Magnetisierung Rot $\vec{M}$ = $\vec{M} \times \vec{n}$ mit $\vec{n}$ dem senkrecht auf dem Rand stehenden Flächennormaleneinheitsvektor (Abb. 201) auf. Die Flächenstromdichte hat den Betrag:

$$S_F = \frac{I}{h} = M.$$

Die Bezugspfeilrichtung der Stromstärke und die Magnetisierung sind einander im Sinne einer Rechtsschraube zugeordnet. I ist die gesamte im Rand fließende äquivalente Stromstärke.

b. Nach Gl. (V.5.23) kann das Dipolmoment $\vec{m}$ des magnetisierten Körpers aus dem Volumenintegral

$$\vec{m} = \iiint_{V'} \vec{M}(P') \, dV'$$

berechnet werden. Das bedeutet, falls der oben abgeleitete Zusammenhang zwischen äquivalenter Flächenstromdichte und Magnetisierung berücksichtigt wird und falls ferner berücksichtigt wird, daß die Magnetisierung $\vec{M}$ z-Richtung besitzt:

$$\vec{m} = \iiint_{V'} \vec{M} \, dV' = \iiint_{V'} \frac{I}{h} \vec{e}_z \, dV'.$$

Da die Magnetisierung über dem gesamten Volumen konstant ist, kann das Integral einfach gelöst werden:

$$\vec{m} = \frac{I}{h} V' \vec{e}_z = \frac{I}{h} Ah \, \vec{e}_z = IA\vec{e}_z = I\pi\varrho_0^2 \vec{e}_z = m \, \vec{e}_z.$$

A ist die Fläche der magnetisierten Scheibe.

Aus der Gleichung für das Dipolmoment folgt, daß die Stromstärke I gleich dem magnetischen Moment pro Flächeneinheit der Scheibe ist (vgl. auch Gl. (V.5.30)):

$$I = \frac{m}{A}.$$

c. Die magnetische Flußdichte im Mittelpunkt MP der Scheibe läßt sich aus dem äquivalenten Kreisstrom I am Rande der Scheibe mit Hilfe des Biot-Savartschen Gesetzes (vgl. Aufgabe 5, Kap. V.4.2) berechnen. Dies ist möglich, weil der Kreisstrom bezüglich der magnetischen Flußdichte ein Ersatzbild ist, das im gesamten Raum gilt (vgl. Kap. V.5.3). Damit ergibt sich die magnetische Flußdichte im Mittelpunkt MP der Scheibe (vgl. Abb. 188) zu:

$$B(MP) = \frac{\mu_0 I}{2 \varrho_0}.$$

Wird die Stromstärke I durch die Magnetisierung ersetzt, so gilt:

$$B(MP) = \frac{\mu_0 Mh}{2 \varrho_0}, \qquad \vec{B}(MP) = \frac{\mu_0 Mh}{2 \varrho_0} \vec{e}_z.$$

Dieser Zusammenhang gilt nur näherungsweise für $h \ll \varrho_0$, da die Dicke des stromführenden Leiters bei der Berechnung des Feldes nach Aufgabe 5, Kap. V.4.2 als unendlich klein angesehen wurde.

d. Die zugehörige magnetische Feldstärke berechnet sich aus der Flußdichte und der Magnetisierung mit Hilfe der Beziehung (V.5.7):

$$\vec{B} = \mu_0 (\vec{H} + \vec{M}),$$

$$\vec{H} = \frac{\vec{B}}{\mu_0} - \vec{M}, \qquad \vec{H} = H \, \vec{e}_z = \frac{B}{\mu_0} \vec{e}_z - M \vec{e}_z.$$

Das heißt, es gilt:

$$H(MP) = \frac{Mh}{2\varrho_0} - M = -M\left(1 - \frac{h}{2\varrho_0}\right).$$

Da h ≪ ϱ_0 ist, hat die magnetische Feldstärke eine Richtung, die entgegengesetzt zu der der magnetischen Flußdichte ist:

$$\vec{B}(MP) = \frac{\mu_0 \vec{M} h}{2\varrho_0}, \qquad \vec{H}(MP) = -\vec{M}\left(1 - \frac{h}{2\varrho_0}\right).$$

Flußdichte und Feldstärke sind also nicht mehr gleichgerichtet, sondern schließen einen Winkel von 180 Grad ein (entmagnetisierendes Feld).

2. Aufgabe

Ein magnetisch hartes Material hat die Form eines Kreiszylinders der Länge ℓ und des Radius ϱ_0. Der Zylinder ist homogen magnetisiert und besitzt die Magnetisierung $\vec{M} = M\vec{e}_z$ parallel zu seiner Achse (z-Richtung, Abb. 202). Wie groß ist die magnetische Feldstärke und die magnetische Flußdichte außerhalb des Zylinders für beliebige Aufpunkte mit einem Abstand vom Zylinder, der groß gegenüber der Länge des Zylinders ist (R ≫ ℓ), und für Aufpunkte innerhalb des Zylinders auf der Zylinderachse?

Lösung

Der magnetisierte Zylinder wird durch sein Ersatzbild nach Kap. V.5.3 beschrieben. Danach kann das Feld des magnetisierten Zylinders als das Feld zweier „magnetischer Flächenladungsdichten" auf den Deckelflächen des Zylinders berechnet werden. Da die Größe dieser fiktiven Flächenladungsdichte gleich dem Betrag der Magnetisierung (mit dem jeweiligen Vorzeichen nach Abb. 202) ist, kann die Anordnung für große Abstände im Außenraum als Dipol aufgefaßt werden. Es gilt (Gl. (V.5.31)): $\sigma_{magn} = \pm|\vec{M}|$. Das Potential dieses Dipols errechnet sich aus:

$$\psi(P) = \frac{|\vec{M}|A}{4\pi}\left[\frac{1}{R_+} - \frac{1}{R_-}\right],$$

$$\psi(P) = \frac{|\vec{M}|\pi\varrho_0^2}{4\pi}\left[\frac{1}{R_+} - \frac{1}{R_-}\right] = \frac{|\vec{M}|\varrho_0^2}{4}\left[\frac{1}{R_+} - \frac{1}{R_-}\right].$$

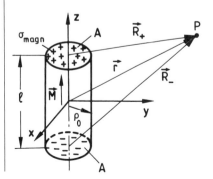

Abb. 202. Magnetisierter Zylinder

R_+ und R_- sind die Absolutbeträge der Abstandsvektoren nach Abb. 202:

$$R_+ = \sqrt{x^2 + y^2 + \left(z - \frac{\ell}{2}\right)^2}, \qquad R_- = \sqrt{x^2 + y^2 + \left(z + \frac{\ell}{2}\right)^2}.$$

Mit einer entsprechenden Rechnung, wie sie in Kap. III.7 für die elektrischen Dipole angegeben wurde, folgt für das Potential der Anordnung, falls die Abstandswerte R_+ und R_- sehr viel größer als ℓ sind ($R_+, R_- \gg \ell$):

$$\psi(P) \approx \frac{2\varrho_0^2 \ell \vec{M} \cdot \vec{r}}{8r^3} = \frac{\varrho_0^2 \ell}{4} \frac{\vec{M} \cdot \vec{r}}{r^3}.$$

$\vec{r}$ ist der Ortsvektor des Aufpunktes, r sein Absolutbetrag. Durch Gradientenbildung kann hieraus die magnetische Feldstärke berechnet werden (vgl. Gl. (V.5.25)):

$$\vec{H} = -\operatorname{grad}\psi = \frac{\varrho_0^2 \ell}{4r^3}\left[3(\vec{M} \cdot \vec{r})\frac{\vec{r}}{r^2} - \vec{M}\right].$$

Das Ersatzbild der mit Flächenladungsdichte belegten Deckelflächen war bezüglich der magnetischen Feldstärke allgemeingültig für den gesamten Raum (Kap. V.5.3). Damit kann auch im Innern des magnetisierten Körpers diese Darstellung zur Berechnung der magnetischen Feldstärke herangezogen werden. Allerdings muß die Berechnung der Potentialfunktion jetzt etwas anders vorgenommen werden, da der Abstand des Aufpunkts nicht mehr groß gegenüber den Abmessungen des magnetisierten Körpers ist. Es soll das Potential mit Hilfe des Ersatzbildes der gleichmäßig geladenen Deckelflächen bestimmt werden. Nach Kap. III.6 kann das Potential einer solchen Flächenladungsdichte aus dem Integral

$$\psi(P) = \frac{1}{4\pi}\iint_A \frac{\sigma_{\text{magn}}(P')}{R_{P'P}}\,dA'$$

bestimmt werden. Damit ergibt sich für das Potential auf der Achse des Zylinders (Abb. 203):

$$\psi(P) = \frac{1}{4\pi}\iint_{A'_+}\frac{|\vec{M}|\,dA'}{R_+} - \frac{1}{4\pi}\iint_{A'_-}\frac{|\vec{M}|\,dA'}{R_-}.$$

Ein Flächenelement in den Deckelflächen kann in Form eines Kreisringes mit der Breite $d\varrho$ und vom Radius ϱ gefunden werden. Da die Magnetisierung über dem gesamten Volumen des Zylinders und damit die fiktive Flächenladungsdichte über den Deckelflächen konstant ist, folgt:

$$\psi(P) = \frac{|\vec{M}|}{4\pi}\int_0^{\varrho_0}\frac{2\pi\varrho\,d\varrho}{R_+} - \frac{|\vec{M}|}{4\pi}\int_0^{\varrho_0}\frac{2\pi\varrho\,d\varrho}{R_-}.$$

V.5 Felder magnetisierter Körper

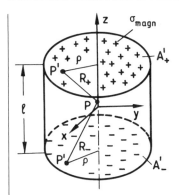

Abb. 203. Zur Berechnung des Feldes innerhalb des Zylinders

R_+ und R_- sind wieder die Abstandswerte zwischen Auf- und Integrationspunkt (Abb. 203):

$$R_+ = \sqrt{x^2 + y^2 + \left(z - \frac{\ell}{2}\right)^2} = \sqrt{\varrho^2 + \left(z - \frac{\ell}{2}\right)^2},$$

$$R_- = \sqrt{x^2 + y^2 + \left(z + \frac{\ell}{2}\right)^2} = \sqrt{\varrho^2 + \left(z + \frac{\ell}{2}\right)^2}.$$

Also gilt für das Potential:

$$\psi(P) = \frac{|\vec{M}|}{2} \left[\int_0^{\varrho_0} \frac{\varrho \, d\varrho}{\sqrt{\varrho^2 + \left(z - \frac{\ell}{2}\right)^2}} - \int_0^{\varrho_0} \frac{\varrho \, d\varrho}{\sqrt{\varrho^2 + \left(z + \frac{\ell}{2}\right)^2}} \right].$$

Mit der Substitution

$$\varrho^2 + \left(z \pm \frac{\ell}{2}\right)^2 = t, \quad 2\varrho \, d\varrho = dt, \quad \left(z \pm \frac{\ell}{2}\right)^2 \leq t \leq \varrho_0^2 + \left(z \pm \frac{\ell}{2}\right)^2$$

folgt:

$$\psi(P) = \frac{|\vec{M}|}{4} \left[\int_{(z-\frac{\ell}{2})^2}^{\varrho_0^2 + (z-\frac{\ell}{2})^2} \frac{dt}{\sqrt{t}} - \int_{(z+\frac{\ell}{2})^2}^{\varrho_0^2 + (z+\frac{\ell}{2})^2} \frac{dt}{\sqrt{t}} \right],$$

$$\psi(P) = \frac{|\vec{M}|}{2} \left[\sqrt{\varrho_0^2 + \left(z - \frac{\ell}{2}\right)^2} - \sqrt{\left(z - \frac{\ell}{2}\right)^2} - \sqrt{\varrho_0^2 + \left(z + \frac{\ell}{2}\right)^2} + \sqrt{\left(z + \frac{\ell}{2}\right)^2} \right],$$

$$\psi(P) = \frac{|\vec{M}|}{2} \left[\sqrt{\varrho_0^2 + \left(z - \frac{\ell}{2}\right)^2} - \sqrt{\varrho_0^2 + \left(z + \frac{\ell}{2}\right)^2} - \left|z - \frac{\ell}{2}\right| + \left|z + \frac{\ell}{2}\right| \right].$$

Da bei der Berechnung des Feldes innerhalb des Zylinders immer die Bedingung $-\ell/2 \le z \le +\ell/2$ gilt, ist

$$-\left|z-\frac{\ell}{2}\right| + \left|z+\frac{\ell}{2}\right| = 2z$$

und damit das Potential:

$$\psi(P) = \frac{|\vec{M}|}{2}\left[\sqrt{\varrho_0^2 + \left(z-\frac{\ell}{2}\right)^2} - \sqrt{\varrho_0^2 + \left(z+\frac{\ell}{2}\right)^2} + 2z\right].$$

Durch Gradientenbildung im Aufpunkt P ergibt sich die magnetische Feldstärke zu:

$$\vec{H}(P) = -\operatorname{grad}\psi(P) = -\frac{\vec{M}}{2}\left[\frac{z-\frac{\ell}{2}}{\sqrt{\varrho_0^2 + \left(z-\frac{\ell}{2}\right)^2}} - \frac{z+\frac{\ell}{2}}{\sqrt{\varrho_0^2 + \left(z+\frac{\ell}{2}\right)^2}} + 2\right].$$

Da $\psi(P)$ nur von der Koordinate z abhängt, geht die Gradientenbildung in eine Differentiation nach der z-Koordinate über. Die Richtung der Feldstärke ist die Richtung der negativen z-Achse, d.h. entgegengesetzt zur Richtung der Magnetisierung $\vec{M}$ (entmagnetisierendes Feld). Aus der magnetischen Feldstärke folgt mit Hilfe der Beziehung (V.5.7)

$$\vec{B} = \mu_0(\vec{H} + \vec{M})$$

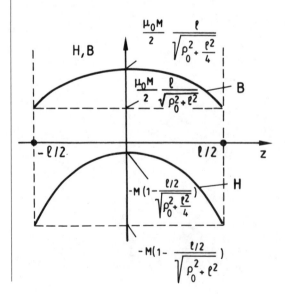

Abb. 204. Verlauf der magnetischen Feldstärke und der Flußdichte im Innern des homogen magnetisierten Zylinders

für die magnetische Flußdichte $\vec{B}$:

$$\vec{B}(P) = \frac{\mu_0 \vec{M}}{2} \left[\frac{\frac{\ell}{2} - z}{\sqrt{\varrho_0^2 + \left(z - \frac{\ell}{2}\right)^2}} + \frac{\frac{\ell}{2} + z}{\sqrt{\varrho_0^2 + \left(z + \frac{\ell}{2}\right)^2}} + 2 \right].$$

Die magnetische Flußdichte hat für alle Werte von z mit $-\ell/2 \leq z \leq +\ell/2$ dieselbe Richtung wie die Magnetisierung $\vec{M}$. Abbildung 204 zeigt qualitativ den Verlauf der Flußdichte und der Feldstärke im Innern des magnetisierten Zylinders in Abhängigkeit von der Koordinate z.

3. Aufgabe

Ein Körper beliebiger Form ist homogen magnetisiert. Man zeige, daß das skalare Potential des Feldes, das von dem magnetisierten Körper erzeugt wird, durch

$$\psi = -\frac{\vec{M}\varepsilon}{\varrho} \cdot \operatorname{grad}_P \varphi$$

ausgedrückt werden kann. Dabei ist φ das Potential des Feldes eines Körpers der gleichen Form, der sich in einem Dielektrikum der Permittivität ε befindet und der mit der gleichmäßig verteilten Raumladungsdichte ϱ geladen ist.

Lösung

Nach Gl.(V.5.20) kann für das Potential ψ des magnetischen Feldes als Funktion der Magnetisierung $\vec{M}$ der Ausdruck

$$\psi(P) = \frac{1}{4\pi} \iiint_{V'} \vec{M}(P') \operatorname{grad}_{P'} \frac{1}{R_{P'P}} dV'$$

angegeben werden. Da das Volumen V' homogen magnetisiert ist

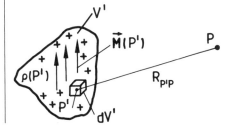

Abb. 205. Geladener bzw. magnetisierter Körper

($|\vec{M}| = $ const.), kann die Magnetisierung vor das Integral gezogen werden:

$$\psi(P) = \frac{\vec{M}}{4\pi} \iiint_{V'} \text{grad}_{P'} \frac{1}{R_{P'P}} dV'.$$

Das Potential φ einer Raumladungsverteilung $\varrho(P')$ berechnet sich nach Gl. (III.6.1), aus:

$$\varphi(P) = \frac{1}{4\pi\varepsilon} \iiint_{V'} \frac{\varrho(P')}{R_{P'P}} dV'.$$

Wird der Gradient dieser Potentialfunktion gebildet und die Gradientenbildung unter dem Integral vorgenommen, so gilt:

$$\text{grad}_P \varphi(P) = \frac{1}{4\pi\varepsilon} \iiint_{V'} \text{grad}_P \frac{\varrho(P')}{R_{P'P}} dV'.$$

Da auch die Raumladungsdichte über dem Volumen konstant ist, kann sie sowohl vor die Differentiation als auch vor die Integration gezogen werden. Damit gilt:

$$\text{grad}_P \varphi(P) = \frac{\varrho}{4\pi\varepsilon} \iiint_{V'} \text{grad}_P \frac{1}{R_{P'P}} dV'.$$

Wird noch beachtet, daß einmal die Gradientenbildung im Aufpunkt, zum andern (bei der Bestimmung von ψ) im Integrationspunkt vorgenommen wurde, so gilt unter Berücksichtigung der Beziehung

$$\text{grad}_{P'} \frac{1}{R_{P'P}} = - \text{grad}_P \frac{1}{R_{P'P}}$$

der gesuchte Zusammenhang:

$$\psi = - \frac{\vec{M}\varepsilon}{\varrho} \cdot \text{grad}_P \varphi.$$

4. Aufgabe

Eine homogen magnetisierte Kugel vom Radius r_0 befindet sich im Vakuum. Gesucht ist das magnetische Feld dieser Anordnung. Wie berechnet sich die Flächenstromdichte in der Oberfläche der Kugel, die ein entsprechendes Feld wie die homogene Magnetisierung hervorruft? Wie lautet der Zusammenhang zwischen Flächenstromdichte und Magnetisierung?

Lösung

Es wird angenommen, daß die konstante Magnetisierung in z-Richtung weist (Abb. 206). Aufgrund der homogenen Magnetisierung innerhalb der

V.5 Felder magnetisierter Körper

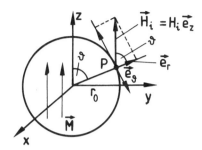

Abb. 206. Homogen magnetisierte Kugel

Kugel wird das Feld im Innenraum der Kugel als homogen in z-Richtung angenommen:

$$\vec{H}_i = H_i \vec{e}_z.$$

Das Feld im Außenraum der Kugel wird durch ein Dipolfeld der Form

$$\vec{H}_a = \frac{1}{4\pi r^3}\left[(\vec{m}\cdot\vec{r})\frac{3\vec{r}}{r^2} - \vec{m}\right]$$

mit dem magnetischen Dipolmoment $\vec{m}$ angesetzt. $\vec{r}$ ist der Ortsvektor des Aufpunktes P vom Mittelpunkt der Kugel aus. Mit diesen Feldern wird versucht, an der Grenzschicht zwischen magnetisierter Kugel und Vakuum die Grenzbedingungen für die magnetische Feldstärke und die magnetische Flußdichte zu erfüllen. Da in der Grenzschicht keine (wirkliche, physikalische) Flächenstromdichte existiert, muß die Normalkomponente der magnetischen Flußdichte und die Tangentialkomponente der magnetischen Feldstärke in der Grenzfläche ($r = r_0$) stetig sein:

$$\left.\begin{array}{l}\vec{B}_a\cdot\vec{e}_r = \vec{B}_i\cdot\vec{e}_r \\ \vec{H}_a\cdot\vec{e}_\vartheta = \vec{H}_i\cdot\vec{e}_\vartheta\end{array}\right\} \text{ für } r = r_0.$$

Die Einheitsvektoren des Kugelkoordinatensystems $\vec{e}_r$ und $\vec{e}_\vartheta$ sind gleichzeitig Normal- und Tangentialeinheitsvektoren auf der Kugeloberfläche. Da das Problem rotationssymmetrisch zur z-Achse ist und die Magnetisierung z-Richtung besitzt, wird keine Feldkomponente in azimutaler Richtung auftreten.

Die magnetische Flußdichte im Innenraum ($r \leq r_0$) der Kugel und im Außenraum ($r \geq r_0$) der Kugel berechnet sich aus der zugehörigen magnetischen Feldstärke zu:

$$\vec{B}_i = \mu_0(\vec{H}_i + \vec{M}),$$

$$\vec{B}_a = \mu_0 \vec{H}_a.$$

Werden die Tangentialkomponenten der magnetischen Feldstärke in der Grenzfläche ($r = r_0$) gleichgesetzt, so gilt (Abb. 206) mit $\vec{H}_i = H_i \vec{e}_z$ und $\vec{m} = m\vec{e}_z$

$$\vec{H}_i \cdot \vec{e}_\vartheta = -H_i \sin\vartheta = \vec{H}_a \cdot \vec{e}_\vartheta = \frac{1}{4\pi r_0^3} m \sin\vartheta,$$

$$H_i = -\frac{m}{4\pi r_0^3}, \qquad \vec{H}_i = -\frac{\vec{m}}{4\pi r_0^3}.$$

Das Produkt $\vec{H}_a \cdot \vec{e}_\vartheta$ kann aus der oben angegebenen Darstellung der magnetischen Feldstärke im Außenraum leicht berechnet werden, wenn berücksichtigt wird, daß der erste Term in der Klammer rein radiale Richtung hat und daß das Dipolmoment $\vec{m}$ die Richtung der Magnetisierung, also z-Richtung besitzt.

Aus der Grenzbedingung für die magnetische Flußdichte folgt mit $\vec{M} = M\vec{e}_z$:

$$\vec{B}_i \cdot \vec{e}_r = \mu_0 (\vec{H}_i + \vec{M}) \cdot \vec{e}_r = \mu_0 \left(-\frac{m \cos\vartheta}{4\pi r_0^3} + M \cos\vartheta \right) =$$

$$= \vec{B}_a \cdot \vec{e}_r = \frac{\mu_0}{4\pi r_0^3} \left[3m\cos\vartheta - m\cos\vartheta \right] = \frac{\mu_0 m \cos\vartheta}{2\pi r_0^3}.$$

In diesen Gleichungen ist bereits der oben abgeleitete Ausdruck für die magnetische Feldstärke im Innenraum benutzt worden. Aus der Grenzbedingung für die magnetische Flußdichte folgt zunächst für das unbekannte Dipolmoment $\vec{m}$:

$$\mu_0 M \cos\vartheta - \frac{\mu_0 m \cos\vartheta}{4\pi r_0^3} = \frac{\mu_0 m \cos\vartheta}{2\pi r_0^3},$$

$$m = \frac{4\pi r_0^3}{3} M = \iiint_{V'} M dV',$$

$$\vec{m} = \frac{4\pi r_0^3}{3} \vec{M}.$$

Das Dipolmoment ergibt sich also hier in Übereinstimmung mit Gl. (V.5.23) als das Volumenintegral der Magnetisierung über den gesamten magnetisierten Körper.

Mit dem so abgeleiteten Dipolmoment lassen sich die noch unbekannten Felder angeben. Es gilt für das Außenfeld ($r \geq r_0$):

$$\vec{H}_a = \frac{r_0^3}{3r^3} \left[3(\vec{M} \cdot \vec{r}) \frac{\vec{r}}{r^2} - \vec{M} \right],$$

$$\vec{B}_a = \frac{\mu_0 r_0^3}{3r^3} \left[3(\vec{M} \cdot \vec{r}) \frac{\vec{r}}{r^2} - \vec{M} \right].$$

V.5 Felder magnetisierter Körper

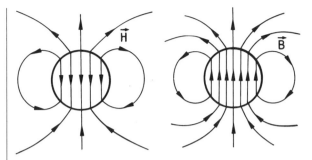

Abb. 207. Feldlinien der magnetisierten Kugel

Entsprechend ergibt sich für das Innenfeld ($r \leq r_0$):

$$\vec{H}_i = -\frac{\vec{m}}{4\pi r_0^3} = -\frac{\vec{M}}{3},$$

$$\vec{B}_i = \mu_0 \vec{M} + \mu_0 \vec{H}_i = \mu_0 \vec{M} - \mu_0 \frac{\vec{M}}{3},$$

$$\vec{B}_i = \frac{2}{3} \mu_0 \vec{M}.$$

In Abb. 207 ist der Feldlinienverlauf innerhalb und außerhalb der Kugel qualitativ skizziert.

Die Feldlinienbilder der magnetischen Flußdichte und der magnetischen Feldstärke unterscheiden sich charakteristisch dadurch, daß die magnetische Flußdichte immer geschlosene Feldlinien besitzt, während die Feldlinien der magnetischen Feldstärke auf der Kugeloberfläche entspringen. Dort existiert also die fiktive Flächenladungsdichte als Quelle der magnetischen Feldstärke. Im Innenraum der Kugel sind die magnetische Flußdichte und die magnetische Feldstärke entgegengesetzt zueinander gerichtet (entmagnetisierendes Feld).

Soll die Magnetisierung in einem Ersatzbild durch eine Flächenstromdichte in der Oberfläche der Kugel ersetzt werden, so kann von folgender Überlegung ausgegangen werden: Die Flächenstromdichte soll dasselbe Feld erzeugen wie die Magnetisierung. Wird die Magnetisierung durch die Flächenstromdichte ersetzt, so ist dieses Ersatzbild allgemeingültig bezüglich der magnetischen Flußdichte im gesamten Raum (vgl. Kap. V.5.3). Das heißt, die oben berechnete Flußdichte muß auch die Flußdichte des Ersatzbildes sein. Da aber für den Fall des von der Flächenstromdichte erzeugten Feldes sowohl im Innen- als auch im Außenraum die Bedingung

$$\vec{B}_i = \mu_0 \vec{H}_i, \qquad \vec{B}_a = \mu_0 \vec{H}_a$$

gilt (weil ja nun die Magnetisierung nicht mehr vorhanden sein soll), folgt im Unterschied zu den oben durchgeführten Rechnungen im Innenraum eine andere magnetische Feldstärke, die formal durch

$$\vec{H}_i = \frac{\vec{B}_i}{\mu_0} = \frac{2}{3}\vec{M}$$

beschrieben werden kann. Der nunmehr auftretende Sprung der Tangentialkomponente der magnetischen Feldstärke ist gleich der Flächenstromdichte, die in der Grenzschicht ($r = r_0$) angenommen wurde:

$$\vec{S}_F = \text{Rot}\,\vec{H} = \vec{n} \times (\vec{H}_a - \vec{H}_i),$$

mit $\vec{n}$ dem aus dem Innenbereich der Kugel in den Außenbereich weisenden Flächennormaleneinheitsvektor $\vec{n} = \vec{e}_r$. Damit gilt mit $\vec{r} = \vec{r}_0$ und $\vec{M} = M\vec{e}_z$:

$$\vec{S}_F = \vec{e}_r \times \left[(\vec{M} \cdot \vec{r}_0)\frac{\vec{r}_0}{r_0^2} - \frac{\vec{M}}{3} - \frac{2}{3}\vec{M} \right],$$

$$\vec{S}_F = -\vec{e}_r \times \vec{M} = M\vec{e}_z \times \vec{e}_r = M\sin\vartheta\,\vec{e}_\alpha,$$

$$S_F = M\sin\vartheta,$$

in Übereinstimmung mit den allgemeinen Überlegungen in Kap. V.5.2, nach denen sich (vgl. Gl. (V.5.13), $\vec{n} = \vec{n}_{12} = \vec{e}_r$, $\vec{M}_1 = \vec{M}$, $\vec{M}_2 = \vec{0}$) die Flächenstromdichte aus $\vec{S}_F = \vec{M} \times \vec{n}$ bestimmt. Das von dieser Flächenstromdichte erzeugte Feld der magnetischen Flußdichte stimmt im gesamten Bereich mit der Flußdichte der magnetisierten Kugel überein. Die magnetische Feldstärke, die von dieser Flächenstromdichte erzeugt wird, ist nur im Außenraum der Kugel mit der magnetischen Feldstärke der magnetisierten Kugel identisch. Im Innenraum der Kugel muß die magnetische Feldstärke mit Gl. (V.5.7) aus $\vec{H} = \vec{B}/\mu_0 - \vec{M}$ bestimmt werden.

V.6
Magnetische Kreise

Aufgrund der Divergenzfreiheit der magnetischen Flußdichte sind die Feldlinien der Flußdichte immer in sich geschlossene Linien. Anordnungen, die es gestatten, den Verlauf der magnetischen Flußdichte auf einem bestimmten Weg zu führen, werden als magnetische Kreise bezeichnet. Magnetische Kreise bestehen im allgemeinen aus Materialien mit großer Permeabilitätszahl und sind im Idealfall so geartet, daß der magnetische Fluß durch den Querschnitt eines solchen Kreises entlang des Kreises konstant bleibt. Als einfaches Beispiel zeigt Abb. 208 einen magnetischen Kreis in Form eines Ringkerns. Der Querschnitt des Ringkerns sei rechteckförmig, er besitze den In-

V.6 Magnetische Kreise

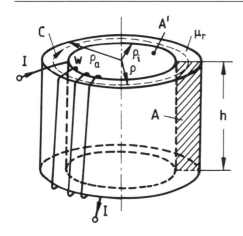

Abb. 208. Magnetischer Kreis

nenradius ϱ_i, den Außenradius ϱ_a und die Höhe h. Um den Ringkern ist eine Spule gelegt, in der ein Strom der Stromstärke I fließt. Das Material des Ringkerns besitze eine große Permeabilitätszahl μ_r ($\mu_r \gg 1$). Aufgrund der großen Permeabilitätszahl des Kernmaterials wird die magnetische Flußdichte an der Berandung Luft-Kernmaterial im Innern des Kerns fast parallel zur Berandung verlaufen (vgl. Kap. V.3 und die dort diskutierten Grenzfälle), und die Flußdichte außerhalb des Kerns wird wegen der geforderten Stetigkeit der (zur Grenzfläche tangentialen) magnetischen Feldstärke und wegen $\mu_a = \mu_0 \ll \mu_i = \mu_r \mu_0$ verschwindend klein sein. Damit wird das Feld der magnetischen Flußdichte im wesentlichen innerhalb des Ringkerns geführt. Da die Permeabilitätszahl jedoch einen endlichen Wert besitzt, treten einige Feldlinien in den Luftraum aus und schließen sich über den Luftraum. Wird der magnetische Fluß Φ_m durch den Querschnitt des Ringkerns A (Abb. 208) berechnet, so ist er aufgrund des im Luftbereich auftretenden Feldes nicht in jeder Querschnittsfläche des Kerns konstant, falls nicht eine symmetrische Kernkonstruktion vorliegt. Der Fluß, der den Luftbereich durchsetzt, wird als Streufluß bezeichnet, der Fluß durch den Querschnitt des Ringkerns als Nutzfluß. Ist die Permeabilitätszahl, wie vorausgesetzt, sehr viel größer als eins, so ist der Streufluß vernachlässigbar klein gegenüber dem Nutzfluß, und der Nutzfluß kann entlang dem Ringkern als eine in erster Näherung konstante Größe angesehen werden.

Zur Berechnung des Feldes des magnetischen Kreises wird das Durchflutungsgesetz betrachtet:

$$\oint_C \vec{H} \cdot d\vec{s} = \iint_A \vec{S} \cdot \vec{n}\, dA\,.$$

Das Linienintegral über die magnetische Feldstärke entlang eines Weges C ist gleich der elektrischen Durchflutung (Stromstärke), die die von C berandete Fläche durchsetzt. Auf den hier betrachteten magnetischen Kreis (Abb. 208) angewendet lautet dieses Gesetz für einen kreisförmigen Integrationsweg mit dem Radius ϱ (Abb. 208, $\varrho_i \le \varrho \le \varrho_a$) mit $\vec{H} = H\vec{e}_\alpha$ und $\vec{e}_\alpha$ dem Einheitsvektor in azimutaler Richtung (Richtung des Integrationswegs):

$$\oint_C \vec{H} \cdot d\vec{s} = H 2\pi \varrho = \iint_{A'} \vec{S} \cdot \vec{n}\, dA = wI = \Theta.$$

$2\pi\varrho$ ist die Länge (Umfang) des betrachteten, kreisförmigen Integrationsweges. Die gesamte elektrischen Durchflutung Θ, die die vom Integrationsweg berandete Fläche A' durchsetzt, ist die in den w Windungen fließende Stromstärke. Bei der Auswertung des Linienintegrals über die magnetische Feldstärke wurde angenommen, daß diese auf einer Linie $\varrho =$ const. im Betrag konstant ist. Dies gilt wegen der oben gemachten Voraussetzungen näherungsweise.

Mit Hilfe der magnetischen Feldstärke $\vec{H}$ kann unter den oben angegebenen Voraussetzungen der magnetische Fluß durch die Querschnittsfläche A (Abb. 208) des Ringkerns bestimmt werden. Er ist:

$$\Phi_m = \iint_A \vec{B} \cdot \vec{n}\, dA = \iint_A \mu_0 \mu_r \vec{H} \cdot \vec{n}\, dA = \frac{\mu_0 \mu_r h \Theta}{2\pi} \int_{\varrho_i}^{\varrho_a} \frac{d\varrho}{\varrho},$$

$$\Phi_m = \frac{\mu_0 \mu_r h}{2\pi} \ln\frac{\varrho_a}{\varrho_i} \Theta = \frac{1}{R_M} \Theta.$$

Zwischen dem magnetischen Fluß Φ_m und der elektrischen Durchflutung Θ besteht ein linearer Zusammenhang, der dem Ohmschen Gesetz für Stromstärke und Spannung an einem elektrischen Widerstand gleicht. Wird die Äquivalenz

elektrische Stromstärke I $\Leftrightarrow$ magnetischer Fluß Φ_m
elektrische Spannung U $\Leftrightarrow$ elektrische Durchflutung Θ

eingeführt, so kann R_m als „magnetischer Widerstand"

$$R_m = \frac{2\pi}{\mu_0 \mu_r h \ln(\varrho_a/\varrho_i)} = \frac{\Theta}{\Phi_m}$$

des hier betrachteten Ringkerns bezeichnet werden.

Zur Berechnung des magnetischen Flusses Φ_m bei vorgegebener Durchflutung Θ kann demnach ein Ersatzschaltbild in Form eines elektrischen Kreises, wie in Abb. 209 dargestellt, angegeben werden:

Das in Abb. 209 angegebene Ersatzschaltbild ist nur eindeutig, wenn eine Zählpfeilzuordnung für die Durchflutung und den magnetischen Fluß festge-

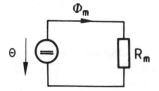

Abb. 209. Ersatzschaltbild des magnetischen Kreises

V.6 Magnetische Kreise 309

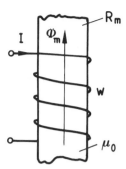

Abb. 210. Zur Zählpfeilzuordnung

legt wird. Der Zählpfeilzuordnung liegt nicht ein vektorieller Charakter der Größen zugrunde. Durchflutung und magnetischer Fluß sind Skalare und haben damit keine Richtung. Um mit der Ersatzschaltung Abb. 209 und eindeutigen Vorzeichen rechnen zu können, muß aber eine Zählpfeilrichtung eingeführt werden, wie dies auch bei den Größen elektrische Spannung und elektrische Stromstärke, die auch skalare Größen sind, vorgenommen wird, um das Vorzeichen der Größen eindeutig festzulegen. Die Richtung der Zählpfeile kann beliebig festgelegt werden, da sie nur Rechenhilfen darstellen und keine physikalische Bedeutung besitzen. Es soll hier vereinbart werden, daß die Zählpfeilzuordnung in Abb. 210 gelten soll, daß also der Zählpfeil der felderzeugenden Stromstärke I (die die Durchflutung Θ hervorruft) und der Zählpfeil des magnetischen Flusses Φ_m im Kern einander im Rechtsschraubensinn zugeordnet sind (Abb. 210). Dann gilt der oben angegebene Zusammenhang zwischen Φ_m und Θ, wie angegeben, mit positivem Vorzeichen.

Der oben definierte Begriff des magnetischen Kreises soll etwas erweitert werden, indem auch verzweigte Kreise zugelassen werden. Dazu wird ein System von verzweigten Eisenschenkeln betrachtet, wie es vor allem in Transformatoren eine große Rolle spielt (Abb. 211).

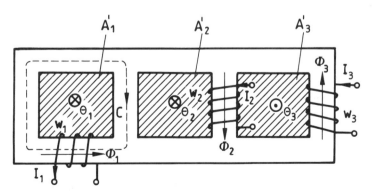

Abb. 211. Verzweigter magnetischer Kreis

Es wird vorausgesetzt, daß die Eisenschenkel jeweils den abschnittsweise konstanten Querschnitt A_ν (ν sei der Zählindex des betrachteten ν-ten Eisenschenkels), die abschnittsweise konstante Permeabilitätszahl $\mu_{r\nu}$, sowie die Länge l_ν besitzen. Störungen des Feldverlaufs sowie auftretender Streufluß an den Verzweigungsstellen seien vernachlässigbar klein. Wird ferner angenommen, daß die magnetische Feldstärke längs der einzelnen Schenkel und über dem Querschnitt der einzelnen Schenkel konstant ist, so kann das Durchflutungsgesetz auf einen geschlossenen Integrationsweg, der innerhalb der Eisenschenkel verläuft (z. B. C in Abb. 211), angewendet werden. Es gilt dann:

$$\oint_C \vec{H} \cdot d\vec{s} = \sum_{\nu=1}^{n} H_\nu l_\nu = \iint_{A'_\mu} \vec{S} \cdot \vec{n}\, dA = \Theta_\mu.$$

H_ν ist die magnetische Feldstärke im Schenkelabschnitt ν, A'_μ der Flächeninhalt des μ-ten „Fensters", das vom Integrationsweg berandet und von den Eisenschenkeln gebildet wird, und Θ_μ ist entsprechend die gesamte elektrische Durchflutung (elektrische Stromstärke), die durch dieses Fenster hindurchtritt. Die Durchflutung setzt sich eventuell aus mehreren Einzeldurchflutungen unter Berücksichtigung ihrer Zählpfeilrichtungen zusammen. (Die Zählpfeilrichtungen der Durchflutungen in den Fenstern müssen ihrerseits wieder den festgelegten Orientierungen der Integrationswege im Rechtsschraubensinn zugeordnet sein). So ist die Gesamtdurchflutung des dritten Fensters mit der Querschnittsfläche A'_3 in Abb. 211 bei der angegebenen Zählpfeilrichtung gleich:

$$\Theta_3 = w_2 I_2 + w_3 I_3.$$

Aufgrund der gemachten Voraussetzungen über Querschnitt, Permeabilität und magnetische Feldstärke kann das Durchflutungsgesetz mit Hilfe einer Erweiterung in der Form:

$$\oint_C \vec{H} \cdot d\vec{s} = \sum_{\nu=1}^{n} H_\nu l_\nu = \sum_{\nu=1}^{n} \mu_0 \mu_{r\nu} H_\nu A_\nu \frac{l_\nu}{\mu_0 \mu_{r\nu} A_\nu} = \Theta_\mu$$

oder

$$\sum_{\nu=1}^{n} \pm \Phi_{m\nu} R_{m\nu} = \Theta_\mu \tag{V.6.1}$$

mit

$$\Phi_{m\nu} = \mu_0 \mu_{r\nu} H_\nu A_\nu$$

dem magnetischen Fluß durch den Querschnitt A_ν des ν-ten Schenkels und

$$R_{m\nu} = \frac{l_\nu}{\mu_0 \mu_{r\nu} A_\nu} \tag{V.6.2}$$

dem magnetischen Widerstand des ν-ten Schenkels, angegeben werden. Das abgeleitete Gesetz (V.6.1) entspricht formal der Kirchhoffschen Maschenregel für elektrische Kreise, wenn wieder die schon oben angegebene Zuordnung

V.6 Magnetische Kreise

von elektrischen und magnetischen Größen getroffen wird (vgl. Kap. IV.2, Gl. (IV.2.7)). Das in Gl. (V.6.1) angegebene doppelte Vorzeichen soll wieder darauf hinweisen, daß die Zählpfeilrichtungen für den magnetischen Fluß berücksichtigt werden müssen.

Neben der „Maschenregel" Gl. (V.6.1) kann auch eine der Kirchhoffschen Knotenregel (vgl. Kap. IV.2, Gl. (IV.2.9)) entsprechende Beziehung für den magnetischen Fluß abgeleitet werden. Aus der Maxwellschen Gleichung

$$\oiint_A \vec{B} \cdot \vec{n} \, dA = 0$$

folgt, falls sie auf einen Verzweigungspunkt der Schenkel (Abb. 212) angewendet wird:

$$\oiint_A \vec{B} \cdot \vec{n} \, dA = \sum_{\nu=1}^{m} \iint_{A_\nu} \vec{B} \cdot \vec{n} \, dA = \sum_{\nu=1}^{m} \pm \Phi_{m\nu} = 0,$$

$$\sum_{\nu=1}^{m} \pm \Phi_{m\nu} = 0. \tag{V.6.3}$$

Die Summe aller magnetischen Teilflüsse der Schenkel, die in einem Knotenpunkt vereinigt werden, ist gleich null. Dabei ist der magnetische Teilfluß der einzelnen Schenkel je nach Zählpfeilrichtung positiv oder negativ zu zählen. Es soll vereinbart werden, daß der Fluß, dessen Zählpfeil aus der in Abb. 212 eingezeichneten Hülle herausweist, als positiv gezählt wird. Damit gilt für die Anwendung von Gl. (V.6.3) auf den Verzweigungspunkt in Abb. 212:

$$\Phi_1 - \Phi_2 - \Phi_3 - \Phi_4 = 0.$$

Mit den Gesetzen Gl. (V.6.1) und Gl. (V.6.3) bestehen zwei Beziehungen, die es (unter den gemachten Voraussetzungen) ermöglichen, magnetische Netzwerke auf ein elektrisches Netzwerk zurückzuführen und somit den magnetischen Fluß bzw. die magnetischen Felder in den einzelnen Kernbereichen auf der Basis eines elektrischen Ersatzschaltbildes zu berechnen.

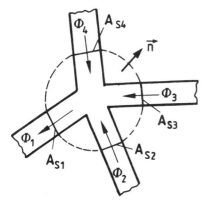

Abb. 212. Zur Knotenpunktregel

V.6.1
Aufgaben zur Berechnung magnetischer Kreise

1. Aufgabe

Gegeben ist ein magnetischer Kreis in Form eines kreisringförmigen Eisenrings der Permeabilität $\mu = \mu_0 \mu_r$, der durch einen Luftspalt ($\mu = \mu_0$) der Länge d unterbrochen ist. Der Eisenring hat einen rechteckförmigen Querschnitt, die Höhe h sowie den Innenradius ϱ_i und den Außenradius ϱ_a (Abb. 213). Gesucht ist das Ersatzbild in Form eines elektrischen Netzwerkes für den magnetischen Kreis. Wie groß ist der magnetische Widerstand des Eisenrings und des Luftspaltes, wenn der auftretende Streufluß vernachlässigt werden kann und wenn angenommen wird, daß die Breite des Eisenrings $\varrho_a - \varrho_i$ sehr viel kleiner als der Radius ϱ_i ist. Man berechne den auftretenden magnetischen Fluß sowie die Größe der magnetischen Flußdichte und der magnetischen Feldstärke im gesamten Kreis.

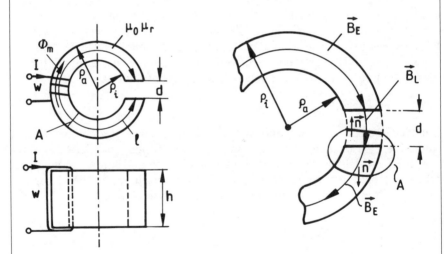

Abb. 213. Magnetischer Kreis und Ausschnitt aus dem Luftspaltbereich

Lösung

Das Ersatzschaltbild in Form eines elektrischen Netzwerkes für den in Abb. 213 dargestellten magnetischen Kreis kann mit Hilfe der Überlegungen im Kap. V.6 wie in Abb. 214 dargestellt angegeben werden. Hierin sind R_{mE} und R_{mL} die magnetischen Widerstände des Eisenrings bzw. des Luftspaltes. Aufgrund der Annahme, daß der Eisenschenkel sehr schmal sein soll ($\varrho_a - \varrho_i \ll \varrho_i$) und daß der Streufluß vernachlässigt werden kann,

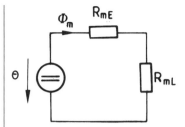

Abb. 214. Ersatzbild zu Abb. 213

kann gefolgert werden, daß die magnetische Feldstärke über dem Querschnitt des Eisenschenkels und des Luftspalts konstant ist. Ferner gilt, falls das Flußgesetz

$$\oiint_A \vec{B} \cdot \vec{n} \, dA = 0$$

auf die in Abb. 213, Ausschnittszeichnung, eingezeichnete geschlossene Fläche angewendet wird, daß der magnetische Fluß durch den Eisenkern gleich dem magnetischen Fluß durch den Luftbereich ist, $\Phi_{mE} = \Phi_{mL}$. Da darüber hinaus der Streufluß vernachlässigt werden soll, d.h. die vom Magnetfeld durchsetzten Flächen im Eisen- und Luftbereich sind gleich groß, sind auch die magnetischen Flußdichten in beiden Bereichen vom Betrag gleich groß, $B_E = B_L$. Die magnetischen Widerstände können näherungsweise nach Gl. (V.6.2) berechnet werden. Es gilt für den magnetischen Widerstand des Eisenschenkels:

$$R_{ME} = \frac{\ell}{\mu_0 \mu_r A} = \frac{\ell}{\mu_0 \mu_r (\varrho_a - \varrho_i) h}.$$

ℓ ist die mittlere Länge des Eisenschenkels, die sich mit Hilfe des mittleren Radius

$$\varrho_m = \frac{\varrho_a + \varrho_i}{2}$$

näherungsweise zu

$$\ell = 2\pi \varrho_m - d = \pi(\varrho_a + \varrho_i) - d$$

berechnet. Für den magnetischen Widerstand des Luftspaltes gilt:

$$R_{mL} = \frac{d}{\mu_0 A} = \frac{d}{\mu_0 (\varrho_a - \varrho_i) h}.$$

Mit Hilfe dieser Widerstände kann der magnetische Fluß aus

$$\sum_{\nu=1}^{2} \pm \Phi_{m\nu} R_{M\nu} = \Theta$$

berechnet werden. Für das spezielle Ersatzschaltbild nach Abb. 214 folgt wegen $\Phi_{m1} = \Phi_{m2} = \Phi_m$

$$\Phi_m = \frac{\Theta}{\sum_{\nu=1}^{2} R_{m\nu}} = \frac{\Theta}{R_{mE} + R_{mL}},$$

$$\Phi_m = \frac{wI}{\dfrac{\ell}{\mu_0\mu_r(\varrho_a - \varrho_i)h} + \dfrac{d}{\mu_0(\varrho_a - \varrho_i)h}} = \frac{\mu_0\mu_r wI(\varrho_a - \varrho_i)h}{\ell + \mu_r d}.$$

Für die magnetische Flußdichte, die als näherungsweise konstant über dem Querschnitt des Eisenschenkels und des Luftspaltes angesehen wurde, kann der Wert

$$B = \frac{\Phi_m}{A} = \frac{\mu_0\mu_r wI}{\ell + \mu_r d}$$

angegeben werden. Die magnetische Flußdichte im Eisen und im Luftspalt sind aufgrund der angenommenen Streuungsfreiheit (d.h. die Querschnitte des Eisenkern und des Luftspalts sind gleich) gleich groß. Die magnetische Feldstärke im Eisen unterscheidet sich dagegen von der magnetischen Feldstärke im Luftspalt:

a. Feldstärke im Eisen:

$$H_E = \frac{B}{\mu_0\mu_r} = \frac{wI}{\ell + \mu_r d},$$

b. Feldstärke im Luftspalt:

$$H_L = \frac{B}{\mu_0} = \frac{\mu_r wI}{\ell + \mu_r d} = \frac{wI}{\dfrac{\ell}{\mu_r} + d}.$$

Als Probe für richtiges Rechnen kann das Durchflutungsgesetz überprüft werden. Es lautet:

$$\oint_C \vec{H}\cdot d\vec{s} = H_E \ell + H_L d = \frac{wI\,\ell}{\ell + \mu_r d} + \frac{wI\,d}{\dfrac{\ell}{\mu_r} + d},$$

$$\oint_C \vec{H}\cdot d\vec{s} = \frac{wI}{\ell + \mu_r d}(\ell + \mu_r d) = wI = \Theta.$$

V.6 Magnetische Kreise

2. Aufgabe

Gegeben ist ein magnetischer Kreis nach Abb. 215. Die einzelnen Schenkel des Kreises seien gleichartig, sie besitzen dieselbe mittlere Länge ℓ_m, denselben Querschnitt A und dieselbe Permeabilität $\mu = \mu_0 \mu_r (\mu_r \gg 1)$. Der an den Kanten auftretende Streufluß sei vernachlässigbar klein. Gesucht ist das Ersatzbild dieses Kreises in Form eines elektrischen Netzwerkes sowie der magnetische Fluß und die magnetische Flußdichte in den einzelnen Schenkeln.

Lösung

Jeder Schenkel des magnetischen Kreises wird als magnetischer Widerstand von der Größe

$$R_m = \frac{\ell_m}{\mu_0 \mu_r A}$$

aufgefaßt. Darin ist ℓ_m die mittlere Länge der Schenkel (die Feldstörungen an den rechtwinkligen Kanten werden vernachlässigt) und A ihr Querschnitt. Die magnetischen Widerstände der Schenkel haben aufgrund der gemachten Voraussetzungen alle denselben Wert. Damit kann das Ersatzbild in Form eines elektrischen Kreises für den magnetischen Kreis nach Abb. 215 unter Berücksichtigung der Zählpfeilrichtungen wie in Abb. 216 dargestellt angegeben werden.

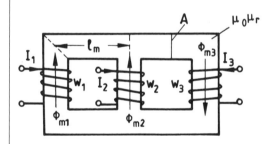

Abb. 215. Magnetischer Kreis

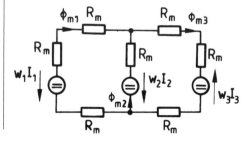

Abb. 216. Ersatzbild zu Abb. 215

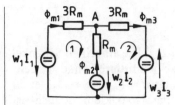

Abb. 217. Vereinfachtes Ersatzbild

Durch Zusammenfassen der jeweils in Reihe geschalteten magnetischen Widerständen läßt sich ein vereinfachtes Ersatzbild nach Abb. 217 angeben. Auf das elektrische Netzwerk nach Abb. 217 werden die Knotenregel und die Maschenregel (Gl. (V.6.1) und Gl. (V.6.3)) angewendet. Sie liefern die folgenden drei Gleichungen

1. Knotenpunkt A (Abb. 217):

$$-\Phi_{m1} - \Phi_{m2} + \Phi_{m3} = 0,$$

2. Masche 1.:

$$3R_m\Phi_{m1} - R_m\Phi_{m2} = w_1 I_1 - w_2 I_2,$$

3. Masche 2.:

$$R_m\Phi_{m2} + 3R_m\Phi_{m3} = w_2 I_2 + w_3 I_3.$$

Damit ist ein Gleichungssystem mit drei unbekannten Größen (Φ_{m1}, Φ_{m2}, Φ_{m3}) gegeben, das z.B. mit Hilfe der Kramerschen Regel oder durch einfaches Einsetzen gelöst werden kann:

$$\Phi_{m1} = \frac{1}{15R_m}(4w_1 I_1 - 3w_2 I_2 + w_3 I_3) = \frac{\mu_0 \mu_r A}{15\ell_m}(4w_1 I_1 - 3w_2 I_2 + w_3 I_3),$$

$$\Phi_{m2} = \frac{1}{5R_m}(-w_1 I_1 + 2w_2 I_2 + w_3 I_3) = \frac{\mu_0 \mu_r A}{5\ell_m}(-w_1 I_1 + 2w_2 I_2 + w_3 I_3),$$

$$\Phi_{m3} = \frac{1}{15R_m}(w_1 I_1 + 3w_2 I_2 + 4w_3 I_3) = \frac{\mu_0 \mu_r A}{15\ell_m}(w_1 I_1 + 3w_2 I_2 + 4w_3 I_3).$$

Aus dem magnetischen Fluß läßt sich für die einzelnen Schenkel die magnetische Flußdichte berechnen:

$$B_1 = \frac{\mu_0 \mu_r}{15\ell_m}(4w_1 I_1 - 3w_2 I_2 + w_3 I_3),$$

$$B_2 = \frac{\mu_0 \mu_r}{5\ell_m}(-w_1 I_1 + 2w_2 I_2 + w_3 I_3),$$

$$B_3 = \frac{\mu_0 \mu_r}{15\ell_m}(w_1 I_1 + 3w_2 I_2 + 4w_3 I_3).$$

Die Flußdichte B_2 bzw. der Fluß Φ_{m2} tritt nur im Mittelschenkel des Kreises auf, während $B_1(\Phi_{m1})$ und $B_3(\Phi_{m3})$ jeweils in den äußeren Schenkeln auftreten. Die Richtung der Flußdichte in den einzelnen Schenkeln entspricht für positive Werte B_1, B_2 und B_3 aufgrund der getroffenen Definition der Zählpfeilzuordnung (Rechtsschraubenzuordnung zwischen Bezugspfeil der Stromstärke und Bezugspfeil des magnetischen Flusses) der Richtung der Zählpfeile der magnetischen Flüsse in den einzelnen Schenkeln.

V.7
Ladungen im zeitlich konstanten elektromagnetischen Feld

Es soll untersucht werden, wie sich geladene Teilchen zunächst unter dem Einfluß eines zeitlich konstanten magnetischen Feldes, sodann unter dem gleichzeitigen Einfluß eines zeitlich konstanten elektrischen und magnetischen Feldes verhalten. Wie bereits in Kap. III.15 ausführlich behandelt wurde, wird in einem elektrischen Feld der Feldstärke $\vec{E}$ auf ein Teilchen mit der Ladung Q die Kraft

$$\vec{F} = Q\vec{E} \tag{V.7.1}$$

ausgeübt. Dieses Gesetz ist ein Erfahrungsgesetz, das in der Elektrostatik zur Definition der elektrischen Feldstärke verwendet wurde (vgl. Kap. III.1). Wird ein elektrisch geladenes Teilchen mit der Ladung Q in ein magnetisches Feld gebracht, so zeigt die Erfahrung, daß auf das Teilchen keine Kraft ausgeübt wird, falls es sich in Ruhe befindet. Bewegt sich das Teilchen mit einer Geschwindigkeit $\vec{v}$ in einem magnetischen Feld der magnetische Flußdichte $\vec{B}$, so wird eine Kraft auf es ausgeübt, die mit Hilfe der Gleichung

$$\vec{F} = Q(\vec{v} \times \vec{B}) \tag{V.7.2}$$

beschrieben werden kann. Das heißt, der Absolutbetrag der Kraft $\vec{F}$ ist direkt proportional der Ladung Q und dem Absolutbetrag der Geschwindigkeit $\vec{v}$ sowie der magnetischen Flußdichte $\vec{B}$. Die Richtung der Kraft ist die Richtung senkrecht zu der Ebene, die von den Vektoren der Geschwindigkeit und der Flußdichte aufgespannt wird.

Es soll wiederum vorausgesetzt werden (vgl. Kap. III.15), daß die Bewegung der geladenen Teilchen im magnetischen bzw. elektromagnetischen Feld keinen Einfluß auf die Größe der angelegten Felder hat. Unter diesen Voraussetzungen kann die Bewegungsgleichung, die die Bahnkurve eines elektrisch geladenen Teilchens unter dem gleichzeitigen Einfluß eines elektrischen und magnetischen Feldes beschreibt, mit Hilfe des Newtonschen Grundgesetzes der Mechanik (vgl. Kap. III.15), durch

$$\vec{F} = m_0 \vec{a} = m_0 \frac{d\vec{v}}{dt} = m_0 \frac{d^2\vec{r}}{dt^2} = Q\vec{E} + Q\left(\frac{d\vec{r}}{dt} \times \vec{B}\right) \tag{V.7.3}$$

angegeben werden. m_0 ist die Ruhemasse des geladenen Teilchens. Das heißt, es wird angenommen, daß die Geschwindigkeit $\vec{v} = d\vec{r}/dt = \dot{\vec{r}}$ der Teilchen so

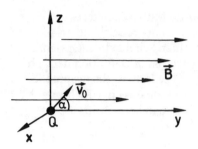

Abb. 218. Geladenes Teilchen im magnetischen Feld

klein ist, daß die relativistische Massenveränderlichkeit (vgl. Kap. III.15) vernachlässigt werden kann. $d^2\vec{r}/dt^2 = \ddot{\vec{r}}$ ist die zweite Ableitung des Ortsvektors der Bahnkurve nach der Zeit (Beschleunigung $\vec{a}$), $d\vec{r}/dt = \dot{\vec{r}}$ entsprechend die erste Ableitung, die gleich der Geschwindigkeit $\vec{v}$ des Teilchens ist.

Es soll zunächst untersucht werden, welche Bahnkurve ein geladenes Teilchen der Ladung Q durchläuft, wenn es mit einer Anfangsgeschwindigkeit $\vec{v}_0$ unter einem Eintrittswinkel α in ein homogenes, zeitlich konstantes Magnetfeld der magnetische Flußdichte $\vec{B}$ eintritt. Ohne Einschränkung der Allgemeinheit wird angenommen, daß der Vektor $\vec{v}_0$ in der y-z-Ebene liegt. Die Richtung der magnetischen Flußdichte wird als in y-Richtung vorgegeben betrachtet (Abb. 218). Die Bewegungsgleichung

$$\vec{F} = m_0 \ddot{\vec{r}} = Q(\dot{\vec{r}} \times \vec{B})$$

kann für diese spezielle Anordnung unter Berücksichtigung der Richtung von $\vec{B}$ mit Hilfe des Zusammenhangs

$$\dot{\vec{r}} \times \vec{B} = \dot{\vec{r}} \times B\vec{e}_y = B \begin{vmatrix} \vec{e}_x & \vec{e}_y & \vec{e}_z \\ \dot{x} & \dot{y} & \dot{z} \\ 0 & 1 & 0 \end{vmatrix} = B(\dot{x}\vec{e}_z - \dot{z}\vec{e}_x)$$

in die drei Differentialgleichungen

1) $\ddot{x} = -\dfrac{QB}{m_0}\dot{z}$,   2) $\ddot{y} = 0$,   3) $\ddot{z} = \dfrac{QB}{m_0}\dot{x}$

zerlegt werden. Neben diesen Differentialgleichungen sind bei der Berechnung der Bewegung des Teilchens weiterhin die Anfangsbedingungen für die Ortskoordinaten der Bahnkurve und die Geschwindigkeit des Teilchens zu beachten. Es wird festgesetzt, daß das Teilchen im Zeitpunkt t = 0 mit der Anfangsgeschwindigkeit $\vec{v}_0$ im Koordinatensprung ($\vec{r} = 0$) in das magnetische Feld eintritt. Der Vektor der Anfangsgeschwindigkeit bilde mit dem Vektor der Flußdichte $\vec{B}$ einen Winkel α (Abb. 218). Wird die Anfangsgeschwindigkeit in Komponenten in Richtung der Koordinaten x, y, z zerlegt, so gilt zur Zeit t = 0:

t = 0: $x = y = z = 0$, $\dot{x} = 0$, $\dot{y} = v_0 \cos\alpha$, $\dot{z} = v_0 \sin\alpha$.

V.7 Ladungen im zeitlich konstanten elektromagnetischen Feld   319

Bei der Integration der Differentialgleichungen wird zunächst von Gleichung 2) ausgegangen:

$$\ddot{y} = 0, \qquad y = c_1 t + c_2.$$

Unter Berücksichtigung der Anfangsbedingungen können die Konstanten c_1 und c_2 wegen

$$y(t=0) = c_2 = 0, \qquad \dot{y}(t=0) = c_1 = v_0 \cos\alpha$$

sofort ermittelt werden. Damit gilt für die y-Koordinate der Bahnkurve:

$$y = v_0 \, t \cos\alpha.$$

Die Gleichung 1) und 3) bilden ein verkoppeltes Differentialgleichungssystem, das hier am einfachsten gelöst wird, indem Gleichung 1) einmal integriert wird und in die Gleichung 3) eingesetzt wird:

$$\dot{x} = -\frac{QB}{m_0} z + c_3.$$

Da $\dot{x}$ und z zur Zeit $t = 0$ verschwinden, wird $c_3 = 0$. Es ist immer günstig, diejenige Differentialgleichung einmal zu integrieren, deren Geschwindigkeitskoordinate (hier $\dot{x}$) im Zeitpunkt $t = 0$ verschwindet. Wird die oben stehende Differentialgleichung (unter Berücksichtigung von $c_3 = 0$) in die Differentialgleichung 3) eingesetzt, so folgt eine Differentialgleichung zweiten Grades für die Koordinate z der Bahnkurve:

$$\ddot{z} + \left(\frac{QB}{m_0}\right)^2 z = 0,$$

die die Lösung

$$z = c_4 \cos(bt) + c_5 \sin(bt), \qquad b = \frac{QB}{m_0}$$

besitzt. Unter Berücksichtigung der Anfangsbedingungen für z und $\dot{z}$ kann gezeigt werden, daß $c_4 = 0$ und $c_5 = v_0 \sin(\alpha)/b$ wird.

$$z = \frac{v_0 \sin\alpha}{b} \sin(bt) = \frac{v_0 m_0 \sin\alpha}{QB} \sin\left(\frac{QB}{m_0} t\right).$$

Aus der abgeleiteten Differentialgleichung

$$\dot{x} = -\frac{QB}{m_0} z$$

ergibt sich durch einmalige Integration und Berücksichtigung der Anfangsbedingungen für die Koordinate x der Bahnkurve ($x(t=0) = 0$):

$$x = \frac{v_0 m_0 \sin\alpha}{QB} \left[\cos\left(\frac{QB}{m_0} t\right) - 1\right].$$

Zur Diskussion der durch die Gleichungen

$$x = \frac{v_0 m_0 \sin\alpha}{QB}\left[\cos\left(\frac{QB}{m_0}t\right) - 1\right],$$

$$y = v_0 t \cos\alpha,\qquad\qquad\qquad\qquad\qquad\qquad\qquad\qquad\qquad\text{(V.7.4)}$$

$$z = \frac{v_0 m_0 \sin\alpha}{QB}\sin\left(\frac{QB}{m_0}t\right)$$

beschriebenen Bahnkurve des geladenen Teilchens werden zunächst die beiden Spezialfälle $\alpha = 0$ und $\alpha = \pi/2$ betrachtet:

a. Für $\alpha = 0$ folgt aus den Koordinaten der Bahnkurve:

$$x = 0,\qquad y = v_0 t,\qquad z = 0,\qquad\qquad\qquad\text{(V.7.5)}$$

daß die Bewegung des geladenen Teilchens durch das Magnetfeld nicht beeinflußt wird. Das Teilchen fliegt mit unveränderter Geschwindigkeit in der Richtung weiter, mit der es in das Magnetfeld eingetreten ist. Auf ein Teilchen, das sich parallel zur magnetischen Flußdichte bewegt, wird keine Kraft ausgeübt (vgl. Gl. (V.7.2)).

b. Tritt das Teilchen mit einer Geschwindigkeit senkrecht zur Richtung der magnetischen Flußdichte in das Magnetfeld ein ($\alpha = \pi/2$), so kann die Bahnkurve in Parameterdarstellung (Parameter: Zeit t)

$$x = \frac{v_0 m_0}{QB}\left[\cos\left(\frac{QB}{m_0}t\right) - 1\right],$$

$$y = 0,\qquad\qquad\qquad\qquad\qquad\qquad\qquad\qquad\qquad\text{(V.7.6)}$$

$$z = \frac{v_0 m_0}{QB}\sin\left(\frac{QB}{m_0}t\right).$$

auf die Gleichung

$$\left(x + \frac{v_0 m_0}{QB}\right)^2 + z^2 = \left(\frac{v_0 m_0}{QB}\right)^2 \qquad\qquad\text{(V.7.7)}$$

reduziert werden. Diese Gleichung erhält man durch einfaches Quadrieren der x- und z-Koordinaten und unter Beachtung bekannter Additionstheoreme für die Sinus- und die Cosinusfunktion. Die abgeleitete Gleichung beschreibt einen Kreis in der x-z-Ebene vom Radius

$$r_0 = \left|\frac{v_0 m_0}{QB}\right| \qquad\qquad\qquad\qquad\qquad\qquad\text{(V.7.8)}$$

und mit dem Mittelpunkt

$$x_M = -\frac{v_0 m_0}{QB}, \qquad z_M = 0.$$

Wie aus der Bahngleichung in Parameterdarstellung ersehen werden kann, durchläuft das geladene Teilchen die Bahnkurve mit der Winkelgeschwindigkeit

$$\omega = 2\pi f = \frac{2\pi}{T} = \frac{QB}{m_0}. \tag{V.7.9}$$

Die Zeit, in der das Teilchen den Kreis einmal durchläuft,

$$T = \frac{2\pi m_0}{QB}, \tag{V.7.10}$$

hängt also von der Ruhemasse m_0, der Ladung Q und der Flußdichte B ab. Sie hängt aber nicht von der Geschwindigkeit $\vec{v}$ des Teilchens ab.

Die allgemeine Bahnkurve, die sich bei einem Eintritt in das Feld unter einem beliebigen Winkel α ergibt, setzt sich aus der Überlagerung der beiden Einzelbewegungen für $\alpha = 0$ und $\alpha = \pi/2$ zusammen. Die Bahnkurve ist in der Projektion auf die x-z-Ebene ein Kreis der Gleichung:

$$\left(x + \frac{v_0 m_0 \sin\alpha}{QB}\right)^2 + z^2 = \left(\frac{v_0 m_0 \sin\alpha}{QB}\right)^2. \tag{V.7.11}$$

Dieser Kreisbewegung ist eine lineare Bewegung in y-Richtung überlagert, so daß sich insgesamt eine Schraubenlinienbewegung ergibt (Abb. 219).
Der Radius der Kreisbewegung ist

$$r_0 = \left|\frac{v_0 m_0 \sin\alpha}{QB}\right| \tag{V.7.12}$$

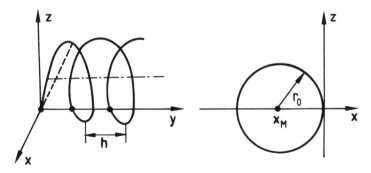

Abb. 219. Bahnkurve eines geladenen Teilchens im Magnetfeld

und der Mittelpunkt des Kreises in der x-z-Ebene liegt bei

$$x_M = -\frac{v_0 m_0 \sin\alpha}{QB}, \qquad z_M = 0.$$

Die Teilchen durchlaufen einen vollen Kreis in der x-z-Ebene wieder in der Zeit

$$T = \frac{2\pi m_0}{QB}. \tag{V.7.13}$$

In der gleichen Zeit haben die Teilchen in y-Richtung die Strecke

$$y = v_0 T \cos\alpha = \frac{v_0 2\pi m_0}{QB} \cos\alpha$$

durchlaufen. Diese Strecke wird als die Ganghöhe h der Schraubenlinie (Abb. 219)

$$h = \frac{v_0 2\pi m_0}{QB} \cos\alpha \tag{V.7.14}$$

bezeichnet.

Wird der Absolutbetrag der Geschwindigkeit $\vec{v}$ des Teilchens

$$|\vec{v}| = |\dot{\vec{r}}| = \sqrt{\dot{x}^2 + \dot{y}^2 + \dot{z}^2},$$

$$|\vec{v}| = \sqrt{v_0^2 \sin^2\alpha \sin^2\left(\frac{QB}{m_0}t\right) + v_0^2\cos^2\alpha + v_0^2\sin^2\alpha \cos^2\left(\frac{QB}{m_0}t\right)},$$

$$|\vec{v}| = \sqrt{v_0^2 \sin^2\alpha + v_0^2\cos^2\alpha} = \sqrt{v_0^2} = v_0$$

berechnet, so zeigt sich, daß er über der Zeit konstant bleibt. Das heißt, das magnetische Feld leistet am bewegten Teilchen mit der Ladung Q keine Arbeit.

Bei der Bewegung der Teilchen auf der Kreisbahn ($\alpha = \pi/2$) greift am geladenen Teilchen eine radial nach außen gerichtete zeitunabhängige Zentrifugalkraft der Größe

$$|\vec{F}_r| = m_0 r_0 \omega^2 = m_0 \left|\frac{v_0 m_0}{QB}\right| \frac{Q^2 B^2}{m_0^2},$$

$$|\vec{F}_r| = |v_0 QB|$$

an. Ihr entgegengesetzt gerichtet ist die vom Magnetfeld erzeugte Kraft vom gleichen Betrag (vgl. Gl.(V.7.2)), so daß sich wegen $|\vec{v}| = v_0$ eine stationäre Kreisbahn ergibt.

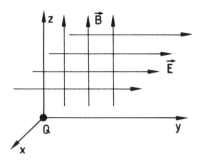

Abb. 220. Elektrisch geladenes Teilchen im elektrischen und magnetischen Feld

Die folgende Betrachtung der Bewegung elektrisch geladener Teilchen in einem magnetischen und einem elektrischen Feld soll nicht den allgemeinen Fall behandeln, sondern sie beschränkt sich auf einen Spezialfall. Es wird angenommen, daß die magnetische Feldstärke und die elektrische Feldstärke voneinander unabhängig sind, daß die Richtungen der beiden Felder senkrecht zueinander sind (Abb. 220) und daß die Felder homogen und zeitlich konstant sind. Ein geladenes Teilchen mit der Ruhemasse m_0 und der Ladung Q möge sich zur Zeit $t = 0$ im Ruhezustand ($v_0 = 0$) im Koordinatenursprung eines x, y, z-Koordinatensystems befinden. Soll die Bahnkurve des geladenen Teilchens als Lösung der Bewegungsgleichung

$$m_0 \ddot{\vec{r}} = Q\vec{E} + Q(\dot{\vec{r}} \times \vec{B})$$

gefunden werden, so müssen mit den vorgegebenen Richtungen der Felder (Abb. 220)

$$\vec{E} = E\vec{e}_y, \qquad \vec{B} = B\vec{e}_z$$

die verkoppelten Differentialgleichungen

1) $\ddot{x} = \dfrac{QB}{m_0} \dot{y}$,

2) $\ddot{y} = -\dfrac{QB}{m_0} \dot{x} + \dfrac{QE}{m_0}$,

3) $\ddot{z} = 0$

unter Berücksichtigung der Anfangsbedingungen

$t = 0:$ $x = y = z = 0,$ $\dot{x} = \dot{y} = \dot{z} = 0$

gelöst werden.

Aus der Differentialgleichung 3) folgt unter Berücksichtigung der Anfangsbedingungen sofort, daß die Bahnkurve in der x-y-Ebene liegt, daß also

$z \equiv 0$

für alle Zeiten ist. Das verbleibende Differentialgleichungssystem 1) und 2) läßt sich wiederum lösen, wenn die Gleichung 1) einmal integriert wird und der so erhaltene Ausdruck für $\dot{x}$ in Gleichung 2) eingesetzt wird. Aus Gleichung 1) folgt, falls sie einmal integriert wird und die Anfangsbedingungen eingesetzt werden:

$$\dot{x} = \frac{QB}{m_0} y.$$

Damit kann aus Gleichung 2) eine Differentialgleichung zweiten Grades nur für die y-Koordinate berechnet werden:

$$\ddot{y} + \left(\frac{QB}{m_0}\right)^2 y = \frac{QE}{m_0}.$$

Die Lösung dieser inhomogenen Differentialgleichung setzt sich aus der Lösung der homogenen Differentialgleichung

$$y_h = c_1 \cos\left(\frac{QB}{m_0} t\right) + c_2 \sin\left(\frac{QB}{m_0} t\right)$$

und einer partikulären Lösung y_p zusammen. Zur Berechnung der partikulären Lösung wird ein „Störgliedansatz" in Form einer Konstanten gemacht. Wird dieser Ansatz in die inhomogene Differentialgleichung eingesetzt, so gilt:

$$\ddot{y}_p + \left(\frac{QB}{m_0}\right)^2 y_p = \left(\frac{QB}{m_0}\right)^2 y_p = \frac{QE}{m_0},$$

$$y_p = \frac{Em_0}{QB^2}.$$

Damit wird als Gesamtlösung der Ausdruck

$$y = y_h + y_p = c_1 \cos\left(\frac{QB}{m_0} t\right) + c_2 \sin\left(\frac{QB}{m_0} t\right) + \frac{Em_0}{QB^2}$$

gefunden. Werden noch die Anfangsbedingungen (t = 0: y = $\dot{y}$ = 0) eingesetzt, so verschwindet c_2 und als endgültige Lösung folgt:

$$y = \frac{Em_0}{QB^2}\left[1 - \cos\left(\frac{QB}{m_0} t\right)\right].$$

Aus der oben angegebenen Differentialgleichung

$$\dot{x} = \frac{QB}{m_0} y$$

kann durch einmalige Integration die x-Koordinate bestimmt werden:

$$\dot{x} = \frac{QEBm_0}{m_0 QB^2}\left[1 - \cos\left(\frac{QB}{m_0}t\right)\right],$$

$$x = \frac{E}{B}t - \frac{Em_0}{QB^2}\sin\left(\frac{QB}{m_0}t\right).$$

Die bei der Integration auftretende Integrationskonstante verschwindet aufgrund der Anfangsbedingungen (t = 0: x = 0). Die Bahnkurve ist eine Zykloide, d.h. eine Kurve, die durch die Überlagerung einer kreisförmigen Bewegung in der x-y-Ebene und einer Linearbewegung, hier in x-Richtung, gebildet wird. Die Kreisbewegung wird durch die Gleichungen in Parameterdarstellung

$$x = -\frac{Em_0}{QB^2}\sin\left(\frac{QB}{m_0}t\right),$$

$$y = \frac{Em_0}{QB^2}\left[1 - \cos\left(\frac{QB}{m_0}t\right)\right].$$
(V.7.15)

beschrieben. Die Gleichung der Kreisbahn kann auch in der Form

$$x^2 + \left(y - \frac{Em_0}{QB^2}\right)^2 = \left(\frac{Em_0}{QB^2}\right)^2$$

geschrieben werden. Der Kreisbewegung ist die durch

$$x = \frac{E}{B}t$$

beschriebene Linearbewegung in x-Richtung überlagert.

Abbildung 221 zeigt qualitativ den Verlauf der Bahnkurve in der x-y-Ebene. Da die Kreisbewegung wieder mit der Winkelgeschwindigkeit

$$\omega = \frac{QB}{m_0}$$

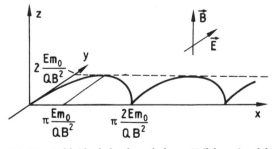

Abb. 221. Zykloidenbahn des geladenen Teilchens im elektrischen und magnetischen Feld

durchlaufen wird, wird der maximale y-Wert zur Zeit

$$t = \frac{T}{2} = \frac{\pi m_0}{QB}$$

angenommen. Dieser maximale y-Wert ist:

$$y_{max} = 2\frac{Em_0}{QB^2}.$$

In dem Zeitpunkt, in dem der maximale y-Wert angenommen wird, hat die x-Koordinate den Wert:

$$x = \pi \frac{Em_0}{QB^2}.$$

Zur Zeit t = T

$$T = 2\frac{\pi m_0}{QB}$$

ist die y-Koordinate wieder null und die x-Koordinate hat den Wert:

$$x = \pi \frac{2Em_0}{QB^2}.$$

V.7.1
Berechnung von Bahnkurven geladener Teilchen im elektrischen und magnetischen Feld

1. Aufgabe

Ein elektrisch geladenes Teilchen der Ladung Q (Q > 0) und der Ruhemasse m_0 (m ≈ m_0 = const.) tritt mit einer Anfangsgeschwindigkeit $\vec{v}_0 = v_0 \vec{e}_x$ im Zeitpunkt t = 0 an der Stelle $\vec{r} = (0,0,0)$ in ein zeitlich konstantes, homogenes Magnetfeld der magnetischen Flußdichte $\vec{B} = B\vec{e}_z$. Das Magnetfeld ist auf den Bereich x ≥ 0 beschränkt (Abb. 222).

a. Wie lautet die Gleichung der Bahnkurve in der x-y-Ebene?
b. Tritt das geladene Teilchen wieder aus dem Feld aus? Wenn ja, an welcher Stelle? Wie groß ist die Laufzeit des Teilchens im Magnetfeld?
c. Wie groß ist die Geschwindigkeit des Teilchens nach Durchlaufen des Magnetfeldes?

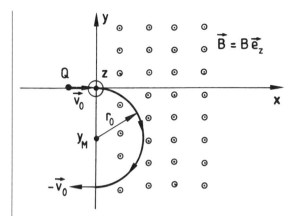

Abb. 222. Geladenes Teilchen und Magnetfeld

Lösung

a. Die Bahnkurve des Teilchens kann aus der Differentialgleichung

$$m_0 \ddot{\vec{r}} = Q(\dot{\vec{r}} \times \vec{B})$$

mit

$$\dot{\vec{r}} \times \vec{B} = \dot{\vec{r}} \times B\vec{e}_z = B(\dot{y}\vec{e}_x - \dot{x}\vec{e}_y)$$

sowie den Anfangsbedingungen

$$t = 0: x = y = z = 0, \qquad \dot{x} = v_0, \qquad \dot{y} = \dot{z} = 0$$

berechnet werden. Wird die Differentialgleichung für die einzelnen Koordinaten geschrieben, so gilt:

1) $\ddot{x} = \dfrac{QB}{m_0} \dot{y},$

2) $\ddot{y} = -\dfrac{QB}{m_0} \dot{x},$

3) $\ddot{z} = 0.$

Aus der dritten Gleichung folgt nach zweimaliger Integration unter Anwendung der Anfangsbedingungen, daß die Bahnkurve nur in der x-y-Ebene verläuft:

$$z = c_1 t + c_2, \qquad t = 0: \quad \dot{z} = 0, \quad z = 0 \Rightarrow c_1 = c_2 = 0, \qquad z \equiv 0.$$

Die Differentialgleichung 2) wird einmal integriert:

$$\dot{y} = -\dfrac{QB}{m_0} x + c_3 \qquad (t = 0: \dot{y} = 0, x = 0 \Rightarrow c_3 = 0)$$

und in die Differentialgleichung 1) eingesetzt:

$$\ddot{x} + \left(\frac{QB}{m_0}\right)^2 x = 0.$$

Als Lösung dieser Differentialgleichung zweiten Grades kann für die x-Koordinate der Bahnkurve der Zusammenhang

$$x = c_4 \cos\left(\frac{QB}{m_0} t\right) + c_5 \sin\left(\frac{QB}{m_0} t\right)$$

angegeben werden. Da die Koordinate x zur Zeit t = 0 nach der vorgegebenen Anfangsbedingung verschwinden soll, wird $c_4 = 0$,

$$x = c_5 \sin\left(\frac{QB}{m_0} t\right).$$

Aus der weiteren Anfangsbedingung für die Geschwindigkeit in x-Richtung zur Zeit t = 0 kann c_5 zu

$$\dot{x}(t = 0) = c_5 \frac{QB}{m_0} = v_0,$$

$$c_5 = \frac{v_0 m_0}{QB}$$

bestimmt werden. Wird der so erhaltene Ausdruck für die x-Koordinate in die schon oben abgeleitete Beziehung

$$\dot{y} = -\frac{QB}{m_0} x$$

eingesetzt und dieser Ausdruck einmal integriert, so kann für die y-Koordinate die Gleichung in Parameterdarstellung

$$y = \frac{v_0 m_0}{QB} \cos\left(\frac{QB}{m_0} t\right) + c_6$$

berechnet werden. Die bei der Integration auftretende Integrationskonstante nimmt aufgrund der Anfangsbedingung (t = 0: y = 0) den Wert

$$c_6 = -\frac{v_0 m_0}{QB}$$

an, so daß die Parameterdarstellung der Bahnkurve in der x-y-Ebene durch

$$x = \frac{v_0 m_0}{QB} \sin\left(\frac{QB}{m_0} t\right),$$

$$y = \frac{v_0 m_0}{QB} \left[\cos\left(\frac{QB}{m_0} t\right) - 1\right]$$

angegeben werden kann. Diese Bahngleichung gilt nur für die Zeit, in der sich das Teilchen im Magnetfeld befindet, bzw. für den Raumbereich $x \geq 0$.

Werden die Koordinaten $x(t)$ und $y(t)$ quadriert und addiert, so kann der Parameter (die Zeit t) eliminiert werden und die Bahnkurve in der Form

$$x^2 + \left(y + \frac{v_0 m_0}{QB}\right)^2 = \left(\frac{v_0 m_0}{QB}\right)^2$$

geschrieben werden. Hiernach ist die Bahnkurve im Bereich $x \geq 0$ ein Kreis mit dem Radius

$$r_0 = \left|\frac{v_0 m_0}{QB}\right|$$

und dem Mittelpunkt

$$x_M = 0, \qquad y_M = -\frac{v_0 m_0}{QB}.$$

b. Nach Durchlaufen eines Halbkreises tritt das Teilchen wieder aus dem magnetischen Feld aus (Abb. 222) und zwar an der Stelle

$$x = 0, \qquad y = -2r_0 = -\frac{2 v_0 m_0}{QB}, \qquad z = 0.$$

Das Teilchen braucht zum Durchlaufen eines vollen Kreises die Zeit

$$T = \frac{2\pi}{\omega} = \frac{2\pi m_0}{QB}.$$

Damit tritt das Teilchen zur Zeit

$$t = \frac{T}{2} = \frac{\pi m_0}{QB}$$

wieder aus dem Feld aus. Diese Zeit ist gleichzeitig die Laufzeit des Teilchens im Magnetfeld.

c. Zur Zeit t = T/2 berechnet sich die Geschwindigkeit des Teilchens aus:

$$\dot{x}\left(t=\frac{T}{2}\right) = v_0 \cos\left(\frac{QB}{m_0}t\right)\bigg|_{t=T/2} = -v_0,$$

$$\dot{y}\left(t=\frac{T}{2}\right) = -v_0 \sin\left(\frac{QB}{m_0}t\right)\bigg|_{t=T/2} = 0.$$

Das Teilchen hat also beim Austritt aus dem magnetischen Feld die Geschwindigkeit v_0 und bewegt sich in negativer x-Richtung.

Wie aus den Beziehungen erkannt werden kann, wird der Radius des durchlaufenen Kreises mit wachsender Ladung Q und wachsender magnetischer Flußdichte B kleiner. Wird z.B. die magnetische Flußdichte sehr groß ($B \to \infty$), so wird der Kreisradius beliebig klein. Das geladene Teilchen tritt nicht mehr in das Magnetfeld ein, sondern wird an der y-z-Ebene mit der Geschwindigkeit $\vec{v} = -\vec{v}_0$ reflektiert.

2. Aufgabe

In einer Kathodenstrahlröhre (Braunsche Röhre) kann außer einem elektrischen Feld (vgl. Aufgabe 2, Kap. III.15.1) auch ein magnetisches Feld zur Ablenkung der Elektronenstrahlen benutzt werden. Dazu durchläuft der Elektronenstrahl (Ladung der Elektronen $Q = -e$, Masse der Elektronen $m \approx m_0 = $ const. (vgl. Anhang)) in einer Länge ℓ ein homogenes Magnetfeld der Flußdichte $\vec{B} = -B\vec{e}_x$ senkrecht zur Ausbreitungsrichtung des Strahles (Abb. 223). Die Elektronen des Strahles haben vor Eintritt in das Magnetfeld eine Beschleunigungsspannung U_0 durchlaufen. Wie groß ist die Aus-

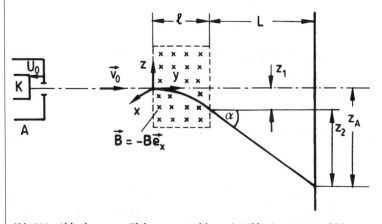

Abb. 223. Ablenkung von Elektronenstrahlen mit Hilfe eines Magnetfeldes

lenkung des Strahles aus der Achse des Systems auf einem Leuchtschirm, der sich im Abstand L vom Ende des Magnetfeldbereiches entfernt befindet? Wie groß muß umgekehrt die notwendige Flußdichte $\vec{B}$ sein, um eine vorgegebene Auslenkung zu erzeugen?

Lösung

Es wird angenommen, daß **ein** Elektron mit vernachlässigbar kleiner Anfangsgeschwindigkeit aus der Kathode K der Röhre austritt und nach Durchlaufen der positiven Beschleunigungsspannung U_0 zwischen Anode A und Kathode K die Geschwindigkeit (vgl. Kap. III.15)

$$\vec{v}_0 = \sqrt{\frac{2eU_0}{m_0}}\,\vec{e}_y$$

besitzt. Mit dieser Geschwindigkeit tritt das Elektron in das magnetische Feld der magnetischen Flußdichte $\vec{B} = -B\vec{e}_x$ (Abb. 223) senkrecht zur Richtung der Flußdichte ein und durchläuft im magnetischen Feld eine Kreisbahn. Es soll angenommen werden, daß der Radius r_0 der Kreisbahn so groß ist, daß das Elektron das Magnetfeld, das im Bereich $0 \leq y \leq \ell$ vorhanden ist, in der Ebene $y = \ell$ wieder verläßt, d. h. es soll $r_0 \gg \ell$ sein. Aufgrund der kreisförmigen Bahnkurve im Bereich des Magnetfeldes wird das Elektron den Feldbereich mit einer Richtung verlassen, die mit der Richtung der Achse den Winkel α einschließt (Abb. 223). Außerhalb des Feldes fliegt das Elektron geradlinig weiter, so daß sich die Gesamtauslenkung z_A auf dem Schirm aus zwei Anteilen berechnen läßt: Einmal aus dem Anteil z_1 (Abb. 223), der durch die kreisförmige Bahn im Bereich $0 \leq y \leq \ell$ hervorgerufen wird, sodann aus der Auslenkung $z_2 = L \tan(\alpha)$, die aufgrund des vorhandenen Winkels α zwischen Bewegungsrichtung und Richtung der Achse des Systems nach Durchlaufen der Länge L im feldfreien Raum auftritt.

Die Bahnkurve eines Elektrons im Magnetfeld berechnet sich für das in Abb. 223 eingeführte Koordinatensystem und das vorgegebene Magnetfeld unter Verwendung der schon in Kap. V.7 und Aufgabe 1 dieses Kapitels beschriebenen Rechenmethoden aus der Differentialgleichung

$$m_0 \ddot{\vec{r}} = Q(\dot{\vec{r}} \times \vec{B}) = -eB(\dot{y}\vec{e}_z - \dot{z}\vec{e}_y)$$

zu:

$$x \equiv 0,$$

$$y = \frac{v_0 m_0}{eB} \sin\left(\frac{eB}{m_0}t\right),$$

$$z = \frac{v_0 m_0}{eB}\left[\cos\left(\frac{eB}{m_0}t\right) - 1\right].$$

Das heißt, die Bahnkurve ist ein Kreis in der y-z-Ebene von der Form

$$y^2 + \left(z + \frac{v_0 m_0}{eB}\right)^2 = \left(\frac{v_0 m_0}{eB}\right)^2.$$

Da hier die Auslenkung z_1 nach Durchlaufen der Strecke ℓ in der y-Richtung im Magnetfeld interessiert, wird die Gleichung nach der z-Koordinate aufgelöst:

$$z = + \sqrt{\left(\frac{v_0 m_0}{eB}\right)^2 - y^2} - \frac{v_0 m_0}{eB}.$$

(Bei der Wahl des Vorzeichens der Wurzel wurde berücksichtigt, daß nur die Kreisbahn im Bereich $y \geq 0$, $z > - v_0 m_0/(eB)$, d.h. die obere Hälfte des Halbkreises in der Ebene $y > 0$, interessiert, damit also nur das positive Wurzelvorzeichen in Betracht kommt, Abb. 223).

Das bedeutet, nach Durchlaufen der Strecke ℓ in y-Richtung ergibt sich die zugehörige z-Koordinate und damit die Auslenkung z_1 zu:

$$z_1 = z(\ell) = \sqrt{\left(\frac{v_0 m_0}{eB}\right)^2 - \ell^2} - \frac{v_0 m_0}{eB}.$$

Zur Berechnung der Auslenkung z_2

$$z_2 = L \tan \alpha$$

wird die Steigung der Bahnkurve an der Stelle des Austritts des Elektrons aus dem Magnetfeld bestimmt:

$$\tan \alpha = \frac{dz}{dy}\bigg|_{y=\ell} = -\frac{2y}{2\sqrt{\left(\frac{v_0 m_0}{eB}\right)^2 - y^2}}\bigg|_{y=\ell},$$

$$\tan \alpha = -\frac{\ell}{\sqrt{\left(\frac{v_0 m_0}{eB}\right)^2 - \ell^2}}.$$

Demnach gilt, falls noch für die Anfangsgeschwindigkeit v_0 die Beschleunigungsspannung U_0 gemäß $v_0 = (2eU_0/m_0)^{1/2}$ (vgl. Kap. III.15) eingeführt wird, für die gesamte Auslenkung z_A:

$$z_A = z_1 + z_2 = z_1 + L \tan \alpha = \sqrt{\frac{2 m_0 U_0}{eB^2} - \ell^2} - \frac{1}{B}\sqrt{\frac{2 m_0 U_0}{e}} -$$

$$- \frac{L\ell}{\sqrt{\frac{2 m_0 U_0}{eB^2} - \ell^2}}.$$

Ist

$$\ell^2 \ll \frac{2m_0 U_0}{eB^2},$$

was der gemachten Voraussetzung $\ell \ll r_0$ entspricht, so ist die Auslenkung z_1 in erster Näherung zu vernachlässigen und es gilt:

$$z_A \approx z_2 = L\tan\alpha = -\frac{L\ell}{\sqrt{\dfrac{2m_0 U_0}{eB^2} - \ell^2}} = -\frac{L\ell B}{\sqrt{\dfrac{2m_0 U_0}{e} - \ell^2 B^2}}.$$

Soll die Flußdichte B berechnet werden, die notwendig ist, um eine Auslenkung z_A bei sonst fest vorgegebenen Werten U_0, ℓ, L zu erhalten, so kann keine exakte Lösung gefunden werden, da die exakte Gleichung für z_A, die sowohl z_1 als auch z_2 berücksichtigt, nicht analytisch nach B aufgelöst werden kann. Es soll deshalb hier von der Näherungslösung $z_A \approx z_2$ ausgegangen werden:

$$B \approx \sqrt{\frac{2m_0 U_0}{e\left[\dfrac{L^2\ell^2}{z_2^2} + \ell^2\right]}} \approx \frac{z_2}{L\ell}\sqrt{\frac{2m_0 U_0}{e}}.$$

3. Aufgabe

In einem Zyklotron sollen Ionen der Ruhemasse m_0 und der Ladung Q beschleunigt werden. Das Zyklotron besteht aus zwei kreiszylindrischen Halbdosen (Duanten, Abb. 224) zwischen denen eine von außen angelegte

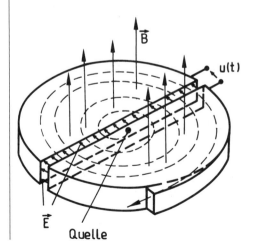

Abb. 224. Prinzip des Zyklotrons

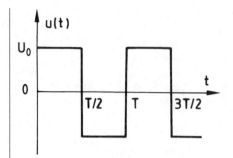

Abb. 225. Am Zyklotron angelegte Spannung

Spannung ein elektrisches Wechselfeld mit dem zeitlichen Verlauf nach Abb. 225 erzeugt. Der Abstand der Dosen zueinander sei vernachlässigbar klein gegenüber den Abmessungen des Zyklotrons. Der Radius der halbkreisförmigen Dosen sei r_0.

a. Man beschreibe kurz die Wirkungsweise des Zyklotrons.
b. Wie groß muß die Zeit T (Abb. 225) gewählt werden, damit die geladenen Teilchen beim Durchgang durch das elektrische Feld immer beschleunigt werden?
c. Wie groß ist die Energie der Teilchen beim Verlassen des Zyklotrons?
d. Wie ändern sich die Verhältnisse, wenn statt der Rechteckspannung (Abb. 225) eine sinusförmige Wechselspannung an die Duanten gelegt wird?
e. Wie groß ist die von den Teilchen insgesamt durchlaufene Spannung? Wie groß ist demnach die Anzahl der vollen Umläufe, die die Teilchen im Fall b. (Rechteckspannung) und im Fall d. (sinusförmige Spannung, Scheitelwert $\hat{u}$) mindestens durchlaufen?

Lösung
a. Das Zyklotron dient zur Beschleunigung schwerer Teilchen (Ionen). Dazu wird die kreisförmige Bewegung geladener Teilchen in einem Magnetfeld senkrecht zur Bewegungsrichtung ausgenutzt. Aus einer Quelle im Mittelpunkt der kreisförmigen Anordnung (Abb. 224) werden Ionen emittiert. Zwischen den Duanten des Zyklotrons baut sich aufgrund der angelegten Spannung ein elektrisches Feld auf, das hier als homogenes Feld angesehen werden soll. Durch dieses Feld werden die Teilchen, die aus der Quelle austreten, beschleunigt, und sie treten mit einer bestimmten Anfangsgeschwindigkeit in den magnetfelderfüllten Raum innerhalb der Duanten ein. In diesem Raum durchlaufen die Teilchen eine halbkreisförmige Bahn. Der Radius der Kreisbahn hängt nach Kap. V.7 linear von der Anfangsgeschwindigkeit v_0 der Teilchen ab; die Umlaufzeit, die die Teilchen zum Durchlaufen eines halben Kreises benötigen, ist dagegen von der Geschwindigkeit unabhängig. Das heißt, daß alle Teilchen, die zur Zeit t = 0 in das Magnetfeld eintreten, nach gleich langer Laufzeit einen Halbkreis unabhängig von dessen Halbmes-

ser durchlaufen haben und damit zum gleichen Zeitpunkt wieder in das elektrische Feld eintreten. Ist nun die Laufzeit der Teilchen beim Durchlaufen eines vollen Kreises gerade gleich der Periodendauer T der angelegten Wechselspannung nach Abb. 225, so erreichen die Teilchen den Bereich des elektrischen Feldes nach einer Zeit t = T/2. Da zur Zeit t = T/2 das elektrische Feld umgepolt wird, treten die Teilchen wieder in ein Beschleunigungsfeld ein und treten nach Durchlaufen des elektrischen Feldes mit einer vergrößerten Geschwindigkeit wieder in das Magnetfeld ein. Hier durchlaufen sie einen entsprechend größeren Halbkreis und werden beim erneuten Eintritt in das elektrische Feld weiter beschleunigt. Wird der Radius des durchlaufenen Halbkreises gerade gleich dem Radius der Duanten, so haben die Teilchen ihre maximal mögliche Geschwindigkeit erreicht und werden aus dem Feldbereich durch Abschalten des Magnetfeldes abgeleitet.

b. Die Periodenzeit T der Wechselspannung muß gerade gleich der Zeit sein, die ein Teilchen für einen vollen Umlauf im Zyklotron benötigt. Diese Zeit kann nach Kap. V.7 zu

$$T = \frac{2\pi m}{QB}$$

berechnet werden. Wird vorausgesetzt, daß die Masse m des Teilchens konstant $m \approx m_0$ bleibt, so ist die Laufzeit eine konstante Größe. Wird die Massenveränderlichkeit berücksichtigt, so muß die Periodendauer der Wechselspannung im Verlauf des Beschleunigungsvorgangs verändert werden (Synchro-Zyklotron, s. z.B. Ollendorff [b40], S. 586). Hier soll darauf nicht näher eingegangen werden.

c. Die Energie der Teilchen ist gleich ihrer kinetischen Energie:

$$W_{kin} = \frac{m_0}{2} v^2.$$

Da die Teilchen sich im Magnetfeld mit konstanter Geschwindigkeit v = const. bewegen (s. Kap. V.7), haben sie beim Verlassen des Zyklotrons eine Geschwindigkeit, die sich durch einfache Division von durchlaufenem Weg am Rande der Duanten und benötigter Laufzeit ergibt:

$$v = \frac{\pi r_0}{T/2} = \frac{2\pi r_0 QB}{2\pi m_0} = \frac{QBr_0}{m_0}.$$

Damit kann für die kinetische Energie der Teilchen beim Verlassen des Zyklotrons der Wert

$$W_{kin} = \frac{m_0}{2} v^2 = \frac{Q^2 r_0^2 B^2}{2m_0}$$

angegeben werden.

d. Die physikalischen Vorgänge innerhalb des Zyklotrons ändern sich wenig, wenn anstatt der angegebenen Rechteckspannung eine sinusförmige Spannung an die Duanten angelegt wird, außer daß nicht alle Teilchen die gleiche elektrische Beschleunigungsspannung bei einem Umlauf durchlaufen. Teilchen, die in einem Zeitpunkt durch das Beschleunigungsfeld treten, in dem eine kleine Spannung zwischen den Duanten liegt, müssen daher eine größere Anzahl von Umläufen ausführen, um zum Rand des Zyklotrons zu gelangen. Teilchen, die im Zeitpunkt z.B. des maximalen Spannungswertes durch das Beschleunigungsfeld treten, durchlaufen eine minimale Anzahl von vollen Kreisen im Zyklotron.

e. Die insgesamt von den Teilchen durchlaufene Spannung läßt sich aus der kinetischen Energie berechnen, wenn beachtet wird, daß nur das elektrische Feld Arbeit an den Teilchen leistet. Es gilt dann:

$$W_{kin} = \frac{Q^2 r_0^2 B^2}{2 m_0} = W_{el} = Q U_{durchl} \ .$$

Damit ergibt sich für die von den Teilchen insgesamt durchlaufene Spannung:

$$U_{durchl} = \frac{Q r_0^2 B^2}{2 m_0} \ .$$

Liegt eine Rechteckspannung an, so wird jedes Teilchen bei einem vollen Umlauf zweimal die Spannung U_0 durchlaufen, so daß die Anzahl der Umläufe

$$n = \frac{U_{durchl}}{2 U_0} = \frac{Q r_0^2 B^2}{4 m_0 U_0}$$

ist. Liegt eine sinusförmige Wechselspannung an, so werden die Teilchen eine Anzahl von Umläufen ausführen, die vom Zeitpunkt ihres Durchtritts durch das elektrische Feld abhängt. Teilchen, die im Zeitpunkt maximaler Spannungsamplitude durch das elektrische Feld treten, werden eine minimale Anzahl von Umläufen ausführen. Diese Teilchen durchlaufen bei einem vollen Umlauf zweimal den Scheitelwert $\hat{u}$ der Wechselspannung. Damit gilt für die Mindestzahl der Umläufe:

$$n_{min} = \frac{U_{durchl}}{2 \hat{u}} = \frac{Q r_0^2 B^2}{4 m_0 \hat{u}} \ .$$

Alle anderen Teilchen müssen die Kreisbahn öfter durchlaufen.

4. Aufgabe

Gegeben ist ein Kaufmann-Thomson Massenspektrograph, der zur Trennung und Bestimmung der in einem Materialstrahl enthaltenen Teilchen unterschiedlicher Masse und Ladung dient (Abb. 226). Die auszumessenden Teilchen durchlaufen einen Bereich, in dem ein elektrisches Feld der Feldstärke $\vec{E}$ und ein magnetisches Feld der magnetischen Flußdichte $\vec{B}$ parallel zueinander gerichtet sind und treffen dann auf einen Leuchtschirm, auf dem sie einen Lichtpunkt erzeugen. Treten mehrere Teilchen mit verschiedener Anfangsgeschwindigkeit durch den Feldbereich, so ergibt die Gesamtheit der auf dem Leuchtschirm erzeugten Lichtpunkte eine Kurve, aus der das Verhältnis Q/m der Teilchen (Q = Ladung, m = Masse ≈ m_0 = Ruhemasse) bestimmt werden kann.

a. Man berechne die Bahnkurve der Teilchen im Feldbereich.
b. Man bestimme näherungsweise die Auslenkung des Bildpunkts eines Teilchens aus der Strahlachse, wenn angenommen wird, daß die Breite ℓ des Feldbereichs (Abb. 226) sehr klein ist und daß das Teilchen die Anfangsgeschwindigkeit $\vec{v}_0$ besitzt.
c. Man bestimme die Gleichung der Bildkurve auf dem Leuchtschirm, wenn die Teilchen verschiedene Anfangsgeschwindigkeiten besitzen.
d. Wie läßt sich aus der Bahnkurve bei bekannter Ladung die Masse der Teilchen sowie das Vorzeichen der Ladung der Teilchen bestimmen?

Lösung

a. Wird ein Koordinatensystem nach Abb. 226 eingeführt, so kann die Bewegungsgleichung

$$m_0 \ddot{\vec{r}} = Q\vec{E} + Q(\dot{\vec{r}} \times \vec{B})$$

aufgrund der Richtung der Felder

$$\vec{E} = E\vec{e}_z, \qquad \vec{B} = B\vec{e}_z$$

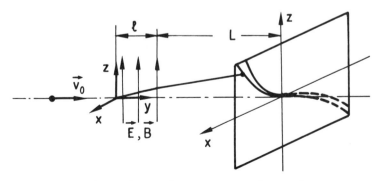

Abb. 226. Prinzip des Kaufmann-Thomson Massenspektrographen

in der Form

$$m_0 \vec{\ddot{r}} = QE\vec{e}_z + QB(\dot{y}\vec{e}_x - \dot{x}\vec{e}_y)$$

geschrieben werden. Diese vektorielle Gleichung kann in Komponenten zerlegt werden:

1) $\ddot{x} = \dfrac{QB}{m_0}\dot{y}$,

2) $\ddot{y} = -\dfrac{QB}{m_0}\dot{x}$,

3) $\ddot{z} = \dfrac{QE}{m_0}$.

Die Anfangsbedingungen des Problems nach Abb. 226 können in der Form

$$t = 0 : x = y = z = 0, \qquad \dot{x} = 0, \qquad \dot{y} = v_0, \qquad \dot{z} = 0$$

formuliert werden.
Aus Gleichung 3) folgt sofort durch zweimalige Integration:

$$z = \dfrac{QE}{2m_0} t^2 + c_1 t + c_2.$$

Die Konstanten c_1 und c_2 verschwinden aufgrund der Anfangsbedingungen, so daß

$$z = \dfrac{QE}{2m_0} t^2$$

gilt.
  Aus den restlichen, verkoppelten Differentialgleichungen 1) und 2) läßt sich nach den schon in Kap. V.7 ausführlich angegebenen Rechenmethoden durch einfache Integration der Gleichung 1)

$$\dot{x} = \dfrac{QB}{m_0} y$$

und Einsetzen in Gleichung 2) die Differentialgleichung 2. Grades

$$\ddot{y} + \left(\dfrac{QB}{m_0}\right)^2 y = 0$$

mit der Lösung

$$y = c_3 \sin\left(\frac{QB}{m_0} t\right) + c_4 \cos\left(\frac{QB}{m_0} t\right)$$

ableiten. Da y zur Zeit t = 0 null wird, verschwindet die Konstante c_4 ($c_4 = 0$). Aus der Anfangsbedingung für die Geschwindigkeit in y-Richtung folgt dann:

$$\dot{y}(t=0) = c_3 \frac{QB}{m_0} = v_0 \, ; \qquad c_3 = \frac{v_0 m_0}{QB}.$$

Somit gilt für y:

$$y = \frac{v_0 m_0}{QB} \sin\left(\frac{QB}{m_0} t\right).$$

Aus dem oben angegebenen Zusammenhang

$$\dot{x} = \frac{QB}{m_0} y$$

und der Anfangsbedingung kann die Koordinate x zu

$$x = \frac{v_0 m_0}{QB} \left[1 - \cos\left(\frac{QB}{m_0} t\right)\right]$$

berechnet werden.

Das heißt, die Bahnkurve setzt sich aus einer Kreisbewegung

$$y^2 + \left(x - \frac{v_0 m_0}{QB}\right)^2 = \left(\frac{v_0 m_0}{QB}\right)^2$$

in der x-y-Ebene und einer Bewegung in z-Richtung nach dem Zusammenhang

$$z = \frac{QE}{2 m_0} t^2$$

zusammen.

b. Es wird angenommen, daß der Bereich, in dem die Felder existieren ($0 \le y \le \ell$), sehr schmal ist ($\ell \ll r_0 = v_0 m_0/(QB)$), so daß die Laufzeit des Teilchens im Feld klein ist und damit die Auslenkungen in x-Richtung und z-Richtung näherungsweise berechnet werden können. Die Auslenkung in x-Richtung setzt sich aus dem Anteil x_1, der gleich der Koordinate $x(\ell)$ der Bahnkurve an der Stelle $y = \ell$ ist, und dem Anteil x_2, der aufgrund des gradlinigen Verlaufs der Bahnkurve im feldfreien Raum unter dem Winkel α zur Achse des Systems hervorgerufen wird, zusammen. Der Anteil x_1 wird vernachlässigt (vgl. Aufgabe 2 dieses Kapitels).

Aus der Gleichung der Bahnkurve in der x-y-Ebene läßt sich die Steigung der Bahnkurve bei Austritt des Teilchens aus dem Feldbereich ($y = \ell$) berechnen:

$$x = \frac{v_0 m_0}{QB} - \sqrt{\left(\frac{v_0 m_0}{QB}\right)^2 - y^2}.$$

Da die Bahnkurve nur im Bereich $y \geq 0$ und $x < (v_0 m_0)/(QB)$ interessiert, wird nur das negative Wurzelvorzeichen zugelassen.

$$\tan \alpha = \frac{dx}{dy}\bigg|_{y=\ell} = \frac{y}{\sqrt{\left(\frac{v_0 m_0}{QB}\right)^2 - y^2}}\bigg|_{y=\ell} = \frac{\ell}{\sqrt{\left(\frac{v_0 m_0}{QB}\right)^2 - \ell^2}}.$$

Damit ergibt sich für die Auslenkung in x-Richtung näherungsweise:

$$x_A \approx L \tan \alpha = \frac{L\ell}{\sqrt{\left(\frac{v_0 m_0}{QB}\right)^2 - \ell^2}}.$$

Die Zeit t, die das Teilchen benötigt, um im Feldbereich eine bestimmte Strecke in y-Richtung zu durchlaufen, kann errechnet werden, wenn die Parameterdarstellung der y-Koordinate der Bahnkurve

$$y = \frac{v_0 m_0}{QB} \sin\left(\frac{QB}{m_0} t\right)$$

nach der Zeit t aufgelöst wird:

$$t = \frac{m_0}{QB} \arcsin\left(\frac{QB\, y}{v_0 m_0}\right) \approx \frac{m_0}{QB} \frac{QB\, y}{v_0 m_0},$$

$$t \approx \frac{y}{v_0}.$$

Die Näherung (Reihenentwicklung der arcsin-Funktion und Abbrechen dieser Reihenentwicklung nach dem ersten Glied) konnte angesetzt werden, weil der Feldbereich als sehr schmal vorausgesetzt war und damit die Laufzeit t im Feldbereich immer klein gegen die Periode $T = 2\pi m_0/(QB)$ ist. Wird der so ermittelte Parameter t in die Gleichung für die z-Koordinate eingeführt, so kann die Bahnkurve in der y-z-Ebenen näherungsweise durch

$$z \approx \frac{QE}{2 m_0 v_0^2} y^2$$

angegeben werden. Wird auch hier wieder die Auslenkung im Feld (das ist $z_1 = z(y = \ell)$) vernachlässigt und nur die Auslenkung z_2 berücksichtigt, die sich ergibt, weil das Teilchen in der y-z-Ebene ebenfalls unter einem bestimmten Winkel zur Achse aus dem Feldbereich austritt (vgl. Aufgabe 2, Kap. III.15.1):

$$z_A \approx L \left.\frac{dz}{dy}\right|_{y=\ell} = \frac{QE}{m_0 v_0^2} L\ell ,$$

so sind die Koordinaten des ausgelenkten Bildpunktes auf dem Schirm näherungsweise bekannt.

c. Treten Teilchen verschiedener Anfangsgeschwindigkeiten durch den Feldbereich, so ergeben sich verschiedene Bildpunkte. Wird der Parameter v_0 z. B. aus der z-Koordinate

$$v_0^2 \approx \frac{QE}{m_0 z_A} \ell L$$

eliminiert und in die Gleichung für die x-Auslenkung eingesetzt:

$$x_A \approx \frac{\ell L}{\sqrt{\left(\frac{v_0 m_0}{QB}\right)^2 - \ell^2}} = \frac{\ell L}{\sqrt{\frac{QE m_0^2 \ell L}{Q^2 B^2 m_0 z_A} - \ell^2}},$$

$$x_A \approx \frac{\ell L}{\sqrt{\frac{E m_0 \ell L}{QB^2 z_A} - \ell^2}} \approx \frac{\ell L}{\sqrt{\frac{E m_0 \ell L}{QB^2 z_A}}},$$

so kann die auf dem Bildschirm auftretende Kurve in der Form

$$x_A^2 \approx \frac{Q}{m_0} \frac{B^2 \ell L}{E} z_A$$

geschrieben werden. Die Kurve ist eine Parabel.

d. Das Quadrat der Auslenkung x_A ist direkt proportional dem Quotienten Q/m_0. Aus der Form der Parabel kann daher auf die Masse geschlossen werden, wenn die Ladung Q der Teilchen bekannt ist. Insbesondere ergeben sich mehrere Parabeln auf dem Schirm, wenn im Teilchenstrahl mehrere Teilchen unterschiedlicher Masse vorhanden sind. Ist die

Ladung Q positiv, so liegen die Parabeln im ersten Quadranten des x-z-Koordinatensystems, ist Q negativ, liegen die Parabeln, wie die Parameterdarstellungen x = x(t) und z = z(t) bzw. die oben stehende Parabelgleichung zeigen, im dritten Quadranten.

5. Aufgabe

Ein Magnetron ist eine Hochvakuum-Elektronenröhre, deren Strom durch ein von außen angelegtes magnetisches Feld gesteuert werden kann. Man berechne für die einfachste Form eines ebenen Magnetrons (Abb. 227) die Bahnkurve eines Elektrons, das die Kathode K mit vernachlässigbar kleiner Anfangsgeschwindigkeit verläßt. Wie groß ist der Wert der „kritischen Flußdichte" B_{krit}, für den die Stromstärke I im Außenkreis vom Wert $I = I_S$ (I_S = Sättigungsstromstärke) auf den Wert $I = 0$ übergeht?

Lösung
Es wird zur Idealisierung des Problems angenommen, daß die Abmessungen der Kathoden- und Anodenoberfläche sehr groß gegenüber dem Abstand der beiden Elektroden sind. Für die Bahnkurve der aus der Kathode K austretenden Elektronen gilt mit dem nach Abb. 227 eingeführten Koordinatensystem und damit $\vec{E} = -E\vec{e}_z$ und $\vec{B} = B\vec{e}_x$:

$$m_0 \ddot{\vec{r}} = Q\vec{E} + Q(\dot{\vec{r}} \times \vec{B}) = -e(-E\vec{e}_z) - eB(\dot{z}\vec{e}_y - \dot{y}\vec{e}_z).$$

Dabei wird angenommen, daß die Masse m der Elektronen konstant gleich der Ruhemasse m_0 ist. Die Ladung des Elektrons ist $Q = -e$ (s. Anhang).

Die Bewegungsgleichung kann in Koordinaten aufgespalten werden:

1) $\ddot{x} = 0$,

2) $\ddot{y} = -\dfrac{eB}{m_0} \dot{z}$,

3) $\ddot{z} = \dfrac{eE}{m_0} + \dfrac{eB}{m_0} \dot{y}$.

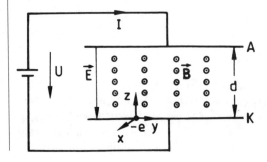

Abb. 227. Ebenes Magnetron

V.7 Ladungen im zeitlich konstanten elektromagnetischen Feld

Als Anfangsbedingungen für die Bahnkurve eines Teilchens, das im Nullpunkt des eingeführten Koordinatensystems aus der Kathode K austritt, gelten zur Zeit t = 0 die Zusammenhänge:

$$t = 0 : x = y = z = 0, \qquad \dot{x} = \dot{y} = \dot{z} = 0.$$

Wird Gleichung 1) zweimal integriert und werden die Anfangsbedingungen berücksichtigt, so folgt, daß die Bahnkurve nur in der y-z-Ebene verläuft,

$$x \equiv 0.$$

Aus der Differentialgleichung 2) folgt durch einfache Integration und Berücksichtigung der Anfangsbedingungen:

$$\dot{y} = -\frac{eB}{m_0} z.$$

Wird diese Gleichung in die Differentialgleichung 3) eingesetzt, so kann eine inhomogene Differentialgleichung für die z-Koordinate der Bahnkurve

$$\ddot{z} + \left(\frac{eB}{m_0}\right)^2 z = \frac{eE}{m_0}$$

abgeleitet werden. Die Lösung dieser Differentialgleichung setzt sich aus der Lösung der homogenen Differentialgleichung und einer partikulären Lösung der inhomogenen Differentialgleichung zusammen. Dabei kann die partikuläre Lösung durch einen „Störgliedansatz" in Form einer Konstanten gefunden werden (vgl. Ableitung der beiden Lösungsanteile in Kap. V.7), so daß sich die Lösung für die z-Koordinate in der Form

$$z = z_h + z_p = c_1 \cos\left(\frac{eB}{m_0} t\right) + c_2 \sin\left(\frac{eB}{m_0} t\right) + \frac{Em_0}{eB^2}$$

angeben läßt. Werden die Anfangsbedingungen berücksichtigt, so gilt schließlich:

$$z = \frac{Em_0}{eB^2}\left[1 - \cos\left(\frac{eB}{m_0} t\right)\right].$$

Aus dem bereits oben abgeleiteten Zusammenhang

$$\dot{y} = -\frac{eB}{m_0} z = -\frac{eB}{m_0} \frac{Em_0}{eB^2}\left[1 - \cos\left(\frac{eB}{m_0} t\right)\right]$$

folgt schließlich durch nochmalige Integration und Einsetzen der Anfangsbedingungen:

$$y = \frac{Em_0}{eB^2} \sin\left(\frac{eB}{m_0} t\right) - \frac{E}{B} t.$$

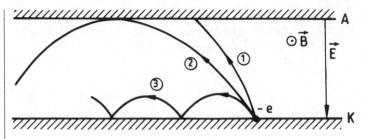

Abb. 228. Bahnkurven im Magnetron

Die Bahnkurve ist eine Zykloide in der y-z-Ebene, Abb. 228. Die Abbildung zeigt drei charakteristische Bahnkurven, die die Elektronen durchlaufen können. Im Fall ① werden alle Elektronen, die an der Kathode K emittiert werden, die Anode A erreichen; es fließt der maximal mögliche Strom der Sättigungsstromstärke I_S im Außenkeis. Im Fall ③ erreicht kein Elektron die Anode, die Röhre ist gesperrt, im Außenkreis fließt kein Strom: $I = 0$. Der Fall ② ist ein Grenzfall, in dem die Elektronen die Anode gerade streifend erreichen. Bei fester elektrischer Feldstärke $\vec{E}$ kann durch Variation der magnetischen Flußdichte $\vec{B}$ der Fall ①, ②, oder ③ eingestellt werden.

Die kritische Flußdichte, bei der der Grenzfall 2 erreicht wird, kann berechnet werden, falls der Maximalwert der z-Koordinate untersucht wird. Die z-Koordinate nimmt einen maximalen Wert an, falls

$$\cos\left(\frac{eB}{m_0}t\right) = -1$$

wird. Ist der dadurch bestimmte maximale Wert von z gerade gleich dem Elektrodenabstand d, so erreichen die Elektronen die Anode streifend:

$$z_{max} = 2\frac{Em_0}{eB_{krit}^2} = d.$$

Der zugehörige Wert der magnetischen Flußdichte B_{krit} ist der gesuchte Wert der kritischen Flußdichte:

$$B_{krit} = \sqrt{\frac{2m_0E}{ed}}.$$

KAPITEL VI

Quasistationäre Felder

Um die Diskussion der zeitunabhängigen magnetischen Felder zu vervollständigen, müssen noch die dem Kapazitätsbegriff der Elektrostatik entsprechende Größe der Induktivität sowie der Energieinhalt des magnetischen Feldes und die aus den Energiebetrachtungen resultierenden Kraftberechnungen behandelt werden.

Sollen die genannten Größen berechnet werden, so zeigt sich, daß einige Eigenschaften zeitabhängiger Magnetfelder bekannt sein müssen. Soll z.B. bei der Ableitung des Energieinhaltes so vorgegangen werden, wie in der Elektrostatik (Kap. III.13), so müssen Stromkreise, in denen ein stationäres Strömungsfeld existiert, aus dem unendlich Fernen in ein betrachtetes Raumgebiet transportiert werden. Bei dem Transportvorgang wird aber in den verschiedenen Leiterschleifen aufgrund des sich ändernden, mit den Leiterschleifen verketteten, magnetischen Flusses eine Spannung induziert, so daß die im Stromkreis vorhandenen Quellen, die die Ströme erzeugen, Arbeit leisten müssen, um einen konstanten Strom zu garantieren. Diese Arbeit muß bei der Ableitung des Energieinhalts mit berücksichtigt werden. Das bedeutet, daß vor der Definition des Energieinhalts das Induktionsgesetz für zeitvariable Felder bekannt sein muß.

Hier sollen aber zunächst nur Felder untersucht werden, die als zeitlich langsam veränderlich (quasistationär) bezeichnet werden können. Eine solche Zeitabhängigkeit liegt vor, falls die der Änderungsfrequenz zugeordnete Wellenlänge $\lambda = c_0/f$ ($c_0 = 2{,}9979 \cdot 10^8$ m/s, Lichtgeschwindigkeit im freien Raum) immer sehr viel größer als die Abmessungen der auftretenden Bauelemente bzw. der betrachteten Feldbereiche ist. Unter diesen Voraussetzungen können die Bauelemente als konzentriert und die räumliche Struktur der Felder als unabhängig von der Zeit angesehen werden. Die Größe der Felder ist von der Zeit abhängig und ändert sich im gesamten Feldbereich gleichphasig.

VI.1
Die Maxwellschen Gleichungen der quasistationären Felder

Da die Felder als zeitlich langsam veränderlich vorausgesetzt werden, kann im Durchflutungsgesetz bei Auftreten einer Leitungsstromdichte $\vec{S}$

$$\oint_C \vec{H} \cdot d\vec{s} = \iint_A \vec{S} \cdot \vec{n}\, dA + \frac{d}{dt} \iint_A \vec{D} \cdot \vec{n}\, dA \tag{VI.1.1}$$

der Anteil der Verschiebungsstromstärke, (das ist das nach der Zeit abgeleitete Integral über die elektrische Flußdichte, vgl. Kap. VII.1, Gl. (VII.1.14)) zum Gesamtstrom auch weiterhin vernachlässigt werden, das heißt, die erste Maxwellsche Gleichung läßt sich auch weiterhin in der Form

$$\oint_C \vec{H} \cdot d\vec{s} \approx \iint_A \vec{S} \cdot \vec{n}\, dA \tag{VI.1.2}$$

schreiben. Außer dieser Näherung müssen aber alle Maxwellschen Gleichungen in ihrer vollständigen Form berücksichtigt werden, das heißt, es gelten die Zusammenhänge:

$$\oint_C \vec{E} \cdot d\vec{s} = -\frac{d}{dt} \iint_A \vec{B} \cdot \vec{n}\, dA, \tag{VI.1.3}$$

$$\oiint_A \vec{B} \cdot \vec{n}\, dA = 0, \tag{VI.1.4}$$

$$\oiint_A \vec{D} \cdot \vec{n}\, dA = \iiint_V \varrho\, dV. \tag{VI.1.5}$$

Insbesondere muß also in Gl. (VI.1.3) der sich zeitlich ändernde magnetische Fluß und der hieraus resultierende Beitrag zum elektrischen Feld berücksichtigt werden. Gl. (VI.1.3) gilt in der angegebenen Form für unbewegte Leitersysteme; eine differenzierte Formulierung unter Berücksichtigung einer Leiterbewegung wird in Kap. VI.2 diskutiert.

Um von der Integralform der Maxwellschen Gleichungen zur Differentialform überzugehen, wird vom Stokeschen Satz und vom Gaußschen Satz Gebrauch gemacht. Die Anwendung des Stokeschen Satzes auf Gl. (VI.1.2) ergibt die Differentialform des Durchflutungsgesetzes:

$$\operatorname{rot} \vec{H} \approx \vec{S}. \tag{VI.1.6}$$

Werden zunächst, wie vorausgesetzt, nur unbewegte Leitersysteme betrachtet, d.h. Leitersysteme, die weder ihre Kontur noch ihre Lage in einem Koordinatensystem verändern, so kann die Differentiation in Gl. (VI.1.3) mit der Integration vertauscht werden, weil die Änderung des magnetischen Flusses nur auf einer zeitlichen Änderung der magnetischen Flußdichte beruht:

$$\oint_C \vec{E} \cdot d\vec{s} = - \iint_A \frac{\partial}{\partial t} \vec{B} \cdot \vec{n} \, dA \, .$$

Dabei geht das vollständige Differential d/dt in eine partielle Differentiation über, da $\vec{B}$ außer von der Zeit auch von den Ortskoordinaten abhängt. Damit folgt nach Anwendung des Stokeschen Satzes die Differentialform des Induktionsgesetzes:

$$\mathrm{rot}\, \vec{E} = - \frac{\partial}{\partial t} \vec{B} \, . \tag{VI.1.7}$$

Das heißt, die Wirbel der elektrischen Feldstärke sind in jedem Raumpunkt gleich der Abnahme der magnetischen Flußdichte mit der Zeit.
  Während die Rotation der magnetischen Feldstärke weiterhin (näherungsweise) gleich der Stromdichte $\vec{S}$ ist, ist das elektrische Feld wegen Gl.(VI.1.7) im Gegensatz zu den stationären Feldern nicht mehr rotationsfrei. Damit kann die elektrische Feldstärke auch nicht mehr, wie bisher, durch eine skalare Potentialfunktion φ beschrieben werden. Die restlichen Maxwellschen Gleichungen in Differentialform haben denselben Aufbau, wie er bereits für die stationären Felder angegeben wurde (vgl. Kap. V.2):

$$\mathrm{div}\, \vec{B} = 0 \, , \tag{VI.1.8}$$

$$\mathrm{div}\, \vec{D} = \varrho \, . \tag{VI.1.9}$$

Entsprechend gelten auch für die zeitlich langsam veränderlichen Felder dieselben Grenzbedingungen wie für die statischen und stationären Felder. Auch die Materialeigenschaften bleiben, solange unbewegte Systeme betrachtet werden, unverändert. Dispersionseigenschaften (Abhängigkeit der Materialparameter von der Frequenz) sollen unberücksichtigt bleiben.

VI.2
Das Induktionsgesetz

Im Jahre 1831 führte Faraday folgenden Versuch durch: Um einen Eisenkern wurden zwei Spulen gewickelt und die eine Spule mit einer Batterie, die andere mit einem Galvanometer verbunden. Faraday stellte fest, daß jedesmal, wenn der Stromkreis geschlossen wurde, d.h. die Batterie an die erste Spule angeschaltet wurde, in der zweiten Spule ein Stromstoß auftrat. Wurde die Batterie abgeschaltet, so trat der Stromstoß mit entgegengesetztem Vorzeichen auf.
  Faraday schloß hieraus, daß aufgrund eines sich ändernden Magnetfeldes, das einen geschlossenen Leiter durchsetzt, in diesem Leiter ein elektrischer Strom induziert wird. Dabei ist es gleichgültig, ob das sich ändernde Magnetfeld von einem zeitlich veränderlichen Strom erzeugt wird, oder ob ein Permanentmagnet in der Umgebung der Leiterschleife bewegt wird.

Wird als Ursache des in der (unbewegten) Leiterschleife induzierten Stromes i_{ind} ein induziertes elektrisches Feld im Leiter betrachtet, so kann der Zusammenhang zwischen der auftretenden elektrischen Feldstärke und dem magnetischen Feld, wie experimentell bewiesen werden kann, durch

$$\oint_C \vec{E} \cdot d\vec{s} = Ri_{ind} = -\frac{d}{dt} \iint_A \vec{B} \cdot \vec{n} \, dA = -\iint_A \frac{\partial \vec{B}}{\partial t} \cdot \vec{n} \, dA \qquad (VI.2.1)$$

beschrieben werden. Dabei ist das Linienintegral über den Linienleiter zu erstrecken, in dem der Stromstoß induziert wird und der als in der Randkurve C liegend angesehen wird. A ist die Fläche, die vom Leiter berandet wird und $\vec{n}$ der Flächennormalen-Einheitsvektor auf dieser Fläche, dessen Richtung der Richtung des Umlaufsinns der Randkurve C im Rechtsschraubensinn zugeordnet ist. R ist der Widerstand der geschlossenen Leiterschleife.

Nun kann aber die Interpretation des angegebenen Induktionsgesetzes (VI.2.1) noch einen Schritt weiter geführt werden. Da der Wert des Linienintegrals in Gl. (VI.2.1) nur von der Änderung des magnetischen Flusses, der den Leiter durchsetzt, nicht aber von der spezifischen Beschaffenheit des Leiters abhängt, wurde bereits von Faraday die Auffassung vertreten, daß die induzierte elektrische Feldstärke auch auftritt, falls der Leiter gar nicht vorhanden ist. Der Leiter wurde im Versuch von Faraday nur benutzt, um den Nachweis für das Auftreten der elektrischen Feldstärke zu erbringen.

Damit kann das Induktionsgesetz in folgender Form interpretiert werden: Wird eine beliebige, offene Fläche betrachtet, die von der Randkurve C berandet wird, so tritt in der Randkurve dieser Fläche eine induzierte elektrische Feldstärke $\vec{E}$ auf, falls sich der magnetische Fluß, der die Fläche durchsetzt, ändert. Das Linienintegral

$$\oint_C \vec{E} \cdot d\vec{s} = u_{ind} \qquad (VI.2.2)$$

über den geschlossenen Integrationsweg C ist von null verschieden und wird als induzierte Spannung u_{ind} bezeichnet. Der Bezugspfeil der Spannung weist in Richtung des Wegelements $d\vec{s}$.

Das in Gl. (VI.2.1) auftretende Minuszeichen zeigt an, daß die induzierte Feldstärke so gerichtet ist, daß sie im Leiter einen Strom erzeugt, dessen Magnetfeld die Änderung des Originalmagnetfeldes (das die elektrische Feldstärke induziert hat) zu verhindern sucht. Diese Tatsache, daß das Magnetfeld des induzierten Stromes stets der Änderung des Originalfeldes entgegenwirkt, wird als Lenzsche Regel bezeichnet.

Bereits weiter oben wurde darauf hingewiesen, daß eine induzierte elektrische Feldstärke immer auftritt, falls ein zeitlich veränderliches Magnetfeld vorhanden ist. Dabei ist es gleichgültig, ob dieses zeitlich veränderliche Magnetfeld durch einen zeitlich veränderlichen elektrischen Strom erzeugt wurde oder aber z.B. durch einen gegenüber der ruhenden Leiterschleife bewegten Permanentmagneten.

VI.2 Das Induktionsgesetz

In Ergänzung zur bisherigen Betrachtung, bei der der Leiter als unbewegt und mit zeitlich unveränderlicher Kontur betrachtet wurde, sollen jetzt Leitersysteme betrachtet werden, die sich in einem räumlich inhomogenen Magnetfeld bewegen. Dabei sei vorausgesetzt, daß das Feld der magnetischen Flußdichte sich zusätzlich mit der Zeit ändern kann.

Die Bewegungsgeschwindigkeit $\vec{v}$ der Leiterschleife im ruhenden Koordinatensystem x, y, z sei sehr viel kleiner als die Lichtgeschwindigkeit im freien Raum $c_0 = 2.9989 \cdot 10^8$ m/s. Ein Koordinatensystem x^*, y^*, z^* wird mit der Leiterschleife mitgeführt und hat damit die Geschwindigkeit $\vec{v}^* = \vec{0}$ gegenüber der Leiterschleife. In diesem mitgeführten System sei die elektrische Feldstärke $\vec{E}^*$ und die magnetische Flußdichte $\vec{B}^*$, dann gilt Gl. (VI.2.1) für $\vec{E}^*$, da die Leiterschleife in x^*, y^*, z^* unbewegt ist:

$$\oint_{C^*} \vec{E}^* \cdot d\vec{s}^* = -\frac{d}{dt} \iint_{A^*} \vec{B}^* \cdot \vec{n}^* \, dA^* = -\iint_{A^*} \frac{\partial \vec{B}^*}{\partial t} \cdot \vec{n}^* \, dA^*. \qquad (VI.2.3)$$

Für die magnetische Flußdichte $\vec{B}^*$ kann die Flußdichte $\vec{B}(\vec{r},t)$, gemessen im ruhenden Koordinatensystem am Ort $\vec{r}$ der Leiterschleife zur Zeit t eingesetzt werden. Bewegt sich die Leiterschleife in der Zeit Δt von der Position 1 zur Position 2 (Abb. 229), so gilt mit A(t) der Fläche der Leiterschleife im ruhenden Koordinatensystem zur Zeit t:

$$-\frac{d}{dt} \iint_{A^*} \vec{B}^* \cdot \vec{n}^* \, dA^* = -\frac{d}{dt} \iint_{A(t)} \vec{B}(\vec{r}(t),t) \cdot \vec{n} \, dA \approx$$

$$\approx -\frac{1}{\Delta t} \Delta \iint_{A(t)} \vec{B}(\vec{r}(t),t) \cdot \vec{n} \, dA \approx$$

$$\approx -\frac{1}{\Delta t} \left\{ \iint_{A_2} \vec{B}(\vec{r}_2, t+\Delta t) \cdot \vec{n} \, dA - \iint_{A_1} \vec{B}(\vec{r}_1, t) \cdot \vec{n} \, dA \right\}.$$

Wird für $\vec{B}(\vec{r}_2, t + \Delta t)$ eine Reihenentwicklung angenommen, die nach dem zweiten Glied abgebrochen wird:

$$\vec{B}(\vec{r}_2, t + \Delta t) \approx \vec{B}(\vec{r}_2, t) + \frac{\partial \vec{B}(\vec{r}_2, t)}{\partial t} \Delta t,$$

so kann der oben stehende Ausdruck wie folgt geschrieben werden:

$$-\frac{d}{dt} \iint_{A^*} \vec{B}^* \cdot \vec{n}^* \, dA^* \approx -\frac{1}{\Delta t} \left\{ \iint_{A_2} \frac{\partial \vec{B}(\vec{r}_2, t)}{\partial t} \Delta t \cdot \vec{n} \, dA + \iint_{A_2} \vec{B}(\vec{r}_2, t) \cdot \vec{n} \, dA \right.$$

$$\left. - \iint_{A_1} \vec{B}(\vec{r}_1, t) \cdot \vec{n} \, dA \right\}.$$

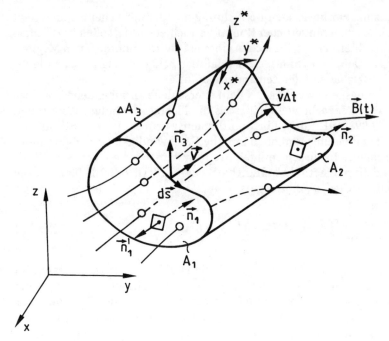

Abb. 229. Bewegte Leiterschleife im ruhenden Koordinatensystem x, y, z

Aus dem Flußgesetz (VI.1.4) folgt, daß (s. Abb. 229):

$$\iint_{A_1} \vec{B}(\vec{r}_1,t) \cdot \vec{n}'_1 \, dA + \iint_{A_2} \vec{B}(\vec{r}_2,t) \cdot \vec{n}_2 \, dA + \iint_{\Delta A_3} \vec{B}(\vec{r}_3,t) \cdot \vec{n}_3 \, dA = 0$$

ist und damit unter Berücksichtigung von $\vec{n}_1 = -\vec{n}'_1$ (Abb. 229):

$$\iint_{A_2} \vec{B}(\vec{r}_2,t) \cdot \vec{n}_2 \, dA - \iint_{A_1} \vec{B}(\vec{r}_1,t) \cdot \vec{n}_1 \, dA = -\iint_{\Delta A_3} \vec{B}(\vec{r}_3,t) \cdot \vec{n}_3 \, dA \, ,$$

mit ΔA_3 der von der Leiterschleife bei ihrer Bewegung im Zeitbereich Δt überstrichenen „Mantelfläche" (Abb. 229). Da außerdem gilt, daß

$$\vec{n}_3 \, dA = d\vec{s} \times \vec{v} \Delta t$$

mit der in Abb. 229 angegebenen Umlaufrichtung des Linienelements $d\vec{s}$ in der Leiterschleife ist, gilt schließlich:

$$-\frac{d}{dt} \iint_{A^*} \vec{B}^* \cdot \vec{n}^* \, dA^* = -\iint_A \frac{\partial \vec{B}(\vec{r},t)}{\partial t} \cdot \vec{n} \, dA + \oint_C (\vec{v} \times \vec{B}(\vec{r},t)) \cdot d\vec{s}.$$

VI.2 Das Induktionsgesetz

Also gilt für die in der bewegten Leiterschleife induzierte Spannung, gemessen im mitbewegten System:

$$\oint_{C^*} \vec{E}^* \cdot d\vec{s}^* = -\iint_A \frac{\partial \vec{B}(\vec{r},t)}{\partial t} \cdot \vec{n} \, dA + \oint_C (\vec{v} \times \vec{B}(\vec{r},t)) \cdot d\vec{s}. \tag{VI.2.4}$$

Die oben stehende Beziehung enthält gemischte Größen, die im ruhenden und im bewegten Koordinatensystem gemessen werden. Um dies zu ändern, wird die Kraft auf einen Ladungsträger in einem Leiter, der in einem Magnetfeld bewegt wird (vgl. Kap. V.1.1), betrachtet. Für sie gilt, gemessen im ruhenden Koordinatensystem

$$\vec{F} = Q(\vec{E} + \vec{v} \times \vec{B}) = Q\vec{E}^*, \tag{VI.2.5}$$

worin $\vec{E}$ und $\vec{B}$ die im ruhenden Koordinatensystem gemessenen Felder sind. Da die Ladungen durch den Bewegungsvorgang nicht geändert werden, ist die Größe im Klammerausdruck gleich der elektrischen Feldstärke gemessen im bewegten Koordinatensystem, da ein Beobachter in diesem Koordinatensystem die Leiterschleife unbewegt sieht. Damit gilt im ruhenden Koordinatensystem die Beziehung:

$$\oint_C (\vec{E} + \vec{v} \times \vec{B}) \cdot d\vec{s} = -\iint_A \frac{\partial \vec{B}(t)}{\partial t} \cdot \vec{n} \, dA + \oint_C (\vec{v} \times \vec{B}) \cdot d\vec{s} \tag{VI.2.6}$$

bzw.:

$$\oint_C \vec{E} \cdot d\vec{s} = -\iint_A \frac{\partial \vec{B}(t)}{\partial t} \cdot \vec{n} \, dA \tag{VI.2.7}$$

und damit mit Anwendung des Stokeschen Satzes zunächst wiederum das Induktionsgesetz in Differentialform im ruhenden Koordinatensystem:

$$\operatorname{rot} \vec{E} = -\frac{\partial \vec{B}}{\partial t}. \tag{VI.2.8}$$

Aus Gl. (VI.2.5) folgt, daß die Materialgleichung (IV.2.6) für den Fall bewegter Leitersysteme im ruhenden Koordinatensystem durch:

$$\vec{S} = \kappa [\vec{E} + (\vec{v} \times \vec{B})] \tag{VI.2.9}$$

ersetzt werden muß, um die Verhältnisse richtig zu beschreiben. Bewegt sich also eine geschlossene Linienleiterschleife in einem Magnetfeld, so gilt:

$$u_{ind} = \oint_C \frac{1}{\kappa} \vec{S} \cdot d\vec{s} = i_{ind} \oint_C \frac{ds}{\kappa A} = i_{ind} R$$

$$= -\iint_A \frac{\partial \vec{B}(t)}{\partial t} \cdot \vec{n} \, dA + \oint_C (\vec{v} \times \vec{B}) \cdot d\vec{s}, \tag{VI.2.10}$$

mit i_{ind} der in der Leiterschleife induzierten Stromstärke und R dem Widerstand der Leiterschleife. Sie wird hervorgerufen durch eine magnetische

Flußänderung aufgrund der sich zeitlich ändernden magnetischen Flußdichte und aufgrund eines Anteils, der durch die Bewegung der Leiterschleife induziert wird. Die induzierte Spannung fällt längs des stromführenden Leiters am Widerstand R ab.

Wird die Leiterschleife an einer Stelle unterbrochen, so kann in ihr kein Strom fließen, es gilt:

$$\vec{S} = \kappa(\vec{E} + \vec{v} \times \vec{B}) = \vec{0} \ . \tag{VI.2.11}$$

Damit gilt im bewegten Leiter im Magnetfeld, daß eine Feldstärke $\vec{E} = -\vec{v} \times \vec{B}$ aufgebaut wird, um die vom Magnetfeld erzeugte Kraft $Q(\vec{v} \times \vec{B})$ auf die Ladungsträger zu kompensieren. An den offenen Klemmen der unterbrochenen Leiterschleife tritt eine Spannung auf, die sich z.B. durch Aufaddition von $\vec{E} = -\vec{v} \times \vec{B}$ längs des Leiters bestimmen läßt (vgl. Aufgabe 2, Kap. VI.2.1).

VI.2.1
Aufgaben zum Induktionsgesetz

1. Aufgabe

Eine Spule besteht aus einer Windung eines sehr dünnen Drahtes und ist über eine bifilar gewickelte Zuleitung (d.h. die Zuleitung spannt keine Fläche auf und in ihr kann keine Spannung induziert werden) an ein ballistisches Galvanometer angeschlossen. Die Spule wird aus einem Raumbereich, in dem kein magnetisches Feld auftritt, in einen Bereich eines zeitlich konstanten, magnetischen Feldes gebracht. Im magnetischen Feld wird die Spule von einem magnetischen Fluß Φ_{m0} durchsetzt.

Wie groß ist der Spannungsstoß, der vom Galvanometer angezeigt wird, wenn die Spule

a. in das Feld gebracht wird,
b. im Feld um 180° gedreht wird und dann
c. wieder aus dem Feld genommen wird?

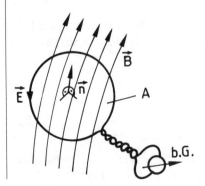

Abb. 230. Spule im Magnetfeld

VI.2 Das Induktionsgesetz

Lösung
Als Spannungsstoß wird das Integral

$$\int_0^{t_0} u\,dt$$

bezeichnet. Das heißt, der in der Spule induzierte Spannungsstoß berechnet sich entsprechend aus

$$\int_0^{t_0} u_{ind}\,dt.$$

Die Integrationsgrenzen sind die Zeitpunkte, in dem einerseits die betrachtete Bewegung der Spule beginnt (t = 0) und in dem andererseits die Bewegung abgeschlossen ist (t = t_0). Wird z.B. ein auf der Leiterschleife mitbewegter Beobachter betrachtet, so befindet sich für ihn die Leiterschleife in Ruhe, das Magnetfeld aber ändert sich für ihn vom Wert $\vec{B} = \vec{0}$ bis zum Wert $\vec{B}$ am Ende des Einbringvorgangs. Damit ändert sich für ihn der magnetische Fluß durch die Leiterschleife vom Wert null auf einen Endwert, beschrieben durch das Flußintegral nach Gl. (V.2.13). Mit Hilfe des Induktionsgesetzes,

$$u_{ind} = \oint_C \vec{E}\cdot d\vec{s} = -\frac{d}{dt}\iint_A \vec{B}\cdot\vec{n}\,dA = -\frac{d\Phi_m}{dt},$$

kann für den gesuchten Spannungsstoß der Wert

$$\int_0^{t_0} u_{ind}\,dt = -\int_0^{t_0}\frac{d\Phi_m}{dt}\,dt = -\int_{\Phi_m(t=0)}^{\Phi_m(t=t_0)} d\Phi_m = \Phi_m(t=0) - \Phi_m(t=t_0)$$

angegeben werden. Mit diesem Ergebnis ergibt sich für die einzelnen Fälle:

a. $\int_0^{t_0} u_{ind}\,dt = -\Phi_{m0}$,

b. $\int_0^{t_0} u_{ind}\,dt = \Phi_{m0} + \Phi_{m0} = 2\Phi_{m0}$,

c. $\int_0^{t_0} u_{ind}\,dt = -\Phi_{m0}$.

Ist der Widerstand der Leiterschleife null, so fällt die Spannung am Widerstand des Meßinstruments ab.

2. Aufgabe

Ein sehr dünner Draht wird zu einer rechteckförmigen Leiterschleife (Abb. 231) gebogen. Die Spule wird um eine Achse parallel zur Seite der Länge b

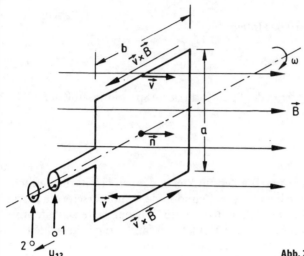

Abb. 231. Spule im Magnetfeld

(Abb. 231) in einem zeitlich konstanten, homogenen Magnetfeld der magnetische Flußdichte $\vec{B}$ mit der Winkelgeschwindigkeit ω gedreht. Die Richtung der magnetischen Flußdichte sei senkrecht zur Richtung der Drehachse. Zur Zeit $t = 0$ sei die Flußdichte $\vec{B}$ parallel zum Flächennormalenvektor $\vec{n}$ gerichtet. Wie groß ist die an den Klemmen der Schleifkontakte (Abb. 231) auftretende Spannung und welchen zeitlichen Verlauf besitzt sie?

Lösung
Ein mit der Leiterschleife mitbewegter Beobachter sieht ein sich in der Richtung änderndes Magnetfeld, dessen Betrag konstant ist. Mit Hilfe des Induktionsgesetzes im mitbewegten System (ohne daß die Größen besonders gekennzeichnet werden, vgl. Kap. VI.2)

$$u_{ind} = -\frac{d}{dt}\iint_A \vec{B}\cdot\vec{n}\,dA = -\iint \frac{\partial}{\partial t}(\vec{B}\cdot\vec{n})\,dA$$

läßt sich deshalb aufgrund der zeitlich betragsmäßig konstanten magnetischen Flußdichte die induzierte Spannung als

$$u_{ind} = -\iint_A \frac{d}{dt}|\vec{B}||\vec{n}|\cos(\sphericalangle \vec{B},\vec{n})\,dA, \qquad \sphericalangle \vec{B},\vec{n} = \alpha(t)$$

$$u_{ind} = -|\vec{B}|\frac{d}{dt}\cos[\alpha(t)]\iint_A dA = -|\vec{B}|A\frac{d}{dt}\cos[\alpha(t)]$$

schreiben. Die Spannung fällt an den Klemmen der offenen Leiterschleifen ab: $u_{ind} = u_{12}$. Dabei ist A die Fläche der Spule, $\alpha(t)$ ist der von der Zeit ab-

VI.2 Das Induktionsgesetz

hängige Winkel zwischen dem Flächennormalen-Vektor der Spulenfläche und der magnetischen Flußdichte

$$\alpha(t) = \omega t.$$

Die Richtung des Bezugspfeils der induzierten Spannung und des Flächennormalen-Vektors $\vec{n}$ sind einander im Rechtsschraubensinn zugeordnet. Die oben stehenden Aussagen können leicht durch folgende Überlegungen verifiziert werden: Wird zunächst angenommen, daß die Klemmen 1, 2 der beiden Schleifkontakte durch einen Widerstand R überbrückt sind und daß der Schleifenwiderstand R_s ist, dann gilt für die induzierte Spannung und den induzierten Strom

$$u_{ind} = (R + R_s) i_{ind} = - \iint_A \frac{\partial}{\partial t} (\vec{B} \cdot \vec{n}) \, dA,$$

falls der Einfluß der induzierten Stromstärke und des durch sie erzeugten Magnetfeldes vernachlässigt werden kann. Wird der Widerstand R ständig vergrößert, so ändert sich das Produkt $(R + R_s) i_{ind}$ nicht, so daß schließlich für $R \to \infty$ die induzierte Stromstärke i_{ind} null wird und die Spannung u_{ind} an den offenen Klemmen abfällt. Der Bezugspfeil der Spannung ist gleichgerichtet mit dem Bezugspfeil der induzierten Stromstärke.
Damit gilt:

$$u_{ind} = - |\vec{B}| A \frac{d}{dt} \cos(\omega t) =$$

$$= |\vec{B}| ab\omega \sin(\omega t).$$

Die induzierte Spannung ist also sinusförmig von der Zeit abhängig. Ihr Scheitelwert ist der Flußdichte, der Spulenfläche und der Drehfrequenz ω direkt proportional. Der Bezugspfeil der Spannung ist dem Flächennormalenvektor im Rechtsschraubensinn zugeordnet.

Ein Beobachter in einem ruhenden Koordinatensystem, in dem sich die Leiterschleife bewegt, sieht ein zeitlich konstantes Magnetfeld, also ist $\text{rot}\,\vec{E} = -\partial\vec{B}/\partial t = \vec{0}$, das elektrische Feld ist wirbelfrei. Somit können Spannungen in dem elektrischen Feld längs eines beliebigen Weges bestimmt werden.

Die Spannung an den Klemmen kann auf zwei Wegen berechnet werden:
1. Wird von Gl. (VI.2.10) ausgegangen und berücksichtigt, daß für den ruhenden Beobachter das Magnetfeld zeitunabhängig ist, so gilt

$$u_{12} = u_{ind} = R \xrightarrow{\lim} \infty \, (R + R_s) i_{ind} = \oint_C (\vec{v} \times \vec{B}) \cdot d\vec{s},$$

wobei das Wegelement dem Flächennormalenvektor $\vec{n}$ im Rechtsschraubensinn zugeordnet ist. Nach gleicher Argumentation wie oben ergibt sich somit die Spannung u_{12} durch die Aufaddition der Größe $(\vec{v} \times \vec{B})$ längs der beiden Leiteranteile der Länge b. Längs der beiden anderen Leiter tritt diese Größe nicht auf. Die Richtungen von $\vec{v} \times \vec{B}$ und des Wegelements längs der Leiter der Länge b sind gleich. Also gilt:

$$u_{12} = 2\int_0^b (\vec{v} \times \vec{B}) \cdot d\vec{s} = 2|\vec{v}||\vec{B}|b\sin(\omega t)$$

mit $\alpha = \omega t$ dem Winkel zwischen $\vec{v}$ und $\vec{B}$. Die Geschwindigkeit der Leiter der Länge b berechnet sich zu $v = \omega a/2$. Damit gilt:

$$u_{12} = |\vec{B}|ab\,\omega\sin(\omega t).$$

2. Eine andere Argumentation lautet wie folgt:
Da die Leiterschleife offen ist, ist der Strom in der Leiterschleife null, damit gilt: $\vec{S} = \kappa(\vec{E} + \vec{v} \times \vec{B}) = \vec{0}$ im Leiter, vgl. Gl.(VI.2.11). Also kompensiert im Innern des Leiters eine elektrische Feldstärke $\vec{E} = -\vec{v} \times \vec{B}$ die Kraft $Q(\vec{v} \times \vec{B})$ des Magnetfeldes auf die Ladungen. Die Spannung u_{12} kann also durch Aufintegration längs des bewegten Leiters im Innern des Leiters von der Klemme 1 nach 2 gefunden werden:

$$u_{12} = -\int_1^2 (\vec{v} \times \vec{B}) \cdot d\vec{s} = 2\int_0^b |\vec{v}||\vec{B}|\sin(\omega t)\,ds,$$

$$u_{12} = 2\frac{a}{2}\omega|\vec{B}|b\sin(\omega t) = |\vec{B}|ab\omega\sin(\omega t).$$

Da $d\vec{s}$ und $\vec{v} \times \vec{B}$ in diesem Fall entgegengesetzt zueinander gerichtet sind (Abb. 231), ergibt das Skalarprodukt ein Minuszeichen. In den ruhenden Leiterteilen gilt $\vec{S} = \kappa\vec{E} = \vec{0}$. Damit tragen die ruhenden Leiterteile keinen Beitrag zur Spannung bei.

---

3. Aufgabe

a. In einem unendlich langen, geraden Draht, der sich im Vakuum befindet und der sehr dünn ist, fließt ein Wechselstrom der Stromstärke $i(t) = \hat{i}\sin(\omega t)$ (Abb. 232, 233). Im Abstand x_0 vom Draht befindet sich eine rechteckförmige, geschlossene Leiterschleife aus dünnem Draht mit den Seitenlängen a und b. Die Leiterschleife und der Draht liegen in einer Ebene. Wie groß ist die in dieser Leiterschleife induzierte Spannung?

b. Die rechteckförmige Leiterschleife werde durch eine kreisförmige Leiterschleife mit dem Radius r_0 ersetzt. Die kreisförmige Leiterschleife tangiere den geraden Draht an einer Stelle. Wie groß muß der Abstand x_0 (Abb. 232) der rechteckigen Leiterschleife nach a. gewählt werden, damit die in dieser Leiterschleife induzierte Spannung genau so groß ist wie die in der kreisförmigen Schleife?

VI.2 Das Induktionsgesetz 357

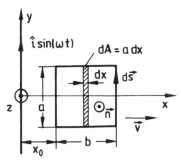

Abb. 232. Rechteckiger Leiter

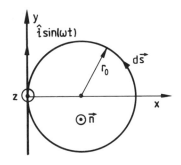

Abb. 233. Kreisförmiger Leiter

c. Im Draht fließe nun ein Gleichstrom der Stromstärke I. Wie groß ist die in der rechteckigen Leiterschleife induzierte Spannung, wenn sich die Schleife mit der Geschwindigkeit $\vec{v} = v\vec{e}_x$ in x-Richtung bewegt.

Lösung
a. Da die Leiterschleife sich in Ruhe befindet und der Wechselstrom im unendlich langen Draht ein zeitabhängiges Magnetfeld erzeugt, wird die induzierte Spannung aus

$$u_{ind} = -\frac{d}{dt}\iint_A \vec{B}\cdot\vec{n}\,dA = -\iint_A \frac{\partial \vec{B}(t)}{\partial t}\cdot\vec{n}\,dA$$

berechnet. Dabei ist die Integration über die Fläche der Leiterschleife durchzuführen. Das Magnetfeld des unendlich langen Drahtes berechnet sich in der x-y-Ebene (vgl. Aufgabe 1, Kap. V.4.2) zu:

$$\vec{H} = -\frac{i}{2\pi x}\vec{e}_z.$$

Der Abstand des Aufpunktes vom Leiter ist in der x-y-Ebene gerade gleich der x-Koordinate des Aufpunktes. Da das Magnetfeld nur von der Koordinate x abhängt, kann ein Flächenelement in der Schleifenfläche zu (Abb. 232)

$$dA = a\,dx$$

gewählt werden. Damit berechnet sich die induzierte Spannung mit $\vec{n} = \vec{e}_z$ (Abb. 232, 233) aus:

$$u_{ind} = -\int_{x_0}^{x_0+b} \frac{\partial}{\partial t}\left(-\frac{\mu_0 i}{2\pi x}\vec{e}_z\right)\cdot\vec{e}_z\,a\,dx,$$

$$u_{ind} = \frac{\mu_0 \hat{i} a}{2\pi}\frac{d}{dt}[\sin(\omega t)]\int_{x_0}^{x_0+b}\frac{dx}{x},$$

$$u_{ind} = \frac{\mu_0 \hat{i} a\omega}{2\pi}\ln\left[\frac{x_0+b}{x_0}\right]\cos(\omega t).$$

Die Richtung des Bezugspfeils der induzierten Spannung ist der Richtung des Flächennormalenvektors $\vec{n} = \vec{e}_z$ im Rechtsschraubensinn zugeordnet. Die Spannung fällt längs der Leiterschleife ab.

b. Ist die Schleife kreisförmig (Abb. 233), so berechnet sich die induzierte Spannung aus dem Integral

$$u_{ind} = \frac{\mu_0 \hat{i}}{2\pi} \frac{d}{dt} [\sin(\omega t)] \iint_A \frac{dxdy}{x}.$$

Die Integration muß über die Kreisfläche vorgenommen werden, das heißt, die y-Koordinate muß Werte vom unteren Kreisrand zum oberen Kreisrand annehmen, während die x-Koordinate von null bis $2r_0$ variiert wird:

$$u_{ind} = \frac{\mu_0 \hat{i} \omega}{2\pi} \cos(\omega t) \int_0^{2r_0} \int_{-\sqrt{r_0^2-(x-r_0)^2}}^{+\sqrt{r_0^2-(x-r_0)^2}} \frac{dydx}{x},$$

$$u_{ind} = \frac{\mu_0 \hat{i} \omega}{2\pi} \cos(\omega t) \int_0^{2r_0} \frac{2\sqrt{r_0^2 - (x-r_0)^2}}{x} dx.$$

Die Integrationsgrenzen für die y-Koordinate können aus der Kreisgleichung (Abb. 233)

$$(x - r_0)^2 + y^2 = r_0^2$$

$$y = \pm \sqrt{r_0^2 - (x - r_0)^2}$$

bestimmt werden. Wird die Substitution

$$u = x - r_0, \qquad du = dx, \qquad -r_0 \leq u \leq r_0$$

eingeführt, so kann das Integral umgeformt werden:

$$\int_0^{2r_0} \frac{\sqrt{r_0^2 - (x-r_0)^2}}{x} dx = \int_{-r_0}^{+r_0} \frac{\sqrt{r_0^2 - u^2}}{u + r_0} du =$$

$$= \int_{-r_0}^{r_0} \sqrt{\frac{r_0^2 - u^2}{(r_0 + u)^2}} du = \int_{-r_0}^{r_0} \sqrt{\frac{r_0 - u}{r_0 + u}} du =$$

$$= \int_{-r_0}^{r_0} \sqrt{\frac{(r_0 - u)^2}{r_0^2 - u^2}} du = \int_{-r_0}^{r_0} \frac{r_0 - u}{\sqrt{r_0^2 - u^2}} du.$$

Das letzte Integral wird in zwei Teilintegrale aufgespalten, die leicht lösbar sind:

$$\int_{-r_0}^{r_0} \frac{r_0}{\sqrt{r_0^2 - u^2}} \, du - \int_{-r_0}^{r_0} \frac{u}{\sqrt{r_0^2 - u^2}} \, du = r_0 \arcsin\left(\frac{u}{r_0}\right)\bigg|_{-r_0}^{r_0} + \sqrt{r_0^2 - u^2}\,\bigg|_{-r_0}^{r_0}.$$

Damit ergibt sich für die induzierte Spannung:

$$u_{ind} = \frac{\mu_0 \hat{\imath} \omega}{\pi} r_0 \cos(\omega t) \left[\arcsin(1) - \arcsin(-1)\right],$$

$$u_{ind} = \frac{\mu_0 \hat{\imath} \omega r_0}{\pi} + \left[\frac{\pi}{2} + \frac{\pi}{2}\right] \cos(\omega t),$$

$$u_{ind} = \mu_0 \hat{\imath} \omega \, r_0 \cos(\omega t).$$

Der Bezugspfeil der Spannung ist wieder dem Flächennormalenvektor im Rechtsschraubensinn zugeordnet. Sollen die in der Rechteckschleife nach a und die in der Kreisschleife nach b induzierten Spannungen gleich groß sein, so muß

$$\mu_0 \hat{\imath} \omega \, r_0 \cos(\omega t) = \frac{\mu_0 \hat{\imath} \omega a}{2\pi} \ln\left[\frac{x_0 + b}{x_0}\right] \cos(\omega t),$$

$$\frac{2\pi r_0}{a} = \ln\left[\frac{x_0 + b}{x_0}\right],$$

$$x_0 = \frac{b}{e^{\frac{2\pi r_0}{a}} - 1} = b\left[e^{\frac{2\pi r_0}{a}} - 1\right]^1$$

sein.

c. Fließt in dem unendlich langen, geraden Draht ein Gleichstrom der Stromstärke I, so wird das Magnetfeld des Stromes in der x-y-Ebene durch

$$\vec{H} = -\frac{I}{2\pi x} \vec{e}_z$$

beschrieben. Die induzierte Spannung wird nach Kap. VI.2, Gl. (VI.2.10) wegen $\partial \vec{B}/\partial t = 0$ aus dem Linienintegral über die Randkurve der Schleife

$$u_{ind} = Ri_{ind} = \oint_C (\vec{v} \times \vec{B}) \cdot d\vec{s}$$

berechnet. Da die Geschwindigkeit $\vec{v}$ x-Richtung, $\vec{v} = v\vec{e}_x$, und die Flußdichte $\vec{B}$ (negative) z-Richtung, $\vec{B} = B\vec{e}_z$ (B < 0), hat, zeigt das Produkt $\vec{v} \times \vec{B}$ in (positiver) y-Richtung. Damit liefert nur jeweils die Seitenkante der Länge a einen Beitrag zur induzierten Spannung und es gilt mit der in Abb. 232 eingezeichneten Richtung von $d\vec{s}$:

$$u_{ind} = \oint_C (\vec{v} \times \vec{B}) \cdot d\vec{s} = -\int_{+a/2}^{-a/2} vB(x(t))\,dy - \int_{-a/2}^{+a/2} vB(x(t)+b)\,dy.$$

Der Bezugspfeil der induzierten Spannung zeigt in Richtung des Wegelements $d\vec{s}$. $x(t)$ ist die Koordinate der linken Kante des Rechtecks, $x(t) + b$ die Koordinate der rechten Kante zur Zeit t:

$$u_{ind} = va\left[-\frac{\mu_0 I}{2\pi x(t)} + \frac{\mu_0 I}{2\pi(x(t)+b)}\right],$$

$$u_{ind} = -\frac{\mu_0 I va}{2\pi}\frac{b}{x(t)(x(t)+b)}.$$

Bei konstanter Geschwindigkeit v ist x der Zeit t direkt proportional. Wird vorausgesetzt, daß zur Zeit $t = 0$ $x = x_0$ ist, so kann $x(t)$ als

$$x(t) = vt + x_0$$

geschrieben werden. Damit gilt dann für die Zeitabhängigkeit der induzierten Spannung mit einem Bezugspfeil in Richtung des Wegelements $d\vec{s}$:

$$u_{ind} = -\frac{\mu_0 I vab}{2\pi}\frac{1}{(vt+x_0)(vt+x_0+b)}.$$

4. Aufgabe

In eine lange, schmale Spule mit w Windungen wird ein Kern aus schwach leitendem Material (Permeabilität $\mu = \mu_r\mu_0$, Leitfähigkeit κ) eingeschoben. Die Spule habe die Länge ℓ und den Radius ϱ_0, in der Wicklung der Spule fließe ein Wechselstrom der Stromstärke $i = \hat{i}\cos(\omega t)$. Der Radius des eingeschobenen Kerns sei ebenfalls ϱ_0, er habe die Länge der Spule ℓ. Man berechne unter Vernachlässigung sekundärer Feldanteile das magnetische und elektrische Feld im Innern der Spule sowie die im leitenden Material auftretende Verlustleistung P_v (Wirbelstromverluste) mit einem quasistationären Näherungsverfahren unter Vernachlässigung von Effekten zweiter Ordnung.

Lösung

Da die Spule als lang und schmal vorgegeben ist, und da sekundäre Feldanteile, die durch die induzierte elektrische Feldstärke (siehe unten) hervorgerufen werden, vernachlässigt werden sollen, kann angenommen werden, daß das im Inneren der Spule auftretende magnetische Feld homogen ist

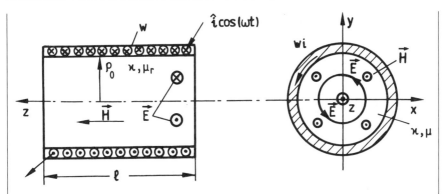

Abb. 234. Spule mit leitendem Kern

(vgl. Aufgabe 8, Kap. V.4.2). Das magnetische Feld in der Spule hat positive z-Richtung und ist von der Zeit abhängig:

$$\vec{H} = \frac{w\hat{i}}{\ell} \cos(\omega t)\,\vec{e}_z.$$

Aufgrund des Induktionsgesetzes induziert dieses zeitlich veränderliche magnetische Feld eine elektrische Feldstärke im leitenden Material. Diese elektrische Feldstärke kann berechnet werden, wenn berücksichtigt wird, daß die elektrischen Feldlinien aufgrund der Zylindersymmetrie auf zur z-Achse konzentrischen Kreisen verlaufen. Entlang eines kreisförmigen Integrationsweges vom Radius ϱ ist der Absolutbetrag der elektrischen Feldstärke aus Symmetriegründen konstant, er hängt nur vom Achsenabstand ϱ ab. Das heißt, mit Hilfe des Induktionsgesetzes folgt:

$$\oint_C \vec{E}\cdot d\vec{s} = -\frac{d}{dt}\iint_A \vec{B}\cdot\vec{n}\,dA = -\iint_A \frac{\partial \vec{B}(t)}{\partial t}\cdot\vec{n}\,dA.$$

Sei $\vec{n} = \vec{e}_z$ der Flächennormalen-Einheitsvektor der Querschnittsfläche, dann ist der Umlaufsinn des Linienintegrals $\vec{n}$ im Rechtsschraubensinn zugeordnet, zeigt also in positiver azimutaler Richtung: $d\vec{s} = ds\,\vec{e}_\alpha$. Mit $\vec{E} = E\vec{e}_\alpha$ gilt also:

$$E\,2\pi\varrho = -\left[\frac{\mu_0\mu_r w\hat{i}}{\ell}\,\pi\varrho^2\right]\frac{d}{dt}\cos(\omega t).$$

Da die magnetische Feldstärke im Innern der Spule als homogen angesehen wird, ergibt sich die Integration über die vom kreisförmigen Integrationsweg berandete Fläche als Produkt aus magnetischer Flußdichte und Flächeninhalt. Die elektrische Feldstärke hat azimutale Richtung:

$$\vec{E} = \frac{\mu_0\mu_r w\hat{i}\omega}{2\ell}\,\varrho\sin(\omega t)\,\vec{e}_\alpha.$$

Da das Material im Innern der Spule eine Leitfähigkeit κ besitzt, wird im Material eine Stromdichte

$$\vec{S} = \kappa \vec{E} = \frac{\mu_0 \mu_r \kappa w \hat{i} \omega}{2\ell} \varrho \sin(\omega t) \vec{e}_\alpha$$

mit geschlossenen Stromlinien auftreten (Wirbelströme). Diese Ströme erzeugen ihrerseits wieder ein Magnetfeld. Da aber das Material als schwach leitend vorausgesetzt war, kann der Einfluß dieser sekundären Magnetfelder hier vernachlässigt werden.

Mit dem Auftreten der Stromdichte im leitenden Material wird elektrische Energie in Wärmeenergie überführt. Für die auftretende Verlustleistung P_v gilt (vgl. Gl. (IV.2.16), Kap. IV.2):

$$P_v = \iiint_V \vec{S} \cdot \vec{E}\, dV = \iiint_V \kappa |\vec{E}|^2\, dV.$$

Mit den oben stehenden Zusammenhängen gilt also näherungsweise:

$$P_v = \left[\frac{\mu_0 \mu_r \hat{i} w \omega}{2\ell} \sin(\omega t)\right]^2 \kappa \iiint_V \varrho^2\, dV.$$

Als Volumenelement wird ein kleiner Zylinder mit kreisringförmigem Querschnitt gewählt:

$$dV = 2\pi \varrho\, d\varrho\, dz.$$

Es wird über ϱ mit den Grenzen $0 \leq \varrho \leq \varrho_0$ und über z mit den Grenzen $0 \leq z \leq \ell$ integriert:

$$P_v = \left[\frac{\mu_0 \mu_r \hat{i} w \omega}{2\ell} \sin(\omega t)\right]^2 \kappa \int_0^\ell \int_0^{\varrho_0} 2\pi \varrho^3\, d\varrho\, dz,$$

$$P_v = \left[\frac{\mu_0 \mu_r \hat{i} w \omega}{2\ell} \sin(\omega t)\right]^2 \kappa 2\pi \frac{\varrho_0^4}{4} \ell.$$

Im zeitlichen Mittel errechnet sich die umgesetzte Leistung zu:

$$\bar{P}_v = \frac{1}{T} \int_0^T P_v\, dt = \left[\frac{\mu_0 \mu_r w \omega \varrho_0^2 \hat{i}}{4}\right]^2 \frac{\pi \kappa}{\ell}.$$

5. Aufgabe

Eine kreisförmige, sehr gut leitende Scheibe mit dem Radius r_0 dreht sich mit konstanter Winkelgeschwindigkeit ω um ihre Achse im homogenen Magnetfeld der Flußdichte $\vec{B}$ (Abb. 235) senkrecht zur Scheibenfläche. Über

VI.2 Das Induktionsgesetz

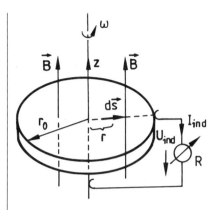

Abb. 235. Unipolarmaschine

zwei schleifende Kontakte (R = 0) an der Achse und am Rande der Scheibe kann eine Spannung abgenommen werden (Unipolarmaschine). Man berechne die Größe der an dem Meßinstrument (Abb. 235) auftretenden Spannung.

Lösung
Im vorliegenden Problem bewegt sich ein Leiter (hier die Scheibe) mit einer konstanten Geschwindigkeit $\vec{v}$ relativ zum ruhenden Beobachter (z.B. am Meßinstrument (Abb. 235)) in einem homogenen Magnetfeld. Aufgrund der in Kap. VI.2 abgeleiteten Beziehung Gl. (VI.2.10) läßt sich dann die im Leiterkreis induzierte Spannung wegen $\partial \vec{B}/\partial t = \vec{0}$ aus

$$U_{ind} = RI_{ind} = \oint_C (\vec{v} \times \vec{B}) \cdot d\vec{s}$$

berechnen. Der Leiterkreis besteht aus dem ruhenden äußeren Draht (R = 0), der als sehr gut leitend angesehenen Mittelachse und der Verbindung vom Mittelpunkt der Scheibe zum äußeren Schleifkontakt am Rande der Scheibe. Ein Beitrag zum Integral wird nur vom bewegten Leiter geleistet. Wird ein Element des Leiterkreises in der Scheibe von der Größe $d\vec{s} = dr \vec{e}_r$ betrachtet, so ist die in ihm induzierte Spannung:

$$dU_{ind} = (\vec{v} \times \vec{B}) \cdot d\vec{s}.$$

Befindet sich das Leiterelement im Abstand r vom Mittelpunkt der Scheibe, so ist seine Geschwindigkeit in azimutaler Richtung

$$\vec{v} = \omega r \vec{e}_\alpha,$$

so daß das Kreuzprodukt $\vec{v} \times \vec{B}$ sich zu

$$\vec{v} \times \vec{B} = \omega r \vec{e}_\alpha \times B \vec{e}_z = \omega r B \vec{e}_r$$

berechnet. Da das Linienelement $d\vec{s}$ ebenfalls radiale Richtung besitzt, kann die auf dem Wegelement $\vec{ds}$ induzierte Spannung zu

$$dU_{ind} = \omega r B dr$$

angegeben werden. Durch Integration vom Mittelpunkt der Scheibe (r = 0) bis zum Außenrand der Scheibe ($r = r_0$) ergibt sich die insgesamt induzierte Spannung zu:

$$U_{ind} = \int_0^{r_0} \omega r B \, dr = \frac{\omega B r_0^2}{2}.$$

Die Spannung fällt bei den vorgegebenen Verhältnissen im wesentlichen am Widerstand R des Meßinstruments (Abb. 235) ab.

Dieselbe Spannung erhält man, wenn die Scheibe als ruhend betrachtet wird und die abnehmende Leiterschleife rotiert. Die Spannung wird dann in der rotierenden Leiterschleife induziert. In der Leiterschleife wird keine Spannung induziert, wenn Scheibe und Abnehmerdraht als ruhend betrachtet werden und das axiale Magnetfeld z. B. durch einen sich drehenden Permanentmagneten erzeugt wird. Eine Spannung wird immer nur in einem Leiter induziert, der sich in einem Bezugssystem mit einer Geschwindigkeit $\vec{v}$ relativ zum Bezugssystem bewegt. Wählt man den Ort der Abnehmerklemmen als Bezugssystem, so muß sich die Scheibe drehen, wählt man die Scheibe als Bezugssystem, so muß sich die Abnehmerschleife drehen. In einem System, in dem Scheibe und Abnehmerschleife keine Relativgeschwindigkeit zueinander haben, kann keine induzierte Spannung gemessen werden. Es ist also z. B. nicht möglich, eine schleiferlose Gleichstrommaschine herzustellen.

6. Aufgabe

Eine leitende Kugel vom Radius r_0 bewegt sich mit einer konstanten Geschwindigkeit $\vec{v} = v\vec{e}_y$ in einem homogenen Magnetfeld der magnetischen Flußdichte $\vec{B} = B\vec{e}_x$ (Abb. 236). Man zeige, daß im Außenraum der Kugel im Abstand r vom Mittelpunkt der Kugel ein elektrisches Dipolfeld der Größe

$$\vec{E} = -\frac{vBr_0^2}{r^3}[2\cos\vartheta\,\vec{e}_r + \sin\vartheta\,\vec{e}_\vartheta]$$

existiert.

Lösung

Aufgrund der Bewegung der leitenden Kugel im Magnetfeld wird auf die frei beweglichen Ladungen (Elektronen) im leitenden Material eine Kraft der Größe

$$\vec{F} = Q(\vec{v} \times \vec{B}) = -e(\vec{v} \times \vec{B})$$

ausgeübt. Unter dem Einfluß dieser Kraft verschieben sich die beweglichen Elektronen im leitenden Material gerade so, daß sich ein Gleichgewichtszustand zwischen der Kraft $\vec{F}$ des Magnetfeldes auf die Ladungen und der

VI.2 Das Induktionsgesetz

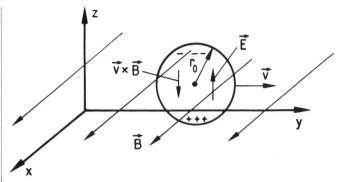

Abb. 236. Bewegte Kugel im homogenen Magnetfeld

Rückstellkraft zwischen den getrennten Ladungen einstellt. Ein Beobachter, der sich mit der Geschwindigkeit $\vec{v}$ auf der Kugel mitbewegt, „sieht" also eine „vom Magnetfeld erzeugte elektrische Feldstärke"

$$\vec{E}' = \vec{v} \times \vec{B}$$

und die entgegengesetzt wirkende Feldstärke $\vec{E}$ (Abb. 236) aufgrund der Ladungsverschiebungen, so daß im Gleichgewichtsfall für den Beobachter auf der Kugel die elektrische Feldstärke in der leitenden Kugel verschwindet.

Ein Beobachter, der sich ruhend z. B. im Nullpunkt des Koordinatensystems (Abb. 236) befindet, sieht demnach nur die elektrische Feldstärke $\vec{E}$ aufgrund der erfolgten Ladungsverschiebungen, da er die Kraft auf die Elektronen der Bewegung im Magnetfeld zuschreibt. Ein ruhender Beobachter sieht also die Kugel homogen elektrisiert mit einem elektrischen Feld im Innern der Kugel von der Größe:

$$\vec{E} = -\vec{E}' = -\vec{v} \times \vec{B} = -vB(\vec{e}_y \times \vec{e}_x) = vB\vec{e}_z.$$

Eine entsprechende Feldverteilung wird von einer homogen elektrisierten Kugel mit der Polarisation (vgl. Aufgabe 4, Kap. V.5.4 und ersetze $\vec{H}$ durch $\vec{E}$ und $\vec{M}$ durch $\vec{P}/\varepsilon_0$)

$$\vec{P} = -3\varepsilon_0\vec{E} = -3\varepsilon_0 vB\vec{e}_z$$

und einem elektrischen Dipol mit dem Dipolmoment

$$\vec{p} = \vec{P}V_{Kugel} = \vec{P}\frac{4\pi r_0^3}{3} = -4\pi r_0^3 \varepsilon_0 vB\vec{e}_z$$

im Mittelpunkt der Kugel hervorgerufen. Das Feld außerhalb der Kugel, das von einem solchen Dipol hervorgerufen wird, läßt sich nach Kap. III.7, als

$$\vec{E} = \frac{1}{4\pi\varepsilon_0 r^3}\left[3(\vec{p}\cdot\vec{r})\frac{\vec{r}}{r^2} - \vec{p}\right]$$

und mit oben stehenden Zusammenhängen als

$$\vec{E} = -\frac{vBr_0^3}{r^3}\left[3(\vec{e}_z \cdot \vec{r})\frac{\vec{r}}{r^2}\vec{e}_r - \vec{e}_z\right],$$

$$\vec{E} = -\frac{vBr_0^3}{r^3}[3\cos\vartheta\,\vec{e}_r - \cos\vartheta\,\vec{e}_r + \sin\vartheta\,\vec{e}_\vartheta],$$

$$\vec{E} = -\frac{vBr_0^3}{r^3}[2\cos\vartheta\,\vec{e}_r + \sin\vartheta\,\vec{e}_\vartheta]$$

berechnen. Dabei ist $\vec{r}$ der Ortsvektor vom (bewegten) Mittelpunkt der Kugel zum betrachteten Aufpunkt. ϑ ist der Winkel zwischen der z-Richtung und der Richtung des Ortsvektors $\vec{r}$. Der Einheitsvektor in z-Richtung wurde in seine Komponenten in r- und ϑ-Richtung

$$\vec{e}_z = \cos\vartheta\,\vec{e}_r - \sin\vartheta\,\vec{e}_\vartheta$$

zerlegt (vgl. Abb. 206, Aufgabe 4, Kap. V.5.4).

7. Aufgabe

Ein Betatron ist ein Gerät zur Beschleunigung leichter Teilchen, insbesondere Elektronen. Das Betatron besteht aus einem kreisringförmigen Glaskolben, in dem die Elektronen beschleunigt werden, sowie einem Magneten, der ein zylindersymmetrisches, zeitlich sinusförmig veränderliches Magnetfeld erzeugt. Die Elektronen werden mit einer vernachlässigbar kleinen Anfangsgeschwindigkeit in den Laufraum eingeschleust und dort von dem induzierten elektrischen Feld auf eine Geschwindigkeit nahe der Lichtgeschwindigkeit beschleunigt.

a. Man berechne die auf dem Sollkreis (das ist der Kreis, auf dem sich die Elektronen im Glaskolben bewegen sollen) mit dem Radius r_0 induzierte elektrische Feldstärke und gebe mit ihrer Hilfe den zeitlichen Verlauf des Impulses $m\vec{v}$ der Elektronen an. Dabei sei vorausgesetzt, daß sich die Elektronen tatsächlich auf dem Sollkreis bewegen.
b. Wie kann erreicht werden, daß sich die Elektronen tatsächlich auf dem Sollkreis bewegen? Wie groß ist das notwendige Führungsfeld (Magnetfeld) an der Stelle des Sollkreises und wie ist der Zusammenhang zwischen dem Führungsfeld am Sollkreis und dem Mittelwert der magnetischen Flußdichte über die von der Kreisbahn eingeschlossenen Fläche?
c. Wie lautet demnach die wirkliche Bewegungsgleichung für den Impuls der Elektronen unter dem Einfluß des elektrischen Feldes und des Magnetfeldes und wie errechnet sich daraus der Impuls? Man berechne den Energiezuwachs der Elektronen, falls die Elektronen bis zur Zeit t = T/4 (T = Periodendauer des sich sinusförmig ändernden Magnetfeldes) beschleunigt werden.

VI.2 Das Induktionsgesetz

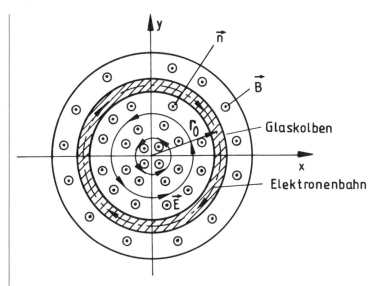

Abb. 237. Zum Prinzip des Betatrons

Lösung

a. Aufgrund der Zylindersymmetrie des magnetischen Feldes werden die Feldlinien der induzierten elektrischen Feldstärke kreisförmigen Verlauf besitzen. Wird das Induktionsgesetz

$$\oint_C \vec{E} \cdot d\vec{s} = -\frac{d}{dt} \iint_A \vec{B} \cdot \vec{n} \, dA$$

für den kreisförmigen Integrationsweg mit dem Radius r, der parallel zur elektrischen Feldstärke verläuft, ausgewertet, so ist $\vec{B} = B\vec{e}_z$, $\vec{E} = E\vec{e}_\alpha$, $\vec{n} = \vec{e}_z$ und die Richtung des Integrationsweges ist der Richtung des Flächennormalenvektors $\vec{n}$ im Rechtsschraubensinn zugeordnet, d.h. die Integration wird in positiver $\vec{e}_\alpha$-Richtung durchgeführt. Damit gilt:

$$E \, 2\pi r = -\frac{d}{dt} \iint_A \vec{B} \cdot \vec{n} \, dA = -\frac{d\Phi_m}{dt},$$

$$E = -\frac{1}{2\pi r} \frac{d\Phi_m}{dt}.$$

Auf dem Sollkreis mit dem Radius r_0 existiert also eine Feldstärke

$$\vec{E} = -\frac{1}{2\pi r_0} \frac{d\Phi_m}{dt} \vec{e}_\alpha$$

mit azimutaler Richtung.

Die Bewegungsgleichung der Elektronen mit dem Impuls $\vec{P}$ (unter Berücksichtigung der relativistischen Massenveränderlichkeit) lautet: Die auf das Elektron wirkende Kraft ist gleich der zeitlichen Änderung des Impulses:

$$\frac{d}{dt}(\vec{P}) = \frac{d}{dt}(m\vec{v}) = -e\vec{E} = \frac{e}{2\pi r_0}\frac{d\Phi_m}{dt}\vec{e}_\alpha.$$

Das heißt, der Impuls zur Zeit t $\vec{P}(t) = P(t)\vec{e}_\alpha$ kann durch einmalige Integration zu

$$P(t) = \frac{e}{2\pi r_0}\Phi_m(t) + C$$

angegeben werden. Da zur Zeit der Einschleusung der Elektronen (t = 0) in den Laufraum der Impuls der Elektronen vernachlässigbar klein sein soll, wird die Integrationskonstante C = 0 falls $\Phi_m(t=0) = 0$ ist. Das heißt, die Teilchen werden in dem Augenblick in den Laufraum eingebracht, in dem die magnetische Flußdichte ihren Nulldurchgang besitzt. Für diesen Fall gilt:

$$P(t) = \frac{e}{2\pi r_0}\Phi_m(t).$$

b. Durch die Beschleunigung im elektrischen Feld werden die Elektronen im allgemeinen Fall nicht auf einer Kreisbahn verlaufen, sondern mit wachsender Geschwindigkeit wird der Radius der Bahn zunehmen (vgl. Aufgabe 1, Kap. V.7.1). Wird das Magnetfeld in entsprechendem Maße geändert, so daß die Zentrifugalkraft, die auf das Elektron auf seiner Bahn ausgeübt wird, immer gerade die Kraft kompensiert, die vom Magnetfeld auf das Elektron ausgeübt wird, so kann sich das Elektron auf einer stationären Kreisbahn bewegen. Das heißt, die Summe der Kräfte

$$\vec{F}_{magn} = -e(\vec{v}\times\vec{B}) = -ev\,B(r_0)\vec{e}_\alpha\times\vec{e}_z = -ev\,B(r_0)\vec{e}_r$$

und

$$\vec{F}_{zentr} = \frac{mv^2}{r_0}\vec{e}_r$$

muß verschwinden. Dabei ist $B(r_0)$ die magnetische Flußdichte auf dem Sollkreis mit dem Radius r_0. Der Vektor $\vec{r}_0$ ist gleichzeitig der Ortsvektor, der die Lage des Ladungsträgers kennzeichnet. Die Geschwindigkeit $\vec{v}$ des Teilchens ist gleich der zeitlichen Änderung des Ortsvektors $\vec{r}_0$: $\vec{v} = d\vec{r}_0/dt$. Also gilt:

$$-ev\,B(r_0) + \frac{mv^2}{r_0} = 0,$$

$$B(r_0) = \frac{mv}{er_0} = \frac{P}{er_0}.$$

VI.2 Das Induktionsgesetz

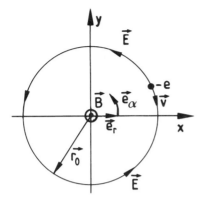

Abb. 238. Zur Berechnung des Gleichgewichtszustands

Impuls und Magnetfeld sind Funktionen der Zeit. Wird der nach a. berechnete Impuls eingesetzt, so kann schließlich für den Zusammenhang zwischen Flußdichte am Sollkreis und magnetischem Fluß Φ_m durch die vom Sollkreis berandete Fläche angegeben werden:

$$B(r_0, t) = \frac{1}{2\pi r_0^2} \Phi_m(t).$$

Der Mittelwert der magnetischen Flußdichte über die Fläche, die vom Sollkreis eingeschlossen wird, berechnet sich aus:

$$\bar{B}(t) = \frac{1}{A} \iint_A \vec{B}(t) \cdot \vec{n} \, dA = \frac{1}{\pi r_0^2} \Phi_m(t).$$

Wird der so berechnete Mittelwert der Flußdichte mit der Flußdichte am Sollkreis verglichen, so folgt:

$$B(r_0, t) = \frac{1}{2} \bar{B}(t).$$

Diese Bedingung heißt Wiederoesche Bedingung des Betatrons. Wird die Flußdichte am Sollkreis immer gleich dem halben Mittelwert der Flußdichte über die vom Sollkreis eingeschlossene Fläche gewählt, so bewegen sich die Elektronen trotz der Beschleunigung durch das elektrische Feld immer auf einer Kreisbahn.

c. Die wirkliche Bewegungsgleichung für die Elektronen auf dem Sollkreis kann unter Berücksichtigung des elektrischen Feldes und des Magnetfeldes in der Form

$$\frac{d}{dt} \vec{P}(t) = -e(\vec{E} + \vec{v} \times \vec{B})$$

angegeben werden. Die elektrische Feldstärke kann nach den zum Punkt b. durchgeführten Rechnungen zu

$$E(t) = -\frac{1}{2\pi r_0}\frac{d\Phi_m(t)}{dt} = -r_0\frac{d}{dt}B(r_0,t), \qquad \vec{E}(t) = -r_0\frac{d}{dt}B(r_0,t)\vec{e}_\alpha,$$

bzw. unter Berücksichtigung der Richtungen (Abb. 238) zu

$$\vec{E}(t) = \vec{r}_0 \times \frac{d}{dt}\vec{B}(r_0,t)$$

angegeben werden. Also gilt wegen $\vec{v} = d\vec{r}_0/dt$ (siehe oben) für die Bewegungsgleichung:

$$\frac{d}{dt}\vec{P}(t) = -e\left[\vec{r}_0 \times \frac{d}{dt}\vec{B}(r_0,t) + \frac{d}{dt}\vec{r}_0 \times \vec{B}(r_0,t)\right],$$

$$\frac{d}{dt}\vec{P}(t) = -e\frac{d}{dt}[\vec{r}_0 \times \vec{B}(r_0,t)].$$

Damit kann der Impuls durch

$$\vec{P}(t) = -e\,[\vec{r}_0 \times \vec{B}(r_0,t)]$$

beschrieben werden.

Der Zuwachs der kinetischen Energie der Elektronen ergibt sich mit c der Lichtgeschwindigkeit unter Berücksichtigung der Massenveränderlichkeit aus

$$\Delta W_{kin} = mc^2 - m_0c^2 = c\sqrt{P^2 + m_0^2c^2} - m_0c^2,$$

$$\Delta W_{kin} = m_0c^2\left[\sqrt{1 + \frac{P^2}{m_0^2c^2}} - 1\right].$$

Im Zeitpunkt $t = T/4$ nimmt die Flußdichte $B(r_0,t) = \hat{B}(r_0)\sin(\omega t)$ ihren Scheitelwert $\hat{B}(r_0)$ an, dementsprechend nimmt auch der Impuls $P(t)$ seinen maximal möglichen Wert

$$\hat{P} = er_0\hat{B}(r_0)$$

an. Damit ergibt sich der maximal mögliche Energiezuwachs im Betatron aus

$$\Delta W_{kin,max} = m_0c^2\left[\sqrt{1 + \frac{\hat{P}^2}{m_0^2c^2}} - 1\right].$$

VI.3 Die Induktivität

Da der Ausdruck

$$\frac{\hat{P}}{m_0 c} = \frac{er_0 \hat{B}(r_0)}{m_0 c} \gg 1$$

ist (d.h. der Impuls der Teilchen nach der Beschleunigung ist sehr viel größer als im Anfangszustand), kann der Energiezuwachs näherungsweise durch

$$\Delta W_{kin} \approx cer_0 \hat{B}(r_0)$$

angegeben werden.

VI.3
Die Induktivität

Es wird eine Drahtschleife aus dünnem Draht betrachtet, in der ein Strom der Stromstärke i_1 fließt. Dieser Strom erzeugt ein Magnetfeld, das die Schleifenfläche des Leiters durchsetzt und sich außerhalb der Schleifenfläche schließt. Wird eine zweite Leiterschleife in die Umgebung der stromführenden Leiterschleife gebracht, so kann ein Teil des magnetischen Feldes der ersten Schleife die Fläche, die von der zweiten Schleife aufgespannt wird, durchsetzen (Abb. 239).

Ändert sich der Strom in der ersten Schleife mit der Zeit, so ändert sich ebenfalls das Magnetfeld dieses Stromes. Aufgrund des Induktionsgesetzes (Kap. VI.2) wird durch das sich ändernde Magnetfeld ein elektrischer Strom sowohl in der ersten als auch in der zweiten Leiterschleife induziert. Dabei ist die in der ersten Leiterschleife induzierte elektrische Stromstärke immer so gerichtet, daß die Änderung des Originalstromes reduziert wird (Lenzsche Regel, vgl. Kap. VI.2). Im zweiten Leiter wird ebenfalls ein Strom induziert, der nun seinerseits ein Magnetfeld aufbaut, das seine eigene Schleifenfläche A_2 so-

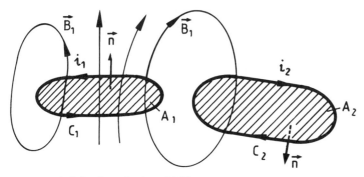

Abb. 239. Fluß durch zwei Leiterschleifen

wie teilweise auch die Schleifenfläche A_1 durchsetzt und somit erneut Spannungen und Ströme in den Leitern induziert.

Um zu einer allgemeingültigen Beschreibung dieser Induktionsvorgänge zu gelangen, wird ein System von n verschiedenen unbewegten Leiterschleifen betrachtet, in denen die Stromdichten $\vec{S}_\mu$ ($\mu = 1, 2, \ldots, n$) auftreten. Werden die von diesen Strömen hervorgerufenen magnetischen Felder überlagert, so kann der magnetische Fluß durch die einzelnen Leiterschleifen und somit mit Hilfe des Induktionsgesetzes die in den einzelnen Leiterschleifen induzierte Spannung angegeben werden.

Es wird vorausgesetzt, daß die magnetischen Felder nur von den elektrischen Strömen in den einzelnen Leitern herrühren. Ferner soll angenommen werden, daß sich die Stromkreise im Vakuum ($\mu = \mu_0$) befinden. Dann kann das von den Strömen erzeugte Feld der magnetischen Flußdichte $\vec{B}$ mit Hilfe des Vektorpotentials (vgl. Kap. V.2)

$$\vec{B} = \operatorname{rot} \vec{A}$$

aus dem Volumenintegral (vgl. Kap. V.4.1, Gl. (V.4.2))

$$\vec{A}(P) = \frac{\mu_0}{4\pi} \iiint_{V'} \frac{\vec{S}(P')}{R_{P'P}} dV' \tag{VI.3.1}$$

berechnet werden.

Der magnetische Fluß, der die v-te Leiterschleife durchsetzt, kann nach Gl.(V.2.14) direkt aus dem Vektorpotential $\vec{A}$ berechnet werden:

$$\Phi_{m\nu} = \iint_{A_\nu} \vec{B} \cdot \vec{n}_\nu dA_\nu = \oint_{C_\nu} \vec{A}(P_\nu) \cdot d\vec{s}_\nu. \tag{VI.3.2}$$

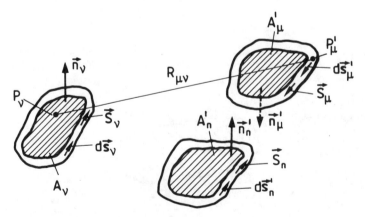

Abb. 240. Zur Berechnung der Induktivitäten

VI.3 Die Induktivität

Dabei ist die Integration über die noch zu definierende Randkurve des ν-ten Leiters vorzunehmen. Da die magnetische Flußdichte $\vec{B}$, die durch die ν-te Leiterschleife hindurchtritt, aus der Überlagerung der Felder der einzelnen Ströme berechnet werden kann, läßt sich für das Vektorpotential der Ausdruck

$$\vec{A}(P_\nu) = \frac{\mu_0}{4\pi} \sum_{\mu=1}^{n} \iiint_{V'_\mu} \frac{\vec{S}_\mu(P'_\mu)}{R_{\mu\nu}} dV'_\mu \tag{VI.3.3}$$

angeben. $R_{\mu\nu}$ ist der Abstand zwischen dem Integrationspunkt P'_μ und dem Aufpunkt P_ν. Werden die Leiter mit Ausnahme des ν-ten Leiters, die einen Beitrag zum magnetischen Fluß durch die Fläche A_ν des ν-ten Leiters leisten, als sehr dünn angesehen (Linienleiter), so kann das Vektorpotential dieser Ströme in der Form (vgl. Kap. V.4)

$$\vec{A}(P_\nu) = \frac{\mu_0}{4\pi} \sum_{\mu=1}^{n} I_\mu \oint_{C'_\mu} \frac{d\vec{s}'_\mu}{R_{\mu\nu}} \quad (\mu \neq \nu) \tag{VI.3.4}$$

berechnet werden. Bei der Berechnung des Vektorpotentials des ν-ten Leiterstroms selbst kann diese Vereinfachung nicht vorgenommen werden, weil sonst das Vektorpotential singulär werden könnte, da Aufpunkt und Integrationspunkt zusammenfallen können. Für das Vektorpotential, das vom Strom mit der Stromdichte $\vec{S}_\nu$ im ν-ten Leiter hervorgerufen wird, muß also weiterhin

$$\vec{A}(P_\nu) = \frac{\mu_0}{4\pi} \iiint_{V'_\nu} \frac{\vec{S}_\nu(P'_\nu)}{R_{\nu'\nu}} dV'_\nu \tag{VI.3.5}$$

geschrieben werden. $R_{\nu'\nu}$ ist dabei der Abstand des Aufpunktes P_ν (in der Schleifenfläche) zum Integrationspunkt P'_ν auf dem Leiter. Damit kann dann für das Vektorpotential im Aufpunkt P_ν insgesamt der Wert

$$\vec{A}(P_\nu) = \frac{\mu_0}{4\pi} \sum_{\substack{\mu=1 \\ \mu \neq \nu}}^{n} I_\mu \oint_{C'_\mu} \frac{d\vec{s}'_\mu}{R_{\mu\nu}} + \frac{\mu_0}{4\pi} \iiint_{V'_\nu} \frac{\vec{S}_\nu(P'_\nu)}{R_{\nu'\nu}} dV'_\nu \tag{VI.3.6}$$

und damit für den magnetischen Fluß durch die Fläche A_ν der Wert

$$\Phi_{m\nu} = \iint_{A_\nu} \vec{B} \cdot \vec{n}_\nu \, dA_\nu = \oint_{C_\nu} \vec{A}(P_\nu) \cdot d\vec{s}_\nu$$

$$= \frac{\mu_0}{4\pi} \sum_{\substack{\mu=1 \\ \mu \neq \nu}}^{n} I_\mu \oint_{C_\nu} \oint_{C'_\mu} \frac{d\vec{s}'_\mu \cdot d\vec{s}_\nu}{R_{\mu\nu}} + \frac{\mu_0}{4\pi} \oint_{C_\nu} \iiint_{V'_\nu} \frac{\vec{S}_\nu(P'_\nu)}{R_{\nu'\nu}} dV'_\nu \cdot d\vec{s}_\nu \tag{VI.3.7}$$

abgeleitet werden.

Es zeigt sich, daß alle Anteile, die zum Fluß durch die Fläche beitragen, den Stromstärken (bzw. Stromdichten) in den einzelnen Leitern direkt proportional sind, so daß der magnetische Fluß als

$$\Phi_{mv} = \sum_{\substack{\mu=1 \\ \mu \neq v}}^{n} I_\mu L_{v\mu} + I_v L_{vv} = \sum_{\mu=1}^{n} I_\mu L_{v\mu} \tag{VI.3.8}$$

dargestellt werden kann. Die Proportionalitätskonstanten

$$L_{v\mu} = \frac{\mu_0}{4\pi} \oint_{C_v} \oint_{C_\mu} \frac{d\vec{s}_\mu \cdot d\vec{s}_v}{R_{\mu v}} \tag{VI.3.9}$$

werden (unter Fortlassung des Strich-Indexes zur Bezeichnung des Integrationspunktes) als Gegeninduktivitäten zwischen der v-ten und der μ-ten Leiterschleife bezeichnet. Die Größe L_{vv},

$$L_{vv} = \frac{\mu_0}{4\pi I_v} \oint_{C_v} \iiint_{V'_v} \frac{\vec{S}_v(P'_v)}{R_{v'v}} dV'_v \cdot d\vec{s}_v \tag{VI.3.10}$$

wird als Eigen- oder Selbstinduktivität der v-ten Leiterschleife bezeichnet. Der Aufbau der Formel für die Gegeninduktivität $L_{v\mu}$ ist symmetrisch in v und μ, das heißt, die wechselseitigen Induktionskoeffizienten

$$L_{v\mu} = L_{\mu v}$$

sind einander gleich. Aus diesem Grund kann auch die Unterscheidung zwischen Integrationspunkt und Aufpunkt (P_v bzw. P'_μ) fallengelassen werden.

Sollen die Gln. (VI.3.9) und (VI.3.10) zur Berechnung der Induktivitäten ausgewertet werden, so tritt folgende Schwierigkeit auf: In beiden Ausdrücken zur Berechnung der Induktionskoeffizienten muß ein Linienintegral über den Rand der Schleifenfläche berechnet werden. Die Randkurve der Schleifenfläche kann aber nicht eindeutig definiert werden, falls die betrachteten Leiter einen endlichen Durchmesser besitzen. Auch im Innern der Leiter tritt ein Magnetfeld auf, und auch dieses Magnetfeld trägt zur induzierten Spannung im Leiter bei. Es wird festgelegt, daß bei der Auswertung der Gln. (VI.3.9) und (VI.3.10) die Randkurve immer mit der Innenkante des Leiters identisch ist. Die so berechneten Induktionskoeffizienten werden als äußere Induktivitäten bezeichnet. Der Beitrag des Feldes im Leiter zur Induktivität soll hier nicht behandelt werden, er kann einfacher aus dem Energieinhalt des magnetischen Feldes (vgl. Kap. VI.5) berechnet werden.

Bei der Berechnung der Induktivitäten muß berücksichtigt werden, daß das magnetische Feld z.B. in einer Spule die vom magnetfelderzeugenden Strom berandete Fläche mehrfach durchsetzt (Abb. 241). Dann ist bei der Berechnung der Induktivität der Gesamtfluß, der sich durch Multiplikation des von

VI.4 Der Energieinhalt des magnetischen Feldes

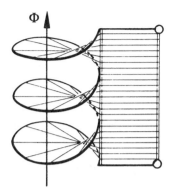

Abb. 241. Spule und verketteter magnetischer Fluß Ψ

einer Windung umschlossenen magnetischen Flusses mit der Zahl der Windungen ergibt, zu verwenden. Dieser Gesamtfluß wird auch als verketteter magnetischer Fluß (Flußverkettung) Ψ (nicht zu verwechseln mit des skalaren Potential Ψ der magnetischen Feldstärke) bezeichnet.

Die mehrfache Verkettung des Magnetfeldes mit dem felderzeugenden Strom tritt z. B. auch in einer Spule mit endlichen Drahtdurchmesser auf, wenn man sich den Strom im Draht in mehrere Stromfäden aufgeteilt denkt. In diesem Fall kann der verkettete magnetische Fluß aus einer Mittelwertbildung über den Querschnitt des stromführenden Leiters berechnet werden. Kann die Stromdichte als konstant über dem Querschnitt des Leiters angesehen werden, so kann für die Gegeninduktivität der Wert

$$L_{\nu\mu} = \frac{\mu_0}{4\pi A_\nu A_\mu} \iint_{A_\nu} \iint_{A_\mu} \oint_{C_\nu} \oint_{C_\mu} \frac{\vec{ds}_\mu \cdot \vec{ds}_\nu}{R_{\mu\nu}} \, dA_\mu \, dA_\nu \qquad (VI.3.11)$$

angegeben werden (vgl. auch Kap. VI.5).

VI.4
Der Energieinhalt des magnetischen Feldes

In Kap. III.13 wurde der Energieinhalt des elektrischen Feldes als die Arbeit definiert, die aufgebracht werden muß, um ein Ladungssystem aus dem Unendlichen zu transportieren und in einem betrachteten Raum ein Feld aufzubauen. Auf die gleiche Weise soll auch der Energieinhalt des magnetischen Feldes definiert werden. Dazu werden geschlossene Leitersysteme, in denen Ströme fließen, aus dem Unendlichen in ein betrachtetes Raumgebiet gebracht und die dabei aufgebrachte Arbeit berechnet. Aus dieser Arbeit wird dann die im magnetischen Feld der Ströme gespeicherte Energie definiert.

Zur Berechnung der Arbeit, die notwendig ist, um mehrere stromführende Leiterschleifen in einen Raum zu bringen, muß die Kraft bekannt sein, die auf einen stromführenden Leiter im Magnetfeld ausgeübt wird. Diese Kraft läßt sich aus dem Kap. V.1.1, Gl. (V.1.3) angegebenen Gesetz

$$\vec{F} = I(\vec{\ell} \times \vec{B}) \tag{VI.4.1}$$

bestimmen. Hiermit ist I die Stromstärke im Leiter, $\vec{\ell}$ der Längenvektor, der Länge und Richtung des Leiters charakterisiert, und $\vec{B}$ die magnetische Flußdichte.

Soll die Arbeit berechnet werden, die notwendig ist, um ein System von stromführenden Leiterschleifen aufzubauen, so sind die folgenden drei Anteile der aufzubringenden Arbeit zu berücksichtigen:

1. Um einen Strom in einem Leiter aufzubauen, muß eine Arbeit geleistet werden. Betrachtet wird jeweils eine von n Leiterschleifen, in der die Stromstärke vom Wert null auf den Wert I_ν gebracht werden soll. Die beim Aufbau dieses Stromes geleistete Arbeit wird als Energie im magnetischen Feld gespeichert und muß bei der Berechnung des Energieinhalts berücksichtigt werden (Anmerkung: Der entsprechende Anteil zum Aufbau der Ladungen wurde in Kap. III.13 nicht berücksichtigt, da dort mit Punktladungen bzw. punktförmigen Ladungen gearbeitet wurde.)
2. Es muß die Arbeit berechnet werden, die entgegen der oben angegebenen „Lorenzkraft" nach Gl. (VI.4.1) geleistet werden muß, wenn mehrere Leiterschleifen, in denen Ströme fließen, in einen Raum gebracht werden.
3. Werden die Leiterschleifen aus dem unendlich Fernen in das betrachtete Raumgebiet transportiert, so wird sich der magnetische Fluß durch die von den Leitern aufgespannten Flächen ändern und demgemäß wird in den Leiterschleifen eine elektrische Stromstärke induziert, die den ursprünglichen Strom im Leiter ändert. Bei dieser Stromänderung wird eine Arbeit geleistet. Es sei vorausgesetzt, daß sich im Verlauf des Leiters Spannungsquellen befinden, die immer gerade die Wirkung der induzierten Spannung kompensieren, so daß der Strom im Leiter konstant bleibt. Damit leisten diese Quellen eine Arbeit, die bei der Energiebilanz zusätzlich berücksichtigt werden muß. Diese Annahme hat den Vorteil, daß immer mit konstanten Strömen gerechnet werden kann und daß die sich ändernden Ströme bei der Berechnung der nach 2. aufgebrachten mechanischen Arbeit zunächst nicht berücksichtigt zu werden brauchen.

Die drei zu berechnenden Anteile der Arbeit sollen getrennt behandelt werden. Zunächst soll die Arbeit bestimmt werden, die notwendig ist, um in einer Leiterschleife einen Strom aufzubauen. Eine erste Leiterschleife befinde sich allein im Raum und sei zunächst stromlos. Wird im Leiter die Stromstärke von null auf einen Wert I_1 gebracht, so kann die hierbei geleistete Arbeit wie folgt berechnet werden: Die Stromstärke befinde sich auf dem Wert i_1 und werde um di_1 geändert, dann wird in der Leiterschleife die Spannung

$$du_{ind} = -\frac{d\Psi_{11}}{dt}$$

induziert. $d\Psi_{11}$ ist die mit der Stromstärkenänderung di_1 verkettete Änderung des magnetischen Flusses in der Leiterschleife. Soll die Stromstärke im

VI.4 Der Energieinhalt des magnetischen Feldes

Kreis um den Wert di_1 erhöht werden, so muß eine Spannungsquelle der Größe

$$du = -du_{ind} = \frac{d\Psi_{11}}{dt}$$

in der Leiterschleife angebracht werden um die induzierte Spannung zu kompensieren, die dann die Arbeit

$$dW = du\, i_1 = i_1 \frac{d\Psi_{11}}{dt}$$

leistet. Wird die Stromstärke vom Wert null auf den Wert I_1 gebracht, so ist hierzu von der Spannungsquelle die Arbeit

$$\text{Arbeit} = W = \int_0^t i_1 \frac{d\Psi_{11}}{dt} dt = \int_0^{I_1} i_1 L_{11} di_1 = \frac{1}{2} L_{11} I_1^2 \qquad \text{(VI.4.2)}$$

zu leisten. L_{11} ist die Eigeninduktivität der betrachteten Leiterschleife. Werden isoliert (d.h. es tritt keine Wechselwirkung zwischen den Leiterschleifen auf) voneinander n verschiedene Stromkreise aufgebaut, so lautet die aufzubringende Arbeit entsprechend:

$$W_0 = \frac{1}{2} \sum_{\nu=1}^n L_{\nu\nu} I_\nu^2. \qquad \text{(VI.4.3)}$$

Diese Arbeit wird als Energie im magnetischen Feld der noch voneinander getrennten Stromkreise gespeichert.

Als nächstes wird die Arbeit berechnet, die notwendig ist, um eine Leiterschleife in das Magnetfeld einer anderen Leiterschleife zu transportieren. Dazu werden die folgenden Voraussetzungen gemacht:

Betrachtet wird das System von zwei Leiterschleifen mit Strömen der Stromstärken I_1 und I_2 nach Abb. 242 in einem isotropen Medium. Beide Leiterschleifen werden als Linienleiter angesehen, so daß Randkurve und Leiter

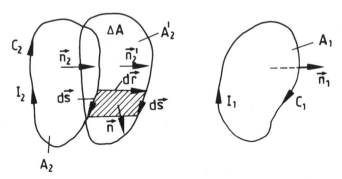

Abb. 242. Zur Berechnung des Energieinhalts

übereinstimmen. Beide Ströme erzeugen ein Magnetfeld der magnetischen Flußdichten $\vec{B}_1$ und $\vec{B}_2$.

Diesen Magnetfeldern und der Wechselwirkung zwischen den Leitern ist der magnetische Fluß (Flußverkettung) der Flußdichte $\vec{B}_1$ durch die Fläche A_2 von der Größe

$$\Psi_{21} = \iint_{A_2} \vec{B}_1 \cdot \vec{n}_2 \, dA$$

sowie der Fluß der magnetischen Flußdichte $\vec{B}_2$ durch die Fläche A_1 der Größe

$$\Psi_{12} = \iint_{A_1} \vec{B}_2 \cdot \vec{n}_1 \, dA$$

zugeordnet. Da es sich bei der Betrachtung um Linienleiter handeln soll, sind magnetischer Fluß und die Flußverkettung identisch. Wird eine der beiden Leiterschleifen, z. B. die Schleife, die die Stromstärke I_2 führt, um ein differentielles Wegelement $d\vec{r}$ im Feld der Leiterschleife mit der Stromstärke I_1 verschoben, so ist eine Kraft aufzubringen, die gerade gleich der negativen Kraft des Magnetfeldes $\vec{B}_1$ auf den Leiter ist. Auf ein Linienelement der Länge $d\vec{s}$ (Abb. 242) des Leiters wird die Kraft

$$d\vec{F} = I_2 (d\vec{s} \times \vec{B}_1)$$

ausgeübt, und auf den gesamten Leiter mit der geschlossenen Randkurve C_2:

$$\vec{F} = I_2 \oint_{C_2} (d\vec{s} \times \vec{B}_1) \, .$$

Die zur angenommenen Verschiebung um das Wegelement $d\vec{r}$ (Abb. 242) aufzubringende mechanische Arbeit ist dann:

$$dW_{mech} = -\vec{F} \cdot d\vec{r} = -\oint_{C_2} I_2 (d\vec{s} \times \vec{B}_1) \cdot d\vec{r},$$

$$dW_{mech} = -I_2 \oint_{C_2} \vec{B}_1 \cdot (d\vec{r} \times d\vec{s}) \, .$$

Das Kreuzprodukt der beiden Wegelemente $d\vec{r}$ und $d\vec{s}$ ist dem Absolutbetrag nach gleich dem in Abb. 242 eingezeichneten Flächenelement, die Richtung des Kreuzproduktes ist gleich der negativen Richtung des Flächennormaleneinheitsvektors $\vec{n}$ (Abb. 242) auf dieser Fläche. Damit kann für die geleistete Arbeit das Flächenintegral über die Fläche ΔA, die die Mantelfläche des durch die Flächen A_2 und A'_2 aufgespannten Zyinders bilden, angegeben werden:

$$dW_{mech} = I_2 \iint_{\Delta A} \vec{B}_1 \cdot \vec{n} \, dA \, .$$

Das auftretende Flächenintegral ist gleich der Differenz der magnetischen Flüsse, durch die Flächen A_2 und A'_2, weil die Feldlinien, die z.B. die Fläche A_2 noch durchsetzen, nicht aber die Fläche A'_2, durch die Fläche ΔA austreten müssen; sie verursachen eine Abnahme des magnetischen Flusses durch die Leiterschleife. Daher gilt:

$$\iint_{\Delta A} \vec{B}_1 \cdot \vec{n} \, dA = \iint_{A_2} \vec{B}_1 \cdot \vec{n}_2 \, dA - \iint_{A_2'} \vec{B}_1 \cdot \vec{n}_2' \, dA = -d\Psi_{21}.$$

Diese Beziehung kann formal auch aus dem Flußgesetz (Gl. (VI.1.4))

$$\oiint_A \vec{B} \cdot \vec{n} \, dA = 0$$

abgeleitet werden, wenn das Gesetz auf die von den Flächen A_2, A_2' und ΔA aufgespannte, geschlossene Fläche angewendet wird. Es gilt dann unter Berücksichtigung der Richtungen der Flächennormalenvektoren in Abb. 242 und der Tatsache, daß der Flächennormalenvektor $\vec{n}$ im Flußgesetz stets als aus der Fläche A herausweisend definiert ist:

$$\oiint_A \vec{B} \cdot \vec{n} \, dA = -\iint_{A_2} \vec{B}_1 \cdot \vec{n}_2 \, dA + \iint_{A_2'} \vec{B}_1 \cdot \vec{n}_2' \, dA + \iint_{\Delta A} \vec{B}_1 \cdot \vec{n} \, dA = 0.$$

Hieraus ergibt sich sofort die oben stehende Gleichung.

$d\Psi_{12}$ ist die Änderung des magnetischen Flusses durch die Fläche A_2, falls die Leiterschleife um das Wegelement $d\vec{r}$ transportiert wird. Somit gilt für die geleistete Arbeit:

$$dW_{mech} = -I_2 \, d\Psi_{21}.$$

Wird die Leiterschleife aus dem unendlich Fernen, wo $\Psi_{21} = 0$ gilt, in die Umgebung der ersten Leiterschleife transportiert, so ist die gesamte hierzu aufzubringende Arbeit:

$$W_{mech} = -I_2 \, \Psi_{21}.$$

Entsprechende Überlegungen können für eine umgekehrte Reihenfolge des Transports der Leiterschleifen durchgeführt werden. Wird die erste Leiterschleife vom unendlich fernen Punkt in die Umgebung der zweiten Leiterschleife gebracht, so ist hierzu die Arbeit

$$W_{mech} = -I_1 \, \Psi_{12}$$

aufzubringen. Da es sich beidesmal um dieselbe Arbeit handelt, um das System nach Abb. 242 aufzubauen, kann sie auch in der Form

$$W_{mech} = -\frac{1}{2} [I_1 \, \Psi_{12} + I_2 \, \Psi_{21}] \tag{VI.4.4}$$

angegeben werden.

Die oben stehende Arbeit wurde unter der Voraussetzung berechnet, daß die Ströme in den Leiterschleifen beim Transportvorgang konstant bleiben. Dies konnte nur durch die zusätzliche Einführung von Spannungsquellen in die Leiterschleifen erreicht werden, die die beim Transportvorgang in den Leiterschleifen induzierten Spannungen kompensieren. Die Spannungsquellen müssen eine Urspannung der Größe

$$u_0 = - u_{ind} = \frac{d\Psi}{dt}.$$

haben. Damit läßt sich z.B. in der ersten Leiterschleife die von der fiktiven Spannungsquelle beim Bewegungsvorgang in der Zeit dt geleistete Arbeit zu

$$dW_{Quelle1} = u_{01} I_1 dt = I_1 \frac{d\Psi_{12}}{dt} dt = I_1 d\Psi_{12}$$

angegeben. Ebenso folgt für die von der Spannungsquelle in der zweiten Leiterschleife geleistete Arbeit

$$dW_{Quelle2} = u_{02} I_2 dt = I_2 \frac{d\Psi_{21}}{dt} dt = I_2 d\Psi_{21}.$$

Für die von beiden Quellen aufgebrachte Arbeit ergibt sich, falls die Leiterschleifen aus dem unendlich Fernen in das betrachtete Raumgebiet transportiert werden, durch Integration über die gesamte Transportzeit:

$$W_{Quellen} = I_1 \Psi_{12} + I_2 \Psi_{21} = - 2 W_{mech},$$

weil die gesamte Änderung des magnetischen Flusses bei diesem Transportvorgang gerade Ψ_{12} bzw. Ψ_{21} ist.

Es soll schließlich die gesamte geleistete Arbeit berechnet werden, die aufgebracht werden muß, um ein System von n Leiterschleifen in einem Raum aufzubauen. Dabei soll so vorgegangen werden wie bei der Definition des Energieinhalts des elektrischen Feldes. Zunächst wird eine erste Leiterschleife aus dem Unendlichen in den betrachteten Raum transportiert. Da der Raum zunächst noch feldrei ist, braucht beim Transport keine Arbeit geleistet werden (vgl. Kap. III.13):

$$W_1 = W_0 + 0.$$

W_0 ist die Arbeit, die nach den vorangegangenen Rechnungen vor dem Transportvorgang aufgebracht werden muß, um ein System von n Strömen in n Leiterschleifen zu erzeugen. Wird die zweite Leiterschleife in den betrachteten Raum gebracht, so muß gegen das Magnetfeld der ersten Schleife eine Arbeit geleistet werden. Diese Arbeit setzt sich aus der geleisteten mechanischen Arbeit und der von den (fiktiven) Spannungsquellen geleisteten Arbeit zusammen:

$$W_2 = -\frac{1}{2} [I_1 \Psi_{12} + I_2 \Psi_{21}] + I_1 \Psi_{12} + I_2 \Psi_{21},$$

$$W_2 = +\frac{1}{2} [I_1 \Psi_{12} + I_2 \Psi_{21}].$$

VI.4 Der Energieinhalt des magnetischen Feldes

Wird eine dritte Leiterschleife in das Feld gebracht, das von den beiden ersten Leiterschleifen aufgebaut wird, so muß entsprechend die Arbeit

$$W_3 = +\frac{1}{2}[I_1\Psi_{13} + I_3\Psi_{31} + I_2\Psi_{23} + I_3\Psi_{32}]$$

aufgebracht werden. Wird der Ausdruck für die Arbeit, die für das Einbringen der ν-ten Schleife ($\nu > 1$) in das Feld der ($\nu - 1$)-ten Schleifen geleistet werden muß, verallgemeinert, so gilt:

$$W_\nu = \frac{1}{2}[I_1\Psi_{1\nu} + I_\nu\Psi_{\nu 1} + \ldots + I_{\nu-1}\Psi_{\nu-1,\nu} + I_\nu\Psi_{\nu,\nu-1}].$$

Dieser Ausdruck läßt sich etwas übersichtlicher in der Form

$$W_\nu = \frac{1}{2}\sum_{\mu=1}^{\nu-1}[I_\mu\Psi_{\mu\nu} + I_\nu\Psi_{\nu\mu}] \tag{VI.4.5}$$

angegeben. Die gesamte geleistete Arbeit wird durch Addition aller Einzelarbeits-Anteile

$$W = W_0 + \sum_{\nu=2}^{n}W_\nu = W_0 + \sum_{\nu=2}^{n}\sum_{\mu=1}^{\nu-1}\frac{1}{2}[I_\mu\Psi_{\mu\nu} + I_\nu\Psi_{\nu\mu}]$$

bestimmt. Dieser Ausdruck kann wie die entsprechende Gleichung in Kap. III.13, (Gl. (III.13.5)) wieder umgeformt werden, wie leicht durch Aufschreiben der ersten Glieder der Reihe nachgeprüft werden kann:

$$W = \frac{1}{2}\sum_{\nu=1}^{n}L_{\nu\nu}I_\nu^2 + \frac{1}{2}\sum_{\nu=1}^{n}\sum_{\substack{\mu=1\\\mu\neq\nu}}^{n}I_\mu\Psi_{\mu\nu}.$$

Dabei wurde W_0 durch die vorne abgeleitete Beziehung ersetzt.

Diese Arbeit muß aufgebracht werden, um ein System von n Leiterschleifen mit n Strömen aufzubauen. Die Energie, die im gleichzeitig aufgebauten magnetischen Feld der Ströme gespeichert wird, ergibt sich demnach unter Verwendung der Beziehung $\Psi_{\nu\nu} = I_\nu L_{\nu\nu}$ zu:

$$W_{\text{magn}} = \frac{1}{2}\sum_{\nu=1}^{n}\sum_{\mu=1}^{n}I_\mu\Psi_{\mu\nu} = \frac{1}{2}\sum_{\mu=1}^{n}I_\mu\Psi_\mu. \tag{VI.4.6}$$

Die in der abgeleiteten Gleichung auftretende Summe

$$\Psi_\mu = \sum_{\nu=1}^{n}\Psi_{\mu\nu}$$

ist gleich dem gesamten magnetischen Fluß, der mit dem Strom im μ-ten Leiter verkettet ist. Dieser läßt sich nach Gl. (VI.3.2) für einen Linienleiter durch das Vektorpotential $\vec{A}$ der auftretenden magnetischen Flußdichte $\vec{B}$

$$\Psi_\mu = \oint_{C_\mu} \vec{A} \cdot d\vec{s}_\mu$$

darstellen, so daß für den Energieinhalt der Ausdruck

$$W_{magn} = \frac{1}{2} \sum_{\mu=1}^n I_\mu \oint_{C_\mu} \vec{A} \cdot d\vec{s}_\mu$$

gilt.

Wird die Voraussetzung fallengelassen, daß die stromführenden Leiter Linienleiter sind, so kann die Stromstärke I_μ des μ-ten Leiters durch die Stromdichte $\vec{S}_\mu$ in der Leiterschleife dargestellt werden und für den Energieinhalt des magnetischen Feldes der Ausdruck

$$W_{magn} = \frac{1}{2} \sum_{\mu=1}^n \iint_{A_{L\mu}} \vec{S}_\mu \left[\oint_{C_\mu} \vec{A} \cdot d\vec{s}_\mu\right] \cdot \vec{n}_\mu \, dA_\mu = \frac{1}{2} \sum_{\mu=1}^n \iiint_{V_\mu} \vec{S}_\mu \cdot \vec{A} \, dV_\mu,$$

$$W_{magn} = \frac{1}{2} \iiint_V \vec{S} \cdot \vec{A} \, dB \qquad (VI.4.7)$$

angegeben werden. $A_{L\mu}$ ist dabei der Querschnitt des μ-ten Leiters, dV_μ ein Volumenelement des μ-ten Leiters. Da die Stromdichte $\vec{S}_\mu$ im μ-ten Leiter parallel zum Flächennormalenvektor $\vec{n}_\mu$ auf dem Querschnitt des Leiters und parallel zum Linienelement $d\vec{s}_\mu$ in Richtung des μ-ten Leiters ist, kann die oben durchgeführte Umwandlung der Skalarprodukte durchgeführt werden.

Wird die Summation über alle μ durchgeführt, so werden alle Ströme im betrachteten Raumgebiet berücksichtigt und der Energieinhalt des magnetischen Feldes kann zunächst als Volumenintegral über alle Leitervolumina berechnet werden. Da zudem die Stromdichte außerhalb der Leiter null ist, kann das Integrationsvolumen auf den gesamten betrachteten Feldbereich V ausgedehnt werden, ohne daß der Wert des Integrals sich ändert. $\vec{A}$ ist das Vektorpotential der magnetischen Flußdichte, die von allen Strömen hervorgerufen wird.

Wird die felderzeugende Stromdichte durch die von ihr hervorgerufenen magnetischen Felder über (Durchflutungsgesetz)

$$\text{rot}\,\vec{H} = \vec{S}$$

ersetzt, so gilt unter Anwendung der Vektoridentität (Gl. (I.15.14)): $\text{div}\,(\vec{H} \times \vec{A}) = \vec{A} \cdot \text{rot}\,\vec{H} - \vec{H} \cdot \text{rot}\,\vec{A}$:

$$W_{magn} = \frac{1}{2} \iiint_V \vec{A} \cdot \text{rot}\,\vec{H} \, dV$$

$$= \frac{1}{2} \iiint_V \vec{H} \cdot \text{rot}\,\vec{A} \, dV + \frac{1}{2} \iiint_V \text{div}\,(\vec{H} \times \vec{A}) \, dV,$$

$$W_{magn} = \frac{1}{2} \iiint_V \vec{H} \cdot \vec{B} \, dV + \oiint_A (\vec{H} \times \vec{A}) \cdot \vec{n} \, dA.$$

Die Umformung des ersten Integrals folgt aus der Definition des Vektorpotentials, die zweite Umformung wird mit Hilfe des Gaußschen Satzes vorgenommen. Die Oberfläche A, über die das Flächenintegral zu erstrecken ist, muß das Volumen V einschließen, der Flächennormalenvektor $\vec{n}$ weist aus dem Volumen V heraus. Wird als Hüllfläche eine Kugel mit unendlich großem Radius gewählt, so verschwindet das Oberflächenintegral, da die magnetische Feldstärke $|\vec{H}|$ eines Leiterschleifensystems im endlichen Raum außerhalb des Bereichs der Leiterschleifen mindestens wie $1/r^2$ mit wachsendem Abstand r des Aufpunktes vom Quellpunkt abfällt (vgl. z.B. Aufgabe 5, Kap. V.4.2) und $|\vec{A}|$ mindestens wie $1/r$ abfällt. dA wächst aber wie r^2 mit dem Abstand. Somit bleibt für den Energieinhalt des magnetischen Feldes mit der magnetischen Flußdichte $\vec{B}$ und der magnetischen Feldstärke $\vec{H}$ der Ausdruck

$$W_{magn} = \frac{1}{2} \iiint_V \vec{H} \cdot \vec{B}\, dV = \frac{1}{2} \iiint_V \mu \vec{H} \cdot \vec{H}\, dV = \frac{1}{2} \iiint_V \frac{1}{\mu} \vec{B} \cdot \vec{B}\, dV \qquad \text{(VI.4.8)}$$

Die Größe

$$w_{magn} = \frac{1}{2} \vec{H} \cdot \vec{B} \qquad \text{(VI.4.9)}$$

wird als Energiedichte des magnetischen Feldes im isotropen Material bezeichnet, sie beschreibt die punktweise Verteilung der Energie im Raum.

VI.5
Induktivitätsberechnungen

Bereits in Kap. VI.3 wurde der Begriff der Induktivität definiert und dort wurden ebenfalls Beziehungen zur Berechnung dieser Größe abgeleitet. So liefert Gl. (VI.3.9) die Möglichkeit, die sogenannte Gegeninduktivität $L_{\nu\mu}$ zwischen zwei Linienleitern zu berechnen; mit Gl. (VI.3.10) wurde die Eigeninduktivität einer Leiterschleife definiert. Aber bereits in Kap. VI.3 wurde darauf hingewiesen, daß bei der Auswertung dieser Gleichungen grundsätzliche Schwierigkeiten auftreten, da die durch die Leiter gegebene Randkurve nicht eindeutig bestimmt ist. Wird als Randkurve der von den Leitern aufgespannten Fläche immer die Innenkante des Leiters definiert, so können aus den oben zitierten Gleichungen die sogenannten äußeren Induktivitäten bestimmt werden, die den Einfluß des magnetischen Feldes innerhalb der Leiter auf die induzierte Spannung nicht berücksichtigen. In Kap. VI.3 wurde auch bereits der Begriff des verketteten magnetischen Flusses eingeführt, der zur Berechnung der Induktivitäten herangezogen werden muß, falls die Leiter endliche Abmessungen besitzen. Dieser Begriff soll hier mit Hilfe der abgeleiteten Beziehungen für den Energieinhalt des Magnetfeldes noch etwas genauer umrissen werden. Nach Gl. (VI.4.7) kann der Energieinhalt eines magnetischen Feldes, beschrieben durch sein

Vektorpotential $\vec{A}$, das von einer Stromdichte $\vec{S}$ hervorgerufen wird, durch das Volumenintegral

$$W_{magn} = \frac{1}{2} \iiint_V \vec{S} \cdot \vec{A} \, dV \tag{VI.5.1}$$

angegeben werden. Wird nun das Vektorpotential $\vec{A}$ nicht wie in Kap. VI.4 durch die magnetische Flußdichte $\vec{B}$, sondern durch die felderzeugende Stromdichte $\vec{S}'$ im Integrationspunkt P' (Ortsvektor $\vec{r}'$) ersetzt, so gilt nach Gl. (V.4.2)

$$W_{magn} = \frac{\mu}{8\pi} \iiint_V \iiint_{V'} \frac{\vec{S}(P) \cdot \vec{S}'(P')}{R_{P'P}} \, dV' \, dV, \tag{VI.5.2}$$

(vgl. diese Darstellung mit Gl. (III.13.9) für den Energieinhalt des elektrischen Feldes). Die Gl. (VI.5.2) sagt aus, daß der Energieinhalt des magnetischen Feldes proportional zum Quadrat der felderzeugenden Strömen ist, so daß für ein System von Leiterschleifen Gl. (VI.5.2) in der schon bekannten Form der Gl. (VI.4.6)

$$W_{magn} = \frac{\mu}{8\pi} \sum_{\mu=1}^{n} \sum_{\nu=1}^{n} \iiint_{V_\nu} \iiint_{V'_\mu} \frac{\vec{S}_\nu(P_\nu) \cdot \vec{S}_\mu(P'_\mu)}{R_{\mu\nu}} \, dV'_\mu \, dV_\nu, \tag{VI.5.3}$$

$$W_{magn} = \frac{1}{2} \sum_{\mu=1}^{n} \sum_{\nu=1}^{n} I_\mu \Psi_{\mu\nu} = \frac{1}{2} \sum_{\mu=1}^{n} \sum_{\nu=1}^{n} I_\mu I_\nu L_{\mu\nu} \tag{VI.5.4}$$

geschrieben werden kann. $R_{\mu\nu}$ bzw. $R_{\nu'\nu}$ ist der Abstand zwischen den Aufpunkten P_ν und den Integrationspunkten P'_μ bzw. P'_ν. Werden die Leiter als Linienleiter betrachtet, so kann aus diesen Beziehungen die Gegeninduktivität $L_{\mu\nu}$ in der schon bekannten Form der Gl. (VI.3.9) abgeleitet werden. Unter Berücksichtigung des Feldes innerhalb der Leiter muß aber für die Gegeninduktivität der Wert

$$L_{\mu\nu} = \frac{\mu}{4\pi} \frac{1}{I_\nu I_\mu} \iiint_{V_\nu} \iiint_{V'_\mu} \frac{\vec{S}_\nu(P_\nu) \cdot \vec{S}_\mu(P'_\mu)}{R_{\mu\nu}} \, dV'_\mu \, dV_\nu, \tag{VI.5.5}$$

$$L_{\nu\nu} = \frac{\mu}{4\pi I_\nu^2} \iiint_{V_\nu} \iiint_{V'_\nu} \frac{\vec{S}_\nu(P_\nu) \cdot \vec{S}_\nu(P'_\nu)}{R_{\nu'\nu}} \, dV'_\nu \, dV_\nu \tag{VI.5.6}$$

angegeben werden. Bei der Berechnung der Eigeninduktivität liegen Auf- und Integrationspunkt auf demselben Leiter. Da die Eigeninduktivität $L_{\nu\nu}$ die Proportionalitätskonstante zwischen Flußverkettung $\Psi_{\nu\nu}$ und felderzeugendem Strom I_ν ist, kann für die Flußverkettung der Wert

$$\Psi_{\nu\nu} = \frac{\mu}{4\pi I_\nu} \iiint_{V_\nu} \iiint_{V'_\nu} \frac{\vec{S}_\nu(P_\nu) \cdot \vec{S}_\nu(P'_\nu)}{R_{\nu'\nu}} \, dV'_\nu \, dV_\nu \tag{VI.5.7}$$

abgeleitet werden. Ein Vergleich mit Gl. (VI.3.7) zeigt, daß die Flußverkettung der auf die Leiterstromstärke bezogene, mit der Stromdichte gewichtete Mit-

VI.5 Induktivitätsberechnungen

telwert des magnetischen Flusses über der Leiterquerschnittsfläche ist. Zur Berechnung der Induktivitäten muß jeweils von der Flußverkettung Ψ ausgegangen werden. Fließt der felderzeugende Strom in einem Linienleiter, so kann die Flußverkettung durch den magnetischen Fluß ersetzt werden, da dann der über den felderzeugenden Strom im Leiterquerschnitt gemittelte magnetische Fluß mit der Flußverkettung übereinstimmt. Ist die Stromdichte über dem Querschnitt eines Leiters endlicher Abmessungen konstant, so geht die Mittelung über den Strom in eine Mittelung über den Querschnitt des Leiters über.

VI.5.1 Anwendungen

1. Aufgabe

Gegeben sind zwei lange, dünne Spulen, in deren Innern sich nach Abb. 243 und Abb. 244 ein geschichtetes Medium mit verschiedenen Permeabilitäten

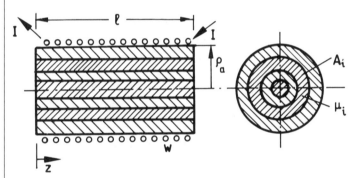

Abb. 243. Spule mit längsgeschichtetem Medium

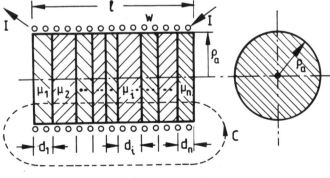

Abb. 244. Spule mit quergeschichtetem Medium

μ_i (i = 1,2,...,n) befindet. Die Spulen besitzen w Windungen, in denen ein Strom der Stromstärke I fließt. Sie sind einlagig gewickelt. Wie groß ist die äußere Selbstinduktivität dieser Spulen?

Lösung
Im Innenraum der Spule nach Abb. 243 befindet sich ein in axialer Richtung längsgeschichtetes Medium in der Form konzentrischer Zylinder mit Kreisringquerschnitt. Die Radien dieser Kreisringquerschnitte werden fortlaufend von innen nach außen mit $\varrho_1, \varrho_2, ..., \varrho_i, ..., \varrho_n$, $\varrho_n = \varrho_a$ numeriert. Da die Spule als lang und dünn vorausgesetzt ist, kann angenommen werden, daß das magnetische Feld im Innern der Spule konzentriert ist und in den einzelnen Schichten homogen ist.

Außerhalb der Spule sei das Feld null. Aufgrund der Grenzbedingungen für die tangentiale magnetische Feldstärke wird das magnetische Feld im Innern der Spule eine magnetische Feldstärke besitzen, die in allen Schichten gleich groß ist:

$$\vec{H}_1 = \vec{H}_2 = ... = \vec{H}_i = ... = \vec{H}_n = \frac{wI}{\ell}\vec{e}_z.$$

Die Permeabilitäten der einzelnen Schichten sind verschieden groß. Es kann also für die magnetische Flußdichte z. B. in der i-ten Schicht

$$\vec{B}_i = \frac{\mu_i wI}{\ell}\vec{e}_z$$

berechnet werden. Zur Berechnung der Eigeninduktivität wird die Flußverkettung, die mit dem Strom in der Spule verkettet ist, berechnet. Dabei muß über den gesamten Querschnitt der Spule integriert werden. Diese Integration läßt sich in die Summe der Integrale über die Teilflächen A_i des Querschnitts aufteilen:

$$\Psi = \sum_{i=1}^{n}\Psi_i = \sum_{i=1}^{n}\iint_{A_i} w\vec{B}_i \cdot \vec{n}_i \, dA_i,$$

$$\Psi = \sum_{i=1}^{n}\frac{\mu_i w^2 I}{\ell}A_i.$$

Da die Induktivität als Proportionalitätsfaktor zwischen Stromstärke und Flußverkettung definiert ist, folgt für die (äußere) Induktivität:

$$L = \sum_{i=1}^{n}\frac{w^2\mu_i A_i}{\ell}.$$

In der Spule nach Abb. 244 verlaufen die Grenzflächen zwischen den verschiedenen Medien senkrecht zur Richtung des Magnetfeldes, so daß aufgrund der Grenzbedingungen für die magnetische Flußdichte in allen Schichten dieselbe Flußdichte auftritt. Die magnetische Feldstärke in den einzelnen Schichten ist verschieden groß. Wird das Durchflutungsgesetz auf den in Abb. 244 eingezeichneten, geschlossenen Integrationsweg angewendet, so gilt unter der Voraussetzung, daß die magnetische Feldstärke außerhalb der Spule null ist:

$$\sum_{i=1}^{n} H_i \, d_i = wI,$$

da die magnetische Feldstärke nur innerhalb der Spule auftritt und dort parallel zur z-Achse gerichtet ist. Der Bezugspfeil der Stromstärke I und die magnetische Feldstärke sind einander im Sinne einer Rechtsschraube zugeordnet.

Da ferner

$$\vec{B}_i = \mu_i \vec{H}_i, \qquad \vec{H}_i = \frac{\vec{B}_i}{\mu_i}$$

ist und da die magnetische Flußdichte in allen Schichten gleich groß ist:

$$\vec{B}_1 = \vec{B}_2 = \ldots = \vec{B}_i = \ldots \vec{B}_n,$$

kann das Durchflutungsgesetz auch in der Form

$$\sum_{i=1}^{n} \frac{B_i}{\mu_i} d_i = B \sum_{i=1}^{n} \frac{d_i}{\mu_i} = wI$$

geschrieben werden. Also gilt für die magnetische Flußdichte und die magnetische Feldstärke in allen Schichten:

$$B_i = \frac{wI}{\sum_{i=1}^{n} \frac{d_i}{\mu_i}}, \qquad H_i = \frac{wI}{\mu_i \sum_{i=1}^{n} \frac{d_i}{\mu_i}}.$$

Mit Hilfe der so berechneten magnetischen Flußdichte kann die Flußverkettung berechnet werden:

$$\Psi = \iint_A w \vec{B} \cdot \vec{n} \, dA = \frac{w^2 I}{\sum_{i=1}^{n} \frac{d_i}{\mu_i}} \iint_A dA = \frac{w^2 IA}{\sum_{i=1}^{n} \frac{d_i}{\mu_i}}.$$

Damit gilt für die (äußere) Selbstinduktivität der Spule:

$$L = \frac{w^2 A}{\sum_{i=1}^{n} \frac{d_i}{\mu_i}}.$$

2. Aufgabe

Um einen hochpermeablen ($\mu_r \gg 1$) Eisenkern ist eine Spule mit w Windungen gewickelt. Der Kern besitzt den Querschnitt A, die mittlere Länge ℓ und hat einen Luftspalt der Breite d (Abb. 245). Man berechne unter Vernachlässigung der auftretenden Streufelder und unter der Annahme, daß das magnetische Feld gleichmäßig über den Querschnitt des Kerns verteilt ist, die äußere Induktivität der Anordnung.

Lösung

Die auftretenden Streufelder sollen vernachlässigt werden; das bedeutet, daß erstens längs des Eisenkerns das Feld nur im Innern des Kerns auftritt, im Luftbereich aber gleich null ist, und daß zweitens im Bereich des Luftspaltes nur der Bereich des Querschnitts A vom Magnetfeld durchsetzt wird. Die in Wirklichkeit auftretende „Ausbeulung" der Feldlinien im Bereich des Luftspaltes wird vernachlässigt. Damit kann sofort aus dem magnetische Flußgesetz (Gl. (VI.1.4)), angewendet auf die geschlossene Fläche A' in Abb. 245, geschlossen werden:

$$\oint_{A'} \vec{B} \cdot \vec{n} \, dA = \vec{B}_E \cdot \vec{n}\, A + \vec{B}_L \cdot \vec{n}\, A = -B_E A + B_L A = 0$$

mit $\vec{B}_E$ der magnetischen Flußdichte im Eisenkern und $\vec{B}_L$ der magnetischen Flußdichte im Luftspalt. Damit gilt wegen der Gleichheit der vom Magnetfeld im Eisen und im Luftspalt durchsetzten Flächen:

$$B_E = B_L \, .$$

Da der Zusammenhang zwischen magnetischer Flußdichte und Feldstärke durch

$$\vec{B}_E = \mu_0 \mu_r \vec{H}_E, \qquad \vec{B}_L = \mu_0 \vec{H}_L$$

gegeben ist, sind die magnetischen Feldstärken H_E und H_L verschieden groß. Für sie gilt, falls das magnetische Feld gleichmäßig über dem Quer-

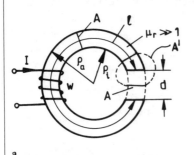 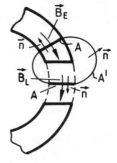

a   b

Abb. 245a, b. Ringkern mit Luftspalt. **a** Gesamtbild; **b** Ausschnitt des Luftspalts mit geschlossener Fläche A'

schnitt des Kerns verteilt ist (diese Annahme ist richtig, wenn der Kern sehr schmal ist, $\varrho_i \approx \varrho_a$, (vgl. auch Kap. V.6)), wie aus dem Durchflutungsgesetzt folgt:

$$\oint \vec{H} \cdot d\vec{s} = H_E \ell + H_L d = wI.$$

Die magnetischen Feldstärken werden durch die magnetischen Flußdichten ersetzt:

$$\frac{B_E}{\mu_0 \mu_r} \ell + \frac{B_L}{\mu_0} d = wI.$$

Da $B_E = B_L$ ist, gilt für die magnetische Flußdichte:

$$B_E = B_L = \frac{\mu_0 wI}{\dfrac{\ell}{\mu_r} + d} = \frac{\mu_0 \mu_r wI}{\ell + \mu_r d}.$$

Für die Flußverkettung gilt dann:

$$\Psi = \iint_A w\vec{B} \cdot \vec{n}\, dA = \frac{\mu_0 \mu_r w^2 I}{\ell + \mu_r d} A.$$

Damit kann für die äußere Induktivität der Ausdruck

$$L = \frac{\mu_0 \mu_r w^2 A}{\ell + \mu_r d}$$

angegeben werden (vgl. mit Aufgabe 1b dieses Kapitels).

3. Aufgabe

Eine lange Zylinderspule ($l \gg \varrho_1, \varrho_2$) sei, wie in Abb. 246 skizziert, in zwei elektrisch hintereinander geschalteten Lagen mit den Windungszahlen w_1

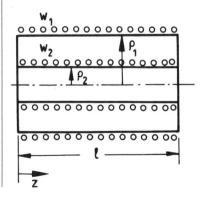

Abb. 246. Hintereinander geschaltete, gekoppelte Spulen

und w_2 gewickelt. Man bestimme die äußere Induktivität der Spule, wenn die beiden Lagen so gewickelt sind, daß sie

a) gegensinnig vom elektrischen Strom durchflossen und
b) gleichsinnig vom Strom durchflossen werden.

Man kontrolliere das Ergebnis am Grenzfall $\varrho_1 \to \varrho_2$.

Lösung
Die Spulen sind elektrisch in Reihe geschaltet, d.h. sie werden von demselben Strom der Stromstärke I durchflossen. Da die Spule als lang bezogen auf ihren Durchmesser vorausgesetzt ist, tritt ein Magnetfeld (in erster Näherung) nur innerhalb der Spulen auf. Das Feld einer Spule durchsetzt jeweils ganz oder teilweise den Querschnitt der anderen Spule. Die von den Spulen hervorgerufenen Magnetfelder haben die Größe:

$$\vec{H}_1 = \frac{w_1 I}{\ell} \vec{e}_z, \qquad \vec{H}_2 = \pm \frac{w_2 I}{\ell} \vec{e}_z,$$

$$\vec{B}_1 = \frac{\mu_0 w_1 I}{\ell} \vec{e}_z, \qquad \vec{B}_2 = \pm \frac{\mu_0 w_2 I}{\ell} \vec{e}_z.$$

Die positiven Vorzeichen in den Beziehungen für $\vec{H}_2$, $\vec{B}_2$ gelten, falls die Spulen gleichsinnig vom Strom durchflossen werden; im anderen Fall gelten die negativen Vorzeichen.

Der gesamte magnetische Fluß, der mit einem Strom verkettet ist, setzt sich jeweils aus dem Fluß des Feldes der Spule durch ihren eigenen Querschnitt sowie dem Anteil des Feldes der anderen Spule durch diesen Querschnitt zusammen. Es können also insgesamt vier verschiedene Anteile unterschieden werden:

$$\Psi_{11} = \iint_{A_1} w_1 \vec{B}_1 \cdot \vec{n} \, dA = \frac{\mu_0 w_1^2 I}{\ell} \pi \varrho_1^2,$$

$$\Psi_{12} = \iint_{A_1} w_1 \vec{B}_2 \cdot \vec{n} \, dA = \pm \frac{\mu_0 w_1 w_2 I}{\ell} \pi \varrho_2^2,$$

$$\Psi_{21} = \iint_{A_2} w_2 \vec{B}_1 \cdot \vec{n} \, dA = \pm \frac{\mu_0 w_2 w_1 I}{\ell} \pi \varrho_2^2,$$

$$\Psi_{12} = \iint_{A_2} w_2 \vec{B}_2 \, \vec{n} \cdot dA = \frac{\mu_0 w_2^2 I}{\ell} \pi \varrho_2^2,$$

Ψ_{11} ist der Fluß des Feldes der ersten Spule durch ihren eigenen Querschnitt ($\varrho = \varrho_1$), Ψ_{12} ist der Fluß des Feldes der zweiten Spule durch den Querschnitt der ersten Spule ($\varrho = \varrho_1$). Da aber das Feld der Spule 2 nur im Bereich $0 \leq \varrho \leq \varrho_2$ auftritt, für $\varrho_2 \leq \varrho \leq \varrho_1$ aber verschwindet, ergibt die Integration über die Fläche A_1 den Faktor $\pi\varrho_2^2$ und nicht $\pi\varrho_1^2$. Ψ_{21} ist der Fluß des Feldes der ersten Spule durch den Querschnitt der zweiten Spule ($\varrho = \varrho_2$). Ψ_{22} ist der Fluß des Feldes der zweiten Spule durch ihren eigenen Querschnitt ($\varrho = \varrho_2$). Je nach Wickelsinn der Spulen haben die Felder der beiden Spulen gleiche oder entgegengesetzte Richtung. Es wird angenommen, daß der Strom in der Spule 1 so fließt, daß $\vec{H}_1$ und $\vec{B}_1$ z-Richtung besitzen. Dann haben $\vec{H}_2$ und $\vec{B}_2$ + z- oder -z-Richtung, je nach Wickelsinn der Spulen (vgl. oben stehende Gleichungen für die Felder). Damit werden Ψ_{12} und Ψ_{21} negativ (Fall a)) oder positiv (Fall b)) wenn die Flächennormalenvektoren der Flächen A_1 und A_2 jeweils so gewählt werden, daß Ψ_{11} und Ψ_{22} positive Größen sind. Die gesamte Flußverkettung und damit die Induktivität berechnen sich demnach zu:

$$\Psi = \frac{\mu_0 \pi I}{\ell}[w_1^2\,\varrho_1^2 \mp 2\,w_1 w_2\,\varrho_2^2 + w_2^2\,\varrho_2^2],$$

$$L = \frac{\Psi}{I} = \frac{\mu_0 \pi}{\ell}[w_1^2\,\varrho_1^2 \mp 2\,w_1 w_2\,\varrho_2^2 + w_2^2\,\varrho_2^2].$$

Darin gilt das Minuszeichen für Fall a) und das Pluszeichen für Fall b). Im Grenzfall $\varrho_1 \to \varrho_2$ geht die Anordnung in eine Spule mit $w = w_1 \mp w_2$ Windungen über:

$$\varrho_1 \xrightarrow{\lim} \varrho_2\; L = \frac{\mu_0 \pi}{\ell}\varrho_1^2(w_1^2 \mp 2\,w_1 w_2 + w_2^2) = \frac{\mu_0 \pi \varrho_1^2}{\ell}(w_1 \mp w_2)^2.$$

4. Aufgabe

Gegeben ist ein Leiter von der Form eines Hohlzylinders mit dem Innenradius ϱ_i und dem Außenradius ϱ_a (Abb. 247). In dem Leiter fließt ein gleichmäßig über den Querschnitt verteilter Strom der Stromstärke I. Gesucht ist das von dem Strom erzeugte magnetische Feld im Innen- und Außenraum des Leiters sowie die innere Induktivität des Leiters.

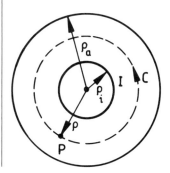

Abb. 247. Leiter mit kreisringförmigen Querschnitt

Lösung

Wird das Durchflutungsgesetz (Gl. (VI.1.2)) auf den in Abb. 247 eingezeichneten, kreisförmigen Integrationsweg vom Radius ϱ angewendet, so gilt aufgrund der Symmetrie der Anordnung (d.h. die Feldlinien der magnetischen Feldstärke sind konzentrische Kreise zur Achse der Anordnung) für die magnetische Feldstärke $\vec{H}_i = H_i \vec{e}_\alpha$ im leitenden Material:

$$\oint_C \vec{H}_i \cdot d\vec{s} = \iint_A \vec{S} \cdot \vec{n} \, dA,$$

$$H_i \, 2\pi\varrho = S\pi(\varrho^2 - \varrho_i^2).$$

Ein Wegelement längs des Kreises vom Radius ϱ ist parallel zur magnetischen Feldstärke gerichtet. Der Betrag der magnetischen Feldstärke ($\vec{H}_i$) ist längs eines konzentrischen Kreises vom Radius ϱ konstant. Damit ist die linke Seite der Gleichung gleich dem Produkt des Betrages der magnetischen Feldstärke und des Umfangs des Kreises vom Radius ϱ:

$$U = 2\pi\varrho.$$

Die Stromdichte, die senkrecht zur Querschnittsfläche (z-Richtung) des Leiters gerichtet ist, ist konstant über dem Querschnitt, so daß die rechte Seite sich als Produkt aus dem Betrag der Stromdichte und der Fläche des Kreisrings mit dem Innenradius ϱ_i und dem Außenradius ϱ berechnet.

Der Wert S der Stromdichte $\vec{S} = S\vec{e}_z$ im Leiter läßt sich aus der Stromstärke I und dem Querschnitt des Leiters zu

$$S = \frac{I}{\pi(\varrho_a^2 - \varrho_i^2)}$$

berechnen. Mit diesem Wert der Stromdichte kann für das Feld im Innern des leitenden Materials im Abstand ϱ von der Achse des Leiters der Ausdruck

$$H_i = \frac{I}{2\pi\varrho(\varrho_a^2 - \varrho_i^2)} (\varrho^2 - \varrho_i^2),$$

$$H_i = \frac{I}{2\pi(\varrho_a^2 - \varrho_i^2)} \left(\varrho - \frac{\varrho_i^2}{\varrho}\right)$$

abgeleitet werden. Wird der Integrationsweg in den Bereich außerhalb des Leiters ($\varrho \geq \varrho_a$) gelegt, so wird von ihm der gesamte Strom der Stromstärke I umschlossen. Das heißt, es gilt:

$$H_a 2\pi\varrho = \iint_A \vec{S} \cdot \vec{n} \, dA = I,$$

$$H_a = \frac{I}{2\pi\varrho}.$$

Im Innern des Hohlraums verschwindet das magnetische Feld, da die von einem kreisförmigen, konzentrischen Integrationsweg umschlossene Stromstärke immer null ist.

Nach den Überlegungen des Kap. VI.5 (Gl. (VI.5.4)) kann die innere Induktivität des Leiters günstig aus dem Energieinhalt des Feldes berechnet werden:

$$W_{magn} = \frac{1}{2} L I^2.$$

Wird die im Innern des Leiters der Länge ℓ gespeicherte Energie aus dem Feld berechnet, so gilt mit Gl. (VI.4.8):

$$W_{magn} = \frac{1}{2} \iiint_V \mu \vec{H}_i \cdot \vec{H}_i dV = \frac{\mu}{2} \frac{I^2}{4\pi^2(\varrho_a^2 - \varrho_i^2)^2} \int_{\varrho_i}^{\varrho_a} \left(\varrho - \frac{\varrho_i^2}{\varrho}\right)^2 2\pi\varrho\ell d\varrho.$$

Dabei wurde ein Volumenelement in der Form eines Hohlzylinders der Länge ℓ, des Radius ϱ und der Wandstärke $d\varrho$: $dV = 2\pi\varrho\ell d\varrho$ zur Auswertung des Integrals verwendet, da der Integrand nur vom Radius ϱ der zylinderförmigen Anordnung abhängt. Nach Auswertung gilt:

$$W_{magn} = \frac{\mu}{2} \frac{I^2 \ell}{2\pi(\varrho_a^2 - \varrho_i^2)^2} \left(\frac{\varrho^4}{4} - \varrho_i^2\varrho^2 + \varrho_i^4 \ln \varrho\right)\Big|_{\varrho_i}^{\varrho_a},$$

$$W_{magn} = \frac{\mu I^2 \ell}{16\pi(\varrho_a^2 - \varrho_i^2)^2} \left(\varrho_a^4 - 4\varrho_a^2\varrho_i^2 + \varrho_i^4\left(3 + 4\ln\frac{\varrho_a}{\varrho_i}\right)\right).$$

Nach der oben stehenden Beziehung läßt sich dann die innere Induktivität zu

$$L_i = \frac{2W_{magn}}{I^2} = \frac{\mu \ell}{8\pi(\varrho_a^2 - \varrho_i^2)^2} \left(\varrho_a^4 - 4\varrho_a^2\varrho_i^2 + \varrho_i^4\left(3 + 4\ln\frac{\varrho_a}{\varrho_i}\right)\right)$$

berechnen.

5. Aufgabe

Ein gerader, unendlicher langer, dünner Draht im Vakuum wird vom Strom der Stromstärke I durchflossen. Im Abstand d neben dem Draht befindet sich eine rechteckige, dünne Drahtschleife (Abb. 248). Der Draht und die Drahtschleife liegen in einer Ebene. Wie groß ist die Gegeninduktivität $L_{12} = L_{21}$ dieser Anordnung?

Lösung

Aus dem Durchflutungsgesetz kann das magnetische Feld des stromführenden Drahtes bestimmt werden,

$$H = \frac{I}{2\pi\varrho}, \qquad \vec{H} = \frac{I}{2\pi\varrho} \vec{e}_\alpha.$$

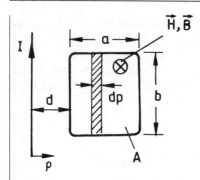

Abb. 248. Leiteranordnung

Das Magnetfeld hat in der von dem rechteckigen Leiter aufgespannten Ebene eine Richtung senkrecht zu dieser Ebene. Da die Drähte der Leiter als dünn vorausgesetzt sind, kann die Induktivität aus dem magnetischen Fluß bestimmt werden. Der Fluß der magnetischen Flußdichte, die vom Strom im geraden Leiter hervorgerufen wird, durch die aufgespannte, rechteckförmige Fläche ist:

$$\Phi_m = \iint_A \vec{B} \cdot \vec{n}\, dA = \frac{\mu_0 I}{2\pi} \int_d^{d+a} \frac{1}{\varrho} b\, d\varrho.$$

Es wurde ein Flächenelement in Form eines schmalen Streifens $b\,d\varrho$ eingeführt (Abb. 248). Aus dem Fluß

$$\Phi_m = \frac{\mu_0 I b}{2\pi} \ln\left(\frac{d+a}{d}\right) = L_{12} I$$

kann die Gegeninduktivität zu

$$L_{12} = \frac{\mu_0 b}{2\pi} \ln\left(\frac{d+a}{d}\right) = \frac{\mu_0 b}{2\pi} \ln\left(1 + \frac{a}{d}\right)$$

angegeben werden.

6. Aufgabe

Zwei dünne, kreisförmige Leiter vom Radius r_1 und r_2 sind auf einer gemeinsamen Achse so angeordnet, daß die von ihnen aufgespannten Ebenen parallel liegen. Der Abstand zwischen den Mittelpunkten der Kreisflächen ist ℓ. Wie groß ist die Gegeninduktivität $L_{12} = L_{21}$ der Anordnung im Vakuum?

Lösung
Zur Berechnung der Gegeninduktivität der in Abb. 249 skizzierten Anordnungen wird von Gl. (VI.3.9)

$$L_{\nu\mu} = \frac{\mu_0}{4\pi} \oint_{C_\nu} \oint_{C_\mu} \frac{d\vec{s}_\mu \cdot d\vec{s}_\nu}{R_{\mu\nu}}$$

ausgegangen. Da die betrachteten Leiter als dünn vorausgesetzt sind, sind die Integrationswege mit dem Verlauf der Leiter identisch. Das oben stehende Integral gibt an, daß über den vollen Umfang beider Leiter integriert werden muß. In den Leitern wird jeweils ein Wegelement $d\vec{s}_1$, $d\vec{s}_2$ angenommen (Abb. 249). Dann kann für das Produkt dieser beiden Elemente der Ausdruck

$$d\vec{s}_1 \cdot d\vec{s}_2 = ds_1 \, ds_2 \cos(\alpha_1 - \alpha_2) = ds_1 \, ds_2 \cos\alpha$$

berechnet werden. Der Winkel $\alpha = \alpha_1 - \alpha_2$ ist der Winkel zwischen den Richtungen der beiden Vektoren, er kann aus den zylindrischen Ortskoordinaten (α_1, α_2) der beiden Punkte P_1 und P_2 (Abb. 249) bestimmt werden.

Das zu berechnende Doppelintegral wird so gelöst, daß zunächst der Punkt P_2 festgehalten wird und die Integration über den ersten Leiter durchgeführt wird. Das Ergebnis dieser Integration

$$A = \frac{\mu_0}{4\pi} \oint_{C_1} \frac{ds_1 \cos\alpha}{R_{12}}$$

kann aus Symmetriegründen nicht von der Lage des Punktes P_2 abhängen, so daß die zweite Integration

$$L_{12} = \oint_{C_2} A \, ds_2 = A \, 2\pi r_2$$

lediglich eine Multiplikation mit dem Umfang des zweiten Leiters ergibt.

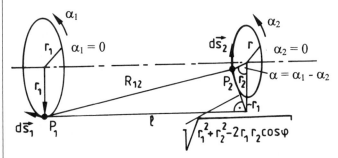

Abb. 249. Zwei parallele Leiterschleifen

Zur Berechnung von A wird der Abstand R_{12} zwischen den Punkten P_1 und P_2 benötigt. Er ergibt sich mit Hilfe des Cosinussatzes in einem Dreieck aus Abb. 249.

$$R_{12} = \sqrt{\ell^2 + r_1^2 + r_2^2 - 2r_1 r_2 \cos\alpha}.$$

Ferner kann das Linienelement ds_1 durch

$$ds_1 = r_1 d\alpha$$

ersetzt werden. Die Integration über den gesamten Leiter geht dann in eine Integration über den Winkel α ($0 \leq \alpha \leq 2\pi$) über:

$$A = \frac{\mu_0 r_1}{4\pi} \int_0^{2\pi} \frac{\cos\alpha \, d\alpha}{\sqrt{\ell^2 + r_1^2 + r_2^2 - 2r_1 r_2 \cos\alpha}}$$

bzw. mit den Abkürzungen:

$$\ell^2 + r_1^2 + r_2^2 = B^2, \qquad 2r_1 r_2 = C$$

gilt:

$$L_{12} = \frac{\mu_0}{2} r_1 r_2 \int_0^{2\pi} \frac{\cos\alpha \, d\alpha}{\sqrt{B^2 - C\cos\alpha}}.$$

Das auftretende Integral ist elementar nicht lösbar, es kann auf elliptische Integrale zurückgeführt werden, die in Integraltafeln tabelliert gefunden werden können (z.B. bei Gröbner, Hofreiter [a.5], S. 59, Jahnke, Emde, Lösch [a.6], S. 43). Vgl. auch Aufgabe 2, Kap. VI.6.1.

VI.6
Berechnung von Kräften im magnetischen Feld

Wie in Kap. III.14 bereits für die elektrischen Felder durchgeführt, kann auch für die Magnetfelder aus einer Energiebetrachtung auf die von den Feldern ausgeübten Kräfte geschlossen werden. Aus der Erfahrung ist bekannt, daß auf bewegte, geladene Teilchen im Magnetfeld eine Kraft der Größe (vgl. Gl. (V.1.6))

$$\vec{F} = Q(\vec{v} \times \vec{B}) \tag{VI.6.1}$$

ausgeübt wird. Da ein elektrischer Strom sich aus bewegten, elektrisch geladenen Teilchen bildet, übt das Magnetfeld auf einen stromdurchflossenen Leiter eine Kraft aus. Das wiederum bedeutet, da ein Strom in einem Leiter selbst ein Magnetfeld aufbaut, daß zwischen zwei stromdurchflossenen Leitern eine

VI.6 Berechnung von Kräften im magnetischen Feld

Kraft auftreten muß (vgl. auch Gl. (V.1.3)). Die Kraft auf einen stromdurchflossenen Leiter wird sogar vom Magnetfeld des eigenen Stromes ausgeübt. Diese Kräfte sollen im folgenden mit Hilfe einer Energiebilanz bestimmt werden.

Wie bereits in Kap. III.14 angegeben wurde, lautet der Energieerhaltungssatz für ein abgeschlossenes, physikalisches System: Die Summe aller Energien ist konstant. Werden zwei verkoppelte Systeme betrachtet, so lautet der Energieerhaltungssatz: Die Summe aller Energien, die vom ersten System aufgenommen wird, ist gleich der Energie, die vom zweiten System abgegeben wird.

Da hier die Kräfte im Magnetfeld, das von Strömen hervorgerufen wird, berechnet werden sollen, wird vom Energieerhaltungssatz in der zweiten Form Gebrauch gemacht. Er wird auf ein System von Leiterschleifen im homogenen, isotropen Medium (Vakuum) angewendet. In den Leiterschleifen werden die Ströme durch Urspannungsquellen der Spannung, z.B. im k-ten Leiter, u_k erzeugt. Eine Leistungsbilanz für ein solches System (Abb. 250) kann mit Hilfe des auf den k-ten Leiter angewendeten Induktionsgesetzes und der eingezeichneten Bezugspfeile für die Ströme und Spannungen berechnet werden. Es gilt zunächst:

$$\oint_{C_k} \vec{E} \cdot d\vec{s} = R_k i_k - u_k = -\frac{d}{dt} \iint_{A_k} \vec{B} \cdot \vec{n}_k \, dA = -\frac{d\Psi_k}{dt},$$

$$u_k = R_k i_k + \frac{d\Psi_k}{dt}. \tag{VI.6.2}$$

R_k ist der ohmsche Widerstand des k-ten Leiters, Ψ_k ist der magnetische Fluß, der mit dem Strom der Stromstärke i_k im k-ten Leiter verkettet ist. Wird

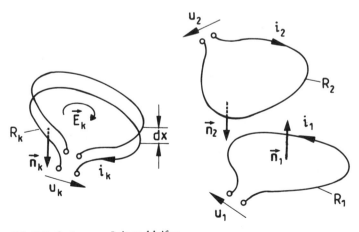

Abb. 250. System von Leiterschleifen

Gl. (VI.6.2) mit i_k, der elektrischen Stromstärke im k-ten Leiter, multipliziert und werden die Gleichungen für alle n Leiter addiert (k = 1, 2, ..., n),

$$\sum_{k=1}^{n} u_k i_k = \sum_{k=1}^{n} R_k i_k^2 + \sum_{k=1}^{n} i_k \frac{d\Psi_k}{dt}, \qquad (VI.6.3)$$

so ergibt sich eine Leistungsbilanz für das Leiterschleifensystem. Die Summe auf der linken Seite des Gleichheitszeichens ist die von allen Quellen aufgebrachte Leistung, die erste Summe auf der rechten Seite beschreibt die Verlustleistung in allen Ohmschen Widerständen. Es bleibt ein Term auf der rechten Seite der Gleichung, der weiter diskutiert werden soll.

Bei der Berechnung der Kräfte soll wieder (vgl. Kap. III.14) vom Prinzip der virtuellen Verschiebung Gebrauch gemacht werden. Wird eine der Leiterschleifen in der Zeit dt virtuell um das Wegelement dx in Richtung der Koordinate x verschoben, so lautet die Energiebilanz hierfür:

$$\sum_{k=1}^{n} u_k i_k \, dt = \sum_{k=1}^{n} R_k i_k^2 \, dt + dW_{magn} + F_x dx. \qquad (VI.6.4)$$

Darin ist der Term der linken Seite die von den Quellen beim Verschiebungsvorgang geleistete Arbeit, der Term der rechten Seite ist die bei der Verschiebung in Wärme umgesetzte Energie, dW_{magn} ist die auftretende Änderung des Energieinhaltes des magnetischen Feldes, $F_x dx$ ist die beim Verschiebungsvorgang geleistete mechanische Arbeit und, wie bereits erwähnt, dt die Zeit, in der die Verschiebung durchgeführt wird. Werden die Gl. (VI.6.3) und (VI.6.4) miteinander verglichen, so kann der folgende Zusammenhang angegeben werden:

$$\sum_{k=1}^{n} i_k \, d\Psi_k = dW_{magn} + F_x dx.$$

Wird berücksichtigt, daß eine Verschiebung auch in Richtung der anderen Koordinaten auftreten kann, so kann aus diesen Beziehungen bei einer Verschiebung um das Wegelement $\vec{ds}$ für die Kraft, die das Magnetfeld ausübt, der Zusammenhang

$$\vec{F} \cdot \vec{ds} = \left[\sum_{k=1}^{n} i_k \, d\Psi_k - dW_{magn} \right] \qquad (VI.6.5)$$

berechnet werden.

Bei der Berechnung der Kraft im elektrostatischen Feld wurde gezeigt, daß zwei verschiedene Fälle unterschieden werden müssen (vgl. Kap. III.14), erstens der Fall konstanter Ladung im System und zweitens der Fall konstanter Spannung am System. Entsprechend wird hier zwischen den Fällen:

1. konstante Flußverkettung $\quad \Psi_k$ = const. und
2. konstante Stromstärke $\quad i_k$ = const.

unterschieden.

VI.6 Berechnung von Kräften im magnetischen Feld

Wird die Verschiebung so durchgeführt, daß dabei der Fluß konstant bleibt (vgl. Aufgabe 4, Kap. VI.6.1), so wird $d\Psi_k = 0$ und Gl. (VI.6.5) kann in der Form

$$\vec{F} \cdot d\vec{s} = - dW_{magn},$$

$$\vec{F} = - \text{grad}(W_{magn}), \qquad \Psi_k = \text{const}. \tag{VI.6.6}$$

geschrieben werden. Es zeigt sich, daß unter der Voraussetzung $\Psi_k = \text{const}$. die Quellen nur die Energie zu liefern brauchen, die in den Widerständen der Leiter in Wärme umgesetzt wird. Die Kraft des Feldes wird nach Gl.(VI.6.6) aus dem Energieinhalt des magnetischen Feldes aufgebracht, die vom Feld geleistete Arbeit ist nach Gl. (VI.6.6) gleich der Abnahme des Energieinhalts des magnetischen Feldes. Wie ein Vergleich mit Kap. III.14 zeigt, entspricht dieser Fall dem Fall der konstant gehaltenen Ladung im elektrostatischen Feld.

Wird andererseits angenommen, daß die Stromstärken in den Leiterschleifen beim Verschiebungsvorgang konstant bleiben (vgl. Aufgabe 4, Kap. IV.6.1), so müssen sich die magnetischen Flüsse durch die Leiterschleifen ändern. Damit leisten die Spannungsquellen nach Gl. (VI.6.4) eine zusätzliche Arbeit. Das heißt, Gl. (VI.6.5) muß in ihrer Gesamtheit berücksichtigt werden. Der Energieinhalt des magnetischen Feldes kann nach Gl. (VI.4.6) durch

$$W_{magn} = \frac{1}{2} \sum_{k=1}^{n} i_k \Psi_k$$

und damit für konstante Werte der Ströme i_k die Änderung des Energieinhalts dW_{magn} durch

$$dW_{magn} = \frac{1}{2} \sum_{k=1}^{n} i_k d\Psi_k$$

ausgedrückt werden. Das heißt, Gl. (VI.6.5) kann in der Form

$$\vec{F} \cdot d\vec{s} = \left[\sum_{k=1}^{n} i_k d\Psi_k - \frac{1}{2} \sum_{k=1}^{n} i_k d\Psi_k \right] = \frac{1}{2} \sum_{k=1}^{n} i_k d\Psi_k,$$

$$\vec{F} \cdot d\vec{s} = + dW_{magn} \qquad \text{für } i_k = \text{const}.$$

angegeben werden. Das heißt, für den Fall, daß die Ströme bei der vorgenommenen, virtuellen Verschiebung konstant bleiben, berechnet sich die Kraft aus:

$$\vec{F} = + \text{grad}(W_{magn}), \qquad i_k = \text{const}.. \tag{VI.6.7}$$

Bei konstant gehaltenen Stromstärken wird also die Hälfte der von den Spannungsquellen geleisteten Arbeit in mechanische Arbeit und die andere Hälfte in Energie des magnetischen Feldes umgewandelt (falls von der in den Widerständen in Wärme umgesetzten Energie abgesehen wird). Die vom Feld geleistete mechanische Arbeit ist gerade gleich dem Zuwachs des Energieinhalts des magnetischen Feldes.

Entsprechend wie für die Kräfte im elektrischen Feld (vgl. Kap. III.14) können auch hier Untersuchungen über Gleichgewichtszustände durchgeführt werden, es gelten dann äquivalente Beziehungen zu den Gln. (III.14.7) bis (III.14.10).

VI.6.1
Aufgaben zur Energie- und Kraftberechnung

1. Aufgabe

Wie groß ist die Kraft pro Längeneinheit zwischen zwei unendlich langen, parallelen, geraden Leitern mit vernachlässigbar kleinem Durchmesser, in denen Ströme der Stromstärken I_1 und I_2 fließen (Abb. 251)? Die Leiter befinden sich im Vakuum und haben den Abstand d voneinander.

Lösung

Die Aufgabe kann gelöst werden, wenn der Leiter der Stromstärke I_2 als im magnetischen Feld des Leiters mit der Stromstärke I_1 betrachtet wird oder umgekehrt. Die magnetische Flußdichte am Leiter 2, die vom Strom im Leiter 1 hervorgerufen wird, kann z. B. mit Hilfe des Durchflutungsgesetzes leicht zu

$$\vec{B}_1 = \frac{\mu_0 I_1}{2\pi d} (-\vec{e}_x)$$

bestimmt werden. Von dieser Flußdichte wird nach Gl. (V.1.3) auf ein Element des Leiters 2 von der Länge ℓ die Kraft

$$\vec{F} = I_2 (-\ell \vec{e}_y) \times \vec{B}_1,$$

$$\vec{F} = I_2 \ell \vec{e}_y \times \frac{\mu_0 I_1}{2\pi d} \vec{e}_x = -\frac{\mu_0 I_1 I_2 \ell}{2\pi d} \vec{e}_z$$

bzw. zwischen den Leitern eine Kraft pro Längeneinheit

$$\frac{\vec{F}}{\ell} = -\frac{\mu_0 I_1 I_2 \ell}{2\pi d} \vec{e}_z$$

ausgeübt. Die Kraft zwischen den Leitern wirkt abstoßend, wenn die Ströme, wie in Abb. 251 gezeichnet ($I_1 > 0, I_2 > 0$), in den Leitern gegensinnig

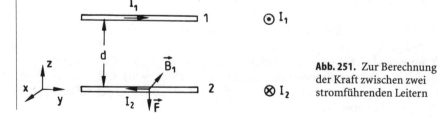

Abb. 251. Zur Berechnung der Kraft zwischen zwei stromführenden Leitern

fließen. Die beiden Leiter ziehen sich an, wenn die Ströme in den beiden Leitern gleichsinnig fließen.

2. Aufgabe

In zwei kreisförmigen, sehr dünnen Leiterschleifen (Abb. 252), die sich im Vakuum befinden, fließen Ströme der Stromstärken I_1 und I_2. Die Leiterschleifen haben die Radien R_1 und R_2. Die Schleifenebenen sind zueinander parallel, die Leiterschleifen besitzen eine gemeinsame Achse. Es wird vorausgesetzt, daß $R_2 \ll R_1$ ist. Wie groß ist die zwischen den beiden Leiterschleifen auftretende Kraft, wenn die Stromstärken als konstant (eingeprägt) angesehen werden?

Lösung
Nach Gl. (VI.6.7) kann die auftretende Kraft mit Hilfe des Prinzips der virtuellen Verschiebung aus einer Energiebilanz berechnet werden:

$$\vec{F} = \text{grad}(W_{magn}) \qquad \text{für } I = \text{const.}.$$

Die vom magnetischen Feld der Anordnung gespeicherte Energie kann mit Hilfe von Gl. (VI.4.6) aus

$$W_{magn} = \frac{1}{2} \sum_{\mu=1}^{2} \sum_{\nu=1}^{2} I_\mu \Psi_{\mu\nu} = \frac{1}{2} \sum_{\mu=1}^{2} I_\mu \Psi_\mu$$

mit I_μ der Stromstärke in der μ-ten Leiterschleife und $\Psi_{\mu\nu}$ den magnetischen Flüssen (Flußverkettung), die von den Strömen der Stromstärke I_ν durch die Fläche der Leiterschleife μ erzeugt werden; Ψ_μ ist der gesamte mit der Stromstärke I_μ verkettete magnetische Fluß. Für das System zweier Leiterschleifen dieser Aufgabe ergibt sich:

$$W_{magn} = \frac{1}{2}(L_{11} I_1^2 + 2 L_{12} I_1 I_2 + L_{22} I_2^2).$$

L_{11}, L_{22} sind die Eigeninduktivitäten der beiden Leiterschleifen, L_{12} ist die Gegeninduktivität zwischen den Leiterschleifen. In einem Gedankenexperi-

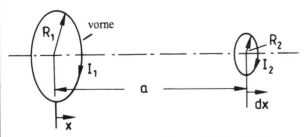

Abb. 252. Anordnung zweier paralleler Kreisleiterschleifen

ment werden die beiden Schleifen um das Wegelement dx in Richtung der Koordinate x, die den Abstand zwischen den Leitern charakterisiert, gegeneinander verschoben (Abb. 252). Dann kann wegen der als konstant angenommenen Stromstärken für die Kraft nach Gl. (VI.6.7) der Ausdruck

$$\vec{F} = \frac{dW_{magn}}{dx} \vec{e}_x = I_1 I_2 \frac{dL_{12}}{dx} \vec{e}_x$$

abgeleitet werden. Da die Eigeninduktivitäten der beiden Leiterschleifen nicht vom Abstand der Schleifen zueinander abhängen, braucht nur L_{12} differenziert zu werden. Die Gegeninduktivität L_{12} läßt sich wegen der gemachten Voraussetzungen leicht näherungsweise berechnen (vgl. auch Aufgabe 6, Kap. VI.5.1), wenn angenommen wird, daß die magnetische Flußdichte über dem gesamten Querschnitt der Leiterschleife 2 gleich dem Wert der Flußdichte auf der Achse der Anordnung ist. Dieser Wert berechnet sich nach Aufgabe 5, Kap. V.4.2 zu:

$$\vec{B}(x = a) = \frac{\mu_0 I_1 R_1^2}{2(R_1^2 + a^2)^{3/2}} \vec{e}_x .$$

Unter der Voraussetzung, daß dieser Wert der magnetischen Flußdichte über dem gesamten Querschnitt der Schleife konstant ist, was wegen der gemachte Annahme $R_2 \ll R_1$ näherungsweise richtig ist, kann der durch die Schleife 2 tretende magnetische Fluß zu

$$\Phi_{21} = \frac{\mu_0 I_1 \pi R_1^2 R_2^2}{2(R_1^2 + a^2)^{3/2}}$$

berechnet werden. Der magnetische Fluß ist wegen der Annahme der Linienleiter-Eigenschaft der Leiterschleifen gleich dem verketteten Fluß Ψ_{21}, so daß sich die Gegeninduktivität $L_{12} = L_{21}$ zu

$$L_{12} = \frac{\mu_0 \pi R_1^2 R_2^2}{2(R_1^2 + a^2)^{3/2}}$$

ergibt. Damit gilt dann für die Kraft, falls die den Abstand charakterisierende Koordinate durch den aktuellen Abstand a ersetzt wird.

$$\vec{F} = I_1 I_2 \frac{dL_{12}}{dx} \vec{e}_x = I_1 I_2 \frac{dL_{12}}{da} \vec{e}_x ,$$

$$\vec{F} = - \frac{3\mu_0 \pi R_1^2 R_2^2 I_1 I_2 a}{2(R_1^2 + a^2)^{5/2}} \vec{e}_x .$$

Das negative Vorzeichen gibt an, daß die Kraft auf den zweiten Leiter in negativer x-Richtung weist und sich damit die beiden Leiterschleifen bei gleichsinniger Stromrichtung anziehen.

3. Aufgabe

Um einen Eisenring der mittleren Länge ℓ und des Querschnitts A ist eine Spule mit w Windungen gewickelt. Der Eisenring besitzt einen Luftspalt der Länge x (Abb. 253). Die Permeabilität des Eisenrings $\mu = \mu_r \mu_0$ sei sehr viel größer als μ_0 und die Länge des Luftspaltes sehr viel kleiner als ℓ, so daß alle auftretenden Streufelder vernachlässigt werden können. An der Spule liege eine Stromquelle, so daß in ihr ein Strom der konstanten Stromstärke I fließt. Wie groß ist die Kraft auf die Polflächen im Luftspalt, wenn angenommen wird, daß die magnetische Feldstärke gleichmäßig über den Querschnitt A des Eisenrings verteilt ist?

Lösung
Die Kraft wird mit Hilfe der Methode der virtuellen Verschiebung berechnet. Es soll angenommen werden, daß die Stromstärke in der Spule bei der vorzunehmenden virtuellen Verschiebung als konstant angesehen werden kann. Dann berechnet sich die Kraft auf die Polschuhflächen aus dem Energieinhalt des magnetischen Feldes nach Gl. (VI.6.7) zu:

$$\vec{F} = \mathrm{grad}(W_{\mathrm{magn}}).$$

Der Energieinhalt des magnetischen Feldes kann mit Hilfe von Gl. (VI.4.6) zu

$$W_{\mathrm{magn}} = \frac{1}{2} L I^2$$

mit L der Eigeninduktivität der Spule auf dem Eisenring angegeben werden. Bereits in Aufgabe 2, Kap. VI.5.1 wurde die Eigeninduktivität der in Abb. 253 skizzierten Anordnung unter den hier vorgegebenen Voraussetzungen berechnet:

$$L = \frac{\mu_0 \mu_r w^2 A}{\ell + \mu_r x}.$$

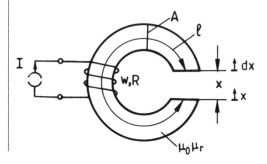

Abb. 253. Eisenring mit Spule

Wird der Luftspalt virtuell um den Betrag dx vergrößert, so kann die Kraft auf die Polflächen zu

$$\vec{F} = \frac{1}{2} I^2 \frac{dL}{dx} \vec{e}_x = -\frac{1}{2} I^2 \frac{\mu_0 \mu_r^2 w^2 A}{(\ell + \mu_r x)^2} \vec{e}_x$$

bestimmt werden. Das negative Vorzeichen gibt an, daß die Kraft $\vec{F}$ in negativer x-Richtung weist und damit einer Vergrößerung des Luftspaltes entgegenwirkt, die Polflächen ziehen sich also gegenseitig an.

4. Aufgabe

Eine im Vakuum befindliche Spule (Permeabilität μ_0) ist an eine Quelle der eingeprägten Spannung U_0 angeschlossen. Die Induktivität der Spule sei L_0, der Ohmsche Widerstand des Kreises sei R. Es wird ein Eisenkern von der Länge der Spule mit der Permeabilität $\mu = \mu_r \mu_0$ einmal sehr langsam, einmal sehr schnell in die Spule eingeschoben. Man zeige, daß während des Einschiebens des Kerns im ersten Fall die Stromstärke im Kreis und im zweiten Fall der mit der Spule verkettete Fluß Ψ konstant bleibt. Ist beim Einschieben des Kerns von außen Arbeit zu leisten oder wird Arbeit gewonnen? Man berechne die gesamte geleistete oder gewonnene Arbeit.

Lösung
Wird das Induktionsgesetz

$$\oint_C \vec{E} \cdot d\vec{s} = -\frac{d\Psi}{dt}$$

auf den in Abb. 254 skizzierten Stromkreis angewendet, so kann bei Beachtung der Zählpfeile der Zusammenhang

$$R\, i - U_0 = -\frac{d\Psi}{dt}$$

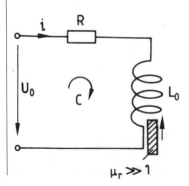

Abb. 254. Ersatzschaltbild für die Spule

VI.6 Berechnung von Kräften im magnetischen Feld

abgeleitet werden. Da die Induktivität L der Spule beim Einschieben des Kerns eine Funktion der Zeit ist, da sich ferner die Stromstärke ebenfalls mit der Zeit ändern kann, wird die oben stehende Gleichung in der Form

$$U_0 - R\,i = \frac{d(L\,i)}{dt} = L\frac{di}{dt} + i\frac{dL}{dt},$$

$$U_0 = L\frac{di}{dt} + i\frac{dL}{dt} + R\,i$$

geschrieben.

a. Der Kern wird langsam eingeschoben: Bei langsamem Einbringen des Kerns ändert sich die Induktivität mit der Zeit nur sehr wenig, das heißt, in erster Näherung gilt: $dL/dt \approx 0$. Damit gilt dann für die Stromstärke die Differentialgleichung:

$$L\frac{di}{dt} + R\,i = U_0, \qquad L \approx \text{const.},$$

$$\frac{di}{dt} + \frac{R}{L}i = \frac{U_0}{L}.$$

Die Lösung der homogenen Differentialgleichung

$$\frac{di_h}{dt} + \frac{R}{L}i_h = 0$$

kann in Form der Exponentialfunktion

$$i_h = C\,e^{-\frac{R}{L}t}$$

gefunden werden. Eine partikuläre Lösung ergibt sich sofort aus Abb. 254: Für sehr große Zeiten nach dem Einbringvorgang ($t \to \infty$) wird die Stromstärke im Stromkreis nach Abb. 254 durch $i = U_0/R$ bestimmt. Damit lautet eine partikuläre Lösung der inhomogenen Differentialgleichung:

$$i_p = \frac{U_0}{R}.$$

Die Gesamtlösung der inhomogenen Differentialgleichung kann also zu

$$i = i_h + i_p = C\,e^{-\frac{R}{L}t} + \frac{U_0}{R}$$

bestimmt werden. Da die Stromstärke i aber auch zur Zeit t = 0 (vor dem Einschieben des Kerns) den Wert U_0/R besitzt, wird die noch zu bestimmende Integrationskonstante C = 0:

$$t = 0: \quad i = I = \frac{U_0}{R} + C\,e^0 = \frac{U_0}{R} + C \stackrel{!}{=} \frac{U_0}{R}, \quad \Rightarrow \quad C = 0.$$

Damit hat die Stromstärke zu allen Zeiten den Wert $i = U_0/R = \text{const.}$.

b. Der Kern wird schnell eingeschoben: Aus der Differentialgleichung

$$R\,i - U_0 = -\frac{d\Psi}{dt}$$

kann mit $\Psi = L\,i$ bzw. $i = \Psi/L = \Psi(t)/L(t)$ eine Differentialgleichung für den verketteten magnetischen Fluß

$$\frac{d\Psi}{dt} + \frac{R}{L(t)}\Psi = U_0$$

abgeleitet werden. Die Lösung der homogenen Differentialgleichung lautet:

$$\Psi_h(t) = C\,e^{-\int_0^t \frac{R}{L(\tau)}\,d\tau}.$$

Eine partikuläre Lösung der inhomogenen Differentialgleichung läßt sich durch das „Verfahren der Variation der Konstanten" gewinnen:

$$\Psi_p(t) = C(t)\,e^{+\int_0^t \frac{R}{L(\tau)}\,d\tau}.$$

Wird dieser Ansatz in die Differentialgleichung eingesetzt, so folgt für die unbekannte Funktion $C(t)$:

$$C(t) = \int_0^t U_0 \left\{ e^{+\int_0^{\tau'} \frac{R}{L(\tau)}\,d\tau} \right\} d\tau'.$$

Damit kann die gesamte Lösung für den verketteten magnetischen Fluß in der Form

$$\Psi = C\,e^{-\int_0^t \frac{R}{L(\tau)}\,d\tau} + e^{-\int_0^t \frac{R}{L(\tau)}\,d\tau} \int_0^t U_0 \left\{ e^{+\int_0^{\tau'} \frac{R}{L(\tau)}\,d\tau} \right\} d\tau'$$

angegeben werden. Wird der Zeitpunkt $t = -0$ (kurz vor dem Einschieben) betrachtet, so sei der in diesem Zeitpunkt mit der Spule verkettete Fluß mit Ψ_0 bezeichnet, das heißt es gilt:

$$\Psi(t = -0) = C = \Psi_0.$$

Für sehr kleine Einschubzeiten t ≈ 0 werden alle auftretenden Integrale in erster Näherung null und es bleibt als Lösung:

$$\Psi(t) \approx C = \Psi_0 = \text{const.}.$$

c. Zur Berechnung der Arbeit, die beim Einbringen des Kerns geleistet werden muß oder die vom Feld aufgebracht werden muß, wird von der Energiebilanz nach Gl. (VI.6.6) bzw. Gl. (VI.6.7) ausgegangen. Wird der Kern langsam eingeschoben, so bleibt dabei die Stromstärke konstant und es gilt nach Gl. (VI.6.7) für die vom Feld geleistete Arbeit (Energie) dW:

$$dW = \vec{F} \cdot d\vec{s} = + dW_{magn},$$

$$W = \int_0^{t_0} \frac{dW}{dt} dt = \frac{1}{2} \int_0^{t_0} I^2 \frac{dL}{dt} dt = \frac{1}{2} I^2 [L(t_0) - L(0)] > 0.$$

Da die Induktivität nach Einbringen des Eisenkerns wegen $\mu_r > 1$ größer ist als vor dem Einschieben ($L(t_0) > L(0) = L_0$, t_0 = Einschubzeit), wird die vom Feld geleistete Arbeit positiv, das heißt das Feld leistet Arbeit. Damit wird auf den Kern eine Kraft ausgeübt, die ihn in die Spule zieht. Die Arbeit wird nach den Überlegungen des Kap. VI.6 von der Spannungsquelle aufgebracht.

Wird der Kern sehr schnell eingeschoben, so berechnet sich die Arbeit wegen Ψ = const. nach Gl. (VI.6.6) aus:

$$dW = \vec{F} \cdot d\vec{s} = - dW_{magn} = -\frac{1}{2} d(i\Psi) = -\frac{1}{2} \Psi^2 d\frac{1}{L(t)},$$

$$W = \int_0^{t_0} \frac{dW}{dt} dt = -\frac{1}{2} \Psi^2 \int_0^{t_0} \frac{d\frac{1}{L(t)}}{dt} dt = -\frac{1}{2} \Psi^2 \left[\frac{1}{L(t_0)} - \frac{1}{L(0)}\right] > 0.$$

Auch diese Arbeit ist größer als null, der Kern wird wieder in die Spule gezogen. Da der verkettete magnetische Fluß konstant bleibt, wird die Arbeit vom Magnetfeld der Spule aufgebracht.

5. Aufgabe

Zwei gleiche, rechteckförmige Spulen mit den Windungszahlen $w_1 = w_2 = w$ und den Abmessungen a und ℓ werden unter einem rechten Winkel zu einem Kreuzrahmen montiert, der um seine Achse reibungsfrei drehbar ist. Der Kreuzrahmen befindet sich in einem homogenen, zeitlich konstanten Magnetfeld der magnetischen Flußdichte $\vec{B}$ senkrecht zur Rahmenachse. Die beiden Spulen sind elektrisch voneinander isoliert. Die eine Spule führt

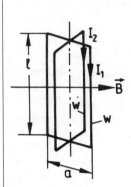
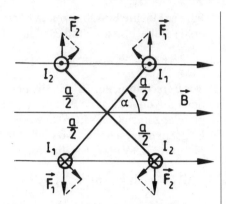

Abb. 255. Kreuzrahmen **Abb. 256.** Aufsicht auf den Kreuzrahmen

den Strom der Stromstärke I_1, die andere den der Stromstärke I_2 (Abb. 255). Unter welchem Winkel α_0 (Abb. 256) stellt sich eine Gleichgesichtslage ein? Ist diese Gleichgewichtslage stabil oder labil?

Lösung
Auf die Leiter der Länge ℓ (Abb. 255), die senkrecht zur magnetischen Flußdichte verlaufen, wirken die Kräfte $\vec{F}_1$ und $\vec{F}_2$ (Abb. 256). Sie können mit Hilfe der Gl. (V.1.3)

$$\vec{F} = I(\vec{\ell} \times \vec{B})$$

berechnet werden. Die Kräfte auf die Leiter der Länge a haben die Richtung der Drehachse und ergeben somit kein Drehmoment. Die Kräfte $\vec{F}_1$ und $\vec{F}_2$ rufen je ein Drehmoment $\vec{T}_1$ und $\vec{T}_2$ hervor. Die Beträge dieser Drehmomente lassen sich aus den Kräften und dem Hebelarm der Länge a/2 bei Berücksichtigung der Strom-Bezugspfeile nach Abb. 256 zu

$$|\vec{T}_1| = 2\left|w\,I_1\,\ell\,\frac{a}{2}\cos\alpha\right|\,|\vec{B}| = w|I_1|\ell a|\cos\alpha||\vec{B}|,$$

$$|\vec{T}_2| = 2\left|w\,I_2\,\ell\,\frac{a}{2}\sin\alpha\right|\,|\vec{B}| = w|I_2|\ell a|\sin\alpha||\vec{B}|,$$

berechnen. Das gesamte Drehmoment das auf den Rahmen wirkt (Abb. 256), hat den Betrag

$$|\vec{T}| = |\vec{T}_1 - \vec{T}_2| = |\vec{B}|w\,\ell a|I_1\cos\alpha - I_2\sin\alpha|\cdot$$

Gleichgewicht herrscht, wenn das Drehmoment null ist:

$$|\vec{T}| = |\vec{B}| \, w \, \ell a \, |I_1 \cos\alpha_0 - I_2 \sin\alpha_0| \stackrel{!}{=} 0,$$

$$\frac{\sin\alpha_0}{\cos\alpha_0} = \tan\alpha_0 = \frac{I_1}{I_2},$$

$$\alpha_0 = \arctan\left(\frac{I_1}{I_2}\right).$$

Der Winkel α_0 liegt bei der Anordnung nach Abb. 255 bzw. Abb. 256 und positiven Stromstärken I_1, I_2 im Wertebereich $0 \leq \alpha_0 \leq \pi/2$ bzw. $\pi \leq \alpha_0 \leq 3\pi/2$. Ändert einer der Ströme seine Richtung, so nimmt α_0 Werte zwischen $\pi/2 \leq \alpha_0 \leq \pi$ und $3\pi/2 \leq \alpha_0 \leq 2\pi$ an.

Um die Art des Gleichgewichts zu bestimmen, wird der Kreuzrahmen ein wenig aus seiner Gleichgewichtslage ausgelenkt, und die dabei auftretenden Drehmomente werden untersucht. Wird der Winkel α um den Wert $d\alpha$ vergrößert, so wird bei der vorgegebenen Stromrichtung nach Abb. 255 bzw. Abb. 256 und positiven Stromstärken I_1, I_2 das Drehmoment $|\vec{T}_1|$ verkleinert, $|\vec{T}_2|$ vergrößert, falls α_0 im Bereich $0 \leq \alpha_0 \leq \pi/2$ liegt. Damit ergibt sich ein Gesamtdrehmoment, das die Auslenkung rückgängig zu machen sucht. Die Gleichgewichtslage ist also stabil. Liegt der Winkel α_0 im Bereich $\pi/2 \leq \alpha_0 \leq 3\pi/2$ (Abb. 257), so wird das Drehmoment $|\vec{T}_1|$ wie oben verkleinert und $|\vec{T}_2|$ wie oben betragsmäßig vergrößert, doch wirken hier die Drehmomente aufgrund der Richtung der Kräfte so, daß der Rahmen weiter ausgelenkt wird und aus seiner Gleichgewichtslage läuft, die Gleichgewichtslage ist labil. Bei entgegengesetzter Stromrichtung in einer der beiden Spulen können entsprechende Überlegungen durchgeführt werden.

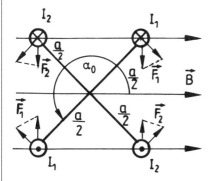

Abb. 257. Zur Bestimmung der Art des Gleichgewichts

KAPITEL VII

Zeitlich schnell veränderliche Felder

VII.1
Die Maxwellschen Gleichungen und das Kontinuitätsgesetz

Bei den bisher durchgeführten Untersuchungen der elektromagnetischen Felder wurde von der Voraussetzung ausgegangen, daß die einzelnen Feldanteile von der Zeit unabhängig sind oder aber sich mit der Zeit nur wenig ändern. In diesem Kapitel sollen elektromagnetische Felder, die sich schnell mit der Zeit ändern, betrachtet werden. Das bedeutet, daß von nun an die Maxwellschen Gleichungen in ihrer vollständigen Form, wie sie bereits in Kap. II angegeben wurden, berücksichtigt werden:

$$\oint_C \vec{H} \cdot d\vec{s} = \iint_A \vec{S} \cdot \vec{n} \, dA + \frac{d}{dt} \iint_A \vec{D} \cdot \vec{n} \, dA, \qquad \text{(VII.1.1)}$$

$$\oint_C \vec{E} \cdot d\vec{s} = -\frac{d}{dt} \iint_A \vec{B} \cdot \vec{n} \, dA, \qquad \text{(VII.1.2)}$$

$$\oiint_C \vec{B} \cdot \vec{n} \, dA = 0, \qquad \text{(VII.1.3)}$$

$$\oiint_C \vec{D} \cdot \vec{n} \, dA = \iiint_V \varrho \, dV. \qquad \text{(VII.1.4)}$$

Bei der Behandlung der schnell veränderlichen Felder wird sich zeigen, daß die Maxwellschen Gleichungen in Differentialform mehr und mehr zur Berechnung der auftretenden Probleme herangezogen werden müssen, dagegen treten die Maxwellschen Gleichungen in Integralform, wie sie oben aufgeschrieben wurden, immer mehr in den Hintergrund. Die vollständigen Maxwellschen Gleichungen in Differentialform lauten:

$$\operatorname{rot} \vec{H} = \vec{S} + \frac{\partial}{\partial t} \vec{D}, \qquad \text{(VII.1.5)}$$

$$\operatorname{rot} \vec{E} = -\frac{\partial}{\partial t} \vec{B}, \qquad \text{(VII.1.6)}$$

$$\operatorname{div} \vec{B} = 0, \qquad \text{(VII.1.7)}$$

$$\operatorname{div} \vec{D} = \varrho. \qquad \text{(VII.1.8)}$$

VII.1 Die Maxwellschen Gleichungen und das Kontinuitätsgesetz

Weiterhin gelten wie bisher mit beschränktem Gültigkeitsbereich die Materialgleichungen (II.13) bis (II.15) (Kap. II) sowie die Grenzbedingungen (II.9) bis (II.12), die in den vorangegangenen Kapiteln jeweils unter Berücksichtigung der vollständigen Maxwellschen Gleichungen abgeleitet wurden (Kap. III.4 sowie Kap. IV.3 und V.3).

In Kap. IV über stationäre Strömungsfelder wurde das Gesetz über die Ladungserhaltung (Gl. (IV.2.3)) in der Form

$$\oint_A \vec{S} \cdot \vec{n} \, dA = 0 \tag{VII.1.9}$$

abgeleitet. Dieses Gesetz ist nur dann richtig, wenn die Stromdichte $\vec{S}$ stationär, d.h. von der Zeit unabhängig ist. Das Gesetz besagt, daß in jedem Zeitpunkt soviele Ladungen, wie pro Zeiteinheit in ein von einer geschlossenen Hülle berandetes Volumen eintreten, wieder austreten (müssen). Das heißt, im Innern des Volumens befinden sich immer gleich viele Ladungen, die Gesamtladung innerhalb des Volumens ist konstant.

Dieses Gesetz ist in der oben angegebenen Form nicht mehr richtig, wenn zeitlich veränderliche Stromdichtefelder zugelassen werden. Wie aus der Erfahrung bekannt ist, ist es in endlichen Zeitabschnitten durchaus möglich, mehr Ladungen in ein Volumen zu bringen, als wieder aus dem Volumen austreten (z.B. Aufladen eines Kondensators). Das heißt, für die zeitabhängigen Stromdichtefelder muß das Gesetz über die Erhaltung der Ladung neu formuliert werden. Dazu wird von der ersten Maxwellschen Gleichung (Gl. (VII.1.1)) ausgegangen. Werden die Flächenintegrale der rechten Seite von Gl. (VII.1.1) über eine geschlossene Fläche berechnet, so schrumpft der Berandungsweg dieser Fläche zu einem Punkt zusammen (Kriterium einer geschlossenen Hülle ist, daß sie keine Randkurve besitzt, über die hinweg man von einer Seite auf die andere Seite der Hüllfläche gelangen kann, Abb. 258).

Das heißt, das Linienintegral über die magnetische Feldstärke verschwindet und es gilt:

$$\oint_A \vec{S} \cdot \vec{n} \, dA + \frac{d}{dt} \oint_A \vec{D} \cdot \vec{n} \, dA = 0,$$

$$\oint_A \vec{S} \cdot \vec{n} \, dA = -\frac{d}{dt} \oint_A \vec{D} \cdot \vec{n} \, dA = -\frac{dQ}{dt}. \tag{VII.1.10}$$

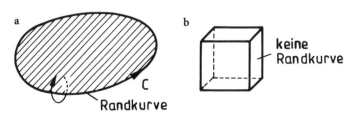

Abb. 258a, b. Offene a) und geschlossene b) Fläche

Diese Gleichung sagt aus, daß das Hüllenintegral über die Stromdichte $\vec{S}$, dessen Wert gleich dem gesamten Strom ist, der aus dem Volumen durch die Hüllfläche austritt, gleich der zeitlichen Abnahme der Ladungen innerhalb des von der Hüllfläche umschlossenen Volumens V ist. Fließt also ein Strom in das Volumen, so wird die in der Hülle gespeicherte Ladung vergrößert (Aufladung), fließt ein Strom aus dem Volumen, so wird die innerhalb der Hülle gespeicherte Ladung verringert (Entladung). Sind die auftretenden Felder zeitunabhängig, so wird die Ableitung nach der Zeit in Gl. (VII.1.10) den Wert null ergeben und Gl. (VII.1.10) geht in Gl. (VII.1.9) für die stationären Strömungsfelder über.

Aus Gl. (VII.1.10) folgt durch Umformung mit Hilfe des Gaußschen Satzes:

$$\oiint_A \left(\vec{S} + \frac{\partial}{\partial t}\vec{D}\right) \cdot \vec{n}\, dA = \iiint_V \operatorname{div}\left(\vec{S} + \frac{\partial}{\partial t}\vec{D}\right) dV = 0.$$

Bei der Umwandlung wurden Differentiation und Integration im Integral über die elektrische Flußdichte miteinander vertauscht. Da die elektrische Flußdichte auch eine Funktion der Ortskoordinaten ist, geht die vollständige Differentiation (das Integral hängt nur von der Zeit ab) in eine partielle Differentiation nach der Zeit über. Es wird eine neue „Gesamtstromdichte $\vec{S}_{ges}$":

$$\vec{S}_{ges} = \vec{S} + \frac{\partial}{\partial t}\vec{D} \tag{VII.1.11}$$

eingeführt, für die dann wieder die Gesetze

$$\oiint_A \vec{S}_{ges} \cdot \vec{n}\, dA = 0 \tag{VII.1.12}$$

bzw.

$$\operatorname{div} \vec{S}_{ges} = 0 \tag{VII.1.13}$$

gelten. Der Anteil

$$\vec{S}_v = \frac{\partial}{\partial t}\vec{D} \tag{VII.1.14}$$

an der gesamten Stromdichte wird die Verschiebungsstromdichte genannt. Da die Gesamtstromdichte divergenzfrei (quellenfrei) ist, sind die Feldlinien der Gesamtstromdichte immer geschlossene Linien. Dies läßt sich sehr anschaulich an einem Stromkreis mit einem Kondensator demonstrieren (Abb. 259). Innerhalb der Leiter und innerhalb des Generators tritt eine Stromdichte $\vec{S}$ (Leitungsstromdichte) auf, hier ist die Verschiebungsstromdichte vernachlässigbar klein. Zwischen den Platten des Kondensators, wo keine Leitungsstromdichte auftreten kann, übernimmt die Verschiebungsstromdichte den „Ladungstransport" und die Stromdichte $\vec{S}$ ist null. Wird die durch die in Abb. 259 eingezeichnete, geschlossene Hülle tretende elek-

VII.1 Die Maxwellschen Gleichungen und das Kontinuitätsgesetz

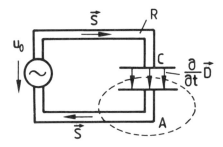

Abb. 259. Zur Gesamtstromdichte

trische Stromstärke berechnet, so läßt sich das Gesetz Gl. (VII.1.10) direkt ableiten.

Wird Gl. (VII.1.10) mit Hilfe des Gaußschen Satzes in der Form

$$\oiint_A \vec{S} \cdot \vec{n}\, dA = \iiint_V \operatorname{div} \vec{S}\, dV = -\frac{d}{dt} \oiint_A \vec{D} \cdot \vec{n}\, dA = -\frac{d}{dt} \iiint_V \varrho\, dV$$

geschrieben, so folgt aus der Gleichheit der beiden Volumenintegrale und der Gleichheit der Integrationsvolumina der Zusammenhang

$$\operatorname{div} \vec{S} + \frac{\partial \varrho}{\partial t} = 0, \qquad \text{(VII.1.15)}$$

der auch als Kontinuitätsgesetz bezeichnet wird. Gl. (VII.1.15) sagt in der Form

$$\operatorname{div} \vec{S} = -\frac{\partial \varrho}{\partial t} \qquad \text{(VII.1.15)}$$

aus, daß in jedem Punkt des Raumes eine Abnahme der Raumladungsdichte ϱ einer Quelle des Stromdichtefeldes entspricht, d.h. wird die Raumladungsdichte ϱ im betrachteten Punkt in Abhängigkeit von der Zeit kleiner, so entspringt in diesem Punkt eine Feldlinie der Stromdichte (Quellenfunktion). Nimmt die Raumladungsdichte in dem Punkt mit der Zeit zu, so enden in dem Punkt Feldlinien der Stromdichte (Senkenfunktion). Damit ist Gl. (VII.1.15) eine andere Darstellung des Ladungserhaltungsgesetzes (Energieerhaltungsgesetz).

Wird ein homogenes, isotropes Medium mit konstanter Leitfähigkeit κ und Permittivität ε betrachtet, so kann das oben stehende Gesetz in der Form

$$\frac{\partial \varrho}{\partial t} + \kappa \operatorname{div} \vec{E} = \frac{\partial \varrho}{\partial t} + \frac{\kappa}{\varepsilon} \operatorname{div} \vec{D} = 0,$$

$$\frac{\partial \varrho}{\partial t} + \frac{\kappa}{\varepsilon} \varrho = 0 \qquad \text{(VII.1.16)}$$

umgeschrieben werden. Diese Gleichung gestattet, den zeitlichen Verlauf einer im Material der Leitfähigkeit κ und der Permittivität ε aufgebauten Ladungsverteilung zu bestimmen. Eine Lösung dieser Differentialgleichung im unendlich ausgedehnten Raum lautet

$$\varrho(t) = \varrho_0 \, e^{-\frac{t}{\varepsilon/\kappa}} = \varrho_0 \, e^{-\frac{t}{\tau}}$$

mit $\tau = \varepsilon/\kappa$ der sogenannten Relaxationszeit. Die Lösung sagt aus, daß eine räumlich vorgegebene Raumladungsverteilung ϱ_0 in jedem Punkt eines leitfähigen Raumes nach einer Exponentialfunktion mit der Zeit abklingt, weil die Ladungsträger in dem Material aufgrund der zwischen ihnen wirkenden Abstoßungskräfte mit der Zeit „auseinanderdriften" und damit die Größe der Raumladungsdichte in jedem betrachteten Punkt laufend kleiner wird.

Aus dieser Lösung kann z. B. geschlossen werden, daß für einen guten Leiter (z. B. Silber) die Relaxationszeit (das ist die Zeit, in der die Raumladungsdichte in einem Punkt auf den 1/e-ten Teil ihres Ursprungswertes abgefallen ist) so klein ist, daß bis zu höchsten Frequenzen, die in der Elektrotechnik interessant sind (f = 10^{14} Hz = 100 THz), die Ladungsträger immer so schnell im Material verschoben werden können, daß das Material als feldfrei angesehen werden kann (vgl. Kap. III.3, S. 57).

VII.2
Der Poyntingsche Satz

Die Maxwellschen Gleichungen geben die Zusammenhänge zwischen den Feldgrößen der elektrischen und magnetischen Felder an. Sie geben ferner einen Aufschluß über die Energieverteilung und den Energietransport dieser Felder im Raum. Um eine Aussage über die Zusammenhänge zwischen den in den Feldern gespeicherten Energien, der in Wärme umgesetzten Leistungen und der in Form von elektromagnetischen Wellen transportierten Energie zu erhalten, wird von den vollständigen Maxwellschen Gleichungen in Differentialform für ein homogenes, isotropes Medium der Leitfähigkeit κ, der Permittivität ε und der Permeabilität μ

$$\operatorname{rot} \vec{H} = \kappa \vec{E} + \varepsilon \frac{\partial \vec{E}}{\partial t} \qquad \Big| \cdot \vec{E},$$

$$\operatorname{rot} \vec{E} = -\mu \frac{\partial \vec{H}}{\partial t} \qquad \Big| \cdot (-\vec{H})$$

(VII.2.1)

ausgegangen. Die erste Gleichung wird skalar mit $\vec{E}$, die zweite skalar mit $(-\vec{H})$ multipliziert, sodann werden beide Gleichungen addiert. Daraus ergibt sich der Zusammenhang:

$$\vec{E} \cdot \operatorname{rot} \vec{H} - \vec{H} \cdot \operatorname{rot} \vec{E} = \kappa \vec{E} \cdot \vec{E} + \varepsilon \vec{E} \cdot \frac{\partial \vec{E}}{\partial t} + \mu \vec{H} \cdot \frac{\partial \vec{H}}{\partial t}.$$

(VII.2.2)

VII.2 Der Poyntingsche Satz

Wird von der Vektoridentität Gl. (I.15.14), Teil I

$$\vec{E} \cdot \text{rot}\,\vec{H} - \vec{H} \cdot \text{rot}\,\vec{E} = -\,\text{div}(\vec{E} \times \vec{H})$$

Gebrauch gemacht, wird ferner berücksichtigt, daß

$$\varepsilon \vec{E} \cdot \frac{\partial \vec{E}}{\partial t} = \frac{\varepsilon}{2} \frac{\partial}{\partial t} (\vec{E} \cdot \vec{E}), \qquad \mu \vec{H} \cdot \frac{\partial \vec{H}}{\partial t} = \frac{\mu}{2} \frac{\partial}{\partial t} (\vec{H} \cdot \vec{H})$$

ist, so kann der abgeleitete Zusammenhang (VII.2.2) in der Form

$$-\,\text{div}(\vec{E} \times \vec{H}) = \kappa \vec{E} \cdot \vec{E} + \frac{\varepsilon}{2} \frac{\partial}{\partial t} (\vec{E} \cdot \vec{E}) + \frac{\mu}{2} \frac{\partial}{\partial t} (\vec{H} \cdot \vec{H}) \qquad \text{(VII.2.3)}$$

angegeben werden. Um diese Gleichung physikalisch anschaulich interpretieren zu können, wird ein beliebiges begrenztes Volumen V, in dem ein elektromagnetisches Feld auftritt, betrachtet. Gl. (VII.2.3) wird über dieses Volumen integriert:

$$-\iiint_V \text{div}(\vec{E} \times \vec{H})\,dV = \iiint_V \kappa \vec{E} \cdot \vec{E}\,dV + $$

$$+ \frac{d}{dt} \iiint_V \frac{\varepsilon}{2} (\vec{E} \cdot \vec{E})\,dV + \frac{d}{dt} \iiint_V \frac{\mu}{2} (\vec{H} \cdot \vec{H})\,dV$$

und auf das Volumenintegral der linken Seite der Gaußsche Satz angewendet. Damit ergibt sich der hier interessierende Zusammenhang:

$$\oiint_A (\vec{E} \times \vec{H}) \cdot \vec{n}\,dA + \iiint_V \kappa (\vec{E} \cdot \vec{E})\,dV =$$

$$= -\frac{d}{dt} \iiint_V \frac{\varepsilon}{2} (\vec{E} \cdot \vec{E})\,dV - \frac{d}{dt} \iiint_V \frac{\mu}{2} (\vec{H} \cdot \vec{H})\,dV. \qquad \text{(VII.2.4)}$$

In der abgeleiteten Gleichung (VII.2.4) treten drei Terme auf, die bereits früher berechnet worden sind. So stellt das Volumenintegral der linken Seite die im Volumen V in Wärme umgesetzte elektrische Leistung dar (vgl. Kap. IV.2, Gl. (IV.2.16)). Das erste Volumenintegral der rechten Seite beschreibt nach Gl. (III.13.16), den Energieinhalt des elektrischen Feldes, das zweite Volumenintegral der rechten Seite gibt entsprechend den Energieinhalt des magnetischen Feldes an (Gl. (VI.4.8)). Damit kann Gl. (VII.2.4) auch in der Form

$$\oiint_A (\vec{E} \times \vec{H}) \cdot \vec{n}\,dA + P_v = -\frac{d}{dt} (W_{el} + W_{magn}) \qquad \text{(VII.2.5)}$$

geschrieben werden und gestattet in dieser Form eine Interpretation der Beziehung als Leistungsbilanz. Die Gleichung sagt aus, daß die Abnahme des Energieinhalts des elektrischen und des magnetischen Feldes im Volumen V gleich der Summe von in Wärme umgesetzter Verlustleistung P_v und einem weiteren Verlustanteil ist, der durch das Flächenintegral auf der linken Seite der Gl. (VII.2.5) beschrieben wird. Der unter dem Flächenintegral auftretende Vektor

$$\vec{S}_p = (\vec{E} \times \vec{H}) \tag{VII.2.6}$$

beschreibt die in Form von elektromagnetischer Strahlung durch die Hüllfläche A des Volumenes V ausströmende Leistung pro Flächeninhalt. Der Vektor $\vec{S}_p$, genannt der Poyntingsche Vektor, ermöglicst es, die in Form von elektromagnetischen Wellen auftretende Strömung der Energie pro Zeit- und Flächeneinheit zu berechnen; er kennzeichnet den Transport der Energie in Form von elektromagnetischen Wellen im Raum nach Betrag und Richtung.

VII.3
Die Wellengleichung

Betrachtet wird ein homogenes, isotropes Medium mit der Permittivität ε, der Permeabilität μ und der Leitfähigkeit κ. Es soll angenommen werden, daß in dem betrachteten Raumgebiet keine Raumladungen auftreten ($\rho = 0$). Dann kann aus den Maxwellschen Gleichungen für dieses Raumgebiet:

$$\mathrm{rot}\,\vec{H} = \kappa \vec{E} + \frac{\partial}{\partial t}(\varepsilon \vec{E}), \qquad \mu\,\mathrm{div}\,\vec{H} = 0,$$
$$\tag{VII.3.1}$$
$$\mathrm{rot}\,\vec{E} = -\frac{\partial}{\partial t}(\mu \vec{H}), \qquad \varepsilon\,\mathrm{div}\,\vec{E} = 0$$

durch nochmalige Rotationsbildung jeweils eine Differentialgleichung für die elektrische oder die magnetische Feldstärke abgeleitet werden. Wird z. B. von der zweiten Maxwellschen Gleichung nochmals die Rotation gebildet, so gilt unter Verwendung der Vektoridentität Gl. (I.15.22) und nach Vertauschung der Differentiationen:

$$\mathrm{rot}\,\mathrm{rot}\,\vec{E} = -\frac{\partial}{\partial t}(\mu\,\mathrm{rot}\,\vec{H}),$$

$$\mathrm{grad}\,\mathrm{div}\,\vec{E} - \Delta\vec{E} = -\frac{\partial}{\partial t}(\mu\,\mathrm{rot}\,\vec{H}).$$

Die auf der rechten Seite der Gleichung auftretende Rotation der magnetischen Feldstärke wird aus der ersten Maxwellschen Gleichung ersetzt, ferner wird berücksichtigt, daß die elektrische Flußdichte, damit im isotropen, ho-

VII.3 Die Wellengleichung

mogenen Medium auch die elektrische Feldstärke, divergenzfrei ist ($\varrho = 0$). Das heißt, es gilt:

$$-\Delta\vec{E} = \frac{\partial}{\partial t}(\mu \operatorname{rot}\vec{H}) = -\frac{\partial}{\partial t}(\mu\kappa\vec{E}) - \frac{\partial^2}{\partial t^2}(\mu\varepsilon\vec{E}),$$

$$\Delta\vec{E} - \mu\kappa\frac{\partial}{\partial t}\vec{E} - \mu\varepsilon\frac{\partial^2}{\partial t^2}\vec{E} = \vec{0}, \qquad \operatorname{div}\vec{E} = 0. \tag{VII.3.2}$$

Die Bedingung der Divergenzfreiheit der Felder, die vorausgesetzt war, ist in der abgeleiteten Differentialgleichung nicht mehr erhalten. Sie muß daher beim Bestimmen der Lösung speziell berücksichtigt werden.

Wird entsprechend von der ersten Maxwellschen Gleichung nochmals die Rotation gebildet, so kann eine entsprechende Gleichung für die magnetische Feldstärke abgeleitet werden:

$$\Delta\vec{H} - \mu\kappa\frac{\partial}{\partial t}\vec{H} - \mu\varepsilon\frac{\partial^2}{\partial t^2}\vec{H} = \vec{0}, \qquad \operatorname{div}\vec{H} = 0. \tag{VII.3.3}$$

Es ist zu beachten, daß die elektrische Feldstärke und die magnetische Feldstärke in den beiden Differentialgleichungen (VII.3.2) und (VII.3.3) voneinander unabhängig auftreten, während sie in den Maxwellschen Gleichungen immer voneinander abhängig sind. Aus diesem Grund darf immer nur eine der beiden Differentialgleichungen, z.B. die Gleichung für die elektrische Feldstärke, zur Berechnung der Felder herangezogen werden. Die zugehörige magnetische Feldstärke muß dann immer mit Hilfe einer der Maxwellschen Gleichungen gefunden werden.

Besitzt das Material keine Leitfähigkeit ($\kappa = 0$), so reduzieren sich die Differentialgleichungen auf die Form:

$$\Delta\vec{E} - \mu\varepsilon\frac{\partial^2}{\partial t^2}\vec{E} = \vec{0}, \qquad \operatorname{div}\vec{E} = 0, \tag{VII.3.4}$$

$$\Delta\vec{H} - \mu\varepsilon\frac{\partial^2}{\partial t^2}\vec{H} = \vec{0}, \qquad \operatorname{div}\vec{H} = 0. \tag{VII.3.5}$$

Diese Gleichungen werden als Wellen- oder Schwingungsgleichungen bezeichnet. Sie beschreiben alle in einem homogenen, isotropen Medium ohne Leitfähigkeit und Raumladung auftretenden Wellen- oder Schwingungsvorgänge.

Die einfachste Form einer möglichen Wellenausbreitung ist die Ausbreitung in Form einer ebenen Welle. Eine ebene Welle hat Felder, die nur von einer Ortskoordinate z.B. x und der Zeit t abhängen. Eine solche ebene Welle kann durch eine beliebige Funktion der Form (z.B. für die elektrische Feldstärke)

$$\vec{E} = \vec{E}_{01} f(x - vt)$$

oder der Form

$$\vec{E} = \vec{E}_{02} g(x + vt)$$

beschrieben werden. Soll das Feld Gl. (VII.3.4) genügen, so muß speziell $\operatorname{div} \vec{E} = 0$ gelten:

$$\operatorname{div} \vec{E} = \frac{\partial E_x}{\partial x} + \frac{\partial E_y}{\partial y} + \frac{\partial E_z}{\partial z} = \frac{dE_x}{dx} = 0,$$

weil das Feld nur von der Ortskoordinate x abhängen soll. Damit kann die Komponente E_x keine Funktion von x sein und wird deshalb hier nicht weiter berücksichtig, d.h. es wird $E_x = 0$ gewählt. Also ist $\vec{E}_0$ ein elektrisches Feld transversal zur x-Richtung mit y- und z-Komponente. v ist eine noch zu bestimmende Konstante. Wird der Lösungsansatz

$$\vec{E} = \vec{E}_{01} f(x - vt) + \vec{E}_{02} g(x + vt) \tag{VII.3.6}$$

in die Differentialgleichung (VII.3.4) eingesetzt, so gilt wegen des Lösungsansatzes: $\Delta = \partial^2/\partial x^2$ und wegen

$$\frac{\partial^2}{\partial x^2} \vec{E} = \vec{E}_{01} f''(x - vt) + \vec{E}_{02} g''(x + vt),$$

$$\frac{\partial^2}{\partial t^2} \vec{E} = \vec{E}_{01} v^2 f''(x - vt) + \vec{E}_{02} v^2 g''(x + vt)$$

mit f'', g'' der zweifachen Ableitung der Funktionen nach ihrem gesamten Argument (x − vt) bzw. (x + vt), die Bestimmungsgleichung für v^2:

$$\vec{E}_{01} f''(x - vt) - \mu\varepsilon v^2 \vec{E}_{01} f''(x - vt) = \vec{0},$$

$$\vec{E}_{02} g''(x + vt) - \mu\varepsilon v^2 \vec{E}_{02} g''(x + vt) = \vec{0}$$

$$v^2 = \frac{1}{\varepsilon\mu}, \qquad v = \frac{1}{\sqrt{\varepsilon\mu}}. \tag{VII.3.7}$$

v ist die Phasengeschwindigkeit, mit der sich die Feldverteilung in x-Richtung ausbreitet (Abb. 260). Die Funktion f(x−vt) beschreibt eine Welle, die sich

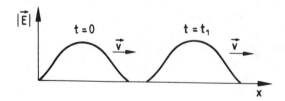

Abb. 260. Feldverteilung einer sich in positiver x-Richtung ausbreitenden Welle zu verschiedenen Zeitpunkten

VII.3 Die Wellengleichung

mit der Geschwindigkeit v in positiver x-Richtung ausbreitet, die Funktion $g(x + vt)$ dagegen beschreibt eine Welle in negativer x-Richtung.

Aus dem Lösungsansatz für die elektrische Feldstärke (VII.3.6) kann mit Hilfe der zweiten Maxwellschen Gleichung

$$\operatorname{rot}\vec{E} = -\mu \frac{\partial \vec{H}}{\partial t},$$

$$\frac{\partial \vec{H}}{\partial t} = -\frac{1}{\mu}\operatorname{rot}\vec{E}$$

zunächst die nach der Zeit differenzierte magnetische Feldstärke und dann durch Integration nach der Zeit die magnetische Feldstärke selbst abgeleitet werden. Da die Felder nur von der Ortskoordinate x abhängen und da die elektrische Feldstärke nur eine y- und eine z-Komponente besitzt, reduziert sich die Rotationsbildung (vgl. Gl. (I.11.5)) auf:

$$\operatorname{rot}\vec{E} = \begin{vmatrix} \vec{e}_x & \vec{e}_y & \vec{e}_z \\ \dfrac{\partial}{\partial x} & 0 & 0 \\ 0 & E_y & E_z \end{vmatrix} = \frac{\partial E_y}{\partial x}\vec{e}_z - \frac{\partial E_z}{\partial x}\vec{e}_y.$$

Damit folgt

$$\frac{\partial \vec{H}}{\partial t} = -\frac{1}{\mu}\{E_{01y}f'(x-vt) + E_{02y}g'(x+vt)\}\vec{e}_z$$

$$+ \frac{1}{\mu}\{E_{01z}f'(x-vt) + E_{02z}g'(x+vt)\}\vec{e}_y.$$

Durch Integration nach der Zeit ergibt sich dann unter Vernachlässigung der auftretenden, von der Zeit unabhängigen „Integrationskonstanten", d.h. der von der Raum- und der Zeitkoordinate unabhängigen Feldlösungen, die hier nicht diskutiert werden sollen:

$$\vec{H} = \frac{1}{\mu v}\{E_{01y}f(x-vt) - E_{02y}g(x+vt)\}\vec{e}_z$$

$$-\frac{1}{\mu v}\{E_{01z}f(x-vt) - E_{02z}g(x+vt)\}\vec{e}_y.$$

Der Faktor

$$Z_F = \mu v = \frac{\mu}{\sqrt{\mu\varepsilon}} = \sqrt{\frac{\mu}{\varepsilon}} \qquad (VII.3.8)$$

wird als der Feldwellenwiderstand des Raumes mit der Permeabilität μ und der Permittivität ε bezeichnet. Wird er eingeführt, so können die Felder der hier berechneten ebenen Wellen in der Form

$$\vec{E} = \{E_{01y}f(x-vt) + E_{02y}g(x+vt)\}\vec{e}_y +$$

$$\{E_{01z}f(x-vt) + E_{02z}g(x+vt)\}\vec{e}_z, \qquad (VII.3.9)$$

$$\vec{H} = -\frac{1}{Z_F}\{E_{01z}f(x-vt) - E_{02z}g(x+vt)\}\vec{e}_y +$$

$$+\frac{1}{Z_F}\{E_{01y}f(x-vt) - E_{02y}g(x+vt)\}\vec{e}_z \qquad (VII.3.10)$$

geschrieben werden. Es zeigt sich, daß (z. B. für $E_{01z} = E_{02z} = 0$) Felder mit nur einer E_y- und einer H_z-Komponente oder aber auch nur mit einer E_z- und einer H_y-Komponente (für $E_{0y1} = E_{0y2} = 0$) existieren können. Die Feldkomponenten liegen alle in der Ebene transversal zur Wellenausbreitungsrichtung x. Wellenausbreitung ist sowohl in positiver x-Richtung (beschrieben auch die Funktion $f(x-vt)$) als auch in negativer x-Richtung (beschrieben durch die Funktion $g(x+vt)$) möglich.

VII.4
Felder mit harmonischer Zeitabhängigkeit

Betrachtet wird eine skalare physikalische Größe

$$\varrho(x,y,z,t) = \hat{\varrho}(x,y,z)\cos[\omega t + \phi(x,y,z)]$$

mit einer cosinusförmigen (harmonischen) Zeitabhängigkeit der Kreisfrequenz ω, dem Scheitelwert $\hat{\varrho}(x,y,z)$ und mit dem Nullphasenwinkel $\phi(x,y,z)$. Die Größen $\hat{\varrho}(x,y,z)$ und $\phi(x,y,z)$ haben eine beliebige (stückweise stetige) Abhängigkeit von den Raumkoordinaten x, y, z. Die hamonisch Zeitabhängigkeit der Größe $\varrho(x,y,z,t)$ kann auch durch eine Exponentialfunktion beschrieben werden:

$$\varrho(x,y,z,t) = \mathrm{Re}\{\hat{\varrho}\,e^{j\phi}\,e^{j\omega t}\},$$

wobei die Größen

$$\hat{\varrho} = \hat{\varrho}(x,y,z), \qquad \phi = \phi(x,y,z)$$

nicht mehr von der Zeit abhängen, also reine Funktionen der Ortskoordinaten sind. Wird als

$$\underline{\varrho}(x,y,z) = \hat{\varrho}(x,y,z)\,e^{j\phi(x,y,z)}$$

VII.4 Felder mit harmonischer Zeitabhängigkeit

eine komplexe Größe gekennzeichnet, so läßt sich die oben eingeführte Größe schließlich auch als

$$\varrho(x, y, z, t) = \text{Re}\{\underline{\varrho}(x, y, z)\, e^{j\omega t}\} \tag{VII.4.1}$$

angeben. Werden demnach Größen behandelt, die eine harmonische Zeitabhängigkeit besitzen, so genügt zu ihrer Kennzeichnung alleine die Angabe der eingeführten, komplexen Größe $\underline{\varrho}$, die auch als komplexer Zeiger der skalaren Größe $\varrho(x,y,z,t)$ bezeichnet wird (vgl. komplexe Berechnung von Wechselstromschaltungen, z. B. [b. 58]), falls die Kreisfrequenz ω bekannt ist.

Wird eine Vektorgröße $\vec{E}$ betrachtet, deren drei Komponenten die gleiche Zeitabhängigkeit haben, wie die oben betrachtete skalare Funktion $\varrho(x,y,z,t)$, so sind die Feldkomponenten demnach harmonische Funktionen der Zeit und sie lassen sich in der Form

$$\vec{E} = E_x \vec{e}_x + E_y \vec{e}_y + E_z \vec{e}_z = \vec{E}(x, y, z, t),$$

$$E_x = \text{Re}\{\underline{E}_x e^{j\omega t}\}, \qquad E_y = \text{Re}\{\underline{E}_y e^{j\omega t}\}, \qquad E_z = \text{Re}\{\underline{E}_z e^{j\omega t}\}$$

schreiben. Hierin sind $\underline{E}_x$, $\underline{E}_y$ und $\underline{E}_z$ die komplexen Zeiger der drei Feldkomponenten E_x, E_y und E_z. Diese drei komplexen Größen lassen sich wieder als Vektor schreiben, indem die drei Anteile in der Form

$$\underline{\vec{E}}(x, y, z) = \underline{E}_x \vec{e}_x + \underline{E}_y \vec{e}_y + \underline{E}_z \vec{e}_z$$

zusammengefaßt werden. Dieser komplexe Vektor hat zunächst keine physikalische Bedeutung, er ist nur eine Rechengröße. Der komplexe Vektor wird auch als komplexer Vektorzeiger bezeichnet. Aus ihm läßt sich der gesuchte, reelle, physikalische Vektor durch die Realteilbildung

$$\vec{E}(x, y, z, t) = \text{Re}\{\underline{\vec{E}}(x, y, z)\, e^{j\omega t}\} =$$

$$= \text{Re}\{\underline{E}_x e^{j\omega t}\}\, \vec{e}_x + \text{Re}\{\underline{E}_y e^{j\omega t}\}\, \vec{e}_y + \text{Re}\{\underline{E}_z e^{j\omega t}\}\, \vec{e}_z \tag{VII.4.2}$$

bestimmen.

Die Einführung der komplexen Feldgrößen erleichtert die Berechnung von Feldproblemen mit harmonischer Zeitabhängigkeit, weil die in den Maxwellschen Gleichungen auftretenden Differentiationen nach der Zeit in eine einfache Multiplikation mit dem Faktor $j\omega$ übergehen. Da die Maxwellschen Gleichungen linear sind und ferner die imaginäre Einheit j nicht explizit enthalten, kann geschlossen werden, daß der Real- und Imaginärteil einer komplexen Lösung der Maxwellschen Gleichungen ebenfalls Lösungen der Maxwellschen Gleichungen sind. Es wird daher kein Fehler gemacht, wenn zunächst ein komplexes Vektorfeld als Lösung der Maxwellschen Gleichung bestimmt wird und hieraus als physikalisch interessante Lösung durch Realteilbildung wieder ein reelles Vektorfeld berechnet wird.

Die komplexen Feldkomponenten $\underline{E}_x$, $\underline{E}_y$ und $\underline{E}_z$ besitzen je einen Real- und Imaginärteil. Das bedeutet, auch der komplexe Gesamtvektor $\vec{\underline{E}}$ läßt sich in einen Real- und einen Imaginärteil aufspalten:

$$\underline{E}_x = E_{xr} + jE_{xi}, \qquad \underline{E}_y = E_{yr} + jE_{yi}, \qquad \underline{E}_z = E_{zr} + jE_{zi},$$

$$\vec{\underline{E}} = (E_{xr}\vec{e}_x + jE_{xi}\vec{e}_x + E_{yr}\vec{e}_y + jE_{yi}\vec{e}_y + E_{zr}\vec{e}_z + jE_{zi}\vec{e}_z),$$

$$\vec{\underline{E}} = \vec{E}_r + j\vec{E}_i.$$

Das heißt weiterhin, auch der komplexe Vektorzeiger $\vec{\underline{E}}$ kann eindeutig in einen Real- und einen Imaginärteil zerlegt werden, aus denen sich der reelle, physikalisch sinnvolle Vektor $\vec{E}$ als

$$\mathrm{Re}\{(\vec{E}_r + j\vec{E}_i)\,e^{j\omega t}\} = \vec{E}_r \cos(\omega t) - \vec{E}_i \sin(\omega t) \tag{VII.4.3}$$

berechnet. Da $\vec{E}_r$ und $\vec{E}_i$ zwei beliebige, reelle Vektoren im Raum sind, besagt Gl. (VII.4.3), daß sich der Endpunkt des Vektors $\vec{E}$ immer auf einer Ellipse im Raum bewegt. Diese Eigenschaft des Feldvektors wird auch so ausgedrückt: Der Feldvektor $\vec{E}$ ist elliptisch polarisiert (dieser Begriff der Polarisation eines Vektorfeldes darf nicht mit dem Begriff der dielektrischen Polarisation, vgl. Kap. III.7, Gl. (III.7.6) verwechselt werden). Für den Spezialfall, daß $|\vec{E}_r| = |\vec{E}_i|$ ist und $\vec{E}_r$ senkrecht auf $\vec{E}_i$ steht, geht die elliptische Polarisation in eine zirkulare Polarisation über, der Endpunkt des Feldvektors bewegt sich immer auf einem Kreis. Ist $\vec{E}_r$ oder $\vec{E}_i$ gleich null, so bewegt sich der Endpunkt des Vektors in Abhängigkeit von der Zeit immer auf einer Geraden, der Feldvektor ist linear polarisiert (Abb. 261).

Für die komplexen Felder mit einer harmonischen Zeitabhängigkeit, beschrieben durch die Funktion $e^{j\omega t}$, nehmen die Differentialgleichungen für die

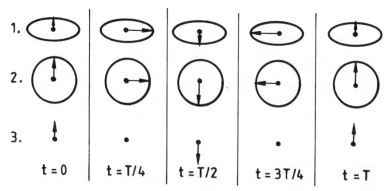

Abb. 261. Elliptische (1), zirkulare (2) und lineare (3) Polarisation eines Feldvektors, T = Peridoendauer $= 2\pi/\omega$

VII.4 Felder mit harmonischer Zeitabhängigkeit

elektrische Feldstärke und die magnetische Feldstärke die Form (vgl. Gl. (VII.3.2) und Gl. (VII.3.3)):

$$\Delta \vec{\underline{E}} - j\omega\mu\kappa\vec{\underline{E}} + \omega^2 \varepsilon\mu\vec{\underline{E}} = \vec{0}, \qquad \text{div}\,\vec{\underline{E}} = 0,$$

$$\Delta \vec{\underline{H}} - j\omega\mu\kappa\vec{\underline{H}} + \omega^2 \varepsilon\mu\vec{\underline{H}} = \vec{0}, \qquad \text{div}\,\vec{\underline{H}} = 0 \qquad\qquad (VII.4.4)$$

an. In einem Material, das keine Leitfähigkeit besitzt, lauten die Gleichungen entsprechend:

$$\Delta \vec{\underline{E}} + \omega^2 \varepsilon\mu\vec{\underline{E}} = \vec{0}, \qquad \text{div}\,\vec{\underline{E}} = 0,$$

$$\Delta \vec{\underline{H}} + \omega^2 \varepsilon\mu\vec{\underline{H}} = \vec{0}, \qquad \text{div}\,\vec{\underline{H}} = 0. \qquad\qquad (VII.4.5)$$

Wird eine der Gl. (VII.3.6) entsprechende Lösung dieser Gleichungen gesucht, also eine Lösung in Form einer ebenen Welle, die nur von einer Ortskoordinate z.B. x und der Zeit t abhängt, so ergibt sich zunächst für den nur von den Ortskoordinaten abhängigen Vektorzeiger als Lösung von Gl. (VII.4.5) der Ausdruck

$$\vec{\underline{E}} = \vec{\underline{E}}_{01} e^{-jkx} + \vec{\underline{E}}_{02} e^{+jkx} \qquad\qquad (VII.4.6)$$

und zur Beschreibung der Zeitabhängigkeit der Ausdruck

$$\vec{E}(x,y,z,t) = \text{Re}\,\{\vec{\underline{E}}e^{j\omega t}\} =$$
$$= \text{Re}\,\{\vec{\underline{E}}_{01} e^{j(\omega t - kx)} + \vec{\underline{E}}_{02} e^{j(\omega t + kx)}\}. \qquad\qquad (VII.4.7)$$

Wird der Lösungsansatz (VII.4.6) für die elektrische Feldstärke in die Differentialgleichung (VII.4.5) eingesetzte, so kann die unbekannte Größe k zu

$$k = \omega\sqrt{\varepsilon\mu} \qquad\qquad (VII.4.8)$$

bestimmt werden. k wird als Wellenzahl bezeichnet.

Mit Hilfe der zweiten Maxwellschen Gleichung für harmonische Zeitabhängigkeit der Felder (Induktionsgesetz),

$$\text{rot}\,\vec{\underline{E}} = -j\omega\mu\vec{\underline{H}},$$

kann auf demselben Weg, wie in Kap. VII.3 beschrieben, ein der in Gl. (VII.4.7) berechneten elektrischen Feldstärke zugeordneter Vektorzeiger der magnetischen Feldstärke der Form

$$\vec{\underline{H}} = -\frac{1}{Z_F}(\underline{E}_{01z}e^{-jkx} - \underline{E}_{02z}e^{+jkx})\vec{e}_y$$
$$+ \frac{1}{Z_F}(\underline{E}_{01y}e^{-jkx} - \underline{E}_{02y}e^{+jkx})\vec{e}_z \qquad\qquad (VII.4.9)$$

bestimmt werden. Dabei wurde wieder angenommen, wie bereits in Kap. VII.3

bewiesen, daß die elektrische Feldstärke nur eine y- und eine z-Komponente der Form

$$\vec{E} = (\underline{E}_{01y}e^{-jkx} + \underline{E}_{02y}e^{+jkx})\vec{e}_y + (\underline{E}_{01z}e^{-jkx} + \underline{E}_{02z}e^{+jkx})\vec{e}_z \qquad (VII.4.10)$$

besitzt.

Die aus diesen Lösungen durch Realteilbildung abgeleiteten realen physikalischen Felder besitzen die Eigenschaften einer ebenen Welle mit harmonischer Zeitabhängigkeit, d.h. bei festem Wert von x ändern sich die Feldgrößen nach einer Sinus- oder Cosinusfunktion mit der Kreisfrequenz ω, bei festgehaltener Zeit haben die Felder eine harmonische Abhängigkeit von der x-Koordinate:

$$\vec{E}(x,t) = \text{Re}\{\vec{\underline{E}}e^{j\omega t}\},$$

$$\vec{E}(x,t) = [E_{01y}\cos(\omega t - kx + \phi_{01y}) + E_{02y}\cos(\omega t + kx + \phi_{02y})]\vec{e}_y$$

$$+ [E_{01z}\cos(\omega t - kx + \phi_{01z}) + E_{02z}\cos(\omega t + kx + \phi_{02z})]\vec{e}_z,$$

$$\vec{H}(x,t) = \text{Re}\{\vec{\underline{H}}e^{j\omega t}\}, \qquad (VII.4.11)$$

$$\vec{H}(x,t) = -\frac{1}{Z_F}[E_{01z}\cos(\omega t - kx + \phi_{01z}) - E_{02z}\cos(\omega t + kx + \phi_{02z})]\vec{e}_y$$

$$+ \frac{1}{Z_F}[E_{01y}\cos(\omega t - kx + \phi_{01y}) - E_{02y}\cos(\omega t + kx + \phi_{02y})]\vec{e}_z.$$

Die Periodenlänge der x-Abhängigkeit

$$\lambda = \frac{2\pi}{k} \qquad (VII.4.12)$$

wird als Wellenlänge der auftretenden Wellenfelder bezeichnet. Eine Feldverteilung, die z.B. zur Zeit t = 0 an der Stelle x = 0 existiert, breitet sich, je nach Vorzeichen der Wellenzahl k, mit der in Gl. (VII.3.7) angegebenen Phasengeschwindigkeit in positiver x-Richtung (negatives Vorzeichen) oder in negativer x-Richtung (positives Vorzeichen) aus.

VII.5
Aufgaben über Wellen

1. Aufgabe

Gegeben ist eine homogene, verlustfreie Zweidrahtleitung, die durch ihre Kapazität pro Längeneinheit C' und ihre Induktivität pro Längeneinheit L' charakterisiert ist. Wie lauten die Differentialgleichungen für die elektrische Spannung und die elektrische Stromstärke auf der Leitung in Abhän-

VII.5 Aufgaben über Wellen

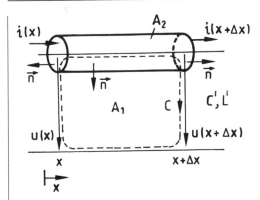

Abb. 262. Leitungselement

gigkeit von der Ortskoordinate x und der Zeit t (Abb. 262) und wie lautet eine Lösung dieser Differentialgleichungen in Form einer sich in x-Richtung ausbreitenden Welle? Zur Zeit t = 0 wird entlang der Leitung eine Spannungsverteilung $u_0(x)$ und die Stromstärke $i(t = 0) = 0$ gemessen. Wie kann hieraus die Spannungs- und Stromverteilung für Zeiten t größer als null (t > 0) bestimmt werden?

Lösung

Zur Berechnung der Bestimmungsgleichungen für die Stromstärke und die Spannung auf der Leitung wird von der Maxwellschen Gleichungen für beliebige Zeitabhängigkeit ausgegangen. Wird die zweite Maxwellsche Gleichung

$$\oint_C \vec{E} \cdot d\vec{s} = -\frac{d}{dt}\iint_{A_1} \vec{B} \cdot \vec{n}\, dA = -\frac{d\Psi}{dt}$$

auf den in Abb. 262 eingezeichneten Integrationsweg C und die Fläche A_1 zwischen den Leitern angewendet, so gilt, da die Leitung als verlustfrei angesehen wird,

$$-u(x) + u(x + \Delta x) = -L'\Delta x \frac{\partial i}{\partial t}.$$

Hierin ist $\Psi = Li$ ersetzt worden und $L = L'\Delta x$ ist die Induktivität des betrachteten Leitungselements. i ist ein mittlerer Wert der Stromstärke im Bereich zwischen x und $x + \Delta x$. Wird entsprechend die erste Maxwellsche Gleichung

$$\oint_C \vec{H} \cdot d\vec{s} = \iint_{A_2} \vec{S} \cdot \vec{n}\, dA + \frac{d}{dt}\iint_{A_2} \vec{D} \cdot \vec{n}\, dA$$

auf die in Abb. 262 eingezeichnete, geschlossene Fläche A_2, die einen der Leiter der Zweidrahtleitung einhüllt, angewendet, so gilt, da der Berandungsweg der Fläche zu einem Punkt zusammenschrumpft (geschlossene Fläche) und damit das Linienintegral null wird:

$$\oint_{A_2} \vec{S} \cdot \vec{n} \, dA = -\frac{d}{dt} \oint_{A_2} \vec{D} \cdot \vec{n} \, dA = -\frac{dQ}{dt}.$$

Unter Berücksichtigung der Richtung des Flächennormalenvektors $\vec{n}$ auf der Fläche A_2 gilt dann:

$$i(x + \Delta x) - i(x) = -C' \Delta x \frac{\partial u}{\partial t}.$$

Q ist die im Bereich Δx der Leitung gespeicherte Ladung, die durch einen mittleren Wert der Spannung zwischen den Leitern und die Kapazität $C = C' \Delta x$ des Leitungselements ausgedrückt wird.

Werden die Gleichungen für die Stromstärke und die Spannung durch Δx dividiert und der Grenzübergang $\Delta x \to 0$ durchgeführt, so gehen die Differenzengleichungen für Stromstärke und Spannung in Differentialgleichungen über. Beide Größen sind sowohl Funktionen der Zeit als auch Funktionen der Koordinate x:

1) $\dfrac{\partial u(x,t)}{\partial x} = -L' \dfrac{\partial i(x,t)}{\partial t},$

2) $\dfrac{\partial i(x,t)}{\partial x} = -C' \dfrac{\partial u(x,t)}{\partial t}.$

Damit ist ein Differentialgleichungssystem für Stromstärke und Spannung auf der Leitung abgeleitet. Wird die erste Gleichung nochmals nach der Zeit, die zweite Gleichung nochmals nach x partiell differenziert,

$$\frac{\partial^2 u(x,t)}{\partial x \, \partial t} = -L' \frac{\partial^2 i(x,t)}{\partial t^2}, \qquad \frac{\partial^2 i(x,t)}{\partial x^2} = -C' \frac{\partial^2 u(x,t)}{\partial t \, \partial x},$$

so kann wegen der Gleichheit der gemischten, partiellen Ableitungen der Spannung nach t und x eine Differentialgleichung für die Stromstärke $i(x,t)$ in der Form

$$\frac{\partial^2 i(x,t)}{\partial x^2} = L'C' \frac{\partial^2 i(x,t)}{\partial t^2}$$

abgeleitet werden. Entsprechend ergibt sich, wenn die erste Gleichung nach x, die zeite nach t partiell differenziert wird, eine Differentialgleichung zweiten Grades für die Spannung $u(x,t)$:

$$\frac{\partial^2 u(x,t)}{\partial x^2} = L'C' \frac{\partial^2 u(x,t)}{\partial t^2}.$$

VII.5 Aufgaben über Wellen

Zur Berechnung der Spannung und der Stromstärke darf jeweils nur eine der beiden Gleichungen herangezogen werden, z.B. die Gleichung für die Spannung. Die zugehörige Stromstärke muß dann aus einer der Gleichungen des verkoppelten Gleichungssystems 1) oder 2) berechnet werden (vgl. auch Kap. VII.3).

Zur Lösung der Differentialgleichung z.B. für die Spannung wird ein Lösungsansatz in der Form je einer Welle in positiver und negativer x-Richtung

$$u(x,t) = u_{01} f(x - vt) + u_{02} g(x + vt)$$

gemacht. Wird der Ansatz in die Differentialgleichung eingesetzt, so folgt (vgl. Kap. VII.3) für die unbekannte Größe v des Ansatzes wegen

$$\frac{\partial^2 u}{\partial x^2} = u_{01} f''(x - vt) + u_{02} g''(x + vt),$$

$$\frac{\partial^2 u}{\partial t^2} = v^2 \{u_{01} f''(x - vt) + u_{02} g''(x + vt)\}$$

(der Strich kennzeichnet die Ableitung nach dem gesamten Argument der Funktion) der Ausdruck:

$$v = \frac{1}{\sqrt{L' C'}}.$$

v ist wieder die Phasengeschwindigkeit der Wellen auf der Leitung.

Aus der Differentialgleichung 1) folgt für die der Spannung zugeordneten Stromstärke i zunächst:

$$\frac{\partial i}{\partial t} = -\frac{1}{L'} [u_{01} f'(x - vt) + u_{02} g'(x + vt)].$$

Unter Vernachlässigung der auftretenden, zeitunabhängigen Integrationskonstanten (Gleichstromlösungen) kann dann für die Stromstärke der Wert

$$-i(x,t) = \sqrt{\frac{C'}{L'}} [u_{01} f(x - vt) - u_{02} g(x + vt)]$$

angegeben werden. Die Größe

$$Z = \sqrt{\frac{L'}{C'}}$$

wird als Wellenwiderstand (hier der Leitung) bezeichnet. Es ist zu beachten, daß hier, ebenso wie bei den ebenen Wellen im freien Raum (vgl. Kap. VII.3), für Spannung und Stromstärke der in positiver und negativer x-

Richtung fortschreitenden Wellen verschiedene Zusammenhänge gelten (Minuszeichen in der Gleichung für den in negativer x-Richtung fortschreitenden Stromanteil). Insgesamt kann die Lösung für die Spannung und die Stromstärke auf der Leitung in der Form:

$$u(x, t) = u_{01} f(x - vt) + u_{02} g(x + vt),$$

$$Zi(x, t) = u_{01} f(x - vt) - u_{02} g(x + vt)$$

geschrieben werden.

Ist zur Zeit $t = 0$ die Spannung auf der Leitung bekannt, $u(t = 0) = u_0(x)$, so gilt:

$$t = 0: u(x, t = 0) = u_0(x) = u_{01} f(x, 0) + u_{02} g(x, 0).$$

Da im Zeitpunkt $t = 0$ die Stromstärke auf der Leitung null sein soll, gilt ferner:

$$t = 0: Zi(x, t = 0) = u_{01} f(x, 0) - u_{02} g(x, 0) = 0.$$

Damit ist zur Zeit $t = 0$: $u_{01} f(x, 0) = u_{02} g(x, 0)$ und somit

$$u_0(x) = u_{01} f(x, 0) + u_{02} g(x, 0) = 2 u_{01} f(x, 0),$$

$$u_{01} f(x, 0) = u_{02} g(x, 0) = \frac{u_0(x)}{2}.$$

Also kann die Spannung und die Stromstärke zur Zeit $t > 0$ als

$$u(x, t) = \frac{u_0(x - vt)}{2} + \frac{u_0(x + vt)}{2},$$

$$Zi(x, t) = \frac{u_0(x - vt)}{2} - \frac{u_0(x + vt)}{2}$$

berechnet werden. Das heißt, die auf der Leitung im Zeitpunkt $t = 0$ gespeicherte Energie (Ladung) breitet sich in Form einer Welle in positiver und

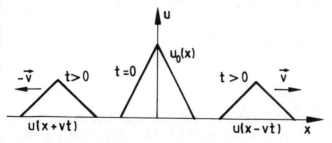

Abb. 263. Wellen auf der Leitung

negativer x-Richtung auf der Leitung aus. Die äußere Form der Welle über der Koordinate x entspricht der Form der Spannungsverteilung $u_0(x)$, die Amplituden der Teilwellen in positiver und negativer x-Richtung sind jeweils halb so groß, wie die der ursprünglichen Spannung $u_0(x)$ (Abb. 263).

2. Aufgabe

Wie in Kap. VII.4 gezeigt wurde, beschreiben die komplexen Vektoren

$$\vec{\underline{E}} = \underline{A}\, e^{-jk_1 x}\, \vec{e}_y,$$

$$\vec{\underline{H}} = \sqrt{\frac{\varepsilon_{r1}\varepsilon_0}{\mu_0}}\, \underline{A}\, e^{-jk_1 x}\, \vec{e}_z = \frac{1}{Z_1}\, \underline{A}\, e^{-jk_1 x}\, \vec{e}_z$$

eine in positiver x-Richtung in einem nichtleitenden Dielektrikum ($\varepsilon = \varepsilon_{r1}\varepsilon_0$, $\mu = \mu_0$) fortschreitende, linear polarisierte, ebene Welle mit der Wellenzahl k_1 und dem Feldwellenwiderstand Z_1. Diese Welle trifft an der Stelle $x = 0$ auf ein ebenfalls nichtleitendes Dielektrikum mit den Materialparametern $\varepsilon = \varepsilon_{r2}\varepsilon_0$, $\mu = \mu_0$, das den gesamten Halbraum $x \geq 0$ ausfüllt. Wie groß sind die sich im Halbraum $x \leq 0$ und im Halbraum $x \geq 0$ ausbildenden elektromagnetischen Wellenfelder? ($\underline{A}$ ist eine komplexe vorgegebene Amplitudenkonstante.)

Lösung

Die in positiver x-Richtung fortschreitende Welle möge zur Zeit $t = 0$ auf die Grenzfläche an der Stelle $x = 0$ treffen. Sie wird an dieser Stelle eine Welle anregen, die sich im zweiten Dielektrikum ($x \geq 0$) ebenfalls in positiver x-Richtung ausbreitet. Aufgrund der Überlegungen in Kap. VII.3 und VII.4 läßt sich diese neue, angeregte Welle durch die komplexen Vektorfelder

$$\vec{\underline{E}} = \underline{C}\, e^{-jk_2 x}\, \vec{e}_y,$$

$$\vec{\underline{H}}_2 = \sqrt{\frac{\varepsilon_0 \varepsilon_{r2}}{\mu_0}}\, \underline{C}\, e^{-jk_2 x}\, \vec{e}_z = \frac{1}{Z_2}\, \underline{C}\, e^{-jk_2 x}\, \vec{e}_z$$

beschreiben. $\underline{C}$ ist wieder eine komplexe, noch zu bestimmende Amplitudenkonstante, k_2 ist die Wellenzahl

$$k_2 = \omega \sqrt{\varepsilon_0 \varepsilon_{r2} \mu_0} \quad \text{und} \quad Z_2 = \sqrt{\frac{\mu_0}{\varepsilon_{r2}\varepsilon_0}}$$

der Feldwellenwiderstand des zweiten Dielektrikums. Da Wellenzahl und Feldwellenwiderstand des Dielektrikums von den entsprechenden Größen im ersten Dielektrikum ($x \leq 0$)

$$k_1 = \omega \sqrt{\varepsilon_0 \varepsilon_{r1} \mu_0} \quad \text{und} \quad Z_1 = \sqrt{\frac{\mu_0}{\varepsilon_{r1}\varepsilon_0}}$$

verschieden sind, gilt folgende Überlegung: An der Grenzfläche x = 0 müssen die beiden Wellenfelder die Stetigkeitsbedingungen für die Tangentialkomponenten der elektrischen und magnetischen Felder erfüllen. Da in der dielektrischen Grenzschicht keine Flächenstromdichte auftreten kann, müssen die tangentialen Anteile der elektrischen Feldstärke und der magnetischen Feldstärke jeweils gleich groß sein. Da aber die Wellenfelder denselben Strukturgleichungen nur mit verschiedenen Kenngrößen k_1, Z_1 bzw. k_2, Z_2 gehorchen, ist sofort zu erkennen, daß diese Grenzbedingungen durch die zwei bisher berücksichtigten Wellenfelder alleine nicht erfüllt werden können. Das heißt mit anderen Worten: Die gesamte transportierte Energie der Wellen, die sich durch den Poyntingschen Vektor (vgl. Kap. VII.2) charakterisieren läßt, hängt von den Materialkennwerten der Dielektrika ab und kann deshalb nicht für beide Wellenfelder gleich groß sein. Das wiederum bedeutet, daß ein Teil der Energie der in positiver x-Richtung auf die Grenzfläche auflaufenden Welle an der Grenzfläche reflektiert werden muß, damit der Satz über die Erhaltung der Energie erfüllt wird. Im Halbraum x ≤ 0 muß also zusätzlich eine in negativer x-Richtung fortschreitende Welle als reflektierte Welle angesetzt werden, so daß der gesamte Lösungsansatz im Bereich x ≤ 0 für die elektrische Feldstärke den Ausdruck

$$\vec{E}_1 = (\underline{A}\,e^{-jk_1x} + \underline{B}\,e^{+jk_1x})\,\vec{e}_y$$

annimmt.

Die zugehörige magnetische Feldstärke folgt aus der zweiten Maxwellschen Gleichung für Felder mit harmonischer Zeitabhängigkeit:

$$\mathrm{rot}\,\vec{E}_1 = -j\omega\mu_0\vec{H}_1\,,$$

$$\vec{H}_1 = -\frac{1}{j\omega\mu_0}\,\mathrm{rot}\,\vec{E}_1 = \sqrt{\frac{\varepsilon_0\varepsilon_{r1}}{\mu_0}}\,(\underline{A}\,e^{-jk_1x} - \underline{B}\,e^{+jk_1x})\,\vec{e}_z\,.$$

Um die Grenzbedingungen an der Grenzfläche x = 0 zu erfüllen, müssen die elektrische Feldstärke und die magnetische Feldstärke, die an der Stelle x = 0 tangentiale Richtung (y- bzw. z-Richtung) zur Grenzfläche x = 0 besitzen, auf beiden Seiten der Grenzfläche gleich groß sein. Also muß gelten:

$$\vec{E}_1(x=0) = (\underline{A} + \underline{B})\,\vec{e}_y = \vec{E}_2(x=0) = \underline{C}\,\vec{e}_y$$

und

$$\vec{H}_1(x=0) = \frac{1}{Z_1}(\underline{A} - \underline{B})\,\vec{e}_z = \vec{H}_2(x=0) = \frac{1}{Z_2}\underline{C}\,\vec{e}_z\,.$$

Daraus folgen die Bestimmungsgleichungen:

$$\underline{A} + \underline{B} = \underline{C}\,,$$

$$\frac{\underline{A}}{Z_1} - \frac{\underline{B}}{Z_1} = \frac{\underline{C}}{Z_2}$$

VII.5 Aufgaben über Wellen

mit den Lösungen

$$\underline{B} = \frac{Z_2 - Z_1}{Z_2 + Z_1} \underline{A} \quad \text{und} \quad \underline{C} = \frac{2Z_2}{Z_2 + Z_1} \underline{A} \, .$$

Die Größe

$$r = \frac{Z_2 - Z_1}{Z_2 + Z_1}$$

wird als Reflexionsfaktor, die Größe

$$t = \frac{2Z_2}{Z_2 + Z_1}$$

als Transmissionsfaktor der dielektrischen Grenzschicht bezeichnet. Die Felder in den Bereichen $x \leq 0$ und $x \geq 0$ ergeben sich damit zu:

$$x \leq 0: \vec{\underline{E}}_1 = \underline{A} \left(e^{-jk_1 x} + \frac{Z_2 - Z_1}{Z_2 + Z_1} e^{+jk_1 x} \right) \vec{e}_y \, ,$$

$$\vec{\underline{H}}_1 = \frac{1}{Z_1} \underline{A} \left(e^{-jk_1 x} - \frac{Z_2 - Z_1}{Z_2 + Z_1} e^{+jk_1 x} \right) \vec{e}_z \, ,$$

$$x \geq 0: \vec{\underline{E}}_2 = \frac{2Z_2}{Z_2 + Z_1} \underline{A} \, e^{-jk_2 x} \vec{e}_y \, ,$$

$$\vec{\underline{H}}_2 = \frac{2}{Z_2 + Z_1} \underline{A} \, e^{-jk_2 x} \vec{e}_z \, .$$

Die wirklichen, physikalischen Felder lassen sich hieraus durch Realteilbildung nach Gl. (VII.4.2) errechnen, doch hat es sich eingebürgert, schon die hier angegebenen, komplexen Vektorfelder als Lösung zu betrachten, so daß auch hier auf die Realteilbildung verzichtet wird.

3. Aufgabe

Eine linear polarisierte, ebene Welle mit harmonischer Zeitabhängigkeit

$$\vec{\underline{E}} = \underline{A} \, e^{-jk_0 x} \vec{e}_y \, , \qquad k_0 = \omega \sqrt{\varepsilon_0 \mu_0} \, ,$$

$$\vec{\underline{H}} = \frac{1}{Z_0} \underline{A} \, e^{-jk_0 x} \vec{e}_z \, , \qquad Z_0 = \sqrt{\frac{\mu_0}{\varepsilon_0}}$$

breitet sich im Vakuum (μ_0, ε_0) in positiver x-Richtung aus. An der Stelle $x = 0$ trifft sie auf ein unendlich gut leitendes Gebiet (Abb. 264), das den ge-

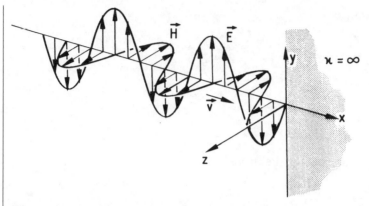

Abb. 264. Linear polarisierte, ebene, stehende Welle zur Zeit t = T/8

samten Halbraum x ≥ 0 ausfüllt. Wie berechnet sich das sich ausbildende Wellenfeld im Halbraum x ≤ 0? Man skizziere den örtlichen Verlauf der elektrischen Feldstärke und der magnetischen Feldstärke zur Zeit t = 0, t = T/8 und t = T/4, wenn T die Periodendauer T = $2\pi/\omega$ der harmonischen Zeitfunktion ist.

Lösung
Da das Gebiet x ≥ 0 eine unendliche Leitfähigkeit besitzt, verschwinden die Felder hier identisch (vgl. Kap. VII.1). Da an der Grenzfläche die elektrische, tangentiale Feldstärke stetig sein muß, muß dort das gesamte elektrische Feld der Welle, das tangential zur Grenzfläche x = 0 verläuft, verschwinden. Die magnetische Feldstärke muß nicht notwendig verschwinden, da in der leitenden Grenzschicht eine Flächenstromdichte auftreten kann (vgl. Gl. (V.3.3)). Die Welle kann nicht in das unendlich gut leitende Material eindringen, also muß sie an der Grenzschicht vollständig reflektiert werden. Damit gilt für das Gebiet x ≤ 0 der folgende Lösungsansatz (vgl. Aufgabe 2 dieses Kapitels):

$$\vec{\underline{E}} = (\underline{A}\, e^{-jk_0 x} + \underline{B}\, e^{+jk_0 x})\, \vec{e}_y,$$

$$\vec{\underline{H}} = \frac{1}{Z_0}(\underline{A}\, e^{-jk_0 x} - \underline{B}\, e^{+jk_0 x})\, \vec{e}_z.$$

An der Grenzfläche x = 0 muß die elektrische Feldstärke null werden. Damit gilt:

$$\vec{\underline{E}}(x=0) = (\underline{A} + \underline{B})\, \vec{e}_y = \vec{0},$$

$$\underline{A} = -\underline{B}.$$

VII.5 Aufgaben über Wellen

Daher haben die Felder im Bereich x ≤ 0 den Verlauf

$$\vec{\underline{E}} = \underline{A}\,(e^{-jk_0x} - e^{+jk_0x})\,\vec{e}_y,$$

$$\vec{\underline{E}} = -2j\underline{A}\,\sin(k_0x)\,\vec{e}_y$$

und

$$\vec{\underline{H}} = \frac{\underline{A}}{Z_0}\,(e^{-jk_0x} + e^{+jk_0x})\,\vec{e}_z,$$

$$\vec{\underline{H}} = \frac{2\underline{A}}{Z_0}\,\cos(k_0x)\,\vec{e}_z.$$

Die Gleichungen für die elektrische Feldstärke und die magnetische Feldstärke beschreiben stehende Wellen. Die in positiver und in negativer x-Richtung fortschreitenden Wellen überlagern sich gerade so, daß sich ein stehendes Feldbild ergibt. Ohne Einschränkung der Allgemeinheit soll im folgenden angenommen werden, daß die Amplitudenkonstante $\underline{A} = A$ rein reell ist. In Abb. 265 ist der Verlauf der reellen elektrischen Feldstärke und der magnetischen Feldstärke

$$\vec{E}(x, t) = \text{Re}\,\{\vec{\underline{E}}\,e^{j\omega t}\} = 2A\,\sin(k_0x)\,\sin(\omega t)\,\vec{e}_y,$$

$$\vec{H}(x, t) = \text{Re}\,\{\vec{\underline{H}}\,e^{j\omega t}\} = \frac{2A}{Z_0}\,\cos(k_0x)\,\cos(\omega t)\,\vec{e}_z,$$

für die Zeitpunkte t = 0, t = T/8 und t = T/4 unter dieser Bedingung aufgetragen. Es zeigt sich, daß die elektrische Feldstärke und die magnetische Feldstärke zueinander örtlich und zeitlich um neunzig Grad phasenverschoben sind.

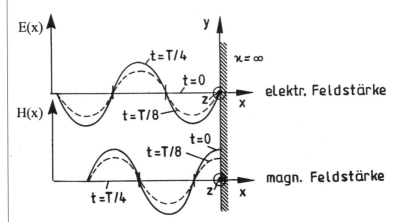

Abb. 265. Verlauf der elektrischen Feldstärke und der magnetischen Feldstärke als Funktion der Zeit und des Orts

In der unendlich gut leitenden Grenzschicht fließt nach Gl. (V.3.3) eine Flächenstromdichte der Größe

$$|\vec{S}_F| = |\vec{H}(x=0)| = \frac{2A}{Z_0} \cos(\omega t).$$

Die Flächenstromdichte ist ein reiner Wechselstrom, die Richtung der Flächenstromdichte ist die y-Richtung.

4. Aufgabe

Gegeben sei ein homogenes, isotropes, leitendes Material der Leitfähigkeit κ, der Permeabilität μ und der Permittivität ε, das den Halbraum $x \geq 0$ ausfüllt (Abb. 266). Das Material ist raumladungsfrei. Die Leitfähigkeit κ des Materials ist so groß, daß die Verschiebungsstromdichte $\vec{S}_v$ im Material gegenüber der Leitungsstromdichte $\vec{S}$ vernachlässigbar klein ist.

a. Man leite eine Differentialgleichung für die elektrische Feldstärke und die magnetische Feldstärke sowie für die Stromdichte im leitenden Material ab, wenn angenommen wird, daß die Felder eine harmonische Zeitabhängigkeit besitzen.
b. Tangential zur Oberfläche des leitenden Materials sei im Raum $x \leq 0$, der die Leitfähigkeit $\kappa = 0$ besitzt, ein hochfrequentes, von der y-Koordinate unabhängiges Magnetfeld in y-Richtung angelegt, so daß in der Oberfläche die ebenfalls y-unabhängige Stromdichte $\vec{S}_0$ mit z-Richtung fließt. Wie groß ist die Stromdichte und die magnetische Feldstärke im gesamten Bereich $x \geq 0$?
c. Man berechne die Gesamtstromstärke, die durch einen Bereich $0 \leq y \leq b$, $0 \leq x \leq \infty$ des leitenden Materials tritt und definiere aus einer Leistungsbilanz einen äquivalenten Widerstand für den Fall, daß angenommen wird, daß die Stromdichte gleichmäßig verteilt in einem schmalen Bereich der Oberfläche fließt (Skineffekt).

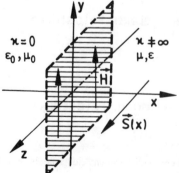

Abb. 266. Zur Berechnung der Stromdichte

Lösung

a. Es ist vorausgesetzt, daß die Leitfähigkeit des Materials so groß ist, daß die Verschiebungsstromdichte gegenüber der Leitungsstromdichte vernachlässigt werden kann. Dann gelten die Maxwellschen Gleichungen für komplexe Vektorzeiger (harmonische Zeitabhängigkeit):

$$\operatorname{rot}\underline{\vec{H}} = \underline{\vec{S}} = \kappa \underline{\vec{E}}, \qquad \operatorname{div}\underline{\vec{H}} = 0,$$

$$\operatorname{rot}\underline{\vec{E}} = -j\omega\mu\underline{\vec{H}}, \qquad \operatorname{div}\underline{\vec{E}} = 0.$$

Die Maxwellschen Gleichungen lassen sich, wie bereits in Kap. VII.3 und Kap. VII.4 gezeigt wurde, durch nochmalige Rotationsbildung auf zwei Differentialgleichungen für die elektrische Feldstärke und die magnetische Feldstärke zurückführen. Für die oben angegebenen Maxwellschen Gleichungen folgt:

$$\operatorname{rot}\operatorname{rot}\underline{\vec{E}} = -j\omega\mu\operatorname{rot}\underline{\vec{H}} = -j\omega\mu\kappa\underline{\vec{E}}.$$

Unter Verwendung der Vektoridentität Gl. (I.15.22) und unter Berücksichtigung der Divergenzfreiheit der elektrischen Feldstärke kann die Differentialgleichung für die elektrische Feldstärke in der Form

$$\Delta\underline{\vec{E}} - j\omega\mu\kappa\underline{\vec{E}} = \vec{0}$$

angegeben werden. Ebenso ergibt sich für $\underline{\vec{H}}$:

$$\Delta\underline{\vec{H}} - j\omega\mu\kappa\underline{\vec{H}} = \vec{0}.$$

Aus der Gleichung für die elektrische Feldstärke $\underline{\vec{E}}$ folgt durch Multiplikation mit κ:

$$\Delta\underline{\vec{S}} - j\omega\mu\kappa\underline{\vec{S}} = \vec{0}$$

(vgl. auch Gl. (VII.4.4) unter Vernachlässigung der Verschiebungsstromdichte).

b. Die Felder des vorgegebenen Problems hängen aufgrund der Geometrie der Anordnung nur von der Koordinate x ab. Es wird also eine zu den ebenen Wellen im Dielektrikum äquivalente Lösung gesucht. Dann kann die Differentialgleichung für die Stromdichte in der Form

$$\frac{d^2}{dx^2}\underline{\vec{S}} - j\omega\mu\kappa\underline{\vec{S}} = \vec{0}$$

geschrieben werden. Im Bereich $x \leq 0$ ist ein hochfrequentes Magnetfeld in y-Richtung vorgegeben. Hiermit ist nach dem Induktionsgesetz eine elektrische Feldstärke in z-Richtung verbunden, die in der Oberfläche des leitenden Bereichs (x = 0) eine Stromdichte mit z-Richtung $\underline{\vec{S}} = \underline{S}_z \vec{e}_z$ erzeugt. Also wird auch im Innern des leitenden Materials ($x \geq 0$) eine

Stromdichte $\vec{\underline{S}} = \underline{S}_z \vec{e}_z$, in z-Richtung existieren. Gesucht wird also die Lösung der Differentialgleichung:

$$\frac{d^2 \underline{S}_z}{dx^2} - j\omega\mu\kappa \underline{S}_z = 0 .$$

Ein Lösungsansatz in der Form

$$\underline{S}_z = \underline{A} e^{\underline{\lambda} x} + \underline{B} e^{-\underline{\lambda} x}$$

wird in die Differentialgleichung eingesetzt und führt auf die charakteristische Gleichung für den komplexen Eigenwert $\underline{\lambda}$:

$$\underline{\lambda}^2 - j\omega\mu\kappa = 0 ,$$

$$\underline{\lambda} = \sqrt{j} \sqrt{\omega\mu\kappa} = \sqrt{j} \sqrt{2\pi f \mu\kappa} ,$$

$$\underline{\lambda} = (1+j) \sqrt{\pi f \mu\kappa} = \frac{1+j}{a} .$$

Hierbei wurde berücksichtigt, daß $\sqrt{j} = \sqrt{0{,}5}\,(1+j)$ ist. Die Größe a:

$$a = \frac{1}{\sqrt{\pi f \mu\kappa}}$$

wird aus später ersichtlichen, physikalischen Gründen als äquivalente Leitschichtdicke bezeichnet.

Die Gesamtlösung für $\underline{S}_z$ lautet:

$$\underline{S}_z = \underline{A} e^{\frac{x}{a}(1+j)} + \underline{B} e^{-\frac{x}{a}(1+j)} .$$

Der erste Term der Lösung ist physikalisch für das vorliegende, in positiver x-Richtung unendlich ausgedehnte Problem nicht sinnvoll, da $\vec{\underline{S}}_z$ für $x \to \infty$ endliche Werte annehmen muß. Es wird also $\underline{A} = 0$ gewählt. Der dann verbleibende Ausdruck

$$\underline{S}_z = \underline{B} e^{-\frac{x}{a}(1+j)} = B e^{j\phi} e^{-\frac{x}{a}(1+j)}$$

beschreibt, wie durch Realteilbildung nach Gl. (VII.4.2) leicht überprüft werden kann:

$$S_z = \text{Re}\{\underline{S}_z e^{j\omega t}\} = B e^{-\frac{x}{a}} \cos(\omega t - \frac{x}{a} + \phi) ,$$

eine Welle, die sich in positiver x-Richtung ausbreitet, deren Amplitude aber nach einer Exponential-Funktion abklingt (gedämpfte Welle). ϕ ist der zeitlich und räumlich konstante Winkel der komplexen Amplitudenkonstande $\underline{B} = B e^{j\phi}$.

VII.5 Aufgaben über Wellen

Die Integrationskonstante $\underline{B}$ kann bestimmt werden, wenn berücksichtigt wird, daß an der Stelle x = 0 die Stromdichte bekannt ist:

$$\underline{S}_z(x=0) = \underline{B} = \underline{S}_0, \qquad \vec{\underline{S}}_0 = \underline{S}_0\,\vec{e}_z.$$

Somit gilt also:

$$\underline{S}_z = \underline{S}_0\,e^{-\frac{x}{a}(1+j)}.$$

Aus der Maxwellschen Gleichung (mit κ erweitertes Induktionsgesetz)

$$\vec{\underline{H}} = -\frac{1}{j\omega\mu\kappa}\,\mathrm{rot}\,\vec{\underline{S}} = \frac{1}{j\omega\mu\kappa}\,\frac{d\underline{S}_z}{dx}\,\vec{e}_y$$

kann die zugehörige magnetische Feldstärke im Bereich $x \geq 0$ zu

$$\vec{\underline{H}}(x) = -\frac{1}{j\omega\mu\kappa}\,\frac{(1+j)}{a}\,\underline{S}_0\,e^{-\frac{x}{a}(1+j)}\,\vec{e}_y$$

berechnet werden.

c. Es wird ein Teilbereich des leitenden Materials $0 \leq y \leq b$, $0 \leq x \leq \infty$ betrachtet (Abb. 267) und der komplexe Zeiger der durch diesen Bereich tretenden Stromstärke $\underline{\hat{i}}$ (Scheitelwertzeiger) berechnet:

$$\underline{\hat{i}} = \int_0^\infty \int_0^b \underline{S}_z\,dy\,dx = b\int_0^\infty \underline{S}_0\,e^{-\frac{x}{a}(1+j)}\,dx,$$

$$\underline{\hat{i}} = -\underline{S}_0\,b\,\frac{a}{1+j}\,e^{-\frac{x}{a}(1+j)}\bigg|_0^\infty = \underline{S}_0\,b\,a\,\frac{1-j}{2},$$

$$\underline{\hat{i}} = \underline{S}_0\,a\,b\,\frac{e^{-j\pi/4}}{\sqrt{2}}.$$

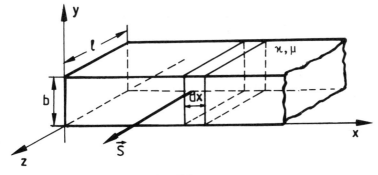

Abb. 267. Zur Berechnung des Skineffektes

Die im oben definierten Bereich in Wärme umgesetzte Leistung kann nach Gl. (IV.2.16) aus dem reellen Stromdichtevektor, der durch

$$\vec{S}(x,t) = \mathrm{Re}\,\{\underline{\vec{S}}\,e^{j\omega t}\} = \frac{1}{2}(\underline{\vec{S}}\,e^{j\omega t} + \underline{\vec{S}}^{*}e^{-j\omega t})$$

mit dem komplexen Vektorzeiger $\underline{\vec{S}}$ ($\underline{\vec{S}}^{*}$ ist der konjugiert komplexe Wert zu $\underline{\vec{S}}$) verknüpft ist, berechnet werden:

$$P = \iiint\limits_V \vec{E}\cdot\vec{S}\,dV = \iiint\limits_V \frac{1}{\kappa}\,\mathrm{Re}\,\{\underline{\vec{S}}\,e^{j\omega t}\}\cdot\mathrm{Re}\,\{\underline{\vec{S}}\,e^{j\omega t}\}\,dV,$$

$$P = \iiint\limits_V \frac{1}{4\kappa}(\underline{\vec{S}}\,e^{j\omega t} + \underline{\vec{S}}^{*}e^{-j\omega t})^2\,dV,$$

$$P = \frac{1}{4}\iiint\limits_V \frac{1}{\kappa}(\underline{\vec{S}}^2\,e^{2j\omega t} + 2\,\underline{\vec{S}}\cdot\underline{\vec{S}}^{*} + \underline{\vec{S}}^{*2}\,e^{-2j\omega t})\,dV.$$

Die Leistung P ist eine reelle Größe. Der mittlere Term im Integral oben, $2\underline{\vec{S}}\cdot\underline{\vec{S}}^{*}$, ist selbst reell und von der Zeit unabhängig. Die beiden restlichen Anteile bilden nach

$$\underline{\vec{S}}^2\,e^{2j\omega} + \underline{\vec{S}}^{*2}\,e^{-2j\omega t} = 2\,\mathrm{Re}\,\{\underline{\vec{S}}^2\,e^{2j\omega t}\} =$$

$$= 2\,\mathrm{Re}\,\{|\underline{\vec{S}}|^2\,e^{2j\phi}e^{2j\omega t}\} = 2|\underline{\vec{S}}|^2\cos(2\omega t + 2\phi),$$

mit ϕ dem Nullphasenwinkel der Stromdichtezeitfunktion, eine harmonische Zeitfunktion, die mit der Kreisfrequenz 2ω, also der doppelten Kreisfrequenz, mit der sich die Stromdichte zeitlich ändert, von der Zeit abhängig ist. Der zeitliche Mittelwert dieser Funktion über eine volle Periode $T = 2\pi/\omega$ ist null. Der zeitliche Mittelwert der Leistung P, gemittelt über eine volle Periode T, kann deshalb dann zu

$$\bar{P} = \frac{1}{2}\iiint\limits_V \frac{1}{\kappa}\underline{\vec{S}}\cdot\underline{\vec{S}}^{*}\,dV = \frac{1}{2}\iiint\limits_V \frac{1}{\kappa}|\underline{\vec{S}}|^2\,dV$$

berechnet werden. Damit kann unter Berücksichtigung der abgeleiteten Beziehungen für $\underline{\vec{S}}$ die im zeitlichen Mittel in dem skizzierten Volumenbereich (Abb. 267) umgesetzte Leistung zu

$$\bar{P} = \frac{1}{2\kappa}\iiint\limits_V |\underline{S}_0|^2\,e^{-\frac{2x}{a}}\,dV = \frac{1}{2\kappa}\int\limits_0^\infty |\underline{S}_0|^2\,\ell\,b\,e^{-\frac{2x}{a}}\,dx,$$

$$\bar{P} = \frac{|\underline{S}_0|^2}{4\kappa}\,b\,\ell\,a$$

bestimmt werden. Wird der Betrag des Vektorzeigers der Stromdichte noch durch den Betrag der oben abgeleiteten Stromstärke $\hat{\underline{i}}$ ersetzt, so gilt:

$$\overline{P} = \frac{|\hat{\underline{i}}|^2}{2} \frac{\ell}{\kappa a b} = \frac{1}{2} |\hat{\underline{i}}|^2 R_{\text{äqu.}},$$

wobei $|\hat{\underline{i}}|$ mit dem Scheitelwert der Stromstärke übereinstimmt. Das heißt, die umgesetzte Leistung kann so berechnet werden, als ob eine gleichmäßig über dem Querschnitt A = ab verteilte Stromstärke $\hat{\underline{i}}$ durch einen äquivalenten ohmschen Widerstand der Größe

$$R_{\text{äqu.}} = \frac{\ell}{\kappa a b}$$

fließt. Aus dieser Interpretation wird auch der Begriff der äquivalenten Leitschichtdicke a verständlich; denn der äquivalente, ohmsche Widerstand kann so berechnet werden, als ob die Stromstärke $\hat{\underline{i}}$ nur im Bereich $0 \leq x \leq a$ fließt. In Wirklichkeit ist sie aber, wenn auch mit in x-Richtung exponentiell abklingender Stromdichte, über den gesamten Bereich $0 \leq x \leq \infty$ verteilt. Da die Stromdichte in positiver x-Richtung nach einer e-Funktion abklingt, fließt der größte Teil des Stromes im Bereich nahe der Oberfläche des Leiters (Skin- oder Hauteffekt). Die äquivalente Leitschichtdicke gibt den Wert der Koordinate x an, bis zu der der Betrag des Stromdichtevektors auf dem 1/e-fachen Wert vom Betrag an der Oberfläche des Leiters abgefallen ist. Die äquivalente Leitschichtdicke wird mit wachsender Frequenz und wachsender Leitfähigkeit kleiner, d.h. für sehr hochfrequente Felder konzentriert sich die Stromdichte und damit auch die elektrische Feldstärke und die magnetische Feldstärke immer mehr im Bereich der Oberfläche. Für unendlich große Frequenzen bzw. unendlich große Leitfähigkeit wird a = 0, das Feld kann nicht mehr in das leitende Material eindringen, in der Oberfläche des Materials fließt eine Flächenstromdichte in einer unendlich dünnen Schicht.

5. Aufgabe

Gegeben ist ein Blech der Leitfähigkeit κ, der Permeabilität μ und der Dicke d, das in y- und z-Richtung unendlich ausgedehnt ist (Abb. 268). Das Blech befinde sich im Vakuum (ε_0, μ_0). In einem Teilquerschnitt des Bleches der Länge ℓ (Abb. 268, schraffiert) wird eine Wechselstromstärke harmonischer Zeitabhängigkeit, deren Wert durch den Scheitelwertzeiger $\hat{\underline{i}}$ gekennzeichnet ist, gemessen. Die Kreisfrequenz ω der harmonischen Zeitabhängigkeit ist klein, gleichzeitig ist die Leitfähigkeit des leitenden Materials sehr groß, so daß die Verschiebungsstromdichte $\vec{\underline{S}}_v = j\omega\vec{\underline{D}}$ sowohl im leitenden Material als auch außerhalb des Bleches vernachlässigt werden kann. Man berechne die Verteilung der Stromdichte $\vec{\underline{S}}$ und der magnetischen Feldstärke

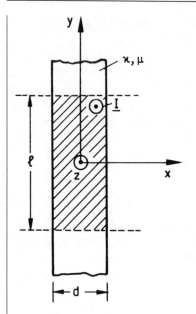

Abb. 268. Leitendes Blech der Dicke d im Vakuum

$\vec{H}$ im Querschnitt des Leiters sowie den Widerstand pro Längeneinheit (in z-Richtung) des Leiters mit dem schraffierten Querschnitt (Abb. 268, Querschnitt $d \times \ell$).

Lösung

Nach Aufgabe 4 dieses Kapitels genügt der komplexe Vektorzeiger $\vec{\underline{S}}$ der Stromdichte unter den gemachten Voraussetzungen im leitenden Material der Differentialgleichung (Skineffektgleichung):

$$\Delta \vec{\underline{S}} - j\omega\mu\kappa \vec{\underline{S}} = \vec{0}.$$

Da die leitende Struktur nach Abb. 268 in y-Richtung und z-Richtung unendlich ausgedehnt ist, werden die sich ausbildenden elektromagnetischen Felder nicht von der y- und der z-Koordinate abhängen. Damit ist $\vec{\underline{S}}$ nur noch eine Funktion der Koordinate x: $\vec{\underline{S}} = \vec{\underline{S}}(x)$. Da die vorgegebene Stromstärke senkrecht zum in Abb. 268 definierten Querschnitt auftritt, hat die Stromdichte nur eine Komponente in z-Richtung. Damit gilt:

$$\vec{\underline{S}} = \vec{\underline{S}}(x) = \underline{S}_z(x)\,\vec{e}_z,$$

und die gültige Differentialgleichung zur Bestimmung der Stromdichte kann zu

$$\frac{d^2 \underline{S}_z(x)}{dx^2} - j\omega\mu\kappa\,\underline{S}_z(x) = 0$$

vereinfacht werden.

VII.5 Aufgaben über Wellen

Wie bereits in Aufgabe 4 diskutiert, ist die Lösung dieser Differentialgleichung durch die Linearkombination zweier Exponentialfunktionen

$$\underline{S}_z(x) = \underline{A}\, e^{\underline{\lambda}x} + \underline{B}\, e^{-\underline{\lambda}x}$$

mit den komplexen Amplitudenkonstanten $\underline{A}$ und $\underline{B}$ und dem komplexen Eigenwert

$$\underline{\lambda} = \frac{1+j}{a}, \qquad a = \frac{1}{\sqrt{\pi f \kappa \mu}}$$

gegeben. Im Gegensatz zum Problem in Aufgabe 4 liegt hier ein bezüglich der Ebene x = 0 symmetrisches Problem vor, für das eine Lösung im Bereich $-d/2 \leq x \leq +d/2$ gesucht wird. Deshalb ist es günstig, von einem alternativen Lösungsansatz für die Stromdichte $\underline{S}_z(x)$ in der Form:

$$\underline{S}_z(x) = \underline{C} \cosh(\underline{\lambda}x) + \underline{D} \sinh(\underline{\lambda}x)$$

mit demselben Eigenwert $\underline{\lambda}$ wie oben, auszugehen. Es kann durch Einsetzen in die Differentialgleichung leicht überprüft werden, daß auch dieser Ansatz die Differentialgleichung erfüllt.

Zur Bestimmung der noch unbekannten Amplitudenkonstanten $\underline{C}$ und $\underline{D}$ wird von folgenden Überlegungen ausgegangen:

1. Aufgrund der Symmetrie der Anordnung (Abb. 268) muß auch die Stromdichteverteilung symmetrisch (gerade Symmetrie) bezüglich der Ebene x = 0 sein. Damit wird die Amplitudenkonstante $\underline{D} = 0$, und als Lösung verbleibt:

$$\underline{S}_z(x) = \underline{C} \cosh(\underline{\lambda}x).$$

2. $\underline{C}$ kann aus der vorgegebenen Stromstärke $\hat{\underline{i}}$ bestimmt werden, wenn die Stromdichte $\underline{S}_z(x)$ über den in Abb. 268 schraffierten Querschnitt integriert wird:

$$\hat{\underline{i}} = \int_{-d/2}^{+d/2} \int_{-\ell/2}^{+\ell/2} \underline{S}_z(x)\, dx\, dy = \ell \int_{-d/2}^{+d/2} \underline{C} \cosh(\underline{\lambda}x)\, dx,$$

$$\hat{\underline{i}} = \underline{C}\, \ell\, \frac{1}{\underline{\lambda}} \sinh(\underline{\lambda}x)\Big|_{-d/2}^{+d/2} = 2\underline{C}\, \frac{\ell}{\underline{\lambda}} \sinh\left(\underline{\lambda}\, \frac{d}{2}\right).$$

Die Integration über die y-Koordinate ergibt lediglich eine Multiplikation mit der Länge ℓ, die Integration über die x-Richtung ist elementar. Damit gilt für $\underline{C}$:

$$\underline{C} = \frac{\hat{\underline{i}}\, \underline{\lambda}}{2\ell \sinh\left(\underline{\lambda}\, \dfrac{d}{2}\right)} = \frac{1+j}{2\ell a \sinh\left\{\dfrac{(1+j)d}{2a}\right\}}\, \hat{\underline{i}}.$$

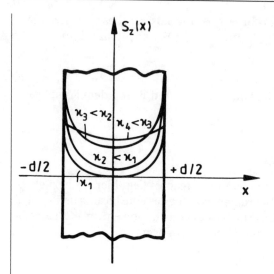

Abb. 269. Qualitative Verteilung des Betrags der Stromdichte über dem Querschnitt des Leiters für verschiedene Leitfähigkeiten

Die Stromdichteverteilung über dem Querschnitt des Bleches bestimmt sich demnach zu:

$$\vec{\underline{S}}(x) = \underline{S}_z(x)\,\vec{e}_z = \frac{1+j}{2\ell a \sinh\left\{\dfrac{(1+j)d}{2a}\right\}}\,\hat{\underline{i}}\,\cosh\left(\frac{1+j}{a}x\right)\vec{e}_z.$$

Die Verteilung der Stromdichte ist in Abb. 269 qualitativ skizziert. Außerhalb des leitenden Bleches ist die Stromdichte null.

Die Verteilung der magnetischen Feldstärke im Bereich des Bleches, $-d/2 \leq x \leq +d/2$, ergibt sich (ebenfalls nach Aufgabe 4) zu:

$$\vec{\underline{H}} = -\frac{1}{j\omega\mu\kappa}\operatorname{rot}\vec{\underline{S}} = \frac{1}{j\omega\mu\kappa}\frac{d\,\underline{S}_z(x)}{dx}\vec{e}_y,$$

$$\vec{\underline{H}} = \frac{1+j}{j}\frac{1}{2\pi f\kappa\mu}\frac{\hat{\underline{i}}}{2\ell a \sinh\left\{\dfrac{(1+j)d}{2a}\right\}}\frac{1+j}{a}\sinh\left(\frac{1+j}{a}x\right)\vec{e}_y.$$

bzw.:

$$\vec{\underline{H}} = \frac{\hat{\underline{i}}}{2\ell \sinh\left\{\dfrac{(1+j)d}{2a}\right\}}\sinh\left(\frac{1+j}{a}x\right)\vec{e}_y.$$

VII.5 Aufgaben über Wellen

Im Bereich $|x| > d/2$ genügt die magnetische Feldstärke $\underline{\vec{H}} = \underline{H}_y \vec{e}_y$ der Differentialgleichung

$$\Delta\underline{\vec{H}} = \frac{d^2 \underline{H}_y}{dx^2} \vec{e}_y = \vec{0},$$

mit der Lösung:

$$\underline{H}_y(x) = \underline{E}x + \underline{F}$$

mit $\underline{E}$ und $\underline{F}$ noch zu bestimmenden Amplitudenkonstanten. Im unendlich Fernen ($x \to \pm\infty$) muß die magnetische Feldstärke $\underline{\vec{H}}$ endlich bleiben, also gilt $\underline{E} = 0$. Damit ist $\underline{\vec{H}}$ im Bereich außerhalb des leitenden Materials jeweils konstant.

Im Bereich des leitenden Materials hat die magnetische Feldstärke y-Richtung, ist also parallel zur Oberfläche des Bleches. Da an der Oberfläche des leitenden Materials die tangentiale magnetische Feldstärke stetig ist, gilt an den Stellen $x = \pm d/2$:

$$\underline{H}_y\left(x = \pm\frac{d}{2}\right) = \pm\frac{\hat{\underline{i}}}{2\ell \sinh\left\{\frac{(1+j)d}{2a}\right\}} \sinh\left(\frac{1+j}{a}\frac{d}{2}\right) = \pm\frac{\hat{\underline{i}}}{2\ell} = \underline{F}.$$

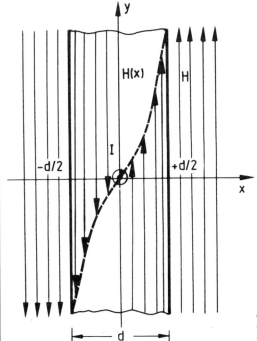

Abb. 270. Qualitative Darstellung der magnetischen Feldstärke inner- und außerhalb des Bleches

Also:

$$\vec{\underline{H}}(x) = \pm \frac{\hat{\underline{i}}}{2\ell} \vec{e}_z .$$

Das positive Vorzeichen für $\underline{F}$ gilt an der Stelle $x = + d/2$, entsprechend das negative Vorzeichen für $x = - d/2$. Damit ist das Feld der magnetischen Feldstärke im Bereich $x > d/2$ in positiver y-Richtung, im Bereich $x < - d/2$ in negativer y-Richtung gerichtet. Abbildung 270 zeigt eine qualitative Darstellung des Feldes in Form von Feldvektoren.

VII.6
Die elektromagnetischen Potentiale

Es sei eine Strom- und Ladungsverteilung in einem homogenen, isotropen, dispersionsfreien[1] Medium nach Ort und Zeit vorgegeben. Die Stromdichte und die Raumladungsdichte dieser Verteilung sollen als Quellen eines von ihnen angeregten, elektromagnetischen Feldes aufgefaßt werden:

$$\vec{S} = \vec{S}(x, y, z, t), \qquad \varrho = \varrho(x, y, z, t) .$$

Zu der bekannten Verteilung von Strom und Ladung soll demnach unter Berücksichtigung der vollständigen Maxwellschen Gleichung das erzeugte elektromagnetische Feld berechnet werden. Gesucht ist das von der zeitlich veränderlichen Strom- und Ladungsverteilung angeregte, elektromagnetische Feld.

Ausgangspunkt der Berechnungen sind die Maxwellschen Gleichungen für beliebige Zeitabhängigkeit:

$$\operatorname{rot} \vec{H} = \vec{S} + \frac{\partial}{\partial t} \vec{D}, \qquad \operatorname{div} \vec{B} = 0 ,$$

$$\operatorname{rot} \vec{E} = - \frac{\partial}{\partial t} \vec{B}, \qquad \operatorname{div} \vec{D} = \varrho .$$

Aus der Divergenzfreiheit der magnetischen Flußdichte $\vec{B}$ folgt, daß sie sich durch ein Vektorpotential $\vec{A}$ darstellen läßt (vgl. Kap. V.2, Gl. (V.2.10)):

$$\vec{B} = \operatorname{rot} \vec{A} . \qquad (VII.6.1)$$

---

[1] Ein Medium wird dispersionsfrei genannt, wenn seine Materialparameter sich nicht mit der Frequenz ändern.

VII.6 Die elektromagnetischen Potentiale

Damit läßt sich die zweite Maxwellsche Gleichung nach Vertauschen der Differentiationen als

$$\text{rot}\,\vec{E} = -\frac{\partial}{\partial t}\vec{B} = -\text{rot}\,\frac{\partial}{\partial t}\vec{A}$$

schreiben. Das bedeutet nichts anderes, als daß die Summe aus elektrischer Feldstärke $\vec{E}$ und dem nach der Zeit abgeleiteten Vektorpotential $\vec{A}$ rotationsfrei ist,

$$\text{rot}\,(\vec{E} + \frac{\partial}{\partial t}\vec{A}) = \vec{0}\,, \tag{VII.6.2}$$

und demnach (unter Vernachlässigung eines ortskonstanten Anteils) durch eine skalare Potentialfunktion

$$\vec{E} + \frac{\partial}{\partial t}\vec{A} = -\text{grad}\,\varphi$$

beschrieben werden kann. Das heißt, die elektrischen Feldstärke eines zeitlich schnell veränderlichen Feldes läßt sich nicht mehr allein aus der skalaren Potentialfunktion φ berechnen, sondern muß aus der skalaren Potentialfunktion φ und dem Vektorpotential $\vec{A}$ mit Hilfe der Beziehung

$$\vec{E} = -\frac{\partial}{\partial t}\vec{A} - \text{grad}\,\varphi \tag{VII.6.3}$$

bestimmt werden.

Aus der ersten Maxwellschen Gleichung

$$\text{rot}\,\vec{H} = \vec{S} + \frac{\partial}{\partial t}\vec{D}$$

kann mit Hilfe der Materialgleichungen $\vec{B} = \mu\vec{H}$, $\vec{D} = \varepsilon\vec{E}$ und des eingeführten Vektorpotentials $\vec{A}$ nach Gl. (VII.6.1) für die Rotation der magnetischen Feldstärke der Ausdruck

$$\text{rot}\,\vec{H} = \frac{1}{\mu}\text{rot}\,\text{rot}\,\vec{A} = \vec{S} + \frac{\partial}{\partial t}\varepsilon\vec{E}$$

und mit Hilfe der Vektoridentität Gl. (I.15.22), sowie unter Verwendung von Gl. (VII.6.3) die Beziehung

$$\text{grad}\,\text{div}\,\vec{A} - \Delta\vec{A} = \mu\vec{S} - \frac{\partial^2}{\partial t^2}\varepsilon\mu\vec{A} - \frac{\partial}{\partial t}\varepsilon\mu\,\text{grad}\,\varphi,$$

$$\Delta\vec{A} - \frac{\partial^2}{\partial t^2}\varepsilon\mu\vec{A} = -\mu\vec{S} + \text{grad}\left(\text{div}\,\vec{A} + \frac{\partial}{\partial t}\varepsilon\mu\varphi\right) \tag{VII.6.4}$$

berechnet werden. Wie bereits in Kap. V.2 diskutiert wurde, ist das Vektorpotential $\vec{A}$ durch die Definition seiner Rotation nach Gl. (VII.6.1) nicht eindeutig bestimmt, da ein Vektorfeld nur eindeutig durch die Angabe seiner Wirbel und Quellen definiert wird. Es ist also möglich, noch über die Divergenz des Vektorfeldes frei zu verfügen. In Kap. V.2 wurde bei der Behandlung der stationären Felder dem Vektorpotential die Zusatzbedingung $\mathrm{div}\vec{A} = 0$ auferlegt (Gl. (V.2.12)), diese Bedingung wurde als Coulombeichung bezeichnet. Hier wird über die Divergenz so verfügt, daß

$$\mathrm{div}\vec{A} + \frac{\partial}{\partial t}\varepsilon\mu\varphi = 0,$$

$$\mathrm{div}\vec{A} = -\frac{\partial}{\partial t}\varepsilon\mu\varphi \tag{VII.6.5}$$

wird. Diese Bedingung für die Divergenz des Vektorfeldes bezeichnet man als „Lorentzeichung". Für stationäre Felder ($\partial/\partial t\ \varphi = 0$) geht sie in die „Coulombeichung" über. Die Lorentzeichung verstößt nicht, wie sich zeigen läßt, gegen die Maxwellschen Gleichungen. Mit Hilfe der nach Gl. (VII.6.5) eingeführten Lorentzeichung folgt für das Vektorpotential $\vec{A}$ die Differentialgleichung:

$$\Delta\vec{A} - \frac{\partial^2}{\partial t^2}\varepsilon\mu\vec{A} = -\mu\vec{S}. \tag{VII.6.6}$$

Um eine entsprechende Bestimmungsgleichung für das skalare Potential φ zu erhalten, kann von der Divergenzbeziehung für die elektrische Flußdichte $\vec{D}$ und Gl. (VII.6.3) Gebrauch gemacht werden:

$$\mathrm{div}(\varepsilon\vec{E}) = \varepsilon\,\mathrm{div}\left(-\frac{\partial}{\partial t}\vec{A} - \mathrm{grad}\,\varphi\right) = \varrho,$$

$$\Delta\varphi + \frac{\partial}{\partial t}\mathrm{div}\vec{A} = -\frac{\varrho}{\varepsilon}.$$

Wird hierin die Divergenz des Vektorpotential noch durch die Lorentzeichung Gl. (VII.6.5) ersetzt, so gilt für φ die Differentialgleichung:

$$\Delta\varphi - \frac{\partial^2}{\partial t^2}\varepsilon\mu\varphi = -\frac{\varrho}{\varepsilon}. \tag{VII.6.7}$$

Die Differentialgleichungen (VII.6.6) und (VII.6.7) haben die Form einer inhomogenen Wellengleichung (vgl. Gl. (VII.3.4) bzw. Gl.(VII.3.5)). Lösungen dieser Wellengleichungen im Aufpunkt P zur Zeit t in Abhängigkeit von den Quellengrößen $\varrho(P', t')$ und $\vec{S}(P', t')$ im Quellpunkt P', die zur Zeit t' betrachtet werden, können (hier ohne Beweis) in der Form:

$$\varphi(P, t) = \frac{1}{4\pi\varepsilon}\iiint_{V'} \frac{\varrho\left(P', t - \frac{R_{P'P}}{v}\right)}{R_{P'P}} dV', \tag{VII.6.8}$$

VII.6 Die elektromagnetischen Potentiale

$$\vec{A}(P, t) = \frac{\mu}{4\pi} \iiint\limits_{V'} \frac{\vec{S}\left(P', t - \frac{R_{P'P}}{v}\right)}{R_{P'P}} dV' \qquad (VII.6.9)$$

angegeben werden.

Die beiden Potentiale werden durch ähnliche Gleichungen bestimmt, wie die entsprechenden Potentiale für zeitunabhängige Felder (Gl. (III.6.1) und Gl. (V.4.2)). Der wesentliche Unterschied liegt darin, daß sich die Potentiale im Aufpunkt P nicht aus den augenblicklichen Ladungs- und Stromverteilungen, wie sie im Integrationspunkt P' zur Zeit t auftreten ergeben, sondern aus den Werten, die zu einer früheren Zeit t' im Integrationspunkt (Quellpunkt) bestanden haben. Der Zeitunterschied zwischen t und t' ist gleich der Zeit, die eine elektromagnetische Welle braucht, um den Weg $R_{P'P}$ vom Integrationspunkt P' zum Aufpunkt P mit der jeweils zugeordneten Phasengeschwindigkeit v (vgl. Gl. (VII.3.7)) zurückzulegen. φ und $\vec{A}$ werden deshalb auch als retardierte Potentiale bezeichnet. Die Gln. (VII.6.8) und (VII.6.9) bringen zum Ausdruck, daß eine Änderung der Strom- und Ladungsverteilung im Integrationspunkt erst nach einer gewissen Zeit $\tau = R_{P'P}/v$ zu einer Änderung der Felder im Aufpunkt führt. Aus den Potentialen lassen sich die elektrische Feldstärke und die magnetische Flußdichte mit Hilfe der Gln. (VII.6.3) bzw. (VII.6.1) berechnen.

Anhang

Zusammenstellung der wichtigsten Naturkonstanten

Lichtgeschwindigkeit im Vakuum	$c_0 = 2{,}997924580 \cdot 10^8 \text{ ms}^{-1}$
magnetische Feldkonstante	$\mu_0 = 4\pi \cdot 10^{-7} \text{ VsA}^{-1}\text{m}^{-1}$
elektrische Feldkonstante	$\varepsilon_0 = 8{,}854187818 \cdot 10^{-12} \text{ AsV}^{-1}\text{m}^{-1}$
	$\dfrac{1}{4\pi\varepsilon_0} = 8{,}9876 \cdot 10^9 \text{ VmA}^{-1}\text{s}^{-1}$
Elementarladung	$e = 1{,}602189 \cdot 10^{-19} \text{ As}$
Ruhemasse des Elektrons	$m_0 = 9{,}109534 \cdot 10^{-31} \text{ kg}$
Ladung des Elektrons	$Q_e = -e$
Spezifische Ladung des Elektrons	$-e/m_0 = -1{,}758804 \text{ Askg}^{-1}$
Masse des Protons	$m_p = 1{,}672648 \cdot 10^{-27} \text{ kg}$
Masse des Neutrons	$m_n = 1{,}675 \cdot 10^{-27} \text{ kg}$
Verhältnis Protonen- zu Elektronenmasse	$m_p/m_0 = 1836{,}15152$
Erdbeschleunigung (Normalwert)	$g = 9{,}80665 \text{ ms}^{-2}$
Boltzmann-Konstante	$k = 1{,}380662 \cdot 10^{-24} \text{ JK}^{-1}$
Loschmidtsche-Zahl	$L = 6{,}022045 \cdot 10^{23} \text{ mol}^{-1}$
Planck'sches Wirkungsquantum	$h = 6{,}626176 \cdot 10^{-34} \text{ Js}$
	$\hbar = h/2\pi = 1{,}054588 \cdot 10^{-34} \text{ Js}$
Kreiszahl	$\pi = 3{,}141592653589793$

Verzeichnis der wichtigsten Formelzeichen, Größen und Einheiten

Symbol	physikalisch Größe	Einheit	Bezeichnung
a	äqivalente Leitschichtdicke	m	m = Meter
$\vec{a}$	Beschleunigung	ms^{-2}	
a_{ik}	Maxwellsche Potentialkoeffizienten	$F^{-1} = VA^{-1}s^{-1}$	F = Farad
A	Fläche	m^2	
A	Arbeit	J = AVs	J = Joule
$\vec{A}$	magnetisches Vektorpotential	Vsm^{-1}	
$\vec{B}$	magnetische Flußdichte	$T = Vsm^{-2}$	T = Tesla
C	Kapazität	$F = AsV^{-1}$	F = Farad
C'	Kapazitätsbelag	$F\,m^{-1} = AsV^{-1}\,m^{-1}$	
c_{ik}	Maxwellsche Kapazitätskoeffizienten	$F = AsV^{-1}$	F = Farad
$\vec{D}$	elektrische Flußdichte	$C\,m^{-2} = As\,m^{-2}$	C = Coulomb
e	Elementarladung	C = As	C = Coulomb
$\vec{E}$	elektrische Feldstärke	$V\,m^{-1}$	
f	Frequenz	$Hz = s^{-1}$	Hz = Hertz
$\vec{F}$	Kraft	$N = VAs\,m^{-1}$	N = Newton
$\vec{H}$	magnetische Feldstärke	$A\,m^{-1}$	
i, I	elektrische Stromstärke	A	A = Ampere
l, s	Wegstrecke	m	m = Meter
L	Induktivität, Gegeninduktivität	$H = VsA^{-1}$	H = Henry
L'	Induktivitätsbelag	$H\,m^{-1} = VsA^{-1}\,m^{-1}$	
m	Masse	$Kg = kg = VAs^3m^{-2}$	kg = Kilogramm
$\vec{m}$	magnetisches Dipolmoment	$A\,m^2$	
$\vec{M}$	Magnetisierung	$A\,m^{-1}$	
n	Ladungsträgerdichte	m^{-3}	
p	Leistungsdichte	$W\,m^{-3} = AV\,m^{-3}$	
P	Leistung	W = AV	W = Watt
$\vec{p}$	elektrisches Dipolmoment	Cm = Asm	
$\vec{P}$	elektrische Polarisation	$C\,m^{-2} = As\,m^{-2}$	
Q	elektrische Ladung	C = As	C = Coulomb
q	Linienladungsdichte	$C\,m^{-1} = As\,m^{-1}$	
r	Radius	m	m = Meter
R	elektrischer Widerstand	$\Omega = VA^{-1}$	Ω = Ohm
R_m	magnetischer Widerstand	$Ss^{-1} = AV^{-1}s^{-1}$	S = Siemens
$\vec{S}$	elektrische Stromstärke	$A\,m^{-2}$	
$\vec{S}_F$	elektrische Flächenstromdichte	$A\,m^{-1}$	
t	Zeit	s	s = Sekunde
T	Periodendauer	s	s = Sekunde
$\vec{T}$	Drehmoment	J = Nm = VAs	J = Joule

Symbol	physikalisch Größe	Einheit	Bezeichnung
u, U	elektrische Spannung	V	V = Volt
v	Geschwindigkeit	$m\,s^{-1}$	
V	Volumen	m^3	
w	Energiedichte	$J\,m^{-3} = AVs\,m^{-3}$	
W	Energie	$J = Avs$	J = Joule
Z	Wellenwiderstand	$\Omega = VA^{-1}$	Ω = Ohm
Z_F	Feldwellenwiderstand	$\Omega = VA^{-1}$	Ω = Ohm
ε	Permittivität	$AsV^{-1}\,m^{-1}$	
φ	elektrisches Potential	V	V = Volt
Φ_m	magnetischer Fluß	$Wb = Tm^2$	Wb = Weber
κ	elektrische Leitfähigkeit	$S\,m^{-1} = AV^{-1}\,m^{-1}$	S = Siemens
λ	Federkonstante	$N\,m^{-1} = VAs\,m^{-2}$	
μ	Permeabilität	$Vs\,A^{-1}\,m^{-1}$	
Θ	elektrische Durchflutung	A	A = Ampere
ϱ	spezifischer, elektrischer Widerstand	$\Omega m = VmA^{-1}$	
ϱ	elektrische Raumladungsdichte	$C\,m^{-3} = As\,m^{-3}$	
ϱ_{magn}	magnetische Raumladungsdichte	$A\,m^{-2}$	
σ	elektrische Flächenladungsdichte	$C\,m^{-2} = As\,m^{-2}$	
σ_{magn}	magnetische Flächenladungsdichte	$A\,m^{-1}$	
τ	Relaxationszeit	s	s = Sekunde
ω	Kreisfrequenz	s^{-1}	
$\vec{\omega}$	Winkelgeschwindigkeit	s^{-1}	
Ψ	skalares magnetisches Potential	A	A = Ampere
Ψ	verketteter magnetischer Fluß	$Wb = T\,m^2$	Wb = Weber

Literatur

Dieses Literaturverzeichnis enthält in Teil a) und b) die gesamte, zur Ausarbeitung verwendete Literatur. Dabei wurde insbesondere auch die ältere Literatur des Fachgebietes berücksichtigt. Darüber hinaus wurden solche Bücher mit aufgenommen, von denen der Autor glaubt, daß sie zum Weiterstudium geeignet sind. In Teil c) wurden neue Bücher zur Maxwellschen Theorie bzw. Theoretischen Elektrotechnik der letzten Jahre, die insbesondere gut zum Studium geeignet sind, aufgeführt.

a) Mathematische Grundlagen

1. Athen H (1948) Vektorrechnung. Wolfenbüttler Verlagsanstalt, Wolfenbüttel Hannover
2. Coffin JG (1947) Vector Analysis. John Wiley & Sons, Inc., New York, Chapman & Hall Ltd.
3. Duschek A, Hochrainer A (1960) Tensorrechnung in analytischer Darstellung, Bd I, II. III. Springer, Wien
4. Gans R (1950) Vektoranalysis. BG Teubner, Leipzig
5. Gröbner W, Hofreiter N (1957) Integraltafel, Teil I. Springer, Wien, Innsbruck
6. Jahnke Emde, Lösch (1960) Tafeln höherer Funktionen. BG Teubner, Stuttgart
7. Klingbeil E (1966) Tensorrechnung für Ingenieure. BI Hochschultaschenbuch 197/197a, Bibliographisches Institut, Mannheim
8. Lagally M (1964) Vorlesungen über Vektorrechnung. Akademische Verlagsgesellschaft, Geest & Portig, Leipzig
9. McQuistan RB (1965) Scalar und Vector Fields. John Wiley & Sons, Inc., New York London Sydney
10. Ollendorff F (1950) Die Welt der Vektoren. Springer Wien
11. Pach K, Frey T (1964) Vector und Tensor Analysis, Terra, Budapest
12. Schouten JA (1914) Grundlagen der Vektor- und Affinoranalysis. BG Teubner, Leipzig, Berlin
13. Spiegel MR (1959) Vector Analysis. Schaum Publishing Company, New York
14. Valentiner S (1963) Vektoren und Matrizen. de Gruyter, Berlin, Göschen Bd. 354/354a

b) Maxwellsche Theorie

1. Batygin UV, Toptygin IN (1964) Problems in Electrodynamics. Academic, London New York, Infosearch, London
2. Becker R, Sauter F (1957) Theorie der Elektrizität, Bd I. BG Teubner, Stuttgart
3. Binns KJ, Lawrenson PJ (1963) Analysis and Computation of Electric and Magnetic Field Problems, Pergamon, Oxford, London, New York, Paris
4. Bohn EV Introduction to Electromagnetic Fields and Waves. Addison-Wesley, Reading, Massachusetts, Menlo Park, California, London, Do Mills, Ontario

5. Booker HG (1959) An Approach to Electrical Science. Mc Graw Hill, New York, Toronto, London
6. Buchholz H (1957) Elektrische und magnetische Potentialfelder. Springer, Berlin, Göttingen, Heidelberg
7. Cohn E (1900) Das elektromagnetische Feld, Vorlesungen über die Maxwellsche Theorie. S. Hirzel, Leipzig
8. Döring W (1962) Einführung in die theoretische Physik, Bd. II, Das elektromagnetische Feld. de Gruyter, Berlin, Göschen Bd. 77.
9. Engl W Vorlesungen über theoretische Elektrotechnik an der Technischen Hochschule Aachen
10. Fano RM, Chu LJ, Adler RB (1960) Elekctromagnetic Fields, Energy, and Forces. John Wiley, New York, London
11. Feynman RP, Leighton RB, Sands M Lectures on Physics, Vol II. Addison-Wesley, Reading, Massachusetts
12. Fischer J (1936) Einführung in die klassische Elektrodynamik. Julius Springer, Berlin
13. Flügge S (1961) Lehrbuch der theoretischen Physik, Bd III, Klassische Physik II, Das Maxwellsche Feld. Springer, Berlin, Göttingen, Heidelberg
14. Frenkel J (1926) Lehrbuch der Elektrodynamik, erster Band, allgemeine Mechanik der Elektrizität. Julius Springer, Berlin
15. Hallen E (1962) Electromagnetic Theory. Chapman & Hall, London
16. Hayt WH (1958, 1967) Engineering Electromagnetics. McGraw Hill, New York, St. Louis, San Francisco, Toronto, London, Sydney
17. v. Helmholtz H (1907) Vorlesungen über Elektrodynamik und Theorie des Magnetismus. Johann Ambrosius Barth, Leipzig
18. Hippel AR (1954) Dielectrics und Waves. John Wiley, New York, Chapman & Hall, Ltd, London
19. Hund F (1957) Theoretische Physik, Bd. II. BG Teubner, Stuttgart
20. Jackson JD (1962) Classical Electrodynamics. John Wiley, London
21. Javid M, Brown PM (1963) Field Analysis and Electromagnetics. McGraw Hill, New York, San Francisco, Toronto, London
22. Jeans JH (1923) The Mathematical Theory of Electricity and Magnetism. Cambridge at the University Press
23. Johnson CC (1965) Field and Wave Electrodynamics. McGraw Hill, New York, St. Louis, San Francisco, Toronto, London, Sydney
24. Jones C (1962) An Introduction to Advanced Electrical Engineering. The Englisch University Press, Ltd, London
25. Kooy C (1969) Theoretische Elektrotechnik IV. Technische Hochschule, Eindhoven
26. Kratzer A (1959) Vorlesungen über Elektrodynamik. Aschendorffsche Verlagsbuchhandlung, Münster
27. Küpfmüller K (1959) Einführung in die theoretische Elektrotechnik. Springer, Berlin, Göttingen, Heidelberg
28. Langmuir RV (1961) Electromagnetic Fields and Waves. McGraw Hill, New York, Toronto, London
29. Lorentz HA (1931) Vorlesungen über theoretische Physik an der Universität Leiden, Bd V., Die Maxwellsche Theorie (1900–1902), bearbeitet von K Bremekamp. Akademische Verlagsgesellschaft mbH., Leipzig
30. Macke W (1960) Elektromagnetische Felder. Akademische Verlagsgesellschaft, Geest & Protig, Leipzig
31. Maxwell JC (1883) Lehrbuch der Elektrizität und des Magnetismus, Bd I, II. Springer, Berlin
32. Meixner J (1960) Vorlesungen über Maxwellsche Theorie. Augustinus Buchhandlung, Aachen
33. Mierdel G, Wagner S (1959) Aufgaben zur theoretischen Elektrotechnik. VEB Verlag Technik, Berlin
34. Morrison R (1967) Grounding and Shielding in Instrumentation. John Wiley, New York, London, Sydney

Literatur

35. Nussbaum A (1965) Electromagnetic Theory for Engineers and Scientists. Prentice-Hall, Inc., Englewood Cliffs, New Jersey
36. Nussbaum A (1966) Electromagnetic and Quantum Properties of Materials. Prentice-Hall, Inc., Englewood Cliffs, New Jersey
37. Nussbaum A (1966) Field Theory. Charles E. Merril Books, Inc, Columbus, Ohio
38. Oberdorfer G (1939) Lehrbuch der Elektrotechnik, Bd I. Die wissenschaftlichen Grundlagen der Elektrotechnik. R Oldenbourg, München, Berlin
39. Oberdorfer G (1940) Lehrbuch der Elektrotechnik, Bd II, Rechenverfahren und allgemeine Theorien der Elektrotechnik. R Oldenbourg, München, Berlin
40. Ollendorff F (1932) Potentialfelder der Elektrotechnik. Springer, Berlin
41. Ollendorff F (1955) Elektronik des Einzelelektrons. Springer, Wien
42. Pauli W (1962) Vorlesung über Elektrodynamik. Boring hieri, Torino
43. Phillipov E (1967) Grundlagen der Elektrotechnik. Akademische Verlagsgesellschaft, Geest & Portig, Leipzig
44. Plonsey R, Collin RE (1961) Principles and Applications of Electromagnetic Fields. McGraw Hill, Inc, New York, Toronto, London
45. Ramo S, Whinnery JR (1953) Fields and Waves in Modern Radio. John Wiley, New York, Chapman & Hall, Ltd, London
46. Rogers WE (1954) Introduction to Electric Fields. McGraw Hill, New York, Toronto, London
47. Schaefer C (1949) Einführung in die Maxwellsche Theorie der Elektrizität und des Magnetismus
48. Schaefer C (1950) Einführung in die theoretische Physik, dritter Band, erster Teil, Elektrodynamik und Optik. de Gruyter, Berlin
49. Schilt H (1959) Elektrizitätslehre. Birkhäuser, Basel, Stuttgart
50. Schönfeld H (1960) Die wissenschaftlichen Grundlagen der Elektrotechnik. Springer, Berlin, Göttingen, Heidelberg
51. Sears FW, Zemansky MW (1964) University Physics. Addison-Wesley, Reading, Massachusetts, Palo Alto, London
52. Seely S (1958) Introduction to Electromagnetic Fields. McGraw Hill, New York, Toronto, London
53. Simonyi K (1963) Grundgesetze des elektromagnetischen Feldes. VEB Deutscher Verlag der Wissenschaften, Berlin
54. Simonyi K (1956) Theoretische Elektrotechnik. VEB Deutscher Verlag der Wissenschaften, Berlin
55. Sommerfeld A (1941) Vorlesungen über theoretische Physik, Bd I, Mechanik, Dieterichsche Verlagsbuchhandlung, W Klemm, Wiesbaden
56. Sommerfeld A (1964) Vorlesungen über theoretische Physik, Bd III, Elektrodynamik, revidiert von F Bopp und J Meixner. Akademische Verlagsgesellschaft, Geest & Portig, Leipzig
57. Thomson JJ (1897) Elemente der mathematischen Theorie der Elektrizität und des Magnetismus. Vieweg, Braunschweig
58. Weeks WL (1964) Electromagnetic Theory for Engineering Applications. John Wiley, New York, London, Sydney
59. Weiss A v (1966) Allgemeine Elektrotechnik. CF Wintersche Verlagshandlung, Prien
60. Weiss A v (1954) Übersicht über die theoretische Elektrotechnik, Teil I, Die physikalisch-mathematischen Grundlagen. CF Wintersche Verlagshandlung, Füssen
61. Weiss A v, Kleinwaechter H (1956) Übersicht über die theoretische Elektrotechnik, Teil II, Ausgewählte Kapitel und Aufgaben. CF Wintersche Verlagshandlung, Füssen
62. Weizel W (1963) Lehrbuch der theoretischen Physik, Bd. I, Springer, Berlin, Göttingen, Heidelberg

c) Neue Literatur zum Studium

63. Blume S (1991) Theorie elektromagnetischer Felder, 3. Aufl. Hüthig, Heidelberg
64. Brandt S, Dahmen HD (1980) Eine Einführung in Experiment und Theorie, Bd 2. Springer, Berlin
65. Fischer J (1976) Elektrodynamik. Springer, Berlin
66. Greiner W (1982) Theoretische Physik, Bd 3, Klassische Elektrodynamik. Harri Deutsch, Thun
67. Haus HA, Melcher JR (1989) Electromagnetic Fields and Energy. Prentice Hall, New Jersey
68. Heber G (1987) Mathematische Hilfsmittel der Physik. Zimmermann-Neufang, Ulmen
69. Kröger R, Unbehauen R (1990) Elektrodynamik. Teubner, Stuttgart
70. Küpfmüller K, Kohn G (1993) Theoretische Elektrotechnik und Elektronik, 14. Auflage. Springer Verlag, Berlin/Heidelberg
71. Lehner G (1990) Elektromagnetische Feldtheorie. Springer, Berlin
72. Nolting W (1990) Grundkurs: Theoretische Physik, Band 3, Elektrodynamik. Zimmermann-Neufang, Ulmen
73. Schilling H (1975) Elektromagnetische Felder und Wellen. Harri Deutsch, Thun
74. Schwab AJ (1990) Begriffswelt der Feldtheorie, 3. Auflage. Springer Verlag, Berlin/Heidelberg New York
75. Wunsch G, Schulz H-G (1989) Elektromagnetische Felder. Technik, Berlin
76. Zahn M (1979) Electromagnetic Field Theory. John Wiley, New York

Sachverzeichnis

Absolutbetrag, Vektor 9
Appollonische Kreise 231
Äquipotentialfläche 17, 20
Arbeit, elektrisches Feld 56
Arbeitsintegral 23
Äther 2
Aufpunkt 84

Barkhausen-Kurz-Generator 195
Basisvektoren 5, 8, 10
Beschleunigung 189
Betatron 366
Bezugspunkt 21
Biot-Savartsches Gesetz 253 ff.
Blatt, magnetisches 293
Braunsche Röhre
–, elektrisches Feld 199
– Magnetfeld 330
Brechung, Potentialschwelle 202
Brechnungsgesetz
–, elektrisches Feld 60
– Magnetfeld 252
– Stromdichtefeld 217

Coulombeichung, Vektorpotential 253
Coulombsches Gesetz 171

Delta-Operator 32
–, kartesische Koordinaten 41
– Kugelkoordinaten 47
– Zylinderkoordinaten 44
Diamagnetismus 280
Differentiation, Vektor 15
Dipol, elektrischer 85 ff.
Dipolabstandsvektor 87
Dipolmoment 87, 89
– Drehmoment im elektr. Feld 174
– Leiterschleife 293
–, magnetisches 290
–, magnetisches Blatt 292
–, magnetisierte Kugel 302
Divergenz 21

–, kartesische Koordinaten 40
– Kugelkoordinaten 47
– Zylinderkoordinaten 43
Drehkondensator 139
Drehmoment, Dipol, 174
Drehung
– Koordinatensystem 3
– Vektor 14
Dualitätsprinzip, Stromdichtefeld 215

Ebene Welle 417
Eichung
– Coulomb- 253
– Lorentz- 446
Eigeninduktivität 374
Eigenwert, Skineffekt 436
Eindeutigkeit 106
Einheitsvektor 7
Elektromagnetische Felder 410
Elektronenstrahl, im Magnetfeld 327, 330
Elektrostatik 51
Elementarladung 51
Energie
– Eigen- 171
–, elektrisches Feld 160
– Kondensator 165
– Magnetfeld 375
– Magnetfeld Leiterschleifen 381
– Wechselwirkungs- 172
Energieberechnung, Magnetfeld 375
Energiedichte
–, elektrische 165
– Magnetfeld 383
Energieerhaltungssatz
–, klassisch 166
–, relativistisch 191
Energietransport, im Feld 414

Feld 51
–, quasistationäres 345
–, stationäres 50
–, statisches 50

Feld
-, zeitabhängiges 50
-, zeitunabhängiges 50
Feldberechnungen
-, elektrische Felder 62
- Magnetfeld 257
- Stromdichte 217
Felder
-, magnetisierter Körper, Aufgaben 294
-, harmonische Zeitabhängigkeit 420
Feldkonstante
-, elektrische 49
-, magnetische 49
Feldlinie 18
Feldröhre 18
Feldstärke
-, elektrische 51
- Koerzitiv- 282
-, magnetische 244
Feldwellenwiderstand 419
Fernwirkung 1
Ferromagnetismus 382
Flächendivergenz 28
-, elektrisches Feld 59
- Magnetfeld 250
- Magnetisierung 289
- Stromdichtefeld 216
Flächenelement
- Kugelkoordinaten 45
- Zylinderkoordinaten 42
Flächenladungsdichte 58
-, äquivalente magnetische 293
- Stromdichtefeld 219
Flächennormaleneinheitsvektor 10
Flächenrotation 29
-, elektrisches Feld 57
- Magnetfeld 291
- Magnetisierung 285
Flächenstromdichte 250
-, äquivalente 285, 291
Flächenvektor 10
Fluß
-, magnetischer 248
-, magnetischer, verketteter 375
-, spezifischer 22
Flußdichte
-, elektrische 52
-, magnetische 238
-, magnetische, eines Strömungsfeldes 255
-, magnetische, Linienleiter 256
Flußgesetz, magnetisches 247
Flußintegral 21
Flußverkettung 375

Ganghöhe, Schraubenlinie 322
Gaußscher Satz 23
Gegeninduktivität 374
-, gekoppelte Spulen 389
-, kreisförmige Leiterschleifen 395
-, Leiter-Leiterschleife 393
Gesamtstromdichte 412
Geschwindigkeit, Ladung im Feld 190
Gleichgewicht, Kreuzrahmen im Magnetfeld 409
Gleichgewichtszustand, Plattenkondensator 182 ff.
Gleichgewichtszustände 168
Gradient 18
-, kartesische Koordinaten 40
- Kugelkoordinaten 47
- Zylinderkoordinaten 43
Gradientenfeld 27
Grenzbedingungen
-, ebene Welle 430
-, elektrische Feldstärke 57
-, elektrische Flußdichte 58
-, magnetische Feldstärke 251
-, magnetische Flußdichte 249
-, magnetisierte Körper 285, 288
- Stromdichtefeld 215
Grenzschichtverhalten 27
Grundvektoren 5, 8, 10

Hysteresekurve 282

Induktionsgesetz 371
- Aufgaben 352
-, bewegte Leiterschleifen 349
Induktivität 371
- Berechnungen 383
- Leiter, innere 391
- Magnetkreis mit Luftspalt 388
- Spule 385, 389
Induktivitätsberechnungen 352
Influenzversuch 52
Integrationspunkt 84

Kapazität 128, 221
- Parallelschaltung 135
- Reihenschaltung 134
Kapazitätskoeffizienten, Maxwellsche 129
Kathodenstrahlröhre
-, elektrische Feld 199
- Magnetfeld 330
Knotenregel
-, magnetische Kreise 311
- Stromdichtefeld 213
Koaxialleiter 150
-, exzentrischer 158

Sachverzeichnis

– Widerstand 235
Koerzitivfeldstärke 282
Kondensator 128
Kondensatordurchführung 155
Kontinuitätsgesetz 410
Koordinatensystem
–, kartesisches 39
– Kugel- 44
–, orthogonales 39
–, rechtshändiges 11
– Zylinder- 41
Körper, magnetisierter 280, 301
Kraft
–, auf bewegte Ladungen 189
–, auf elektrischen Dipol 174
–, auf Kondensatorplatten 168
–, auf Seifenblase 176
– Eisenkern, Spule 404
–, im elektrischen Feld 52, 166
–, kreisförmige Leiterschleifen 401
– Kreuzrahmen 407
– Ladung im Magnetfeld 243
– Ladungen im Plattenkondensator 181
– Leiter im Magnetfeld 242
– Leiterschleifen im Magnetfeld 397
– Magnetfeld 242, 396
– Plattenkondensator 177
– Polschuhe Magnetkreis 403
–, zwischen zwei Leitern 400
Kraftberechnung, Magnetfeld 396
Kraftberechnung
–, virtuelle Verschiebung, elektr. Feld 166
–, virtuelle Verschiebung, Magnetfeld 397
Kreisbahn, im Magnetfeld 318, 326
Kreise
– Appollonische 231
–, magnetische 306
Kreuzprodukt 9
Kugel
–, dielektrische 71, 101
–, leitend, im Magnetfeld 364
–, leitende 104
–, magnetisierte 302
Kugelerder 224
Kugelkondensator 141
Kugelkoordinaten 44
Kugelladung 64, 67
Kugelleiterelement 223
Kugelwiderstand 221

Ladung, elektrische 51
–, im elektromagnetischen Feld 323
–, im Magnetfeld 317
–, influenzierte 53
–, im elektrischen und magnetischen Feld 326

Ladungsbewegung, im elektrischen Feld 189
Laplacesche Differentialgleichung 56
Leistung
– Skineffekt 438
– Stromdichtefeld 214
Leistungsbilanz, Leiterschleifen 380
Leistungsdichte, Stromdichtefeld 215
Leiter 56
–, diskreter 256
Leiterschleife
–, im Magnetfeld gedreht 353
–, induzierter Spannungsstoß 352
–, kreisförmig, im Magnetfeld 356
–, rechteckig, im Magnetfeld 356
Leitfähigkeit, elektrische 49, 207, 211
Leitschichtdicke, Sineffekt, äquivalente 436
Leitungsgleichungen 425
Leitungsstromdichte 412
Liniendipol 98
Linienelement
–, kartesische Koordinaten 40
– Kugelkoordinaten 45
– Zylinderkoordinaten 42
Linienladung 77, 96
Linienleiter 256
Linienquelle, Stromdichte 229
Lorentzeichung 446

Magnetfeld
– Aufgaben 257
– Draht 257
–, geladene Scheibe, drehend 272
–, koaxialer Leiter 263
– Kreisleiterschleife 269
–, lange Spule 244
– Leiter mit Hohlraum 266
–, magnetisierte Körper 280, 301
–, n-Eck-Leiter 273
– Spule 277
– System von Leitern 261
–, zeitunabhängiges 238
Magnetische Feldstärke 244
Magnetische Flußdichte 238
Magnetischer Fluß 248
Magnetischer Fluß
– Leitersysteme 378
–, verketteter, Leiterschleifen 378
Magnetischer Kreis 306
– Ersatzschaltbild 308
–, mit Luftspalt 312
–, verzweigter 309, 315
Magnetischer Widerstand 308
Magnetisches Blatt 293, 295

Magnetisierte Körper 280
– Ersatzbilder 292
– Feldberechnungen 291, 301
Magnetisierter Zylinder 294, 297
Magnetisierung 280
–, remanente 283
– Sättigungs- 282
–, spontane 283
Magnetisierungskurve 282
Magnetron 342
– Bahnkurven 344
Maschenregel, Stromkreise 212
Masse, geschwindigkeitsabhängige 191
Massenspektrograph, Kaufmann-Thomson 337
Materialgleichungen 49
–, elektrisches Feld 92
– Magnetfeld 249
–, magnetisierte Körper 281
– Stromdichtefeld, bewegte Systeme 351
–, Stromdichtefeld, Leiter 211
Maxwellsche Gleichungen
– Elektrostatik 53
–, quasistationäre Felder 346
–, stationäres Strömungsfeld 209
–, zeitlich konstantes Magnetfeld 245
– Gleichungen, zeitlich veränderliche Felder 410

Nabla-Operator 30
–, kartesische Koordinaten 41
– Kugelkoordinaten 47
– Operator, Zylinderkoordinaten 44
Nahewirkungstheorie 1
Newtonsches Gesetz der Mechanik 189

Ortsvektor 5

Paramagnetismus 281
Permeabilität 49, 281
Permeabilitätszahl 49, 281
Permittivität 49, 92
Permittivitätszahl 49, 92
Phasengeschwindigkeit
–, ebene Welle 418
– Leitungswelle 427
Plattenkondensator 135
Poissonsche Differentialgleichung 56
Polarisation
–, elektrische 85 ff.
– Wellen 422
Potential
– Dipol 87
–, elektrisches 55
– Flächenladungsverteilung 85

– Linienladungsdichte 85
–, magnetischer Dipolmoment 288
–, magnetisch, Vektor- 247
– Polarisationsverteilung 89
– Punktladung 63
– Raumladungsverteilung 85
–, skalares magnetisches 246
–, skalares magnetisches, Leiterdraht 260
–, skalares magnetisches, System Leiterdrähte 261
–, skalares, magnetisches, Magnetisierung 289
Potentiale
–, elektromagnetische 444
–, retardierte 446
Potentialfunktion 55
Potentialkoeffizienten, Maxwellsche 129
Potentialschwelle 201
Poyntingscher Satz 414
Poynting-Vektor 416
Prisma, dielektrisches 76
Probeladung 52
Punktladung 62

Quasistationäre Felder 345
Quelle 21
–, elektrische 211
–, ideale 211
Quellenfeld 21
Quellpunkt 84

Radiusvektor 5
Raumladungsdichte 51
–, äquivalente magnetische 288
Reflexion, Potentialschwelle 202
Reflexionsfaktor, ebene Welle 431
Relaxationszeit 414
Ring, geladener 94
Rotation 23
–, kartesische Koordinaten 41
– Kugelkoordinaten 47
– Zylinderkoordinaten 43
Ruhemasse 189

Sättigungsmagnetisierung 282
Scheibe, geladene 93
Selbstinduktivität 374
Senke 21
Skalar 2
Skalarfunktion 16
Skineffekt
–, leitender Halbraum 434
–, leitendes Blech 439
Skineffekt-Gleichung 435
Spannung, induzierte 348

Sachverzeichnis

Spatprodukt 12
Spiegelung
-, an dielektrischer Ebene 117
-, an Koordinatensystem 4
-, an Kugel 112, 114
-, an leitenden Ecke 111, 120
-, an leitender Ebene 111, 115
-, an Zylinder 121
Spiegelungsmethode 110
Spiegelungsmethode
- Stromdichtefeld 225
Spule
- Ersatzbild magnetisierter Körper 291
- Induktivität 385
Spulen, gekoppelte 389
Stokescher Satz 27
Stromdichte
-, äquivalente 284
-, elektrische 206
- Linienquelle 229
Stromlinienberechnung 223
Stromstärke, elektrische 208
Strömungsfeld, stationäres 206
Suszeptibilität
-, elektrische 92
-, magnetische 281

Teilkapazitäten 133
Transformation, orthogonale 3
Transmissionsfaktor, ebene Welle 431

Überlagerungsprinzip 83
Unipolarmaschine 362

Vektor 2
- Betrag 9
Vektoranalysis, Rechenregeln 38
Vektoren
- Addition 5
- Subtraktion 6
Vektorfeld 17
Vektorfunktion 16
Vektorpotential
- Leiterschleifen 372
- Magnetfeld 247
- Magnetfeld Draht 259
- Magnetisierung 286
Vektorprodukt
-, äußeres 9
-, doppeltes Kreuz- 13
-, inneres 8
- Kreuz- 9
-, skalares 8
-, skalares aus drei Vektoren 12
-, skalares, zwei Vektorprodukte 14

- Spat- 12
-, vektorielles 9
Vektorprodukte 7 ff.
Vektorzeiger 421
Verketteter Fluß, magnetischer 375
Verschiebung, virtuelle
-, elektrisches Feld 166
- Magnetfeld 397
Verschiebungsdichte, elektrische 52
Verschiebungsstromdichte 412
Virtuelle Verschiebung
-, elektrisches Feld 166
- Magnetfeld 397
Volumenelement
-, kartesische Koordinaten 40
- Kugelkoordinaten 45
- Zylinderkoordinaten 42

Welle
-, ebene 417, 429
-, ebene, Freiraum 429
-, ebene, stehende 431
Wellen, Aufgaben 424
Wellengleichung 416
Wellenlänge 424
Wellenwiderstand, Leitung 427
Wellenzahl 429
Widerstand
-, elektrische Berechnungen 217
-, elektrischer 212, 220
- Koaxialleiter 235
- Kugelerder 224
- Kugelleiter 221
- Linienquellen 233
-, magnetischer 308
- Skineffekt, äquivalenter 439
-, spezifischer 211
Widerstandsberechnungen, Aufgaben 326
Wiederoesche Bedingung, Betatron, 369
Wirbelfeld 24
Wirbelströme, Eisenkern Spule 360

Zeiger, komplexer 420
Zentrifugalkraft, Kreisbahn 322
Zirkulationsintegral 23
Zykloidenbahn, geladenes Teilchen 325
Zyklotron 333
- Energie 335
- Umlaufbahn 334
- Umlaufzeit 335
Zylinder, magnetisierter 294, 297
Zylinderkondensator 149 ff.
-, exzentrischer 157
Zylinderkoordinaten 41

Druck: Saladruck, Berlin
Verarbeitung: Buchbinderei Lüderitz & Bauer, Berlin